U0386630

机器人科学与技术丛书

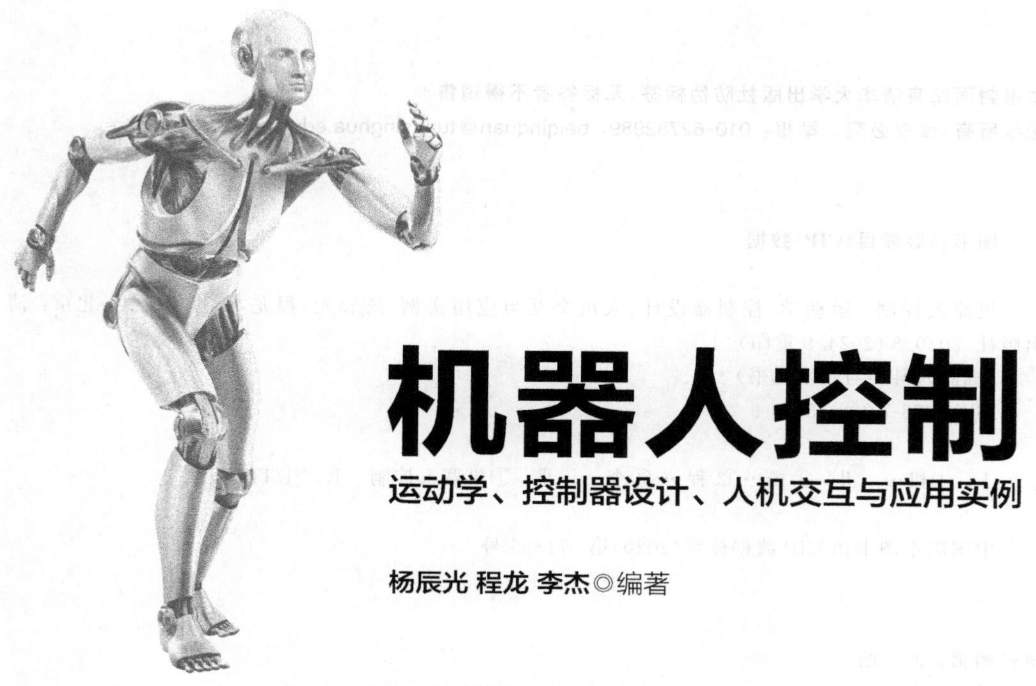

机器人控制

运动学、控制器设计、人机交互与应用实例

杨辰光 程龙 李杰◎编著

ROBOT CONTROL

Kinematics, Controller Design and Applications in Human Robot Interaction

清華大學出版社
北京

内容简介

目前同类图书大多侧重于对机器人控制相关理论知识的介绍和研究，比较抽象，同时也难以培养读者的动手能力，因此难以取得良好的实践效果。本书注重理论与应用的结合，力求使读者能够尽快掌握机器人控制技术，了解其主要研究方向。

全书分为三篇，分别介绍机器人学相关的基础理论知识、常用控制方法，以及作者在机器人控制领域的最新研究成果，阐述机器人控制技术在人机交互方面的应用。

本书可作为高校自动控制、计算机相关专业的高年级本科生、研究生以及高校教师的教材或教辅，同时也可作为机器人研发人员和相关工程技术人员的参考用书。

图书在版编目(CIP)数据

机器人控制：运动学、控制器设计、人机交互与应用实例/杨辰光，程龙，李杰编著.—北京：清华大学出版社，2020.8 (2024.9重印)
(机器人科学与技术丛书)
ISBN 978-7-302-55364-9

Ⅰ.①机… Ⅱ.①杨… ②程… ③李… Ⅲ.①机器人控制 Ⅳ.①TP24

中国版本图书馆 CIP 数据核字(2020)第071385号

责任编辑：曾　珊
封面设计：李召霞
责任校对：梁　毅
责任印制：丛怀宇

出版发行：清华大学出版社
网　　址：https://www.tup.com.cn，https://www.wqxuetang.com
地　　址：北京清华大学学研大厦A座　　**邮　　编**：100084
社 总 机：010-83470000　　**邮　　购**：010-62786544
投稿与读者服务：010-62776969，c-service@tup.tsinghua.edu.cn
质量反馈：010-62772015，zhiliang@tup.tsinghua.edu.cn
课件下载：https://www.tup.com.cn，010-83470236
印 装 者：三河市龙大印装有限公司
经　　销：全国新华书店
开　　本：185mm×260mm　　**印　　张**：25.75　　**字　　数**：637千字
版　　次：2020年8月第1版　　**印　　次**：2024年9月第5次印刷
印　　数：4301～4800
定　　价：99.00元

产品编号：082146-01

序

FOREWORD

机器人学代表了当今集成度高、具有代表性的高技术领域，它体现了机械工程学、计算机技术、控制工程学、电子学、生物学等多学科的交叉与融合，代表了当今实用科学技术的先进水平。一般而言，机器人由机械部分（一般是指通过各关节相连组成的机械臂）、传感部分（包括测量位置、速度等的测量装置），以及控制部分（对传感部分传来的测量信号进行处理并给出相应控制作用）组成。

机器人控制技术作为机器人的“大脑”，主要是根据传感器等传送的信息，采用控制算法，使得机械部分完成目标操作而承担相应控制功能对应的部分。其最终目的是尽可能减小机器人实际运动轨迹与期望目标的偏差，达到理想的运动精度。随着机器人相关技术的演进，控制算法也逐渐变得更丰富，产生了诸如自适应控制、自校正控制、鲁棒控制、变结构控制、非线性系统控制、预测控制等众多新型控制策略。

本书是作者在机器人控制、人机交互、人机技能传递、遥操作和示教技术方向多年的研究和教学工作的积累。作者在柔性机械臂仿生控制、肌电信号处理、变刚度控制、人机技能拓展等领域的理论和应用研究，取得了一批领先的理论成果和技术成果。本书由浅入深地讲述机器人控制技术的基础、方法和应用，将理论和实际应用紧密结合。书中针对不同的控制方法给出了具体应用实例，这些实例的应用场景前沿且热门。本书不仅详细阐述了控制器的设计过程，还给出了具体的仿真/实验过程和结果分析。本书从理论到应用，层层递进，易于理解。

书中介绍的基础知识适合高年级本科生学习，关于机器人控制方法（即控制器的设计）和机器人控制技术的应用则适合研究生学习研究。同时，本书也适合与机器人控制方向相关的科研人员学习参考。

推荐语

REFERENCES

本书将理论与实际相结合，完整地阐述从基础知识到应用实践的机器人控制理论。初学者可以从中学习机器人控制的基础知识，而相关领域的科研人员可以通过这本书接触到当前机器人控制的先进技术，因而适合不同层次的机器人爱好者学习。

——陈义明　新加坡工程院院士、IEEE Fellow、ASME Fellow、新加坡南洋理工大学教授

本书是一部机器人控制领域实用且前沿的图书。书中不仅有机器人控制相关的基本理论，还结合作者在该方向的最新研究成果进行更深入的阐述，由浅入深，内容翔实，是一本难得的佳作！

——施阳　加拿大工程研究院院士、IEEE Fellow、ASME Fellow、加拿大维多利亚大学教授

本书从基础、理论和应用三个方面，层层递进，详细地介绍了机器人控制器的设计方法及其应用实例，极具实用性和参考价值。

——张建伟　德国汉堡科学院院士、德国汉堡大学教授

本书内容详尽，涵盖了机器人控制领域常用且主流的控制方法，融合了作者在人机交互领域多年研究的心得，是一本机器人控制方面的指导性著作，具有很高的参考价值。

——侯增广　IEEE Fellow、国家杰出青年科学基金获得者、中国科学院研究员

本书系统而深入地介绍了机器人控制方向的先进技术、方法以及实际应用。内容新颖，注重理论与实际应用相结合，方便读者理解和掌握抽象难懂的控制理论及其实现过程。

——喻俊志　国家杰出青年科学基金获得者、北京大学教授

这本关于机器人控制技术的著作，不仅适合机器人控制领域的初学者，也适合科研人员研究学习。书中集成了作者在机器人控制方向的诸多研究成果，从基本理论、方法到具体实例，内容丰富，研究方法新颖主流，是机器人控制和人机交互领域难得的图书。

——黄攀峰　国家杰出青年基金获得者、西北工业大学自动化学院院长

前言
PREFACE

随着“工业 4.0”时代的来临，以机器人、智能制造替代部分人工已成为时代趋势。机器人控制器是根据指令以及传感信息控制机器人完成一定的动作或作业任务的装置，它是机器人的心脏，决定了机器人性能的优劣。目前，由于人工智能、计算机科学、传感器技术及其他相关学科的长足进步，使得机器人技术的研究在高水平上进行，同时也对机器人控制器的性能提出更高的要求，对于不同类型的机器人，如双足步行机器人与关节型工业机器人，控制系统的综合方法有较大差别，控制器的设计方案也不一样。

传统的机器人控制领域的图书大多侧重于对机器人控制理论知识的介绍和研究，对读者而言比较抽象。这些知识难以培养学生的动手能力，难以取得良好的实践教学效果。本书注重理论与应用的结合，力求使读者能够尽快掌握机器人控制技术，了解机器人控制领域一些比较主流的研究方向。本书将机器人控制的理论和应用相结合，一方面概要地介绍了机器人控制的理论，另一方面着力于介绍机器人控制方法的应用实例。

本书大部分内容以各种机械臂为被控对象，书中介绍的控制方法大多选自作者近几年发表在国际高水平杂志和会议中的论文，是近几年机器人控制领域比较先进或者主流的控制方法。书中还有一些控制方法选自机器人控制领域相关书籍中的典型方法，并在不同程度上对这些方法进行了改进和补充。在具体应用场景中，通过对不同控制器设计方法详细的理论阐述和仿真/实验结果分析，使抽象难懂的控制理论易于理解和掌握，方便感兴趣的读者进行更深入的研究。

全书内容分为三篇。第一篇介绍机器人学相关基础理论知识，包括机器人运动学、机器人动力学、机器人轨迹规划等，这些知识是后续机器人控制器设计、机器人动力学和运动学建模的基础。第二篇介绍机器人控制方法，如自适应控制、神经网络控制、变结构控制、滑模控制等。针对常用的一些控制方法，书中都有详细的理论介绍，对于其他控制方法，书中也有简单的概述。对于每种控制方法，以作者相关科研成果为基础，都给出了具体的控制器设计实例和仿真结果。第三篇结合作者在机器人控制领域的最新研究成果，阐述机器人控制技术在人机交互方面的典型应用。例如人机交互、遥操作技术、机器人示教等，这些都用到了机器人控制技术，或者说在某种程度上，它们都是以机器人控制技术为基础进行的。另外，书中介绍的一些具体实例大都是基于不同的应用场景，对此，书中也有一些简单的背景概述，对此应用场景感兴趣或者想要进行更深入了解的读者可以参考相关领域更专业、更全面的书籍资料。

本书是在总结作者多年科研成果的基础上撰写而成，不但可作为高校机器人控制相关专业高年级本科生、硕士生或者博士生，以及高校教师的教材或辅导材料，同时也可作为机器人研发人员和相关工程技术人员的参考书。本书第一篇和第二篇理论部分的内容适用于本科生进行理论学习，第二篇中针对每种控制方法介绍的具体应用实例和第三篇的内容可作为研究生及其他科研人员进行科研或者实际应用的参考。

感谢在本书编写过程中，牺牲宝贵时间协助我们完成这本书的实验室的学生，感谢他们对书稿提出的宝贵意见。其中，彭光柱博士参与了本书 8.5 节、9.4 节和 9.5 节内容的编写，研究生黎伟豪、吴怀伟、徐艳宾、王行健、许扬分别参与了 9.7 节、11.1 节、11.2 节、11.7 节和 13.2 节内容的编写工作。

本书参考了国内外学者的大量论文和专著，由于篇幅有限，书中未能详尽列出，谨在此表示衷心感谢。

由于作者水平有限，书中难免存在错误和不妥之处，敬请读者给予批评指正。

学 习 说 明

本书共分为三篇，前两篇关联性较强；第三篇侧重于应用，相对独立。以下分别对每一篇的内容进行梳理，并给出一些学习建议。

第一篇：基础篇，介绍了机器人学中的数学基础、机器人运动学、机器人动力学、机器人控制和轨迹规划。建议读者在学习该部分时，应具备一定的机器人学基础。第二篇中，机器人控制器设计方法是以这部分内容为基础，尤其对于本篇中关于机器人运动学和动力学建模部分的内容，最好能够理解并掌握。

第二篇：方法篇，介绍了不同的机器人控制器的设计方法和应用实例。本篇介绍的控制方法大都比较前沿，读者在阅读本篇内容时，应根据书中介绍的方法，推导机器人控制器的理论公式。对于本书给出的大多应用实例，感兴趣的读者可以参考书中的方法设计相应的控制器并进行仿真。有条件或者实验平台的读者可以在仿真的基础上进行实验。另外，书中部分应用实例涉及的一些软件，如 V-REP、MATLAB 等，建议初学者参考《机器人仿真与编程技术》(ISBN 为 978-7-302-49048-7，由清华大学出版社于 2018 年 2 月出版)进行学习。

第三篇：应用篇，介绍了机器人控制技术中比较主流的应用。本篇内容在理论上和前两篇的联系不是很强，读者可以将其看作是对机器人控制技术应用的拓展。当然，对这些应用方向感兴趣的读者，可以参考书中的应用实例进行学习和仿真，并在此基础上进行深入研究。

常用符号列表

符　号	描　述
P	三维空间中的一个点
$\boldsymbol{R}$	正交旋转矩阵，3×3 的矩阵
$\boldsymbol{T}$	齐次变换矩阵，4×4 的矩阵
a_i	连杆长度
α_i	连杆转角
d_i	连杆偏距
θ_i	关节角
σ_i	关节类型，1 表示移动关节，0 表示转动关节
$\boldsymbol{v}$	速度向量
$\boldsymbol{w}$	角速度向量
$\boldsymbol{J}$	雅可比矩阵
$\boldsymbol{\tau}$	力矩
$\boldsymbol{f}$	力
$\boldsymbol{I}$	惯性张量
m_i	连杆 i 的质量
k_i	连杆 i 的动能
u_i	连杆 i 的势能
$\boldsymbol{M}(q)$	惯性矩阵
$\boldsymbol{C}(q,\dot{q})$	科里奥利矩阵
$\boldsymbol{G}(q)$	重力矩阵
$\boldsymbol{F}(\dot{q})$	摩擦力矩
B	黏性摩擦系数
J_m	电机总惯性
$\boldsymbol{\tau}_c$	库仑摩擦力矩

目录
CONTENTS

第一篇　基　础　篇

第三篇 应用篇：机器人控制技术在人机交互中的应用

第一篇

ARTICLE

基础篇

本篇主要介绍机器人学相关的基础理论知识，包括机器人学中的数学基础、机器人运动学、机器人动力学、机器人雅可比矩阵、机器人轨迹规划、机器人力/位置控制等，作为后续机器人控制设计与应用的基础知识的补充。

第 1 章　机器人学数学基础

CHAPTER 1

机器人可以看作是由一系列连杆通过关节组成的刚体。通常来说，机器人指的是至少包含有一个固定的刚体和一个活动的刚体的物体。其中，固定的刚体称为基座，而活动的刚体则称为末端执行器。在两个部件间会有若干连杆和关节来支撑末端执行器，并使其移动到一定的位置。描述机器人各个连杆之间、机器人与其作业对象的相互运动关系，实际上就是描述刚体之间的运动关系。在研究机器人的运动时，根据机器人作业任务的不同，往往需要知道其末端执行器的位置和姿态。我们把刚体相对于空间某一坐标系的位置和姿态，称为刚体的位姿。

我们采用这样的方法来描述刚体的位置和姿态：首先规定一个参考坐标系，相对于该坐标系，点的位置可以用一个 3×1 的位置矢量表示；刚体的姿态可用 3×3 的旋转矩阵来表示。而刚体位置和姿态（位姿）的统一描述通过一个 4×4 齐次变换矩阵表示。描述刚体位姿的方法有齐次变换法、四元数法、旋量法、矢量法等，本章重点介绍齐次变换法。

1.1　刚体的位姿描述

1.1.1　位置描述

首先建立一个直角坐标系$\{A\}$，如图 1.1 所示，则空间中任一点 P 的位置可以用 3×1 的列矢量，即位置矢量${}^A\boldsymbol{P}$ 表示为：

$$
{}^A\boldsymbol{P}=\begin{bmatrix}p_x\\p_y\\p_z\end{bmatrix} \tag{1.1}
$$

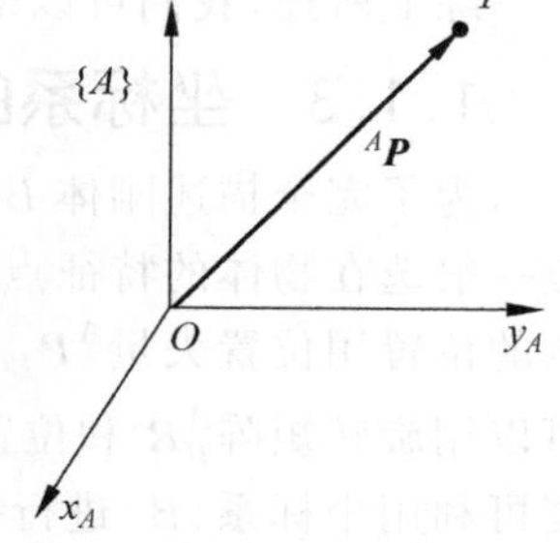

图 1.1　位置描述

其中，p_x、p_y 和 p_z 是点 P 在坐标系$\{A\}$中的 3 个坐标分量，${}^A\boldsymbol{P}$ 的上标 A 代表选定的参考坐标系$\{A\}$，${}^A\boldsymbol{P}$ 称为位置矢量。除了直角坐标系之外，我们也可以用球坐标系或者圆柱坐标系来描述空间中点的位置。

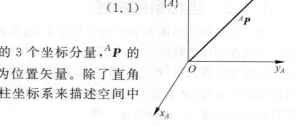

1.1.2　姿态描述

为了研究机器人在空间的运动状况，不仅要确定物体的空间位置，而且需要确定物体的空间姿态（也称为方位）。物体姿态的描述可以采用欧拉角、旋转矩阵、RPY 角等方法。以下介绍使用旋转矩阵描述物体姿态的方法。

通常采用与刚体固联的坐标系来描述其在直角坐标系下的姿态。对于刚体，我们可以建立与之固联的一直角坐标系$\{B\}$，然后用与坐标系$\{B\}$的 3 个坐标轴上的单位矢量 x_B、y_B 和 z_B（当用坐标系$\{A\}$的坐标表达时，这 3 个单位矢量被写成${}^Ax_B$、${}^Ay_B$ 和${}^Az_B$）相对于参考坐标系$\{A\}$的方向余弦组成的3×3的矩阵表示刚体B相对于坐标系$\{A\}$的姿态，如图1.2所示。

$$ {}_B^A\boldsymbol{R}=[{}^A x_B\ {}^A y_B\ {}^A z_B]=\begin{bmatrix} r_{11} & r_{12} & r_{13}\\ r_{21} & r_{22} & r_{23}\\ r_{31} & r_{32} & r_{33}\end{bmatrix} \tag{1.2}$$

其中，${}_B^A\boldsymbol{R}$表示刚体B在坐标系$\{A\}$中姿态的旋转矩阵。

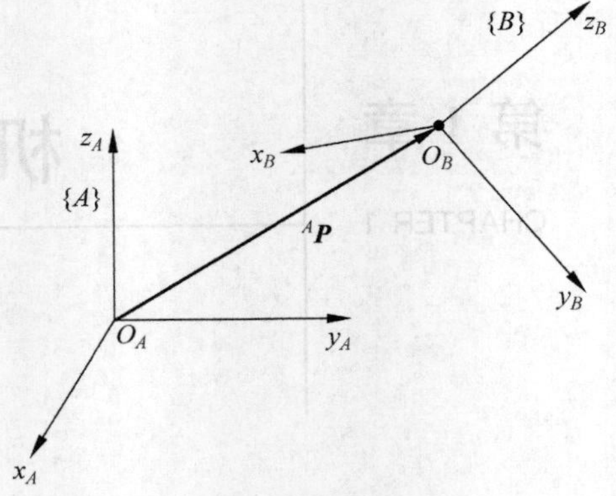

图1.2 刚体的姿态描述

旋转矩阵${}_B^A\boldsymbol{R}$的9个元素中，只有3个是独立的。由于${}_B^A\boldsymbol{R}$的3个列向量${}^A x_B$、${}^A y_B$和${}^A z_B$都是单位矢量，且两两相互垂直，即

$$ {}^A x_B\cdot{}^A y_B=0\quad {}^A y_B\cdot{}^A z_B=0\quad {}^A z_B\cdot{}^A x_B=0$$

$$ {}^A x_B\cdot{}^A x_B=1\quad {}^A y_B\cdot{}^A y_B=1\quad {}^A z_B\cdot{}^A z_B=1$$

因此，矩阵${}_B^A\boldsymbol{R}$是一个正交矩阵，即

$$ {}_B^A\boldsymbol{R}^{\mathrm{T}}={}_B^A\boldsymbol{R}^{-1},\quad |{}_B^A\boldsymbol{R}|=1 \tag{1.3}$$

后面我们经常用到的旋转变换矩阵是绕x轴、绕y轴或者绕z轴旋转某一角度θ，则旋转矩阵分别为：

$$ \boldsymbol{R}_x(\theta)=\begin{bmatrix}1 & 0 & 0\\ 0 & \cos\theta & -\sin\theta\\ 0 & \sin\theta & \cos\theta\end{bmatrix}=\begin{bmatrix}1 & 0 & 0\\ 0 & c\theta & -s\theta\\ 0 & s\theta & c\theta\end{bmatrix} \tag{1.4}$$

$$ \boldsymbol{R}_y(\theta)=\begin{bmatrix}\cos\theta & 0 & \sin\theta\\ 0 & 1 & 0\\ -\sin\theta & 0 & \cos\theta\end{bmatrix}=\begin{bmatrix}c\theta & 0 & s\theta\\ 0 & 1 & 0\\ -s\theta & 0 & c\theta\end{bmatrix} \tag{1.5}$$

$$ \boldsymbol{R}_z(\theta)=\begin{bmatrix}\cos\theta & -\sin\theta & 0\\ \sin\theta & \cos\theta & 0\\ 0 & 0 & 1\end{bmatrix}=\begin{bmatrix}c\theta & -s\theta & 0\\ s\theta & c\theta & 0\\ 0 & 0 & 1\end{bmatrix} \tag{1.6}$$

式(1.4)～式(1.6)中，$c\theta=\cos\theta$，$s\theta=\sin\theta$。

综上所述，我们可以采用位置矢量描述点的位置，用旋转矩阵描述物体的姿态。

1.1.3 坐标系的描述

为了完全描述刚体B在空间中的位姿，通常将刚体B与坐标系$\{B\}$固联，坐标系$\{B\}$的原点一般选在物体的特征点上，如质心或者对称中心等。相对于参考坐标系$\{A\}$，坐标系$\{B\}$原点的位置用位置矢量${}^A\boldsymbol{P}_{BORG}$描述，而旋转矩阵${}_B^A\boldsymbol{R}$用来描述坐标系$\{B\}$的姿态(方位)。因此，可以用旋转矩阵${}_B^A\boldsymbol{R}$和位置矢量${}^A\boldsymbol{P}_{BORG}$描述坐标系$\{B\}$，则刚体$B$在参考坐标系$\{A\}$中的位姿可利用坐标系$\{B\}$进行描述。即

$$ \{B\}=\{{}_B^A\boldsymbol{R},{}^A\boldsymbol{P}_{BORG}\} \tag{1.7}$$

可见，坐标系的描述概括了刚体位置和姿态的描述。当表示位置时，上式中的旋转矩阵${}_B^A\boldsymbol{R}$为单位矩阵；当表示姿态时，位置矢量${}^A\boldsymbol{P}_{BORG}=0$。

1.2 坐标变换

空间中任意点P从一个坐标系描述到另一个坐标系描述之间的映射关系可以用坐标变换来阐述。在研究机器人的运动学时，常用的坐标变换有平移变换、旋转变换和一般坐标

变换。

1.2.1 平移坐标变换

平移坐标变换如图 1.3 所示，参考坐标系$\{A\}$和坐标系$\{B\}$姿态相同，但两坐标系的原点不重合，坐标系$\{B\}$是坐标系$\{A\}$经过平移得到的。设空间中任意一点 P，它相对于坐标系$\{A\}$的坐标用位置矢量${}^A\boldsymbol{P}$ 表示；同理，点 P 在坐标系$\{B\}$中的坐标可用位置矢量${}^B\boldsymbol{P}$ 表示。坐标系$\{A\}$平移到坐标系$\{B\}$的距离用${}^A\boldsymbol{P}_{BORG}$ 表示。由于矢量${}^A\boldsymbol{P}$ 和${}^B\boldsymbol{P}$ 具有相同的姿态，那么点 P 相对于坐标系$\{A\}$的位置矢量${}^A\boldsymbol{P}$ 可由矢量相加得出，即

$$
{}^A\boldsymbol{P} = {}^B\boldsymbol{P} + {}^A\boldsymbol{P}_{BORG} \tag{1.8}
$$

式(1.8)称为坐标平移，或者平移映射。需要注意的是，只有当坐标系$\{A\}$和坐标系$\{B\}$的姿态相同时，式(1.8)才适用。

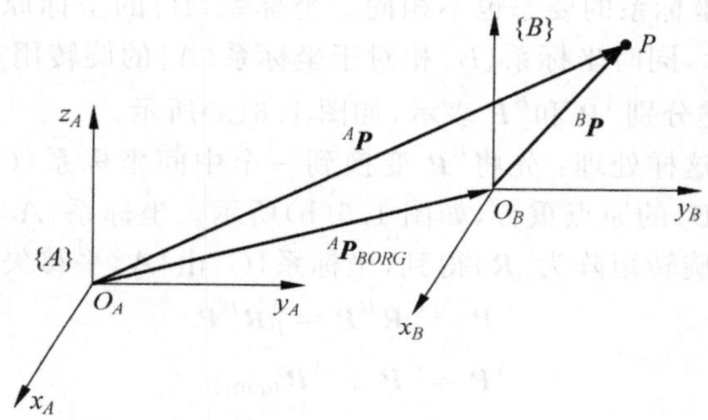

图 1.3 平移坐标变换

1.2.2 旋转坐标变换

旋转坐标变换如图 1.4 所示，坐标系$\{B\}$和参考坐标系$\{A\}$有共同的坐标原点，但姿态不同。坐标系$\{B\}$是坐标系$\{A\}$经过旋转(旋转矩阵为${}^A_B\boldsymbol{R}$)得到的。同一个点 P 在坐标系$\{A\}$和$\{B\}$中的坐标分别表示为${}^A\boldsymbol{P}$ 和${}^B\boldsymbol{P}$，则矢量${}^A\boldsymbol{P}$ 和${}^B\boldsymbol{P}$ 有如下变换关系：

$$
{}^A\boldsymbol{P} = {}^A_B\boldsymbol{R}\,{}^B\boldsymbol{P} \tag{1.9}
$$

式(1.9)称为坐标旋转，或者旋转映射。

例 1.1 坐标系$\{B\}$相对于坐标系$\{A\}$绕 z 轴旋转 30°，如图 1.5 所示，这里 z 轴指向为由纸面向外。假设点 P 在坐标系$\{B\}$中的位置矢量为${}^B\boldsymbol{P}=[0.0\ 2.0\ 0\ 0.0]^{\mathrm{T}}$。求点 P 在坐标系$\{A\}$中的位置矢量。

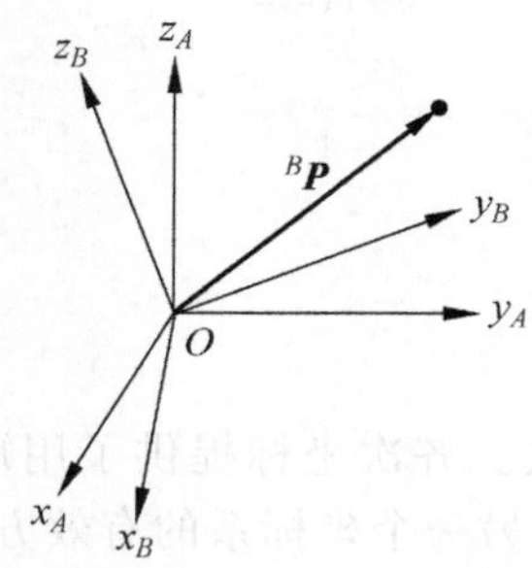

图 1.4 旋转坐标变换

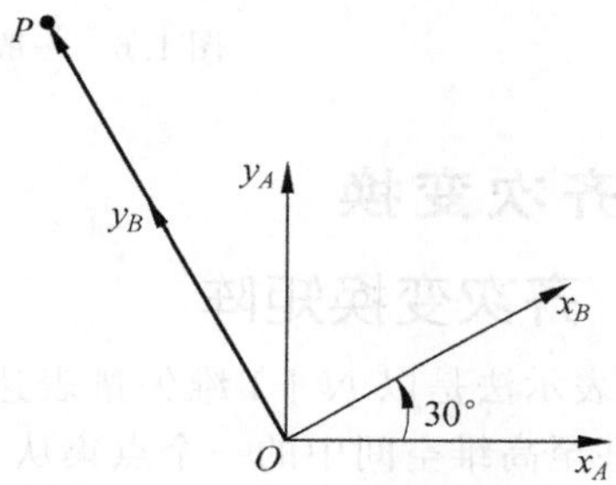

图 1.5 坐标系$\{A\}$绕 z 轴旋转 30°得到坐标系$\{B\}$

解：在坐标系$\{A\}$中写出坐标系$\{B\}$的单位矢量，并将它们按列组成旋转矩阵，得到

$$ {}_B^A\boldsymbol{R}=\begin{bmatrix}0.866 & -0.500 & 0.000\\ 0.500 & 0.866 & 0.000\\ 0.000 & 0.000 & 1.000\end{bmatrix} $$

由式(1.9)可得

$$ {}^A\boldsymbol{P}={}_B^A\boldsymbol{R}\,{}^B\boldsymbol{P}=\begin{bmatrix}0.866 & -0.500 & 0.000\\ 0.500 & 0.866 & 0.000\\ 0.000 & 0.000 & 1.000\end{bmatrix}\begin{bmatrix}0.0\\ 2.0\\ 0.0\end{bmatrix}=\begin{bmatrix}-1.000\\ 1.732\\ 0.000\end{bmatrix} $$

1.2.3 一般坐标变换

考虑到坐标变换的一般情况，通常坐标系$\{B\}$和参考坐标系$\{A\}$没有共同的坐标原点，即有一个矢量偏移；且两坐标系的姿态也不相同。坐标系$\{B\}$的坐标原点相对于$\{A\}$坐标系的位置用矢量${}^A\boldsymbol{P}_{BORG}$表示，同时坐标系$\{B\}$相对于坐标系$\{A\}$的旋转用${}_B^A\boldsymbol{R}$描述，任一点$P$在坐标系$\{A\}$和$\{B\}$中的描述分别${}^A\boldsymbol{P}$和${}^B\boldsymbol{P}$表示，如图1.6(a)所示。

对于上述情况可以这样处理：先将${}^B\boldsymbol{P}$变换到一个中间坐标系$\{C\}$，坐标系$\{C\}$和$\{A\}$的姿态相同，且和坐标系$\{B\}$的原点重合，如图1.6(b)所示。坐标系$\{A\}$、$\{B\}$和$\{C\}$关系为：坐标系$\{B\}$则由$\{C\}$旋转(旋转矩阵为${}_B^C\boldsymbol{R}$)得到，坐标系$\{C\}$由$\{A\}$平移矢量${}^A\boldsymbol{P}_{BORG}$得到，即

$$ {}^C\boldsymbol{P}={}_B^C\boldsymbol{R}\,{}^B\boldsymbol{P}={}_B^A\boldsymbol{R}\,{}^B\boldsymbol{P} $$

$$ {}^A\boldsymbol{P}={}^C\boldsymbol{P}+{}^A\boldsymbol{P}_{BORG} $$

整理上式可得

$$ {}^A\boldsymbol{P}={}_B^A\boldsymbol{R}\,{}^B\boldsymbol{P}+{}^A\boldsymbol{P}_{BORG} \tag{1.10} $$

由式(1.10)可以看出，一般情况下的坐标变换包括了旋转坐标变换和平移坐标变换。

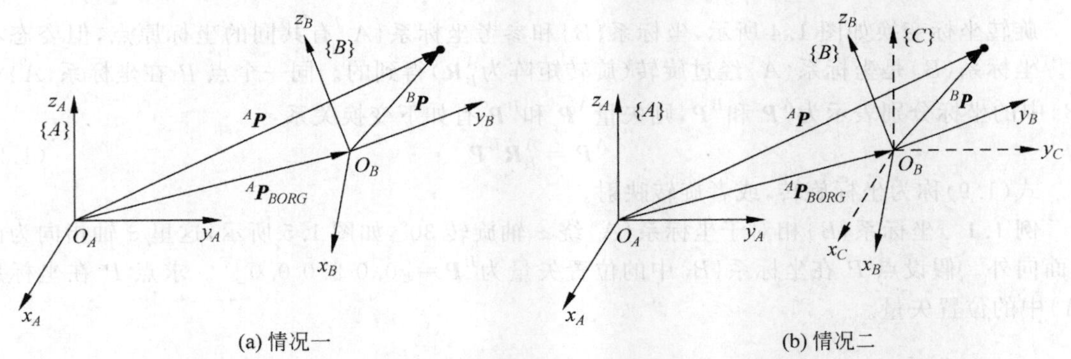

图1.6 一般情况下的坐标变换

1.3 齐次变换

1.3.1 齐次变换矩阵

齐次坐标表示法是以$N+1$维矢量表达N维矢量的方法。齐次坐标提供了用矩阵运算把二维、三维甚至高维空间中的一个点集从一个坐标系变换到另一个坐标系的有效方法。

一般情况下的坐标变换式(1.10)描述了在不同坐标系中的位姿${}^A\boldsymbol{P}$和${}^B\boldsymbol{P}$之间的关系，由于变换式对于点${}^B\boldsymbol{P}$来说是非齐次的，我们可以将这个等式写成等价的齐次变换形式。因为三维矩阵计算不能充分描述齐次变换，所以增加了矩阵的维数，将等式改写为四维矩阵的形

式，即：

$$\begin{bmatrix} {}^{A}\boldsymbol{P} \\ 1 \end{bmatrix} = \begin{bmatrix} {}^{A}_{B}\boldsymbol{R} & {}^{A}\boldsymbol{P}_{BORG} \\ \boldsymbol{0}_{1\times 3} & \boldsymbol{1} \end{bmatrix} \begin{bmatrix} {}^{B}\boldsymbol{P} \\ \boldsymbol{1} \end{bmatrix} \tag{1.11}$$

写成矩阵形式为：

$${}^{A}\boldsymbol{P} = {}^{A}_{B}\boldsymbol{T}\,{}^{B}\boldsymbol{P} \tag{1.12}$$

式(1.12)中 4×4 的矩阵${}^{A}_{B}\boldsymbol{T}$ 称为齐次变换矩阵，即：

$${}^{A}_{B}\boldsymbol{T} = \begin{bmatrix} {}^{A}_{B}\boldsymbol{R} & {}^{A}\boldsymbol{P}_{BORG} \\ \boldsymbol{0}_{1\times 3} & \boldsymbol{1} \end{bmatrix} \tag{1.13}$$

注意，式(1.12)中${}^{A}\boldsymbol{P}$ 和${}^{B}\boldsymbol{P}$ 均为 4×1 的位置矢量，即：

$${}^{A}\boldsymbol{P} = \begin{bmatrix} {}^{A}p_x \\ {}^{A}p_y \\ {}^{A}p_z \\ 1 \end{bmatrix} \qquad {}^{B}\boldsymbol{P} = \begin{bmatrix} {}^{B}p_x \\ {}^{B}p_y \\ {}^{B}p_z \\ 1 \end{bmatrix}$$

实际上，齐次变换矩阵${}^{A}_{B}\boldsymbol{T}$ 描述了坐标系{B}相对于坐标系{A}的位置和姿态，${}^{A}_{B}\boldsymbol{T}$ 的第 4 列矢量${}^{A}\boldsymbol{P}_{BORG}$ 描述了{B}的坐标原点相对于{A}的位置，其他 3 个列矢量分别表示{B}的 3 个坐标轴相对于{A}的方向。

例 1.2 坐标系{B}如图 1.7 所示，它先绕坐标系{A}的 z_A 轴旋转了 30°，接着沿{A}的 x_A 轴平移 10 个单位，最后沿{A}的 y_A 轴平移 5 个单位。已知${}^{B}\boldsymbol{P}=[3\ 7\ 0\ 1]^{\mathrm{T}}$，求${}^{A}\boldsymbol{P}$。

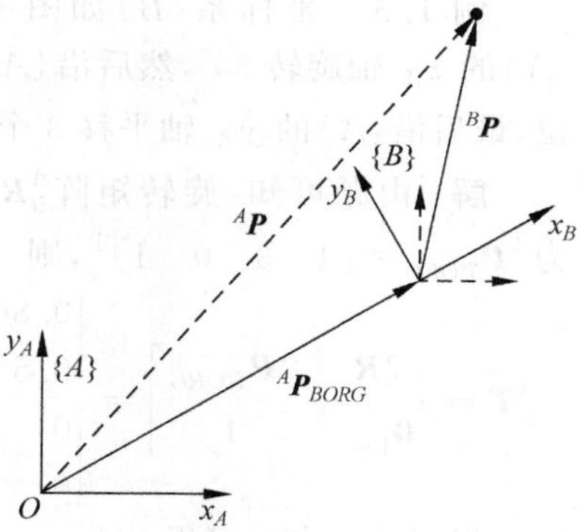

图 1.7 经平移和旋转的坐标系{B}

解：由题可知，旋转矩阵${}^{A}_{B}\boldsymbol{R}=\boldsymbol{R}_z(30°)$，平移矢量为${}^{A}\boldsymbol{P}_{BORG}=[10\quad 5\quad 0]^{\mathrm{T}}$，则

$${}^{A}_{B}\boldsymbol{T} = \begin{bmatrix} {}^{A}_{B}\boldsymbol{R} & {}^{A}\boldsymbol{P}_{BORG} \\ \boldsymbol{0}_{1\times 3} & \boldsymbol{1} \end{bmatrix} = \begin{bmatrix} 0.866 & -0.5 & 0 & 10 \\ 0.5 & 0.866 & 0 & 5 \\ 0 & 0 & 1 & 0 \\ 0 & 0 & 0 & 1 \end{bmatrix}$$

由${}^{B}\boldsymbol{P}=[3\ 7\ 0\ 1]^{\mathrm{T}}$，可得

$${}^{A}\boldsymbol{P} = {}^{A}_{B}\boldsymbol{T}\,{}^{B}\boldsymbol{P} = \begin{bmatrix} 0.866 & -0.5 & 0 & 10 \\ 0.5 & 0.866 & 0 & 5 \\ 0 & 0 & 1 & 0 \\ 0 & 0 & 0 & 1 \end{bmatrix} \begin{bmatrix} 3 \\ 7 \\ 0 \\ 1 \end{bmatrix} = \begin{bmatrix} 9.098 \\ 12.562 \\ 0 \\ 1 \end{bmatrix}$$

即${}^{A}\boldsymbol{P}=[9.098\quad 12.562\quad 01]^{\mathrm{T}}$。

例 1.2 中的齐次变换矩阵${}^{A}_{B}\boldsymbol{T}$ 描述了坐标系{B}相对于坐标系{A}的位置和姿态，可解释如下：

{B}的坐标原点相对于{A}的位置为：$[10\quad 5\quad 0\quad 1]^{\mathrm{T}}$；

{B}的三个坐标轴相对于{A}的方向分别是：$[0.866\quad 0.5\quad 0\quad 0]^{\mathrm{T}}$、$[-0.5\quad 0.866\quad 0\quad 0]^{\mathrm{T}}$ 和$[0\quad 0\quad 1\quad 0]^{\mathrm{T}}$。

1.3.2 齐次变换矩阵的逆

给定坐标系{A}和{B}，已知{B}相对于{A}的描述为${}^{A}_{B}\boldsymbol{T}$，求{A}相对于{B}的描述

为${}_{A}^{B}\boldsymbol{T}$，即${}_{B}^{A}\boldsymbol{T}^{-1}$。

对于旋转矩阵${}_{B}^{A}\boldsymbol{R}$，根据正交矩阵的性质可以得到：

$$
{}_{B}^{A}\boldsymbol{R}={}_{A}^{B}\boldsymbol{R}^{-1}={}_{A}^{B}\boldsymbol{R}^{\mathrm{T}} \tag{1.14}
$$

根据逆矩阵的定义，可以得到如下关系：

$$
{}_{B}^{A}\boldsymbol{T}{}_{B}^{A}\boldsymbol{T}^{-1}=\boldsymbol{I} \tag{1.15}
$$

即

$$
\begin{bmatrix} {}_{B}^{A}\boldsymbol{R} & {}^{A}\boldsymbol{P}_{BORG} \\ \boldsymbol{0}_{1\times 3} & \boldsymbol{1} \end{bmatrix}\begin{bmatrix} \boldsymbol{X} & \boldsymbol{Y} \\ \boldsymbol{0}_{1\times 3} & \boldsymbol{1} \end{bmatrix}=\begin{bmatrix} \boldsymbol{I}_{3\times 3} & \boldsymbol{0} \\ \boldsymbol{0}_{1\times 3} & \boldsymbol{1} \end{bmatrix} \tag{1.16}
$$

将式(1.16)左边的第一个矩阵的第一行和第二个矩阵的第二列相乘，其结果与式(1.16)右边的对应项相等，可得

$$
{}_{B}^{A}\boldsymbol{R}\boldsymbol{Y}+{}^{A}\boldsymbol{P}_{BORG}=\boldsymbol{0} \tag{1.17}
$$

进一步得到

$$
\boldsymbol{Y}=-{}_{B}^{A}\boldsymbol{R}^{-1}{}^{A}\boldsymbol{P}_{BORG}=-{}_{B}^{A}\boldsymbol{R}^{\mathrm{T}}{}^{A}\boldsymbol{P}_{BORG} \tag{1.18}
$$

因此，对于转换矩阵${}_{B}^{A}\boldsymbol{T}$，其逆矩阵不等于原矩阵。经过上面的推导，可得：

$$
{}_{B}^{A}\boldsymbol{T}^{-1}={}_{A}^{B}\boldsymbol{T}=\begin{bmatrix} {}_{B}^{A}\boldsymbol{R}^{\mathrm{T}} & -{}_{B}^{A}\boldsymbol{R}^{\mathrm{T}}{}^{A}\boldsymbol{P}_{BORG} \\ \boldsymbol{0}_{1\times 3} & \boldsymbol{1} \end{bmatrix} \tag{1.19}
$$

例 1.3 坐标系$\{B\}$如图 1.8 所示，先绕坐标系$\{A\}$的z_A轴旋转 30°，然后沿$\{A\}$的x_A轴平移 4 个单位，最后沿$\{A\}$的y_A轴平移 3 个单位得到${}_{B}^{A}\boldsymbol{T}$。求${}_{A}^{B}\boldsymbol{T}$。

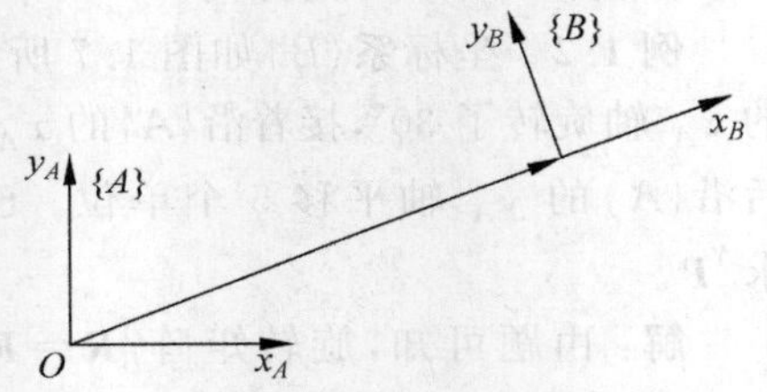

图 1.8 经坐标系$\{A\}$平移和旋转后得到的坐标系$\{B\}$

解：由题可知，旋转矩阵${}_{B}^{A}\boldsymbol{R}=\boldsymbol{R}_z(30°)$，平移矢量为${}^{A}\boldsymbol{P}_{BORG}=[4\quad 3\quad 0\quad 1]^{\mathrm{T}}$，则

$$
{}_{B}^{A}\boldsymbol{T}=\begin{bmatrix} {}_{B}^{A}\boldsymbol{R} & {}^{A}\boldsymbol{P}_{BORG} \\ \boldsymbol{0}_{1\times 3} & \boldsymbol{1} \end{bmatrix}=\begin{bmatrix} 0.866 & -0.5 & 0 & 4 \\ 0.5 & 0.866 & 0 & 3 \\ 0 & 0 & 1 & 0 \\ 0 & 0 & 0 & 1 \end{bmatrix}
$$

根据式(1.19)可得

$$
{}_{A}^{B}\boldsymbol{T}={}_{B}^{A}\boldsymbol{T}^{-1}=\begin{bmatrix} {}_{B}^{A}\boldsymbol{R}^{\mathrm{T}} & -{}_{B}^{A}\boldsymbol{R}^{\mathrm{T}}{}^{A}\boldsymbol{P}_{BORG} \\ \boldsymbol{0}_{1\times 3} & \boldsymbol{1} \end{bmatrix}=\begin{bmatrix} 0.866 & 0.5 & 0 & 4.964 \\ -0.5 & 0.866 & 0 & -0.598 \\ 0 & 0 & 1 & 0 \\ 0 & 0 & 0 & 1 \end{bmatrix}
$$

1.4 运动算子：平移、旋转和变换

齐次变换${}_{B}^{A}\boldsymbol{T}$既可以表示同一点在两坐标系$\{A\}$和$\{B\}$中描述的映射，也可以描述坐标系$\{B\}$相对于$\{A\}$的位姿。另外，齐次变换还可以用来作为运动算子。算子是用于坐标系间点的映射的通用数学表达式，包括点的平移算子、旋转算子等。

1.4.1 平移算子

平移，即将空间中的一个点沿着一个已知的矢量方向移动一定距离。这里需要注意的是，对空间中一点实际平移的描述仅与一个坐标系有关。如图 1.9 所示，在坐标系$\{A\}$中，点P由初始位置${}^{A}\boldsymbol{P}_1$经过平移或旋转到达位置${}^{A}\boldsymbol{P}_2$，移动矢量用${}^{A}\boldsymbol{Q}$来表示。

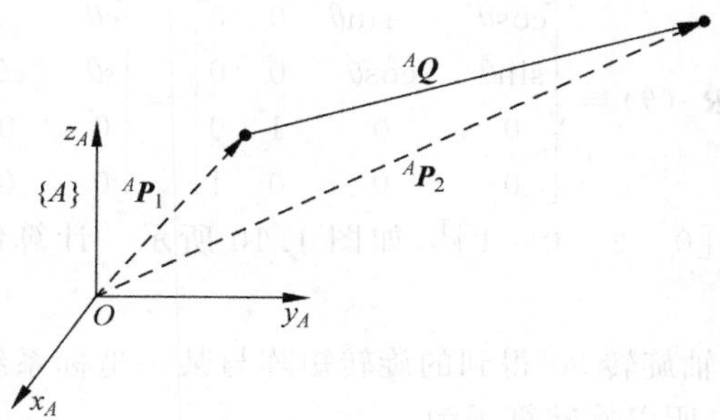

图 1.9 平移算子

平移前后位置矢量$^A\boldsymbol{P}_1$和$^A\boldsymbol{P}_2$之间的关系如下：

$$^A\boldsymbol{P}_2 = {^A\boldsymbol{P}_1} + {^A\boldsymbol{Q}} \tag{1.20}$$

将上述关系写成算子的形式有：

$$^A\boldsymbol{P}_2 = Trans(^A\boldsymbol{Q})\,^A\boldsymbol{P}_1 \tag{1.21}$$

移动矢量$^A\boldsymbol{Q}$来表示平移的大小和方向。符号 $Trans()$表示平移算子，其特殊的表示形式如下：

$$Trans(^A\boldsymbol{Q}) = \begin{bmatrix} 1 & 0 & 0 & q_x \\ 0 & 1 & 0 & q_y \\ 0 & 0 & 1 & q_z \\ 0 & 0 & 0 & 1 \end{bmatrix} \tag{1.22}$$

式中，q_x、q_y 和 q_z 是平移矢量$^A\boldsymbol{Q}$的分量。因此，可以将 $Trans(^A\boldsymbol{Q})$写成如下形式：

$$Trans(^A\boldsymbol{Q}) = \begin{bmatrix} \boldsymbol{I}_{3\times3} & ^A\boldsymbol{Q} \\ \boldsymbol{0}_{1\times3} & 1 \end{bmatrix} \tag{1.23}$$

1.4.2 旋转算子

旋转算子是旋转矩阵的另一种表示形式，它是将一个矢量$^A\boldsymbol{P}_1$用旋转变换成一个新的矢量$^A\boldsymbol{P}_2$。同平移一样，对空间中一点实际旋转的描述也仅与一个坐标系有关。在坐标系$\{A\}$中，某点 P 旋转前的位置用矢量$^A\boldsymbol{P}_1$表示，旋转后的位置用$^A\boldsymbol{P}_2$表示，则$^A\boldsymbol{P}_1$和$^A\boldsymbol{P}_2$的关系有两种表示形式。

1. 用旋转矩阵 $\boldsymbol{R}$ 表示

将 $\boldsymbol{R}$ 作为旋转算子作用于矢量$^A\boldsymbol{P}_1$，得到新的矢量$^A\boldsymbol{P}_2$，表示如下：

$$^A\boldsymbol{P}_2 = R\,^A\boldsymbol{P}_1 \tag{1.24}$$

式中，旋转矩阵 $\boldsymbol{R}$ 作为算子时，没有上标或者下标，因为矢量$^A\boldsymbol{P}_1$和$^A\boldsymbol{P}_2$都是相对于同一个坐标系$\{A\}$，不涉及第二个坐标系。

2. 用齐次变换 $\boldsymbol{R}_K(\theta)$表示

用 $\boldsymbol{R}_K(\theta)$作为旋转算子时，$^A\boldsymbol{P}_1$和$^A\boldsymbol{P}_2$的关系表示如下：

$$^A\boldsymbol{P}_2 = \boldsymbol{R}_K(\theta)\,^A\boldsymbol{P}_1 \tag{1.25}$$

旋转算子 $\boldsymbol{R}_K(\theta)$可以明确表示出绕哪个轴旋转以及旋转的角度，即 $\boldsymbol{R}_K(\theta)$表示绕 K 轴旋转 θ 角度。如将绕 Z 轴旋转 θ 角的算子写成齐次变换矩阵，其中位置矢量的分量为 0，表示如下：

$$\boldsymbol{R}_K(\theta)=\boldsymbol{R}_z(\theta)=\begin{bmatrix}\cos\theta & -\sin\theta & 0 & 0\\ \sin\theta & \cos\theta & 0 & 0\\ 0 & 0 & 1 & 0\\ 0 & 0 & 0 & 1\end{bmatrix}=\begin{bmatrix}c\theta & -s\theta & 0 & 0\\ s\theta & c\theta & 0 & 0\\ 0 & 0 & 1 & 0\\ 0 & 0 & 0 & 1\end{bmatrix} \tag{1.26}$$

例 1.4 矢量 ${}^A\boldsymbol{P}_1=[0\quad 2\quad 0\quad 1]^{\mathrm{T}}$，如图 1.10 所示。计算绕 z 轴旋转 30°得到的新矢量 ${}^A\boldsymbol{P}_2$。

解：将矢量 ${}^A\boldsymbol{P}_1$ 绕 z 轴旋转 30°得到的旋转矩阵与某一坐标系绕参考坐标系的 z 轴旋转 30°得到的旋转矩阵相同。所以旋转算子为：

$$\boldsymbol{R}_z(30°)=\begin{bmatrix}0.866 & -0.5 & 0 & 0\\ 0.5 & 0.866 & 0 & 0\\ 0 & 0 & 1 & 0\\ 0 & 0 & 0 & 1\end{bmatrix}$$

由题意可知 ${}^A\boldsymbol{P}_1=[0\quad 2\quad 0\quad 1]^{\mathrm{T}}$，则新矢量 ${}^A\boldsymbol{P}_2$ 为：

$${}^A\boldsymbol{P}_2=\boldsymbol{R}_z(30°)\,{}^A\boldsymbol{P}_1=\begin{bmatrix}0.866 & -0.5 & 0 & 0\\ 0.5 & 0.866 & 0 & 0\\ 0 & 0 & 1 & 0\\ 0 & 0 & 0 & 1\end{bmatrix}\begin{bmatrix}0\\ 2\\ 0\\ 1\end{bmatrix}=\begin{bmatrix}-1\\ 1.732\\ 0\\ 1\end{bmatrix}$$

1.4.3 变换算子

位置矢量描述的是平移前、后的位置关系，旋转矩阵可以描述旋转前、后的位置关系，而变换算子则同时描述了点在某一坐标系内平移和旋转的情况。变换算子是坐标变换的另一种表示形式，它是将一个矢量 ${}^A\boldsymbol{P}_1$ 在某一坐标系 $\{A\}$ 中，经算子 $\boldsymbol{T}$ 平移并旋转得到一个新的矢量 ${}^A\boldsymbol{P}_2$，${}^A\boldsymbol{P}_1$ 和 ${}^A\boldsymbol{P}_2$ 的关系如下：

$${}^A\boldsymbol{P}_2=\boldsymbol{T}\,{}^A\boldsymbol{P}_1 \tag{1.27}$$

这里需要注意的是，虽然式(1.27)和式(1.12)意义不同，但数学描述是相同的。同平移和旋转算子一样，变换算子的描述也只涉及一个坐标系，所以算子 $\boldsymbol{T}$ 没有上下标。

例 1.5 已知矢量 ${}^A\boldsymbol{P}_1=[3\quad 7\quad 0\quad 1]^{\mathrm{T}}$，如图 1.10 所示，将其绕 z_A 轴旋转 30°，然沿着 x_A 轴平移 10 个单位，最后沿 y_A 轴平移 5 个单位得到新的矢量 ${}^A\boldsymbol{P}_2$，求 ${}^A\boldsymbol{P}_2$。

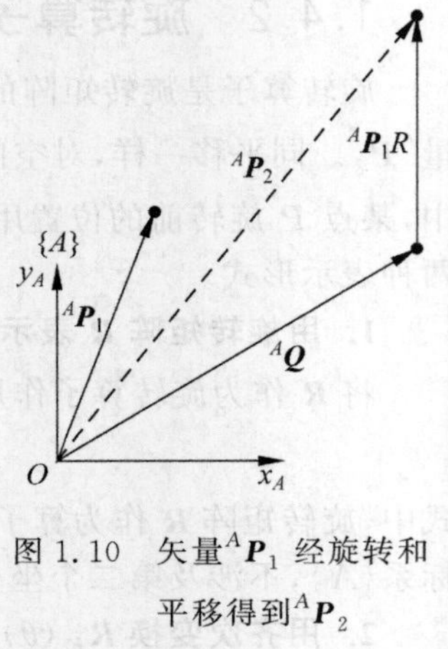

解：题中描述了矢量 ${}^A\boldsymbol{P}_1$ 在坐标系 $\{A\}$ 中平移和旋转的情况，因此可实现上述平移和旋转的变换算子 $\boldsymbol{T}$ 为：

$$\boldsymbol{T}=\begin{bmatrix}0.866 & -0.5 & 0 & 10\\ 0.5 & 0.866 & 0 & 5\\ 0 & 0 & 1 & 0\\ 0 & 0 & 0 & 1\end{bmatrix}$$

图 1.10 矢量 ${}^A\boldsymbol{P}_1$ 经旋转和平移得到 ${}^A\boldsymbol{P}_2$

题中已知 ${}^A\boldsymbol{P}_1=[3\quad 7\quad 0\quad 1]^{\mathrm{T}}$，则由式(1.27)可得 ${}^A\boldsymbol{P}_2$ 为：

$${}^A\boldsymbol{P}_2=\boldsymbol{T}\,{}^A\boldsymbol{P}_1=\begin{bmatrix}0.866 & -0.5 & 0 & 10\\ 0.5 & 0.866 & 0 & 5\\ 0 & 0 & 1 & 0\\ 0 & 0 & 1 & 1\end{bmatrix}\begin{bmatrix}3\\ 7\\ 0\\ 1\end{bmatrix}=\begin{bmatrix}9.098\\ 12.562\\ 0\\ 1\end{bmatrix}$$

1.5 姿态的其他描述方法

前面介绍了采用 3×3 的旋转矩阵描述物体的姿态，本节将介绍姿态的其他描述方法。由于旋转矩阵既可以看成是映射，又可看成算子，还可以作为物体姿态的描述，用途不同时，表示方法自然也就不同。旋转矩阵作为算子或映射使用时，起到运算的作用。根据矩阵的运算规则，使用十分方便，但用旋转矩阵确定姿态时，并不方便。旋转矩阵的 9 个元素中，只有 3 个是独立的，但是我们需要输入它的 9 个元素，如果我们能用 3 个参数描述会显得较为简便。下面介绍的这些表示方法只需要 3 个或者 4 个参数。

1.5.1 *X-Y-Z* 固定角坐标系

X-Y-Z 固定角坐标系姿态的表示方法为：先将坐标系$\{B\}$的初始姿态和固定参考坐标系$\{A\}$重合，然后将坐标系$\{B\}$绕$\{A\}$的 X_A 轴旋转 γ 角，再绕着 Y_A 轴旋转 β 角，最后绕 Z_A 轴旋转 α 角。我们称对应于固定参考坐标系 X、Y 和 Z 轴旋转的角分别为**回转角**、**俯仰角**和**偏转角**。这里的 3 次旋转都是绕着固定参考坐标系的轴进行的，如图 1.11 所示。

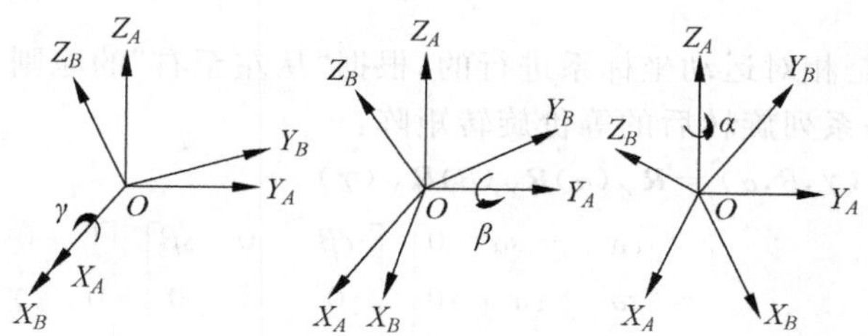

图 1.11 *X-Y-Z* 固定角坐标系(分别绕固定参考坐标系的 X、Y 和 Z 轴旋转)

可以通过 3 个旋转矩阵的相乘推导出等价旋转矩阵，即：

$$
\begin{aligned}
{}^A_B\boldsymbol{R}_{XYZ}(\gamma,\beta,\alpha) &= \boldsymbol{R}_Z(\alpha)\boldsymbol{R}_Y(\beta)\boldsymbol{R}_X(\gamma) \\
&= \begin{bmatrix} c\alpha & -s\alpha & 0 \\ s\alpha & c\alpha & 0 \\ 0 & 0 & 1 \end{bmatrix} \begin{bmatrix} c\beta & 0 & s\beta \\ 0 & 1 & 0 \\ -s\beta & 0 & c\beta \end{bmatrix} \begin{bmatrix} 1 & 0 & 0 \\ 0 & c\gamma & -s\gamma \\ 0 & s\gamma & c\gamma \end{bmatrix}
\end{aligned} \tag{1.28}
$$

式中，$c\alpha$ 是余弦函数 $\cos\alpha$ 的简写，$s\alpha$ 是正弦函数 $\sin\alpha$ 的简写，$c\beta$、$s\beta$、$c\gamma$ 和 $s\gamma$ 分别是它们对应正余弦函数的简写。而表达式中旋转矩阵相乘的顺序，是按照"从右向左"的原则，依次右乘基本旋转矩阵，将式(1.28)中的矩阵相乘可得：

$$
{}^A_B\boldsymbol{R}_{XYZ}(\gamma,\beta,\alpha) = \begin{bmatrix} c\alpha c\beta & c\alpha s\beta s\gamma - s\alpha c\gamma & c\alpha s\beta c\gamma + s\alpha s\gamma \\ s\alpha c\beta & s\alpha s\beta s\gamma + c\alpha c\gamma & s\alpha s\beta c\gamma - c\alpha s\gamma \\ -s\beta & c\beta s\gamma & c\beta c\gamma \end{bmatrix} \tag{1.29}
$$

需要注意的是，上式只在旋转顺序按照先绕 X_A 轴旋转 γ 角，再绕着 Y_A 轴旋转 β 角，最后绕 Z_A 轴旋转 α 角时成立。

1.5.2 *Z-Y-X* 欧拉角坐标系

Z-Y-X 欧拉角坐标系姿态的描述方法为：先将坐标系$\{B\}$的初始姿态和固定参考坐标系$\{A\}$重合，然后将坐标系$\{B\}$绕着自身的 Z_B 轴旋转 α 角，再绕着 Y_B 轴旋转 β 角，最后绕 X_B 轴旋转 γ 角。我们称这样三个一组的旋转为欧拉角，由于三次旋转分别是绕着运动坐标系$\{B\}$的 Z、Y 和 X 轴，因此称这种表示姿态的方法为 *Z-Y-X* 欧拉角。这里与 *X-Y-Z* 固定角坐标系姿态表示法最大的不同是，三次旋转都是绕运动坐标系$\{B\}$的各轴旋转，而不再是绕固定

参考坐标系$\{A\}$的各轴进行旋转,如图 1.12 所示。

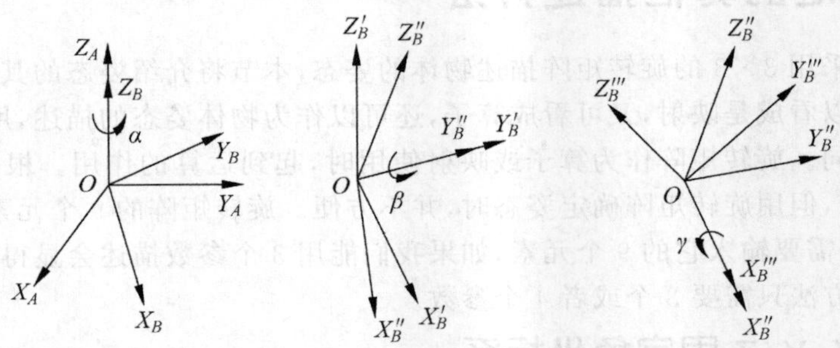

图 1.12 Z-Y-X 固定角坐标系(分别绕运动坐标系的 Z、Y 和 X 轴旋转)

坐标系$\{B\}$绕着自身的 Z_B 轴旋转 α 角后,将 X 旋转到 X'、Y 旋转到 Y'位置,依次往后,每经过一次旋转,都在旋转后得到的轴上多加一个"撇号",如图 1.12 所示。由 Z-Y-X 欧拉角旋转后得到的等价矩阵用${}^A_B\boldsymbol{R}_{Z'Y'X'}(\gamma,\beta,\alpha)$表示,这里下标上的"撇号"表示是由欧拉角描述的旋转。

因为三次旋转都是相对运动坐标系进行的,根据"从左至右"的原则,依次左乘每次旋转对应的矩阵,可得经过一系列旋转后的等价旋转矩阵:

$$
\begin{aligned}
{}^A_B\boldsymbol{R}_{Z'Y'X'}(\gamma,\beta,\alpha) &= \boldsymbol{R}_Z(\alpha)\boldsymbol{R}_Y(\beta)\boldsymbol{R}_X(\gamma) \\
&= \begin{bmatrix} c\alpha & -s\alpha & 0 \\ s\alpha & c\alpha & 0 \\ 0 & 0 & 1 \end{bmatrix} \begin{bmatrix} c\beta & 0 & s\beta \\ 0 & 1 & 0 \\ -s\beta & 0 & c\beta \end{bmatrix} \begin{bmatrix} 1 & 0 & 0 \\ 0 & c\gamma & -s\gamma \\ 0 & s\gamma & c\gamma \end{bmatrix}
\end{aligned} \tag{1.30}
$$

将上式右边的矩阵相乘,从而可以得出:

$$
{}^A_B\boldsymbol{R}_{Z'Y'X'}(\gamma,\beta,\alpha) = \begin{bmatrix} c\alpha c\beta & c\alpha s\beta s\gamma - s\alpha c\gamma & c\alpha s\beta c\gamma + s\alpha s\gamma \\ s\alpha c\beta & s\alpha s\beta s\gamma + c\alpha c\gamma & s\alpha s\beta c\gamma - c\alpha s\gamma \\ -s\beta & c\beta s\gamma & c\beta c\gamma \end{bmatrix} \tag{1.31}
$$

比较式(1.29)和式(1.31)可以发现,采用 Z-Y-X 欧拉角坐标系和 X-Y-Z 固定角坐标系描述姿态得到的结果完全相同,即 3 次都绕固定坐标系的轴旋转的最终姿态与以相反顺序三次都绕运动坐标系的轴旋转的最终姿态是相同的。因此,也可以用式(1.31)来求解同一个已知旋转矩阵的 Z-Y-X 欧拉角。

例如,在 Z-Y-X 欧拉角中,坐标系$\{B\}$绕 Z_B 旋转 30°,再绕 Y_B 旋转 45°,最后绕 Z_B 旋转 60°,要求解经过这一系列旋转变换得到的旋转矩阵。

1.5.3 Z-Y-Z 欧拉角坐标系

Z-Y-Z 欧拉角坐标系表示姿态的方法为:先将坐标系$\{B\}$的初始姿态和固定参考坐标系$\{A\}$重合,然后将坐标系$\{B\}$绕着自身的 Z_B 轴旋转 α 角,再绕着 Y_B 轴旋转 β 角,最后绕 Z_B 轴旋转 γ 角。

与 Z-Y-X 欧拉角坐标系描述姿态的方法相同,Z-Y-Z 欧拉角坐标系表示姿态的方法也是三次旋转都围绕运动坐标系$\{B\}$进行,又因三次旋转的顺序依次绕 Z 轴、Y 轴和 Z 轴,因此称这种描述为 Z-Y-Z 欧拉角。

同 Z-Y-X 欧拉角坐标系相同,由于三次旋转都是相对于运动坐标系而言的,根据"从左至右"的原则,依次左乘对应的旋转矩阵,可得最终的等价旋转矩阵为

$$
{}^A_B\boldsymbol{R}_{Z'Y'Z'}(\gamma,\beta,\alpha) = \boldsymbol{R}_Z(\alpha)\boldsymbol{R}_Y(\beta)\boldsymbol{R}_Z(\gamma)
$$

$$
=\begin{bmatrix} c\alpha & -s\alpha & 0 \\ s\alpha & c\alpha & 0 \\ 0 & 0 & 1 \end{bmatrix}\begin{bmatrix} c\beta & 0 & s\beta \\ 0 & 1 & 0 \\ -s\beta & 0 & c\beta \end{bmatrix}\begin{bmatrix} c\gamma & -s\gamma & 0 \\ s\gamma & c\gamma & 0 \\ 0 & 0 & 1 \end{bmatrix} \tag{1.32}
$$

将上式右边的矩阵相乘，从而可以得出：

$$
{}_B^A\boldsymbol{R}_{Z'Y'Z'}(\gamma,\beta,\alpha)=\begin{bmatrix} c\alpha s\beta c\gamma - s\alpha s\gamma & -c\alpha c\beta s\gamma - s\alpha c\gamma & c\alpha s\beta \\ s\alpha c\beta c\gamma + c\alpha s\gamma & -s\alpha c\beta s\gamma + c\alpha c\gamma & s\alpha s\beta \\ -s\beta c\gamma & s\beta s\gamma & c\beta \end{bmatrix} \tag{1.33}
$$

这里需要补充一点，上述三种表示姿态的方法中，求最终的等价旋转矩阵时，矩阵是左乘还是右乘取决于旋转是相对于固定坐标系还是运动坐标系，若是相对于固定坐标系的描述，则从右向左；反之，则从左向右。

1.5.4 等效轴角坐标系

前面介绍了三种描述姿态的常用方法：X-Y-Z 固定角、Z-Y-X 欧拉角和 Z-Y-Z 欧拉角，这三种方法是角坐标系表示法中三种典型的表示方法。角坐标表示法的原理是：首先将坐标系$\{B\}$和一个固定的参考坐标系$\{A\}$重合，然后每次将$\{B\}$绕着$\{A\}$或$\{B\}$的其中一条轴旋转一定的角度，连续旋转三次。角坐标表示法有 24 种典型的表示方法，其中 12 种为固定角坐标系法，这种方法每次旋转都只围绕着固定参考坐标系$\{A\}$的某一条轴；另外 12 种称为欧拉角坐标系法，但是该方法每次旋转都是绕着运动坐标系$\{B\}$的某一条轴。

下面介绍等效轴角坐标系表示法。将坐标系$\{B\}$的初始姿态和固定参考坐标系$\{A\}$重合，然后将坐标系$\{B\}$绕矢量${}^A\boldsymbol{K}$ 按右手定则旋转 θ 角。$\{B\}$相对于$\{A\}$的姿态用${}^A\boldsymbol{R}_{\hat{K}}(\theta)$表示，也称作等效轴角坐标系法。矢量${}^A\hat{\boldsymbol{K}}$ 也称为有限旋转的等效轴。

等效轴角坐标系如图 1.13 所示，当旋转轴为坐标系$\{A\}$的主轴之一时，则等效旋转矩阵为：

$$
\boldsymbol{R}_x(\theta)=\begin{bmatrix} 1 & 0 & 0 \\ 0 & \cos\theta & -\sin\theta \\ 0 & \sin\theta & \cos\theta \end{bmatrix} \tag{1.34}
$$

$$
\boldsymbol{R}_y(\theta)=\begin{bmatrix} \cos\theta & 0 & \sin\theta \\ 0 & 1 & 0 \\ -\sin\theta & 0 & \cos\theta \end{bmatrix} \tag{1.35}
$$

$$
\boldsymbol{R}_z(\theta)=\begin{bmatrix} \cos\theta & -\sin\theta & 0 \\ \sin\theta & \cos\theta & 0 \\ 0 & 0 & 1 \end{bmatrix} \tag{1.36}
$$

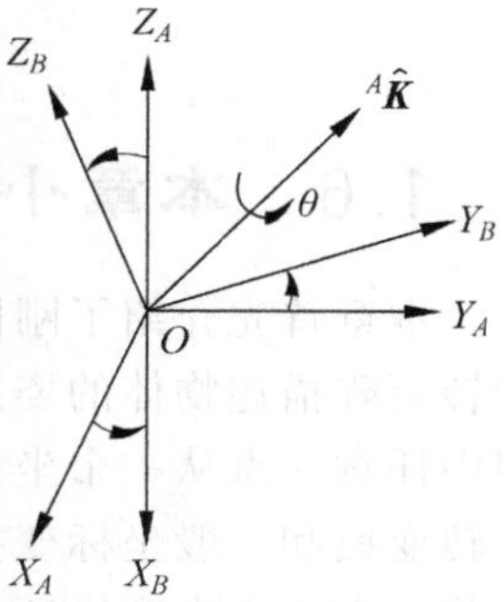

图 1.13 等效轴角坐标系

如果旋转轴为一般轴，等效旋转矩阵如下：

$$
\boldsymbol{R}_K(\theta)=\begin{bmatrix} k_x k_x v\theta + c\theta & k_x k_y v\theta - k_z s\theta & k_x k_z v\theta + k_y s\theta \\ k_x k_y v\theta + k_z s\theta & k_x k_y v\theta + c\theta & k_y k_z v\theta - k_x s\theta \\ k_x k_z v\theta - k_y s\theta & k_y k_z v\theta + k_x s\theta & k_z k_z v\theta + c\theta \end{bmatrix} \tag{1.37}
$$

式中，$v\theta=1-\cos\theta$，矢量${}^A\hat{\boldsymbol{K}}=[k_x \quad k_y \quad k_z]^{\mathrm{T}}$，$\theta$ 的符号则由右手定则确定，即 $\hat{\boldsymbol{K}}$ 的正方向为拇指指向。

例 1.6 坐标系$\{B\}$的初始姿态和坐标系$\{A\}$重合，将坐标系$\{B\}$绕矢量${}^A\hat{\boldsymbol{K}}=[0.707 \quad 0.707 \quad 70.0]^{\mathrm{T}}$（${}^A\hat{\boldsymbol{K}}$ 经过坐标原点）旋转 30°，求坐标系$\{B\}$的描述。

解：将 $\theta=30°$代入式(1.37)中，可得坐标系描述的旋转矩阵分量，如下：

$$
\boldsymbol{R}_K(\theta)=\begin{bmatrix} k_x k_x v\theta + c\theta & k_x k_y v\theta - k_z s\theta & k_x k_z v\theta + k_y s\theta \\ k_x k_y v\theta + k_z s\theta & k_x k_y v\theta + c\theta & k_y k_z v\theta - k_x s\theta \\ k_x k_z v\theta - k_y s\theta & k_y k_z v\theta + k_x s\theta & k_z k_z v\theta + c\theta \end{bmatrix}
$$

$$
=\begin{bmatrix} 0.933 & 0.067 & 0.354 \\ 0.067 & 0.933 & -0.354 \\ -0.354 & 0.354 & 0.866 \end{bmatrix}
$$

由于旋转轴经过原点，即原点没有变，所以位置矢量为$[0 \quad 0 \quad 0]^{\mathrm{T}}$，则：

$$
{}_B^A\boldsymbol{T}=\begin{bmatrix} 0.933 & 0.067 & 0.354 & 10 \\ 0.067 & 0.933 & -0.354 & 5 \\ -0.354 & 0.354 & 0.866 & 0 \\ 0 & 0 & 0 & 0 \end{bmatrix}
$$

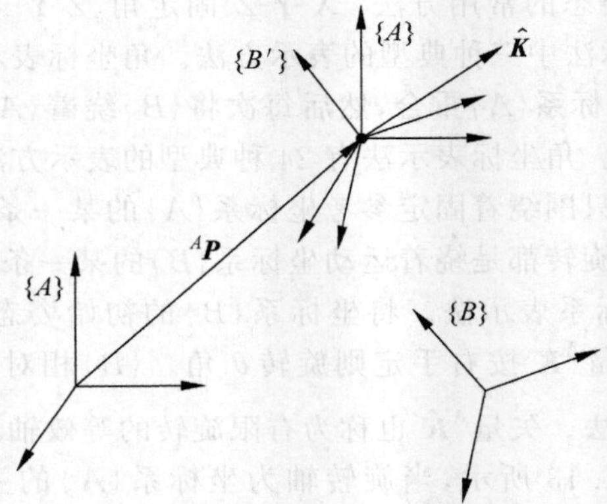

图 1.14 矢量$^A\boldsymbol{P}_1$经旋转和平移得到$^A\boldsymbol{P}_2$

1.6 本章小结

本章首先介绍了刚体位置和姿态的描述方法，包括用位置矢量描述空间中点的位置，采用旋转矩阵描述物体的姿态，而坐标系的描述则概括了刚体位置和姿态的描述。然后讨论了空间中任意一点从一个坐标系到另一个坐标系的描述，以及常用的坐标变换方法，如平移变换、旋转变换和一般坐标变换。在此基础上，进一步研究齐次坐标变换，包括齐次变换矩阵及其逆矩阵。由于齐次变换还可以作为运动算子，因此本章介绍了以齐次变换为基础的运动算子，有平移算子、旋转算子以及变换算子。最后，介绍了除旋转矩阵之外的其他描述姿态的方法，包括 X-Y-Z 固定角坐标系、Z-Y-X 欧拉角坐标系等姿态的表示方法。这些内容作为研究机器人的数学基础，为后续研究机器人运动学、动力学以及控制等提供理论支撑。

第 2 章 CHAPTER 2 机器人运动学建模

机器人运动学是研究机器人运动的几何关系，不考虑产生运动的力和力矩，只研究运动的位置、速度、加速度和位置变量对其他变量的高阶导数。机器人运动学是研究机器人动力学、轨迹规划和位置控制的重要基础。

机器人运动学包括两方面的内容：机器人正运动学和逆运动学。给定机器人各个关节的角度，求机器人末端执行器的位置和姿态，这就是正运动学问题，也称机器人运动方程的表示问题。求解该问题比较简单，而且它的解是唯一确定的。机器人逆运动学问题也称机器人运动学方程的逆解，或间接位置求解，即给定机器人末端执行器的位置和姿态，求解可到达给定位置和姿态的各关节的角度值。机器人逆运动学问题的求解比较复杂，而且往往有多个解。逆运动学问题实际上是一个非线性超越方程组的求解问题，其中包括解的存在性、唯一性及求解的方法等一系列复杂问题。

机器人的运动学模型包括描述机器人各连杆、关节的位置以及建立在各关节上的坐标系，其任务之一就是确立机器人末端执行器的位姿。

2.1 连杆描述和关节变量

2.1.1 机械臂的构成

机器人本体一般是一台机械臂，也称操作臂或操作手，可以在确定的环境中执行控制系统指定的操作。其臂部一般采用空间开链连杆机构，其中的运动副(转动副或移动副)常称为关节。根据关节配置和运动坐标形式的不同，机器人执行机构可分为直角坐标式、圆柱坐标式、极坐标式和关节坐标式等类型。

如图 2.1 所示，机械臂可以看成是由一系列连杆通过关节依次连接而成的开式运动链。第一个固定连杆连接机械臂的基座(可称它为连杆 0)，第一个可动连杆为连杆 1，第二个可动变杆为连杆 2……以此类推，最末端的连杆 n 连接着机械臂的末端执行器。通常在基座处建立一个固定参考坐标系，称为基坐标系；在末端执行器建立的坐标系称为工具坐标系，一般用它来描述机械臂的位置。

从本质上看，关节通常可分为移动关节和转动(旋转)关节两类。移动关节可以沿着基准轴移动，而旋转关节则是围绕基准轴转动，不管是转动还是移动，都是沿着或者围绕着一个轴进行的，这被称为一个运动自由度。每一个转动关节提供一个转动自由度，每一个移动关节提供一个移动自由度，关节个数通常即为机器人的自由度数，各关节间是以固定杆件相连接的。还有一种特殊的关节称为球关节，它有 3 个自由度，一个球关节可以用 3 个转动关节和一个零长度的连杆来描述。为了确定末端执行器在三维空间中的位姿，机械臂至少需要 6 个关节，刚好对应 6 个自

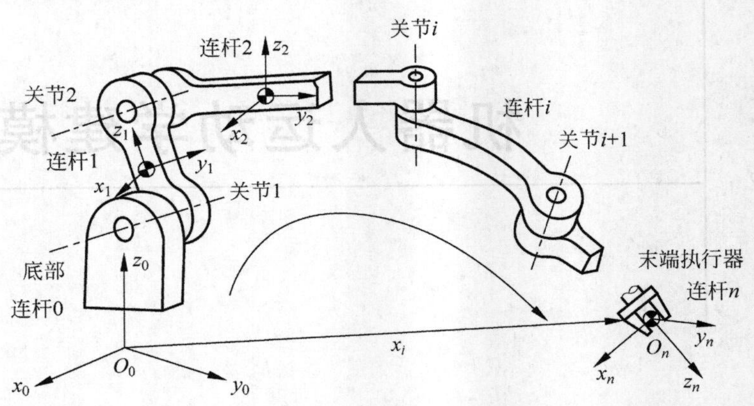

图 2.1　机械臂的构成

由度,其中 3 个用来确定末端执行器的位置,另外 3 个则用来确定末端执行装置的方向(姿势)。

2.1.2　连杆描述

描述连杆的参数有两个,无论形状多么复杂的连杆,实际上它在运动时能提供的运动学功能可以用两个参数来确定,一个是连杆长度 a_{i-1},另一个是连杆转角 α_{i-1},如图 2.2 所示。

如图 2.2 所示,一个连杆两端连接着两个关节,为了描述方便,我们规定连杆 i 左端的关节是 i,因此,基座为连杆 0,而基座和连杆 1 之间的关节就是关节 1,事实上关节 1 就是机器人的第一个关节;算上基座 0,一个 n 自由度的机械臂就有 n 个关节和 $n+1$ 个连杆。对于图中的连杆 $i-1$,其左边对应的是关节轴 $i-1$,右边对应的是关节轴 i,两个关节轴之间的关系便由这个连杆确定。在三维空间中,两个关节轴线之间的距离和角度可以描述它们之间的位置关系。图 2.2 中,a_{i-1} 就是关节轴 $i-1$ 和关节轴 i 之间的公垂线,即为连杆长度。在三维空间中总是可以找到两条直线之间的公垂线,如果它们平行,则有无数条公垂线;如果它们不在一个平面,则只有一条公垂线;如果它们相交,则公垂线就是一个点。总之,关节轴线 $i-1$ 和关节轴线 i 之间的距离是由连杆 $i-1$ 来确定的。

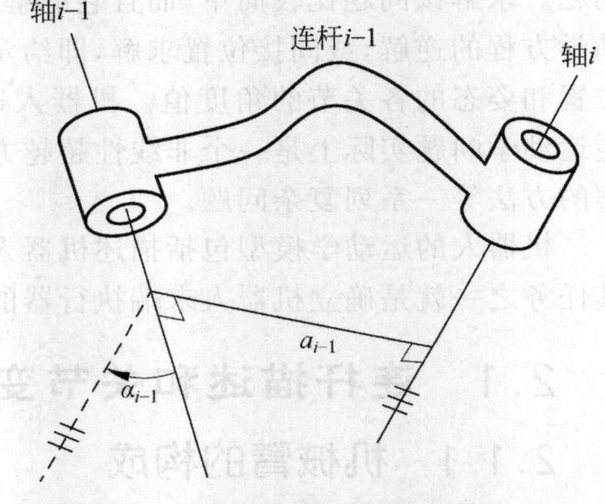

图 2.2　连杆的运动参数

除了描述两条轴线之间的距离外,我们还需要描述这两条轴线之间的夹角,即连杆转角。连杆转角是关节轴 $i-1$ 绕着公垂线 a_{i-1} 转动到和关节轴 i 平行时所转过的角度 α_{i-1}(按照右手法则转动,公垂线 a_{i-1} 方向定义为从轴 $i-1$ 指向轴 i)。注意:在以上描述中,连杆长度 a 和连杆转角 α 的下标都是 $i-1$,因为连杆也是第 $i-1$ 根连杆,这与前文关于连杆的规定是一致的。

通常用连杆长度 a_{i-1} 和连杆转角 α_{i-1} 来描述连杆 $i-1$ 本身的特征。

2.1.3　连杆连接的描述

1. 中间连杆连接的描述

相邻的两个连杆之间有一个共同的关节轴线。因此,对应于每一关节轴线 i 都有两条公垂线与它垂直,这两条公垂线之间的距离称为连杆偏距,记为 d_i,它代表连杆 i 相对于连杆

$i-1$ 的偏置。同样地，对应于关节轴线 i 的两条公垂线之间的夹角称为关节角，记为 θ_i。

图 2.3 表示连杆 i 和连杆 $i-1$ 之间的连接关系。描述相邻连杆之间连接关系的参数也有两个。第一个参数是连杆偏距 d_i，用来描述连杆 i 和连杆 $i-1$ 的连接关系；另一个参数为关节角 θ_i，用来描述连杆 i 和连杆 $i-1$ 之间的连接关系。注意：参数 θ_i 和 d_i 都有正负号之分。由图 2.3 可知，对应于关节轴 i 的两条公垂线分别为 a_{i-1} 和 a_i，它们之间的距离为 d_i，即沿着关节轴 i 的轴向，a_{i-1} 与轴线 i 的交点到 a_i 与该轴线交点之间的距离，参数 d_i 反映了两个连杆沿着轴 i 的距离。θ_i 则表示绕轴 i 将 a_{i-1} 的延长线转动到与 a_i 平行时所转过的角度，关节角反映了两个连杆在关节轴处的夹角。通过连杆偏距和关节角可以将两个相邻连杆之间的相对位置描述清楚。

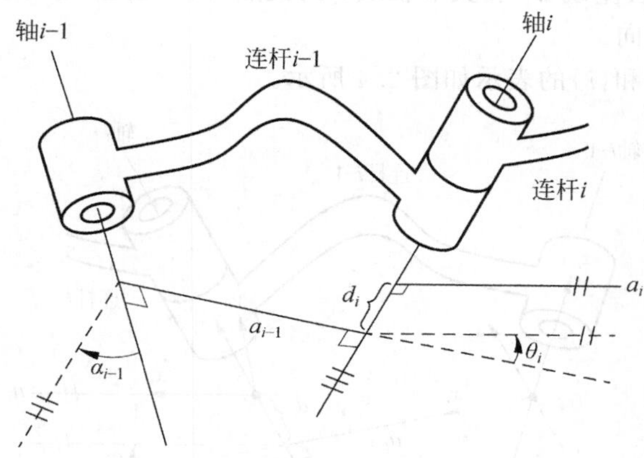

图 2.3 描述中间连杆连接的参数

2. 连杆参数和关节变量

因此，对于一个连杆，需要 4 个参数对其进行描述，其中两个参数描述连杆本身的特性，另外两个参数描述相邻连杆之间的相对位置。连杆偏距 d_i 和关节角 θ_i 是由关节设计决定的，反映了关节的运动学特性。如果关节 i 是一个转动关节，那么连杆 $i-1$ 和连杆 i 之间沿着关节轴线 i 的距离 d_i 就是一个定值，对于任意给定的机器人，该值不会发生变化，而 θ_i 则会改变，因此 θ_i 称为关节变量，即机器人在运动过程中它会发生变化。同样地，如果关节 i 是一个移动关节，那么连杆 $i-1$ 和连杆 i 之间的夹角 θ_i 就是一个定值，变化的是两个连杆沿着关节轴线的距离 d_i，此时 d_i 称为关节变量。

2.2 D-H 参数法建立关节坐标系

D-H 参数全称为 Denavit-Hartenberg 参数，它是 Denavit 和 Hartenberg 于 1955 年提出的。后来有学者利用 D-H 参数对机器人进行建模，并导出其运动方程。D-H 参数方法已成为表示机器人和对机器人运动进行建模的一种标准方法。在标准的 D-H 参数法中，描述机械臂中的每一个连杆需要 4 个运动学参数，分别是连杆长度 a_{i-1}、连杆转角 α_{i-1}、连杆偏距 d_i 和关节角 θ_i。本节将介绍使用 D-H 参数法建立机器人关节坐标系的一些原则。

D-H 方法是为每个关节处的连杆坐标系建立 4×4 齐次变换矩阵，来表示此关节处的连杆与前一个连杆坐标系的关系，并通过逐次变换，最终求出用基坐标系表示的末端坐标系的变换矩阵。为了确定各连杆之间的相对运动和位姿关系，需要在每个连杆上固连一个坐标系。固连坐标系的命名与固连坐标系所在连杆的编号相关。连杆 0 上固连的坐标系为坐标系{0}，因连杆 0 与基座相连，固定不动，该坐标系也称基坐标系。坐标系{0}通常作为参考坐标系描述其他连杆坐标系的位置和方位。与连杆 1 固连的坐标系称为坐标系{1}，以此类推，与最后一个连杆 n 固连的坐标系称为坐标系{n}，即末端坐标系。

2.2.1 确定和建立坐标系的原则

在建立坐标系时应按照如下原则确定连杆 i 的坐标系{i}。

(1) 坐标系 z 轴：z_i 与关节轴 i 重合，但 z 轴的指向可以任意设定。

(2) 坐标系 x 轴：x_i 与连杆 i 的公垂线 a_i 重合，正方向为由关节 i 指向关节 $i+1$。

(3) 坐标系 y 轴：y_i 按照右手法则确定。

(4) 坐标原点：为公垂线 a_i 和关节轴线 i 的交点，沿着公垂线 a_i 由关节轴线 i 指向关节轴线 $i-1$ 是 x_i 的正方向。

连杆坐标系{$i-1$}和{i}的表示如图 2.4 所示。

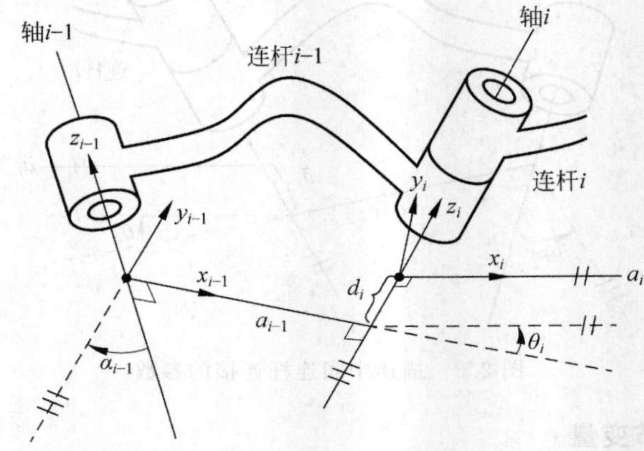

图 2.4 连杆坐标系

基于以上原则，基坐标系{0}在基座上的位置和方向可以任意选择，只要 z_0 轴沿着关节轴 1 的方向即可。而末端坐标系{n}只需要满足 x_n 轴与 z_{n-1} 轴垂直即可。

通常为简化起见，基坐标系{0}的 z_0 轴除了需要满足其正方向与关节轴 1 的方向相同之外，假定关节变量 1 为 0 时，设定坐标系{1}和{0}重合，即 $a_0=0, \alpha_0=0$；当关节 1 为转动关节时，$d_1=0$；当关节 1 为移动关节时，$\theta_1=0$。

同样地，末端坐标系{n}的设定与坐标系{0}相似。当关节 n 为转动关节时，选取的 x_n 应使 $\theta_n=0$，即 x_n 轴与 x_{n-1} 轴重合，坐标系{n}原点的选取应使 $d_n=0$。当关节 n 为移动关节时，选取的坐标轴 x_n 应满足 $\theta_n=0$ 和 $d_n=0$，而坐标原点的选取应使 x_n 轴与 x_{n-1} 轴重合。

需要注意的是，根据上述关于坐标系的规定，建立的坐标系并不能保证其唯一性。例如，z_i 轴虽与关节轴 i 重合，但 z 轴的指向却有两种可能。此外，对于移动关节，在选择坐标系时也有一定的任意性。

2.2.2 D-H 参数

对于每个关节，4 个 D-H 参数（a_{i-1}、α_{i-1}、d_i 和 θ_i）中有 3 个为固定常量，另一个是变量。对于转动关节，θ_i 为变量，其他 3 个为常量；对于移动关节，连杆偏距 d_i 为变量，其他 3 个参数固定不变。这种描述机构运动关系的规则称为 D-H 参数方法。任一机械臂各连杆之间的运动关系都可以通过关节变量和连杆参数来描述。根据上述关于连杆坐标系的规定，对这 4 个参数的定义如下：

(1) 连杆长度 a_{i-1}：x_i 轴方向上 z_i 轴和 z_{i+1} 轴之间的距离。

(2) 连杆转角 α_{i-1}：x_i 轴方向上 z_i 轴到 z_{i+1} 轴旋转的角度。

(3) 连杆偏距 d_i：z_i 轴方向上 x_{i-1} 轴到 x_i 轴之间的距离。

(4) 关节角 θ_i：z_i 轴方向上 x_{i-1} 轴到 x_i 轴旋转的角度。

若给出上述 4 个参数的正负号规则，则可以完全确定机械臂每一个连杆的位姿。由于 a_{i-1} 表示连杆的长度，通常规定 $a_{i-1}>0$，其他 3 个参数则可正可负。

2.2.3 连杆坐标系建立的步骤

对于某一给定的机械臂，建立其各连杆坐标系的步骤如下。

① 找出各个关节轴并画出其轴线。

② 找出并画出相邻两轴 i 和 $i+1$ 的公垂线 a_i 或两轴线的交点，选取两轴线的交点或者公垂线 a_i 与关节轴 i 的交点作为坐标系$\{i\}$的原点。

③ 规定 z_i 轴与关节轴 i 重合。

④ 规定 x_i 轴沿公垂线a_i 的方向由关节轴i 指向关节轴$i+1$。若关节轴 i 与关节轴$i+1$ 相交，则规定 x_i 轴垂直于关节轴 i 和 $i+1$ 所在的平面。

⑤ 按右手法则确定 y_i。

⑥ 当第一个关节变量为 0 时，使坐标系$\{1\}$和$\{0\}$重合。对于末端坐标系$\{n\}$，原点和 x_n 的方向可任选，为使计算简单，通常在选取时我们希望坐标系$\{n\}$的连杆参数尽可能为 0。

例 2.1 如图 2.5 所示为平面三连杆机械臂，其中 3 个关节均为转动关节，也称 RRR(或者 3R)机构，请建立该机构的连杆坐标系，并写出对应的 D-H 参数。

解：先设定参考坐标系$\{0\}$，它固定在基座上。根据上述连杆坐标系的建立原则可知，当关节变量 1 为 0 时，坐标系$\{1\}$和$\{0\}$重合，因此可以建立如图 2.5 所示的坐标系$\{0\}$，且 z_0 轴与关节轴 1 的轴线重合。

该机械臂位于一个平面上，因此所有的 z 轴相互平行，即没有连杆偏距，所有的 d_i 都为 0；机械臂所有的关节轴线都与它所在的平面垂直，所有的 z 轴都垂直于纸面向外，因此所有的 α_i 也均为 0。

x_i 轴沿公垂线 a_i 的方向，由关节轴 i 指向关节轴 $i+1$。

所有 y 轴的方向由右手法则确定，各关节坐标系如图 2.6 所示。

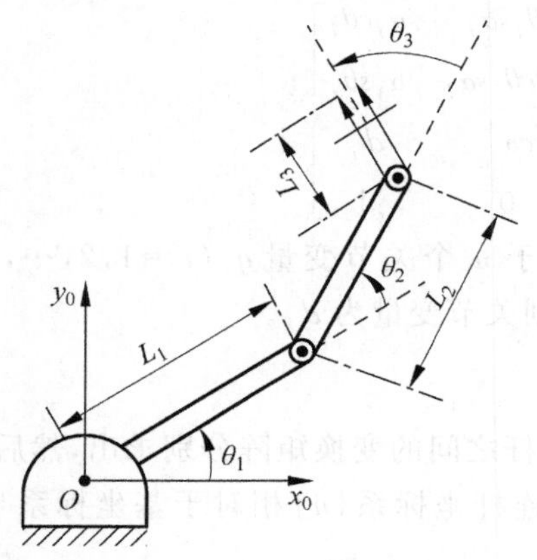

图 2.5 平面三连杆机械臂

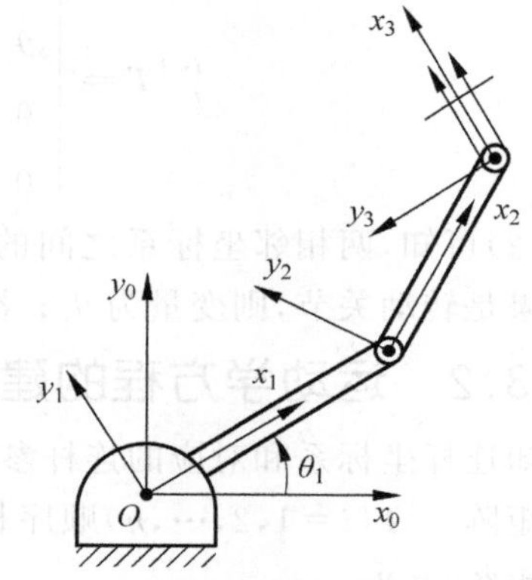

图 2.6 平面三连杆机械臂的坐标系

基于上述分析和题中的已知条件,可得该平面三连杆机械臂的D-H参数如表2.1所示。

表2.1 平面三连杆机械臂D-H参数表

连杆	α_{i-1}	a_{i-1}	d_i	θ_i
1	0	0	0	θ_1
2	0	L_1	0	θ_2
3	0	L_2	0	θ_3

2.3 机械臂正运动学方程

一旦对所有连杆规定坐标系之后,就可以根据建立的关节坐标系,列出各连杆的常量参数。本节先基于D-H参数法建立的关节坐标系推导出相邻连杆之间的坐标变换,即各连杆间坐标变换的一般形式;然后将这些变换依次相乘,即可得到机械臂的正运动学方程。

2.3.1 连杆变换矩阵

对于给定的机械臂,可以根据建立好的关节坐标系按照下列顺序通过两次旋转和两次平移建立起相邻连杆 $i-1$ 和 i 的对应关系。

① 先将坐标系$\{i-1\}$绕 z_{i-1} 轴旋转 θ_i 角,再沿着 z_{i-1} 轴平移一段距离 d_i,使 x_{i-1} 轴与 x_i 轴平行,得到的新坐标系为$\{i-1'\}$,对应的轴分别为 x'_{i-1} 轴、y'_{i-1} 轴和 z'_{i-1} 轴,对应的坐标原点为 O'_{i-1}。

② 然后将坐标系$\{i-1'\}$沿 x'_{i-1} 轴平移一段距离 a_{i-1},使连杆 $i-1$ 和连杆 i 的坐标原点 O'_{i-1} 和 O_i 重合;并绕 x'_{i-1} 轴旋转 α_{i-1} 角,使坐标系$\{i-1'\}$和$\{i\}$的 z 轴重合,即 z'_{i-1} 轴和 z_i 轴重合。

经过上述坐标变换,最终使得坐标系$\{i-1\}$与坐标系$\{i\}$重合,可用表示连杆 i 对连杆 $i-1$ 相对位置的4个齐次变换矩阵来描述,称为 $\boldsymbol{T}$ 矩阵,也称为连杆变换矩阵,记为${}^{i-1}_{i}\boldsymbol{T}$。按照"从左到右"的原则,可以得到${}^{i-1}_{i}\boldsymbol{T}$ 的表达式

$$ {}^{i-1}_{i}\boldsymbol{T}=\boldsymbol{R}_Z(\theta_i)Trans(0,0,d_i)Trans(a_{i-1},0,0)\boldsymbol{R}_X(\alpha_{i-1}) \tag{2.1} $$

由式(2.1)可以看出,连杆变换矩阵就是描述连杆坐标系间相对平移和旋转的齐次变换。对式(2.1)展开计算,可得${}^{i-1}_{i}\boldsymbol{T}$ 的一般表达式

$$ {}^{i-1}_{i}\boldsymbol{T}=\begin{bmatrix} c\theta_i & -s\theta_i c\alpha_i & s\theta_i s\alpha_i & a_i c\theta_i \\ s\theta_i & c\theta_i c\alpha_i & -c\theta_i s\alpha_i & a_i s\theta_i \\ 0 & s\alpha_i & c\alpha_i & d_i \\ 0 & 0 & 0 & 1 \end{bmatrix} \tag{2.2} $$

由式(2.2)可知,两相邻坐标系之间的变换矩阵是关于 n 个关节变量 $q_i\ (i=1,2,\cdots,n)$ 的函数。如果是转动关节,则变量为 θ_i;若为移动关节,则关节变量为 d_i。

2.3.2 运动学方程的建立

已知连杆坐标系和对应的连杆参数,将各相邻连杆之间的变换矩阵分别求出,然后把各连杆变换矩阵${}^{i-1}_{i}\boldsymbol{T}(i=1,2,\cdots,n)$顺序相乘,可得末端连杆坐标系$\{n\}$相对于基坐标系$\{0\}$的连杆变换矩阵${}^{0}_{n}\boldsymbol{T}$ 为

$$ {}^{0}_{n}\boldsymbol{T}={}^{0}_{1}\boldsymbol{T}{}^{1}_{2}\boldsymbol{T}{}^{2}_{3}\boldsymbol{T}\cdots{}^{n-1}_{n}\boldsymbol{T}={}^{0}_{1}\boldsymbol{T}(\theta_1){}^{1}_{2}\boldsymbol{T}(\theta_2){}^{2}_{3}\boldsymbol{T}(\theta_3)\cdots{}^{n-1}_{n}\boldsymbol{T}(\theta_n) \tag{2.3} $$

通常把${}^0_nT$称为机械臂的变换矩阵，显然，它也是关于关节变量 $q_i(i=1,2,\cdots,n)$ 的函数。在末端执行器坐标系和基坐标系之间关系已知的条件下，如果能够通过传感器测出这些关节变量的值，则机器人末端连杆在笛卡儿坐标系下的位姿（即机器人正向运动学方程）就可以通过${}^0_nT$计算得到。即

$$
{}^0_n\boldsymbol{T}=\begin{bmatrix} r_{11} & r_{12} & r_{13} & p_x \\ r_{21} & r_{22} & r_{23} & p_y \\ r_{31} & r_{32} & r_{33} & p_z \\ 0 & 0 & 0 & 1 \end{bmatrix}=\begin{bmatrix} \boldsymbol{R}_{3\times3} & \boldsymbol{P}_{3\times1} \\ \boldsymbol{0}_{1\times3} & \boldsymbol{1} \end{bmatrix} \tag{2.4}
$$

式(2.4)中，三行三列的子矩阵 $\boldsymbol{R}$ 表示从基座到末端执行器的旋转矩阵，其中的每列从左到右分别代表末端执行器描述基坐标系中 X 轴、Y 轴和 Z 轴方向上的单位矢量，即表示末端执行器基于基坐标系的方向姿态。而三行一列的矩阵 $\boldsymbol{P}$ 从上往下分别代表末端执行器相对于基坐标系的位置。从而可知，基于 D-H 参数的齐次转换矩阵 $\boldsymbol{T}$ 的推导和求解可以很好地分析机器人的正运动学。

2.4 正运动学方程举例

例 2.2 根据表 2.1 所示的连杆参数，计算 RRR 机构的运动学方程。

解：(1) 先求出各相邻连杆之间的变换矩阵。

将对应的参数代入式(2.2)可得

$$
\begin{aligned}
{}^0_1\boldsymbol{T}(\theta_1)&=\begin{bmatrix} c\theta_1 & -s\theta_1 & 0 & 0 \\ s\theta_1 & c\theta_1 & 0 & 0 \\ 0 & 0 & 1 & 0 \\ 0 & 0 & 0 & 1 \end{bmatrix}\\
{}^1_2\boldsymbol{T}(\theta_2)&=\begin{bmatrix} c\theta_2 & -s\theta_2 & 0 & L_1 \\ s\theta_2 & c\theta_2 & 0 & 0 \\ 0 & 0 & 1 & 0 \\ 0 & 0 & 0 & 1 \end{bmatrix}\\
{}^2_3\boldsymbol{T}(\theta_3)&=\begin{bmatrix} c\theta_3 & -s\theta_3 & 0 & L_2 \\ s\theta_3 & c\theta_3 & 0 & 0 \\ 0 & 0 & 1 & 0 \\ 0 & 0 & 0 & 1 \end{bmatrix}
\end{aligned} \tag{2.5}
$$

(2) 将式(2.5)中各连杆的变换矩阵依次相乘，可得机械臂的正运动学方程，即

$$
{}^0_3\boldsymbol{T}={}^0_1\boldsymbol{T}(\theta_1){}^1_2\boldsymbol{T}(\theta_2){}^2_3\boldsymbol{T}(\theta_3)=\begin{bmatrix} c_{123} & -s_{123} & 0 & L_1c_1+L_2c_{12} \\ s_{123} & c_{123} & 0 & L_1s_1+L_2s_{12} \\ 0 & 0 & 1 & 0 \\ 0 & 0 & 0 & 1 \end{bmatrix}
$$

式中，$c_{123}=\cos(\theta_1+\theta_2+\theta_3)$，$s_{123}=\sin(\theta_1+\theta_2+\theta_3)$，$c_{12}=\cos(\theta_1+\theta_2)$，$s_{12}=\sin(\theta_1+\theta_2)$，$c_1=\cos(\theta_1)$，$s_1=\sin(\theta_1)$。

例 2.3 某个具有 6 自由度机械臂如图 2.7 所示，它由 6 个简化的转动关节组成，其 D-H 参数如表 2.2 所示。求该 6 自由度机械臂的正运动学方程。

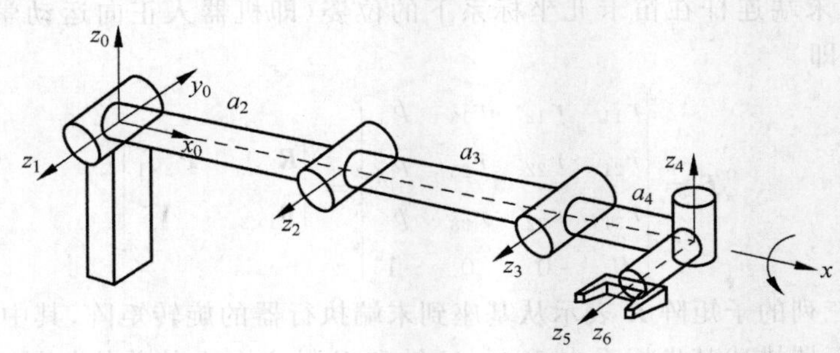

图 2.7 6 自由度机械臂的坐标系

表 2.2 6 自由度机械臂 D-H 参数表

连杆	α_{i-1}	a_{i-1}	d_i	θ_i
1	90°	0	0	θ_1
2	0°	a_2	0	θ_2
3	0°	a_3	0	θ_3
4	−90°	a_4	0	θ_4
5	90°	0	0	θ_5
6	0°	0	0	θ_6

解：根据 D-H 参数表 2.2 和式(2.2)，可得各相邻连杆的变换矩阵如下：

$$
{}_1^0\boldsymbol{T}(\theta_1)=\begin{bmatrix} c_1 & 0 & s_1 & 0 \\ s_1 & 0 & -c_1 & 0 \\ 0 & 1 & 0 & 0 \\ 0 & 0 & 0 & 1 \end{bmatrix}
$$

$$
{}_2^1\boldsymbol{T}(\theta_2)=\begin{bmatrix} c_2 & -s_2 & 0 & c_2a_2 \\ s_2 & c_2 & 0 & s_2a_2 \\ 0 & 0 & 1 & 0 \\ 0 & 0 & 0 & 1 \end{bmatrix}
$$

$$
{}_3^2\boldsymbol{T}(\theta_3)=\begin{bmatrix} c_3 & -s_3 & 0 & c_3a_3 \\ s_3 & c_3 & 0 & s_3a_3 \\ 0 & 0 & 1 & 0 \\ 0 & 0 & 0 & 1 \end{bmatrix}
$$

$$
{}_4^3\boldsymbol{T}(\theta_4)=\begin{bmatrix} c_4 & 0 & -s_4 & c_4a_4 \\ s_4 & 0 & c_4 & s_4a_4 \\ 0 & 0 & 1 & 0 \\ 0 & 0 & 0 & 1 \end{bmatrix}
$$

$$
{}_5^4\boldsymbol{T}(\theta_5)=\begin{bmatrix} c_5 & 0 & s_5 & 0 \\ s_5 & 0 & -c_5 & 0 \\ 0 & 1 & 0 & 0 \\ 0 & 0 & 0 & 1 \end{bmatrix}
$$

$$
{}_6^5\boldsymbol{T}(\theta_6)=\begin{bmatrix} c_6 & -s_6 & 0 & 0 \\ s_6 & c_6 & 0 & 0 \\ 0 & 0 & 1 & 0 \\ 0 & 0 & 0 & 1 \end{bmatrix}
$$

使用以下简化符号 $s_{i\cdots j}=\sin(\theta_i+\cdots+\theta_j)$，$c_{i\cdots j}=\cos(\theta_i+\cdots+\theta_j)$，则机械臂正运动学方程为：

$$
{}_6^0\boldsymbol{T}={}_1^0\boldsymbol{T}(\theta_1){}_2^1\boldsymbol{T}(\theta_2){}_3^2\boldsymbol{T}(\theta_3){}_4^3\boldsymbol{T}(\theta_4){}_5^4\boldsymbol{T}(\theta_5){}_6^5\boldsymbol{T}(\theta_6)=\begin{bmatrix} r_{11} & r_{12} & r_{13} & p_x \\ r_{21} & r_{22} & r_{23} & p_y \\ r_{31} & r_{32} & r_{33} & p_z \\ 0 & 0 & 0 & 1 \end{bmatrix}
$$

式中：

$$
\begin{aligned}
r_{11}&=c_1(c_{234}c_5c_6-s_{234}s_6)-s_1s_5s_6 \\
r_{21}&=s_1(c_{234}c_5c_6-s_{234}s_6)+c_1s_5c_6 \\
r_{31}&=s_{234}c_5c_6-c_{234}s_6 \\
r_{12}&=-c_1(c_{234}c_5s_6-s_{234}c_6)-s_1s_5s_6 \\
r_{22}&=-s_1(c_{234}c_5s_6-s_{234}c_6)-c_1s_5s_6 \\
r_{32}&=-s_{234}c_5s_6-c_{234}c_6 \\
r_{13}&=c_1c_{234}s_5+s_1c_5 \\
r_{23}&=s_1c_{234}s_5-c_1s_5 \\
r_{33}&=s_{234}s_5 \\
p_x&=c_1(c_{234}a_4+c_{23}a_3+c_2a_2) \\
p_y&=s_1(c_{234}a_4+c_{23}a_3+c_2a_2) \\
p_z&=s_{234}a_4+s_{23}a_3+s_2a_2
\end{aligned}
$$

例 2.4 力触觉操纵杆 Geomagic 公司 Touch X 的结构如图 2.8 所示，它是一个 6 关节机器人，6 个关节均为转动关节。Touch X 的坐标系如图 2.9 所示，其中 $l_1=l_2=26.6\text{mm}$，其 D-H 参数如表 2.3 所示。求其正运动学方程。

图 2.8 Touch X 的结构

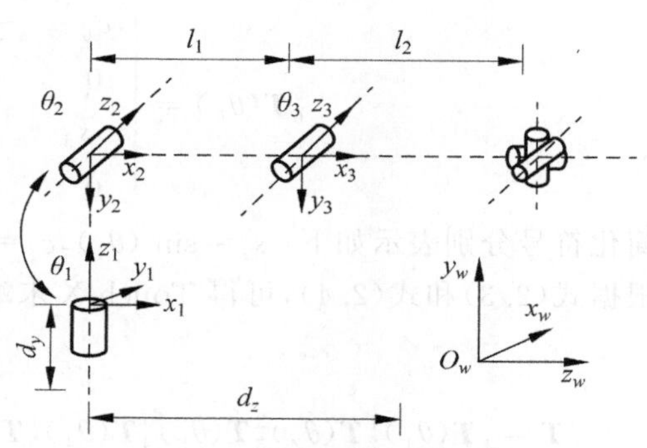

图 2.9 Touch X 的坐标系

表 2.3 6 自由度机械臂 Touch X 的 D-H 参数表

连杆	α_{i-1}	a_{i-1}/mm	d_i/mm	θ_i
1	0°	0	0	θ_1
2	−90°	0	0	θ_2
3	0°	26.6	0	θ_3
4	−90°	0	26.6	θ_4
5	−90°	13.3	0	θ_5
6	−90°	0	−13.3	θ_6

根据表 2.3 和式(2.2)，可以得出 Touch X 机器人各相邻连杆间的齐次变换矩阵：

$$
{}_1^0\boldsymbol{T}(\theta_1)=\begin{bmatrix} c_1 & -s_1 & 0 & 0 \\ s_1 & c_1 & 0 & 0 \\ 0 & 0 & 1 & 0 \\ 0 & 0 & 0 & 1 \end{bmatrix}
$$

$$
{}_2^1\boldsymbol{T}(\theta_2)=\begin{bmatrix} c_2 & -s_2 & 0 & 0 \\ 0 & 0 & 1 & 0 \\ -s_2 & -c_2 & 0 & 0 \\ 0 & 0 & 0 & 1 \end{bmatrix}
$$

$$
{}_3^2\boldsymbol{T}(\theta_3)=\begin{bmatrix} c_3 & -s_3 & 0 & 0.266 \\ s_3 & c_3 & 0 & 0 \\ 0 & 0 & 1 & 0 \\ 0 & 0 & 0 & 1 \end{bmatrix}
$$

$$
{}_4^3\boldsymbol{T}(\theta_4)=\begin{bmatrix} c_4 & -s_4 & 0 & 0 \\ 0 & 0 & 1 & 0.266 \\ -s_4 & -c_4 & 0 & 0 \\ 0 & 0 & 0 & 1 \end{bmatrix}
$$

$$
{}_5^4\boldsymbol{T}(\theta_5)=\begin{bmatrix} c_5 & -s_5 & 0 & -0.133 \\ 0 & 0 & 1 & 0 \\ -s_5 & -c_5 & 0 & 0 \\ 0 & 0 & 0 & 1 \end{bmatrix}
$$

$$
{}_6^5\boldsymbol{T}(\theta_6)=\begin{bmatrix} c_6 & -s_6 & 0 & 0 \\ 0 & 0 & 1 & 0.133 \\ -s_6 & -c_6 & 0 & 0 \\ 0 & 0 & 0 & 1 \end{bmatrix}
$$

式中简化符号分别表示如下：$s_i=\sin(\theta_i)$，$c_i=\cos(\theta_i)$（$i=1,2,3,4,5,6$）。

根据式(2.3)和式(2.4)，可得 Touch X 末端执行器的位姿，即 Touch X 的正运动学方程：

$$
{}_6^0\boldsymbol{T}={}_1^0\boldsymbol{T}(\theta_1)\,{}_2^1\boldsymbol{T}(\theta_2)\,{}_3^2\boldsymbol{T}(\theta_3)\,{}_4^3\boldsymbol{T}(\theta_4)\,{}_5^4\boldsymbol{T}(\theta_5)\,{}_6^5\boldsymbol{T}(\theta_6)=\begin{bmatrix} r_{11} & r_{12} & r_{13} & p_x \\ r_{21} & r_{22} & r_{23} & p_y \\ r_{31} & r_{32} & r_{33} & p_z \\ 0 & 0 & 0 & 1 \end{bmatrix}
$$

式中：

$r_{11}=s_6(s_4(c_1c_2c_3-c_1s_2s_3)-c_4s_1)+c_6(s_5(c_1c_2s_3+c_1c_3s_2)+c_5(c_4(c_1c_2c_3-c_1s_2s_3)+s_1s_4))$

$r_{21}=s_6(c_1c_4+s_4(c_2c_3s_1-s_1s_2s_3))+c_6(s_5(c_2s_1s_3+c_3s_1s_2)+c_5(c_4(c_2c_3s_1-s_1s_2s_3)-c_1s_4))$

$r_{31}=c_6(s_5(c_2c_3-s_2s_3)-c_4c_5(c_2s_3+c_3s_2))-s_4s_6(c_2s_3+c_3s_2)$

$r_{12}=c_6(s_4(c_1c_2c_3-c_1s_2s_3)-c_4s_1)-s_6(s_5(c_1c_2s_3+c_1c_3s_2)+c_5(c_4(c_1c_2c_3-c_1s_2s_3)+s_1s_4))$

$r_{22}=c_6(c_1c_4+s_4(c_2c_3s_1-s_1s_2s_3))-s_6(s_5(c_2s_1s_3+c_3s_1s_2)+c_5(c_4(c_2c_3s_1-s_1s_2s_3)-c_1s_4))$

$r_{32}=-s_6(s_5(c_2c_3-s_2s_3)-c_4c_5(c_2s_3+c_3s_2))-c_6s_4(c_2s_3+c_3s_2)$

$r_{13}=c_5(c_1c_2s_3+c_1c_3s_2)-s_5(c_4(c_1c_2c_3-c_1s_2s_3)+s_1s_4)$

$r_{23}=c_5(c_2s_1s_3+c_3s_1s_2)-s_5(c_4(c_2c_3s_1-s_1s_2s_3)-c_1s_4)$

$r_{33}=c_5(c_2c_3-s_2s_3)+c_4s_5(c_2s_3+c_3s_2)$

$p_x=0.266c_1c_2-0.133c_4(c_1c_2c_3-c_1s_2s_3)-0.133s_1s_4+0.133c_5(c_1c_2s_3+c_1c_3s_2)-0.133s_5(c_4(c_1c_2c_3-c_1s_2s_3)+s_1s_4)-0.266c_1c_2s_3-0.266c_1c_3s_2$

$p_y=0.266c_2s_1-0.133c_4(c_2c_3s_1-s_1s_2s_3)+0.133c_1s_4+0.133c_5(c_2s_1s_3+c_3s_1s_2)-0.133s_5(c_4(c_2c_3s_1-s_1s_2s_3)-c_1s_4)-0.266c_2s_1s_3-0.266c_3s_1s_2$

$p_z=0.266s_2s_3-0.266c_2c_3-0.266s_2+0.133c_5(c_2c_3-s_2s_3)+0.133c_4(c_2s_3+c_3s_2)+0.133c_4s_5(c_2s_3+c_3s_2)$

其中，Touch X 的每个关节都有一定的转角范围，具体如下：

$$\theta_1=-60^\circ\sim 60^\circ,\quad \theta_2=0^\circ\sim 105^\circ,\quad \theta_3=-180^\circ\sim 180^\circ,$$
$$\theta_4=-145^\circ\sim 145^\circ,\quad \theta_5=-70^\circ\sim 70^\circ,\quad \theta_5=-145^\circ\sim 145^\circ。$$

2.5 机械臂逆运动学

为使机械臂位于期望的位姿，可通过逆运动学求解以确定每个关节的角度值。前面已对机器人逆运动学概念做了简单介绍。这一节主要研究求解逆运动方程的一般步骤。

2.5.1 关节空间与工作空间

对于一个具有 n 个自由度的操作臂来说，它的所有连杆位置可由一组 n 个关节变量来确定。这样的一组变量通常被称为 $n\times 1$ 的关节矢量。所有关节矢量组成的空间称为关节空间。

机器人的工作空间是指机器人末端执行器上参考点所能到达的所有空间区域。若位置是在空间相互正交的轴上测量，且姿态是按照空间描述章节中任意一种规定测量的时候，称该空间为笛卡儿空间，有时也称为任务空间或者操作空间。

2.5.2 逆运动学问题的多解性与可解性

机器人正运动学的建模解决了如何从关节空间的关节位置(即关节角度)求出操作空间末端执行器的位姿问题。而机器人的逆运动学问题则是将末端执行器在操作空间的运动变换为在相应的关节空间的运动，因此它的求解更具有重要意义。逆运动学的解是否存在归根结底取决于机器人的工作空间。如前描述，工作空间就是一个机器人的末端执行器所能到达的范围。而求解逆运动学方程可能存在的另外一个问题就是解的多重性问题，具体有三种情况。

(1) 解不存在。当所期望的位姿离基坐标系太远，而机械臂不够长时，末端执行器无法达到该位姿；当机械臂的自由度少于 6 个自由度时，它将不能达到三维空间的所有位姿；此外，对于实际的机械臂，关节角不一定能达到360°，这使得它不能达到某些范围内的位姿。以上情况下，机械臂都不能到达某些给定的位姿，因此不存在解。

(2) 解唯一。当机械臂只能从一个方向达到期望的位姿时，只存在一组关节角使得它能到达这个位姿，即存在唯一的解。

(3) 存在多个解。当机械臂能从多个方向达到期望的位姿时，存在着多组关节角能使得它到达这个位姿，即存在多个解。如对于一个没有机械关节限制的 6 自由度机械臂，通常有 16 个可行解。此时，我们需要根据一些准则来选择一组最适合的解：①考虑机械臂从初始位姿移动到期望位姿的关节空间内的"最短行程"解；②考虑在机械臂移动的过程中是否遇到障碍，若遇到则应选择无障碍的一组解。

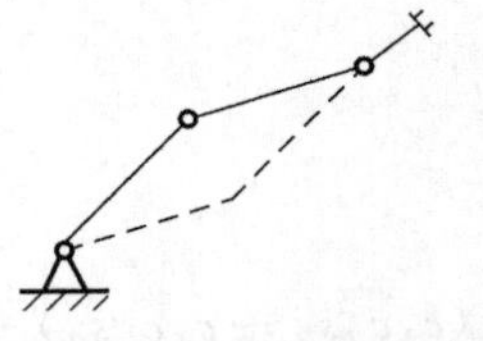

图 2.10 三连杆机械臂

某一个三连杆机械臂如图 2.10 所示，对于某一给定的位姿，它有两组解，图中实线和虚线各代表一组解，即多解性，这是由解反三角函数方程产生的。应当根据上述多解情况下选择合适解的一般原则来分析问题，并去除多余解，具体过程如下。

1. 根据关节运动空间限制选择解

例如，求得某个关节的两个解分别为

$$\theta'_i = 35°, \quad \theta''_i = 35° + 180° = 215°$$

已知该关节的运动空间为±130°，这时应该选择 $\theta_i = \theta'_i = 35°$ 作为该关节的角度值。

2. 根据最短行程选择最接近的解

为使机械臂在运动过程中保持其连续性与平稳性，当它有多个解时，我们应该选择距离上一时刻最接近的解，即每一个运动关节的运动量最小。

例如，假设某个关节的两个解依然分别为

$$\theta'_i = 35°, \quad \theta''_i = 215°$$

设定该关节的运动空间为±260°，它前一采样时刻 $\theta_i(n-1) = 170°$，则

$$\Delta\theta'_i = \theta'_i - \theta_i(n-1) = 35° - 170° = -135°$$

$$\Delta\theta''_i = \theta''_i - \theta_i(n-1) = 215° - 170° = 45°$$

显然，$\Delta\theta''_i$ 更接近前一时刻的解，所以应该选择 $\theta_i = \theta''_i = 215°$。

3. 根据避障原则选择合适的解

如图 2.11 所示，机械臂处于 A 点，我们希望它能够到达 B 点。根据前文描述的原则，我们应该选择使关节运动量最小的接近解。如果没有障碍物，按照这一原则，我们选择图 2.11 中上面的一条虚线所对应的解；有障碍物时，由于障碍物的存在，使得上面一条虚线对应的解会使连杆与障碍物发生碰撞，这样一来我们就必须选择下面一条虚线对应的满足避障要求的解。

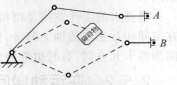

图 2.11 满足避障要求的解

2.5.3 逆运动学方程的求解

求解逆运动学方程时，我们可以从 ${}^0_nT$ 开始求解关节角度。已知 ${}^0_nT$ 矩阵中各个元素的数值，用 ${}^0_nT$ 左乘 ${}^{n-1}_{n}T^{-1}$ 矩阵，使方程右边不再包括这个角度，于是可以找到产生角度的正弦值和余弦值的元素，进而求得相应的角度。然后通过移项以及之前推导出的齐次变换矩阵逆矩阵的性质，即可解出逆运动学方程。

假设 ${}^0_nT$ 中 $n=6$，具体过程如下：

$$
{}_6^0\boldsymbol{T}=\begin{bmatrix} r_{11} & r_{12} & r_{13} & p_x \\ r_{21} & r_{22} & r_{23} & p_y \\ r_{31} & r_{32} & r_{33} & p_z \\ 0 & 0 & 0 & 1 \end{bmatrix}={}_1^0\boldsymbol{T}(\theta_1){}_2^1\boldsymbol{T}(\theta_2){}_3^2\boldsymbol{T}(\theta_3){}_4^3\boldsymbol{T}(\theta_4){}_5^4\boldsymbol{T}(\theta_5){}_6^5\boldsymbol{T}(\theta_6)
$$

$$
\begin{aligned}
&{}_1^0\boldsymbol{T}^{-1}{}_6^0\boldsymbol{T}={}_6^1\boldsymbol{T} \\
&{}_2^1\boldsymbol{T}^{-1}{}_1^0\boldsymbol{T}^{-1}{}_6^0\boldsymbol{T}={}_6^2\boldsymbol{T} \\
&{}_3^2\boldsymbol{T}^{-1}{}_2^1\boldsymbol{T}^{-1}{}_1^0\boldsymbol{T}^{-1}{}_6^0\boldsymbol{T}={}_6^3\boldsymbol{T} \\
&{}_4^3\boldsymbol{T}^{-1}{}_3^2\boldsymbol{T}^{-1}{}_2^1\boldsymbol{T}^{-1}{}_1^0\boldsymbol{T}^{-1}{}_6^0\boldsymbol{T}={}_6^4\boldsymbol{T} \\
&{}_5^4\boldsymbol{T}^{-1}{}_4^3\boldsymbol{T}^{-1}{}_3^2\boldsymbol{T}^{-1}{}_2^1\boldsymbol{T}^{-1}{}_1^0\boldsymbol{T}^{-1}{}_6^0\boldsymbol{T}={}_6^5\boldsymbol{T}
\end{aligned}
$$

下面结合具体的例子讲解求解过程。

例 2.5 某 6 自由度机械臂如图 2.7 所示。请根据其正运动学方程求解对应的关节角度。

解：例 2.3 中求得的 6 自由度机械臂的正运动学方程为

$$
\begin{aligned}
{}_6^0\boldsymbol{T}&={}_1^0\boldsymbol{T}(\theta_1){}_2^1\boldsymbol{T}(\theta_2){}_3^2\boldsymbol{T}(\theta_3){}_4^3\boldsymbol{T}(\theta_4){}_5^4\boldsymbol{T}(\theta_5){}_6^5\boldsymbol{T}(\theta_6) \\
&=\begin{bmatrix} r_{11} & r_{12} & r_{13} & p_x \\ r_{21} & r_{22} & r_{23} & p_y \\ r_{31} & r_{32} & r_{33} & p_z \\ 0 & 0 & 0 & 1 \end{bmatrix}
\end{aligned}
$$

$$
\begin{aligned}
r_{11}&=c_1(c_{234}c_5c_6-s_{234}s_6)-s_1s_5s_6 \\
r_{21}&=s_1(c_{234}c_5c_6-s_{234}s_6)+c_1s_5c_6 \\
r_{31}&=s_{234}c_5c_6-c_{234}s_6 \\
r_{12}&=-c_1(c_{234}c_5s_6-s_{234}c_6)-s_1s_5s_6 \\
r_{22}&=-s_1(c_{234}c_5s_6-s_{234}c_6)-c_1s_5s_6 \\
r_{32}&=-s_{234}c_5s_6-c_{234}c_6 \\
r_{13}&=c_1c_{234}s_5+s_1c_5 \\
r_{23}&=s_1c_{234}s_5-c_1s_5 \\
r_{33}&=s_{234}s_5 \\
p_x&=c_1(c_{234}a_4+c_{23}a_3+c_2a_2) \\
p_y&=s_1(c_{234}a_4+c_{23}a_3+c_2a_2) \\
p_z&=s_{234}a_4+s_{23}a_3+s_2a_2
\end{aligned}
$$

(1) 求 θ_1。

为了求解角度，从${}_6^1\boldsymbol{T}$ 开始，依次用${}_1^0\boldsymbol{T}^{-1}$ 左乘上述两个矩阵，得到：

$$
{}_1^0\boldsymbol{T}^{-1}{}_6^0\boldsymbol{T}={}_6^1\boldsymbol{T}={}_2^1\boldsymbol{T}(\theta_2){}_3^2\boldsymbol{T}(\theta_3){}_4^3\boldsymbol{T}(\theta_4){}_5^4\boldsymbol{T}(\theta_5){}_6^5\boldsymbol{T}(\theta_6)
$$

$$
{}_1^0\boldsymbol{T}^{-1}\times\begin{bmatrix} r_{11} & r_{12} & r_{13} & p_x \\ r_{21} & r_{22} & r_{23} & p_y \\ r_{31} & r_{32} & r_{33} & p_z \\ 0 & 0 & 0 & 1 \end{bmatrix}={}_1^0\boldsymbol{T}^{-1}{}_6^0\boldsymbol{T}={}_2^1\boldsymbol{T}(\theta_2){}_3^2\boldsymbol{T}(\theta_3){}_4^3\boldsymbol{T}(\theta_4){}_5^4\boldsymbol{T}(\theta_5){}_6^5\boldsymbol{T}(\theta_6)
$$

$$\begin{bmatrix} c_1 & 0 & s_1 & 0 \\ s_1 & 0 & -c_1 & 0 \\ 0 & 1 & 0 & 0 \\ 0 & 0 & 0 & 1 \end{bmatrix} \times \begin{bmatrix} r_{11} & r_{12} & r_{13} & p_x \\ r_{21} & r_{22} & r_{23} & p_y \\ r_{31} & r_{32} & r_{33} & p_z \\ 0 & 0 & 0 & 1 \end{bmatrix} = {}_2^1\boldsymbol{T}(\theta_2){}_3^2\boldsymbol{T}(\theta_3){}_4^3\boldsymbol{T}(\theta_4){}_5^4\boldsymbol{T}(\theta_5){}_6^5\boldsymbol{T}(\theta_6) \tag{2.6}$$

展开上式可得

$$\begin{bmatrix} r_{11}c_1 + r_{21}s_1 & r_{12}c_1 + r_{22}s_1 & r_{13}c_1 + r_{23}s_1 & p_xc_1 + p_ys_1 \\ r_{31} & r_{32} & r_{33} & p_z \\ r_{11}s_1 - r_{21}c_1 & r_{12}s_1 - r_{22}c_1 & r_{13}s_1 - r_{23}c_1 & p_xs_1 + p_yc_1 \\ 0 & 0 & 0 & 1 \end{bmatrix}$$

$$= \begin{bmatrix} c_{234}c_5c_6 - s_{234}s_6 & -c_{234}c_5c_6 - s_{234}c_6 & c_{234}s_5 & c_{234}a_4 + c_{23}a_3 + c_2a_2 \\ s_{234}c_5c_6 + c_{234}s_6 & -s_{234}c_5c_6 + c_{234}c_6 & s_{234}s_5 & s_{234}a_4 + s_{23}a_3 + s_2a_2 \\ -s_5c_6 & s_5s_6 & c_5 & 0 \\ 0 & 0 & 0 & 1 \end{bmatrix} \tag{2.7}$$

式(2.7)左右两边矩阵第 3 行第 4 列的元素相等，有：

$$p_xs_1 + p_yc_1 = 0 \rightarrow \theta_1 = \arctan\left(\frac{p_y}{p_x}\right), \quad \theta_1 = \theta_1 + 180^\circ \tag{2.8}$$

(2) 求 θ_3。

根据式(2.7)左右两边矩阵第 1 行第 4 列元素和第 2 行第 4 列元素相等，可得：

$$\begin{cases} p_xc_1 + p_ys_1 = c_{234}a_4 + c_{23}a_3 + c_2a_2 \\ p_z = s_{234}a_4 + s_{23}a_3 + s_2a_2 \end{cases} \tag{2.9}$$

整理式(2.9)并对其两边平方，然后将平方值相加，得：

$$(p_xc_1 + p_ys_1 - c_{234}a_4)^2 = (c_{23}a_3 + c_2a_2)^2$$

$$(p_z - s_{234}a_4)^2 = (s_{23}a_3 + s_2a_2)^2$$

$$(p_xc_1 + p_ys_1 - c_{234}a_4)^2 + (p_z - s_{234}a_4)^2 = a_2^2 + a_3^2 + 2a_2a_3(s_2s_{23} + c_2c_{23})$$

根据式(2.9)的三角函数方程

$$\begin{cases} s\theta_1c\theta_2 + c\theta_1s\theta_2 = s(\theta_1 + \theta_2) = s_{12} \\ c\theta_1c\theta_2 - s\theta_1s\theta_2 = c(\theta_1 + \theta_2) = c_{12} \end{cases} \tag{2.10}$$

可得，$s_2s_{23} + c_2c_{23} = \cos[(\theta_2 + \theta_3) - \theta_2] = \cos\theta_3$。

于是：

$$c_3 = \frac{(p_xc_1 + p_ys_1 - c_{234}a_4)^2 + (p_z - s_{234}a_4)^2 - a_2^2 - a_3^2}{2a_2a_3} \tag{2.11}$$

方程中，除 s_{234} 和 c_{234} 外，各变量均已知，s_{234} 和 c_{234} 将在后面求出。

已知 $s_3 = \pm\sqrt{1 - {c_3}^2}$，于是可得：

$$\theta_3 = \arctan\frac{s_3}{c_3} \tag{2.12}$$

(3) 求 θ_2，θ_4。

因为关节 2、3 和 4 都是平行的，左乘${}_2^1\boldsymbol{T}$ 和${}_3^2\boldsymbol{T}$ 的逆不会产生有用的结果。下一步左乘${}_4^3\boldsymbol{T} \sim {}_4^3\boldsymbol{T}$ 的逆，结果为：

$$n{}_{3}^{2}\boldsymbol{T}^{-1}{}_{2}^{1}\boldsymbol{T}^{-1}{}_{1}^{0}\boldsymbol{T}^{-1}\times\begin{bmatrix}r_{11}&r_{12}&r_{13}&p_x\\r_{21}&r_{22}&r_{23}&p_y\\r_{31}&r_{32}&r_{33}&p_z\\0&0&0&1\end{bmatrix}={}_{4}^{3}\boldsymbol{T}^{-1}{}_{3}^{2}\boldsymbol{T}^{-1}{}_{2}^{1}\boldsymbol{T}^{-1}{}_{1}^{0}\boldsymbol{T}^{-1}[RHS]={}_{5}^{4}\boldsymbol{T}{}_{6}^{5}\boldsymbol{T} \tag{2.13}$$

计算式(2.13)可得：

$$\begin{bmatrix}r'_{11}&r'_{12}&r'_{13}&p'_x\\r'_{21}&r'_{22}&r'_{23}&p'_y\\r'_{31}&r'_{32}&r'_{33}&p'_z\\0&0&0&1\end{bmatrix}=\begin{bmatrix}c_5c_6&-c_5s_6&s_5&0\\s_5c_6&-s_5s_6&-c_5&0\\s_6&c_6&0&0\\0&0&0&1\end{bmatrix} \tag{2.14}$$

$$\begin{aligned}
&r'_{11}=c_{234}(c_1r_{11}+s_1r_{21})+s_{234}r_{31}\\
&r'_{21}=c_1r_{21}-s_1r_{11}\\
&r'_{31}=-s_{234}(c_1r_{11}+s_1r_{21})+c_{234}r_{31}\\
&r'_{12}=c_{234}(c_1r_{12}+s_1r_{22})+s_{234}r_{32}\\
&r'_{22}=c_1r_{22}-s_1r_{12}\\
&r'_{32}=-s_{234}(c_1r_{12}+s_1r_{22})+c_{234}r_{32}\\
&r'_{13}=c_{234}(c_1r_{13}+s_1r_{23})+s_{234}r_{33}\\
&r'_{23}=c_1r_{23}-s_1r_{13}\\
&r'_{33}=-s_{234}(c_1r_{13}+s_1r_{23})+c_{234}r_{33}\\
&p'_x=c_{234}(c_1p_x+s_1p_y)+s_{234}p_z-c_{34}a_2-c_4a_3-a_4\\
&p'_y=0\\
&p'_z=-s_{234}(c_1p_x+s_1p_y)+c_{234}p_z-s_{34}a_2-s_4a_3
\end{aligned}$$

根据式(2.14)左右两边矩阵的第3行第3列元素相等，有

$$r'_{33}=-s_{234}(c_1r_{13}+s_1r_{23})+c_{234}r_{33}=0\rightarrow$$

$$\theta_{234}=\arctan\left(\frac{r_{33}}{c_1r_{13}+s_1r_{23}}\right),\quad \theta_{234}=\theta_{234}+180^\circ \tag{2.15}$$

由此可计算 s_{234} 和 c_{234}，如前面所讨论过的，它们可用来计算 θ_3。

再参照式(2.9)，并在这里重复使用它，就可计算角 θ_2 的正弦和余弦值。具体步骤如下：

$$\begin{cases}p_xc_1+p_ys_1=c_{234}a_4+c_{23}a_3+c_2a_2\\p_z=s_{234}a_4+s_{23}a_3+s_2a_2\end{cases}$$

由于 $c_{12}=c_1c_2-s_1s_2$ 以及 $s_{12}=s_1c_2+c_1s_2$，可得：

$$\begin{cases}p_xc_1+p_ys_1-c_{234}a_4=(c_2c_3-s_2s_3)c_{23}a_3+c_2a_2\\p_z-s_{234}a_4=(s_2c_3+c_2s_3)a_3+s_2a_2\end{cases} \tag{2.16}$$

上面两个方程中包含两个未知数，求解 c_2 和 s_2，可得：

$$\begin{cases}s_2=\dfrac{(c_3a_3+a_2)(p_z-s_{234}a_4)-s_3a_3(p_xc_1+p_ys_1-c_{234}a_4)}{(c_3a_3+a_2)^2+s_3^2a_3^2}\\[2ex]c_2=\dfrac{(c_3a_3+a_2)(p_xc_1+p_ys_1-c_{234}a_4)+s_3a_3(p_z-s_{234}a_4)}{(c_3a_3+a_2)^2+s_3^2a_3^2}\end{cases} \tag{2.17}$$

尽管式(2.17)比较复杂,但它的所有元素都是已知的,因此可以这样计算。

$$\theta_2=\arctan\frac{(c_3a_3+a_2)(p_z-s_{234}a_4)-s_3a_3(p_xc_1+p_ys_1-c_{234}a_4)}{(c_3a_3+a_2)(p_xc_1+p_ys_1-c_{234}a_4)+s_3a_3(p_z-s_{234}a_4)} \tag{2.18}$$

既然 θ_2 和 θ_3 已知,进而可得:

$$\theta_4=\theta_{234}-\theta_2-\theta_3 \tag{2.19}$$

因为式(2.14)中的 θ_{234} 有两个解,所以 θ_4 也有两个解。

(4) 求 θ_5。

根据式(2.14)中左右两边矩阵的第 1 行第 3 列元素和第 2 行第 3 列元素分别对应相等,可以得到:

$$\begin{cases}s_2=c_{234}(c_1r_{13}+s_1r_{23})+s_{234}r_{33}\\ c_5=-c_1r_{23}+s_1r_{13}\end{cases} \tag{2.20}$$

和

$$\theta_5=\arctan\frac{c_{234}(c_1r_{13}+s_1r_{23})+s_{234}r_{33}}{s_1r_{13}-c_1r_{23}} \tag{2.21}$$

(5) 求 θ_6。

式(2.14)左乘 ${}^4_5\boldsymbol{T}^{-1}$,即

$${}^4_5\boldsymbol{T}^{-1}\,{}^3_4\boldsymbol{T}^{-1}\,{}^2_3\boldsymbol{T}^{-1}\,{}^1_2\boldsymbol{T}^{-1}\,{}^0_1\boldsymbol{T}^{-1}\,{}^0_6\boldsymbol{T}={}^1_2\boldsymbol{T}(\theta_2)\,{}^2_3\boldsymbol{T}(\theta_3)\,{}^3_4\boldsymbol{T}(\theta_4)\,{}^4_5\boldsymbol{T}(\theta_5)\,{}^5_6\boldsymbol{T}(\theta_6) \tag{2.22}$$

计算式(2.22)可得:

$$\begin{cases}\begin{bmatrix}r''_{11} & r''_{12} & 0 & 0\\ r''_{21} & r''_{22} & 0 & 0\\ 0 & 0 & 1 & 0\\ 0 & 0 & 0 & 1\end{bmatrix}=\begin{bmatrix}c_6 & -s_6 & 0 & 0\\ s_6 & c_6 & 0 & 0\\ 0 & 0 & 1 & 0\\ 0 & 0 & 0 & 1\end{bmatrix}\\ r''_{11}=c_5[c_{234}(c_1r_{11}+s_1r_{21})+s_{234}r_{31}]-s_5(s_1r_{11}-c_1r_{21})\\ r''_{12}=c_5[c_{234}(c_1r_{12}+s_1r_{22})+s_{234}r_{32}]-s_5(s_1r_{12}-c_1r_{22})\\ r''_{21}=-s_{234}(c_1r_{11}+s_1r_{21})+c_{234}r_{31}\\ r''_{22}=-s_{234}(c_1r_{12}+s_1r_{22})+c_{234}r_{32}\end{cases} \tag{2.23}$$

根据式(2.23)中左右两边矩阵第 2 行第 1 列元素和第 2 行第 2 列元素相等,得到:

$$\theta_6=\arctan\frac{-s_{234}(c_1r_{11}+s_1r_{21})+c_{234}r_{31}}{-s_{234}(c_1r_{12}+s_1r_{22})+c_{234}r_{32}} \tag{2.24}$$

至此找到了 6 个方程,它们合在一起即可知机器人处于任何期望位姿的关节值。虽然这种方法仅适用于给定的机器人,也可采取类似的方法来处理其他机器人。

值得注意的是,仅仅因为机器人的最后 3 个关节相交于一个公共点,才使得这个方法有可能求解,否则就不能用这个方法来求解,而只能直接求解矩阵或通过计算矩阵的逆来求解未知的量。大多数工业机器人都有相交的腕关节。

2.6 本章小结

本章讨论了如何表示多自由度机器人在空间的运动,以及如何用 D-H 参数表推导出机器人的正逆运动学方程。这种方法可用于表示任何一种机器人的构型,而与关节的数量和类型,以及关节和连杆的偏移和扭角无关。

第 3 章将接着讨论机器人的微分运动,实际等效于机器人的速度分析。

第3章 机器人微分运动学

CHAPTER 3

第2章讨论了机器人各连杆间的位移关系，建立了机器人的运动学方程，研究了运动学逆解，建立了机器人末端执行器的位姿与关节矢量之间的关系，即机器人操作空间与关节空间的映射关系。

本章将在位移分析的基础上进行速度分析，研究机器人操作空间速度与关节空间速度之间的线性映射关系——雅可比矩阵（简称“雅可比”）。雅可比矩阵不仅用来表示操作空间与关节空间之间的速度线性映射关系，同时也用来表示两空间之间力的传递关系。

微分运动指机构（机器人）的微小运动，可以用它来推导不同部件之间的速度关系。机器人速度也称为机器人的微分运动，因此机器人的速度运动学也称为机器人微分运动学。速度运动学问题之所以重要，是因为机器人不仅需要到达某一（或者一系列）指定位置，而且还需要按照给定的速度到达这些位置。本章先引入微分运动的概念，然后对雅可比矩阵的具体计算方法进行介绍，并给出具体实例。

3.1 机器人微分运动

机器人微分运动学反映了机器人关节空间与操作空间之间的运动传递关系，是实现机器人运动控制的基础。

3.1.1 雅可比矩阵的定义

微分运动学的主要目的是建立关节速度与机器人末端执行器线速度和角速度之间的关系。若机器人末端执行器的线速度为$\boldsymbol{v}$，其角速度为$\boldsymbol{w}$，关节速度为$\dot{\boldsymbol{q}}=(\dot{q}_1\ \dot{q}_2\cdots\dot{q}_n)^{\mathrm{T}}$，则关节速度的线性关系为：

$$\boldsymbol{v}=\boldsymbol{J}_v(\boldsymbol{q})\dot{\boldsymbol{q}} \tag{3.1}$$

$$\boldsymbol{w}=\boldsymbol{J}_w(\boldsymbol{q})\dot{\boldsymbol{q}} \tag{3.2}$$

式中，$\boldsymbol{J}_v(3\times n)$为联系关节速度$\dot{\boldsymbol{q}}$和末端执行器线速度$\boldsymbol{v}$的矩阵，$\boldsymbol{J}_w(3\times n)$为联系关节速度$\dot{\boldsymbol{q}}$和末端执行器角速度$\boldsymbol{w}$的矩阵，若机器人末端执行器的速度为$\dot{x}$，则上式可写为：

$$\dot{x}=\begin{bmatrix}\boldsymbol{v}\\ \boldsymbol{w}\end{bmatrix}=\boldsymbol{J}(q)\dot{\boldsymbol{q}} \tag{3.3}$$

式(3.3)即为机器人的微分运动学方程。其中，$6\times n$的矩阵$\boldsymbol{J}$称为机器人的雅可比矩阵。$\boldsymbol{J}$是关节变量$\boldsymbol{q}$的函数，也可以表示为$\boldsymbol{J}(\boldsymbol{q})$。换言之，雅可比矩阵是机器人末端执行器的速度与关节速度的线性变换矩阵，用公式表达如下：

$$\boldsymbol{J}(\boldsymbol{q})=\begin{bmatrix}\boldsymbol{J}_v\\ \boldsymbol{J}_\omega\end{bmatrix} \tag{3.4}$$

将末端执行器的线速度(v_x,v_y,v_z)和角速度($\omega_x,\omega_y,\omega_z$)6 个变量作为雅可比矩阵等式的左边,即:

$$\begin{bmatrix} v_x \\ v_y \\ v_z \\ \omega_x \\ \omega_y \\ \omega_z \end{bmatrix}_{(6\times1)} = \boldsymbol{J}_{(6\times n)}\dot{\boldsymbol{q}}_{(n\times1)} \tag{3.5}$$

式(3.5)中,n 代表机器人的自由度,$\boldsymbol{J}$ 在运动学中起着非常重要的作用,可以用于对速度的表述。因为所有对速度的表述都与线速度和角速度相关,任何与速度有关的表述都可以和这个雅可比矩阵建立联系。

3.1.2 旋转矩阵的导数

由于旋转矩阵具有正交性,对于时变的旋转矩阵 $\boldsymbol{R}=\boldsymbol{R}(t)$,可以得到如下关系:

$$\boldsymbol{R}(t)\boldsymbol{R}^{\mathrm{T}}(t)=\boldsymbol{I}$$

设 $\boldsymbol{O}$ 表示 3×3 的零矩阵,对上式求导,可以得到

$$\dot{\boldsymbol{R}}(t)\boldsymbol{R}^{\mathrm{T}}(t)+\boldsymbol{R}(t)\dot{\boldsymbol{R}}^{\mathrm{T}}(t)=\boldsymbol{O}$$

令

$$\boldsymbol{S}(t)=\dot{\boldsymbol{R}}(t)\boldsymbol{R}^{\mathrm{T}}(t) \tag{3.6}$$

则有

$$\boldsymbol{S}(t)+\boldsymbol{S}^{\mathrm{T}}(t)=\boldsymbol{O} \tag{3.7}$$

所以 $\boldsymbol{S}$ 为 3×3 反对称矩阵。将式(3.6)两边同时右乘 $\boldsymbol{R}(t)$,可得

$$\dot{\boldsymbol{R}}(t)=\boldsymbol{S}(t)\boldsymbol{R}(t) \tag{3.8}$$

即 $\boldsymbol{R}(t)$的导数可以表示为它自身的函数。

式(3.8)通过反对称算子 $\boldsymbol{S}$,将旋转矩阵与它自身的导数联系起来。若有任一常向量 $\boldsymbol{p}'$和向量 $\boldsymbol{p}(t)=\boldsymbol{R}(t)\boldsymbol{p}'$,则 $\boldsymbol{p}(t)$关于时间的导数为

$$\dot{\boldsymbol{p}}(t)=\dot{\boldsymbol{R}}(t)\boldsymbol{p}'$$

将式(3.8)代入上式,整理可得

$$\dot{\boldsymbol{p}}(t)=\boldsymbol{S}(t)\boldsymbol{R}(t)\boldsymbol{p}'$$

设 t 时刻坐标系 $\boldsymbol{R}(t)$相对于参考坐标系的角速度为 $\boldsymbol{w}(t)$,根据力学知识可得

$$\dot{\boldsymbol{p}}(t)=\boldsymbol{w}(t)\times\boldsymbol{R}(t)\boldsymbol{p}'$$

综上可以看出,矩阵算子描述了向量 $\boldsymbol{w}$ 和向量 $\boldsymbol{R}(t)\boldsymbol{p}'$之间的向量积。若向量 $\boldsymbol{w}(t)=(w_x\ w_y\ w_z)^{\mathrm{T}}$,则矩阵 $\boldsymbol{S}$ 关于主对角线对称的元素与向量 $\boldsymbol{w}$ 分量之间的关系可表示如下:

$$\boldsymbol{S}=\begin{bmatrix} 0 & -w_z & w_y \\ w_z & 0 & -w_x \\ -w_y & w_x & 0 \end{bmatrix} \tag{3.9}$$

显然,矩阵 $\boldsymbol{S}$ 是关于向量 $\boldsymbol{w}(t)$的函数,即 $\boldsymbol{S}(t)=\boldsymbol{S}(\boldsymbol{w}(t))$。因此,式(3.8)可以表示成:

$$\dot{\boldsymbol{R}}(t)=\boldsymbol{S}(\boldsymbol{w})\boldsymbol{R}(t) \tag{3.10}$$

式(3.10)中,若 $\boldsymbol{R}$ 为旋转矩阵,则下式关系成立:

$$\boldsymbol{RS}(\boldsymbol{w})\boldsymbol{R}^{\mathrm{T}}=\boldsymbol{S}(\boldsymbol{Rw}) \tag{3.11}$$

参考图 1.6(a)，完成点 P 从坐标系$\{A\}$到坐标系$\{B\}$的坐标变换，由式(1.10)可得

$${}^{A}\boldsymbol{P}={}_{B}^{A}\boldsymbol{R}^{B}\boldsymbol{P}+{}^{A}\boldsymbol{P}_{BORG} \tag{3.12}$$

对该式求导，则有

$${}^{A}\dot{\boldsymbol{P}}={}^{A}\dot{\boldsymbol{P}}_{BORG}+{}_{B}^{A}\boldsymbol{R}^{B}\dot{\boldsymbol{P}}+{}_{B}^{A}\dot{\boldsymbol{R}}^{B}\boldsymbol{P} \tag{3.13}$$

由式(3.8)旋转矩阵导数的表达式，可以得到${}^{A}\boldsymbol{P}$ 与角度之间的关系，如下：

$${}^{A}\dot{\boldsymbol{P}}={}^{A}\dot{\boldsymbol{P}}_{BORG}+{}_{B}^{A}\boldsymbol{R}^{B}\dot{\boldsymbol{P}}+\boldsymbol{S}(\boldsymbol{w}^{n}){}_{B}^{A}\boldsymbol{R}^{B}\boldsymbol{P} \tag{3.14}$$

令${}_{B}^{A}\boldsymbol{R}^{B}\boldsymbol{P}={}_{B}^{A}\boldsymbol{r}$，有

$${}^{A}\dot{\boldsymbol{P}}={}^{A}\dot{\boldsymbol{P}}_{BORG}+{}_{B}^{A}\boldsymbol{R}^{B}\dot{\boldsymbol{P}}+\boldsymbol{w}^{n}\times{}_{B}^{A}\boldsymbol{r} \tag{3.15}$$

若${}^{B}\boldsymbol{P}$ 在坐标系$\{B\}$中固定，即${}^{B}\dot{\boldsymbol{P}}=0$，则对式(3.15)有

$${}^{A}\dot{\boldsymbol{P}}={}^{A}\dot{\boldsymbol{P}}_{BORG}+\boldsymbol{w}^{n}\times{}_{B}^{A}\boldsymbol{r} \tag{3.16}$$

3.1.3　连杆速度

根据 D-H 参数法，连杆 i、关节 i 及其坐标系如图 3.1 所示。其中连杆 i 连接关节 i 和 $i+1$，坐标系$\{i\}$固连在连杆 i 上，其原点在关节 $i+1$ 的轴上；而坐标系$\{i+1\}$的原点在关节 i 的轴上。

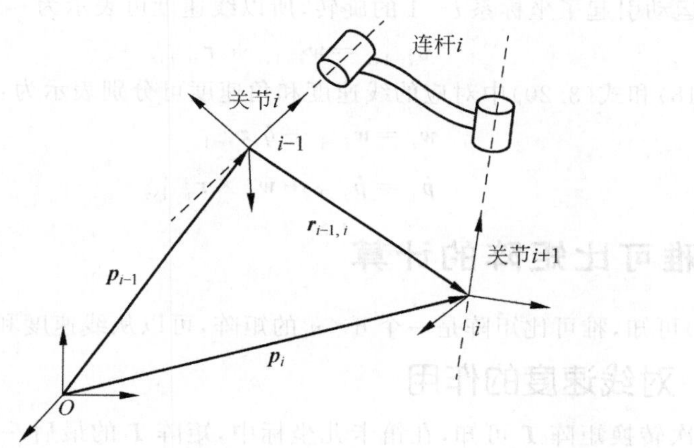

图 3.1　机械臂通用链 i 的表示

设定坐标系$\{i-1\}$和$\{i\}$的原点的位置向量分别 $\boldsymbol{p}_{i-1}$ 为和 $\boldsymbol{p}_{i}$；坐标系$\{i\}$的原点关于坐标系$\{i-1\}$的位置在坐标系$\{i-1\}$中的表示为${}_{i-1}^{i-1}\boldsymbol{r}_{i}$。由式(3.10)可得如下等式：

$$\boldsymbol{p}_{i}=\boldsymbol{p}_{i-1}+\boldsymbol{R}_{i-1}{}_{i-1}^{i-1}\boldsymbol{r}_{i} \tag{3.17}$$

由式(3.16)可得

$$\dot{\boldsymbol{p}}_{i}=\dot{\boldsymbol{p}}_{i-1}+\boldsymbol{R}_{i-1}{}_{i-1}^{i-1}\dot{\boldsymbol{r}}_{i}+\boldsymbol{w}_{i-1}\times\boldsymbol{R}_{i-1}{}_{i-1}^{i-1}\boldsymbol{r}_{i}=\dot{\boldsymbol{p}}_{i-1}+\boldsymbol{v}_{i-1,i}+\boldsymbol{w}_{i-1}\times\boldsymbol{r}_{i-1,i} \tag{3.18}$$

式(3.18)将连杆 i 的线速度表示为连杆 $i-1$ 的平动速度和旋转速度的函数，但是对于不同的关节类型(转动型或移动型)，该表达式会有所不同。$\boldsymbol{v}_{i-1,i}$ 表示坐标系$\{i\}$的原点相对于坐标系$\{i-1\}$原点的速度。

类似地，坐标系$\{i\}$相对于坐标系$\{i-1\}$的角速度在坐标系$\{i-1\}$中表示为 $\boldsymbol{w}_{i-1,i}$，则根据旋转合成表达式 $\boldsymbol{R}_{i}=\boldsymbol{R}_{i-1}\boldsymbol{R}_{i}^{i-1}$ 可得如下关系：

$$\boldsymbol{S}(\boldsymbol{w}_{i})\boldsymbol{R}_{i}=\boldsymbol{S}(\boldsymbol{w}_{i-1})\boldsymbol{R}_{i}+\boldsymbol{R}_{i-1}\boldsymbol{S}(\boldsymbol{w}_{i-1,i})\boldsymbol{R}_{i}^{i-1} \tag{3.19}$$

对式(3.19),运用式(3.11)的性质进行整理可得如下表达式:

$$\boldsymbol{w}_i=\boldsymbol{w}_{i-1}+\boldsymbol{R}_{i-1}\boldsymbol{w}_{i-1,i}=\boldsymbol{w}_{i-1}+\boldsymbol{w}_{i-1,i} \tag{3.20}$$

式(3.20)将连杆 i 的角速度表示为连杆 $i-1$ 的角速度以及连杆 i 关于连杆 $i-1$ 的角速度的函数。同式(3.18)一样,式(3.20)也与关节 i 的类型有关。

1) 移动关节

当关节 i 为移动关节时,坐标系$\{i\}$关于$\{i-1\}$的方向不变,故有:

$$\boldsymbol{w}_{i-1,i}=0 \tag{3.21}$$

则线速度为

$$\boldsymbol{v}_{i-1,i}=\dot{\boldsymbol{d}}_i\boldsymbol{z}_{i-1} \tag{3.22}$$

式中,$\boldsymbol{z}_{i-1}$ 为关节 i 的轴单位向量。进而式(3.18)和式(3.20)中对应的线速度和角速度可分别表示成:

$$\boldsymbol{w}_i=\boldsymbol{w}_{i-1} \tag{3.23}$$

$$\dot{\boldsymbol{p}}_i=\dot{\boldsymbol{p}}_{i-1}+\dot{\boldsymbol{d}}_i\boldsymbol{z}_{i-1}+\boldsymbol{w}_i\times\boldsymbol{r}_{i-1,i} \tag{3.24}$$

2) 转动关节

对于转动关节,角速度为

$$\boldsymbol{w}_{i-1,i}=\dot{q}_i\boldsymbol{z}_{i-1} \tag{3.25}$$

因为关节 i 的运动引起了坐标系 $i-1$ 的旋转,所以线速度可表示为

$$\boldsymbol{v}_{i-1,i}=\boldsymbol{w}_{i-1,i}\times\boldsymbol{r}_{i-1,i} \tag{3.26}$$

进一步,式(3.18)和式(3.20)中对应的线速度和角速度可分别表示为:

$$\boldsymbol{w}_i=\boldsymbol{w}_{i-1}+\dot{q}_i\boldsymbol{z}_{i-1} \tag{3.27}$$

$$\dot{\boldsymbol{p}}_i=\dot{\boldsymbol{p}}_{i-1}+\boldsymbol{w}_i\times\boldsymbol{r}_{i-1,i} \tag{3.28}$$

3.2 雅可比矩阵的计算

由式(3.5)可知,雅可比矩阵是一个 $6\times n$ 的矩阵,可以从线速度和角速度出发进行求解。

3.2.1 对线速度的作用

由前面齐次转换矩阵 $\boldsymbol{T}$ 可知,在笛卡儿坐标中,矩阵 $\boldsymbol{T}$ 的最后一列前三个变量(p_x,p_y,p_z)表示末端执行器或者物体最后一个关节坐标系相对于基座参考坐标系的位置,将这 3 个变量统一表示为一个位置变量 $\boldsymbol{x}_p$,则线速度可以表示为:

$$\boldsymbol{v}=\begin{bmatrix}\dot{x}\\ \dot{y}\\ \dot{z}\end{bmatrix}=\dot{\boldsymbol{x}}_p=\sum_{i=1}^{n}\frac{\partial x_p}{\partial q_i}\dot{q}_i=\sum_{i=1}^{n}\boldsymbol{J}_{vi}\dot{q}_i \tag{3.29}$$

$$\boldsymbol{J}_{vi}=\begin{bmatrix}\dfrac{\partial \boldsymbol{x}_p}{\partial q_1} & \dfrac{\partial \boldsymbol{x}_p}{\partial q_2} & \cdots & \dfrac{\partial \boldsymbol{x}_p}{\partial q_n}\end{bmatrix}$$

$\boldsymbol{J}_{vi}\dot{q}_i$ 表示当其他关节静止时,单个关节 i 的速度对末端执行器线速度的作用。式(3.29)表明,线速度可以通过对 $\boldsymbol{J}_{vi}\dot{q}_i$ 项求和得到。对于不同的关节类型,$\boldsymbol{J}_{vi}$ 的具体表达式也不相同。

(1) 关节 i 为移动关节,则 $q_i=d_i$,由式(3.22)可得

$$\dot{q}_i\boldsymbol{J}_{vi}=\dot{\boldsymbol{d}}_i\boldsymbol{z}_{i-1}$$

从中可得：

$$J_{vi}=z_{i-1}$$

(2) 关节 i 为转动关节，如图 3.2 所示。

由于对线速度作用的计算是相对于末端执行器坐标系原点进行的，所以 $\dot{q}_iJ_{vi}$ 可以表示为：

$$\dot{q}_iJ_{vi}=w_{i-1,i}\times r_{i-1,l}=\dot{q}_iz_{i-1}\times(p_l-p_{i-1})$$

从中可得

$$J_{vi}=z_{i-1}\times(p_l-p_{i-1})$$

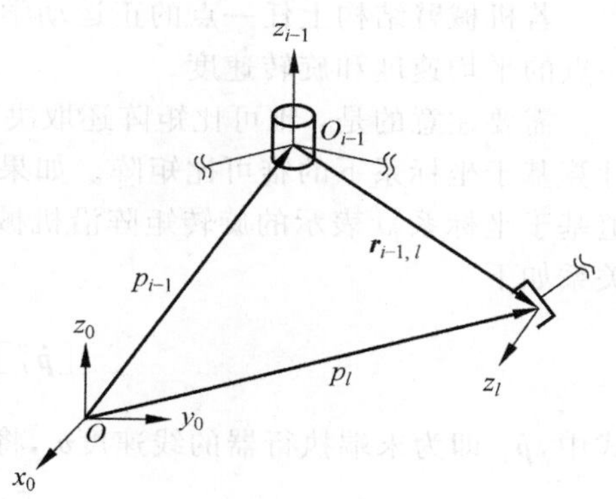

图 3.2 转动关节速度对末端执行器线速度作用向量示意图

3.2.2 对角速度的作用

根据式(3.20)，可得

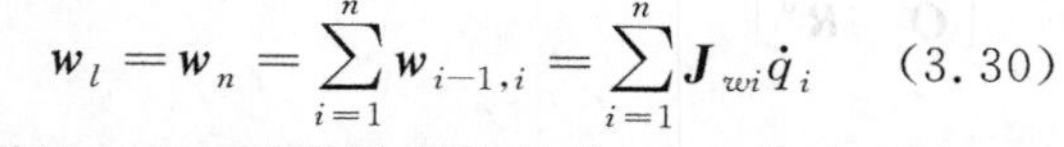

$$w_l=w_n=\sum_{i=1}^{n}w_{i-1,i}=\sum_{i=1}^{n}J_{wi}\dot{q}_i \qquad (3.30)$$

同样地，对于不同类型的关节，J_{wi} 的表达式也不相同。

(1) 关节 i 为移动关节，由式(3.21)可得

$$\dot{q}_iJ_{wi}=0$$

进而可得

$$J_{wi}=0$$

(2) 关节 i 为转动关节，由式(3.25)得

$$\dot{q}_iJ_{wi}=\dot{q}_iz_{i-1}$$

从中可得

$$J_{wi}=z_{i-1}$$

综上所述，可以将式(3.4)写成如下形式：

$$J=\begin{bmatrix}J_{v1} & J_{vi}\\ & \cdots \\ J_{w1} & J_{wi}\end{bmatrix} \tag{3.31}$$

其中

$$\begin{bmatrix}J_{vi}\\ J_{wi}\end{bmatrix}=\begin{cases}\begin{bmatrix}z_{i-1}\\ 0\end{bmatrix} & \text{移动关节}\\ \begin{bmatrix}z_{i-1}\times(p_l-p_{i-1})\\ z_{i-1}\end{bmatrix} & \text{转动关节}\end{cases} \tag{3.32}$$

上式基于正运动学关系，给出了一种计算雅可比矩阵的系统而简单的方法。式(3.32)中，向量 z_{i-1}、p_l 和 p_{i-1} 都是关节变量的函数。其中，z_{i-1} 由旋转矩阵 R_{i-1}^0 的第 3 列得到，即

$$z_{i-1}=R_{i-1}^0(q_1)\cdots R_{i-1}^{i-2}(q_{i-1})z_0 \tag{3.33}$$

式(3.33)中，$z_0=[0\ 0\ 1]^{\mathrm{T}}$。

而 p_l 则由变换矩阵${}_l^0T$ 的第 4 列的前 3 个元素得到。将 $\tilde{p}_l$ 表示成 4×1 的齐次形式为

$$\tilde{p}_l={}_1^0T(q_1)\cdots{}_n^{n-1}T(q_n)\tilde{p}_0 \tag{3.34}$$

其中，$\tilde{p}_0=[0\ 0\ 1]^{\mathrm{T}}$。

p_{i-1} 是由变换矩阵${}_{i-1}^0T$ 的第 4 列的前 3 个元素得到，即

$$\tilde{p}_{i-1}={}_1^0T(q_1)\cdots{}_{i-1}^{i-2}T(q_{i-1})\tilde{p}_0 \tag{3.35}$$

若机械臂结构上任一点的正运动学方程已知，则式(3.31)可用于计算沿机械臂结构上任一点的平均速度和旋转速度。

需要注意的是：雅可比矩阵还取决于用来表示末端执行器速度的坐标系。上述公式可以计算基于坐标系下的雅可比矩阵。如果要计算基于不同坐标系 v 表示的雅可比矩阵，只需知道基于坐标系 v 表示的旋转矩阵沿机械臂结构上任一点的 $\boldsymbol{R}^v$ 即可。两坐标系中速度之间的关系如下

$$[\dot{\boldsymbol{p}}_l^v]=\begin{bmatrix}\boldsymbol{R}^v & \boldsymbol{O}\\ \boldsymbol{O} & \boldsymbol{R}^v\end{bmatrix}\begin{bmatrix}\dot{\boldsymbol{p}}_l\\ \boldsymbol{w}\end{bmatrix}$$

式中，$\dot{\boldsymbol{p}}_l$ 即为末端执行器的线速度$\boldsymbol{v}$，将上式与式(3.3)联立，经整理可得

$$\begin{bmatrix}\boldsymbol{v}\\ \boldsymbol{w}\end{bmatrix}=\begin{bmatrix}\boldsymbol{R}^v & \boldsymbol{O}\\ \boldsymbol{O} & \boldsymbol{R}^v\end{bmatrix}\boldsymbol{J}\dot{\boldsymbol{q}}$$

进一步可得

$$\boldsymbol{J}^v=\begin{bmatrix}\boldsymbol{R}^v & \boldsymbol{O}\\ \boldsymbol{O} & \boldsymbol{R}^v\end{bmatrix}\boldsymbol{J} \tag{3.36}$$

其中，$\boldsymbol{J}^v$ 是基于坐标系 v 表示的几何雅可比矩阵。

3.2.3 雅可比矩阵的逆

对于三维空间运动的机器人，由前述可知，其雅可比矩阵 $\boldsymbol{J}$ 是一个 $6\times n$ 的矩阵(n 为机器人的关节个数)。当 $n=6$ 时，$\boldsymbol{J}$ 变为 6×6 的方阵，可以直接求其逆。

当 $\boldsymbol{J}$ 为方阵且满秩时，根据矩阵理论可得

$$\boldsymbol{J}^{-1}=\frac{Adj(\boldsymbol{J})}{|\boldsymbol{J}|} \tag{3.37}$$

其中，$Adj(\boldsymbol{J})$为 $\boldsymbol{J}$ 的伴随矩阵；$|\boldsymbol{J}|$为 $\boldsymbol{J}$ 的行列式值，$\boldsymbol{J}$ 为关节角的函数。

当$|\boldsymbol{J}|=0$，对应的那组关节角称为奇异点。因为处于奇异点时，$|\boldsymbol{J}|=0$，所以雅可比矩阵 $\boldsymbol{J}$ 的逆不存在。

一般情况下，为使机器人在空间里运动得更加灵活，通常将关节数 n 设计成大于任务空间自由度 m，其中多余的自由度 $r=n-m$，称为冗余自由度。此时，$\boldsymbol{J}$ 不是方阵，对应的雅可比矩阵的逆应该用 $\boldsymbol{J}^+$ 表示，即伪逆。

同样地，根据矩阵的理论可得

$$\boldsymbol{J}^+=\boldsymbol{J}^{\mathrm{T}}(\boldsymbol{J}\boldsymbol{J}^{\mathrm{T}})^{-1}$$

其中，$\boldsymbol{J}^{\mathrm{T}}$ 表示 $\boldsymbol{J}$ 的转置，$\boldsymbol{J}$ 为 $6\times n$ 的矩阵($n\neq 6$)。

3.3 雅可比矩阵的计算举例

本节将介绍一些典型机械臂的雅可比矩阵的计算，个别例子在前面章节中已计算过其正运动学方程，因此正运动学的表达式将直接给出。

3.3.1 平面三连杆机械臂

平面三连杆机械臂如图 3.3 所示，已知其正运动学方程为

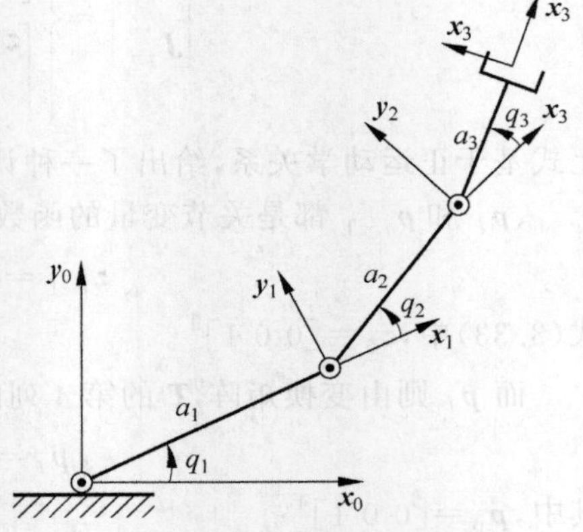

图 3.3 平面三连杆机械臂

$$
{}^{0}_{3}\boldsymbol{T}=\begin{bmatrix} c_{123} & -s_{123} & 0 & l_1c_1+l_2c_{12}+l_3c_{123} \\ s_{123} & c_{123} & 0 & l_1s_1+l_2s_{12}+l_3s_{123} \\ 0 & 0 & 1 & 0 \\ 0 & 0 & 0 & 1 \end{bmatrix}
$$

求其雅可比矩阵。

解：由于平面连杆的3个关节均为转动关节，根据式(3.32)，可得雅可比矩阵为

$$
\boldsymbol{J}(\boldsymbol{q})=\begin{bmatrix} \boldsymbol{z}_0\times(\boldsymbol{p}_3-\boldsymbol{p}_0) & \boldsymbol{z}_1\times(\boldsymbol{p}_3-\boldsymbol{p}_1) & \boldsymbol{z}_2\times(\boldsymbol{p}_3-\boldsymbol{p}_2) \\ \boldsymbol{z}_0 & \boldsymbol{z}_1 & \boldsymbol{z}_2 \end{bmatrix}
$$

不同连杆的位置向量分别计算如下：

$$
\boldsymbol{p}_0=\begin{bmatrix} 0 \\ 0 \\ 0 \end{bmatrix} \quad \boldsymbol{p}_1=\begin{bmatrix} l_1c_1 \\ l_1s_1 \\ 0 \end{bmatrix} \quad \boldsymbol{p}_2=\begin{bmatrix} l_1c_1+l_2c_{12} \\ l_1s_1+l_2s_{12} \\ 0 \end{bmatrix}
$$

$$
\boldsymbol{p}_3=\begin{bmatrix} l_1c_1+l_2c_{12}+l_3c_{123} \\ l_1s_1+l_2s_{12}+l_3s_{123} \\ 0 \end{bmatrix}
$$

由于所有转动关节轴的单位向量都平行于轴 $\boldsymbol{z}_0$，可得

$$
\boldsymbol{z}_0=\boldsymbol{z}_1=\boldsymbol{z}_2=\begin{bmatrix} 0 \\ 0 \\ 1 \end{bmatrix}
$$

由式(3.31)得

$$
\boldsymbol{J}=\begin{bmatrix} -l_1s_1-l_2s_{12}+l_3s_{123} & -l_2s_{12}-l_3s_{123} & -l_3s_{123} \\ l_1c_1+l_2c_{12}+l_3c_{123} & l_2c_{12}+l_3c_{123} & l_3c_{123} \\ 0 & 0 & 0 \\ 0 & 0 & 0 \\ 0 & 0 & 0 \\ 1 & 1 & 1 \end{bmatrix}
$$

3.3.2 拟人机械臂

如图3.4所示为三自由度的拟人机械臂，已知其正运动学方程为

$$
{}^{0}_{3}\boldsymbol{T}=\begin{bmatrix} c_1c_{23} & -c_1s_{23} & s_1 & c_1(l_2c_2+l_3c_{23}) \\ s_1c_{23} & -s_1s_{23} & -c_1 & s_1(a_2c_2+l_3c_{23}) \\ s_{23} & c_{23} & 0 & l_2s_2+l_3s_{23} \\ 0 & 0 & 0 & 1 \end{bmatrix}
$$

求其雅可比矩阵。

解：根据拟人机械臂的关节类型，由式(3.32)可得雅可比矩阵为

$$
\boldsymbol{J}(\boldsymbol{q})=\begin{bmatrix} \boldsymbol{z}_0\times(\boldsymbol{p}_3-\boldsymbol{p}_0) & \boldsymbol{z}_1\times(\boldsymbol{p}_3-\boldsymbol{p}_1) & \boldsymbol{z}_2\times(\boldsymbol{p}_3-\boldsymbol{p}_2) \\ \boldsymbol{z}_0 & \boldsymbol{z}_1 & \boldsymbol{z}_2 \end{bmatrix}
$$

计算各连杆的位置向量得

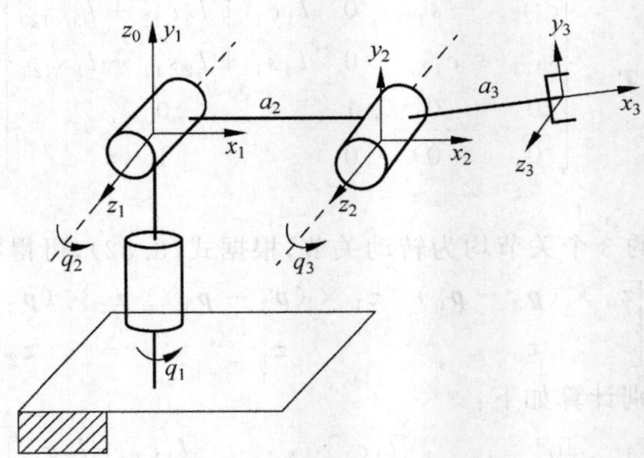

图 3.4　三自由度拟人机械臂

$$\boldsymbol{p}_0=\boldsymbol{p}_1=\begin{bmatrix}0\\0\\0\end{bmatrix}\quad \boldsymbol{p}_2=\begin{bmatrix}l_1c_1c_2\\l_1s_1c_2\\l_2s_2\end{bmatrix}$$

$$\boldsymbol{p}_3=\begin{bmatrix}c_1(l_2c_2+l_3c_{23})\\s_1(l_2c_2+l_3c_{23})\\l_2s_2+l_3s_{23}\end{bmatrix}$$

计算各转动关节轴的单位向量得

$$\boldsymbol{z}_0=\begin{bmatrix}0\\0\\1\end{bmatrix}\quad \boldsymbol{z}_1=\boldsymbol{z}_2=\begin{bmatrix}s_1\\-c_1\\1\end{bmatrix}$$

由式(3.31)得

$$\boldsymbol{J}=\begin{bmatrix}-s_1(l_2c_2+l_3c_{23}) & -c_1(l_2s_2+l_3s_{23}) & -l_3c_1s_{23}\\ c_1(l_2c_2+l_3c_{23}) & s_1(l_2s_2+l_3s_{23}) & -l_3s_1s_{23}\\ 0 & l_2c_2+l_3c_{23} & l_3c_{23}\\ 0 & s_1 & s_1\\ 0 & -c_1 & -c_1\\ 1 & 0 & 0\end{bmatrix}$$

3.3.3　球形腕机械臂

三自由度球形腕机械臂如图 3.5 所示，它由 3 个相互垂直且相交的关节组成。已知其正运动学方程为

$${}^0_3\boldsymbol{T}=\begin{bmatrix}s_1s_3+c_1c_2c_3 & s_1c_3+c_1c_2s_3 & -c_1s_2 & -l_3c_1s_2\\ -c_1s_3+s_1c_2c_3 & -c_1c_3+s_1c_2s_3 & -s_1s_2 & -l_3s_1s_2\\ -s_2c_3 & s_2s_3 & -c_2 & l_1s_2-l_3c_2\\ 0 & 0 & 0 & 1\end{bmatrix}$$

求其雅可比矩阵。

解：根据球形腕机械臂的关节类型，由式(3.32)可得雅可比矩阵为

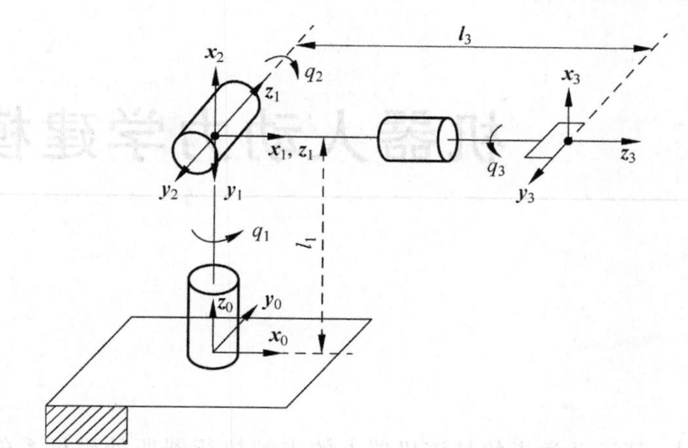

图 3.5　三自由度球形腕机械臂

$$
\boldsymbol{J}(\boldsymbol{q})=\begin{bmatrix} \boldsymbol{z}_0\times(\boldsymbol{p}_3-\boldsymbol{p}_0) & \boldsymbol{z}_1\times(\boldsymbol{p}_3-\boldsymbol{p}_1) & \boldsymbol{z}_2\times(\boldsymbol{p}_3-\boldsymbol{p}_2) \\ \boldsymbol{z}_0 & \boldsymbol{z}_1 & \boldsymbol{z}_2 \end{bmatrix}
$$

计算各连杆的位置向量得

$$
\boldsymbol{p}_0=\boldsymbol{p}_1=\begin{bmatrix}0\\0\\0\end{bmatrix},\quad \boldsymbol{p}_2=\begin{bmatrix}l_1c_1c_2\\l_1s_1c_2\\l_2s_2\end{bmatrix}
$$

$$
\boldsymbol{p}_3=\begin{bmatrix}c_1(l_2c_2+l_3c_{23})\\s_1(l_2c_2+l_3c_{23})\\l_2s_2+l_3s_{23}\end{bmatrix}
$$

计算各转动关节轴的单位向量得

$$
\boldsymbol{z}_0=\begin{bmatrix}0\\0\\1\end{bmatrix},\quad \boldsymbol{z}_1=\begin{bmatrix}-s_1\\c_1\\1\end{bmatrix},\quad \boldsymbol{z}_2=\begin{bmatrix}-c_1s_2\\-s_1s_2\\-c_2\end{bmatrix}
$$

由式(3.31)得

$$
\boldsymbol{J}=\begin{bmatrix} l_3s_1s_2 & -l_3c_1c_2 & 0\\ -l_3c_1s_2 & -l_3s_1c_2 & 0\\ 0 & l_3s_2 & 0\\ 0 & -s_1 & -c_1s_2\\ 0 & c_1 & -s_1s_2\\ 1 & 0 & -c_2 \end{bmatrix}
$$

3.4　本章小结

本章主要讨论了雅可比矩阵的定义和求解方法，在此基础上，给出了求解雅可比矩阵的几个实例。第 4 章将讨论机器人的动力学建模。

第 4 章 机器人动力学建模

CHAPTER 4

对于一个机器人，其运动学指的是该机器人的末端执行器所处坐标系的位姿与基座参考坐标系之间的关系，这个过程中涉及各关节的位姿、速度（包括线速度和角速度）等，但从未涉及引起机器人运动的力。本节将具体研究机器人的动力学方程——由驱动器施加的力矩或者作用在机械臂上的外力使机器人运动的描述。

如第 2 章所分析，定义机器人关节角矢量为 $\boldsymbol{q}$，对于众多串联型 6 关节机器人（包括 Touch X 机器人），可以由下式表示：

$$\boldsymbol{q}=\{\theta_1 \quad \theta_2 \quad \theta_3 \quad \theta_4 \quad \theta_5 \quad \theta_6\} \tag{4.1}$$

对于这种机器人的动力学分析，主要研究期望关节力矩 τ 和已知的轨迹点 $\boldsymbol{q}$、$\dot{\boldsymbol{q}}$ 和 $\ddot{\boldsymbol{q}}$ 之间的关系，由这种关系推导出的动力学公式与机器人控制方式紧密相关。相反，当已知施加在关节上的一组力矩 τ 时，计算机械臂的关节角矢量 $\boldsymbol{q}$、$\dot{\boldsymbol{q}}$ 和 $\ddot{\boldsymbol{q}}$，这对于机器人的仿真很有帮助。

一般有两种方法用于对机器人动力学模型的构建，一种是基于速度、加速度和力的牛顿-欧拉法，另一种是基于能量的拉格朗日法。由这两种方法得出来的动力学方程都可以对动力学的状态空间方程进行简化。接下来将分别讨论这两种方法。

4.1 用牛顿-欧拉法建立机器人动力学方程

本节重点讨论基于牛顿-欧拉法建立机器人动力学方程。

4.1.1 机器人刚体的加速度

两个相互独立的坐标系$\{A\}$和$\{B\}$，坐标系$\{B\}$固连在一个刚体上，刚体有一个相对于坐标系$\{A\}$的运动点${}^B\boldsymbol{Q}$，如图 4.1 所示，假设坐标系$\{A\}$是固定的。坐标系$\{B\}$相对于坐标系$\{A\}$的位置可以用位置矢量${}^A\boldsymbol{P}_{BORG}$ 和旋转矩阵${}^A_B\boldsymbol{R}$ 来描述。则 Q 点在坐标系$\{A\}$中的线速度可以表示为：

$${}^A\boldsymbol{V}_Q={}^A\boldsymbol{V}_{BORG}+{}^A_B\boldsymbol{R}\,{}^B\boldsymbol{V}_Q \tag{4.2}$$

注意：上式成立的前提是坐标系$\{A\}$和$\{B\}$相对方位保持一定。

普通情况下，即机器人均是转动关节的时候，Q 点在$\{B\}$坐标系中的位置固定，即${}^B\boldsymbol{Q}$ 为常量的时候，关节转动时，坐标系$\{B\}$相对于坐标系$\{A\}$的旋转的角速度为${}^A\boldsymbol{\Omega}_B$。经过推导和计算，最后得到机器人的线加速度的表达式为：

$${}^A\dot{\boldsymbol{V}}_Q={}^A\dot{\boldsymbol{V}}_{BORG}+{}^A\boldsymbol{\Omega}_B\times({}^A\boldsymbol{\Omega}_B\times{}^B_A\boldsymbol{R}\,{}^B\boldsymbol{Q})+{}^A\dot{\boldsymbol{\Omega}}_B\times{}^B_A\boldsymbol{R}\,{}^B\boldsymbol{Q} \tag{4.3}$$

通常情况下，上式用于计算转动关节机械臂连杆的线加速度。

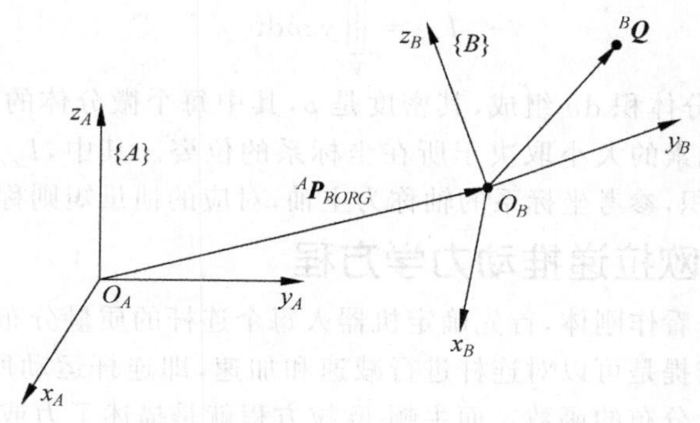

图 4.1　坐标系$\{B\}$相对于坐标系$\{A\}$以速度$^A V_{BORG}$平移

同上假设，关节转动时，坐标系$\{B\}$相对于坐标系$\{A\}$的旋转的角速度为$^A\boldsymbol{\Omega}_B$，而坐标系$\{C\}$相对于坐标系$\{B\}$的旋转的角速度为$^B\boldsymbol{\Omega}_C$，则坐标系$\{C\}$相对于$\{A\}$旋转的角速度为：

$$^A\boldsymbol{\Omega}_C = {}^A\boldsymbol{\Omega}_B + {}^A_B\boldsymbol{R}\, {}^B\boldsymbol{\Omega}_C \tag{4.4}$$

对其求导，最终得到：

$$^A\dot{\boldsymbol{\Omega}}_C = {}^A\dot{\boldsymbol{\Omega}}_B + {}^A_B\boldsymbol{R}\, {}^B\dot{\boldsymbol{\Omega}}_C + {}^A\boldsymbol{\Omega}_B \times {}^A_B\boldsymbol{R}\, {}^B\boldsymbol{\Omega}_C \tag{4.5}$$

由上式即可计算机械臂连杆的角加速度。

4.1.2　机器人刚体的质量分布

分析机器人动力学时，还应考虑机器人刚体的质量分布。对于转动关节机械臂(定轴转动)，在一个刚体绕任意轴作旋转运动的时候，用惯性张量表示机器人刚体的质量分布。如图 4.2 所示，在刚体上建立一个坐标系$\{A\}$，并用左上标表示惯性张量所在的参考坐标系，则坐标系$\{A\}$中的惯性张量可表示为一个 3×3 的矩阵：

$$^A\boldsymbol{I} = \begin{bmatrix} I_{xx} & -I_{xy} & -I_{xz} \\ -I_{xy} & I_{yy} & -I_{yz} \\ -I_{xz} & -I_{yz} & I_{zz} \end{bmatrix} \tag{4.6}$$

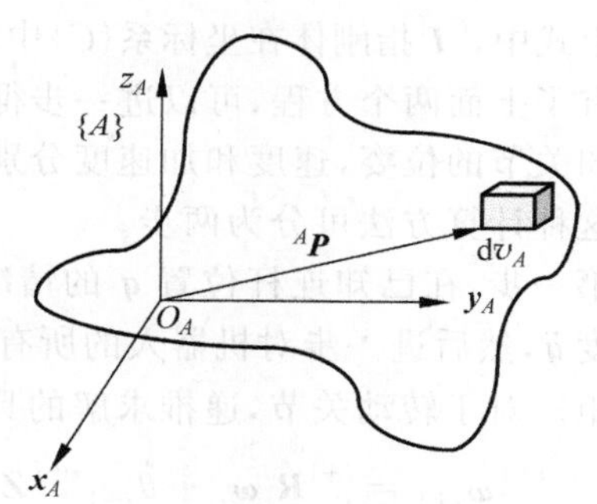

图 4.2　坐标系$\{A\}$中的惯性张量(图中$^A\boldsymbol{P}$表示单元体 dv_A 的位置矢量)

其中的各元素分别为：

$$I_{xx} = \iiint_V (y^2 + z^2)\rho \mathrm{d}v \tag{4.7}$$

$$I_{yy} = \iiint_V (x^2 + z^2)\rho \mathrm{d}v \tag{4.8}$$

$$I_{zz} = \iiint_V (x^2 + y^2)\rho \mathrm{d}v \tag{4.9}$$

$$I_{xy} = \iiint_V xy\rho \mathrm{d}v \tag{4.10}$$

$$I_{xz} = \iiint_V xz\rho \mathrm{d}v \tag{4.11}$$

$$I_{yz}=\iiint\limits_V yz\rho\mathrm{d}v \tag{4.12}$$

式中，机器人刚体由微分体积 dv 组成，其密度是 ρ，其中每个微分体的位置由其坐标确定，而上面 6 个相互独立的元素的大小取决于所在坐标系的位姿。其中，I_{xx}、I_{xx} 和 I_{xx} 称为惯量矩，其余 3 个称为惯量积，参考坐标系的轴称为主轴，对应的惯量矩则称为主惯量矩。

4.1.3 牛顿-欧拉递推动力学方程

将机器人上的连杆看作刚体，首先确定机器人每个连杆的质量分布，包括质心位置和惯性张量。使连杆运动的前提是可以对连杆进行减速和加速，即连杆运动所需的驱动力是关于连杆的期望加速度和质量分布的函数。而牛顿-欧拉方程就是描述了力或力矩与惯量、加速度等之间的关系。

根据牛顿第二定律，即物体加速度的大小与作用力成正比，与物体的质量成反比，可以得到机器人中连杆质心上的作用力 F 与相对应的刚体加速度的关系式：

$$F=m\dot{v}_c \tag{4.13}$$

其中，m 是刚体的总质量。

而对于一个转动的刚体，还要分析引起刚体转动的力矩 $\boldsymbol{N}$。欧拉方程用来表示作用在刚体上的力矩与刚体转动的角速度和角加速度的关系：

$$\boldsymbol{N}={}^C\boldsymbol{I}\dot{\omega}+\omega\times{}^C\boldsymbol{I}\omega \tag{4.14}$$

上式中，${}^C\boldsymbol{I}$ 指刚体在坐标系$\{C\}$中的惯性张量。注意刚体的质心的位置（位于坐标系原点）。

有了上面两个方程，可以进一步得到基于机械臂给定运动轨迹求解驱动力或力矩的方法，即已知关节的位姿，速度和加速度分别为 $\boldsymbol{q}$、$\dot{\boldsymbol{q}}$ 和 $\ddot{\boldsymbol{q}}$，可以进一步得出机器人运动的驱动力。

这种计算方法可分为两步。

第一步，在已知连杆位置 $\boldsymbol{q}$ 的情况下，从连杆 1 到连杆 n 向外递推计算连杆的速度 $\dot{\boldsymbol{q}}$ 和加速度 $\ddot{\boldsymbol{q}}$，然后进一步对机器人的所有连杆使用牛顿和欧拉方程，得到作用在连杆质心上的力和力矩。对于转动关节，递推求解的具体过程如下：

$${}^{i+1}\boldsymbol{\omega}_{i+1}={}^{i+1}_{i}\boldsymbol{R}\,{}^{i}\boldsymbol{\omega}_i+\dot{\theta}_{i+1}\,{}^{i+1}\boldsymbol{Z}_{i+1} \tag{4.15}$$

$${}^{i+1}\dot{\boldsymbol{\omega}}_{i+1}={}^{i+1}_{i}\boldsymbol{R}\,{}^{i}\dot{\boldsymbol{\omega}}_i+{}^{i+1}_{i}\boldsymbol{R}\,{}^{i}\boldsymbol{\omega}_i\times\dot{\theta}_{i+1}\,{}^{i+1}\hat{\boldsymbol{Z}}_{i+1}+\ddot{\theta}_{i+1}\,{}^{i+1}\hat{\boldsymbol{Z}}_{i+1} \tag{4.16}$$

$${}^{i+1}\dot{\boldsymbol{v}}_{i+1}={}^{i+1}_{i}\boldsymbol{R}({}^{i}\dot{\boldsymbol{\omega}}_i\times{}^{i}\boldsymbol{P}_{i+1}+{}^{i}\boldsymbol{\omega}_i\times({}^{i}\boldsymbol{\omega}_i\times{}^{i}\boldsymbol{P}_{i+1})+{}^{i}\dot{\boldsymbol{v}}_i) \tag{4.17}$$

$${}^{i+1}\dot{\boldsymbol{v}}_{C_{i+1}}={}^{i+1}_{i}\boldsymbol{R}({}^{i+1}\dot{\boldsymbol{\omega}}_{i+1}\times{}^{i}\boldsymbol{P}_{C_{i+1}}+{}^{i+1}\boldsymbol{\omega}_{i+1}\times({}^{i+1}\boldsymbol{\omega}_{i+1}\times{}^{i+1}\boldsymbol{P}_{C_{i+1}})+{}^{i+1}\dot{\boldsymbol{v}}_{i+1}) \tag{4.18}$$

$${}^{i+1}\boldsymbol{F}_{i+1}=m_{i+1}\,{}^{i+1}\dot{\boldsymbol{v}}_{C_{i+1}} \tag{4.19}$$

$${}^{i+1}\boldsymbol{N}_{i+1}={}^{C_{i+1}}\boldsymbol{I}_{i+1}\,{}^{i+1}\dot{\boldsymbol{\omega}}_{i+1}+{}^{i+1}\boldsymbol{\omega}_{i+1}\times{}^{C_{i+1}}\boldsymbol{I}_{i+1}\,{}^{i+1}\boldsymbol{\omega}_{i+1} \tag{4.20}$$

式(4.15)～式(4.20)中，$i=0,1,2,3,4,5$。对于 6 个关节都是转动关节的机器人，通过上面的式子可以求解出作用在每个连杆上的力和力矩。

第二步，计算关节力矩。实际上，这些关节力矩是施加在连杆上的力和力矩，即动力学要得出的驱动器施加在机器人上的力矩或作用在机器人上使其运动的外力。而这种求解需要使用向内递推的方法，在得到上面的结果后，具体过程如下：

$${}^{i}f_i={}^{i}_{i+1}\boldsymbol{R}\,{}^{i+1}f_{i+1}+{}^{i}F_i \tag{4.21}$$

$${}^{i}n_i={}^{i}\boldsymbol{N}_i+{}^{i}_{i+1}\boldsymbol{R}\,{}^{i+1}n_{i+1}+{}^{i}\boldsymbol{P}_{C_i}\times{}^{i}F_i+{}^{i}\boldsymbol{P}_{i+1}\times{}^{i}_{i+1}\boldsymbol{R}\,{}^{i+1}f_{i+1} \tag{4.22}$$

$$\boldsymbol{\tau}_i={}^{i}n_i^{T_i}\hat{\boldsymbol{Z}}_i \tag{4.23}$$

式中，$i=6,5,4,3,2,1$。式(4.21)～式(4.23)即为通过牛顿-欧拉递推法推导得出的机器人动力学方程。

在分析机器人动力学的过程中，还有一个因素不能忽视，即重力因素。需要将各连杆的重力加入到动力学方程中，由于在递推推导过程中，计算力的时候使用到连杆的质量和加速度，所以可以假设机器人正以 $1g$ 的加速度向上做加速运动，这和连杆上的重力作用是等效的。所以可以让线加速度的初始值与重力加速度大小相等，方向相反。这样将不需要进行其他附加的运算就可以把重力的影响加入到动力学方程中。

上面各式即为运用牛顿-欧拉递推的方法通过机器人的运动轨迹(即位姿、速度和加速度)得到机器人的期望驱动力矩的具体过程。其中，角速度、角加速度和线加速度的初始值分别是：

$$^0\omega_0=\begin{pmatrix}0\\0\\0\end{pmatrix}\quad {}^0\dot{\omega}_0=\begin{pmatrix}0\\0\\0\end{pmatrix}\quad {}^0\dot{v}_0=\begin{pmatrix}-g\\0\\0\end{pmatrix} \tag{4.24}$$

4.2 用拉格朗日法建立机器人动力学方程

4.1节讨论了基于牛顿-欧拉法建立机器人动力学模型，本节将讨论另一种建立机器人动力学模型的方法——拉格朗日法。

4.2.1 状态空间方程

如果能够对方程进行归纳和分类，然后进一步简化，就可以很简便地表示机器人的动力学方程。其中有一种就是用状态空间方程表示动力学方程。不考虑一切摩擦因素，其具体形式如下：

$$\tau=\boldsymbol{M}(q)\ddot{\boldsymbol{q}}+\boldsymbol{V}(q,\dot{q})+\boldsymbol{G}(q) \tag{4.25}$$

式中适用于前文经常分析的6关节(均是转动关节)机器人，$\boldsymbol{M}(q)$是机械臂的6×6惯性矩阵，该矩阵是一个角对称矩阵，在这个6×6矩阵中，里面的非零元素的大小取决于机器人中各关节角$\boldsymbol{q}(\theta_1,\theta_2,\theta_3,\theta_4,\theta_5$ 和 $\theta_6)$的大小。$\boldsymbol{M}(q)$表示机械臂受到的惯性力的大小。$\boldsymbol{V}(q,\dot{q})$为6×1的离心力和科里奥利(科氏力)矩阵，该矩阵中非零元素的大小取决于两个因素——机器人中各关节的关节角q及其关节角速度$\dot{q}$。$\boldsymbol{G}(q)$是6×1重力矩阵，即机械臂上各连杆的重力因素，表示了这个机器人受到重力的大小。$\boldsymbol{G}(q)$中非零元素的大小与机器人各关节的关节角q有关。这里说的理想情况是不考虑关节之间的摩擦问题等其他因素。

由于上式中的离心力和科氏力矩阵$\boldsymbol{V}(q,\dot{q})$分别取决于机械臂各关节连杆的位置和速度，所以将这个方程式称为状态空间方程。

4.2.2 拉格朗日法

牛顿-欧拉法是通过基于由牛顿定律和欧拉方程推导出作用在连杆上的力和力矩的方法得到机器人动力学的方法。而拉格朗日法则是基于能量的角度来分析机器人的动力学。对于同一个机器人，两者得到的动力学方程都是相同的。

首先从分析动能开始进行能量分析，对于机器人的第i个连杆，其动能可以表示为：

$$k_i=\frac{1}{2}m_i v_{C_i}^{\mathrm{T}} v_{C_i}+\frac{1}{2}\,{}^i\omega_i^{\mathrm{T}}\,{}^{C_i}\boldsymbol{I}_i\,{}^i\omega_i \tag{4.26}$$

上式中等号右侧的两项分别代表由连杆的线速度(质心处)引起的动能和由连杆的角速度(同为质心处)引起的动能。整个机械臂的动能是所有连杆的动能之和，即：

$$k=\sum_{i=1}^{n}k_i \tag{4.27}$$

而机器人的动能又可以和之前的惯性矩阵 $\boldsymbol{M}(q)$ 建立等式，对于 6 关节机器人，6 连杆的动能可以由 6×6 矩阵 $\boldsymbol{M}(q)$ 与关节角速度 $\dot{q}$ 建立关系式：

$$k(q,\dot{q})=\frac{1}{2}\dot{q}^{\mathrm{T}}\boldsymbol{M}(q)\dot{q} \tag{4.28}$$

从物理力学可知，物体的总动能总是为正值，所以惯性矩阵 $\boldsymbol{M}(q)$ 为正定矩阵。

然后研究机器人的势能。对于机器人的第 i 个连杆，其势能可以表示为：

$$u_i=-m_i{}^0g^{\mathrm{T}0}\boldsymbol{P}_{C_i}+u_{\mathrm{ref}_i} \tag{4.29}$$

上式中的 ${}^0\boldsymbol{g}$ 是 3×1 的重力加速度矢量，而 ${}^0\boldsymbol{P}_{C_i}$ 则是第 i 个连杆的质心的相对位置矢量，而为了使势能最小为 0，取一常数为 u_{ref_i}。则整个机械臂的势能是所有连杆的势能之和，即：

$$u=\sum_{i=1}^{n}u_i \tag{4.30}$$

因为 ${}^0\boldsymbol{P}_{C_i}$ 是第 i 个连杆的质心的相对位置矢量，则 ${}^0\boldsymbol{P}_{C_i}$ 应该是关节角的函数。则机械臂的整体势能可以表现为 $u(q)$，它是各关节位置的标量函数。

当得到机器人的动能和势能后，进一步推导计算得到拉格朗日函数，即：

$$L(q,\dot{q})=k(q,\dot{q})-u(q) \tag{4.31}$$

通过拉格朗日函数得到机器人的驱动力矩：

$$\frac{\mathrm{d}}{\mathrm{d}t}\frac{\partial L}{\partial \dot{q}}-\frac{\partial L}{\partial q}=\tau \tag{4.32}$$

对于机械臂，方程式也可以这样表示：

$$\frac{\mathrm{d}}{\mathrm{d}t}\frac{\partial k}{\partial \dot{q}}-\frac{\partial k}{\partial q}+\frac{\partial u}{\partial q}=\tau \tag{4.33}$$

这样通过计算机器人的动能和势能，再代入拉格朗日函数中整理，可得机器人的动力学方程，这就是由拉格朗日法推导机器人的动力学。

4.3 机器人动力学建模举例

Touch X 为 6 自由度的关节机器人，为触摸式人机交互的力反馈设备，是模仿人的手臂进行设计的，如图 2.8 所示。因此本书中也称 Touch X 机器人为机械臂。

4.2 节通过方程简化和整理，将机器人的动力学方程构建成关节空间方程。这是因为关节空间方程不仅易于表达机器人的动力学关系，而且对于串联型机器人还有利于利用其串联结构的性质推导动力学方程；而 Touch X 则是典型的 6 关节串联结构机器人。

对于关节空间方程，要获得各矩阵的具体值或表达式，则需要大量的计算，其中有一种方法称为 Y 矩阵(匹配)法。Y 矩阵法就是建立在状态空间方程的基础上得到的方法，本节将使用 Y 矩阵法来构建 Touch X 的动力学模型。

先将关节空间方程转化为以下方程：

$$\boldsymbol{M}(q)\ddot{q}+\boldsymbol{V}(q,\dot{q})+\boldsymbol{G}(q)=\boldsymbol{Y}(q,\dot{q},\ddot{q})\sigma \tag{4.34}$$

式中，σ 包括系统变量，而 $\boldsymbol{Y}$ 矩阵中都是关节角矢量有关的函数(关节角、关节角速度、关节角加速度)。这种方法的思路是：先将 $\boldsymbol{Y}$ 矩阵求解出来，然后分离同类项，分别和上面方程左部的三项相对应，最终得到机器人的动力学关节空间方程。

现在假设期望理想轨迹的关节角矢量为 q_d，则轨迹误差控制可以用以下方程式表示：

$$q_e = q - q_d \tag{4.35}$$

$$s = \dot{q}_e + \boldsymbol{\Lambda} q_e = \dot{q} - \dot{q}_r \tag{4.36}$$

式中，$q_r = \dot{q}_d - \boldsymbol{\Lambda}\dot{q}_e$，而$\boldsymbol{\Lambda}$ 是一个对称正定矩阵。通过一定的数学公式变换以及推导，动力学关节空间方程可以进一步转换为：

$$\boldsymbol{M}(q)\ddot{q}_r + \boldsymbol{V}(q,\dot{q})\dot{q}_r + \boldsymbol{G}(q) = \boldsymbol{Y}(q,\dot{q},\dot{q}_r,\ddot{q}_r)\sigma \equiv \tau_r \tag{4.37}$$

下面定义一些矢量：

$$\alpha_i = \dot{\omega}_i(\dot{q} + \dot{q}_r) - \dot{\omega}_i(\dot{q}_r) - \dot{\omega}_i(\dot{q}) + 3\dot{\omega}_i(0) \tag{4.38}$$

$$\beta_i = \dot{v}_i(\dot{q} + \dot{q}_r) - \dot{v}_i(\dot{q}_r) - \dot{v}_i(\dot{q}) + 3\dot{v}_i(0) \tag{4.39}$$

$$K_i = F_i(\dot{q} + \dot{q}_r) - F_i(\dot{q}_r) - F_i(\dot{q}) + 3F_i(0) \tag{4.40}$$

$$U_i = N_i(\dot{q} + \dot{q}_r) - N_i(\dot{q}_r) - N_i(\dot{q}) + 3N_i(0) \tag{4.41}$$

对于转动关节，力矩的第 i 个元素可以表示为：

$$\tau_{r,i} = {}^i n_i^{\mathrm{T}\,i} U_i \tag{4.42}$$

之后可将 q_r 这个动力学矢量，以及关系式 $\omega_i(\dot{q} + \dot{q}_r) = \omega_i(\dot{q}_r) + \omega_i(\dot{q})$，代入牛顿-欧拉递推公式，可以将上述定义过的 4 个矢量推导为递推的形式，具体过程与上面牛顿-欧拉递推公式类似，在此不再赘述。

在推导过程中，定义以下两个变量：

$$\Gamma_i = [\omega_i(\dot{q}_r)\times][\omega_i(\dot{q})\times] + ([\omega_i(\dot{q}_r)\times][\omega_i(\dot{q})\times])^{\mathrm{T}} \tag{4.43}$$

$$\Phi_i = \Gamma_i + [\alpha_i \times] \tag{4.44}$$

对于第 i 个连杆，将系统变量 σ 设置为：

$$\sigma_i = (m_i, ms_{i,x}, ms_{i,y}, ms_{i,z}, I_{i,xx}, I_{i,yy}, I_{i,zz}, I_{i,xy}, I_{i,xz}, I_{i,yz})^{\mathrm{T}} \tag{4.45}$$

然后矢量 K_i 和 U_i 可以表现为：

$$K_i = A_i\sigma_i + {}_i^{i+1}RK_{i+1} \tag{4.46}$$

$$U_i = B_i\sigma_i + {}_i^{i+1}R(P_{i+1} \times K_{i+1} + U_{i+1}) \tag{4.47}$$

其中，

$$A_i = [\beta_i \quad \Phi_i \quad 0] \tag{4.48}$$

$$B_i = [0 \quad -\beta_i \quad \Omega_i] \tag{4.49}$$

在上式中，$\Omega_i(I_{i,xx}, I_{i,yy}, I_{i,zz}, I_{i,xy}, I_{i,xz}, I_{i,yz})^{\mathrm{T}} = I_i\alpha_i + \omega_i(\dot{q}_r) \times (I_i\omega_i(\dot{q})) + \omega_i(\dot{q}) \times (I_i\omega_i(\dot{q}))$。

现在分析 $\boldsymbol{Y}$ 矩阵。$\boldsymbol{Y}$ 矩阵可以如下表示：

$$\boldsymbol{Y} = \begin{bmatrix} y_{11} & y_{12} & \cdots & y_{1n} \\ y_{21} & y_{22} & \cdots & y_{2n} \\ \vdots & & \ddots & \vdots \\ y_{n1} & \cdots & & y_{nn} \end{bmatrix} \tag{4.50}$$

在得到 $\boldsymbol{Y}$ 矩阵中每个非零元素的表达式之前，需要先明确几个变量。

对于 $i=1,2\cdots,n$，令 $k=i,i+1,\cdots,n$，则：

$$h_i^k = \sum_{j=i}^{k} {}^k\boldsymbol{P}_j = {}_{k-1}^{k}\boldsymbol{R}(h_i^{k-1} + {}_{k-1}^{k}\boldsymbol{P}) \tag{4.51}$$

$$\mu_i^k = \frac{1}{2}\,{}_i^k\boldsymbol{R}\,{}^i\boldsymbol{Z}_i = {}_{k-1}^{k}\boldsymbol{R}_i^{k-1}\mu \tag{4.52}$$

$$\gamma_i^k = {}_i^{k-1}\mu \times h_{i+1}^k \tag{4.53}$$

则对于转动关节，$\boldsymbol{Y}$ 矩阵中的非零元素可以表示为：

$$y_{ik} = {}_i^k\mu^{\mathrm{T}} B_k + \gamma_i^{k\,\mathrm{T}} A_k \tag{4.54}$$

最后可得 $\boldsymbol{Y}$ 矩阵中各元素的表达式。

4.4 本章小结

本章具体分析了机器人的动力学，即机器人末端执行器的运动轨迹（q、$\dot{q}$ 和 $\ddot{q}$）和驱动器施加的力矩或者作用在机械臂上的外力之间的关系。分析动力学有两种方法，一种是牛顿-欧拉法，另一种是拉格朗日法。其中，牛顿-欧拉法基于牛顿第二定律和欧拉法，通过递归方程求解机器人的动力学方程；而拉格朗日法是基于能量的基础得到机器人的动力学方程。可以用状态空间方程来简化机器人的动力学方程，得到机器人状态空间方程上的几个矩阵（惯性矩阵、科氏力矩阵和重力矩阵）的表达式。

第 5 章 机器人轨迹规划

CHAPTER 5

当指定机器人执行某项操作时，往往会附带一些约束条件，如要求机器人从空间位置 A 沿指定路径平稳地到达位置 B。这类问题称为对机器人轨迹进行规划和协调的问题。前面章节完成了对机器人的运动学建模和动力学建模，在此基础上，本章将对机器人的轨迹规划进行研究，主要包括关节空间和直角坐标空间(笛卡儿空间)机器人的轨迹规划。

机器人在作业空间(即操作空间)要完成给定的任务，其末端执行器的运动必须按一定的轨迹进行。机器人的轨迹是指机械臂在空间中的期望运动，在本书中，轨迹指的是机器人中每个关节的位置、速度和加速度在一段时间内的变化，机器人的轨迹规划是机器人控制的第一步。在具体设计机器人的轨迹时，理想情况是允许用户只用相对简单的描述就可以控制机器人的运动轨迹，然后由系统确定到达目标位置的最优路径、所用时间、速度和加速度等。而不是让用户自身必须写出复杂的时间和空间的函数才能指定机器人的期望运动。

轨迹规划要解决的问题是将机械臂从初始位置运动到一个期望终点位置，运动过程包括机器人中各关节所在坐标系相对于基座坐标系的位姿变换，即同时包括位置和姿态变化。对于这种变化过程，不是只包括两个位置(即初始位置和期望终点位置)，而应该在整个路径中设置一系列期望中间点，这些中间点位于初始位置和终点位置之间，通过这些中间点组成一个针对具体运动的期望路径。实际上，这些中间点都是期望运动过程中各关节所在坐标系相对于基座参考坐标系的位姿，而非通常意义中的“点”。

5.1 机器人轨迹规划概述

5.1.1 运动、路径和轨迹规划

为避免大家混淆运动规划、路径规划和轨迹规划的概念，下面将分别进行解释。

运动规划由路径规划(空间)和轨迹规划(时间)组成，连接起点位置和终点位置的序列点或曲线称为路径，构成路径的策略称为路径规划。

路径规划是运动规划的主要研究内容之一。路径是机器人位姿的序列，而不考虑机器人位姿参数随时间变化的因素；路径点是空间中的位置或关节角度。路径规划(一般指位置规划)是找到一系列要经过的路径点，而轨迹规划是赋予路径时间信息，路径规划是轨迹规划的基础。

运动规划，又称运动插补，是在给定的路径端点之间插入用于控制的中间点序列，从而实现沿给定路线的平稳运动。运动控制则主要解决如何控制目标系统准确跟踪指令轨迹的问题，即对于给定的指令轨迹，选择适合的控制算法和参数，产生输出，控制目标以实时、准确地跟踪给定的指令轨迹。

轨迹规划在路径规划的基础上加入时间序列信息,对机器人执行任务时的速度与加速度进行规划,以满足光滑性和速度可控性等要求。

路径规划的目标是使路径与障碍物的距离尽量远,同时路径的长度尽量短。而轨迹规划的主要目的是在机器人关节空间移动时使得机器人的运行时间尽可能短,或者所消耗的能量尽可能小。

5.1.2 轨迹规划的一般性问题

通常将机械臂的运动看作是工具坐标系$\{T\}$相对于工件坐标系$\{S\}$的一系列运动。这种描述方法既适用于各种操作臂,也适用于同一操作臂上装夹的各种工具。在轨迹规划中,为叙述方便,也常用点来表示机器人的状态,或用它来表示工具坐标系的位姿,例如起始点、终止点就分别表示工具坐标系的起始位姿及终止位姿。

对于点位作业的机器人(如用于上、下料),需要描述它的起始状态和目标状态,这类运动称为点到点运动。而对于曲面加工类作业,不仅要规定操作臂的起始点和终止点,而且要指明两点之间的若干中间点(即路径点)必须沿特定的路径运动(路径约束)。这类运动称为连续路径运动或轮廓运动。

在对机器人的运动轨迹进行规划时,往往还需要知道在机器人运动的路径上是否存在障碍物(障碍约束)。路径约束和障碍约束的组合将机器人的规划与控制方式划分为4类,如表5.1所示。存在障碍物的情况不在本章的讨论范围内,本章主要讨论连续运动且无障碍的轨迹规划。

表 5.1 机器人的规划与控制方式

		障碍约束	
		有	无
路径约束	有	离线无碰撞路径规则+在线路径跟踪	离线路径规划+在线路径跟踪
	无	位置控制+在线障碍探测和避障	位置控制

在各种约束条件下,期望机械臂的轨迹在整个路径的运动过程都是平稳而光滑的。因此,应该为路径规划一个连续的且具有一阶导数的平滑函数。同时,由于机械臂特定的结构等各种因素,机械臂不能发生急速运动,否则将加剧机械臂各结构之间的磨损,由此,应该在各中间点之间,对路径的空间和时间设置一些限制条件。

在满足上面各种条件的前提下,轨迹规划有两种方法,分别是关节空间规划方法和笛卡儿空间规划方法。也就是说,轨迹规划既可在关节空间中描述,也可在直角坐标空间中指定,从而形成了关节空间和直角坐标空间机器人轨迹的规划方法。不管是在关节空间还是直角坐标空间,都要保证所规划的轨迹函数必须连续和平滑,使机器人的运动平稳。因为不平稳的运动将加剧机械部件的磨损,并导致机器人的振动和冲击。为此,要求所选择的运动轨迹描述函数必须连续,而且它的一阶导数(速度),有时甚至是二阶导数(加速度)也应该连续。

对于机器人的轨迹规划,需要运用中间点(即路径点)来描述期望的路径。其中,对每个中间点求出每个关节坐标系的位姿,然后将每个关节作为单独的函数设置期望路径的方法称为关节空间规划法;而根据每个中间点的位姿直接设置期望路径的方法称为笛卡儿空间规划方法。

在关节空间进行规划时,是将关节变量表示成为时间的函数,并规划它的一阶和二阶时间导数;在直角空间进行规划是指将末端执行器位姿、速度和加速度表示为时间的函数。而相应的关节位移、速度和加速度由末端执行器的信息导出。通常通过运动学反解得出关节位移,用逆雅可比求出关节速度，用逆雅可比及其导数求解关节加速度。

5.1.3 轨迹的生成方式

运动轨迹的描述或生成有以下几种方式。

(1) 示教-再现运动。这种运动由人手把手示教机器人，定时记录各关节变量，得到沿路径运动时各关节的位移时间函数 $q(t)$；再现时，按内存中记录的各点的值产生序列动作。

(2) 关节空间运动。这种运动直接在关节空间里进行。由于动力学参数及其极限值直接在关节空间里描述，所以用这种方式求最短时间运动很方便。

(3) 空间直线运动。这是一种直角空间里的运动，它便于描述空间操作，计算量小，适宜简单的作业。

(4) 空间曲线运动。这是一种在描述空间中用明确的函数表达的运动，如圆周运动、螺旋运动等。

5.2 关节空间的轨迹规划

随着机器人使用得越来越广，对机器人的轨迹规划的要求也越来越高，机器人轨迹规划是机器人执行作业任务的基础。使用的轨迹规划算法，直接决定了机器人的运动轨迹、平滑程度，使点位运动有足够高的精度，并且满足规划路径的约束条件。本节将讨论用关节角的函数描述轨迹的生成方法。

机械臂运动路径点通常是用工具坐标系$\{T\}$相对于工作台坐标系$\{S\}$的期望位姿来确定。对于关节空间规划法，首先确定期望路径的各路径点上——即运动过程中各关节的坐标系上的位姿，然后运用逆运动学理论，将路径点变换成一组期望的关节角。通过这样变换得到每个路径点处各关节上的光滑函数。由于上述过程是建立在一个机械臂期望位姿的基础上，所以各关节到达各期望路径点位置所用的时间都是相同的。需要特别说明的是，虽然每个关节在同一段路径中的运动时间相同，但各个关节的轨迹函数是相对独立的，其期望的关节角函数和其他关节函数无关。

因此，用关节空间规划的方法对机器人进行轨迹规划可以得到各路径点的期望位姿。总之，关节空间法是以关节角度的函数来描述机器人的轨迹，关节空间法不必在直角坐标系中描述两个路径点之间的路径形状，计算比较简单。并且由于关节空间与直角坐标空间之间不是连续的对应关系，因而不会发生机构的奇异性问题。

给出各个路径点后，轨迹规划的任务包括解变换方程、进行运动学反解和插值计算。在关节空间进行规划时，需进行的大量工作是对关节变量的插值计算。对关节进行插值时，应满足一系列约束条件。在满足所有约束条件下，可以选取不同类型的关节插值函数，生成不同的轨迹。关节轨迹的插值方法较多，如三次多项式插值、高阶多项式插值、用抛物线过渡的线性插值等。本节将着重讨论这些关节轨迹的插值方法。

5.2.1 三次多项式插值

接下来考虑在一定时间内将工具从初始位置移动到目标位置的问题。由于机械臂的初始位置（即机械臂对应于起始点的关节角度 θ_0）已知，可以应用逆运动学解出对应于目标位置的关节角 θ_f。因此，可用初始位置关节角度与目标位置关节角度的一个平滑插值函数 $\theta(t)$ 来描述运动轨迹。$\theta(t)$ 在 t_0 时刻的值为该关节的初始位置 θ_0，在 t_f 时刻的值为该关节的目标位置 θ_f。有多种光滑函数可作为关节插值函数，如图 5.1 所示。

为实现单个关节的平稳运动，显然轨迹函数 $\theta(t)$ 需要满足 4 个约束条件，即两端点位置约束和两端点速度约束。通过选择初始位置和目标位置可得到对轨迹函数 $\theta(t)$ 的两个约束条件：

$$\begin{cases}\theta(0)=\theta_0\\ \theta(t_f)=\theta_f\end{cases}\tag{5.1}$$

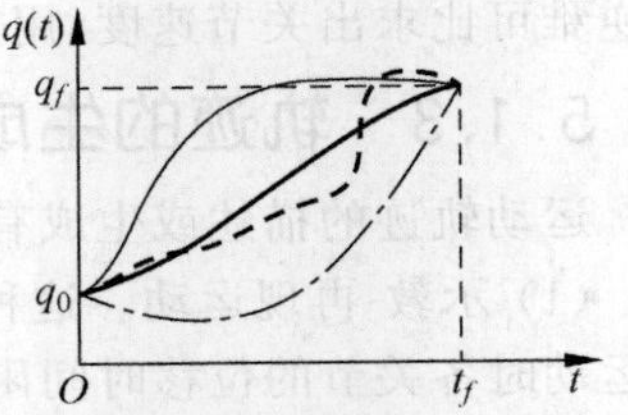

图 5.1 某一关节不同的轨迹曲线

另外，两个约束条件需要保证关节运动速度函数的连续性，即在初始位置和目标位置的关节速度要求。一般情况下设为零，即

$$\begin{cases}\dot{\theta}(0)=0\\ \dot{\theta}(t_f)=0\end{cases}\tag{5.2}$$

式(5.1)和式(5.2)唯一确定了一个三次多项式，形式如下：

$$\theta(t)=a_0+a_1t+a_2t^2+a_3t^3\tag{5.3}$$

则对应于该运动轨迹的关节速度和加速度分别为

$$\begin{cases}\dot{\theta}(t)=a_1+2a_2t+3a_3t^2\\ \ddot{\theta}(t)=2a_2+6a_3t\end{cases}\tag{5.4}$$

把上述约束条件式(5.1)和式(5.2)代入式(5.3)和式(5.4)，可得含有 4 个系数 a_0、a_1、a_2 和 a_3 的线性方程：

$$\begin{cases}\theta_0=a_0\\ \theta_f=a_0+a_1t_f+a_2t_f^2+a_3t_f^3\\ 0=a_1\\ 0=a_1+2a_2t_f+3a_3t_f^2\end{cases}\tag{5.5}$$

解式(5.5)可得

$$\begin{cases}a_0=\theta_0\\ a_1=0\\ a_2=\dfrac{3}{t_f^2}(\theta_f-\theta_0)\\ a_3=-\dfrac{2}{t_f^3}(\theta_f-\theta_0)\end{cases}\tag{5.6}$$

应用式(5.6)可以求出从任意初始关节角位置到目标(终止)位置的三次多项式，但该组解只适用于起始关节速度和终止关节速度为零的情况。

例 5.1 设机械臂某个关节的起始关节角 $\theta_0=15°$，并且机械手原来是静止的，要求它在 3s 内平滑地运动到 $\theta_f=75°$ 时停下来(即要求在终端时的速度为零)。请规划出满足上述条件的平滑运动的轨迹，并画出关节角位置、角速度及角加速度随时间变化的曲线。

解：根据要求，可以对该关节采用三次多项式插值函数来规划其运动。已知 $\theta_0=15°$，$\theta_f=75°$，$t_f=3s$，代入式(5.6)可得三次多项式的系数 $a_0=15$，$a_1=0$，$a_2=20$，$a_3=-4.44$。

由式(5.3)和式(5.4)可确定该关节的运动轨迹，即

$$\begin{cases}\theta(t)=15+20t^2-4.44t^3\\ \dot{\theta}(t)=40t-13.33t^2\\ \ddot{\theta}(t)=40-26.66t\end{cases}\tag{5.7}$$

根据式(5.7)画出它们随时间的变化曲线如图5.2所示。由图可以看出，速度曲线为一抛物线，加速度则为一直线。

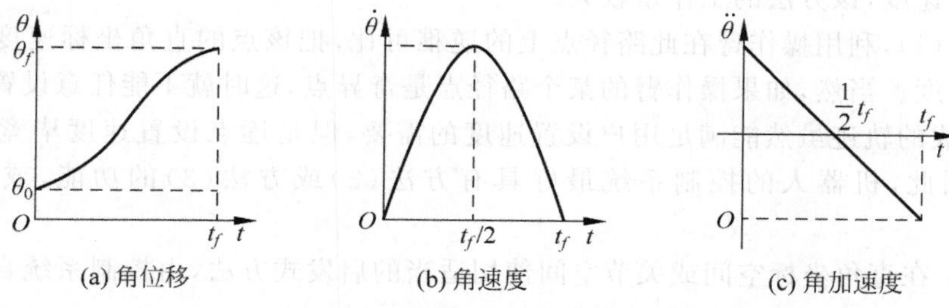

图5.2 机械臂的某个关节的运动轨迹曲线

5.2.2 过路径点的三次多项式插值

一般而言，希望规划过路径点的轨迹。如图5.3所示，机器人作业除在A、B点有位姿要求外，在路径点C、D也有位姿要求。对于这种情况，假如末端执行器在路径点停留，即各路径点上速度为0，则轨迹规划可连续直接使用前面介绍的三次多项式插值方法。通常情况下，末端执行器只是连续经过每个路径点，并不停留，就需要将前述方法推广。

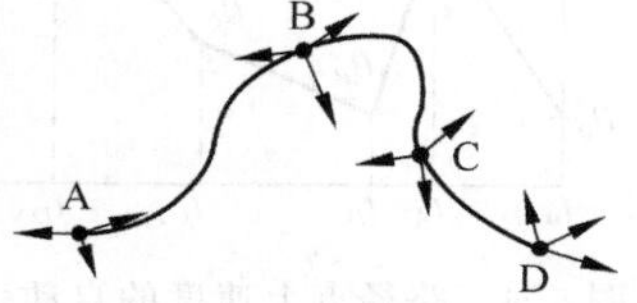

图5.3 机器人作业路径点

实际上，可以把所有路径点也看作是"起始点"或"终止点"，通过逆运动学求解每个路径点对应的期望关节角。然后，对每个关节求出能平滑地经过每个路径点的三次多项式插值函数。但是，这些"起始点"和"终止点"处的关节运动速度不再是零。

如果已知各关节在路径点的期望速度，则可用前面所述方法确定三次多项式。不同的是，每个终止点处的速度约束条件不再为零，式(5.2)的约束条件变为

$$\begin{cases}\dot{\theta}(0)=\dot{\theta}_0\\ \dot{\theta}(t_f)=\dot{\theta}_f\end{cases}\tag{5.8}$$

描述该三次多项式的4个方程为

$$\begin{cases}\theta_0=a_0\\ \theta_f=a_0+a_1t_f+a_2t_f^2+a_3t_f^3\\ \dot{\theta}_0=a_1\\ \dot{\theta}_f=a_1+2a_2t_f+3a_3t_f^2\end{cases}\tag{5.9}$$

求解方程组(5.9)，可得三次多项式的系数为

$$\begin{cases}a_0=\theta_0\\ a_1=\dot{\theta}_0\\ a_2=\dfrac{3}{t_f^2}(\theta_f-\theta_0)-\dfrac{2}{t_f}\dot{\theta}_0-\dfrac{1}{t_f}\dot{\theta}_f\\ a_3=-\dfrac{2}{t_f^3}(\theta_f-\theta_0)+\dfrac{1}{t_f^2}(\dot{\theta}_f+\dot{\theta}_0)\end{cases}\tag{5.10}$$

式(5.10)可以求出具有任意给定位置和速度的起始点和终止点的三次多项式。若每个路

径点处都有期望的关节速度,可以使用以下几种方法来确定路径点处的关节速度。

方法(1):根据工具坐标系的直角坐标空间中的瞬时线速度和角速度确定每个路径点的瞬时期望关节速度,该方法的工作量较大。

对于方法(1),利用操作臂在此路径点上的逆雅可比,把该点的直角坐标速度"映射"为所要求的关节速度。当然,如果操作臂的某个路径点是奇异点,这时就不能任意设置速度值。按照方法(1)生成的轨迹虽然能满足用户设置速度的需要,但是逐点设置速度毕竟要耗费很大的工作量。因此,机器人的控制系统最好具有方法(2)或方法(3)的功能,或者二者兼而有之。

方法(2):在直角坐标空间或关节空间使用适当的启发式方法,由控制系统自动选取路径点的速度。

对于方法(2)系统采用某种启发式方法自动选取合适的路径点速度。启发式选择路径点速度的方式如图 5.4 所示。图 5.4 中 θ_0 为起始点,θ_D 为终止点,θ_A、θ_B 和 θ_C 是路径点,用细实线表示过路径点时的关节运动速度。这里所用的启发式信息从概念到计算方法都很简单——假设用虚线段把这些路径点依次连接起来,如果相邻线段的斜率在路径点处改变符号,则把速度选定为零;如果相邻线段不改变符号,则选取路径点两侧的线段斜率的平均值作为该点的速度。因此,根据规定的路径点,系统就能够按此规则自动生成相应的路径点速度。

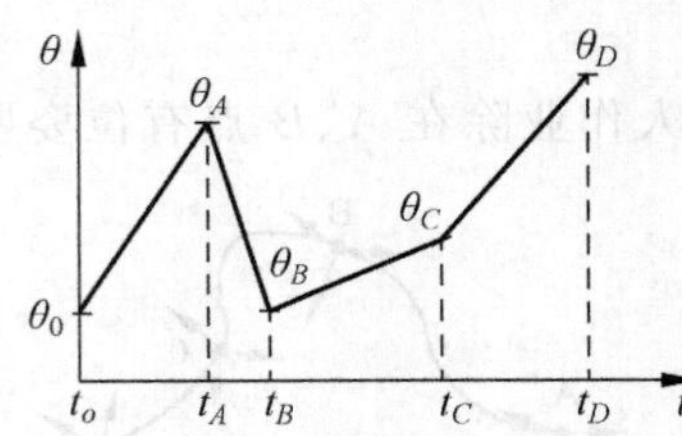

图 5.4 路径点上速度的自动生成

方法(3):采用使路径点处的加速度连续的方法,由控制系统按要求自动选取路径点的速度。

对于方法(3),为了保证路径点处的加速度连续,可以设法用两条三次曲线在路径点处按一定规则连接起来,拼凑成所要求的轨迹。其约束条件是:连接处不仅速度连续,而且加速度也连续(本节将不对此作具体介绍)。

5.2.3 高阶多项式插值

在前述轨迹插值的基础上,若对运动轨迹的要求增加,如确定路径段的起始点和终止点的位置、速度和加速度,则三次多项式就无法满足需要。此时,需要用更高阶的多项式——五次多项式对运动轨迹的路径进行插值,即

$$\theta(t)=a_0+a_1t+a_2t^2+a_3t^3+a_4t^4+a_5t^5 \tag{5.11}$$

相应地,需要在前述基础上增加 2 个对加速度的约束条件,多项式需要满足以下 6 个约束条件:

$$\begin{cases}\theta_0=a_0\\ \theta_f=a_0+a_1t_f+a_2t_f^2+a_3t_f^3+a_4t_f^4+a_5t_f^5\\ \dot{\theta}_0=a_1\\ \dot{\theta}_f=a_1+2a_2t_f+3a_3t_f^2+4a_4t_f^3+5a_5t_f^4\\ \ddot{\theta}_0=2a_2\\ \ddot{\theta}_f=2a_2+6a_3t_f+12a_4t_f^2+20a_5t_f^3\end{cases} \tag{5.12}$$

方程组(5.12)有 6 个未知数和 6 个方程,求解可得

$$\begin{cases} a_0 = \theta_0 \\ a_1 = \dot{\theta}_0 \\ a_2 = \dfrac{\ddot{\theta}_0}{2} \\ a_3 = \dfrac{20\theta_f - 20\theta_0 - (8\dot{\theta}_f + 12\dot{\theta}_0)t_f - (3\ddot{\theta}_0 - \ddot{\theta}_f)t_f^2}{2t_f^3} \\ a_4 = \dfrac{30\theta_0 - 30\theta_f - (14\dot{\theta}_f + 16\dot{\theta}_0)t_f - (3\ddot{\theta}_0 - 2\ddot{\theta}_f)t_f^2}{2t_f^4} \\ a_5 = \dfrac{12\theta_f - 12\theta_0 - (6\dot{\theta}_f + 6\dot{\theta}_0)t_f - (\ddot{\theta}_0 - \ddot{\theta}_f)t_f^2}{2t_f^5} \end{cases} \tag{5.13}$$

5.2.4 用抛物线过渡的线性插值

在关节空间轨迹规划中，对于给定起始点和终止点的情况，选择线性函数插值较为简单，如图 5.5 所示。值得注意的是，该方法中虽然各关节的运动是线性的，但末端执行器的运动轨迹一般不是线性的。

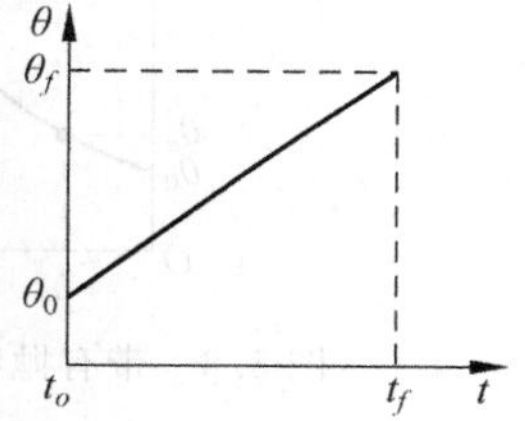

图 5.5 线性函数插值

此外，线性插值将会导致起始点和终止点处关节运动的速度不连续，加速度无限大，即在两个端点会造成刚性冲击。为此，需对线性函数插值方案进行修正——在线性插值两端点的邻域内设置一段抛物线形缓冲区段，从而使整个轨迹上的位移和速度都连续。由于抛物线函数对于时间的二阶导数为常数，即相应区段内的加速度恒定，以保证起始点和终止点的速度平滑过渡，从而使整个轨迹上的位置和速度连续。线性函数与两段抛物线函数平滑地衔接在一起形成的轨迹称为带有抛物线过渡域的线性轨迹。

在运动轨迹的拟合区段内，使用恒定加速度平滑地改变速度。使用这种方法构造的简单路径如图 5.6 所示。为了构造这样的路径段，假设两端的抛物线拟合区段具有相同的持续时间 t_a，具有大小相同而方向相反的恒加速度 $\ddot{\theta}$。对于这种路径规划存在有多个解，其轨迹不唯一，如图 5.7 所示。但是，每条路径都对称于时间中点 t_h 和位置中点 θ_h。要保证路径轨迹的连续、光滑，即要求抛物线轨迹的终点速度必须等于线性段的速度，故有下列关系

$$\ddot{\theta}_{t_a} = \frac{\theta_h - \theta_a}{t_h - t_a} \tag{5.14}$$

式中，θ_a 为对应于抛物线持续时间 t_a 的关节角度，$\ddot{\theta}$ 表示拟合区段的加速度。θ_a 的值可以由下式求出：

$$\theta_a = \theta_0 + \frac{1}{2}\ddot{\theta}t_a^2 \tag{5.15}$$

设关节从起始点到终止点的总运动时间为 t_f，则 $t_f = 2t_h$，并注意到

$$\theta_h = \frac{1}{2}(\theta_0 + \theta_f) \tag{5.16}$$

则由式(5.14)～式(5.16)得

$$\ddot{\theta}t_a^2 - \ddot{\theta}t_f t_a + (\theta_f - \theta_0) = 0 \tag{5.17}$$

一般情况下，θ_0、θ_f、t_f 是已知条件，这样，据式(5.14)可以选择相应的 $\ddot{\theta}$ 和 t_a，得到相应的轨迹。通常的做法是先选定加速度 $\ddot{\theta}$ 的值，然后按式(5.17)求出相应的 t_a：

$$t_a=\frac{t_f}{2}-\frac{\sqrt{\ddot{\theta}^2 t_f^2-4\ddot{\theta}(\theta_f-\theta_0)}}{2\ddot{\theta}} \tag{5.18}$$

由式(5.18)可知，为保证 t_a 有解，加速度值 $\ddot{\theta}$ 必须选得足够大，即

$$\ddot{\theta}\geqslant\frac{4(\theta_f-\theta_0)}{t_f^2} \tag{5.19}$$

当式(5.19)中的等号成立时，轨迹线性段的长度缩减为零，整个轨迹由两个过渡域组成，这两个过渡域在衔接处的斜率(关节速度)相等。加速度 $\ddot{\theta}$ 的取值越大，过渡域的长度会变得越短；若加速度趋于无穷大，轨迹又恢复到简单的线性插值情况。

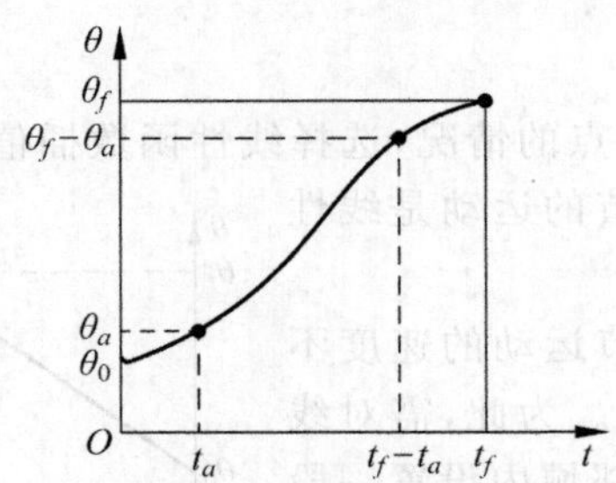

图 5.6 带有抛物线过渡域的线性轨迹

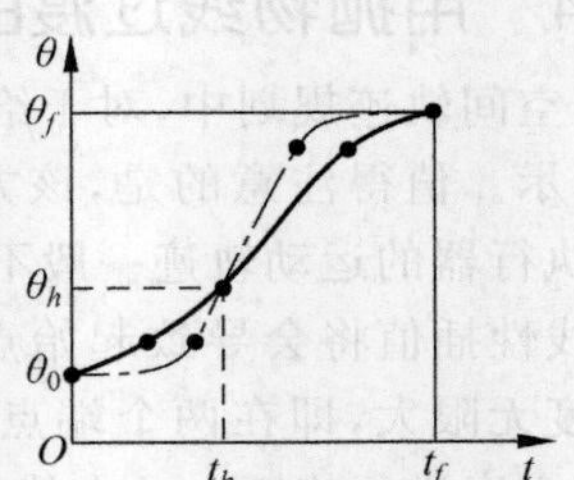

图 5.7 轨迹的多解性与对称性

例 5.2 同例 5.1，已知 $\theta_0=15°$，$\theta_f=75°$，$t_f=3\text{s}$，试设计两条带有抛物线过渡的线性轨迹。

解：根据题意，按式(5.19)定出加速度的取值范围，为此，将已知条件代入式(5.19)中，有 $\ddot{\theta}\geqslant 26.67°/\text{s}^2$。

(1) 设计第一条轨迹。

对于第一条轨迹，如果选 $\ddot{\theta}_1=42°/\text{s}^2$，由式(5.15)算出过渡时间 t_{a1}，则

$$t_{a1}=\frac{3}{2}-\frac{\sqrt{42^2\times 3^2-4\times 42(75-15)}}{2\times 42}=0.59\text{s}$$

用式(5.15)和式(5.14)计算过渡域结束时的关节位置 θ_{a1} 和关节速度 $\dot{\theta}_1$，得

$$\theta_{a1}=15+\left(\frac{1}{2}\times 42\times 0.59^2\right)=22.3°$$

$$\dot{\theta}_1=\ddot{\theta}_1 t_{a1}=(42\times 0.59)°/\text{s}=24.78°/\text{s}$$

根据上面计算得出的数值可以绘出如图 5.8(a)所示的轨迹曲线。

(2) 设计第二条轨迹。

对于第二条轨迹，若选择 $\ddot{\theta}_2=27°/\text{s}^2$，可求出

$$t_{a2}=\frac{3}{2}-\frac{\sqrt{27^2\times 3^2-4\times 27(75-15)}}{2\times 27}=1.33\text{s}$$

$$\theta_{a2}=15+\left(\frac{1}{2}\times 27\times 1.33^2\right)=38.88°$$

$$\dot{\theta}_2=\ddot{\theta}_2 t_{a2}=(27\times 1.33)°/\text{s}=35.91°/\text{s}$$

相应的轨迹曲线如图 5.8(b)所示。

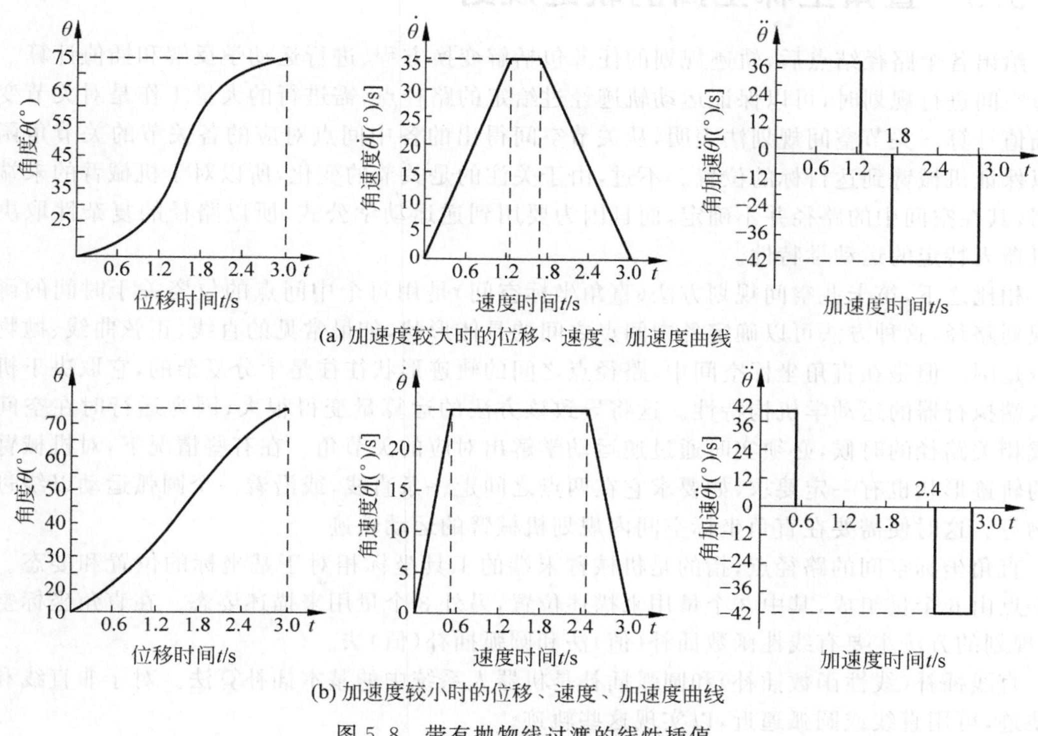

图 5.8 带有抛物线过渡的线性插值

用抛物线过渡的线性函数插值进行轨迹规划的物理概念非常清楚，即如果机器人每一关节电动机采用等加速、等速和等减速运动规律，则关节的位置、速度、加速度随时间变化的曲线如图 5.8 所示。

若某个关节的运动要经过一个路径点，则可采用带抛物线过渡域的线性路径方案。关节的运动要经过一组路径点，如图 5.9 所示，用关节角度 θ_j、θ_k 和 θ_l 表示其中 3 个相邻的路径点，以线性函数将每两个相邻路径点之间相连，而所有路径点附近都采用抛物线过渡。

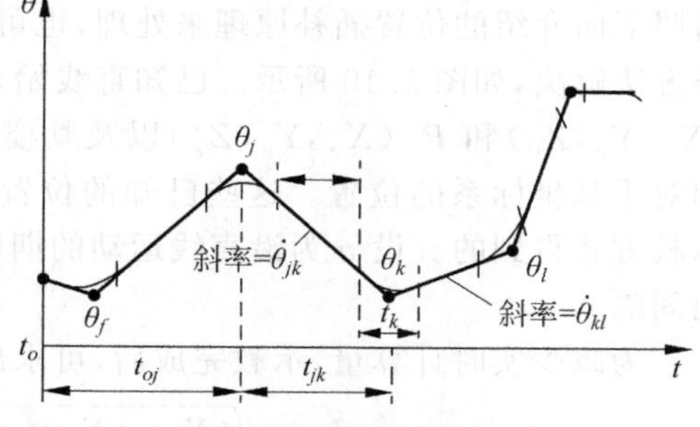

图 5.9 多段带有抛物线过渡域的线性轨迹

应该注意到：各路径段采用抛物线过渡域线性函数所进行的规划，机器人的运动关节并不能真正到达那些路径点。即使选取的加速度足够大，实际路径也只是十分接近理想路径点，如图 5.9 所示。

关节空间规划法表明，从关节空间得出的各中间点对应的各关节的关节角函数可以保证机械臂到达目标的位置。不过，由于关注的是关节的变化，所以对于机械臂的末端执行器，其在空间中的路径并不确定，而且因为要用到逆运动学公式，所以路径的复杂性取决于各机器人特定的运动学特性。相比之下，笛卡儿空间规划方法是用每个中间点的位姿(注：它是关于时间的函数)来规划路径，这种方法可以确定各中间点之间的具体形状，如最常见的直线或是正弦、抛物线甚至是圆。不过这种运算量会很大，因为运行时在空间中生成相关路径的时候，必须通过逆运动学实时地解出对应的关节角。

5.3 直角坐标空间的轨迹规划

给出各个路径结点后，轨迹规划的任务包括解变换方程、进行运动学反解和插值计算。在关节空间进行规划时，可以保证运动轨迹经过给定的路径点，需进行的大量工作是对关节变量的插值计算。关节空间规划法表明，从关节空间得出的各中间点对应的各关节的关节角函数可以保证机械臂到达目标的位置。不过，由于关注的是关节的变化，所以对于机械臂的末端执行器，其在空间中的路径并不确定，而且因为要用到逆运动学公式，所以路径的复杂性取决于各机器人特定的运动学特性。

相比之下，笛卡儿空间规划方法（直角坐标空间）是用每个中间点的位姿关于时间的函数来规划路径，这种方法可以确定各中间点之间的具体形状，如最常见的直线、正弦曲线、抛物线甚至是圆。但是在直角坐标空间中，路径点之间的轨迹形状往往是十分复杂的，它取决于机械臂末端执行器的运动学机构特性。这将导致该方法的运算量变得很大，因为运行时在空间中生成相关路径的时候，必须实时通过逆运动学解出对应的关节角。在有些情况下，对机械臂末端的轨迹形状也有一定要求，如要求它在两点之间走一条直线，或沿着一个圆弧运动以绕过障碍物等。这时便需要在直角坐标空间内规划机械臂的运动轨迹。

直角坐标空间的路径点，指的是机械臂末端的工具坐标相对于基坐标的位置和姿态。每一个点由 6 个量组成，其中 3 个量用来描述位置，另外 3 个量用来描述姿态。在直角坐标空间内，规划的方法主要有线性函数插补（值）法和圆弧插补（值）法。

直线插补（线性函数插补）和圆弧插补是机器人系统中的基本插补算法。对于非直线和圆弧轨迹，可用直线或圆弧逼近，以实现这些轨迹。

5.3.1 直线插补

空间直线插补是在已知该直线始末两点的位置和姿态的条件下，求各轨迹中间点（插补点）的位置和姿态。由于在大多数情况下，机器人沿直线运动时，其姿态不变，所以无姿态插补，即保持第一个示教点时的姿态。当然，在有些情况下要求变化姿态，这就需要姿态插补，可仿照下面介绍的位置插补原理来处理，也可参照圆弧的姿态插补方法解决，如图 5.10 所示。已知直线始末两点的坐标值 $P_0(X_0, Y_0, Z_0)$ 和 $P_e(X_e, Y_e, Z_e)$ 以及其姿态，其中 P_0、P_e 是相对于基坐标系的位置。这些已知的位置和姿态通常是通过示教方式得到的。设 v 为沿直线运动的期望速度，t_s 为插补时间间隔。

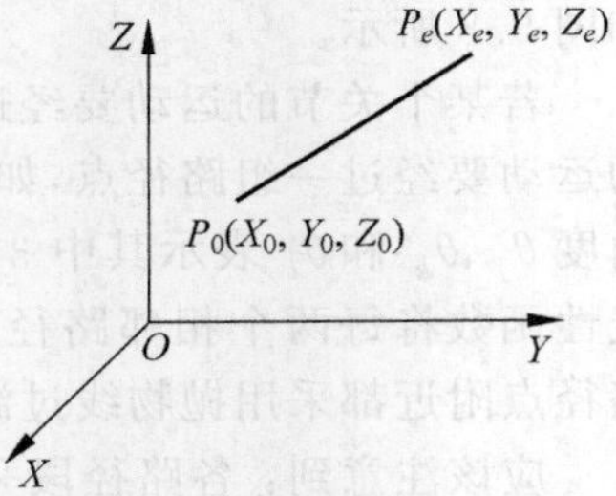

图 5.10 空间直线插补

为减少实时计算量，示教完成后，可求出直线长度为：

$$L = \sqrt{(X_e - X_0)^2 + (Y_e - Y_0)^2 + (Z_e - Z_0)^2} \tag{5.20}$$

t_s 间隔内行程为 $d = vt_s$；插补总步数 N 为 $L/d+1$ 的整数部分；各轴增量为

$$\begin{cases} \Delta X = \dfrac{X_e - X_0}{N} \\ \Delta Y = \dfrac{(Y_e - Y_0)}{N} \\ \Delta Z = \dfrac{(Z_e - Z_0)}{N} \end{cases} \tag{5.21}$$

各插补点坐标值为

$$\begin{cases} X_{i+1}=X_i+i\Delta X \\ Y_{i+1}=Y_i+i\Delta Y \\ Z_{i+1}=Z_i+i\Delta Z \end{cases} \tag{5.22}$$

式中，$i=0,1,2,\cdots,N$。

5.3.2 圆弧插补

1. 平面圆弧插补

平面圆弧是指圆弧平面与基坐标系的三大平面之一重合，以 XOY 平面圆弧为例。已知不在一条直线上的三点 P_1、P_2、P_3 及这三点对应的机器人手端的姿态，如图 5.11 和图 5.12 所示。

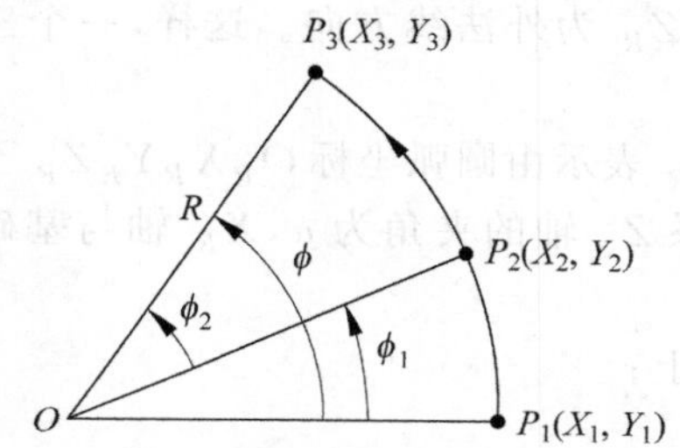

图 5.11 由已知点 P_1、P_2、P_3 决定的圆弧

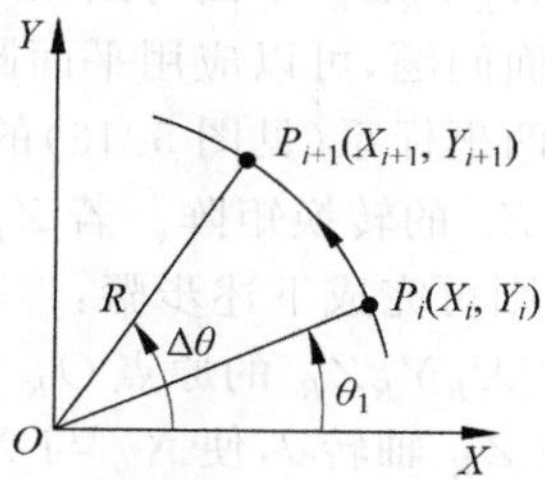

图 5.12 圆弧插补

设 v 为沿圆弧运动速度；t_s 为插补时时间隔。类似于直线插补情况计算出：

(1) 由 P_1、P_2、P_3 决定的圆弧半径 R。

(2) 总的圆心角 $\phi=\phi_1+\phi_2$，即

$$\begin{cases} \phi_1=\arccos\{[(X_2-X_1)^2+(Y_2-Y_1)^2-2R^2]/2R^2\} \\ \phi_2=\arccos\{[(X_3-X_2)^2+(Y_3-Y_2)^2-2R^2]/2R^2\} \end{cases} \tag{5.23}$$

(3) t_s 时间内角位移量为 $\Delta\theta=t_s v/R$，据图 5.10 所示的几何关系求各插补点坐标。

(4) 总插补步数(取整数)为

$$N=\phi/\Delta\theta+1$$

对 P_{i+1} 点的坐标，有

$$X_{i+1}=R\cos(\theta_i+\Delta\theta)=R\cos\theta_i\cos\Delta\theta-R\sin\theta_i\sin\Delta\theta=X_i\cos\Delta\theta-Y_i\sin\Delta\theta$$

式中：$X_i=R\cos\theta_i$；$Y_i=R\sin\theta_i$。

同理有

$$Y_{i+1}=R\sin(\theta_i+\Delta\theta)=R\sin\theta_i\cos\Delta\theta-R\cos\theta_i\sin\Delta\theta=Y_i\cos\Delta\theta-X_i\sin\Delta\theta$$

由 $\theta_{i+1}=\theta_i+\Delta\theta$ 可判断是否到插补终点。若 $\theta_{i+1}\leqslant\phi$，则继续插补下去；当 $\theta_{i+1}>\phi$ 时，则修正最后一步的步长 $\Delta\theta$，并以 $\Delta\theta'$ 表示，$\Delta\theta'=\phi-\theta_i$，故平面圆弧位置插补为

$$\begin{cases} X_{i+1}=X_i\cos\Delta\theta-Y_i\sin\Delta\theta \\ Y_{i+1}=Y_i\cos\Delta\theta-X_i\sin\Delta\theta \\ \theta_{i+1}=\theta_i+\Delta\theta \end{cases} \tag{5.24}$$

2. 空间圆弧插补

空间圆弧是指三维空间任一平面内的圆弧，空间圆弧插补可分为以下三步。

① 把三维问题转化成二维，找出圆弧所在平面。

② 利用二维平面插补算法求出插补点坐标 (X_{i+1}, Y_{i+1})。

③ 把该点的坐标值转变为基础坐标系下的值，如图 5.13 所示。

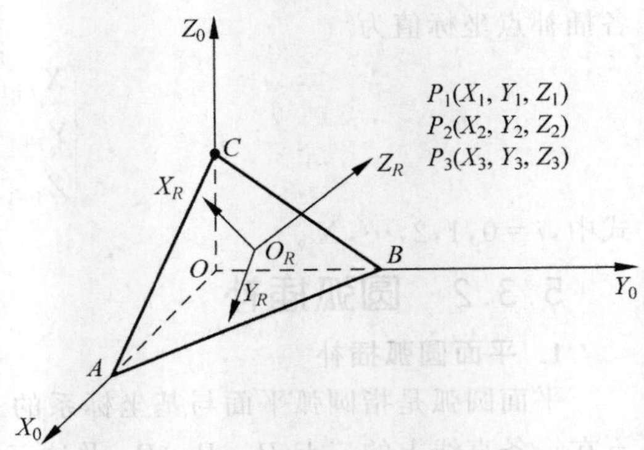

图 5.13　基础坐标与空间圆弧平面的关系

通过不在同一直线上的三个点 P_1、P_2、P_3 可确定一个圆及三点间的圆弧，其圆心为 O_R，半径为 R，圆弧所在平面与基础坐标系平面的交线分别为 AB、BC、CA。建立圆弧平面插补坐标系，即把 $O_RX_RY_RZ_R$ 坐标系原点与圆心 O_R 重合，设 $O_RX_RY_RZ_R$ 平面为圆弧所在平面，且保持 Z_R 为外法线方向。这样，一个三维问题就转化成平面问题，可以应用平面圆弧插补的结论。

求解两坐标系（见图 5.13）的转换矩阵。令 $\boldsymbol{T}_R$ 表示由圆弧坐标 $O_RX_RY_RZ_R$ 至基础坐标系 $OX_0Y_0Z_0$ 的转换矩阵。若 Z_R 轴与基础坐标系 Z_0 轴的夹角为 α，X_R 轴与基础坐标系的夹角为 θ，则可完成下述步骤：

① 将 $X_RY_RZ_R$ 的原点 O_R 放到基础原点 O 上；

② 绕 Z_R 轴转 θ，使 X_0 与 X_R 平行；

③ 再绕 X_R 轴转 α 角，使 Z_0 与 Z_R 平行。

这三步完成了 $X_RY_RZ_R$ 向 $X_0Y_0Z_0$ 的转换，故总转换矩阵应为

$$\boldsymbol{T}_R = T(X_{OR}, Y_{OR}, Z_{OR})R(Z,\theta)R(X,\alpha)$$

$$= \begin{bmatrix} \cos\theta & -\sin\theta\cos\theta & \sin\theta\cos\theta & X_{OR} \\ \sin\theta & \cos\theta\cos\alpha & -\cos\theta\sin\alpha & Y_{OR} \\ 0 & \sin\alpha & \cos\alpha & Z_{OR} \\ 0 & 0 & 0 & 1 \end{bmatrix} \tag{5.25}$$

式中，X_{OR}、Y_{OR}、Z_{OR} 为圆心 O_R 在基础坐标系下的坐标值。

要将基础坐标系的坐标值表示在 $O_RX_RY_RZ_R$ 坐标系，则需要用到 $\boldsymbol{T}_R$ 的逆矩阵

$$\boldsymbol{T}_R^{-1} = \begin{bmatrix} \cos\theta & \sin\theta & 0 & -(X_{OR}\cos\theta + Y_{OR}\sin\theta) \\ -\sin\theta\cos\theta & \cos\theta\cos\alpha & \sin\alpha & -(X_{OR}\sin\theta\cos\alpha + Y_{OR}\cos\theta\cos\alpha + Z_{OR}\sin\alpha) \\ \sin\theta\sin\alpha & -\cos\theta\sin\alpha & \cos\alpha & -(X_{OR}\sin\theta\sin\alpha + Y_{OR}\cos\theta\sin\alpha + Z_{OR}\cos\alpha) \\ 0 & 0 & 0 & 1 \end{bmatrix} \tag{5.26}$$

5.4　本章小结

本章基于机械臂运动学和动力学基础，讨论了关节空间和直角坐标空间中机器人的运动轨迹规划方法。先对轨迹规划的基本概念和一般问题进行了简单阐述；然后重点讨论了关节空间轨迹的插值方法，包括三次多项式插值、高阶多项式插值、用抛物线过渡的线性插值等方法，并针对个别插值方法进行举例说明；最后讨论了两种直角坐标空间轨迹规划的方法——直线插补和圆弧插补方法，其中圆弧插补方法又包括平面圆弧插补和空间圆弧插补。

第6章 机器人力和位置控制

CHAPTER 6

第2章和第4章分别讨论了机器人的运动学建模和动力学建模问题，第5章重点研究了机器人的轨迹规划方法。通过前面章节的知识，可以计算关节位置的时间历程以及这些关节位置对应于末端执行器通过空间的期望运动。本章将在前述章节的基础上研究如何使机械臂完成这些期望运动，即机器人的控制问题。本章将重点讨论机器人的位置控制、力控制、力/位置混合控制，后续章节将详细介绍一些现代控制方法(如滑模变结构控制、自适应控制等)，以及模糊控制、学习控制等智能控制方法。

6.1 机器人控制系统概述

6.1.1 机器人控制系统的特点

控制系统是决定机器人功能和性能的主要因素，在一定程度上制约着机器人技术的发展，它的主要任务就是控制机器人在工作空间中的运动位置、姿态和轨迹、操作顺序及动作的时间等。多数机器人的结构是一个空间开链结构，各关节的运动是相互独立的，为了实现机器人末端执行器的运动，需要多关节协调运动，因此，与普通的控制系统相比，机器人控制系统要复杂一些。具体来讲，机器人控制系统主要具有以下特点。

(1) 机器人控制系统是一个多变量控制系统，即使是简单的工业机器人也有3～5个自由度，比较复杂的机器人有十几个自由度，甚至几十个自由度。每个自由度一般包含一个伺服机构，多个独立的伺服系统必须有机地协调起来。例如，机器人的手部运动是所有关节的合成运动，要使手部按照一定的轨迹运动，就必须控制各关节协调运动，包括运动轨迹、动作时序等多方面的协调。

(2) 运动描述复杂，机器人的控制与机构运动学及动力学密切相关。描述机器人状态和运动的数学模型是一个非线性模型，随着状态的变化，其参数也在变化，各变量之间还存在耦合。因此，仅仅考虑位置闭环是不够的，还要考虑速度闭环，甚至加速度闭环。在控制过程中，根据给定的任务，应当选择不同的基准坐标系，并做适当的坐标变换，求解机器人运动学正问题和逆问题。此外，还要考虑各关节之间惯性力、哥氏力等的耦合作用和重力负载的影响，因此，系统中还经常采用一些控制策略，如重力补偿、前馈、解耦或自适应控制等。

(3) 具有较高的重复定位精度，系统刚性好。除直角坐标机器人外，机器人关节上的位置检测元件不能安装在末端执行器上，而应安装在各自的驱动轴上，构成位置半闭环系统。但机器人的重复定位精度较高，一般为±0.1mm。此外，由于机器人运行时要求运动平稳，不受外力干扰，故系统应具有较好的刚性。

(4) 信息运算量大。机器人的动作往往可以通过不同的方式和路径来完成，因此存在一个最优的问题，较高级的机器人可以采用人工智能的方法，用计算机建立起庞大的信息库，借助信息库进行控制、决策管理和操作。根据传感器和模式识别的方法获得对象及环境的工况，按照给定的指标要求，自动选择最佳的控制规律。

(5) 需采用加(减)速控制。过大的加(减)速度会影响机器人运动的平稳性，甚至使机器人发生抖动，因此应在机器人起动或停止时采取加(减)速控制策略。通常采用匀加(减)速运动指令来实现。此外，机器人不允许有位置超调，否则将可能与工件发生碰撞。因此，要求控制系统位置无超调，动态响应尽量快。

(6) 工业机器人还有一种特有的控制方式——示教再现控制方式。当要工业机器人完成某作业时，可预先移动工业机器人的手臂来示教该作业顺序、位置及其他信息，在此过程中把相关的作业信息存储在内存中，在执行任务时，依靠工业机器人的动作再现功能，可重复进行该作业。此外，从操作的角度来看，要求控制系统具有良好的人机界面，尽量降低对操作者的要求。因此，多数情况要求控制器的设计人员不仅要完成底层伺服控制器的设计，还要完成规划算法的编程。

综上所述，工业机器人的控制系统是一个与运动学和动力学原理密切相关的、有耦合的、非线性的多变量控制系统，在实际工作时，可以视情况不同来选择不同的控制方式。

6.1.2 机器人控制系统的功能

机器人控制系统是机器人的主要组成部分，用于控制操作机来完成特定的工作任务，其基本功能有示教-再现功能、坐标设置功能、与外围设备联系的功能、位置伺服功能。

(1) 示教-再现功能。机器人控制系统可实现离线编程、在线示教及间接示教等功能，在线示教又包括示教盒示教和导引示教两种情况。在示教过程中，可存储作业顺序、运动路径、运动方式、运动速度及与生产工艺有关的信息，在再现过程中，能控制机器人按照示教的加工信息执行特定的作业。

(2) 坐标设置功能。一般的工业机器人控制器设置有关节坐标系、绝对坐标系、工具坐标系及用户坐标系这 4 种坐标系，用户可根据作业要求选用不同的坐标系并进行坐标系之间的转换。

(3) 与外围设备联系的功能。机器人控制器设置有输入/输出接口、通信接口、网络接口和同步接口，并具有示教盒、操作面板及显示屏等人机接口。此外，还具有多种传感器接口，如视觉、触觉、接近觉、听觉、力觉(力矩)传感器等多种传感器接口。

(4) 位置伺服功能。机器人控制系统可实现多轴联动、运动控制、速度和加速度控制、力控制及动态补偿等功能。在运动过程中，还可以实现状态监测、故障诊断下的安全保护和故障自诊断等功能。

6.1.3 机器人的控制方式

根据不同的分类方法，机器人控制方式可以有不同的分类。总体上，机器人的控制方式可以分为动作控制方式和示教控制方式。按运动坐标控制可以分为关节空间运动控制和直角坐标空间的运动控制。按照运动控制方式可以分为位置控制、速度控制和力控制(包括位置与力的混合控制)。这里根据后一种分类方法，对工业机器人控制方式作具体分析。其中位置控制分为点位控制和连续轨迹控制两类。不同的控制方式，其特点和应用也不同。

(1) 点位控制方式。点位控制方式用于实现点的位置控制，其运动是由一个给定点到另一个给定点，而点与点之间的轨迹却无关紧要。因此，这种控制方式的特点是只控制工业机器人末端执行器在作业空间中某些规定的离散点上的位置和姿态。控制时只要求工业机器人快速、准确地实现相邻各点之间的运动，而对达到目标点的运动轨迹则不做任何规定，如自动插件机，在贴片机上安插元件、点焊、搬运、装配等作业。这种控制方式的主要技术指标是定位精度和完成运动所需要的时间，控制方式比较简单，但要达到较高的定位精度则较难。

(2) 连续轨迹控制方式。这种控制方式主要用于指定点与点之间的运动轨迹所要求的曲线，如直线或圆弧。这种控制方式的特点是连续地控制工业机器人末端执行器在作业空间中的位置和姿态，使其严格按照预先设定的轨迹和速度在一定的精度要求内运动，一般要求速度可控、运动轨迹光滑且运动平稳，以完成作业任务。工业机器人各关节连续、同步地进行相应的运动，其末端执行器可形成连续的轨迹。这种控制方式的主要技术指标是机器人末端执行器的轨迹跟踪精度及平稳性。在用机器人进行弧焊、喷漆、切割等作业时，应选用连续轨迹控制方式。

(3) 速度控制方式。对机器人的运动控制来说，在位置控制的同时，还要进行速度控制，即对于机器人的行程要求遵循一定的速度变化曲线。例如，在连续轨迹控制方式下，机器人按照预设的指令，控制运动部件的速度，实现加、减速，以满足运动平稳、定位精确的要求。由于工业机器人是一种工作情况(行程负载)多变、惯性负载大的运动机械，控制过程中必须处理好快速与平稳的矛盾，必须注意起动后的加速和停止前的减速这两个过渡运动阶段。

(4) 力(力矩)控制方式。在进行抓放操作、去毛刺、研磨和组装等作业时，除了要求准确定位之外，还要求使用特定的力或力矩传感器对末端执行器施加在对象上的力进行控制。这种控制方式的原理与位置伺服控制原理基本相同，但输入量和输出量不是位置信号，而是力(力矩)信号，因此系统中必须有力(力矩)传感器。

6.2 机器人的位置控制

工业机器人位置控制的目的是让机器人各关节实现预期规划的运动，最终保证工业机器人末端执行器沿预定的轨迹运行。对于机器人的位置控制，可将关节位置给定值与当前值相比较得到的误差作为位置控制器的输入量，经过位置控制器的运算后，将输出作为关节速度控制的给定值，如图 6.1 所示。

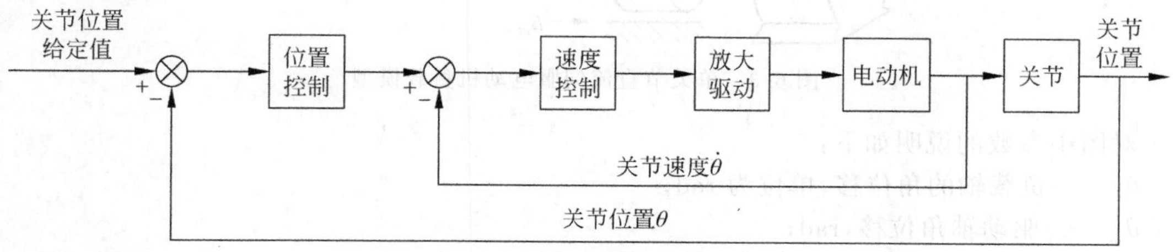

图 6.1　机器人位置控制示意图

工业机器人每个关节的控制系统都是闭环控制系统。对于工业机器人的位置控制，位置检测元件是必不可少的。关节位置控制器常采用 PID 算法，也可采用模糊控制算法等智能方法。

速度控制通常用于对目标跟踪的任务中，机器人的关节速度控制示意图如图 6.2 所示。对于机器人末端笛卡儿空间的位置、速度控制，其基本原理与关节空间的位置和速度控制类似。

虽然工业机器人的结构多为串接连杆形式，且其动态特性一般具有高度的非线性，但是在设计其控制系统时，通常把机器人的每个关节当作一个独立的伺服机构来考虑。这主要是因

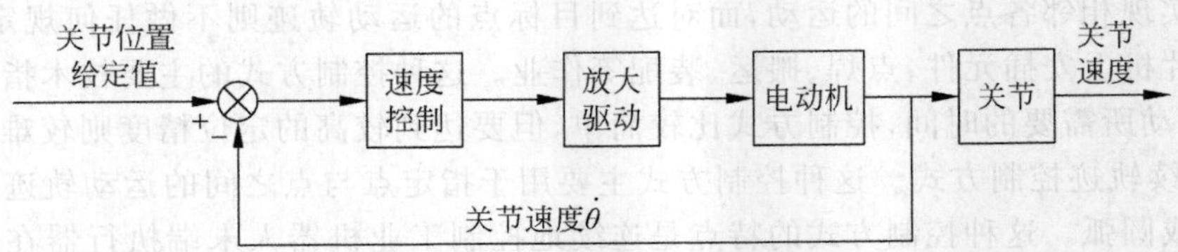

图 6.2 机器人关节速度控制示意图

为工业机器人运动速度偏低(一般小于 1.5m/s),因此可以忽略由速度变化引起的非线性影响。另外,由于交流伺服电机都安装有减速器,通常其减速比接近 100,当负载变化时,折算到电机轴上的负载变化值则很小,所以负载变化的影响可以忽略。而且由于减速器的存在,极大地削弱了各关节之间的耦合作用,因此可以将工业机器人系统看成一个由多关节组成的、相互独立的线性系统。

下面分析以伺服电动机为驱动器的独立关节的控制问题。

6.2.1 单关节位置控制

1. 基于直流伺服电动机的单关节位置控制

单关节控制器是指不考虑关节之间的相互影响,只根据一个关节独立设置的控制器。在单关节控制器中,机器人的机械惯性影响常常作为扰动项来考虑,把机器人看作刚体结构。直流伺服电动机的位置控制有两种方式,一种是位置加电流反馈的双环结构,另一种是位置、速度加电流反馈的三环结构。无论采用哪种结构形式,都需要从直流伺服电动机数学模型入手,对系统进行分析。由电机、齿轮和负载组成的单关节电动机负载模型如图 6.3 所示。

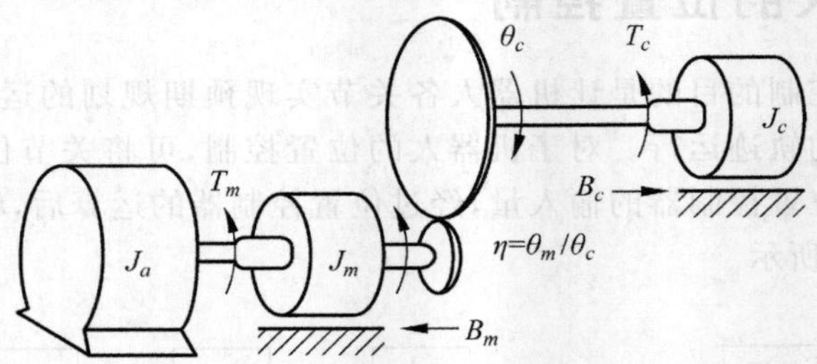

图 6.3 单关节直流伺服电动机负载模型

对图中参数的说明如下:

θ_c——负载轴的角位移,单位为 rad;

θ_m——驱动轴角位移,rad;

$\eta=\theta_m/\theta_c$——齿轮减速比;

T_c——负载侧的总转矩,单位为 N·m;

T_m——直流伺服电动机输出转矩,N·m;

J_c——负载轴的总转动惯量,单位为 $kg\cdot m^2$;

J_m——关节部分在齿轮箱驱动侧的转动惯量,$kg\cdot m^2$;

J_a——电动机转子转动惯量,$kg\cdot m^2$;

B_c——负载轴的阻尼系数;

B_m——驱动侧的阻尼系数。

以上参数用来研究负载转角 θ_s 与电动机的电枢电压 U 之间的传递函数,下面这些参数在研究 θ_s 与 U 之间的传递函数时也将会用到,在此一起说明。

I——电枢绕组电流，单位为 A；

L——电枢电感，单位为 H；

R——电枢电阻，单位为 Ω；

K_C——电动机的转矩常数，单位为 N・m/A；

K_e——电动机反电动势常数，单位为 V・s/rad；

$J_{\text{eff}}=J_a+J_m+\eta^2 J_c$——电动机轴上的等效转动惯量；

$B_{\text{eff}}=B_m+\eta^2 B_c$——电动机轴上的等效阻尼系数；

K_θ——转换常数，单位为 V/rad。

已知电动机输出转矩为

$$T_m=K_C I(\text{N}\cdot\text{m}) \tag{6.1}$$

电枢绕组电压平衡方程为

$$U-\frac{K_e \mathrm{d}\theta_m}{\mathrm{d}t}=\frac{L\mathrm{d}I}{\mathrm{d}t}+RI \tag{6.2}$$

对式(6.1)和式(6.2)两边同时作拉普拉斯变换，整理可得

$$T_m(s)=K_C\frac{U(s)-K_e s\theta_m(s)}{Ls+R} \tag{6.3}$$

驱动轴(即电动机输出轴)的转矩平衡方程为

$$T_m=\frac{(J_a+J_m)\mathrm{d}^2\theta_m}{\mathrm{d}t^2}+B_m\frac{\mathrm{d}\theta_m}{\mathrm{d}t}+\eta T_c \tag{6.4}$$

负载轴的转矩平衡方程为

$$T_c=J_c\frac{\mathrm{d}^2\theta_c}{\mathrm{d}t^2}+B_c\frac{\mathrm{d}\theta_c}{\mathrm{d}t} \tag{6.5}$$

对式(6.4)和式(6.5)分别作拉普拉斯变换可得

$$T_m(s)=(J_a+J_m)s^2\theta_m(s)+B_m s\theta_m(s)+\eta T_c(s) \tag{6.6}$$

$$T_c(s)=(J_c s^2+B_c s)\theta_c(s) \tag{6.7}$$

对 $\eta=\theta_m/\theta_c$ 进行拉普拉斯变换可得 $\theta_m(s)=\theta_c(s)/\eta$，将其代入式(6.6)并联合式(6.3)和式(6.7)整理可得

$$\frac{\theta_m(s)}{U(s)}=\frac{K_C}{s[J_{\text{eff}}Ls^2+(J_{\text{eff}}R+B_{\text{eff}}L)s+B_{\text{eff}}R+K_C K_e]} \tag{6.8}$$

式(6.8)描述了输入控制电压与驱动轴角位移 θ_m 的关系。该式右边分母上括号外的 s 表示当施加电压 U 后，θ_m 也是对时间 t 的积分；方括号内的表达式表示该系统是一个二阶速度控制系统。由于 $w_m=\mathrm{d}\theta_m/\mathrm{d}t$，进行拉普拉斯变换可得 $w_m(s)=s\theta_m(s)$，将式(6.8)中左边分母上的 s 移项可得

$$\frac{s\theta_m(s)}{U(s)}=\frac{w_m(s)}{U(s)}=\frac{K_C}{J_{\text{eff}}Ls^2+(J_{\text{eff}}R+B_{\text{eff}}L)s+B_{\text{eff}}R+K_C K_e} \tag{6.9}$$

为了构成对负载轴的角位移控制器，必须进行负载轴的角位移反馈，即用某一时刻 t 所需要的角位移 θ_d 与实际角位移 θ_c 之差所产生的电压来控制该系统。用光学编码器作为实际位置传感器，可以求取位置误差，误差电压为

$$U(t)=K_\theta(\theta_d-\theta_c) \tag{6.10}$$

令 $E(t)=\theta_d(t)-\theta_c(t)$，$\theta_c(t)=\eta\theta_m(t)$ 对这 3 个表达式分别进行拉普拉斯变换可得

$$U(s)=K_{\theta}[\theta_d(s)-\theta_c(s)] \tag{6.11}$$

$$E(s)=\theta_d(s)-\theta_c(s) \tag{6.12}$$

$$\theta_c(s)=\eta\theta_m(s) \tag{6.13}$$

从理论上讲，式(6.9)表示的二阶系统是稳定的。要提高响应速度，可以调高系统的增益(如增大 K_{θ})及电动机传动轴速度负反馈，把某些阻尼引入到系统中，以加强反电动势的作用效果。要做到这一点，可以采用测速发电机，或计算一定时间间隔内传动轴角位移的差值。单关节位置控制器如图 6.4(a)所示。如图 6.4(b)所示为具有速度反馈功能的位置控制器，其中，K_t 为测速发电机的传递系数(单位为 V·s/rad)，K_1 为速度反馈信号放大器的增益。由于电动机电枢回路的反馈电压已经由 $K_e\theta_m(t)$ 增加为 $K_e\theta_m(t)+K_1K_t\theta_m(t)=(K_e+K_1K_t)\theta_m(t)$，所以其对应的开环传递函数为

$$\frac{\theta_m(s)}{E(s)}=\frac{\eta K_{\theta}K_C}{s[LJ_{\text{eff}}s^2+(RJ_{\text{eff}}+LB_{\text{eff}})s+RB_{\text{eff}}+K_CK_e]} \tag{6.14}$$

机器人驱动电动机的电感 L(一般为 10mH)远小于电阻 R(约 1Ω)，因此可以略去式(6.14)中的 L，式(6.14)变为

$$\frac{\theta_m(s)}{E(s)}=\frac{\eta K_{\theta}K_C}{s[RJ_{\text{eff}}s+RB_{\text{eff}}+K_CK_e]} \tag{6.15}$$

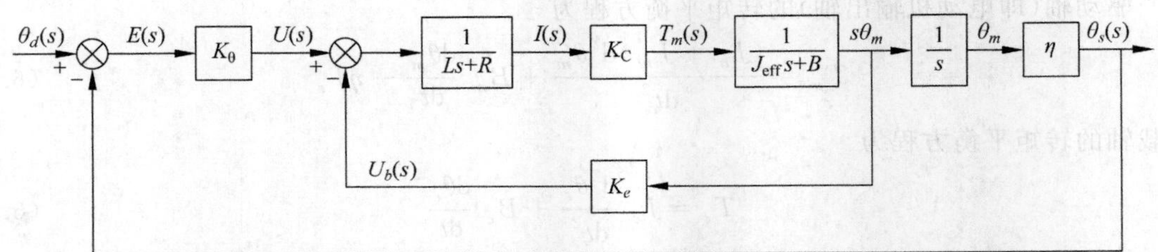

(a) 单关节位置控制器

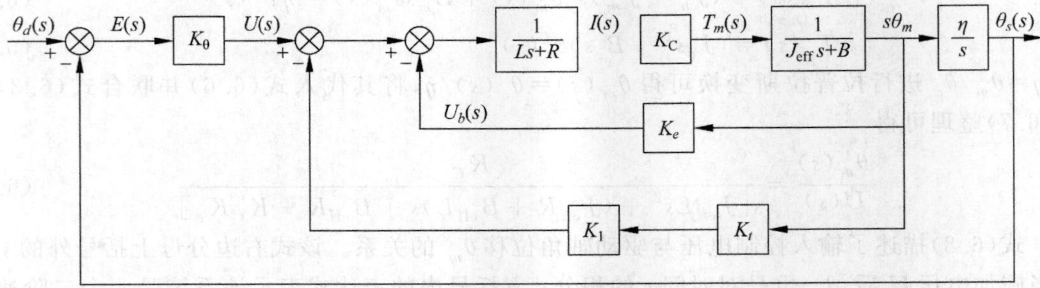

(b) 具有速度反馈功能的位置控制器

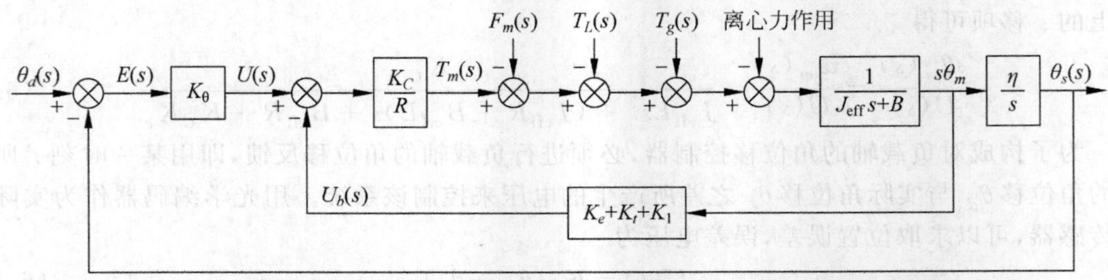

(c) 考虑摩擦力矩、外负载力矩、重力矩及向心力作用的位置控制器

图 6.4 单关节机械臂位置控制器结构

图 6.4(a)的单位反馈位置控制系统的闭环传递函数是

$$\frac{\theta_c(s)}{\theta_d(s)}=\frac{\theta_c/E}{1+\theta_c/E}=\frac{\eta K_\theta K_C}{RJ_{\text{eff}}s^2+(RB_{\text{eff}}+K_CK_e)s+\eta K_\theta K_C} \tag{6.16}$$

如图 6.4(c)所示考虑了摩擦力矩、外负载力矩、重力矩及向心力作用的位置控制器。以任一扰动作为干扰输入,可写出干扰的输出函数与传递函数。利用拉普拉斯变换中的终值定理,即可求出因干扰引起的静态误差。

2. 带力矩的单关节位置控制

带有力矩闭环的单关节位置控制系统是一个三闭环控制系统,由位置环、力矩环和速度环构成,如图 6.5 所示。

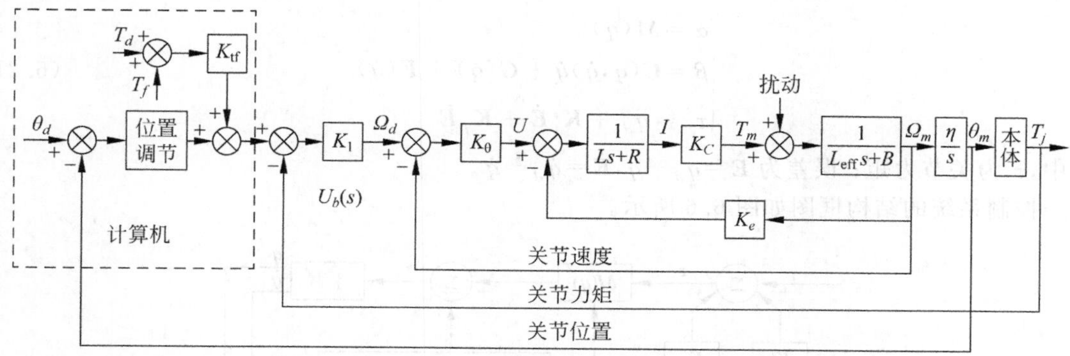

图 6.5 带有力矩闭环的单关节位置控制系统

速度环为控制系统的内环,其作用是通过对控制电动机的电压使电动机表现出期望的速度特性,速度环的给定值是力矩环偏差经过放大后的输出(电动机角速度为 Ω_d),速度环的反馈值是关节角速度 Ω_m,将 Ω_d 与 Ω_m 的偏差作为电动机电压驱动器的输入,经过放大后成为电压 U,其中 K_θ 表示转换常数(即比例系数)。电动机在电压 U 的作用下,以角速度 Ω_m 旋转。$1/(L_s+R)$为电动机的电磁惯性环节,其中,L 为电枢电感,R 为电枢电阻,I 为电枢电流。考虑到一般情况下,$L\leqslant R$,故一般可以忽略电感 L 的影响,环节 $1/(L_s+R)\approx 1/R$。$1/(J_{\text{effs}}+B)$是电动机的机电惯性环节,K_C 为电流力矩常数,即电动机力矩 T_m 与电枢电流 I 之间的系数。

位置环为控制系统的外环,用于控制关节以达到期望的位置。位置环的给定值是期望的关节位置 θ_d,反馈为关节位置 θ_m,将 θ_d 与 θ_m 的偏差作为位置调节器的输入,经过位置调节器运算后形成的输出作为力矩环给定值的一部分,位置调节器常采用 PID 或 PI 控制器,构成的位置闭环系统为无静差系统。

6.2.2 机器人的多关节控制

1. 机器人系统的伺服控制律

因为机器人的机械臂具有多个关节,分别需要相应的驱动电机提供驱动力矩,并输出多个关节的位置、速度和加速度,所以对机械臂进行控制是一个多输入多输出的问题。

将控制律分解为基于模型的控制部分和伺服控制部分,那么它可以表示为:

$$\boldsymbol{F}=\boldsymbol{\alpha}\boldsymbol{F}'+\boldsymbol{\beta} \tag{6.17}$$

其中,$\boldsymbol{F}$、$\boldsymbol{F}'$、$\boldsymbol{\beta}$ 为 $n\times 1$ 的矢量,$\boldsymbol{\alpha}$ 为 $n\times n$ 的矩阵。$\boldsymbol{\beta}$ 为基于模型的控制部分、而 $\boldsymbol{F}'$为伺服控制部分,可以表示为:

$$\boldsymbol{F}'=\ddot{\boldsymbol{X}}_d+\boldsymbol{K}_v\dot{\boldsymbol{E}}+\boldsymbol{K}_p\boldsymbol{E} \tag{6.18}$$

其中，$\boldsymbol{K}_v$、$\boldsymbol{K}_p$ 为 $n\times n$ 的矩阵，$\boldsymbol{E}$ 为 $n\times 1$ 的位置误差矢量，$\dot{\boldsymbol{E}}$ 为 $n\times 1$ 的速度误差矢量。

2. 基于模型机械臂控制

考虑摩擦等非刚体效应影响的机器人动力学模型为

$$\tau=\boldsymbol{M}(q)\ddot{q}+\boldsymbol{C}(q,\dot{q})\dot{q}+\boldsymbol{G}(q)+\boldsymbol{F}(\dot{q}) \tag{6.19}$$

其中，$\boldsymbol{M}(q)\in R^{n\times n}$ 为机器人的惯性矩阵；$\boldsymbol{C}(q,\dot{q})\in R^n$ 为科里奥利矩阵；$\boldsymbol{G}(q)\in R^n$ 表示重力矩阵；$\boldsymbol{F}(\dot{q})$为摩擦力矩。

令

$$\tau=\boldsymbol{\alpha}\tau'+\boldsymbol{\beta} \tag{6.20}$$

其中

$$\begin{cases}\boldsymbol{\alpha}=\boldsymbol{M}(q)\\ \boldsymbol{\beta}=\boldsymbol{C}(q,\dot{q})\dot{q}+\boldsymbol{G}(q)+\boldsymbol{F}(\dot{q})\\ \tau'=\ddot{q}_d+\boldsymbol{K}_v\dot{\boldsymbol{E}}+\boldsymbol{K}_p\boldsymbol{E}\end{cases} \tag{6.21}$$

式中，τ'为关节力矩；误差为 $\boldsymbol{E}=q_d-q$，$\dot{\boldsymbol{E}}=\dot{q}_d-\dot{q}$。

控制系统的结构框图如图 6.6 所示。

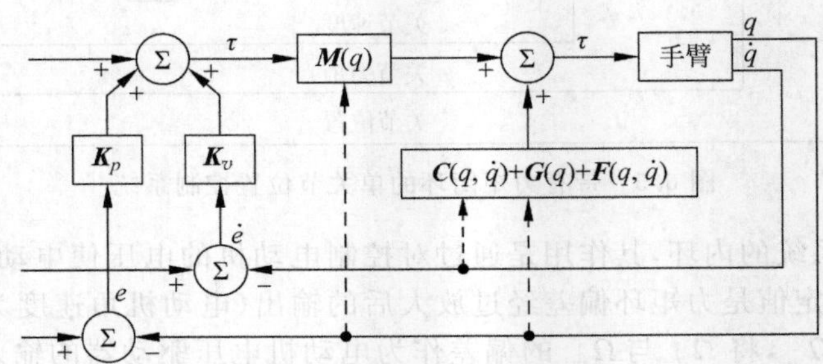

图 6.6　基于动力学模型的控制系统框图

由式(6.19)～式(6.21)可以得出表示闭环系统的误差方程

$$\ddot{\boldsymbol{E}}+\boldsymbol{K}_{vi}\dot{\boldsymbol{E}}+\boldsymbol{K}_p\boldsymbol{E}=0 \tag{6.22}$$

由于增益矩阵 $\boldsymbol{K}_v$ 和 $\boldsymbol{K}_p$ 是对角形，因而上式是解耦的，并可写成 n 个单关节的形式

$$\ddot{\boldsymbol{E}}_i+\boldsymbol{K}_{vi}\dot{\boldsymbol{E}}+\boldsymbol{K}_{pi}\boldsymbol{E}=0\quad(i=1,2,\cdots,n) \tag{6.23}$$

实际上，由于系统动态模型不准确等原因，式(6.22)所表示的是理想情况。

6.3　机器人的力控制

机器人的力控制着重研究如何控制机器人的各个关节，使其末端表现出一定的力和力矩特性，是利用机器人进行自动加工(如装配等)的基础。

当机器人在空间跟踪轨迹运动时，可采用位置控制，但当机器人在完成一些与环境存在力作用的任务时，例如打磨、装配，单纯的位置控制会由于位置误差而引起过大的作用力，从而伤害零件或机器人。机器人在这类运动受限环境中运动时，往往需要配合力控制来使用。位置控制下，机器人会严格按照预先设定的位置轨迹进行运动。若机器人运动过程中遭遇到障碍物的阻拦，从而导致机器人的位置追踪误差变大，此时机器人会努力地“出力”去追踪预设轨迹，最终导致机器人与障碍物之间巨大的内力。而在力控制下，以控制机器人与障碍物间的作用力为目标。当机器人遭遇障碍物时，会智能地调整预设位置轨迹，从而消除内力。

当工业机器人末端执行器与环境相接触时，会产生相互作用的力，如图6.7所示。一般情况下，存在接触力时，必须建立某种环境作用模型。为使概念明确，用类似于位置控制的简化方法，假设系统是刚性的，质量为m，而环境刚度为k_e，采用简单的质量-弹簧模型来表示受控物体与环境之间的接触作用，如图6.8所示。

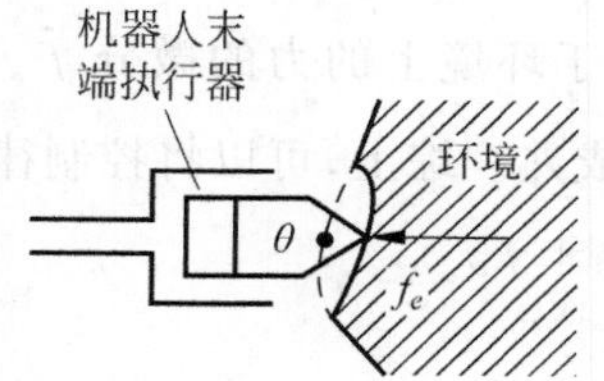

图6.7 机器人与环境的相互作用

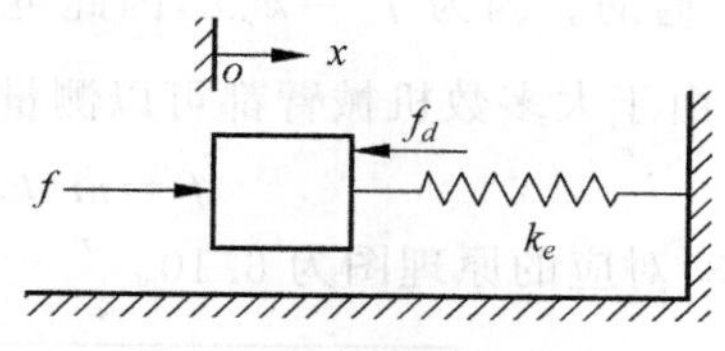

图6.8 质量-弹簧系统

下面重点讨论质量-弹簧系统的力控制问题。

对图6.8中主要参数的规定如下：

f_d——表示未知的干扰力，通常为模型未知的摩擦力或者机械传动的阻力；

f_e——表示作用于环境的力，也是施加在弹簧上的力，它与环境刚度之间的关系如下

$$f_e = k_e x \tag{6.24}$$

描述该物理系统的方程为

$$f = m\ddot{x} + k_e x + f_d \tag{6.25}$$

如果用作用在环境上的控制变量f_e表示，形式如下

$$f = mk_e^{-1}\ddot{f}_e + f_e + f_d \tag{6.26}$$

采用控制律分解的方法，令

$$\begin{cases}\alpha = mk_e^{-1}\\ \beta = f_e + f_d\end{cases} \tag{6.27}$$

从而得到控制律，即

$$f = mk_e^{-1}(\ddot{f}_h + k_{vf}\dot{e}_f + k_{pf}e_f) + f_e + f_d \tag{6.28}$$

式中，$e_f = f_h - f_e$为期望力f_h与用力传感器检测到的环境作用力f_e之间的误差。k_{vf}和k_{pf}则为力控制系统的增益系数。

如果式(6.28)中干扰f_d是已知的，则联立式(6.24)，可得闭环系统的误差方程为

$$\ddot{e}_f + k_{vf}\dot{e}_f + k_{pf}e_f = 0 \tag{6.29}$$

一般情况下，在控制律中干扰f_d是未知的，因此式(6.28)不可解。但是，可以在指定伺服规则时，去掉干扰f_d，即令式(6.24)和式(6.28)的右边相等，并且在稳态分析中令对时间的各阶导数都为零，可以得到如下关系

$$e_f = \frac{f_d}{\alpha} \tag{6.30}$$

式中，$\alpha = mk_e^{-1}k_{pf}$为有效力反馈增益。如果用f_h取代式(6.28)中的$f_h + f_d$，则可得

$$e_f = \frac{f_d}{1+\alpha} \tag{6.31}$$

一般情况下，环境刚度k_e比较大，也就意味着α的值可能会比较小，因此优选式(6.31)计算稳态误差。此时，控制律如下

$$f = mk_e^{-1}(\ddot{f}_h + k_{vf}\dot{e}_f + k_{pf}e_f) + f_d \tag{6.32}$$

如图 6.9 所示为采用控制律即式(6.32)的闭环力控制系统原理图。该图描述的力伺服控制是理想情况,实际的力伺服控制通常有些不同。实际情况中,力轨迹一般为常数,这是由于通常希望接触力为某一常数值,很少将它设置为时间的函数。因此,图 6.9 中系统的输入 $\ddot{f}_h$ 和 f_h 通常设置恒为零。另外,实际情况中检测到的力"噪声"很大,通过数值微分的方法计算 $\dot{f}_e$ 是行不通的。因为 $f_e=k_e x$,因此可以通过求解作用于环境上的力的微分 $\dot{f}_e=k_e\dot{x}$ 来求 $\dot{f}_e$。这是由于大多数机械臂都可以测量速度,而且技术成熟。综上,可以将控制律写为

$$f=m(k_{pf}k_e^{-1}e_f-k_{vf}\dot{x})+f_d \tag{6.33}$$

与式(6.33)对应的原理图为 6.10。

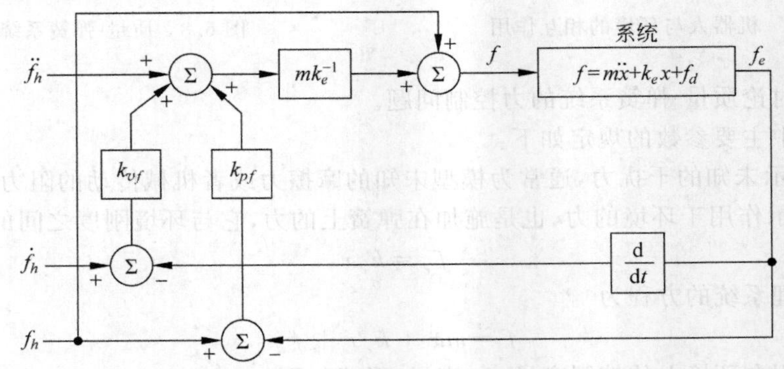

图 6.9 质量-弹簧系统的力控制系统原理图

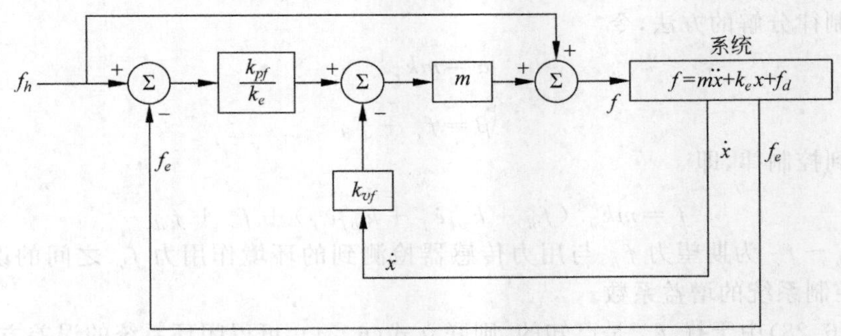

图 6.10 实际的质量-弹簧系统的力控制系统原理图

6.4 机器人的力/位混合控制

本节将介绍力/位混合控制器的控制系统结构。

6.4.1 力/位混合控制问题的提出

机器人控制的最佳方案是以独立的形式同时控制力和位置,理论上力自由空间和位置自由空间是 2 个互补的正交子空间,在力自由空间进行力控制,而在剩余的正交方向上进行位置控制。此时的约束环境被当作不变形的几何问题考虑,因此也可狭义地称为约束运动控制。

机器人末端执行器与外界环境接触时有两种极端情况。一种是机器人末端执行器在空间可以自由移动,如图 6.11(a)所示。在这种情况下,自然约束都是关于接触力的约束,且所有约束力都为零。换言之,不能在末端执行器的任何方向上施加力,但是可以在位置的 6 个

自由度上运动。另一种情况是,末端执行器固定不动,即其不能自由地改变位置,为操作臂末端执行器紧贴墙面运动的极端情况,如图 6.11(b)所示。在这种情况下,对机械臂末端执行器的自然约束是 6 个自然位置约束,但可以在这 6 个自由度上对其施加力和力矩。

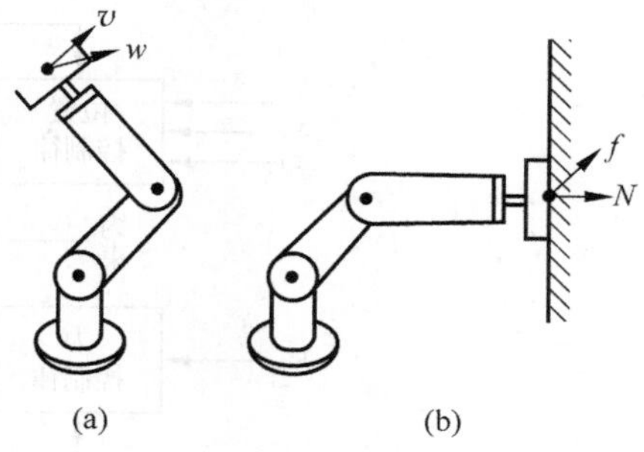

图 6.11 末端执行器与外界环境接触的两种极端情况

上述两种极端情况中,第一种情况为位置控制问题,第二种情况在实际中并不经常出现,通常多数情况是对系统的某些自由度需要进行位置控制,而对另外一些自由度则需要进行力控制。这时,就需要采用力和位置混合控制的方式。

机器人的力/位置混合控制器必须解决以下 3 个问题。

(1) 对有力自然约束的方向需要施加位置控制。

(2) 对存在位置自然约束的方向应施加力控制。

(3) 在任意约束坐标系{C}的正交自由度上应进行力和位置的混合控制。

6.4.2 以坐标系{C}为基准的直角坐标机械臂的力/位混合控制系统

考虑一台简单的三自由度的直角坐标型的机械臂,如图 6.12 所示。该机械臂的 3 个关节均为移动关节,每个连杆的质量均为 m,滑动摩擦力为零。假设关节轴线 X、Y 和 Z 的方向与约束坐标系{C}的轴线方向完全一致。末端执行器与刚度为 k_e 的表面接触,作用在 ^CY 方向上。因此,^CY 方向需要进行力控制,而在 ^CX 和 ^CZ 方向则需要设定位置控制。

如果希望将约束表面的法线方向转变为沿 X 方向或者 Z 方向,则需要对直角坐标型机械臂控制系统稍加扩展,具体方法为:构建一个控制器,使它可以确定 3 个自由度的全部位置轨迹,同时也能确定 3 个自由度的力轨迹。当然,不能同时满足这 6 个约束的控制。因此,需要设定一些工作模式来指明在任一给定时刻应控制哪条轨迹的哪个分量。

在如图 6.12 所示的控制器中,用一个位置控制器和一个力控制器对上述简单直角坐标型机械臂的 3 个关节进行控制。在此,通过引入矩阵 $\boldsymbol{S}$ 和 $\boldsymbol{S}'$ 的方式确定应采用的控制模式——位置或力,进而控制直角坐标型机械臂的每一个关节。$\boldsymbol{S}$ 矩阵为对角阵,对角线上的元素为 1 和 0。对于位置控制,$\boldsymbol{S}$ 中元素为 1 的位置在 $\boldsymbol{S}'$ 中对应的元素为 0;对于力控制,$\boldsymbol{S}$ 中元素为 0 的位置在 $\boldsymbol{S}'$ 中对应的元素为 1。因此,可以把矩阵 $\boldsymbol{S}$ 和 $\boldsymbol{S}'$ 看成一个互锁开关,用来设定坐标系{C}中每一个自由度的控制模式。按照 $\boldsymbol{S}$ 的规定,系统中有 3 个轨迹分量受到控制,而位置控制和力控制之间的组合是任意的。另外 3 个期望轨迹分量和相应的伺服误差应被忽略,即当一个给定的自由度受到力控制时,则该自由度上的位置误差应该被忽略。

6.4.3 应用于一般机械臂的力/位混合控制系统

如图 6.12 所示的混合控制器是关节轴线与约束坐标系{C}完全一致的特殊情况。将这种研究方法推广到一般机械臂,以便直接应用基于直角坐标系的控制方法。其基本思路是使用直角坐标空间的动力学模型,把实际机械臂的组合系统和计算模型变换为一系列独立的、解耦的单位质量系统。一旦完成解耦和线性化,就可以应用前面所介绍的简单伺服方法来进行综合分析。

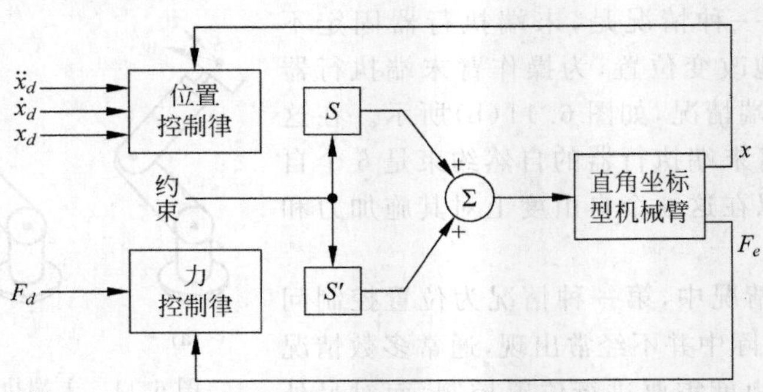

图 6.12　三自由度直角坐标型机械臂的混合控制器

在直角坐标空间中机械臂动力学公式的解耦形式如图 6.13 所示，它使机械臂呈现为一系列解耦的单位质量系统。为了用于混合控制策略，应在约束坐标系$\{C\}$中描述直角坐标空间动力学方程和雅可比矩阵。

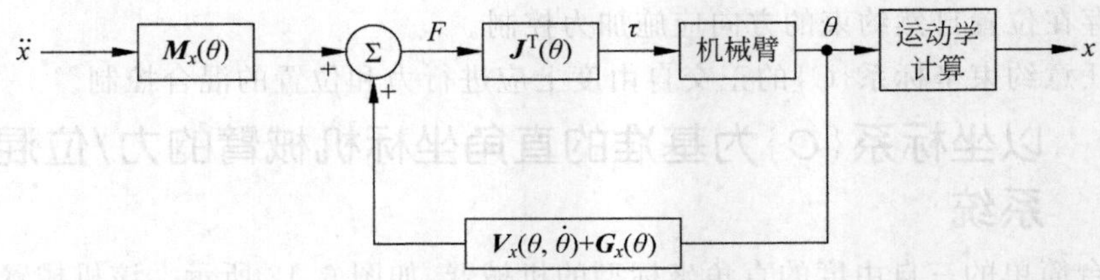

图 6.13　直角坐标解耦方法

由于已经设计了一个与约束坐标系一致的直角坐标型机械臂的混合控制器，并且因为用直角坐标解耦方法建立的系统具有相同的输入-输出特性，因此只需要将这两个条件结合，就可以生成一般的力/位混合控制器。

一般机械臂的混合控制器框图如图 6.14 所示。需要注意的是，动力学方程以及雅可比矩阵都在约束坐标系$\{C\}$中描述。描述运动学方程时，也需要将坐标变换到约束坐标系。同样地，检测的力也应变换到约束坐标系中。另外，伺服误差也应在$\{C\}$中计算，当然还要适当选择 $\boldsymbol{S}$ 和 $\boldsymbol{S}'$ 的值，以确定控制模式。

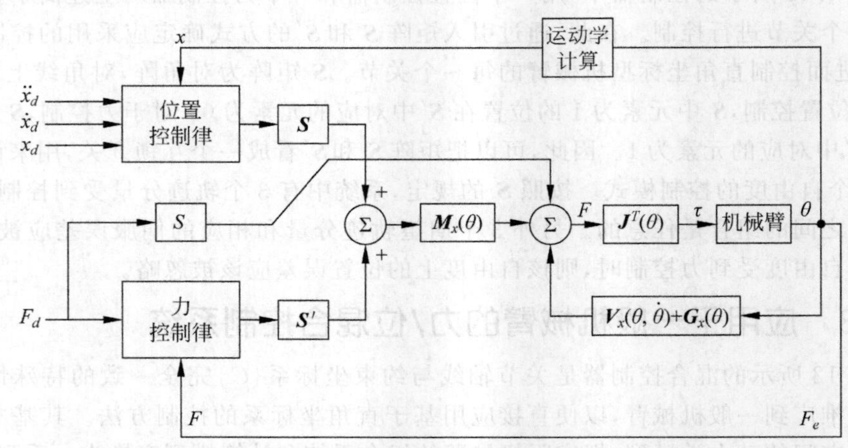

图 6.14　一般机械臂的力/位混合控制器

6.5 本章小结

本章首先对机器人控制系统的一些基本概念进行了阐述，然后分别重点介绍了机器人的位置、力以及力/位混合这三种不同的控制器。对于机器人的位置控制，以直流伺服电动机为例，分别针对单关节和多关节的情况进行讨论；关于机器人的力控制，本章以典型的质量-弹簧系统为例，讨论其控制器的设计方法；最后，综合以上两种控制器的使用场景，讨论力/位混合控制器的问题，包括以$\{C\}$为基准的直角坐标机械臂的力/位混合控制系统和应用于一般机械臂的以$\{C\}$为基准的直角坐标机械臂的力/位混合控制。本章介绍的关于机器人控制的方法比较传统，本书第二篇将对一些现代的、新颖的、智能的机器人控制方法进行介绍，并针对每种控制方法给出相应的应用研究实例。

本篇主要为机器人相关的理论基础知识，是作者在现有知识积累的基础上参考大量专著编写而成。由于不同章节之间的参考文献有交叉，因此统一列出部分主要参考文献，每章结束时不再单独附上相应参考文献。

第二篇

ARTICLE

方法篇：控制器设计与仿真

第一篇主要介绍了机器人学的基础理论知识，其中也涉及一些传统的机器人控制器设计方法，如机器人的力控制、位置控制以及力/位混合控制等。本篇将研究机器人领域比较先进的、常用的控制方法，如自适应控制、变结构控制以及智能控制等。

按照控制算法的不同，机器人的控制方法可以分为PID控制、变结构控制、自适应控制、模糊控制、神经元网络控制等方法。也有学者将现有的控制算法分为逻辑门限控制、PID控制、滑模变结构控制、神经网络控制和模糊控制等。这些控制方法并非孤立的，在一个控制系统之中常常是结合在一起使用的。下面介绍几种常用的机器人控制方法。

1. PID控制

在实际工程中，应用最为广泛的调节器控制规律为比例、积分、微分(Proportion-Integral Derivative,PID)控制，又称PID调节。PID控制器自问世至今已有近70年历史，它因结构简单、稳定性好、工作可靠、调整方便而成为工业控制的主要技术之一。当被控对象的结构和参数不能完全掌握，或得不到精确的数学模型，控制理论的其他技术难以采用时，系统控制器的结构和参数必须依靠经验和现场调试来确定，这时应用PID控制技术最为方便。即当我们不完全了解一个系统和被控对象，或不能通过有效的测量手段来获得系统参数时，最适合采用PID控制技术。PID控制在实际中也有PI和PD控制。PID控制器是根据系统的误差，利用比例、积分、微分计算出控制量进行控制的。这种控制方法的控制律简单，易于实现，不用建模，但是难以保证机器人具有良好的动态和静态品质，且需要较大的控制能量。

2. 变结构控制

变结构控制是20世纪50年代从苏联发展起来的一种控制方法。所谓变结构控制，是指控制系统中具有多个控制器，根据一定的规则在不同情况下采用不同的控制器。采用变结构控制具有许多其他控制所没有的优点，可以实现对一类具有不确定参数的非线性系统的控制。

3. 自适应控制

自适应控制，是指系统的输入或干扰发生较大范围的变化时，所设计的系统能够自适应调节系统参数或控制策略，使输出仍能达到设计要求。自适应控制所处理的是具有"不确定性"的系统，通过对随机变量状态的观测和系统模型的辨识，设法降低这种不确定性。当机器人动力学模型存在非线性和不确定性因素时，如未知的系统参数、非线性动态特性以及环境因素等，采用自适应控制来补偿上述因素，能够显著改善机器人的性能。自适应控制器是机器人控制器设计的一种可行且有效的方法。

自适应控制系统按其原理的不同，可分为模型参考自适应控制系统、自校正控制系统、自寻优控制系统、变结构控制系统和智能自适应控制系统等。在这些自适应控制系统中，模型参考自适应控制系统和自校正控制系统较成熟，也较常用。

4. 模糊控制

模糊控制是模糊逻辑控制的简称，是以模糊集合论、模糊语言变量和模糊逻辑推理为基础的一种计算机数字控制技术。模糊控制可以代替经典控制系统或与经典控制系统相结合对机器人进行控制。模糊控制的基本思想是将人类专家对特定对象的控制经验，运用模糊集理论进行量化，转化为可用数学实现的控制器，从而实现对被控对象的控制。在模糊控制中，输入量经过模糊量化成为模糊变量，由模糊变量经过模糊规则的推理获得模糊输出，经过解模糊得到清晰的输出量用于控制。模糊控制最早在 1965 年由美国加利福尼亚大学的 Zadeh 教授提出，1974 年英国的 E. H. Mamdani 成功地将模糊控制应用于锅炉和蒸汽机控制。随后，模糊控制在控制领域得到了快速发展，并获得大量成功的应用。

模糊控制实质上是一种非线性控制，属于智能控制的范畴。模糊控制的一大特点是既有系统化的理论，又有大量的实际应用背景。近 20 多年来，模糊控制不论在理论上还是技术上都有了长足的进步，成为自动控制领域一个非常活跃而又硕果累累的分支。其典型应用涉及生产和生活的许多方面，例如家用电器设备中的模糊洗衣机、空调和吸尘器等，工业控制领域中的水净化处理、发酵过程、化学反应釜等，在专用系统和其他方面有汽车驾驶、电梯、自动扶梯以及机器人的模糊控制。而模糊逻辑在机器人中的应用，可能会使机器人变得更具独特性和智能性。

5. 神经网络控制

神经网络(Neural Network，NN)控制是基于神经网络的控制方法，简称神经控制。神经网络控制是 20 世纪 80 年代末期发展起来的自动控制领域的前沿学科之一。它是智能控制的一个新的分支，为解决复杂的非线性、不确定、不确知系统的控制问题开辟了新途径。神经网络控制是将人工神经网络与控制方法相结合而产生的一种智能控制方法，是指在控制系统中采用神经网络这一工具对难以精确描述的复杂非线性对象或进行建模，或充当控制器，或优化计算，或进行推理，或故障诊断等，也即同时兼有上述某些功能的适应组合，将这样的系统统称为神经网络的控制系统，将这种控制方式称为神经网络控制。

在控制领域，将具有学习能力的控制系统称为学习控制系统，属于智能控制系统。因为神经控制具有学习能力，故属于学习控制，是智能控制的一个分支。神经控制发展至今，虽仅有十余年的历史，已有了多种控制结构，如神经预测控制、神经逆系统控制等。

第7章 神经网络控制

CHAPTER 7

随着被控对象越来越复杂，人们对控制系统的要求也越来越高。由于传统的基于模型的控制方法需要根据被控对象的数学模型及控制的性能指标来设计控制器，具有显性表达知识的特点，但对于复杂的被控对象（如模型不确定、时变等）和环境，往往难以获得其数学解析式。而神经网络控制虽然不善于显示表达知识，但它利用神经网络强大的非线性逼近映射能力、自适应能力、自学习能力以及信息综合能力，能够有效解决复杂的非线性，不确定性及不确知系统的模型辨识、控制和优化，从而使控制系统达到优良的控制性能。此外，神经网络控制还可实现对机器人动力学方程中未知部分精确逼近，通过在线建模和前馈补偿，实现机器人的高精度跟踪。由于神经网络控制具有上述优异特性，在控制系统中的应用也比较灵活多样，近年来发展较为迅速。

7.1 神经网络控制基本原理

7.1.1 神经网络控制的基本思想

神经网络用于控制系统设计主要针对系统的非线性、不确定性和复杂性。而控制系统的目的则是通过输入确定的适当的控制量，使系统获得期望的输出特性，如图 7.1(a)所示为一般反馈控制系统原理图。图 7.1(b)中用神经网络取代图 7.1(a)中的控制器并完成相同的控制任务。下面分析神经网络的具体工作过程。

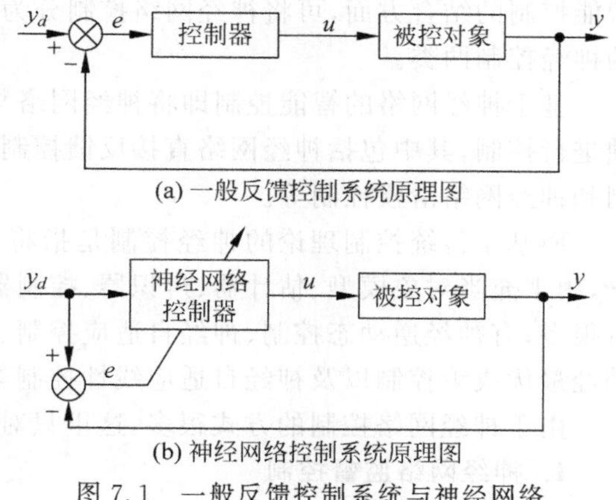

图 7.1 一般反馈控制系统与神经网络控制系统原理图

假设某一控制系统，其输入 u 和输出 y 满足以下非线性函数关系

$$y = f(u) \tag{7.1}$$

其中，$f(\cdot)$是描述系统动态的非线性函数。控制器的任务是确定最优的控制输入量 u，使得控制系统的实际输出 y 能够完全跟随期望输出 y_d。

在神经网络控制系统中，神经网络的功能是对输入输出进行某种非线性映射，或者函数变换，满足以下关系

$$u = g(y_d) \tag{7.2}$$

由于控制系统的目的是实现系统输出 y 等于期望输出 y_d，将式(7.2)代入式(7.1)，可得

$$y = f[g(y_d)] \tag{7.3}$$

当 $g(\cdot)=f^{-1}(\cdot)$ 成立时，满足控制目的，即 $y=y_d$。

由于采用神经网络控制的控制对象一般非常复杂且具有不确定因素(如外部扰动等)，因此函数 $f(\cdot)$ 很难建立。这时，利用神经网络逼近非线性函数的能力，对函数 $f^{-1}(\cdot)$ 的输入输出特性进行模拟，即神经网络控制器通过不断学习实际输出 y 与期望输出 y_d 之间的差值来调整神经网络的连接权值，至误差 e 趋近于零，如下

$$e = y_d - y \to 0 \tag{7.4}$$

这就是神经网络模拟 $f^{-1}(\cdot)$ 的过程。可以看出，神经网络实现控制的基本思想实际上就是通过其学习算法实现对被控对象求逆的过程。

7.1.2 神经网络控制的特点

从控制的角度看，与传统的控制方法相比，神经网络用于控制的优越性主要有以下几点。

(1) 神经网络具有很强的自学习能力，能够对模型不确定、不确知的过程或系统进行有效控制，使控制系统能够达到期望的动、静态特性。

(2) 神经网络采用并行分布式信息处理，具有很强的容错性。

(3) 神经网络本质上是非线性系统，可实现任意非线性映射。

(4) 神经网络具有很强的信息综合能力，能同时处理大量不同类型的输入，并能很好地解决输入信息之间的互补性和冗余性问题，特别适用于多变量系统。

基于上述优异特性，神经网络在控制系统中既可以充当对象的模型(如在有精确模型的控制结构中)、控制器(如反馈控制系统)，也可以在传统控制系统中优化计算环节。另外，将神经网络与专家系统、模糊逻辑、遗传算法等智能控制方法或算法相结合，可构成新型智能控制器。

7.1.3 神经网络控制的分类

神经网络的结构形式较多，分类标准不统一；对于不同结构的神经网络控制系统，神经网络本身在系统中的位置和功能各不相同，学习方法也不尽相同。如从神经网络与传统控制和智能控制的结合方面，可将神经网络控制分为基于神经网络的智能控制和基于传统控制理论的神经控制两类。

基于神经网络的智能控制即将神经网络与其他智能控制方式相融合，或者由神经网络单独进行控制，其中包括神经网络直接反馈控制、神经网络专家系统控制、神经网络模糊逻辑控制和神经网络滑模控制等。

而基于传统控制理论的神经控制是指将神经网络作为传统控制系统中的一个或多个部分，用来充当对象模型、估计器、辨识器、控制器或优化计算环节等。基于这种方式的神经控制有很多，有神经逆动态控制、神经自适应控制、神经自校正控制、神经内模控制、神经预测控制、神经最优决策控制以及神经自适应线性控制等。

由于神经网络控制的方式很多，这里只对一些比较常用的神经网络控制系统进行介绍。

1. 神经网络监督控制

通过对传统控制器进行学习，然后用神经网络控制器逐渐取代传统控制器的方法，称为神经网络监督控制。神经网络监督控制系统的结构如图 7.2 所示。

其中，$u_p(t)$ 是 $e(t)$ 的函数，$e(t)$ 是 $y(t)$ 的函数，$y(t)$ 是 $u(t)$ 的函数，而 $u(t)$ 又是网络权值的函数，所以 $u_p(t)$ 最终是网络权值的函数。因此可通过使 $u_p(t)$ 逐渐趋于 0 来调整网络权值。

当 $u_p(t)=0$ 时，从前馈通路看，有：

$$y = F(u) = F(u_n) = F[F^{-1}(y_d)] = y_d \tag{7.5}$$

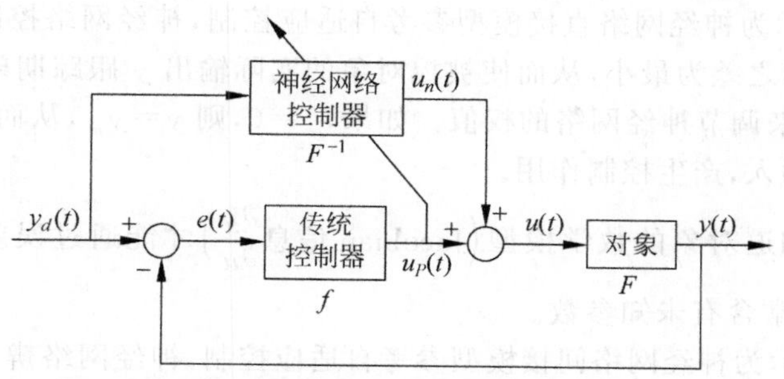

图 7.2 神经网络监督控制系统的结构

此时再从反馈回路看，有：$e=y_d-y=0$。

神经网络控制器实际上是一个前馈控制器，它建立的是被控对象的逆模型。神经网络控制器基于传统控制器的输出，在线学习并调整网络的权值，使反馈控制输入趋近于零，从而使神经网络控制器逐渐在控制作用中占据主导地位，最终取消反馈控制器的作用。一旦系统出现干扰，反馈控制器重新发挥作用。神经网络监督控制器，不仅能够确保控制系统的稳定性和鲁棒性，还可以使系统的精度和自适应能力得到有效提高。

2. 神经网络模型参考自适应控制

与传统自适应控制相同，神经网络自适应控制也分为神经网络自校正控制和神经网络模型参考自适应控制两种。在模型参考自适应控制中，闭环控制系统的期望性能用一个稳定的参考模型来描述，可分为直接模型参考自适应控制和间接模型参考自适应控制两种，结构分别如图 7.3(a)、(b)所示。

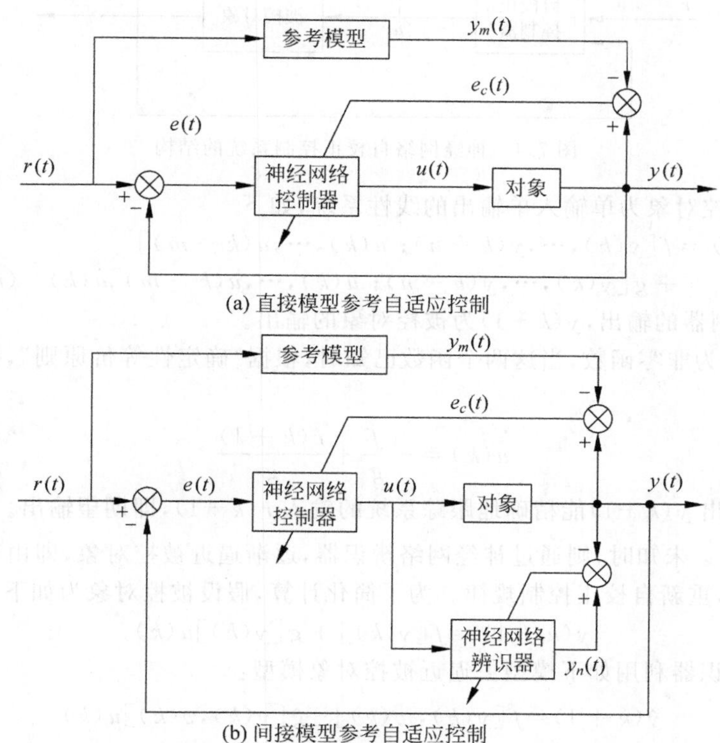

图 7.3 神经网络模型参考自适应控制系统的结构

如图 7.3(a)所示为神经网络直接模型参考自适应控制，神经网络控制器的作用是使被控对象与参考模型输出之差为最小，从而使被控对象的实际输出 y 跟踪期望输出 y_m。

通过使 e_c 最小来调节神经网络的权值。如果 $e_c=0$，则 $y=y_m$，从而有 $e=r-y_m$，e 作为神经网络控制器的输入，产生控制作用。

但该方法需要知道对象的数学模型$\left(\text{Jacobian 信息}\frac{\partial y}{\partial u}\right)$才能通过误差反向传播算法修正网络权值，但对象通常含有未知参数。

如图 7.3(b)所示为神经网络间接模型参考自适应控制，神经网络辨识器向神经网络控制器提供对象的 Jacobian 信息，用于控制器的学习。

3. 神经网络自校正控制

自校正控制根据对系统正向或逆模型的建模结果，直接调节神经或传统控制器的内部参数，使系统满足给定的指标。基于神经网络的自校正控制也分为直接控制和间接控制两种类型。

神经网络直接自校正控制系统由一个神经网络控制器和一个可进行在线修正的神经网络辨识器组成，调整的是神经网络控制器本身的参数。神经网络间接自校正控制系统由一个常规控制器和一个具有离线辨识能力的神经网络辨识器组成，神经网络辨识器用作过程参数或某些非线性函数的在线估计器，神经网络估计器需要很高的建模精度，主要用来调整常规控制器的参数。神经网络自校正控制系统，结构如图 7.4 所示。

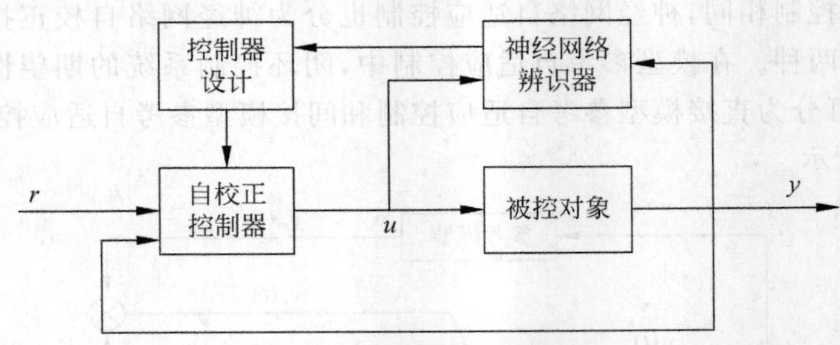

图 7.4 神经网络自校正控制系统的结构

通常假设被控对象为单输入单输出的线性系统，如下

$$\begin{aligned}y(k+1)=&f[y(k),\cdots,y(k-n);\ u(k),\cdots,u(k-m)]\\&+g[y(k),\cdots,y(k-n);\ u(k),\cdots,u(k-m)]u(k)\quad(n\geqslant m)\end{aligned}\tag{7.6}$$

其中，$u(k)$为控制器的输出，$y(k+1)$为被控对象的输出。

函数 f 和 g 为非零函数，当这两个函数已知时，根据“确定性等价原则”，控制器可以采用如下控制算法：

$$u(k)=-\frac{f}{g}+\frac{r(k+1)}{g}\tag{7.7}$$

使控制系统的输出 $y(k+1)$能精确地跟踪系统的输入 $r(k+1)$，即期望输出。

当函数 f 和 g 未知时，则通过神经网络辨识器，逐渐逼近被控对象，即由辨识器的 $\hat{f}$ 和 $\hat{g}$ 代替函数 f 和 g，重新自校正控制规律。为了简化计算，假设被控对象为如下一阶系统：

$$y(k+1)=f[y(k)]+g[y(k)]u(k)\tag{7.8}$$

通过神经网络辨识器利用如下模型去逼近被控对象模型：

$$\hat{y}(k+1)=\hat{f}[y(k),w(k)]+\hat{g}[y(k),v(k)]u(k)\tag{7.9}$$

其中，$w(k)$和 $v(k)$为两个神经网络的权系数，它们分别为

$$w(k)=[w_0,w_1(k),w_2(k),\cdots,w_{2p}(k)]\quad(p\text{ 为隐含节点的个数})$$

$$v(k)=[v_0,v_1(k),v_2(k),\cdots,v_{2q}(k)] \quad (q\text{ 为隐含节点的个数})$$

且有 $\hat{f}[0,w(k)]=w_0,\hat{g}[0,v(k)]=v_0$。

此时，相对应的控制律为

$$u(k)=-\frac{\hat{f}[y(k),w(k)]}{\hat{g}[y(k),v(k)]}+\frac{r(k+1)}{\hat{g}[y(k),v(k)]} \tag{7.10}$$

将式(7.10)代入式(7.9)可得

$$y(k+1)=f[y(k)]+g[y(k)]\cdot\left\{-\frac{\hat{f}[y(k),w(k)]}{\hat{g}[y(k),v(k)]}+\frac{r(k+1)}{\hat{g}[y(k),v(k)]}\right\} \tag{7.11}$$

由式(7.11)可知，当且仅当 $\hat{f}\to f$ 和 $\hat{g}\to g$ 时，才能使 $y(k+1)\to r(k+1)$。

4. 神经网络预测控制

预测控制又称为基于模型的控制，是 20 世纪 70 年代后期发展起来的新型计算机控制方法，该方法的特征是预测模型、滚动优化和反馈校正。神经网络预测控制的结构如图 7.5 所示，神经网络预测器建立了非线性被控对象的预测模型，并可在线进行学习修正。

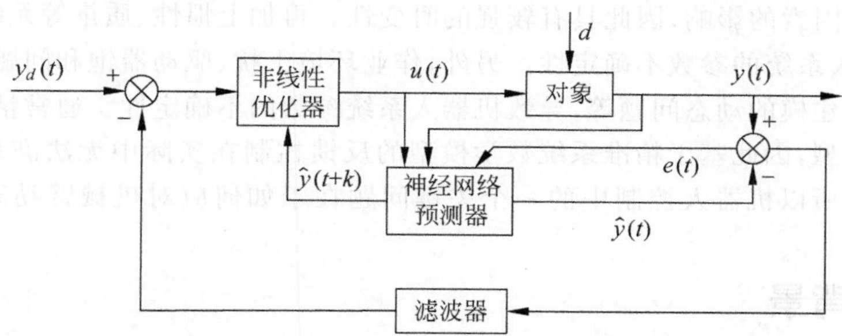

图 7.5 神经网络预测控制系统的结构

利用此预测模型，通过设计优化性能指标，利用非线性优化器可求出优化的控制作用。

5. 神经网络内模正控制

内模控制(也称内部模型控制)，该算法于 1982 年由 Garcia 提出，因为其在预测控制系统的有效参数易调等优点，很快在控制界引起极大关注。经典的内模控制将被控系统的正向模型和逆向模型直接加入反馈回路，系统的正向模型作为被控对象的近似模型与实际对象并联，两者输出之差被用作反馈信号，该反馈信号又经过前向通道的滤波器(滤波器通常为线性的)及控制器进行处理。控制器与系统的逆有直接关系，通过引入滤波器来提高系统的鲁棒性。

神经网络内模控制系统的结构如图 7.6 所示，被控对象的正向模型及控制器均由神经网络来实现。实线为基本原理图，加上虚线后可构成内模控制的一种具体实现。

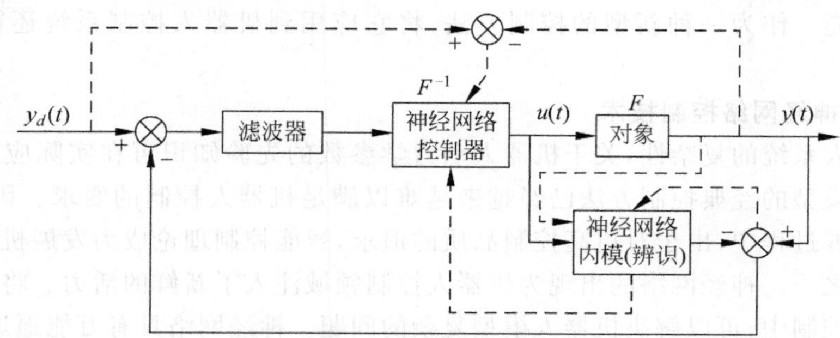

图 7.6 神经网络内模控制系统的结构

7.2 未知动态下机械臂全局神经网络控制器设计

针对未知动态条件下的机器人系统，本节将介绍一种神经网络控制器的设计方法，实现全局一致有界(Global Uniform Ultimate Boundedness, GUUB)。

机器人技术起源于20世纪60年代，历经了半个多世纪的发展，已经取得了丰硕的研究成果。机器人的出现对人们的工作方式产生了深远的影响，它可以代替人类在恶劣、复杂、危险的环境下完成工作，成为解放人类劳动力不可或缺的工具。机器人在各领域所显示出的突出优势以及潜在的巨大价值，使得机器人技术的研究受到了世界各国的重视。机器人技术的发展水平已成为衡量一个国家工业自动化程度的重要指标。由于机器人技术在社会经济发展中起着重要的作用，其需求量在不断增大。与此同时，对机器人控制系统需要达到的各项动、静态性能也提出了更高的要求。

机器人被控对象是一个若干关节的机械臂，从控制工程的角度来看，这是一个具有非线性和不确定性的系统。机器人在工作时，由于受到建模与测量不精准，系统负载随时间产生的变动和外界干扰等因素的影响，因此具有较强的时变性。再加上惯性、质量等系统参数的不确定性，导致了机器人系统的参数不确定性。另外，作业环境干扰、驱动器饱和问题、误差、死区、时滞以及一些无法建模的动态问题等，导致机器人系统参数的不确定性。通常情况下，很难建立精准的动力学模型，因此基于精准系统数学模型的反馈控制在实际中无法满足高精度和高品质的控制要求。所以机器人控制中的一个关键问题在于如何应对机械臂动态系统的不确定因素。

7.2.1 背景

1. 机械臂控制技术

因为机械臂具有多个关节，分别需要相应的驱动电机提供驱动力矩，并输出相应的位置、速度和加速度，所以机械臂的控制是一个多输入多输出的问题。

机器人技术在几十年的发展历程中，积累了丰富的控制理论应用的相关经验。到目前为止，很多控制算法已成功地应用于机器人控制，并取得了显著的成果。如PID控制，它是机器人系统中非常经典的控制算法，因为其具有控制律简单，调参经验丰富，物理实现简单而且无须建模的优点。但是这种控制算法无法保证系统的动静态特性，所以对于具有强非线性和强不确定性的日益复杂的系统，开发更强大的控制算法是十分必要的。为了提高控制性能，许多控制方法已经发展到考虑如何应对机械臂动态系统的不确定因素阶段，如滑模变结构控制、鲁棒控制、自适应控制等更高级的控制算法已经出现。在机器人控制算法设计中，已经有越来越多的学者将目光转移到智能控制理论。相比于经典控制理论和现代控制理论，智能控制具有较好的学习性能。作为一种新型的控制方法，将它应用到机器人控制系统还需要更深入的研究。

2. 机械臂神经网络控制技术

由于机器人系统的复杂性，关于机器人动力学参数的先验知识可在实际应用中使用得很少。基于对象模型的经典控制方法已经越来越难以满足机器人控制的要求。因此，在机器人控制技术的发展过程中，出于对更高控制品质的追求，智能控制理论成为发展机器人控制技术的重要突破口之一。神经网络的出现为机器人控制领域注入了新鲜的活力。将神经网络技术结合到机器人控制中，可以解决机器人模型复杂的问题。神经网络具有万能逼近的特性，能够学习机器人系统的未知动态系统参数，并能够通过自身的拓扑结构映射出这种非线性表达式。

因为神经网络的建立过程不依赖于机器人的实际参数，所以它建立的非线性关系能够使系统避免参数不确定性对控制造成的影响，进而真正实现智能化应用。

目前对神经网络的研究和应用有很多。有的学者采用一种基于函数逼近技术的自适应阻抗力控制器并将其应用到双机械臂从动臂的运动控制中，取得了较好的控制效果。也有学者使用神经网络控制器来逼近未知函数。针对严格反馈形式的离散时间系统，有学者设计了结合 Backstepping 方法的自适应神经网络控制技术；也有学者将神经网络用来估计控制增益。当前，也有很多学者对具有时间延迟的严格反馈系统进行了深入研究。对于柔性关节机器人的轨迹跟踪问题，有学者提出基于神经网络控制设计方法实现系统跟踪误差最终一致有界。针对带有不确定性的柔性关节机器人系统，有学者提出一种自适应神经网络动态面控制，得到闭环系统所有信号半全局一致有界。

然而，必须要注意的是，只有在逼近区域的紧集内，神经网络的逼近能力才是有效的。因此，基于神经网络的机械臂控制器只能保证半全局一致最终有界(Semi-Global Uniformly Ultimately Bounded，SGUUB)稳定性。需要指出的是，上述智能设计是在逼近能力总是保持有效的前提条件下进行的，这一先验条件是很苛刻的。因此，迫切需要发展能保证全局一致最终有界的控制器。为了弥补神经网络逼近区域的局限性，在控制器里面附加一个额外的鲁棒控制器是一种非常有效的解决方法。

本节将研究间接神经网络动态稳定控制系统设计，结合全局神经网络控制器和鲁棒控制器来实现全局一致最终有界(GUUB)。和上述基于先验条件的设计方法相比，加入了动态面控制(Dynamic Surface Cortrol，DSC)设计，所采用的切换信号不需要 n 阶光滑，并且大大放松了传统神经网络近似设计相关的约束。闭环系统的全局一致最终有界(GUUB)可由李雅普诺夫方法严格证明。

7.2.2 全局自适应神经网络控制器设计

1. 机械臂控制系统

本节所研究的机械臂闭环控制系统整体结构图如图 7.7 所示。

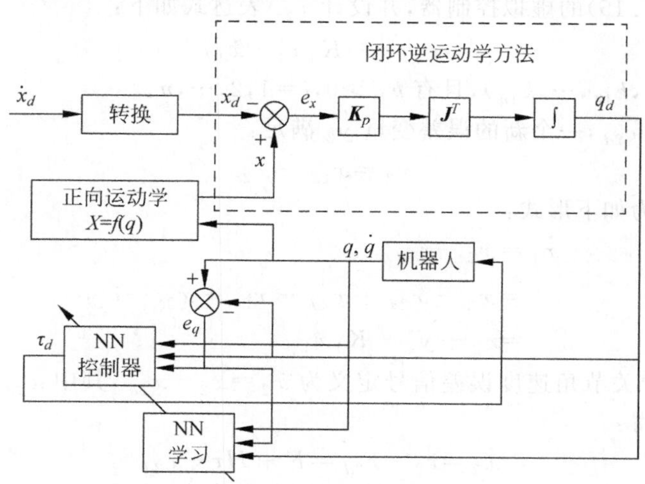

图 7.7 机器臂闭环控制系统整体结构图

下面将对机械臂闭环控制系统结构图进行分析。在基于神经网络的机械臂控制系统中，先在任务空间/笛卡儿空间指定参考轨迹 x_d，然后将其转化为运用闭环逆运动学(Closed Loop Inverse Kinematics，CLIK)方法计算给定关节角的过程中生成的 q_d。其算法如下：

$$q_d = \int_0^t \boldsymbol{K}_P \boldsymbol{J}^{\mathrm{T}}(q) e \mathrm{d}\sigma \tag{7.12}$$

其中，$\boldsymbol{K}_P$ 是正定矩阵，$\boldsymbol{J}(q)$是雅可比矩阵，e 是机械臂在任务空间/笛卡儿空间的实际位置 x 与任务空间/笛卡儿空间指定参考轨迹 x_d 的差值。

2. 全局自适应神经网络控制器设计

根据前面的分析可知，n 关节的机械臂的动力学方程有如下形式：

$$\boldsymbol{M}(q)\ddot{q} + \boldsymbol{C}(q,\dot{q})\dot{q} + \boldsymbol{G}(q) = \tau \tag{7.13}$$

且具有如下性质：

性质 1：惯性矩 $\boldsymbol{M}(q)$是一个对称正定矩阵。

性质 2：$\boldsymbol{M}(q)+\boldsymbol{C}(q,\dot{q})$是斜对称矩阵。对于 $\forall z \in R^n$，满足 $z^{\mathrm{T}}(\boldsymbol{M}(q)+\boldsymbol{C}(q,\dot{q}))z=0$。

性质 3：$\boldsymbol{M}(q)$、$\boldsymbol{C}(q,\dot{q})$、$\boldsymbol{G}(q)$均有界。

假设：系统中所有的参考信号及其导数都是光滑且有界的函数。

将动力学方程转化为严格反馈形式下的多输入多输出(MIMO)向量函数表达式：

$$\begin{cases} \dot{x}_1 = x_2 \\ \dot{x}_2 = -\boldsymbol{M}^{-1}(\boldsymbol{C}x_2 + \boldsymbol{G}) + \boldsymbol{M}^{-1}u \end{cases} \tag{7.14}$$

其中，$x_1 = q = [q_1, \cdots, q_n] \in R^n$，$x_2 = q = [q_1, \cdots, q_n] \in R^n$。假设 $\boldsymbol{M}(q)$、$\boldsymbol{C}(q,\dot{q})\dot{q}$、$\boldsymbol{G}(q)$都是未知的。定义 $\bar{x}_1 = x_1$，$\bar{x}_2 = [\boldsymbol{x}_1^{\mathrm{T}}, \boldsymbol{x}_2^{\mathrm{T}}]^{\mathrm{T}}$，并且令$-\boldsymbol{M}^{-1}(\boldsymbol{C}x_2+\boldsymbol{G}) = F(\bar{x}_2)$，$\boldsymbol{M}^{-1} = H(\bar{x}_2)$。

基于 Backstepping 方法和动态面技术的控制器设计共分为两步，在控制器的设计中，RBF 神经网络用来逼近未知的动力学模型$-\boldsymbol{M}^{-1}(\boldsymbol{C}x_2+\boldsymbol{G})$。

步骤 1：机械臂关节角误差定义为 $\tilde{x}_1 = x_1 - x_{1d}$，其中 $x_{1d} = q_d$ 是关节角给定值。对 $\tilde{x}_1$ 求导可得：

$$\dot{\tilde{x}}_1 = \dot{x}_1 - \dot{x}_{1d} = x_2 - \dot{x}_{1d} \tag{7.15}$$

其中，$\dot{x}_{1d} = \dot{q}_d$。

将 x_2 作为式(7.15)的虚拟控制器，并设计 x_{2c} 表达式如下：

$$x_{2c} = -K_1 \tilde{x}_1 + \dot{x}_{1d} \tag{7.16}$$

其中，$K_1 = \mathrm{diag}(k_{11}, k_{12}, \cdots, k_{1n})$，且有 $k_{1i} > 0, i = 1, 2, \cdots, n$。

定义 $\tilde{x}_2 = x_2 - x_{2d}$，一个新的误差变量 y_2 满足：

$$y_2 = x_{2d} - x_{2c} \tag{7.17}$$

式(7.15)可以转化为如下形式：

$$\begin{aligned} \dot{\tilde{x}}_1 &= x_2 - \dot{x}_{1d} \\ &= x_2 - x_{2d} + x_{2d} - x_{2c} + x_{2c} - \dot{x}_{1d} \\ &= \tilde{x}_2 + y_2 - K_1 \tilde{x}_1 \end{aligned} \tag{7.18}$$

步骤 2：机械臂关节角速度误差信号定义为 $\tilde{x}_2 = x_2 - x_{2d}$，其中 $x_{2d} = \dot{q}_d$。对 $\tilde{x}_2$ 求导，并代入式(7.14)可得：

$$\dot{\tilde{x}}_2 = \dot{x}_2 - \dot{x}_{2d} = F + H\tau - \dot{x}_{2d} \tag{7.19}$$

其中，$\dot{x}_{2d} = \ddot{q}_d$。

使用 RBF 神经网络在紧集 $\Omega_{\bar{x}_2}$ 内逼近未知的动态模型 F，可得：

$$F = \boldsymbol{W}_F^{*T} \boldsymbol{S}_F(\bar{x}_2) + \boldsymbol{\varepsilon}_F \tag{7.20}$$

其中，$\boldsymbol{W}_F^{*T}$ 是理想的权值矩阵，$\boldsymbol{S}_F$ 是基函数向量，$\boldsymbol{\varepsilon}_F$ 是误差向量，同时满足 $\|\boldsymbol{\varepsilon}_F\| < \boldsymbol{\varepsilon}_m$。

$$\hat{H}\tau = -K_2\tilde{x}_2 + \dot{x}_{2d} - B_2(\bar{x}_2)u^N - (\boldsymbol{I} - B_2(\bar{x}_2))u^r \tag{7.21}$$

其中，$K_2=\text{diag}(k_{21},\cdots,k_{2n})$，$k_{2i}>0$，$i=1,\cdots,n$，$\boldsymbol{I}$ 是单位矩阵，同时 $\hat{H}=\hat{W}_H^{\mathrm{T}}S_H$，并有如下等式成立：

$$\begin{cases} u^N = \hat{F}(\bar{x}_2) = \hat{\boldsymbol{W}}_F^{\mathrm{T}}S_F(\bar{x}_2) \\ u^r = F^U(\bar{x}_2)\tanh\left(\dfrac{\tilde{x}_2^{\mathrm{T}}F^U(\bar{x}_2)}{\omega_2}\right) \end{cases} \tag{7.22}$$

其中，$\hat{\boldsymbol{W}}_F^{\mathrm{T}}$ 和 $\hat{\boldsymbol{W}}_H^{\mathrm{T}}$ 分别是对 $\boldsymbol{W}_F^{*T}$ 和 $\boldsymbol{W}_H^{*T}$ 的估计，ω_2 是一个设计的正参数，$F^U(\bar{x}_2)$是未知动态 $F(\bar{x}_2)$的上界。式(7.19)可写为：

$$\begin{aligned} \dot{\tilde{x}}_2 &= F + H\tau - \dot{x}_{2d} \\ &= (\tilde{H} + \hat{H})\tau + F - \dot{x}_{2d} \\ &= \tilde{H}\tau - K_2\tilde{x}_2 + B_2(\bar{x}_2)(\tilde{F} + \varepsilon_F) + (I - B_2(\bar{x}_2))(F - u^r) \end{aligned} \tag{7.23}$$

其中，$\tilde{F}=\tilde{\boldsymbol{W}}_F^{\mathrm{T}}S_F(\bar{x}_2)$，$\tilde{H}=\tilde{\boldsymbol{W}}_H^{\mathrm{T}}S_H(\bar{x}_2)$，$\tilde{\boldsymbol{W}}_F=\boldsymbol{W}_F^*-\hat{\boldsymbol{W}}_F$，$\tilde{\boldsymbol{W}}_H=\boldsymbol{W}_H^*-\hat{\boldsymbol{W}}_H$。

全局神经网络的自适应学习算法如下：

$$\begin{cases} \dot{\hat{\boldsymbol{W}}}_F = \boldsymbol{\Gamma}_F(S_F\tilde{x}_2^{\mathrm{T}}B_2(\bar{x}_2) - \delta_F\hat{\boldsymbol{W}}_F) \\ \dot{\hat{\boldsymbol{W}}}_H = \boldsymbol{\Gamma}_H(S_H\tau\tilde{x}_2^{\mathrm{T}} - \delta_H\hat{\boldsymbol{W}}_H) \end{cases} \tag{7.24}$$

其中，$\boldsymbol{\Gamma}_F$ 和 $\boldsymbol{\Gamma}_H$ 是设计的正定矩阵，δ_F 和 δ_H 是设计的正参数。

至此，全局自适应神经网络的设计已经完成，其基本思想是在传统自适神经网络控制器的基础之上通过引入一个 n 阶导光滑的切换函数 $B_2(\bar{x}_2)$，将神经网络控制器与鲁棒控制器相结合，它们共同作用，实现系统全局一致最终有界(GUUB)稳定。

对控制器工作原理的分析如下。

在式(7.16)和式(7.21)中，对于 $K_i\tilde{x}_i(i=1,2)$提供了误差反馈和切换函数 $B_2(\bar{x}_2)$、神经网络函数逼近项 u^N 和鲁棒项 u^r，它们相互配合实现全局跟踪。以式(7.20)为例，如果$|x_{ki}|<{}^1r_{i,k}$，则 x_{ki} 此时在区域${}_{i,j}^1\Omega_r$ 内，因此是 u^N 工作，如果$|x_{ki}|>{}^2r_{i,k}$，则 x_{ki} 在区域${}_{i,j}^2\Omega_r$ 外部，此时 u^r 工作将状态变量拉回到区域${}_{i,j}^2\Omega_r$ 内。如果${}^1r_{i,k}\leqslant|x_{ki}|\leqslant{}^2r_{i,k}$，则 $B_2(\bar{x}_2)u^N-(I-B_2(\bar{x}_2))u^r$ 将状态变量拉回到区域。切换函数 $B_2(\bar{x}_2)$使得神经网络控制器和鲁棒控制器结合在一起工作，保证系统的全局一致最终有界稳定。如图 7.8 所示为状态变量轨迹图。

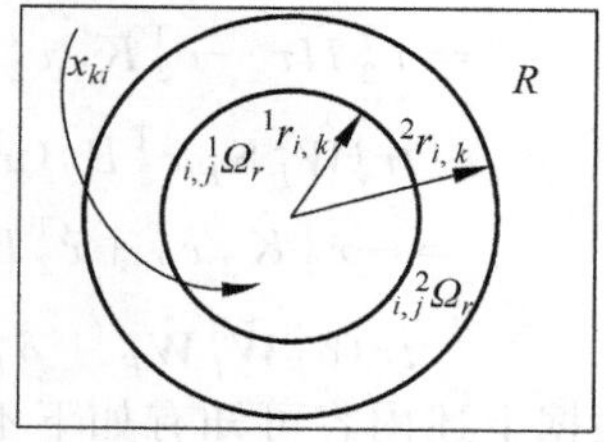

图 7.8　状态变量轨迹图

3. 神经网络收敛性及稳定性分析

选取如下李雅普诺夫函数：

$$V = V_1 + V_2 \tag{7.25}$$

其中：

$$\begin{cases} V_1 = \dfrac{1}{2}(\tilde{x}_1^{\mathrm{T}}\tilde{x}_1 + y_2^{\mathrm{T}}y) \\ V_2 = \dfrac{1}{2}\tilde{x}_2^{\mathrm{T}}\tilde{x}_2 + \dfrac{1}{2}tr(\tilde{W}_F^{\mathrm{T}}\Gamma_F^{-1}\tilde{W}_F + \tilde{W}_H^{\mathrm{T}}\Gamma_H^{-1}\tilde{W}_H) \end{cases} \tag{7.26}$$

根据 y_2 在式(7.16)中的定义，可得：

$$\dot{y}_2=\dot{x}_{2d}-\dot{x}_{2c}=\alpha^{-1}(-y_2)+D_2(\cdot) \tag{7.27}$$

其中 $D_2(\cdot)=-\dot{x}_{2c}$。

根据虚拟控制器的定义即式(7.16)以及假设1,可知存在 $D_2^U>0$,并且满足:

$$|D_2(\cdot)|\leqslant D_2^U \tag{7.28}$$

对李雅普诺夫函数 V_1 求导可得:

$$\begin{aligned}
\dot{V}_1&=\tilde{x}_1^{\mathrm{T}}\dot{\tilde{x}}_1+y_2^{\mathrm{T}}\dot{y}\\
&=\tilde{x}_1^{\mathrm{T}}(\tilde{x}_2+y_2-K_1\tilde{x}_1)+y_2^{\mathrm{T}}(\alpha^{-1}(-y_2)+D_2(\cdot))\\
&=\tilde{x}_1^{\mathrm{T}}(-K_1)\tilde{x}_1+\tilde{x}_1^{\mathrm{T}}\tilde{x}_2+\tilde{x}_1^{\mathrm{T}}y_2-y_2^{\mathrm{T}}\alpha^{-1}(-y_2)+y_2^{\mathrm{T}}D_2(\cdot)\\
&\leqslant\tilde{x}_1^{\mathrm{T}}(-K_1)\tilde{x}_1+\frac{1}{2}|\tilde{x}_1^{\mathrm{T}}|^2+\frac{1}{2}|\tilde{x}_2|^2+\frac{1}{2}|\tilde{x}_1^{\mathrm{T}}|^2+\frac{1}{2}|y_2|^2-\\
&\quad y_2^{\mathrm{T}}\alpha^{-1}(-y_2)+\frac{1}{2}|y_2^{\mathrm{T}}|^2+\frac{1}{2}(D_2^U)^2\\
&\leqslant-\tilde{x}_1^{\mathrm{T}}(K_1-I)\tilde{x}_1-y_2^{\mathrm{T}}(\alpha^{-1}-I)(-y_2)+\frac{1}{2}|\tilde{x}_2|^2+\frac{1}{2}(D_2^U)^2\\
&\leqslant-\eta_1V_1+\frac{1}{2}|\tilde{x}_2|^2+K_{13}
\end{aligned} \tag{7.29}$$

其中,$\eta_1=\min[\lambda\min(2(K_1-I)),\lambda\min(2(\alpha^{-1}-I))]$,$K_{13}=1/2(D_2^U)^2$。

对李雅普诺夫函数 V_2 求导可得:

$$\begin{aligned}
\dot{V}_2&=\tilde{x}_2^{\mathrm{T}}\dot{\tilde{x}}_2+tr(\widetilde{\boldsymbol{W}}_F^{\mathrm{T}}\Gamma_F^{-1}\dot{\widetilde{\boldsymbol{W}}}_F+\widetilde{\boldsymbol{W}}_H^{\mathrm{T}}\Gamma_H^{-1}\dot{\widetilde{\boldsymbol{W}}}_H)\\
&=\tilde{x}_2^{\mathrm{T}}(\widetilde{H}\tau-K_2\tilde{x}_2+B_2(\bar{x}_2)(\widetilde{F}+\varepsilon_F)+(I-B_2(\bar{x}_2))(F-u^r))-\\
&\quad tr(\widetilde{\boldsymbol{W}}_F^{\mathrm{T}}\Gamma_F^{-1}\dot{\hat{\boldsymbol{W}}}_F+\widetilde{\boldsymbol{W}}_H^{\mathrm{T}}\Gamma_H^{-1}\dot{\hat{\boldsymbol{W}}}_H)
\end{aligned} \tag{7.30}$$

将神经网络的自适应学习算法式(7.23)代入式(7.30),可得:

$$\begin{aligned}
\dot{V}_2&=\tilde{x}_2^{\mathrm{T}}\dot{\tilde{x}}_2-tr(\widetilde{\boldsymbol{W}}_F^{\mathrm{T}}\Gamma_F^{-1}\dot{\hat{\boldsymbol{W}}}_F+\widetilde{\boldsymbol{W}}_H^{\mathrm{T}}\Gamma_H^{-1}\dot{\hat{\boldsymbol{W}}}_H)\\
&=\tilde{x}_2^{\mathrm{T}}\widetilde{H}\tau-\tilde{x}_2^{\mathrm{T}}K_2\tilde{x}_2+\tilde{x}_2^{\mathrm{T}}B_2(\bar{x}_2)\widetilde{F}+\tilde{x}_2^{\mathrm{T}}B_2(\bar{x}_2)\varepsilon_F+\tilde{x}_2^{\mathrm{T}}(I-B_2(\bar{x}_2))(F-u^r)-\\
&\quad tr(\widetilde{\boldsymbol{W}}_F^{\mathrm{T}}S_F\tilde{x}_2^{\mathrm{T}}B_2(\bar{x}_2)-\delta_F\widetilde{\boldsymbol{W}}_F^{\mathrm{T}}\hat{\boldsymbol{W}}_F)-tr(\widetilde{\boldsymbol{W}}_H^{\mathrm{T}}S_H\tau\tilde{x}_2^{\mathrm{T}}-\delta_H\widetilde{\boldsymbol{W}}_H^{\mathrm{T}}\hat{\boldsymbol{W}}_H)\\
&=-\tilde{x}_2^{\mathrm{T}}K_2\tilde{x}_2+\tilde{x}_2^{\mathrm{T}}B_2(\bar{x}_2)\varepsilon_F+\tilde{x}_2^{\mathrm{T}}(I-B_2(\bar{x}_2))(F-u^r)+\\
&\quad tr(\delta_F\widetilde{\boldsymbol{W}}_F^{\mathrm{T}}\hat{\boldsymbol{W}}_F+\delta_H\widetilde{\boldsymbol{W}}_H^{\mathrm{T}}\hat{\boldsymbol{W}}_H)
\end{aligned} \tag{7.31}$$

根据上述内容可知有如下不等式成立:

$$\begin{cases}
tr(\widetilde{\boldsymbol{W}}_F^{\mathrm{T}}\hat{\boldsymbol{W}}_F)\leqslant-\dfrac{1}{2}tr(\widetilde{\boldsymbol{W}}_F^{\mathrm{T}}\widetilde{\boldsymbol{W}}_F)+\dfrac{1}{2}tr(\boldsymbol{W}_F^{*\mathrm{T}}\boldsymbol{W}_F^{*})\\
tr(\widetilde{\boldsymbol{W}}_H^{\mathrm{T}}\hat{\boldsymbol{W}}_H)\leqslant-\dfrac{1}{2}tr(\widetilde{\boldsymbol{W}}_H^{\mathrm{T}}\widetilde{\boldsymbol{W}}_H)+\dfrac{1}{2}tr(\boldsymbol{W}_H^{*\mathrm{T}}\boldsymbol{W}_H^{*})\\
\tilde{x}_2^{\mathrm{T}}B_2(\bar{x}_2)\varepsilon_F\leqslant\dfrac{1}{2}|\tilde{x}_2^{\mathrm{T}}|^2+\dfrac{1}{2}\varepsilon_m^2\\
\tilde{x}_2^{\mathrm{T}}(F-u^r)\leqslant\tilde{x}_2^{\mathrm{T}}F-\tilde{x}_2^{\mathrm{T}}F^U\tanh\left(\dfrac{\tilde{x}_2^{\mathrm{T}}F^U}{\omega_2}\right)\leqslant\kappa\omega_2
\end{cases} \tag{7.32}$$

利用上述式(7.32)可得:

$$\begin{aligned}
\dot{V}_2=&-\tilde{x}_2^{\mathrm{T}}K_2\tilde{x}_2+\tilde{x}_2^{\mathrm{T}}B_2(\bar{x}_2)\varepsilon_F+\tilde{x}_2^{\mathrm{T}}(I-B_2(\bar{x}_2))(F-u^r)+\\
&tr(\delta_F\widetilde{\boldsymbol{W}}_F^{\mathrm{T}}\hat{\boldsymbol{W}}_F+\delta_H\widetilde{\boldsymbol{W}}_H^{\mathrm{T}}\hat{\boldsymbol{W}}_H)
\end{aligned}$$

$$\leqslant -\tilde{x}_2^{\mathrm{T}} K_2 \tilde{x}_2 + \frac{1}{2}|\tilde{x}_2^{\mathrm{T}}|^2 + \frac{1}{2}\varepsilon_m^2 + \kappa\omega_2 + tr(\delta_F \widetilde{\boldsymbol{W}}_F^{\mathrm{T}} \hat{\boldsymbol{W}}_F + \delta_H \widetilde{\boldsymbol{W}}_H^{\mathrm{T}} \hat{\boldsymbol{W}}_H)$$

$$\leqslant -\tilde{x}_2^{\mathrm{T}}(K_2 - I)\tilde{x}_2 - \frac{1}{2}|\tilde{x}_2^{\mathrm{T}}|^2 - \frac{1}{2}tr(\delta_F \widetilde{\boldsymbol{W}}_F^{\mathrm{T}} \widetilde{\boldsymbol{W}}_F + \delta_H \widetilde{\boldsymbol{W}}_H^{\mathrm{T}} \widetilde{\boldsymbol{W}}_H) +$$

$$\frac{1}{2}tr(\delta_F \boldsymbol{W}_F^{*\mathrm{T}} \boldsymbol{W}_F^* + \delta_H \boldsymbol{W}_H^{*\mathrm{T}} \boldsymbol{W}_H^*) + \frac{1}{2}\varepsilon_m^2 + \kappa\omega_2$$

$$\leqslant -\eta_2 V_2 + \frac{1}{2}|\tilde{x}_2|^2 + K_{23} \tag{7.33}$$

其中，$\eta_2 = \min[2\hat{k}, \delta_F/(\lambda_{\max}(\Gamma_F^{-1})), \delta_H/(\lambda_{\max}(\Gamma_H^{-1}))]$，$\hat{k} = \lambda_{\min}(K_2 - I)$，$|K_2 - I| > 0$，同时 $K_{23} = 1/2tr(\delta_F \boldsymbol{W}_F^{*\mathrm{T}} \boldsymbol{W}_F^* + \delta_H \boldsymbol{W}_H^{*\mathrm{T}} \boldsymbol{W}_H^*) + 1/2\varepsilon_m^2 + \kappa\omega_2$。

综合上述分析可得：

$$\dot{V} = \dot{V}_1 + \dot{V} \leqslant -\eta V + K \tag{7.34}$$

其中，$\eta = \min[\eta_1, \eta_2]$，同时 $K = K_{13} + K_{23}$。

根据 Lasalle-Yoshizawa 定理可知，系统是稳定的。令 $\eta > K/P_0$，可以得到 $V = P_0$ 时 $\dot{V} < 0$。因此，如果 $V(0) \leqslant P_0$，即对于任意 $t > 0$，有 $V(t) \leqslant P_0$ 成立。通过解以上不等式(7.34)可得：

$$0 \leqslant V(t) \leqslant \frac{K}{\eta} + \left(V(0) - \frac{K}{\eta}\right)\mathrm{e}^{-\eta t}, \quad \forall t \geqslant 0 \tag{7.35}$$

经上述分析可知，可以通过增大控制增益(K_1，K_2)和减小一阶滤波系数 α 的方法，使得系统的跟踪误差任意小。

7.2.3 仿真实验

1. 模型描述

仿真实验以两自由度机械臂为研究对象。如图 7.9 所示，其动力学方程为：

$$\begin{bmatrix} M_{11} & M_{12} \\ M_{21} & M_{22} \end{bmatrix}\ddot{q} + \begin{bmatrix} V_{11} & V_{12} \\ V_{21} & V_{22} \end{bmatrix}\dot{q} + \begin{bmatrix} G_1 \\ G_2 \end{bmatrix} = \tau \tag{7.36}$$

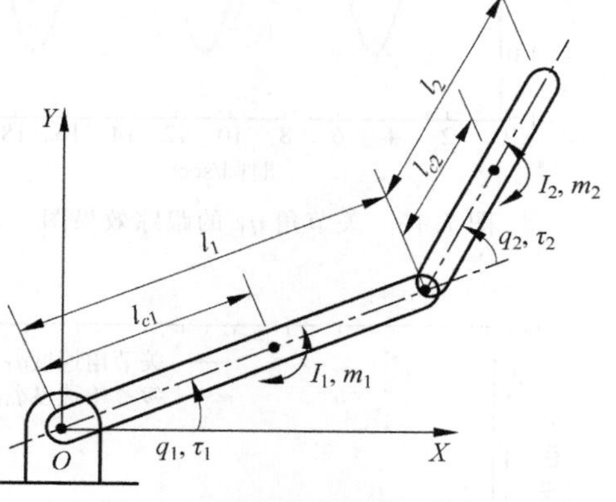

图 7.9 两自由度机器人结构

其参数为：

$$M_{11} = m_1 l_{c1}^2 + m_2(l_1^2 + l_{c2}^2 + 2l_1 l_{c2}\cos q_2) + I_1 + I_2$$

$$M_{12} = m_2(l_{c2}^2 + l_1 l_{c2}\cos q_2) + I_2$$

$$M_{21} = m_2(l_{c2}^2 + l_1 l_{c2}\cos q_2) + I_2$$

$$M_{22} = m_2 l_{c2}^2 + I_2$$

$$C_{11} = -m_2 l_1 l_{c2}\dot{q}_2 \sin q_2$$

$$C_{12} = -m_2 l_1 l_{c2}(\dot{q}_1 + \dot{q}_2)\sin q_2$$

$$C_{21} = -m_2 l_1 l_{c1}\dot{q}_1 \sin q_2$$

$$C_{22} = 0$$

$$G_1 = (m_1 l_{c2} + m_2 l_1)g\cos q_1 + m_2 l_{c2} g\cos(q_1 + q_2)$$

$$G_2 = m_2 l_{c2} g\cos(q_1 + q_2)$$

第 1 个和第 2 个连杆的质量分别为 $m_1=2\text{kg}$ 和 $m_2=0.85\text{kg}$，两个关节的长度分别为 $l_1=0.35\text{m}$ 和 $l_2=0.31\text{m}$。$I_1=0.061\text{kgm}^2$ 和 $I_2=0.020\text{kgm}^2$ 分别为第一个和第二个关节的惯量矩阵。

两自由度机械臂的参考轨迹分别设定为 $q_{d1}=\sin t$，$q_{d2}=2\cos t$，其中 $t\in[0,t_f]$，并且 $t_f=20\text{s}$。控制增益设为 $K_1=\text{diag}(8,8)$，$K_2=\text{diag}(8,8)$。在全局自适应神经网络学习算法中，参数设置为 $\boldsymbol{\Gamma}_F=10\boldsymbol{I}$，$\boldsymbol{\Gamma}_H=10\boldsymbol{I}$，$\delta_F=0.001$，$\delta_H=0.001$。神经网络的节点数设置为 $N=256$，鲁棒控制器 u^r 的参数设计为 $\omega=0.01$，切换函数的边界分别选为 ${}^1r_{i,k}=1.5$，${}^2r_{i,k}=2.5$ 并且 $\bar{\omega}=1$，$b=1$。

2. 仿真结果与分析

两自由度机械臂的参考轨迹分别设定为 $q_{d1}=\sin t$ 和 $q_{d2}=2\cos t$ 时，可以得到关节角度 q_1 和 q_2 的跟踪效果如图 7.10、图 7.11 所示，而关节角速度 $\dot{q}_1$ 和 $\dot{q}_2$ 的跟踪效果如图 7.12、图 7.13 所示。

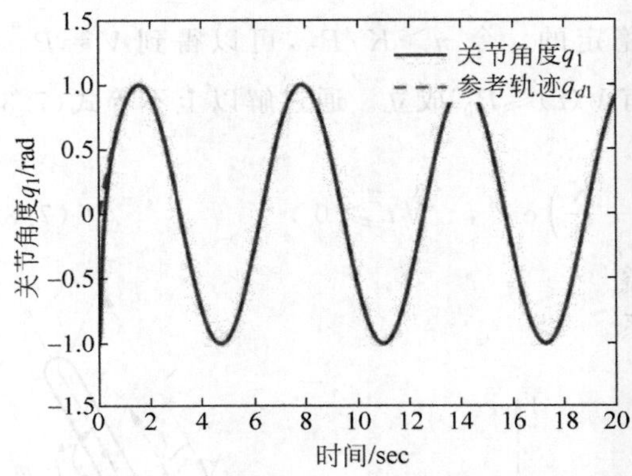

图 7.10 关节角 q_1 的跟踪效果图

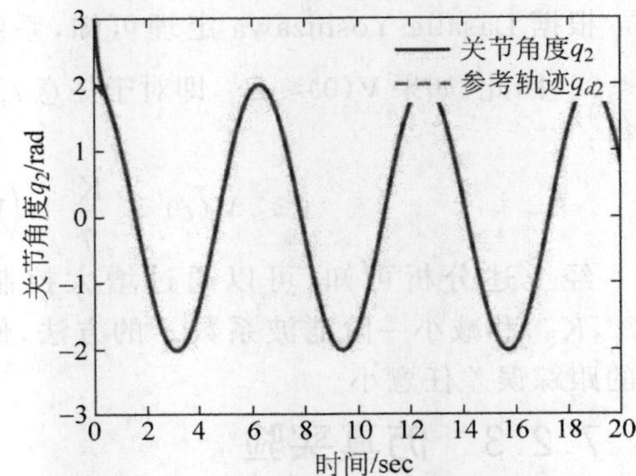

图 7.11 关节角 q_2 的跟踪效果图

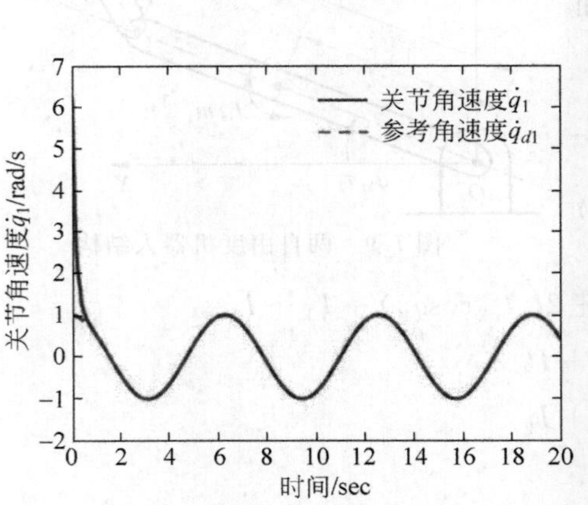

图 7.12 关节角速度 $\dot{q}_1$ 的跟踪效果图

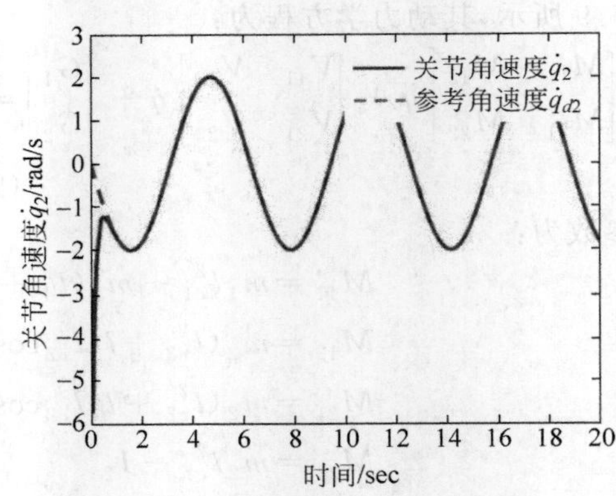

图 7.13 关节角速度 $\dot{q}_2$ 的跟踪效果图

关节控制力矩如图 7.14 所示。根据仿真结果可以看出，在动力学参数未知的情况下，本节设计的全局自适应神经网络控制器能够使系统的关节角度和角加速度跟踪给定的轨迹。在系统运行的初始阶段，跟踪轨迹存在较大偏差，这是因为神经网络的权值范数（如图 7.15 所示）还没有通过学习算法调整到最优。随着神经网络学习算法学习过程的推进，权值矩阵迅速收敛到最优值。神经网络自适应学习算法在本质上是一种梯度下降方法，能够很好地逼近未知动态函数。神经网络的学习速度很快，大约用时 1s。因此，通过仿真结果可以看到，全局自适应神经网络控制器的轨迹跟踪效果较好，从而其有效性得到验证。当然，所设计的控制器不是只针对两自由度机械臂有效，也可以将其拓展到 n 自由度。

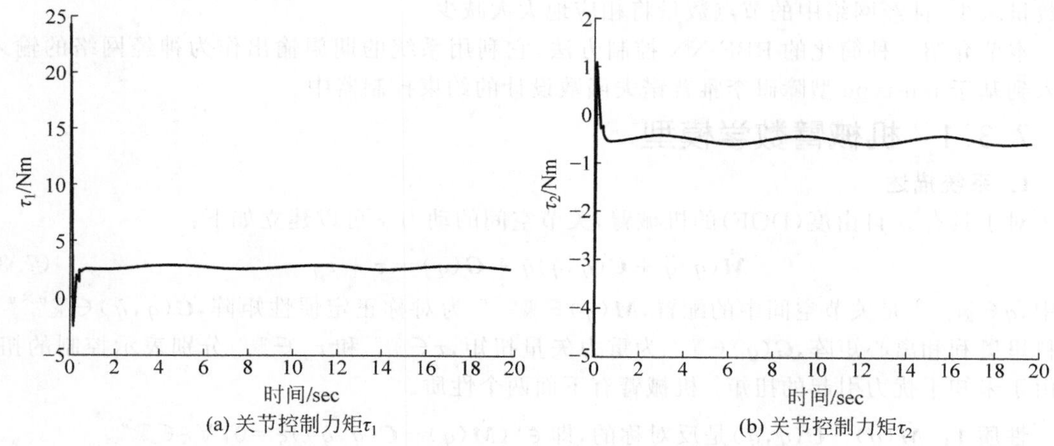

(a) 关节控制力矩τ_1　(b) 关节控制力矩τ_2

图 7.14　关节控制力矩

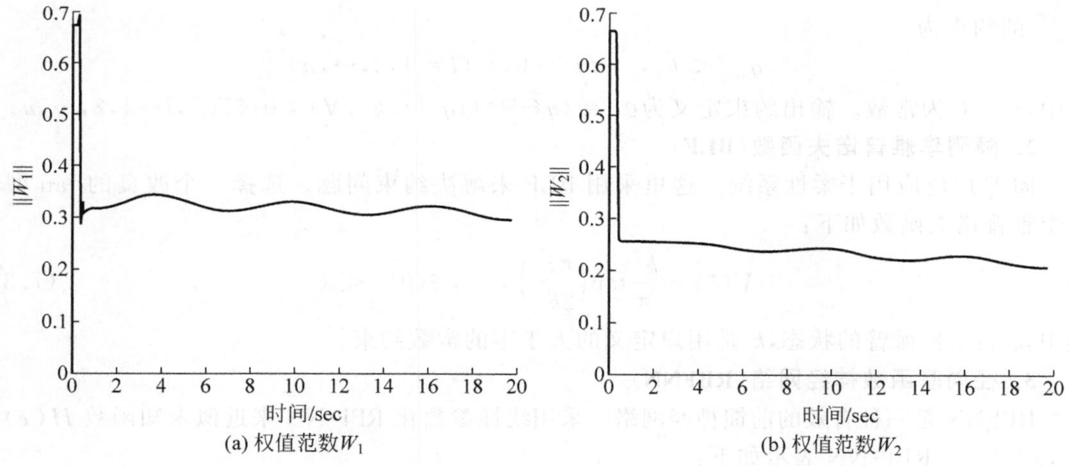

(a) 权值范数W_1　(b) 权值范数W_2

图 7.15　权值范数

7.3　一种具有输出约束的机械臂轨迹跟踪神经网络控制

在机器人应用中，机器人控制需要满足某些约束条件，例如位置、速度以及加速度等。这些约束条件可能导致系统不稳定甚至损坏。因此，在设计机器人控制器时，考虑这些约束至关重要。障碍李雅普诺夫函数(Barrier Lyapunov Function，BLF)是现有的处理约束效应的方法之一，可以保证满足约束。

通常，基于 BLF 设计的控制器包含不确定项。现有的逼近器有很多种类型，都可以减少逼近误差，如自适应模糊逻辑系统。在这些逼近器中，神经网络的逼近能力较强。而基于自适应逼近的控制方法在处理不确定性问题时表现了强大性能，因此常将神经网络加入到控制器中，以消除不确定性。

本节使用径向基函数神经网络(RBF-NN)作为前馈预测器来逼近机械臂的未知动力学。

对于有 m 个中心的 n 连杆机械臂，传统自适应逼近控制器的输入数量是 $5n$（包括 $3n$ 预定的参考轨迹和 $2n$ 跟踪误差）。RBF-NN 的节点个数是 m 的 $5n$ 次方。而对于前馈-反馈混合自适应逼近控制（HFF-ACC），RBF-NN 的节点是 m 的 $3n$ 次方（仅利用所需的输出）。显然，输入数量减少，神经网络中的节点数量将相应地大大减少。

本节介绍一种简化的 RBF-NN 控制方法，它利用系统的期望输出作为神经网络的输入，输入到基于 tan-type 型障碍李雅普诺夫函数设计的约束控制器中。

7.3.1 机械臂数学模型

1. 系统描述

对于具有 n 自由度（DOF）的机械臂，关节空间的动力学可以建立如下：

$$\boldsymbol{M}(q)\ddot{q}+\boldsymbol{C}(q,\dot{q})\dot{q}+\boldsymbol{G}(q)=\tau+\tau_d \tag{7.37}$$

其中，$q\in\mathbb{R}^{n\times n}$ 是关节空间中的配置，$\boldsymbol{M}(q)\in\mathbb{R}^{n\times n}$ 为对称正定惯性矩阵，$\boldsymbol{C}(q,\dot{q})\in\mathbb{R}^{n\times n}$ 表示科里奥利和离心矩阵，$\boldsymbol{G}(q)\in\mathbb{R}^{n}$ 为重力矢量扭矩，$\tau\in\mathbb{R}^{n}$ 和 $\tau_d\in\mathbb{R}^{n}$ 分别表示控制的扭矩和由于未知干扰力引起的扭矩。机械臂有下面两个性质。

性质 1：$\dot{\boldsymbol{M}}(q)-\boldsymbol{C}(q,\dot{q})$是反对称的，即 $\xi^{\mathrm{T}}(\dot{\boldsymbol{M}}(q)-\boldsymbol{C}(q,\dot{q}))\xi=0,\forall\xi\in\mathbb{R}^{n}$。

性质 2：$\boldsymbol{M}(q)$、$\boldsymbol{C}(q,\dot{q})$和 $\boldsymbol{G}(q)$的一阶导数可微，$\forall q,\dot{q}\in\mathbb{R}^{n}$。

控制目标是在输出约束和未知干扰条件下，跟踪参考轨迹。系统状态 $q=[q_1,q_2,\cdots,q_n]^{\mathrm{T}}$ 的约束为

$$|q_i|<k_i,\quad \forall t>0,\quad (i=1,2,\cdots,n)$$

其中，$k_i>0$ 为常数。输出约束定义为$\varrho:=\{q\in\mathbb{R}^{n}\,|\,|q_i|<k_i,\forall t>0\}\subset\mathbb{R}^{n},i=1,2,\cdots,n$。

2. 障碍李雅普诺夫函数（BLF）

BLF 广泛应用于柔性系统。这里采用 BLF 来解决约束问题。选择一个改良的 tan 型障碍李雅普诺夫函数如下：

$$V(\xi)=\frac{k^2}{\pi}\tan\left(\frac{\pi\xi^2}{2k^2}\right),\quad |\xi(0)|<k \tag{7.38}$$

其中，ξ 表示机械臂的状态，k 是用户定义的大于零的常数约束。

3. 径向基函数神经网络（RBFNN）

RBFNN 是一种有效的前馈神经网络。采用线性参数化 RBF-NN 来近似未知函数 $H(x)\in\mathbb{R}^{n},x\in\mathbb{R}^{m}$。RBF-NN 表示如下：

$$H(x)=\Phi^{\mathrm{T}}(x)\theta \tag{7.39}$$

其中，$\theta:=col(w_1,w_2,\cdots,w_l)\in\mathbb{R}^{m},m=n\cdot l,w_i=[w_{i1},w_{i2},\cdots,w_{il}]^{\mathrm{T}}\in\mathbb{R}^{l},i=1,2,\cdots,l$，$\Phi_i=[\phi_1(x),\phi_2(x),\cdots,\phi_l(x)]\in\mathbb{R}^{1\times1}(i=1,2,\cdots,n)$，$l$ 是 RBF-NN 中的节点数。选择 $\phi_i(x)(i=1,2,\cdots,l)$为高斯函数，如下：

$$\phi_i=\exp\left(-\frac{\|x-c_i\|}{\sigma_i^2}\right) \tag{7.40}$$

其中，$c\in\mathbb{R}^{n}$ 和 $\sigma_i\in\mathbb{R}^{n}$ 分别是 RBF 的中心和宽度。

4. 引理和假设

本节将基于以下引理和假设对控制器进行设计。

引理 1：在 $V(0)$是有界的初始条件下，李雅普诺夫候选函数 $V(t)$是连续可微的。

$$\dot{V}\leqslant-\rho V+c \tag{7.41}$$

其中，$\rho>0,c>0$。解 $x(t)$是均匀有界的。

引理 2：假设有函数 $y_i(x_i)=\phi_i(x)w_i+\varepsilon_i(i=1,2,\cdots,l)$，其中，$\varepsilon_i$ 为近似误差，且 ε_i 有界，满足 $\max_{\xi\in\Omega_\xi}\|\varepsilon_i\|<\bar{\varepsilon}_i$。其中，$\varepsilon_i$ 是未知边界。

假设：τ_d 有界且受条件 $\|\tau_d(t)\|\leqslant\bar{\tau}_d$ 约束，其中，$\bar{\tau}_d\in\mathbb{R}^+$ 是未知常数。

7.3.2 控制器设计

1. 基于模型的控制器

本节将对 n 自由度机械臂，在输出约束条件 $|\xi_{1i}|<k_{ci},(i=1,2,\cdots,n)$ 下，设计一个关节空间控制器。该机械臂的动力学模型可以在关节空间中表示为：

$$\begin{cases}\dot{x}_1=x_2\\ \dot{x}_2=\boldsymbol{M}^{-1}(q)[\tau-\tau_d-\boldsymbol{C}(q,\dot{q})\dot{q}-\boldsymbol{G}(q)]\\ y=x_1\end{cases}\tag{7.42}$$

其中，$x_1:=q,x_2:=\dot{q}$。

假设误差信号为：

$$\xi_1=x_1-x_d\tag{7.43}$$

$$\xi_2=x_2-\beta_1\tag{7.44}$$

其中，β_1 是将要设计的控制器的未知虚拟输入。

ξ_2 的误差动力学可写为：

$$\boldsymbol{M}\dot{\xi}_2+\boldsymbol{C}\xi_2=\tau-\boldsymbol{M}\dot{\beta}_1-\boldsymbol{C}\beta_1-\boldsymbol{G}+\tau_d\tag{7.45}$$

其中，$\boldsymbol{M}$、$\boldsymbol{C}$、$\boldsymbol{G}$ 分别是 $\boldsymbol{M}(q)$、$\boldsymbol{C}(q,\dot{q})$、$\boldsymbol{G}(q)$ 的缩写。

考虑约束 $|\xi_{1i}|<k_{ci},i=1,2,\cdots,n$，选择 tan 型障碍李雅普诺夫函数为：

$$V_1(t)=\sum_{i=1}^{n}\frac{k_{ci}^2}{\pi}\tan\left(\frac{\pi\xi_{1i}^2}{2k_{ci}^2}\right)+\frac{1}{2}\xi_2^{\mathrm{T}}\boldsymbol{M}\xi_2\tag{7.46}$$

对式(7.43)和式(7.46)求导，与式(7.44)和式(7.45)结合，可得：

$$\dot{V}_1(t)=\sum_{i=1}^{n}\frac{\xi_{1i}(\xi_{2i}+\beta_{1i}-\dot{x}_{di})}{\cos^2\left(\dfrac{\pi\xi_{1i}^2}{2k_{ci}^2}\right)}+\xi_2^{\mathrm{T}}(\boldsymbol{M}\dot{\xi}_2+\boldsymbol{C}\xi_2)+\xi_2^{\mathrm{T}}(\tau+\tau_d-(\boldsymbol{M}\dot{\beta}_1+\boldsymbol{C}\beta_1+\boldsymbol{G}))\tag{7.47}$$

基于 7.3.1 节的引理 1，将式(7.47)写成式(7.41)的形式，可以设计参数 β_1 和 τ 如下：

$$\beta_1=-K\begin{bmatrix}\dfrac{k_{c1}^2}{\xi_{11}\pi}\sin\left(\dfrac{\pi\xi_{11}^2}{2k_{c1}^2}\right)\cos\left(\dfrac{\pi\xi_{11}^2}{2k_{c1}^2}\right)\\ \vdots\\ \dfrac{k_{cn}^2}{\xi_{1n}\pi}\sin\left(\dfrac{\pi\xi_{1n}^2}{2k_{cn}^2}\right)\cos\left(\dfrac{\pi\xi_{1n}^2}{2k_{cn}^2}\right)\end{bmatrix}\tag{7.48}$$

$$\tau_1=-\begin{bmatrix}\dfrac{\xi_{11}}{\cos^2\left(\dfrac{\pi\xi_{11}^2}{2k_{c1}^2}\right)}\\ \vdots\\ \dfrac{\xi_{1n}}{\cos^2\left(\dfrac{\pi\xi_{1n}^2}{2k_{cn}^2}\right)}\end{bmatrix}-K_p\xi_2-\tau_d+\boldsymbol{M}\dot{\beta}_1+\boldsymbol{C}\beta_1+\boldsymbol{G}\tag{7.49}$$

选择$\boldsymbol{K}=\mathrm{diag}(k_{p1},k_{p2},\cdots,k_{pn})$为常数对角矩阵。将式(7.48)和式(7.49)代入式(7.47)有：

$$\dot{V}_1(t)=-\sum_{i=1}^{n}k_i\frac{k_{ci}^2}{\pi}\tan\left(\frac{\pi\xi_{1i}^2}{2k_{ci}^2}\right)-\xi_2^{\mathrm{T}}K_p\xi_2<-\rho_1 V_1(t) \tag{7.50}$$

其中，ρ_1 大于0，且满足约束条件$\rho_1=\min\left(k_i,\frac{2\lambda_{\min}(K_p)}{\lambda_{\max}(M)}\right)(i=1,2,\cdots,n)$。因此，$\dot{V}_1(t)$负定，即闭环系统是稳定的。

2. 设计动力学参数未知的控制器

由于$\boldsymbol{M}$、$\boldsymbol{C}$、$\boldsymbol{G}$的不确定性，式(7.49)的控制器无法实现。为设计一个可实现的控制器，还需进一步研究集总不确定性$H^*(\xi,x_r)$，其中$\xi=[\xi_1,\xi_2]^{\mathrm{T}}$，$x_r=[x_d,\dot{x}_d,\ddot{x}_d]^{\mathrm{T}}$。由于$q=x_1=\xi_1+x_d$，$\dot{q}=x_2=\xi_2+\beta_1$，$\beta_1(\xi_1,\dot{x}_d)|_{\xi=0}=\dot{x}_d$，可得

$$\begin{aligned}H^*:=&\boldsymbol{M}(\xi_1+x_d)\dot{\beta}_1(\xi_1,\dot{x}_d)+\boldsymbol{G}(\xi_1+x_d)+\\&\boldsymbol{C}(\xi_1+x_d,\xi_2+\beta_1(\xi_1,\dot{x}_d))\beta(\xi_1,\dot{x}_d)\end{aligned} \tag{7.51}$$

RBF-NN具有逼近任何连续函数的学习能力。为了设计一个输入较少的高效控制器，假设轨迹被理想的跟踪$\xi=[0,0]^{\mathrm{T}}$，则重写$H(0,x_r)=H(x_r)$。通过从$H(\xi,x_r)$中去除ξ，输入数量可以减少到$3n$，这极大地简化了RBF-NN。考虑到实际情况，匹配误差为$\varepsilon_h(\xi,x_r):=H(x_r)-H^*(\xi,x_r)$。

由于H是由于属性Ⅱ导致的一阶导数可微分，因此将均值定理应用于ε_h，可得：

$$\|\varepsilon_h(\xi,x_r)\|\leqslant g(\|\xi\|)\|\xi\| \tag{7.52}$$

其中，$g:\mathbb{R}^+\mapsto\mathbb{R}^+$是一个严格增加且全局可逆的特定函数。

本节应用简化的RBF-NN近似$H(x_r)$为式(7.39)，$H(x_r)=\boldsymbol{\Phi}^{\mathrm{T}}(x_r)\theta^*-\delta_h$，$\delta_h$是近似误差，$\theta^*$定义为：

$$\theta^*=\arg\min_{\hat{\theta}\in\Omega_d}\left(\sup_{x_r\in\Omega_d}\|H(x_r-\hat{H}(x_r\mid\hat{\theta}))\|\right) \tag{7.53}$$

考虑李雅普诺夫函数

$$V(t)=V_1(t)+\frac{1}{2}\tilde{\theta}^{\mathrm{T}}\Gamma^{-1}\tilde{\theta} \tag{7.54}$$

基于式(7.49)修改后的控制器如下：

$$\tau=-\begin{bmatrix}\dfrac{\xi_{11}}{\cos^2\left(\dfrac{\pi\xi_{11}^2}{2k_{c1}^2}\right)}\\\vdots\\\dfrac{\xi_{1n}}{\cos^2\left(\dfrac{\pi\xi_{1n}^2}{2k_{cn}^2}\right)}\end{bmatrix}-(\boldsymbol{K}_{p1}+\boldsymbol{K}_{p2})\xi_2-\boldsymbol{K}_s\,\mathrm{sgn}(\xi_2)+\Phi^{\mathrm{T}}\hat{\theta} \tag{7.55}$$

其中，$-K_s\,\mathrm{sgn}(\xi_2)$用于以消除干扰$\tau_d$和近似误差$\delta_h$，同时增强系统的鲁棒性，而$\Phi^{\mathrm{T}}\hat{\theta}$则用于近似集总不确定性。与式(7.49)相比，$-\boldsymbol{K}_p\xi_2$分为两部分，其中$\boldsymbol{K}_{p1}$、$\boldsymbol{K}_{p2}$是正定对角矩阵，$-\boldsymbol{K}_{p1}\xi_2$用于保证$V_1(t)$的稳定性，$-\boldsymbol{K}_{p2}\xi_2$用于补偿$\varepsilon_h$。定义$\delta:=\delta_h+\tau_d$，$\Lambda=\mathrm{diag}(\lambda_1,\lambda_2,\cdots,\lambda_{2l})$，$\Gamma^{-1}=\mathrm{diag}(\gamma_1^{-1},\gamma_2^{-1},\cdots,\gamma_{2l}^{-1})$。神经网络参数的更新规则设计如下：

$$\begin{cases}\dot{\hat{w}}_{1i}=-\gamma_i\phi_i\xi_{21}-\kappa_i\hat{w}_{1i}i=1,2,\cdots,l\\ \vdots\\ \dot{\hat{w}}_{nj}=-\gamma_j\phi_j\xi_{2n}-\kappa_j\hat{w}_{nj}j=1,2,\cdots,l\end{cases}\tag{7.56}$$

其中，$i=j=1,2,\cdots,l$。

对式(7.54)求导，并将式(7.55)和式(7.56)代入式(7.54)中，可得

$$\tilde{\theta}^{\mathrm{T}}\Lambda\hat{\theta}=\sum_{i=1}^{m}-\lambda_i\tilde{\theta}_i^{\mathrm{T}}(\tilde{\theta}_i+\theta_i^*)\leqslant\sum_{i=1}^{m}\frac{\lambda_i}{2}(-\tilde{\theta}^{\mathrm{T}}\tilde{\theta}+\theta_i^{*\mathrm{T}}\theta_i^*)\tag{7.57}$$

考虑 ε_h 和 $\|\varepsilon_i\|\leqslant\|\varepsilon\|,i=1,2(\xi=[\xi_1,\xi_2]^{\mathrm{T}})$，可得不等式 $\xi_2^{\mathrm{T}}\varepsilon_h\leqslant\|\xi_2\|\|\xi\|g(\|\xi\|)\leqslant\|\xi\|^2g(\|\xi\|)$，$-\xi_2^{\mathrm{T}}\boldsymbol{K}_{p2}\xi_2\leqslant-\kappa\|\xi_2\|^2\leqslant-\kappa\|\xi\|^2$，其中，$\kappa=\lambda_{\min}(K_{p2})$。选择 $\kappa>g(\|\xi\|)$，$k_s>\bar{\delta}_h+\bar{\tau}_d$ 和 $k_s=\lambda_{\min}(K_s)$ 有

$$\dot{V}_1(t)\leqslant-\sum_{i=1}^{n}k_i\frac{k_{ci}^2}{\pi}\tan\left(\frac{\pi\xi_{1i}^2}{2k_{ci}^2}\right)-\xi_2^{\mathrm{T}}\boldsymbol{K}_{p1}\xi_2-\frac{1}{2}\tilde{\theta}^{\mathrm{T}}\Lambda\hat{\theta}+\frac{1}{2}\theta_i^{*\mathrm{T}}\Lambda\theta_i^*\leqslant-\rho V(t)+c\tag{7.58}$$

其中，$c=\frac{1}{2}\theta^{*\mathrm{T}}\Lambda\theta^*$，$\rho$ 满足

$$\rho=\min\left(k_1,k_2,\cdots,k_n,\frac{2\lambda_{\min}(\boldsymbol{K}_{p1})}{\lambda_{\max}(M)},\frac{\lambda_{\min}(\Lambda)}{\lambda_{\max}(\Gamma^{-1})}\right)\tag{7.59}$$

将式(7.58)的两边同时乘以 $\mathrm{e}^{\rho t}$ 可以得到$\frac{\mathrm{d}}{\mathrm{d}t}(\mathrm{e}^{\rho t}V(t))<\mathrm{e}^{\rho t}c$，对其积分可得 $V\leqslant\mathrm{e}^{-\rho t}V(0)+\frac{c}{p}-\frac{c}{p}\mathrm{e}^{-\rho t}\leqslant V(0)+\frac{c}{p}$。考虑 ξ_1，可得$\frac{1}{2}\xi_1^{\mathrm{T}}\xi_1\leqslant V(0)+\frac{c}{p}$。因此，假设 $V(0)\in L_\infty$ 成立时，基于控制器式(7.55)和更新规则式(7.56)，ξ_1 渐近收敛至紧集 $\Omega_l=\left\{\xi_1\mid\|\xi_1\|\leqslant 2V(0)+\frac{2c}{p}\right\}$。

3. 平滑控制规律

使用上述控制律式(7.55)可能会引起抖动，可以通过边界理论消除，用 sat(·)代替 sgn(·)。

$$\mathrm{sat}(\xi_2)=\begin{cases}1 & \xi_2/b>1\\ \xi_2/b & -1<\xi_2/b<1\\ -1 & \xi_2<-1\end{cases}\tag{7.60}$$

其中，b 为边界层厚度。

$$\tau=-\begin{bmatrix}\dfrac{\xi_{11}}{\cos^2\left(\dfrac{\pi\xi_{11}^2}{2k_{c1}^2}\right)}\\ \vdots\\ \dfrac{\xi_{1n}}{\cos^2\left(\dfrac{\pi\xi_{1n}^2}{2k_{cn}^2}\right)}\end{bmatrix}-(\boldsymbol{K}_{p1}+\boldsymbol{K}_{p2})\xi_2-K_s\,\mathrm{sat}(\xi_2)+\Phi^{\mathrm{T}}\hat{\theta}\tag{7.61}$$

7.3.3 控制器仿真

这里使用两连杆机械臂验证所设计的控制器的有效性，其动力学方程如下：

$$\begin{bmatrix} M_{11} & M_{12} \\ M_{21} & M_{22} \end{bmatrix} \begin{bmatrix} \ddot{q}_1 \\ \ddot{q}_2 \end{bmatrix} + \begin{bmatrix} -c\dot{q}_2 & c(\dot{q}_1 + \dot{q}_2) \\ c\dot{q}_1 & 0 \end{bmatrix} \begin{bmatrix} \dot{q}_1 \\ \dot{q}_2 \end{bmatrix} + \begin{bmatrix} p_1 g \\ p_2 g \end{bmatrix} = \begin{bmatrix} \tau_1 \\ \tau_2 \end{bmatrix} \tag{7.62}$$

其中：

$$\begin{aligned} M_{11} &= (m_1 + m_2)l_1^2 + m_2 l_2^2 + 2m_2 l_1 l_2 \cos(q_2) \\ M_{12} &= m_2 l_2^2 + 2m_2 l_1 l_2 \cos(q_2) \\ M_{22} &= m_2 l_2^2 \\ c &= m_2 l_1 l_2 \cos(q_2) \\ p_1 &= (m_1 + m_2) l_1 \cos(q_2) + m_2 l_2 \cos(q_1 + q_2) \\ p_1 &= m_2 l_2 \cos(q_1 + q_2) \end{aligned}$$

且 $l_1 = 1\text{m}, l_2 = 0.8\text{m}, m_1 = 0.5\text{kg}, m_2 = 0.5\text{kg}, g = 9.8$。

参考轨迹由下式给出：

$$q_r(t) = \begin{bmatrix} q_{r1} \\ q_{r2} \end{bmatrix} = \begin{bmatrix} 2.2935 + 0.2\sin(\pi t) \\ -1.8961 + 0.2\cos(\pi t) \end{bmatrix} \tag{7.63}$$

假设 $q_z = q_r(0) = [2.2935, -1.6961]^{\mathrm{T}}$。机械臂的初始位置为：

$$q(0) = [2.3, -1.7]^{\mathrm{T}} \tag{7.64}$$

下面将比较理想情况下(即 H^* 是完全已知的)的控制器式(7.48)和式(7.60)中考虑模型不确定性的实际控制器(即使用 RBF-NN)的性能。将在以下 4 种情况下进行仿真,其中情况 1 和 2 在自由空间中进行而没有任何外力(即 $\tau_d = [0,0]^{\mathrm{T}}$),情况 3 和 4 在扰动力矩 $\tau_d = [8\sin t, 8\sin t]^{\mathrm{T}}$ 下进行。情况 1 和情况 3 使用式(7.48)中的控制器,情况 2 和情况 4 使用式(7.60)中的控制器来跟踪式(7.63)的参考轨迹。

1. 自由空间运动

情况 1 和情况 2 的仿真结果分别如图 7.16 和图 7.17 所示,机械臂在没有任何外部干扰的自由空间中,跟踪具有输出约束的参考轨迹。从图 7.16(a)、(c)和图 7.17(a)、(c)可以看出,两控制器即式(7.48)和式(7.60)都能保证自由空间运动中良好的轨迹跟踪性能,而控制器即式(7.48)则更好。图 7.16(b)、图 7.17(b)、图 7.18(b)和图 7.19(b)表明,由于边界理论的引入,输出力矩没有抖动。此外,输出状态严格受 q 限制。

对于图 7.16(a)、图 7.17(a)、图 7.18(a)和图 7.19(a),由于控制器的跟踪效果很好,两条曲线基本重合。

2. 外部干扰下的运动

情况 3 和情况 4 的仿真结果分别如图 7.18 和图 7.19 所示。与图 7.19 相比,控制器式(7.60)在机械臂收到外部干扰时,具有鲁棒性。进一步研究图 7.18(b)、(c),可以看到,在时刻 $t=2\text{s}$ 和 $t=5\text{s}$,控制器的输出力矩突然变化(见图 7.18(b));同时,输出状态达到约束的边界(见图 7.18(c))。这些仿真结果证明式(7.48)中的约束设计有效。基于 BLF 设计的控制器,通过控制力矩的突然变化将输出状态拖回到约束设定区域。

接下来比较图 7.18(c)和图 7.19(c),可以清楚地发现控制器式(7.60)的跟踪误差更小,输出力矩也更平滑。虽然在自由空间中运动时,控制器式(7.60)的跟踪精度不高,但当存在不确定性和未知干扰时,它的跟踪效果总体上优于控制器式(7.48)。

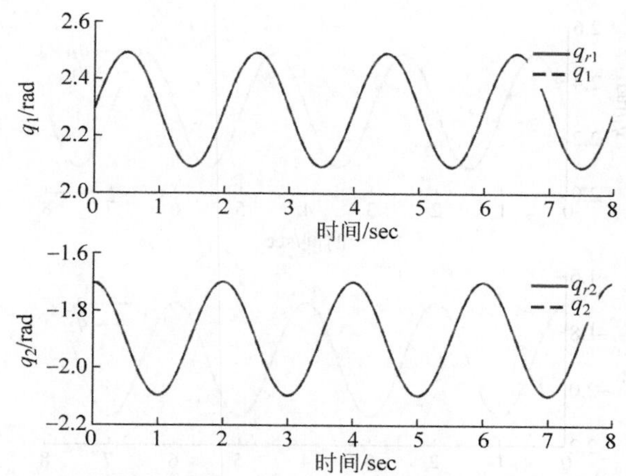

(a) 联合空间中的跟踪结果，其中q_{r1}、q_{r2}代表参考轨迹，q_1、q_2代表实际轨迹

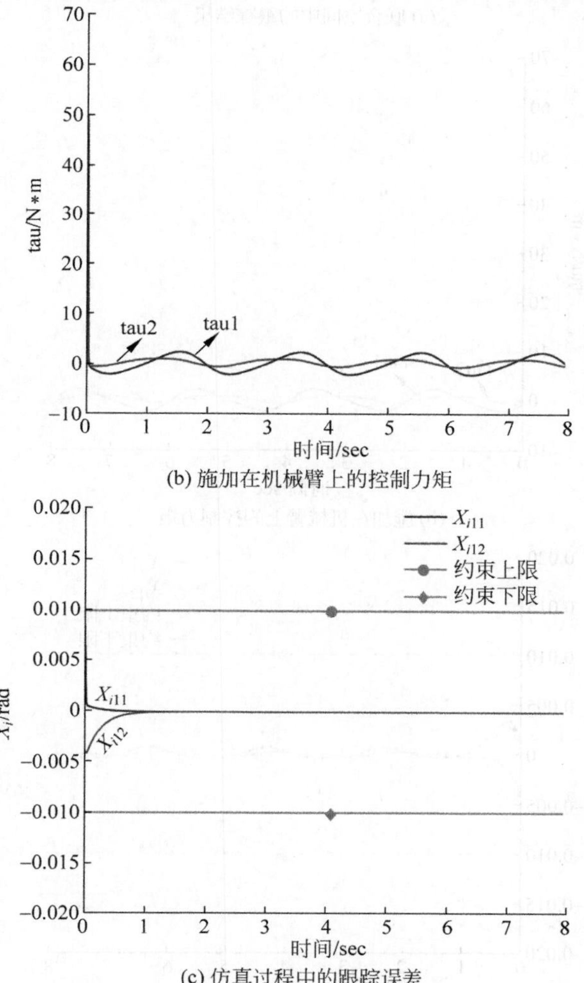

图 7.16 利用式(7.47)的控制器在自由空间中进行轨迹跟踪的仿真结果

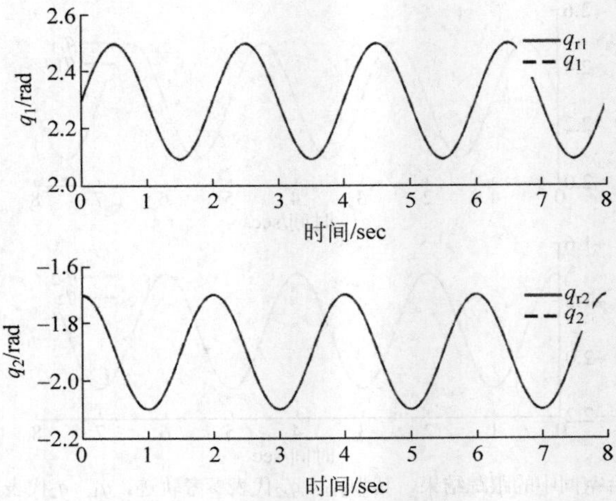

(a) 联合空间中的跟踪结果

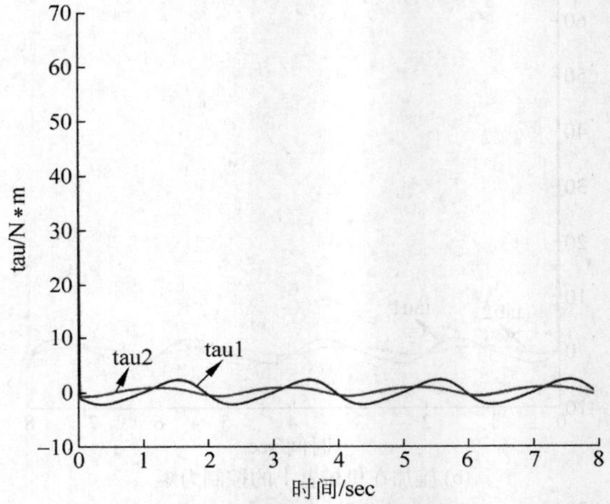

(b) 施加在机械臂上的控制力矩

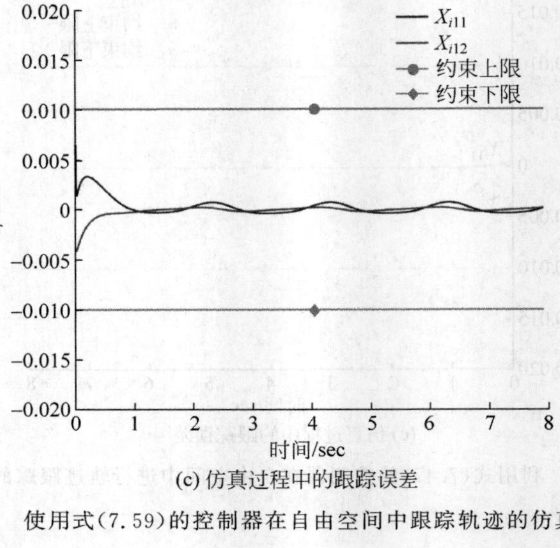

(c) 仿真过程中的跟踪误差

图 7.17 使用式(7.59)的控制器在自由空间中跟踪轨迹的仿真结果

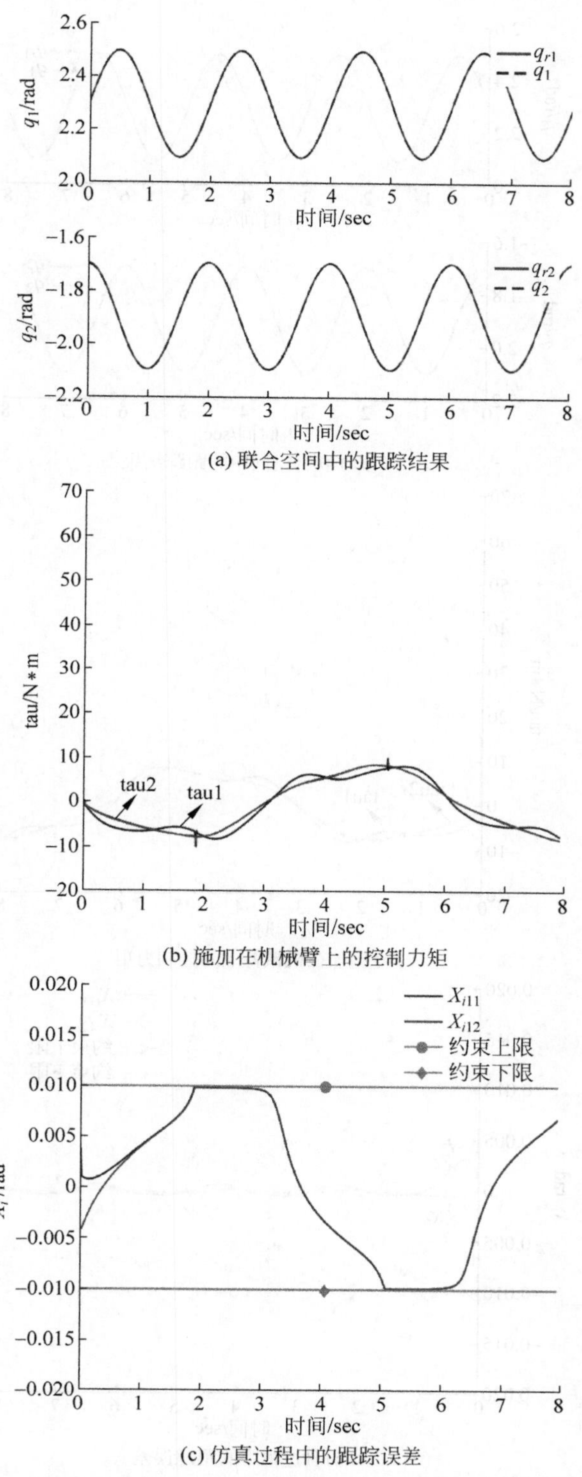

(a) 联合空间中的跟踪结果

(b) 施加在机械臂上的控制力矩

(c) 仿真过程中的跟踪误差

图 7.18　在外部干扰下使用式(7.47)的控制器进行轨迹跟踪的仿真结果

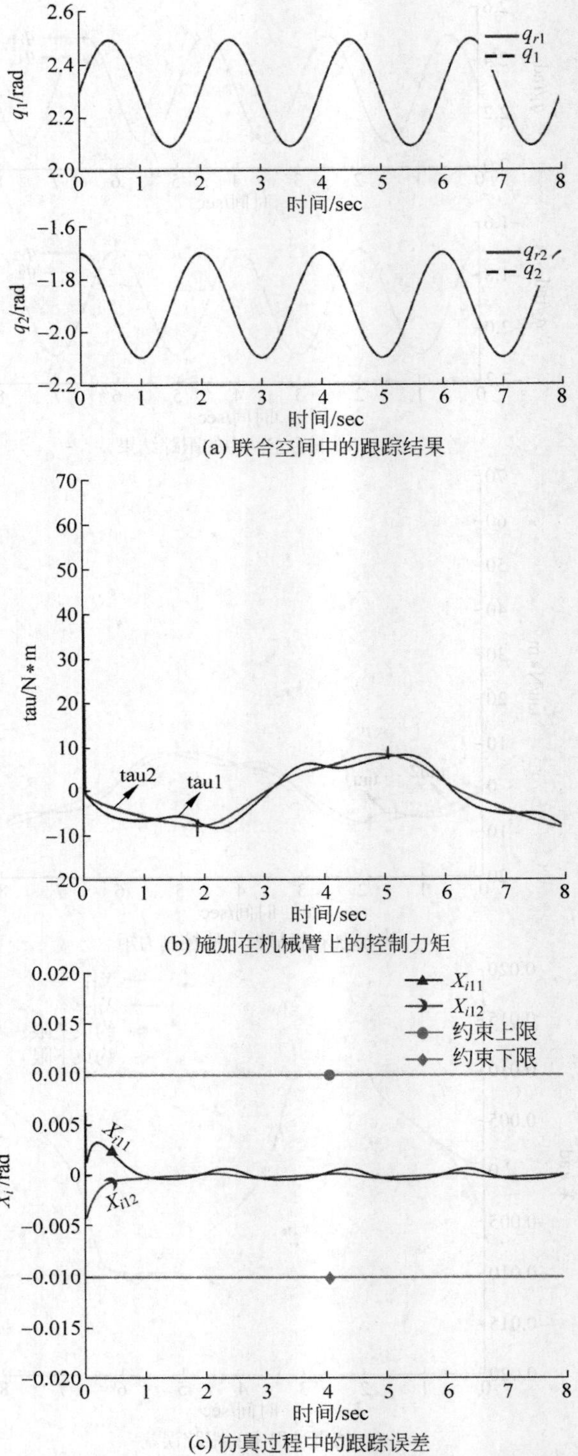

(a) 联合空间中的跟踪结果

(b) 施加在机械臂上的控制力矩

(c) 仿真过程中的跟踪误差

图 7.19 在外部干扰下使用式(7.59)的控制器进行轨迹跟踪的仿真结果

7.4 基于有限时间收敛的机械臂全局自适应神经网络控制

本节将介绍一类具有有限时间(Finite Time,FT)收敛学习性能的非线性机器人的全局自适应神经网络控制。

随着机器人技术的快速发展和广泛应用,在不同环境下对精细的工作和灵活的控制的需求不断增长。然而,由于机器人动力学模型的复杂程度的增加,特定的机器人动力学知识在实际工程应用中已经不再适用。另外,工作条件可能变得更加不确定,例如外部环境的变化和有效载荷的变化等。因此,克服上述不确定因素是机器人控制的关键问题。

在实际的工业应用中,有很多方法用于克服系统中的不确定性。神经网络(Neural Network,NN)通过提高控制系统在不确定环境下的表现,在提高机器人智能程度方面发挥了重要作用。神经网络可以通过不同的方法与控制相结合,并取得了显著的成果。然而,必须注意神经网络的逼近能力仅在紧集中有效。常规的基于神经网络的机械臂控制器只能保证半全局一致有界收敛(Semiglobal Uniform Ultimate boundedness,SGUUB)的稳定性。在这种情况下,为机械臂构造一个全局神经网络控制器是理想的选择。值得注意的是,传统的自适应神经网络控制仅仅关注控制上的性能,而非神经网络学习的性能。而常规的自适应律(如梯度法、e 自适应律、δ 自适应律等)无法保证学习到的神经权重能够收敛到最佳值;同时,不能设定学习时的收敛速度。事实上,神经网络的权重通常不能收敛至最优值。因此,即便是针对重复的任务,也需要在下一次任务时,重新进行神经网络学习。

有限时间(FT)自适应算法可以用于提高神经网络学习的性能,如可以由估计误差建立自适应律实现 FT 收敛。需要注意的是,FT 自适应律可以保证权重的估计值在有限的时间里收敛到最优值。因此,通过神经网络的学习过程所获得的最优权重可以在下一次重复相同的控制任务时继续使用。通过这种方式,FT 自适应学习算法减少了在面对重复控制任务时的计算负担,并且提升了瞬态性能。因此,FT 自适应学习算法在 NN 的实际应用中发挥着很重要的作用。

本节针对具有未知动力学参数的非线性机械臂的问题,将介绍一种具有 FT 学习收敛的神经网络设计全局自适应神经控制器。

7.4.1 问题描述

1. 系统描述

n 连杆机械臂动力学方程描述如下:

$$\boldsymbol{M}(q)\ddot{q}+\boldsymbol{C}(q,\dot{q})\dot{q}+\boldsymbol{G}(q)=\tau \tag{7.65}$$

其中,$q=[q_1,\cdots,q_n]^{\mathrm{T}}\in R^n$,$\dot{q}=[\dot{q}_1,\cdots,\dot{q}_n]^{\mathrm{T}}\in R^n$,$\ddot{q}=[\ddot{q}_1,\cdots,\ddot{q}_n]^{\mathrm{T}}\in R^n$,分别表示机械臂关节位置向量、关节速度向量和关节加速度向量。$\boldsymbol{M}(q)\in\boldsymbol{R}^{n\times n}$、$\boldsymbol{C}(q,\dot{q})\in\boldsymbol{R}^{n\times n}$ 和 $\boldsymbol{G}(q)\in\boldsymbol{R}^n$ 分别为惯性矩阵、科里奥利力和向心力矩矩阵和重力矢量。以下属性适用于机械臂模型式(7.65):

性质 1:矩阵 $\boldsymbol{M}(q)\in\boldsymbol{R}^{n\times n}$ 是对称正定的。

性质 2:矩阵 $\dot{\boldsymbol{M}}-\boldsymbol{C}(q,\dot{q})\dot{q}$ 是斜对称的,即 $z^{\mathrm{T}}(\dot{\boldsymbol{M}}-2\boldsymbol{C})z=0,\forall z\in\boldsymbol{R}^n$。

性质 3:矩阵 $\boldsymbol{M}(q)$、$\boldsymbol{C}(q,\dot{q})$ 和 $\boldsymbol{G}(q)$ 都是有界的。

2. 系统变换

定义 $X_{1i}=q_i,i=1,\cdots,n,X_1=[x_{11},\cdots,x_{1n}]^{\mathrm{T}}\in\boldsymbol{R}^n,X_{2i}=q_i(i=1,\cdots,n),X_2=[x_{21},\cdots,$

$x_{2n}]^{\mathrm{T}}\in\boldsymbol{R}^n$。$n$ 连杆机械臂是一个多输入多输出(Multiple-Input Multiple-Output,MIMO)矢量函数系统,可将其转化为以下形式:

$$\begin{cases}\dot{x}_1=x_2\\ \boldsymbol{M}\dot{x}_2=-(\boldsymbol{C}x_2+\boldsymbol{G})+\tau\\ y=x_1\end{cases}\tag{7.66}$$

其中,$y=x_1$ 是机械臂系统的输出方程。

7.4.2 控制器设计

1. RBF 神经网络

本节作为一个通用的逼近器来模拟任何的实连续函数 $f:\boldsymbol{R}^M\to R$,函数形式如下:

$$f(X_{\text{in}})=\hat{f}(X_{\text{in}},\boldsymbol{W}^*)+\varepsilon(X_{\text{in}}),\ \forall X_{\text{in}}\in\Omega_{X_{\text{in}}}\tag{7.67}$$

其中 $\hat{f}(X_{\text{in}},\hat{\boldsymbol{W}})=\hat{\boldsymbol{W}}^{\mathrm{T}}S(X_{\text{in}})$,$X_{\text{in}}$ 属于 $\Omega_{\text{in}}\subset\boldsymbol{R}^M$ 代表输入向量,神经网络的输出 $\hat{f}\in R$ 是函数 f 的估计值,$\hat{\boldsymbol{W}}=[\hat{\omega}_1,\cdots,\hat{\omega}_N]^{\mathrm{T}}$ 是权重参数向量,n 为神经网络的节点数量,$\boldsymbol{W}^*$ 是神经网络的最佳权重,$\boldsymbol{W}^*$ 可定义为:

$$\boldsymbol{W}^*=\underset{(W)}{\operatorname{argmin}}\left[\sup_{X_{\text{in}}\in\Omega_{X_{\text{in}}}}|f(X_{\text{in}})-\hat{f}(X_{\text{in}},\hat{\boldsymbol{W}})|\right]\tag{7.68}$$

$\varepsilon(X_{\text{in}})$ 是神经网络的逼近误差,由以下公式约束:

$$|\varepsilon(x_{\text{in}})|<\varepsilon^*,\ \forall X_{\text{in}}\in\Omega_{X_{\text{in}}}\tag{7.69}$$

$S(X_{\text{in}})=[S_1(X_{\text{in}}),\cdots,S_N(X_{\text{in}})]^{\mathrm{T}}$ 是输入的一个非线性向量函数,具体如下:

$$S_i(X_{\text{in}})=\exp\left[-\frac{(X_{\text{in}}-\xi_i)^{\mathrm{T}}(X_{\text{in}}-\xi_i)}{v^2}\right]\quad i=1,\cdots,N$$

式中,$\xi_i=[\xi_{i1},\xi_{i2},\cdots,\xi_{iM}]^{\mathrm{T}}\in\boldsymbol{R}^M$ 则表示第 i 个基函数的中心,v 是变量。

假设 1:最优权重 $\boldsymbol{W}^*$ 在紧凑域 $\Omega_{X_{\text{in}}}$ 上有限制 $\|\boldsymbol{W}^*\|\leqslant\boldsymbol{W}_m$。

假设 2:参考信号 q_d 及其导数 q_d 是平滑且有界的函数。

2. 部分持续激励条件

在自适应系统中,持续激励(Persistent Excitation,PE)条件具有重要意义,而且当跟踪参考周期性轨迹时,RBF 神经网络可以在部分 PE 条件下实现特定周期轨迹附近的闭环系统动力学的精确近似。

定义 1:如果存在 $T>0,V>0$,则将向量或矩阵 $\boldsymbol{Y}(t)$ 称为持久激励,即:

$$\int_t^{t+T}\boldsymbol{\Psi}^{\mathrm{T}}(\tau)\boldsymbol{\Psi}(\tau)\mathrm{d}\tau\geqslant\zeta I,\quad\forall t\geqslant 0\tag{7.70}$$

3. 有用的函数和关键的引理

引理 1:对于任何 $\omega_0>0$ 和 $\eta\in R$,以下不等式成立:

$$0\leqslant|\eta|-\eta\tanh\left(\frac{\eta}{\omega_0}\right)\leqslant\kappa\omega_0\tag{7.71}$$

其中,κ 是满足 $\kappa=\mathrm{e}^{-(\kappa+1)}$ 的常数,即 $\kappa=0.2785$。

引理 2:对于连续系统 $x=f(x,t),f(0,t)=0,x\in R^n$,存在连续可微的正定函数 $V(x,t)$ 和实数 $\alpha_1>0,0<\alpha_2<1$;当 $\dot{V}(x,t)\leqslant-\alpha_1V^{\alpha_2}(x,t)$ 成立时,对于任何给定的初始条件 $x(t_0)$,$V(x,t)$ 在有限时间内以建立时间 $T\leqslant\left(\frac{1}{\alpha_1(1-\alpha_2)}\right)V^{1-\alpha_2}(x(t_0),t_0)$ 收敛到零。

定义 2：给定常数 $0<{}^1r_{j,i}<{}^2r_{j,i}(i=1,\cdots,n,j=1,2)$，作为定义紧集 W_r 边界的常数，切换函数集如下：

$$b_k(x_k,i)\triangleq\begin{cases}1 & 当\ |x_{k,i}|<{}^1r_{k,i}\ 时\\ \dfrac{{}^2r_{k,i}^2-x_{k,i}^2}{{}^2r_{k,i}^2-{}^1r_{k,i}^2}\mathrm{e}^{\left(\frac{x_{k,i}^2-{}^1r_{k,i}^2}{\bar{\omega}({}^2r_{k,i}^2-{}^1r_{k,i}^2)}\right)^{2b}} & 当\ {}^1r_{k,i}\leqslant|x_{k,i}|\leqslant{}^2r_{k,i}\ 时\\ 0 & 当\ |x_{k,i}|>{}^2r_{k,i}\ 时\end{cases}\tag{7.72}$$

$$b_{j,i}(\bar{x}_j)\triangleq\prod_{k=1}^{j}b_k(x_{k,i})\tag{7.73}$$

其中，$\bar{x}_1=x_1^{\mathrm{T}}\in R^n$，$\bar{x}_2=[x_1^{\mathrm{T}},x_2^{\mathrm{T}}]^{\mathrm{T}}\in R^{2n}$，以及 $B_j(\bar{x}_j)=\mathrm{diag}(b_{j,i}(\bar{x}_j),\cdots,b_{j,n}(\bar{x}_j))$，$\bar{\omega}>0$，$b\geqslant1$。

4. 控制器设计

控制器的设计过程分为两个步骤。

第一步：定义机械臂关节位置误差为 $\tilde{x}_1=x_1-x_{1d}$，其中，$x_{1d}=q_d$。取 x_1 的导数并使用式(7.66)，可得：

$$\dot{\tilde{x}}_1=\dot{x}_1-\dot{x}_{1d}=x_2-\dot{x}_{1d}\tag{7.74}$$

其中 $\dot{x}_{1d}=\dot{q}_d$，取 x_2 作为式(7.74)的虚拟控制，并将信号 x_{2d} 设计为：

$$x_{2d}=-K_{11}\tilde{x}_1-K_{12}\,\mathrm{sign}(\tilde{x}_1)+\dot{x}_{1d}\tag{7.75}$$

其中，$K_{11}=\mathrm{diag}(k_{11,1},\cdots,k_{11,n})$，$k_{11,i}>0$，$i=1,\cdots,n$；$K_{12}=\mathrm{diag}(k_{12,1},\cdots,k_{12,n})$，$k_{12,i}>0$，$i=1,\cdots,n$。

假定 $\tilde{x}_2=x_2-x_{2d}$，式(7.74)可计算如下：

$$\begin{aligned}\dot{\tilde{x}}_1&=x_2-\dot{x}_{1d}\\&=x_2-x_{2d}+x_{2d}-\dot{x}_{1d}\\&=\tilde{x}_2-K_{11}\tilde{x}_1-K_{12}\,\mathrm{sign}(\tilde{x}_1)\end{aligned}\tag{7.76}$$

第二步：将机械臂关节速度误差表示为 $\tilde{x}_2=x_2-x_{2d}$。取 x_2 的导数，并结合式(7.66)，可得：

$$\boldsymbol{M}\dot{\tilde{x}}_2+\boldsymbol{C}\tilde{x}_2=\tau-\boldsymbol{M}\dot{x}_{2d}-\boldsymbol{C}x_{2d}-\boldsymbol{G}\tag{7.77}$$

式(7.77)中，向量 $\boldsymbol{M}\dot{\tilde{x}}_2$ 是机械臂关节加速度 $\ddot{q}$ 的函数，它对测量噪声敏感。为了使控制设计独立于关节加速度，将式(7.77)改写为如下形式：

$$\dot{F}_1(z)+F_2(z)=\tau+F_3(z)\tag{7.78}$$

其中，$F_1=\boldsymbol{M}\tilde{x}_2$，$F_2=-\dot{\boldsymbol{M}}\tilde{x}_2+\boldsymbol{C}\tilde{x}_2$，$F_3=-\boldsymbol{M}\dot{x}_{2d}-\boldsymbol{C}x_{2d}-\boldsymbol{G}$。

利用神经网络分别逼近未知函数 F_1、F_2 和 F_3，可得：

$$\left.\begin{aligned}F_1&=\boldsymbol{M}\tilde{x}_2=\boldsymbol{W}_1^{*\mathrm{T}}S_1(z)+\varepsilon_1\\F_2&=-\dot{\boldsymbol{M}}\tilde{x}_2+\boldsymbol{C}\tilde{x}_2=\boldsymbol{W}_2^{*\mathrm{T}}S_2(z)+\varepsilon_2\\F_3&=-\boldsymbol{M}\dot{x}_{2d}-\boldsymbol{C}x_{2d}-\boldsymbol{G}=\boldsymbol{W}_3^{*\mathrm{T}}S_3(z)+\varepsilon_3\end{aligned}\right\}\tag{7.79}$$

其中，$z=[q,\dot{q},x_{2d},\dot{x}_{2d}]$，$\boldsymbol{W}_1^{*\mathrm{T}}$，$\boldsymbol{W}_2^{*\mathrm{T}}$，$\boldsymbol{W}_3^{*\mathrm{T}}$ 是最佳的神经网络权重矩阵。S_1，S_2，S_3 是基函数向量；ε_1，ε_2，ε_3 为神经网络的构造误差，其中 $\|\varepsilon_1\|<\varepsilon_1^*$，$\|\varepsilon_2\|<\varepsilon_2^*$，$\|\varepsilon_3\|<\varepsilon_3^*$。

式(7.79)可以进一步表示为：

$$\left.\begin{aligned}F_{1,i}&=S_1^{\mathrm{T}}\boldsymbol{W}_{1,i}^*+\varepsilon_{1,i}\\F_{2,i}&=S_2^{\mathrm{T}}\boldsymbol{W}_{2,i}^*+\varepsilon_{2,i}\\F_{3,i}&=S_3^{\mathrm{T}}\boldsymbol{W}_{3,i}^*+\varepsilon_{3,i}\end{aligned}\right\}\tag{7.80}$$

其中，$i=1,\cdots,n$。$\boldsymbol{W}_{1,i}^*$、$\boldsymbol{W}_{2,i}^*$、$\boldsymbol{W}_{3,i}^*$ 分别为矩阵 $\boldsymbol{W}_1^*$、$\boldsymbol{W}_2^*$、$\boldsymbol{W}_3^*$ 的第 i 列。

使用 RBF-NN 方法，式(7.78)可以分为 n 个子系统：

$$\dot{S}_1^{\mathrm{T}}\boldsymbol{W}_{1,i}^*+\dot{\varepsilon}_{1,i}+S_2^{\mathrm{T}}\boldsymbol{W}_{2,i}^*+\varepsilon_{2,i}-S_3^{\mathrm{T}}\boldsymbol{W}_{3,i}^*-\varepsilon_{3,i}=\tau_i\tag{7.81}$$

定义新的权重矩阵如下：

$$\boldsymbol{W}_i^*=[\boldsymbol{W}_{1,i}^{*\mathrm{T}},\boldsymbol{W}_{2,i}^{*\mathrm{T}},\boldsymbol{W}_{2,i}^{*\mathrm{T}}]^{\mathrm{T}}=\begin{bmatrix}\boldsymbol{W}_{1,i}^*\\\boldsymbol{W}_{2,i}^*\\\boldsymbol{W}_{3,i}^*\end{bmatrix}\tag{7.82}$$

因此，式(7.81)可以表示为：

$$\bar{S}^{\mathrm{T}}\boldsymbol{W}_i^*+\bar{\varepsilon}_i=\tau_i\tag{7.83}$$

其中，$\bar{S}^{\mathrm{T}}=\dot{\bar{S}}_1^{\mathrm{T}}+\bar{S}_2^{\mathrm{T}}-\bar{S}_3^{\mathrm{T}}$，$\dot{\bar{S}}_1=[\dot{S}_1^{\mathrm{T}},0_N^{\mathrm{T}},0_N^{\mathrm{T}}]^{\mathrm{T}}$，$\bar{S}_2=[0_N^{\mathrm{T}},S_2^{\mathrm{T}},0_N^{\mathrm{T}}]^{\mathrm{T}}$，$\bar{S}_3=[0_N^{\mathrm{T}},0_N^{\mathrm{T}},S_3^{\mathrm{T}}]^{\mathrm{T}}$，$N_{\bar{S}}=N+N+N$，$\bar{\varepsilon}_i=\dot{\varepsilon}_{1,i}+\varepsilon_{2,i}-\varepsilon_{3,i}$。

设计如下自适应控制器：

$$\begin{aligned}\tau_i=&-\tilde{x}_{1,i}-k_{21,i}\tilde{x}_{2,i}-k_{22,i}\operatorname{sign}(\tilde{x}_{2,i})-b_{2,i}(\bar{x}_2)u_i^N-\\&(1-b_{2,i}(\bar{x}_2))u_i^R,\quad i=1,\cdots,n\end{aligned}\tag{7.84}$$

$$u_i^N=\hat{\boldsymbol{W}}_i^{\mathrm{T}}\bar{S}_3(z)\tag{7.85}$$

$$u_i^R=F_{3,i}^U(z)\tanh\left(\frac{F_{3,i}^U(z)}{\omega_2}\right)\tag{7.86}$$

其中，$K_{21}=\operatorname{diag}(k_{21,1},\cdots,k_{21,n})$，$k_{21,i}>0$，$i=1,\cdots,n$，$K_{22}=\operatorname{diag}(k_{22,1},\cdots,k_{22,n})$，$k_{22,i}>0$，$i=1,\cdots,n$，$F_{3,i}^U(z)$是 $F_{3,i}(z)$的上界。

为了便于权重估算，设计如下过滤器：

$$\left.\begin{aligned}&\rho\dot{\bar{S}}_{1f}+\bar{S}_{1f}=\bar{S}_1,\bar{S}_{1f}\mid_{t=0}=0_{N_{\bar{S}}}\\&\rho\dot{\bar{S}}_{2f}+\bar{S}_{2f}=\bar{S}_2,\bar{S}_{2f}\mid_{t=0}=0_{N_{\bar{S}}}\\&\rho\dot{\bar{S}}_{3f}+\bar{S}_{3f}=\bar{S}_3,\bar{S}_{3f}\mid_{t=0}=0_{N_{\bar{S}}}\\&\rho\dot{\tau}_{if}+\tau_{if}=\tau_i,\tau_{if}\mid_{t=0}=0_n\end{aligned}\right\}\tag{7.87}$$

其中，$\bar{S}_{1f}$，$\bar{S}_{2f}$，$\bar{S}_{3f}$ 和 τ_{if} 分别是 $\bar{S}_1$，$\bar{S}_2$，$\bar{S}_3$ 和 τ_i 的滤波形式。根据式(7.83)和式(7.87)，可得：

$$\boldsymbol{W}_i^{*\mathrm{T}}\left(\frac{\bar{S}_1-\bar{S}_{1f}}{\rho}+\bar{S}_{2f}-\bar{S}_{3f}\right)=\boldsymbol{W}_i^{*\mathrm{T}}\bar{S}_f=\tau_{if}-\bar{\varepsilon}_{if}\tag{7.88}$$

已知矩阵 $\boldsymbol{P}\in\boldsymbol{R}^{N_{\bar{S}}\times N_{\bar{S}}}$，$\boldsymbol{Q}_i\in\boldsymbol{R}^{N_{\bar{S}}}$，可以定义成以下形式：

$$\left.\begin{aligned}\dot{\boldsymbol{P}}&=-\ell\boldsymbol{P}+\bar{S}_f\bar{S}_f^{\mathrm{T}}\\\dot{\boldsymbol{Q}}_i&=-\ell\boldsymbol{Q}_i+\bar{S}_f\tau_{if}\end{aligned}\right\}\tag{7.89}$$

其中 $\ell>0$ 为设计参数。式(7.89)的解如下：

$$\left.\begin{aligned}P(t)&=\int_0^t \mathrm{e}^{-\ell_i(t-r)}\overline{S}_f\overline{S}_f^{\mathrm{T}}\mathrm{d}r\\Q_i(t)&=\int_0^t \mathrm{e}^{-\ell_i(t-r)}\overline{S}_f\tau_{if}\mathrm{d}r\end{aligned}\right\}\tag{7.90}$$

定义辅助向量 $\boldsymbol{E}_i\in\boldsymbol{R}^N$,它根据 $\boldsymbol{P}$、$\boldsymbol{Q}_i$ 计算:

$$\boldsymbol{E}_i=\boldsymbol{P}\hat{\boldsymbol{W}}_i-\boldsymbol{Q}_i=\boldsymbol{P}\hat{\boldsymbol{W}}-\boldsymbol{P}\boldsymbol{W}_i^*-\psi_i=-\boldsymbol{P}\widetilde{\boldsymbol{W}}_i-\psi_i\tag{7.91}$$

其中,$\boldsymbol{Q}_i=\boldsymbol{P}\boldsymbol{W}_i^*+\psi_i$,并有 $\psi_i=\int_0^t \mathrm{e}^{-\ell_i(t-r)}\overline{S}_f\varepsilon_{if}\mathrm{d}r$。

闭环误差方程变为:

$$\begin{aligned}\boldsymbol{M}\dot{\tilde{x}}_2+\boldsymbol{C}\tilde{x}_2=&-\tilde{x}_1-K_{21}\tilde{x}_2-K_{22}\operatorname{sign}(\tilde{x}_2)+B_2(\bar{x}_2)(\widetilde{F}_3+\varepsilon_3)+\\&(I-B_2(\bar{x}_2))(F_3-u^R)\end{aligned}\tag{7.92}$$

其中,$\widetilde{F}_{3,i}=\widetilde{\boldsymbol{W}}_{3,i}^{\mathrm{T}}S_3(z)=\widetilde{\boldsymbol{W}}_i^{\mathrm{T}}\overline{S}_3(z)$,$\widetilde{\boldsymbol{W}}_{3,i}=\boldsymbol{W}_{3,i}^*-\hat{\boldsymbol{W}}_{3,i}$,$\widetilde{\boldsymbol{W}}_i=\boldsymbol{W}_i^*-\hat{\boldsymbol{W}}_i$。

估计参数的自适应规律设计如下:

$$\dot{\hat{\boldsymbol{W}}}_i=\boldsymbol{\Gamma}\left(\overline{S}_3\tilde{x}_{2,i}b_{2,i}(\bar{x}_2)-\delta_i\frac{P^{\mathrm{T}}E_i}{\|E_i\|}\right)\quad(i=1,\cdots,n)\tag{7.93}$$

其中,$\boldsymbol{\Gamma}$ 是对称正定矩阵,δ_i 是设计正参数。

5. 稳定性分析

考虑系统式(7.65)、控制律式(7.84)和式(7.93)。选择李雅普诺夫函数如下:

$$V=V_1+V_2\tag{7.94}$$

其中

$$V_1=\frac{1}{2}\tilde{x}_1^{\mathrm{T}}\tilde{x}_1\tag{7.95}$$

$$V_2=\frac{1}{2}\tilde{x}_2^{\mathrm{T}}\boldsymbol{M}\tilde{x}_2+\frac{1}{2}\sum_{i=1}^n(E_i^{\mathrm{T}}\boldsymbol{P}^{-1}\Gamma^{-1}\boldsymbol{P}^{-1}E_i)\tag{7.96}$$

式(7.96)中$\boldsymbol{\Gamma}^{-1}$ 是一个正定矩阵。

对 V_1 求导,可得:

$$\begin{aligned}\dot{V}_1&=\tilde{x}_1^{\mathrm{T}}\dot{\tilde{x}}_1\\&=\tilde{x}_1^{\mathrm{T}}(\tilde{x}_2-K_{11}\tilde{x}_1-K_{12}\operatorname{sign}(\tilde{x}_1))\\&=-\tilde{x}_1^{\mathrm{T}}K_{11}\tilde{x}_1-\sum_{i=1}^n(k_{12,i}|\tilde{x}_{1,i}|)+\tilde{x}_1^{\mathrm{T}}\tilde{x}_2\\&\leqslant-\sum_{i=1}^n(k_{12,i}|\tilde{x}_{1,i}|)+\tilde{x}_1^{\mathrm{T}}\tilde{x}_2\\&\leqslant-K_1^*\sqrt{V_1}+\tilde{x}_1^{\mathrm{T}}\tilde{x}_2\end{aligned}\tag{7.97}$$

其中,$K_1^*=\sqrt{2}\lambda_{\min}(K_{12})$。

根据式(7.91),可得:

$$\begin{aligned}\frac{\partial(\boldsymbol{P}^{-1}E_i)}{\partial t}&=-\frac{\partial(\widetilde{\boldsymbol{W}}_i+\boldsymbol{P}^{-1}\psi_i)}{\partial t}\\&=-\dot{\hat{\boldsymbol{W}}}_i+\boldsymbol{P}^{-1}\dot{\boldsymbol{P}}\boldsymbol{P}^{-1}\psi_i-\boldsymbol{P}^{-1}\dot{\psi}_i\\&=-\dot{\hat{\boldsymbol{W}}}_i+\psi_i'\end{aligned}$$

$$=\dot{\hat{\boldsymbol{W}}}_i+\psi'_i \tag{7.98}$$

其中，$\psi'_i=\boldsymbol{P}^{-1}\dot{\boldsymbol{P}}\boldsymbol{P}^{-1}\psi_i-\boldsymbol{P}^{-1}\dot{\psi}_i$。

同样对 V_2 求导，可得：

$$\begin{aligned}\dot{V}_2&=\tilde{x}_2^{\mathrm{T}}\boldsymbol{M}\dot{\tilde{x}}_2+\frac{1}{2}\tilde{x}_2^{\mathrm{T}}\dot{\boldsymbol{M}}\tilde{x}_2+\sum_{i=1}^{n}(E_i^{\mathrm{T}}\boldsymbol{P}^{-1}\Gamma^{-1}(\dot{\hat{W}}_i+\psi'_i))\\&=\frac{1}{2}\tilde{x}_2^{\mathrm{T}}\dot{\boldsymbol{M}}\tilde{x}_2-\tilde{x}_2^{\mathrm{T}}\boldsymbol{C}\tilde{x}_2-\tilde{x}_2^{\mathrm{T}}\tilde{x}_1-\tilde{x}_2^{\mathrm{T}}K_{21}\tilde{x}_2-\sum_{i=1}^{n}(k_{22,i}\,|\tilde{x}_{2,i}|)+\tilde{x}_2^{\mathrm{T}}B_2(\bar{x}_2)(\tilde{F}_3+\varepsilon_3)+\\&\quad\tilde{x}_2^{\mathrm{T}}(\boldsymbol{I}-B_2(\bar{x}_2))(F_3-u^R)+\sum_{i=1}^{n}(E_i^{\mathrm{T}}\boldsymbol{P}^{-1}\Gamma^{-1}\dot{\hat{W}}_i)+\sum_{i=1}^{n}(E_i^{\mathrm{T}}\boldsymbol{P}^{-1}\boldsymbol{\Gamma}^{-1}\psi'_i)\end{aligned} \tag{7.99}$$

将自适应法则式(7.93)代入式(7.99)，有：

$$\begin{aligned}\dot{V}_2=&-\tilde{x}_2^{\mathrm{T}}\tilde{x}_1-\tilde{x}_2^{\mathrm{T}}K_{21}\tilde{x}_2-\sum_{i=1}^{n}(k_{22,i}\,|\tilde{x}_{2,i}|)+\tilde{x}_2^{\mathrm{T}}B_2(\bar{x}_2)\varepsilon_3+\tilde{x}_2^{\mathrm{T}}(\boldsymbol{I}-B_2(\bar{x}_2))(F_3-u^R)+\\&\sum_{i=1}^{n}(-\psi_i^{\mathrm{T}}\boldsymbol{P}^{-1}\bar{S}_3\tilde{x}_{2,i}B_{2,i}(\bar{x}_2))+\sum_{i=1}^{n}\left(E_i^{\mathrm{T}}\boldsymbol{P}^{-1}\boldsymbol{\Gamma}^{-1}\psi'_i-\delta_i\frac{E_i^{\mathrm{T}}\boldsymbol{P}^{-1}\boldsymbol{P}^{\mathrm{T}}E_i}{\|E_i\|}\right)\end{aligned} \tag{7.100}$$

以下不等式成立：

$$\begin{cases}\tilde{x}_2^{\mathrm{T}}B_2(\bar{x}_2)\varepsilon_3\leqslant\sum_{i=1}^{n}(\varepsilon_{3,i}^{*}\,|\tilde{x}_{2,i}|)\\F_{3,i}-u_{2,i}^{R}\leqslant|F_{3,i}|-F_{3,i}^{U}\tanh\left(\dfrac{F_{3,i}^{U}}{\omega_2}\right)\leqslant\kappa\omega_2\end{cases} \tag{7.101}$$

使用 Young 不等式，可得：

$$\begin{aligned}\dot{V}_2\leqslant&-\tilde{x}_2^{\mathrm{T}}\tilde{x}_1-\tilde{x}_2^{\mathrm{T}}K_{21}\tilde{x}_2-\sum_{i=1}^{n}(k_{22,i}\,|\tilde{x}_{2,i}|)+\sum_{i=1}^{n}(\varepsilon_{3,i}^{*}\,|\tilde{x}_{2,i}|)+\sum_{i=1}^{n}(\kappa\omega_2\,|\tilde{x}_{2,i}|)-\\&\sum_{i=1}^{n}(|\tilde{x}_{2,i}|\,\|\psi_i^{\mathrm{T}}\boldsymbol{P}^{-1}\bar{S}_3\|)-\sum_{i=1}^{n}(\|E_i^{\mathrm{T}}\|(\delta_i-\|\boldsymbol{P}^{-1}\boldsymbol{\Gamma}^{-1}\psi'_i\|))\\\leqslant&-\sum_{i=1}^{n}(|\tilde{x}_{2,i}|\,(k_{22,i}-\varepsilon_{3,i}^{*}-\kappa\omega_2+\|\psi_i^{\mathrm{T}}\boldsymbol{P}^{-1}\bar{S}_3\|))-\\&\sum_{i=1}^{n}(\|E_i^{\mathrm{T}}\|(\delta_i-\|\boldsymbol{P}^{-1}\boldsymbol{\Gamma}^{-1}\psi'_i\|))-\tilde{x}_2^{\mathrm{T}}\tilde{x}_1\\\leqslant&-K_2^{*}\sqrt{V_2}-\tilde{x}_1^{\mathrm{T}}\tilde{x}_2\end{aligned} \tag{7.102}$$

式中，$K_2^{*}=\min\left[(k_{22,i}-\varepsilon_{3,i}^{*}-\kappa\omega_2+\|\psi_i^{\mathrm{T}}\boldsymbol{P}^{-1}\bar{S}_3\|)\times\sqrt{\dfrac{2}{\lambda_{\max}(M)}},(\delta_i-\|\boldsymbol{P}^{-1}\boldsymbol{\Gamma}^{-1}\psi'_i\|)\delta_p\sqrt{\lambda_{\max}(\boldsymbol{\Gamma}^{-1})}\right]$。

$$\dot{V}=\dot{V}_1+\dot{V}_2\leqslant-K^{*}\sqrt{V} \tag{7.103}$$

其中，$K^{*}=\min[K_1^{*},K_2^{*}]$。

注意，式(7.103)满足 7.4.3 节中引理 2 的条件。因此，可以保证跟踪误差 $\tilde{x}_1$、$\tilde{x}_2$ 和参数误差 $\widetilde{\boldsymbol{W}}$ 的有限时间收敛。然后，$V\equiv0$，$\forall\, t>t_c$，其中有限时间 t_c 有：

$$t_c\leqslant 2K^{*}\sqrt{V(0)} \tag{7.104}$$

跟踪误差 $\tilde{x}_1$ 和 $\tilde{x}_2$ 在有限时间内消失为零，因此跟踪误差 $\tilde{x}_1$、$\tilde{x}_2$ 可以保证为零。

需要注意的是，由式(7.97)和式(7.98)，耗散性和 l_2-l_∞ 方法可以结合到李雅普诺夫函数中，以确保鲁棒性。

7.4.3 仿真

对两自由度机械臂模型进行仿真，如图7.20所示，分析上述控制器的有效性。

两自由度机械臂的动力学描述如下：

$$\begin{bmatrix} M_{11} & M_{12} \\ M_{21} & M_{22} \end{bmatrix} \ddot{q} + \begin{bmatrix} V_{11} & V_{12} \\ V_{21} & V_{22} \end{bmatrix} \dot{q} + \begin{bmatrix} G_1 \\ G_2 \end{bmatrix} = \tau \tag{7.105}$$

其中，$m_1=2\text{kg}, m_2=0.85\text{kg}, l_1=0.35\text{m}, l_2=0.31\text{m}, I_1=0.061\text{kgm}^2, I_2=0.020\text{kgm}^2$。$m_i$ 是连杆 i 的惯性，I_i 是连杆 i 在连杆 i 的质量中心处绕轴线的惯性。l_i 和 l_{ci} 是连杆 i 的长度和第 $i-1$ 个关节到第 i 个关节重心的距离，i 分别为1、2。两自由度机械臂参数如表7.1所示。

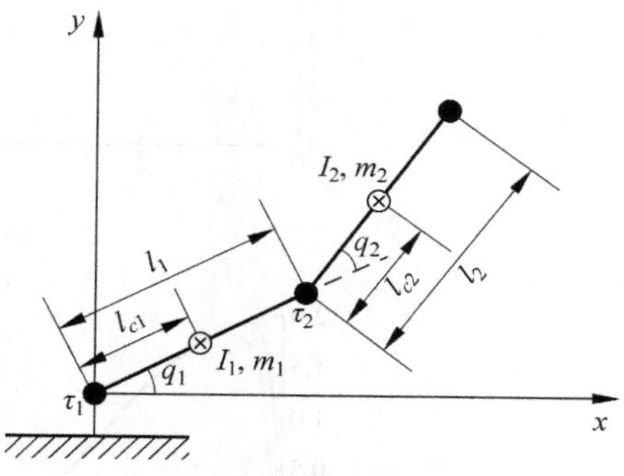

图7.20 两自由度机械臂结构

表7.1 两自由度机械臂参数描述

M_{11}	$m_1 l_{c1}^2 + m_2(l_1^2 + l_{c1}^2 + 2l_1 l_{c2}\cos q_2) + I_1 + I_2$
M_{12}	$m_2(l_{c2}^2 + l_1 l_{c2}\cos q_2) + I_2$
M_{21}	$m_2(l_{c2}^2 + l_1 l_{c2}\cos q_2) + I_2$
M_{22}	$m_2 l_{c2}^2 + I_2$
V_{11}	$-m_2 l_1 l_{c2} \dot{q}_2 \sin q_2$
V_{12}	$-m_2 l_1 l_{c2}(\dot{q}_1 + \dot{q}_2)\sin q_2$
V_{21}	$m_2 l_1 l_{c1} \dot{q}_1 \sin q_2$
V_{22}	0
G_1	$(m_1 l_{c2} + m_2 l_1) g\cos q_1 + m_2 l_{c2} g\cos(q_1+q_2)$
G_2	$m_2 l_{c2} g\cos(q_1+q_2)$

期望轨迹为 $q_{d1}=3\sin 0.5t$ 和 $q_{d2}=2\cos 0.5t$，其中 $t\in[0,t_f]$，$t_f=15\text{s}$。控制增益选择为 $K_{11}=\text{diag}(10,10)$，$K_{12}=\text{diag}(0.0001,0.0001)$，$K_{21}=\text{diag}(10,10)$，$K_{22}=\text{diag}(0.0001,0.0001)$。同时，神经网络自适应律设为 $\Gamma_F=15I$，$\Gamma_H=15I$，$\delta_F=0.005$，$\delta_H=0.005$。神经网络的隐藏层节点数为 $N_1=N_2=N_3=256$。神经网络权重矩阵初始化为 $\hat{W}_1(0)=0\in R^{768}$，$\hat{W}_2(0)=0\in R^{768}$，参数设置为 $\omega_2=0.01$。且有 ${}^1r_{1,1}={}^1r_{1,2}={}^1r_{2,1}={}^1r_{2,2}=2$ 和 ${}^2r_{1,1}={}^2r_{1,2}={}^2r_{2,1}={}^2r_{2,2}=3$，以及 $\bar{\omega}=1$ 和 $b=1$。仿真中，σ 修改自适应定律如下：

$$\dot{\hat{\boldsymbol{W}}}_i=\boldsymbol{\Gamma}(\bar{S}_3\tilde{x}_{2,i}b_{2,i}(\bar{x}_2)-\sigma_i\hat{\boldsymbol{W}}_i) \tag{7.106}$$

仿真结果如图7.21～图7.28所示。

图7.21～图7.24表明，两种自适应控制器都可以在有限时间内跟踪参考信号 q_d 和 $\dot{q}_d$，且控制性能稳定。然而，与传统的自适应律相比，具有FT学习自适应律的全局自适应神经控制器(见式(7.94))跟踪误差收敛速度更快，这是由于采用了自适应法则的导出权重误差信息 E_i。因此，用于机器人末端执行器的全局自适应神经控制器能够在未知动态下对跟踪误差实现良好的瞬态跟踪性能。

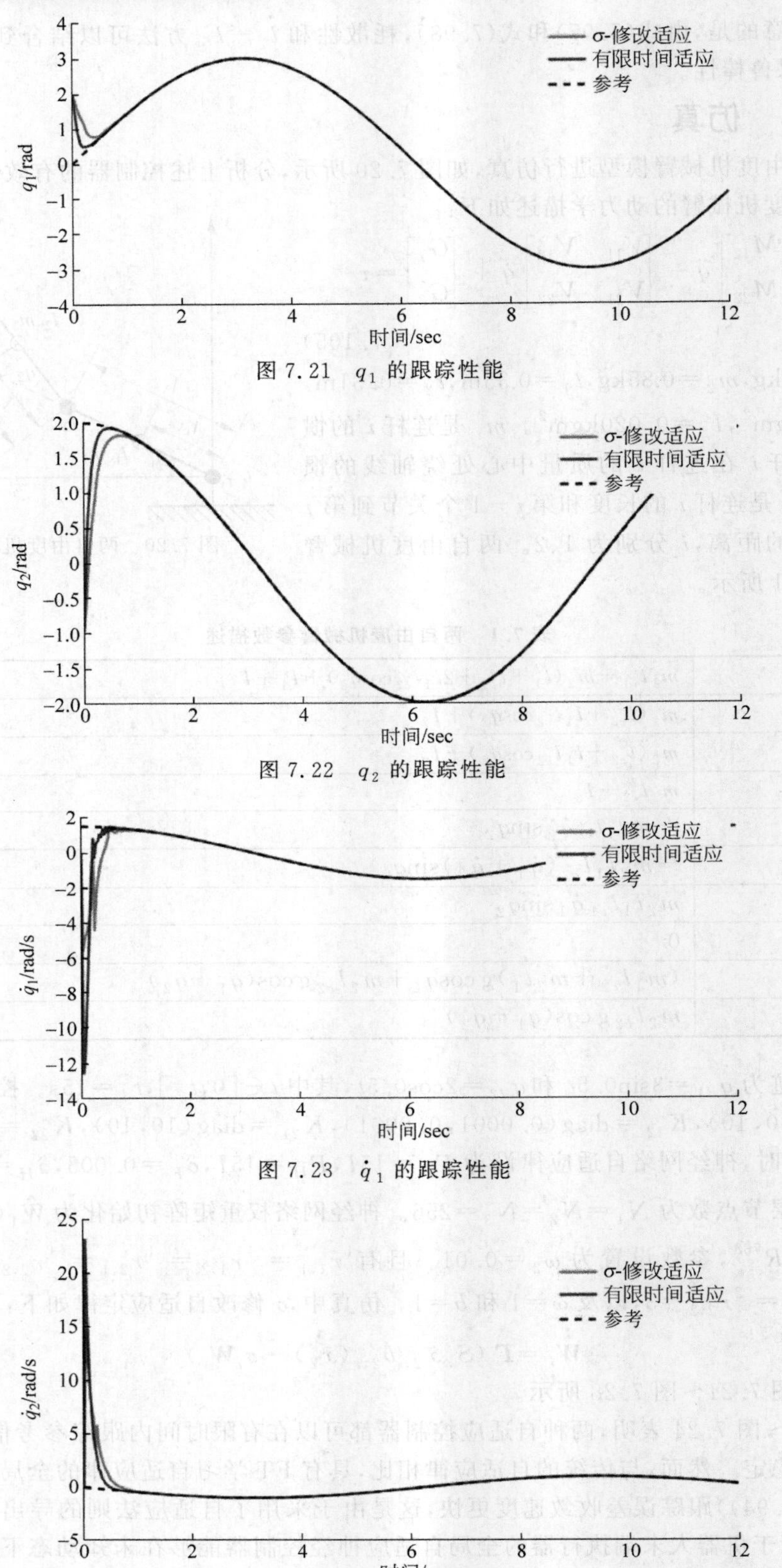

图 7.21 q_1 的跟踪性能

图 7.22 q_2 的跟踪性能

图 7.23 $\dot{q}_1$ 的跟踪性能

图 7.24 $\dot{q}_2$ 的跟踪性能

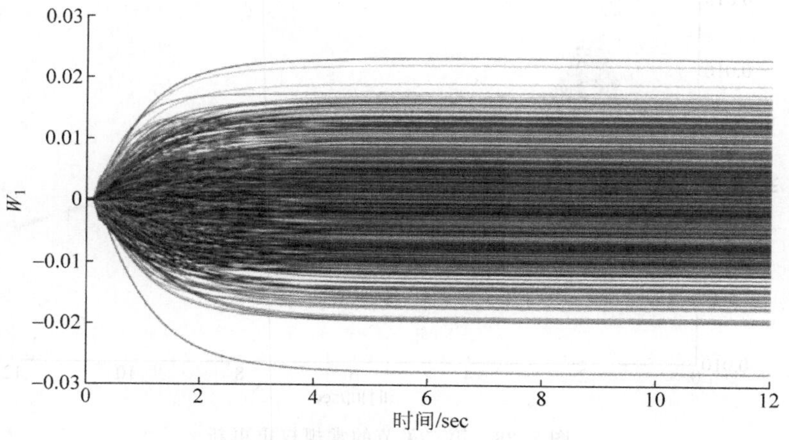

图 7.25 第一个关节的 FT 权重更新

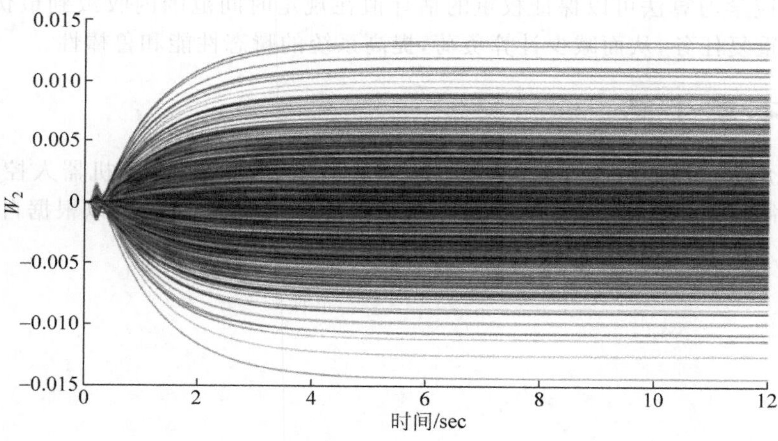

图 7.26 第二个关节的 FT 权重更新

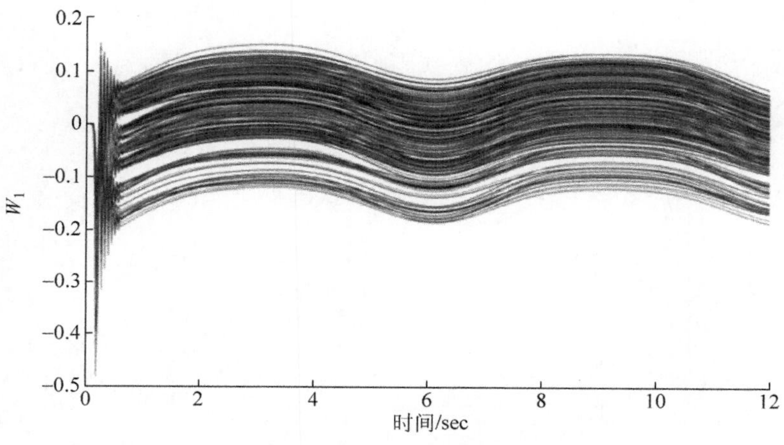

图 7.27 第一关节的常规权重更新

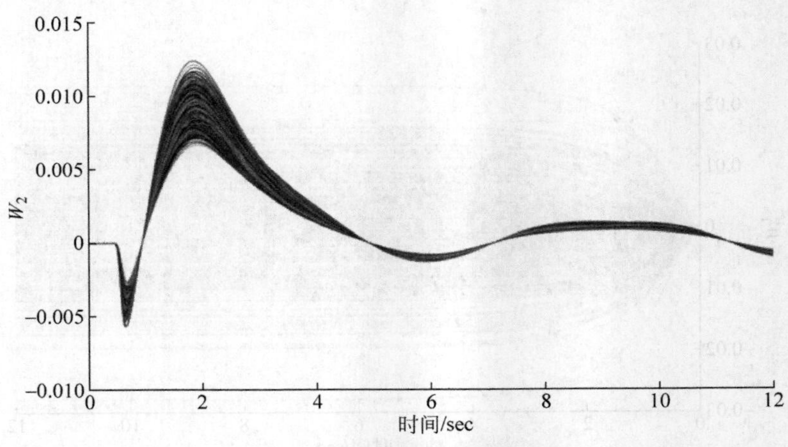

图 7.28　第二关节的常规权重更新

图 7.25 和图 7.26 说明权重能在有限时间内收敛到最佳值。与图 7.27 和图 7.28 的结果相比，FT 自适应学习算法可以保证权重的估计值在规定时间范围内收敛到最优值，使得学习权重可以用于重复任务，从而减少计算负荷，提高系统的瞬态性能和鲁棒性。

7.5　本章小结

本章首先介绍了神经网络控制的基本原理，然后结合几个具体的机器人控制研究课题讨论神经网络控制器的设计，每个控制器都针对不同的应用场景，读者可以根据自己的研究方向和兴趣进行深入研究。

第8章 CHAPTER 8 自适应控制

自适应控制的研究对象是具有一定程度不确定性的系统。“不确定性”是指描述被控对象及其环境的数学模型不是完全确定的,其中包含一些未知因素和随机因素。任何一个实际系统都具有不同程度的不确定性,这些不确定性可以表现在系统内部,也可以表现在系统外部。从系统内部来讲,描述被控对象的数学模型的结构和参数,设计者事先并不一定能准确知道。作为外部环境对系统的影响,可以等效地用多个扰动来表示。这些扰动通常是不可预测的。此外,还有一些因测量引起的不确定因素进入系统。面对这些客观存在的多种不确定性,如何设计适当的控制系统,使其某个性能指标达到并保持最优或者近似最优,这就是自适应控制所要研究和解决的问题。

和常规的反馈控制类似,自适应控制也是一种基于数学模型的控制方法,但自适应控制所依据的关于模型和扰动的先验知识比较少,需要在系统的运行过程中不断提取有关模型的信息,使模型信息逐步完善。具体地说,可以依据被控对象的输入输出数据,不断地辨识模型参数,这个过程称为系统的在线辨识。随着生产过程的不断进行,通过在线辨识,模型会越来越准确,越来越接近于实际情况。由于模型参数在不断地优化,那么基于这种模型辨识出来的控制作用也将随之不断地改进。正因如此,控制系统具有一定的适应能力。例如某些控制对象,其特性可能在运行过程中要发生较大的变化,但通过在线辨识和改变控制器参数,使控制系统逐渐适应,最终将系统调整到一个较好的工作状态。

8.1 自适应控制基本原理

自适应控制器,能够通过修正自身的特性以适应对象和扰动的动态特性变化,从而使整个控制系统获得满意的性能。自适应控制器具有以下特点:

- 研究对象具有不确定性或难以确知;
- 能消除系统结构扰动引起的系统误差;
- 对数学模型的依赖很小,仅需要较少的先验知识;
- 自适应控制是较为复杂的反馈控制。

8.1.1 自适应控制系统的原理

1. 自适应控制基本原理

自适应控制的过程如图8.1所示。

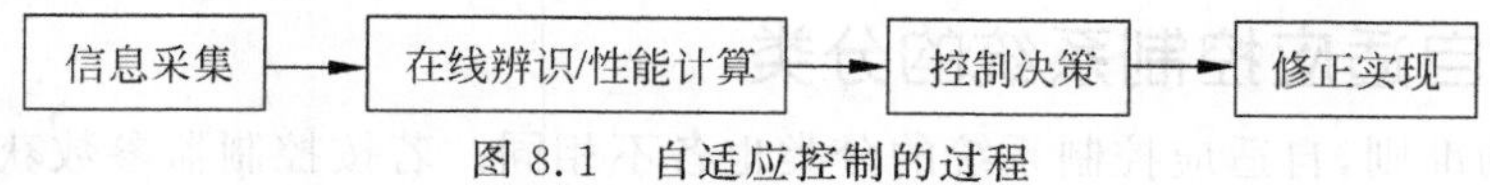

图8.1 自适应控制的过程

具体的控制过程如下。

① 信息采集模块获取被控系统(或可调系统)的输入输出及其相关状态信息等。

② 在线辨识或性能计算模块对系统相关参数或状态进行连续或周期性估计(辨识),或者对系统的性能指标进行计算。

③ 控制决策根据辨识结果与指标要求,确定当前控制(调整)策略,通过与给定性能指标进行比较,确定相应的控制决策。

④ 通过修正装置对被控系统的控制器(或可调系统)的相关参数或状态进行修正或调节。

关于在线识别与性能计算模块:(1)并非所有的自适应控制系统都要求直接辨识被控对象的特性或参数,对某些自适应控制系统,只要测量并计算出性能指标的数值,就可以确定控制策略应如何修正;(2)通常,自适应控制系统需要选择一个合适的系统性能指标,并将该性能指标的优劣与修正机构对应的修正信号联系起来,而与性能指标极值点对应的修正信号变化规律即为自适应规律。

2. 自适应控制系统的基本原理

自适应控制系统需要不断地测量本身的状态、性能、参数,对系统当前数据和期望数据进行比较,再做出改变控制器结构、参数或控制方法等的最优决策,从而在保证系统输出满足要求的同时,保证系统的稳定。由于自适应控制系统形式各异,差别较大,通常不具有一般性模式,因此这部分只针对其原理性结构进行介绍,如图 8.2 所示为自适应控制系统的基本原理。可以看出,自适应控制系统有两个回路:一个是带有过程和可调控制器的反馈回路;另一个则是具有自适应机构的自适应回路。其中,自适应回路用来控制参数的调节,该回路的参数变化比反馈回路的信号变化慢很多,而自适应回路的控制参数调整速度则远小于反馈回路的过程参数变化速度。

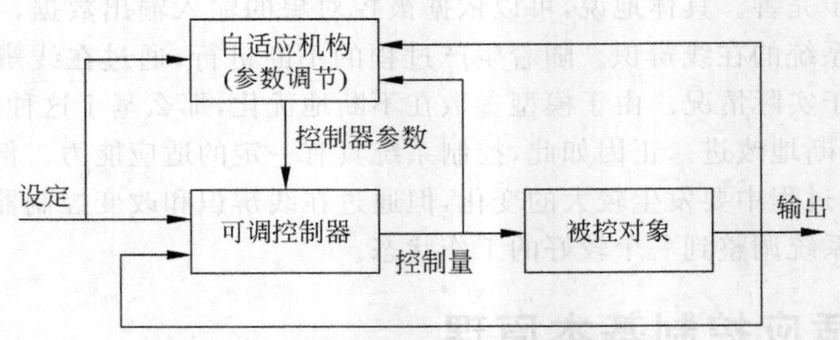

图 8.2 自适应控制系统结构原理框图

一般的反馈控制系统对于系统内部特性的变化和外部扰动的影响都具有一定的抑制能力,但是由于控制器参数是固定的,所以当系统内部特性变化或者外部扰动的变化较大时,系统的性能常常会大幅度下降,甚至不稳定。也就是说,对那些对象特性或扰动特性变化范围很大,同时又要求经常保持高性能指标的一类系统,采取自适应控制是合适的。首先自适应机构可以通过输入口检测到变化,并能够根据变化量来修正控制器的参数,然后将这些参数置入控制器,从而使控制器的输出发生变化来减小系统误差,最终实现维持控制性能最优或次优的目的。

正是由于图中的自适应回路,使得自适应控制具有很强的鲁棒性。同时也应当注意,自适应控制比常规反馈控制要复杂得多,成本也高得多,因此只是在用常规反馈达不到所期望的性能时,才会考虑采用。

8.1.2 自适应控制系统的分类

按照不同的准则,自适应控制系统的分类也各不相同。若按控制器参数获得的方法,可将其分为直接自适应控制和间接自适应控制；按照被控对象的性质，可分为确定性自适应控制和随机自适应控制；按结构则可分为前馈自适应控制和反馈自适应控制。

通常，目前被多数人接受的分类是将自适应控制分为自校正控制、模型参考自适应控制以及其他自适应控制，前两种自适应控制的理论体系和方法相对较为成熟。下面针对这种分类介绍几种常用的自适应控制。

1. 前馈自适应控制系统

前馈自适应控制系统借助于过程扰动信号的测量，通过自适应机构来改变控制器的状态，从而达到改变系统特性的目的。它与前馈-反馈复合控制系统的结构比较类似，但前馈自适应控制增加了自适应机构，并且控制器可调。当扰动不可测时，前馈自适应控制系统的应用就会受到严重的限制。该控制系统的结构图如图 8.3 所示。

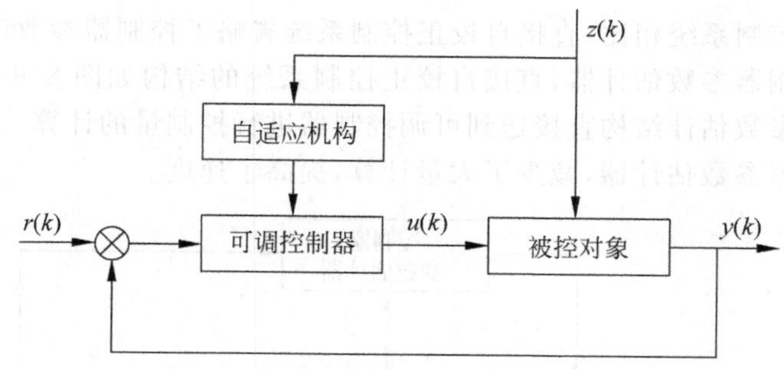

图 8.3 前馈自适应控制系统结构

2. 反馈自适应控制系统

反馈自适应控制系统是根据系统内部可测信息的变化，来改变控制器的结构或参数，以达到提高控制质量的目的。反馈自适应控制系统的结构如图 8.4 所示。从图中可以看出，除原有反馈回路之外，反馈自适应控制系统中新增加的自适应机构形成了另一个反馈回路。

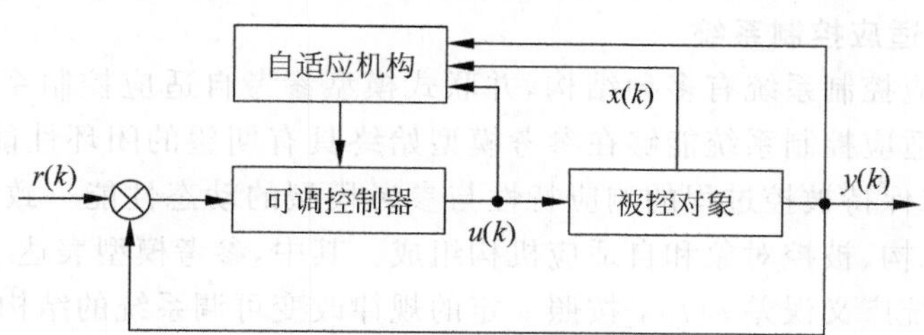

图 8.4 反馈自适应控制系统的结构

3. 自校正控制系统

自校正控制系统又称自优化控制或模型辨识自适应控制。自校正控制有两种形式：间接自校正控制和直接自校正控制。间接自校正控制系统的结构如图 8.5 所示，可以看到，该控制系统是由被控过程、过程模型参数估计器（在线辨识）、控制器参数计算器和可调控制器组成。

过程模型参数估计器通过采集的过程输入、输出信息，实现过程模型的在线辨识和参数估计。在获得的过程模型或估计参数的基础上，按照某种策略设计控制器，并按一定的性能优化准则，计算控制参数，使得闭环系统能够达到最优的控制性能。

模型参数的估计方法有很多，如最小二乘法、随机逼近法、极大似然法等。控制策略有极点配置、PID、最小方差控制等。将不同的辨识方法和不同的控制策略搭配，又可以组成不同形式的自校正控制系统。

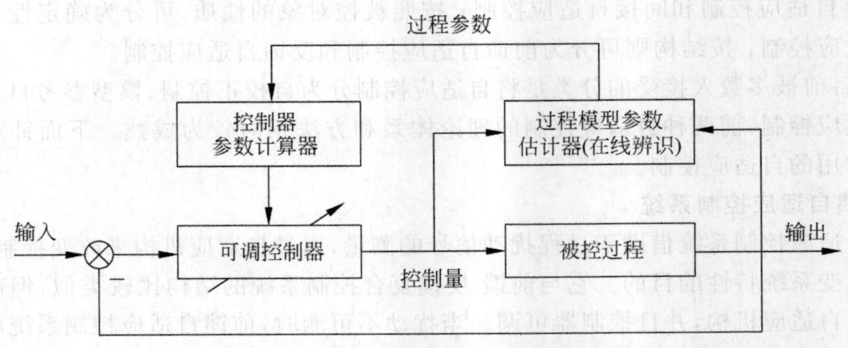

图 8.5　间接自校正控制系统的结构

与间接自校正控制系统相比,直接自校正控制系统省略了控制器参数计算器,并将模型参数估计器替换为控制器参数估计器,直接自校正控制系统的结构如图 8.6 所示,可以看到,控制器参数估计器的参数估计结构直接送到可调控制器进行控制量的计算。由于直接自校正控制系统省略了控制器参数估计器,减少了大量计算,提高了速度。

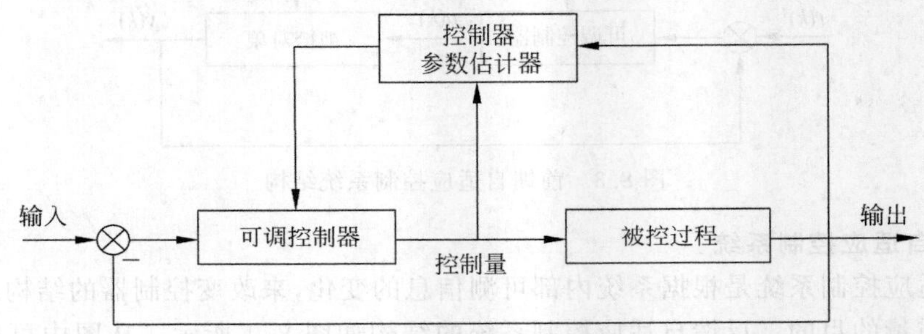

图 8.6　直接自校正控制系统的结构

4. 模型参考自适应控制系统

模型参考自适应控制系统有多种结构,并联式模型参考自适应控制系统的结构如图 8.7 所示。模型参考自适应控制系统能够在参考模型始终具有期望的闭环性能的前提下,使系统在运行过程中,力求保持被控过程的响应特性与参考模型的动态性能一致。该控制系统主要由参考模型、可调机构、被控对象和自适应机构组成。其中,参考模型表达了期望的闭环性能,自适应机构根据系统广义误差 $e(t)$,按照一定的规律改变可调系统的结构或参数。广义误差向量 $e=x_m-x$(其中 x_m、x 分别表示参考模型的状态和输出)不为 0 时,自适应机构按照一定规律改变可调机构的结构或参数(称为参数自适应方案)或直接改变被控对象的输入信号(称为信号综合自适应方案),以使系统的性能指标达到或接近希望的性能指标。

并联模型参考自适应系统的数学模型可以用状态方程和输入-输出方程进行描述。对应模型参考自适应控制系统,在描述其数学模型时,有连续型和离散型两种系统。下面基于参数自适应方案分别对这两种系统用状态方程进行描述。

对于连续的模型参考自适应系统,其参考模型为:

$$\dot{x}_m=\boldsymbol{A}_m x_m+\boldsymbol{B}_m u,\quad x_m(0)=x_{m0} \tag{8.1}$$

在可调参数模型参考自适应系统中,可调系统为:

$$\begin{cases}\dot{x}=\boldsymbol{A}(e,t)x+\boldsymbol{B}(e,t)u\\ x(0)=x_0,\quad \boldsymbol{A}(0)=\boldsymbol{A}_0,\quad \boldsymbol{B}(0)=\boldsymbol{B}_0\end{cases} \tag{8.2}$$

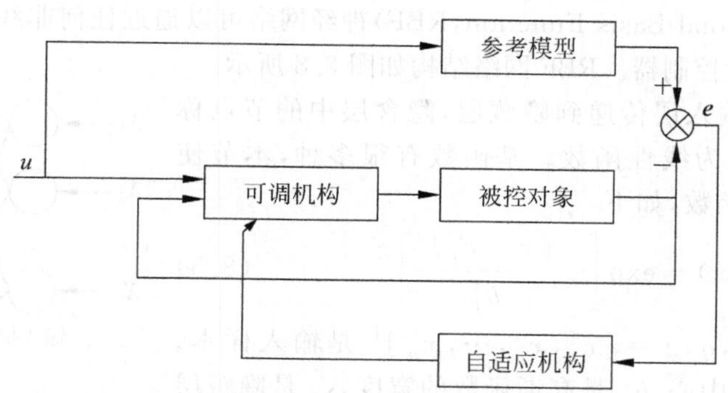

图 8.7 并联式模型参考自适应控制系统的结构

其中，u 为 m 维分段连续的输入向量，x_m 和 x 均为 n 维状态向量，$\boldsymbol{A}_m$ 和 $\boldsymbol{B}_m$ 分别为 n 维和 m 维常数矩阵，而 $\boldsymbol{A}$ 和 $\boldsymbol{B}$ 则分别为 n 维和 m 维时变矩阵。需要注意的是，式(8.1)的参考模型是稳定的，且是完全可控和完全可观测的。

对于离散的模型参考自适应系统，其参考模型为：

$$x_m(k+1)=\boldsymbol{A}_m x_m(k)+\boldsymbol{B}_m u(k),\quad x_m(0)=x_{m0} \tag{8.3}$$

可调系统的参数自适应方案的系统模型为：

$$x(k+1)=\boldsymbol{A}(e,k)x(k)+\boldsymbol{B}(e,k)u(k) \tag{8.4}$$

其中，$x(0)=x_0$，$\boldsymbol{A}(0)=\boldsymbol{A}_0$，$\boldsymbol{B}(0)=\boldsymbol{B}_0$。

8.2 基于神经自适应观测器的柔性关节机器人控制

柔性关节机械臂的模型具有高度非线性、强耦合性和时变性等特点，其控制器的设计具有很大的挑战。同时，它的运动学和动力学模型不可避免地存在不确定性，所以不可能用一个精确的模型来设计其控制器。另外，设计控制器所需的状态参数在实际工况下也可能是不可测的。为解决上述问题，本节将介绍一种自适应神经网络观测器，对模型未知的单连杆柔性关节机械臂的状态变量进行估计。

可编程机器人在自动化制造中扮演着越来越重要的角色，尤其是在通过批量生产来降低劳动力成本的装配线上。为了满足每个客户对产品的独特需求，将会涌现大量定制化产品。众所周知，快速增加的产品类型以及产品生产过程的变化给装配线的设计带来了极大的不确定性。重新配置生产线需要对机器人重新编程，这将会增加生产线的成本。因此，现代制造业需要一种灵活的方法来管理生产过程的多变性。制造过程中最灵活的因素是操作工人，他们对不可预测的事件具有超越机器的敏感性和应对能力，能够对不同信息进行快速处理，在切换任务时也能快速适应。然而，人工装配虽然可以降低初始投资，但由于其自动化程度较低，后期的人工成本会显著增加。综合考虑，最好的解决方案是利用人和机器人的协作来缩小完全自动化生产线和全手动装配之间的差距。人和机器人的协作，相较于机器人单独工作或人单独工作，将会更有效率。预计协作机器人最终将比目前在制造业中使用的非协作机器人的制造成本更低，用途更加广泛。同时，协作机器人需要在动态变化和非结构化的工作环境中安全地执行物理交互。一种常见的方法是利用柔性关节来提高机械臂机械结构的柔顺性。柔性关节为机械臂提供了柔顺性，当柔性关节机械臂在操作过程中遇到障碍时，机械臂与障碍物之间的接触力将变得相对较小。因此，柔性关节机械臂在人与机器人的物理协作领域得到了广泛的应用。

径向基函数(Radial Basis Function,RBF)神经网络可以逼近任何非线性函数,可以代替未知的非线性系统设计控制器。RBF 网络结构如图 8.8 所示。

输入信号通过输入层传递到隐藏层,隐含层中的节点称作基函数,输出层称为线性函数。基函数有很多种,本节使用高斯函数作为基函数,如下

$$S_j(x)=\exp\left[-\frac{\|x-c_j\|^2}{b_j^2}\right] \tag{8.5}$$

其中,$j=1,2,3,\cdots,q$,$x=[x_1,x_2,\cdots,x_n]^{\mathrm{T}}$ 是输入样本。C_j 是隐藏层节点的中心,b_j 是高斯函数的宽度,s_j 是隐藏层的输出,q 是隐藏层中的节点数。RBF 网络的输出是隐藏层节点的线性叠加:

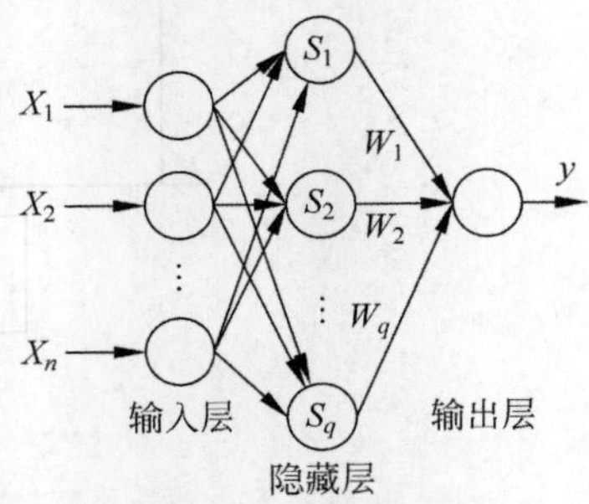

图 8.8 RBF 网络结构

$$y=\sum_{j=1}^{q}W_jS_j(x) \tag{8.6}$$

其中,W_j 是神经网络的权向量。通过选择合适的权向量,RBF 网络可以逼近任意精度的连续函数:

$$h(Z)=\boldsymbol{W}^{\mathrm{T}}S(Z)+\varepsilon \tag{8.7}$$

其中,$\forall Z\in\Omega_z$,$\boldsymbol{W}$ 是最优权向量,ε 是逼近误差。

后文将介绍一种基于 RBF 神经网络的未知系统柔性关节机器人观测器设计。在此基础上,针对模型未知的单连杆柔性关节机械臂,设计了基于动态曲面方法的控制器,并利用 RBF 神经网络建立机械臂的未知模型。最后,通过仿真实验来测试和验证所设计控制器的有效性。

8.2.1 自适应观测器设计

1. 自适应观测器设计

以下介绍一种基于 RBF 神经网络的状态观测器的具体设计过程。

非线性系统的一般模型为:

$$\begin{cases}\dot{x}(t)=f(x,u)\\ y(t)=\boldsymbol{C}\boldsymbol{x}(t)\end{cases} \tag{8.8}$$

其中,$u\in\boldsymbol{R}^{M_n}$ 为输入,$y\in\boldsymbol{R}^{M_y}$ 为输出,$\boldsymbol{x}\in\boldsymbol{R}^{M_x}$ 为系统的状态向量,f 为未知函数,$\boldsymbol{C}$ 为系统的输出矩阵。定义 $g(x,u)=f(x,u)-\boldsymbol{A}\boldsymbol{x}$,可得:

$$\begin{cases}\dot{x}(t)=\boldsymbol{A}x+g(x,u)\\ y(t)=\boldsymbol{C}x(t)\end{cases} \tag{8.9}$$

其中,$\boldsymbol{A}$ 为 Hurwitz 矩阵,$(\boldsymbol{C},\boldsymbol{A})$是可观测的。

构建观测器模型如下:

$$\begin{cases}\dot{\hat{x}}(t)=\boldsymbol{A}\hat{x}+\hat{g}(\hat{x},u)+\boldsymbol{G}(y-\boldsymbol{C}\hat{x})\\ \hat{y}=\boldsymbol{C}\hat{x}(t)\end{cases} \tag{8.10}$$

其中,$\hat{x}$ 为观测器的状态。选择观测器增益 $\boldsymbol{G}\in R^{n\times m_y}$,使得 $\boldsymbol{A}-\boldsymbol{G}\boldsymbol{C}$ 是一个 Hurwitz 矩阵。采用 RBF 神经网络逼近非线性系统,$g(x,u)$可以重新计算如下:

$$g(x,u)=\boldsymbol{W}^{\mathrm{T}}S(\bar{x})+\varepsilon(x) \tag{8.11}$$

其中,$\boldsymbol{W}$ 是输出层的权矩阵,$\bar{x}=[x^{\mathrm{T}},u^{\mathrm{T}}]^{\mathrm{T}}$,$\varepsilon(x)$是神经网络的逼近误差。$S(\cdot)$为高斯函数,也是隐藏层神经元的传递函数。

$$S_j(\bar{x})=\exp\left(-\frac{\|\bar{x}-c_j\|}{b_j^2}\right) \tag{8.12}$$

假设：在最佳权重矩阵 $\boldsymbol{B}$ 上存在上限：

$$\|\boldsymbol{W}\|\leqslant \boldsymbol{W}_m \tag{8.13}$$

性质：高斯函数有界：

$$\|S(\bar{x})\|\leqslant S_m \tag{8.14}$$

假设 $g(x,u)$ 可以近似为：

$$\hat{g}(\hat{x},u)=\hat{\boldsymbol{W}}^{\mathrm{T}}S(\hat{\bar{x}}) \tag{8.15}$$

设计的观测器如下：

$$\begin{cases}\dot{\hat{x}}(t)=\boldsymbol{A}\hat{x}+\hat{\boldsymbol{W}}^{\mathrm{T}}S(\hat{\bar{x}})+\boldsymbol{G}(y-\boldsymbol{C}\hat{x})\\ \hat{y}=\boldsymbol{C}\hat{x}(t)\end{cases} \tag{8.16}$$

为证明观测器的稳定性，定义权误差 $\tilde{\boldsymbol{W}}=\hat{\boldsymbol{W}}-\boldsymbol{W}$ 和状态变量误差 $\tilde{x}=\hat{x}-x$。根据式(8.9)和式(8.16)可得：

$$\begin{cases}\dot{\tilde{x}}(t)=\boldsymbol{A}\hat{x}+\hat{\boldsymbol{W}}^{\mathrm{T}}S(\hat{\bar{x}})-Ax-\boldsymbol{W}^{\mathrm{T}}S(\bar{x})+\boldsymbol{G}(y-C\hat{x})+\varepsilon(x)\\ \tilde{y}=\boldsymbol{C}\tilde{x}(t)\end{cases} \tag{8.17}$$

式(8.17)左边加上 $\boldsymbol{W}^{\mathrm{T}}S(\hat{\bar{x}})$，并减去 $\boldsymbol{W}^{\mathrm{T}}S(\hat{\bar{x}})$，可得：

$$\begin{cases}\dot{\tilde{x}}(t)=\boldsymbol{A}_c\tilde{x}+\tilde{\boldsymbol{W}}^{\mathrm{T}}S(\hat{\bar{x}})+w(t)\\ \tilde{y}=\boldsymbol{C}\tilde{x}(t)\end{cases} \tag{8.18}$$

其中，$\boldsymbol{A}_c=\boldsymbol{A}-\boldsymbol{GC}$，$w(T)=\boldsymbol{W}^{\mathrm{T}}[S(\hat{\bar{x}})-S(\bar{x})]+\varepsilon(x)$。由于最优神经网络权重有界，所以 $\boldsymbol{W}_m>0$，满足 $\|w(t)\|\leqslant\boldsymbol{W}_m$。

2. 稳定性分析

定义 1：权重的自适应更新率如下：

$$\dot{\hat{\boldsymbol{W}}}=\boldsymbol{\Gamma}\left[S(\hat{\bar{x}})\tilde{y}^{\mathrm{T}}\boldsymbol{C}-\rho\|\boldsymbol{C}\tilde{x}\|\hat{\boldsymbol{W}}\right] \tag{8.19}$$

其中 $\boldsymbol{\Gamma}=\boldsymbol{\Gamma}^{\mathrm{T}}$ 是正定矩阵。

定理：考虑式(8.8)描述的一般非线性系统，由式(8.16)描述的观测器，以及式(8.19)描述的权值的自适应更新率。对于任何有界初始条件，都存在适当的参数 $\boldsymbol{G}$、Γ 和 ρ，使得预想的观测器能够满足：

(1) 观测器中的所有信号都是一致最终有界的；

(2) 估计误差收敛到任意小的零邻域。

证明过程如下。由于最优权重 $\boldsymbol{W}$ 是一个常数矩阵，所以可得 $\dot{\boldsymbol{W}}=0$。根据加权误差 $\tilde{\boldsymbol{W}}=\hat{\boldsymbol{W}}-\boldsymbol{W}$ 得到：

$$\begin{aligned}\dot{\tilde{\boldsymbol{W}}}=\dot{\hat{\boldsymbol{W}}}&=\Gamma[S(\hat{\bar{x}})\tilde{y}^{\mathrm{T}}\boldsymbol{C}-\rho\|\boldsymbol{C}\tilde{x}\|(\hat{\boldsymbol{W}}+\boldsymbol{W})]\\&=\Gamma[S(\hat{\bar{x}})\tilde{y}^{\mathrm{T}}\boldsymbol{C}^{\mathrm{T}}\boldsymbol{C}-\rho\|\boldsymbol{C}\tilde{x}\|(\hat{\boldsymbol{W}}+\boldsymbol{W})]\end{aligned} \tag{8.20}$$

定义 2：李雅普诺夫函数为：

$$L=\frac{1}{2}\tilde{x}^{\mathrm{T}}\boldsymbol{P}\tilde{x}+\frac{1}{2}tr(\tilde{\boldsymbol{W}}^{\mathrm{T}}\Gamma^{-1}\tilde{\boldsymbol{W}}) \tag{8.21}$$

其中 $\boldsymbol{P}$ 是正定矩阵。这里定义 $\boldsymbol{Q}$ 为

$$\boldsymbol{Q}=-(\boldsymbol{A}_C^{\mathrm{T}}\boldsymbol{P}+\boldsymbol{P}\boldsymbol{A}_C) \tag{8.22}$$

其中 $\boldsymbol{A}_C$ 是 Hurwitz 矩阵，$\boldsymbol{Q}$ 是正定矩阵。然后可得 L 的时间导数

$$\dot{L}=\frac{1}{2}\tilde{x}^{\mathrm{T}}\boldsymbol{P}\tilde{x}+\frac{1}{2}\dot{\tilde{x}}^{\mathrm{T}}\boldsymbol{P}\tilde{x}+tr(\tilde{\boldsymbol{W}}^{\mathrm{T}}\boldsymbol{\Gamma}^{-1}\dot{\tilde{\boldsymbol{W}}}) \tag{8.23}$$

将式(8.18)、式(8.20)和式(8.22)代入式(8.23)，得到：

$$\dot{L}=-\frac{1}{2}\tilde{x}^{\mathrm{T}}\boldsymbol{Q}\tilde{x}+\tilde{x}^{\mathrm{T}}\boldsymbol{P}\tilde{\boldsymbol{W}}^{\mathrm{T}}S(\hat{\tilde{x}})+\tilde{x}^{\mathrm{T}}\boldsymbol{P}w+tr(\tilde{\boldsymbol{W}}^{\mathrm{T}}S(\hat{\tilde{x}})\tilde{x}^{\mathrm{T}}\boldsymbol{C}^{\mathrm{T}}\boldsymbol{C})-\tilde{\boldsymbol{W}}^{\mathrm{T}}\rho\|\boldsymbol{C}\tilde{x}\|(\hat{\boldsymbol{W}}+\boldsymbol{W}) \tag{8.24}$$

基于

$$tr[\tilde{\boldsymbol{W}}^{\mathrm{T}}(-\boldsymbol{W}-\tilde{\boldsymbol{W}})]\leqslant \boldsymbol{W}_m\|\tilde{\boldsymbol{W}}\|-\|\tilde{\boldsymbol{W}}\|^2 tr((\tilde{\boldsymbol{W}}^{\mathrm{T}}S(\hat{\tilde{x}})\tilde{x}^{\mathrm{T}}\boldsymbol{C}^{\mathrm{T}}\boldsymbol{C}))\leqslant S_m\|\boldsymbol{C}\|^2\|\tilde{x}\|\|\hat{\boldsymbol{W}}\| \tag{8.25}$$

可得：

$$\dot{L}\leqslant-\frac{1}{2}\lambda_{\min}(\boldsymbol{Q})\|\tilde{x}\|^2+S_m\|\boldsymbol{P}\|\|\tilde{x}\|\|\tilde{\boldsymbol{W}}\|+w_m\|\boldsymbol{P}\|\|\tilde{x}\|+S_m\|\boldsymbol{C}\|^2\|\tilde{x}\|\|\tilde{\boldsymbol{W}}\|+$$
$$\rho\boldsymbol{W}_m\|\boldsymbol{C}\|\|\tilde{x}\|\|\tilde{\boldsymbol{W}}\|-\rho\|\boldsymbol{C}\|\|\tilde{x}\|\|\tilde{\boldsymbol{W}}\|^2=M_1 \tag{8.26}$$

其中，$\lambda_{\min}(\boldsymbol{Q})>0$ 是 $\boldsymbol{Q}$ 的最小特征值，可得：

$$\begin{aligned}M_1=&-\frac{1}{2}\lambda_{\min}(\boldsymbol{Q})\|\tilde{x}\|^2+\|\tilde{x}\|(S_m\|\boldsymbol{P}\|\|\tilde{\boldsymbol{W}}\|+S_m\|\boldsymbol{C}\|^2\|\tilde{\boldsymbol{W}}\|+\\&\rho\boldsymbol{W}_m\|\boldsymbol{C}\|\|\tilde{\boldsymbol{W}}\|-\rho\|\boldsymbol{C}\|\|\tilde{\boldsymbol{W}}\|^2)+w_m\|\boldsymbol{P}\|\|\tilde{x}\|\\=&-\frac{1}{2}\lambda_{\min}(\boldsymbol{Q})\|\tilde{x}\|^2\left[-\rho\|\boldsymbol{C}\|\left(\|\hat{\boldsymbol{W}}\|-\frac{S_m\|\boldsymbol{P}\|+S_m\|\boldsymbol{C}\|^2+\rho\|\boldsymbol{C}\|\boldsymbol{W}_m}{2\rho\|\boldsymbol{C}\|}\right)^2+\right.\\&\left.\frac{(S_m\|\boldsymbol{P}\|+S_m\|\boldsymbol{C}\|^2+\rho\|\boldsymbol{C}\|\boldsymbol{W}_m)^2}{4\rho\|\boldsymbol{C}\|}\right]\|\tilde{x}\|+w_m\|\boldsymbol{P}\|\|\tilde{x}\|\end{aligned} \tag{8.27}$$

因为

$$-\rho\|\boldsymbol{C}\|\left(\|\hat{\boldsymbol{W}}\|-\frac{S_m\|\boldsymbol{P}\|+S_m\|\boldsymbol{C}\|^2+\rho\|\boldsymbol{C}\|\boldsymbol{W}_m}{2\rho\|\boldsymbol{C}\|}\right)^2<0 \tag{8.28}$$

所以

$$M_1<-\frac{1}{2}\lambda_{\min}(\boldsymbol{Q})\|\tilde{x}\|^2+w_m\|\boldsymbol{P}\|\|\tilde{x}\|+\frac{(S_m\|\boldsymbol{P}\|+S_m\|\boldsymbol{C}\|^2+\rho\|\boldsymbol{C}\|\boldsymbol{W}_m)^2}{4\rho\|\boldsymbol{C}\|}\|\tilde{x}\|=M_2 \tag{8.29}$$

假定

$$K=\frac{(S_m\|\boldsymbol{P}\|+S_m\|\boldsymbol{C}\|^2+\rho\|\boldsymbol{C}\|\boldsymbol{W}_m)^2}{4\rho\|\boldsymbol{C}\|}>0 \tag{8.30}$$

可得

$$M_2=-\frac{1}{2}\lambda_{\min}(\boldsymbol{Q})\|\tilde{x}\|^2+w_m\|\boldsymbol{P}\|\|\tilde{x}\|+K\|\tilde{x}\| \tag{8.31}$$

假定

$$\|\tilde{x}\|>\frac{2\boldsymbol{P}w_m+2K}{\lambda_{\min}(\boldsymbol{Q})}=\nu \tag{8.32}$$

则可得

$$\dot{L}<M_1<M_2<0 \tag{8.33}$$

当 $\tilde{x}>v$，$\dot{L}<0$ 时，$\tilde{x}$ 有界。如果选择观测器增益 $\boldsymbol{G}$，使得 $\boldsymbol{A}_C$ 的特征值足够大，则 $\lambda_{\min}(\boldsymbol{Q})$ 的

值相对于 $2\boldsymbol{P}w_m+2K$ 较小。因此，可以得到一个足够小的 ν，保证系统的精度和稳定性。

注意：$\tilde{x}$、$\boldsymbol{W}$、$\boldsymbol{C}$ 和 $S(\hat{x})$ 都有界，$\rho>0$。因此，根据式(8.20)可得系统的输入 $\Gamma[S(\hat{\tilde{x}})\tilde{x}^{\mathrm{T}}\boldsymbol{C}^{\mathrm{T}}\boldsymbol{C}-\rho\|\boldsymbol{C}\tilde{x}\|\boldsymbol{W}]$，且系统的状态矩阵 $-\rho\|\boldsymbol{C}\tilde{x}\|$ 是一个 Hurwitz 矩阵。综上可知，系统是稳定的，且 $\hat{\boldsymbol{W}}$ 有界。

8.2.2 柔性关节机器人控制器设计

1. 问题描述

首先建立柔性关节机械臂的数学模型。本节讨论的单连杆柔性关节机械臂可以在垂直平面上旋转。它的关节只沿转动方向变形，连杆是刚性的，忽略粘滞阻尼。单连杆柔性关节机械臂的模型如图 8.9 所示。由图可知，该系统由两部分组成——右边是马达，左边是机械臂，中间是一个弹簧。其中，电机提供的驱动力矩为 u，电机转动惯量为 J，电机轴的转角位置为 θ_1，连杆刚度为 K，机械臂轴角位置为 θ_2。从连杆的质心到关节轴线的距离是 L，机械臂的质量和转动惯量分别为 M 和 I。电机轴的角速度和角加速度分别用 $\dot{\theta}_1$ 和 $\ddot{\theta}_1$ 表示；同样地，机械臂轴的角速度和角加速度分别用 $\dot{\theta}_2$ 和 $\ddot{\theta}_2$ 表示。所以可以用下面的微分方程来描述该系统

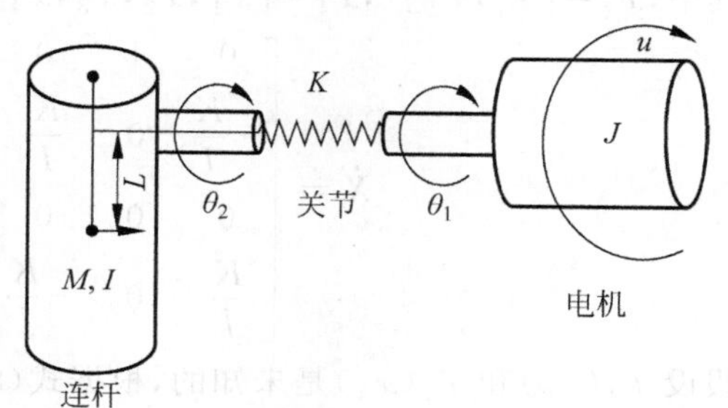

图 8.9 单连杆柔性关节机械臂

$$\begin{cases}I\ddot{\theta}_2+MgL\sin\theta_2+K(\theta_2-\theta_1)=0\\ J\ddot{\theta}_1-K(\theta_2-\theta_1)=u\end{cases}\tag{8.34}$$

假设 $x_1=\theta_2,x_2=\dot{\theta}_2,x_3=\theta_1,x_4=\dot{\theta}_1$，则可以得到如下状态方程：

$$\begin{cases}\dot{x}_1=x_2\\ \dot{x}_2=-\dfrac{MgL}{I}\sin x_1-\dfrac{K}{I}(x_1-x_3)\\ \dot{x}_3=x_4\\ \dot{x}_4=\dfrac{K}{J}(x_1-x_3)+\dfrac{1}{J}u\end{cases}\tag{8.35}$$

然后，利用上述神经自适应观测器对模型未知的单连杆柔性关节机械臂的状态变量进行估计。

假设机器人的角度、电机轴的位置和角速度不能直接测量。单连杆柔性关节机械臂的状态空间方程如下：

$$\dot{X}=\begin{bmatrix}0 & 1 & 0 & 0\\ -\dfrac{K}{I} & 0 & \dfrac{K}{I} & 0\\ 0 & 0 & 0 & 1\\ \dfrac{K}{J} & 0 & -\dfrac{K}{J} & 0\end{bmatrix}X-\begin{bmatrix}0\\ \dfrac{MgL}{I}\sin x_1\\ 0\\ 0\end{bmatrix}+\begin{bmatrix}0\\0\\0\\ \dfrac{1}{J}\end{bmatrix}u\tag{8.36}$$

$$Y=[1\quad 0\quad 0\quad 0]X\tag{8.37}$$

其中：

$$X=\begin{bmatrix}x_1\\x_2\\x_3\\x_4\end{bmatrix} \tag{8.38}$$

X 是系统的状态变量，Y 为系统的输出，u 是系统的输入。假定：

$$f_2(\bar{x}_2)=-\frac{MgL}{I}\sin x_1-\frac{K}{I}x_1$$

$$f_4(\bar{x}_4)=\frac{K}{J}(x_1-x_3)$$

其中，$\bar{x}_2=[x_1,x_2]^{\mathrm{T}}$，$\bar{x}_4=[x_1,x_2,x_3,x_4]^{\mathrm{T}}$，则可以将式(8.36)写成：

$$\dot{X}=\begin{bmatrix}0&1&0&0\\-\frac{K}{I}&0&\frac{K}{I}&0\\0&0&0&1\\\frac{K}{J}&0&-\frac{K}{J}&0\end{bmatrix}X-\begin{bmatrix}0\\f_2(\bar{x}_2)\\0\\f_4(\bar{x}_4)\end{bmatrix}+\begin{bmatrix}0\\0\\0\\\frac{1}{J}\end{bmatrix}u \tag{8.39}$$

假设 $f_2(\bar{x}_2)$ 和 $f_4(\bar{x}_4)$ 是未知的，根据式(8.36)和式(8.37)可得：

$$\begin{cases}\dot{x}(t)=f(x,u)\\y(t)=Cx(t)\end{cases} \tag{8.40}$$

其中：

$$f(x,u)=\begin{bmatrix}0&1&0&0\\0&0&\frac{K}{I}&0\\0&0&0&1\\0&0&0&0\end{bmatrix}X+\begin{bmatrix}0\\f_2(\bar{x}_2)\\0\\f_4(\bar{x}_4)\end{bmatrix}+\begin{bmatrix}0\\0\\0\\\frac{1}{J}\end{bmatrix}u$$

$$C=[1\quad 0\quad 0\quad 0]$$

从式(8.40)中提取 $\boldsymbol{A}x$，可得：

$$\begin{cases}\dot{x}(t)=\boldsymbol{A}x+g(x,u)\\y(t)=\boldsymbol{C}x(t)\end{cases} \tag{8.41}$$

其中，$\boldsymbol{A}$ 是一个可调的 Hurwitz 矩阵，$g(x,u)=f(x,u)-\boldsymbol{A}x$。由于 $g(x,u)$ 包含未知的部分，所以可以使用神经网络来估计它，构建观测器如下：

$$\begin{cases}\dot{\hat{x}}(t)=\boldsymbol{A}\hat{x}+\hat{W}^{\mathrm{T}}S(\hat{x})+\boldsymbol{G}(y-\boldsymbol{C}\hat{x})\\\hat{y}(t)=\boldsymbol{C}\hat{x}(t)\end{cases} \tag{8.42}$$

2. 控制器设计

假设电机轴的角位置 x_3 和角速度 x_4 不能测量，使用 8.2.1 节中介绍的观测器来估计 x_3 和 x_4。假定 $\hat{x}_3-x_3=\tilde{x}_3$，$\hat{x}_4-x_4=\tilde{x}_4$，根据前述内容可知，如果 $\|\tilde{x}\|>\nu$，则 $\dot{L}\leqslant 0$。$\dot{L}$ 在球外是负定的，半径 v 描述为 $\{\|\tilde{x}\|\,|\,\|\tilde{x}\|>\nu\}$。因此，$\|\tilde{x}\|$ 在这个球中是有界的，通过参数 P 和 AC 的合理选择，使 v 保持任意小的值。假设 $\tilde{x}_3$ 和 $\tilde{x}_4$ 可以忽略，可以用 $\hat{x}_3$ 和 $\hat{x}_4$ 分别代替 x_3 和 x_4，则有

$$\begin{cases}\dot{x}_1 = x_2 \\ \dot{x}_2 = f_2(\bar{x}_2) + \dfrac{K}{I}(\hat{x}_3) \\ \dot{\hat{x}}_3 = \hat{x}_4 \\ \dot{\hat{x}}_4 = f_4(\bar{x}_4) + \dfrac{1}{J}u \end{cases} \tag{8.43}$$

且 $\bar{x}_4 = [x_1, x_2, \hat{x}_3, \hat{x}_4]^{\mathrm{T}}$。

本节所设计的控制器结构如图 8.10 所示。

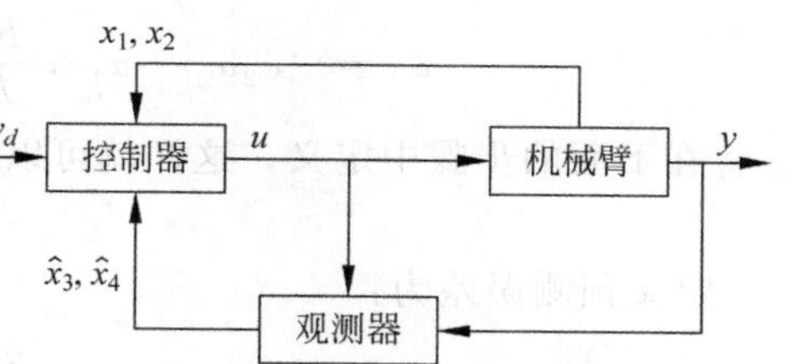

图 8.10 基于神经网络的控制器结构

由于单关节柔性机械臂的模型是四阶的，所以控制器设计可分为以下 4 个步骤。

第一步：对第一个子系统

$$\dot{x}_1 = x_2 \tag{8.44}$$

定义期望轨迹为 y_d，并定义第一个子系统的跟踪误差如下

$$e_1 = x_1 - y_d \tag{8.45}$$

将第一个虚拟控制变量 x_{2d} 定义为

$$x_{2d} = -c_1 e_1 + \dot{y}_d \tag{8.46}$$

其中，c_1 是设计常数。x_{2d} 通过一个一阶低通滤波器滤波后，可得到一个新的变量 x_{2c} 作为下一步的期望变量

$$\tau_2 \dot{x}_{2c} + x_{2c} = x_{2d}, x_{2c}(0) = x_{2d}(0) \tag{8.47}$$

时间常数 τ_2 是设计常数。那么可以得到第二个子系统的跟踪误差

$$e_2 = x_2 - x_{2c} \tag{8.48}$$

e_1 的导数为

$$\dot{e}_1 = \dot{x}_1 - \dot{y} = x_2 - y_d = -c_1 e_1 + \dot{e}_2 + (x_{2c} - x_{2d}) \tag{8.49}$$

注意，上述方程中存在误差 $x_{2c} - x_{2d}$。为了消除误差影响，定义补偿变量 α_1 为

$$\dot{\alpha}_1 = -c_1\alpha_1 + \alpha_2 + (x_{2c} - x_{2d}), \quad \alpha_1(0) = 0 \tag{8.50}$$

α_2 将在下一步中定义。这样就可以得到补偿变量的跟踪误差

$$\nu_1 = e_1 - \alpha_1 \tag{8.51}$$

$$\nu_2 = e_2 - \alpha_2 \tag{8.52}$$

第二步：考虑第二个子系统，利用 RBF 神经网络逼近未知函数 $f_2(\bar{x}_2)$

$$\dot{x}_2 = f_2(\bar{x}_2) + \frac{K}{I}\hat{x}_3 = \boldsymbol{W}_2^{\mathrm{T}} S_2(\bar{x}_2) + \varepsilon_2(\bar{x}_2) + \frac{K}{I}\hat{x}_3 \tag{8.53}$$

其中，$\boldsymbol{W}_2$ 为最优权重矩阵；S_2 是 RBF 神经网络的基函数，是一个高斯函数。$\varepsilon_2(\bar{x}_2)$ 为径向基神经网络的逼近误差，满足 $\|\varepsilon_2(\bar{x}_2)\| \leqslant \varepsilon_2$。定义第二个虚拟控制变量 x_3^d 为

$$x_{3d} = \frac{I}{K}[-\hat{\boldsymbol{W}}_2^{\mathrm{T}} S(\bar{x}_2) - c_2 e_2 - e_1 + \dot{x}_{2c}] \tag{8.54}$$

其中，c_2 是设计常数，$\hat{\boldsymbol{W}}_2$ 是 $\boldsymbol{W}_2$ 的估计。x_{3c} 通过一个一阶低通滤波器滤波后，得到一个新的变量 x_{3c} 作为下一步的期望变量

$$\tau_3 \dot{x}_{3c} + x_{3c} = x_{3d}, \quad x_{3c}(0) = x_{3d}(0) \tag{8.55}$$

时间常数 τ_3 是设计常数。这样就可以得到第三个子系统的跟踪误差

$$e_3 = x_3 - x_{3c} \tag{8.56}$$

并且可以得到 e_2 的导数

$$\begin{aligned}\dot{e}_2 &= \dot{x}_2 - \dot{x}_{2c} \\ &= \hat{\boldsymbol{W}}_2^{\mathrm{T}} S_2(\bar{x}_2) + \varepsilon_2(\bar{x}_2) - c_2 e_2 - e_1 + \frac{K}{I}[e_3 + (x_{3c} - x_{3d})]\end{aligned} \tag{8.57}$$

其中，$\tilde{\boldsymbol{W}}_2 = \boldsymbol{W} - \hat{\boldsymbol{W}}_2$。注意，上述方程中存在误差 $x_{3c} - x_{3d}$。为了消除它的影响，定义补偿变量 α_2 为：

$$\dot{\alpha}_2 = -c_2\alpha_2 - \alpha_1 + \frac{K}{I}\alpha_3 + \frac{K}{I}(x_{3c} - x_{3d}), \quad \alpha_2(0) = 0 \tag{8.58}$$

α_3 将在下面的步骤中定义。这样就可以得到补偿变量的跟踪误差

$$\nu_3 = e_3 - \alpha_3 \tag{8.59}$$

定义预测误差为：

$$\alpha_{2NN} = x_2 - \hat{x}_2 \tag{8.60}$$

其中，$\hat{x}_2$ 为

$$\dot{\hat{x}}_2 = \boldsymbol{W}_2^{\mathrm{T}} S_2(\bar{x}_2) + \frac{K}{I}\hat{x}_3 + \beta_2\alpha_{2NN}, \quad \hat{x}_2(0) = x_2(0) \tag{8.61}$$

式中，$\beta_2 > 0$ 是一个设计常量，选择 $\hat{\boldsymbol{W}}_2$ 的更新规则如下：

$$\dot{\hat{\boldsymbol{W}}}_2 = \Gamma_2[(\nu_2 + \Gamma_{z2}\alpha_{2NN})S_2(\bar{x}_2) - \rho_2\hat{\boldsymbol{W}}_2] \tag{8.62}$$

其中，$\Gamma_2 > 0$，$\Gamma_{z2} > 0$ 和 $\rho_2 > 0$ 均为设计常数。

第三步：考虑第三个子系统

$$\dot{\hat{x}}_3 = \hat{x}_4 \tag{8.63}$$

定义第三个虚拟控制变量 x_{4d} 为：

$$x_4^d = -c_3 e_3 - \frac{K}{I}e_2 + \dot{x}_3^c \tag{8.64}$$

其中，c_3 是设计常数。x_{4d} 通过一个一阶低通滤波器滤波后，得到一个新的变量 x_{4c} 作为下一步的期望变量。

$$\tau_4\dot{x}_{4c} + x_{4c} = x_{4d}, \quad x_{4c}(0) = x_{4d}(0) \tag{8.65}$$

时间常数 τ_4 为设计常数。则可得第四个子系统的跟踪误差如下：

$$e_4 = \hat{x}_4 - x_{4c} \tag{8.66}$$

进而得到 e_3 的导数为：

$$\dot{e}_3 = \dot{\hat{x}}_3 - \dot{\hat{x}}_{3c} = -c_3 e_3 - \frac{K}{I}e_2 + e_4 + (x_{4c} - x_{4d}) \tag{8.67}$$

注意：上述方程中存在误差 $x_{4c} - x_{4d}$。为了消除它的影响，将补偿变量 α_3 定义为：

$$\dot{\alpha}_3 = -c_3\alpha_3 - \frac{K}{I}\alpha_2 + \alpha_4 + (x_{4c} - x_{4d}), \quad \alpha_3(0) = 0 \tag{8.68}$$

α_4 将在下面的步骤中定义。这样就可以得到补偿变量的跟踪误差：

$$\nu_4 = e_4 - \alpha_4 \tag{8.69}$$

第四步：考虑到第四个子系统，利用 RBF 神经网络逼近未知函数 $f_4(\bar{x}_4)$ 如下：

$$\dot{\hat{x}}_4 = f_4(\bar{x}_4) + \frac{1}{J}u = \boldsymbol{W}_4^{\mathrm{T}} S_4(\bar{x}_4) + \varepsilon_4(\bar{x}_4) + \frac{1}{J}u \tag{8.70}$$

其中，$\boldsymbol{W}_4$ 为最优权矩阵，S_4 为 RBF 神经网络的基函数，是一个高斯函数，$\varepsilon_4(\bar{x}_4)$ 为径向基神经网络的逼近误差，满足 $\|\varepsilon_4(\bar{x}_4)\| \leqslant \varepsilon_4$。

定义最后的控制变量 u 为：

$$u = J[-\hat{\boldsymbol{W}}_4^{\mathrm{T}} S_4(\bar{x}_4) - c_4 e_4 - e_3 + \dot{x}_{4c}] \tag{8.71}$$

其中，c_4 是设计常数，$\hat{\boldsymbol{W}}_4$ 是 $\boldsymbol{W}_4$ 的估计。从而可以得到 e_4 的导数如下：

$$\dot{e}_4 = \dot{\hat{x}}_4 - \dot{\hat{x}}_{4c} = \tilde{\boldsymbol{W}}_4^{\mathrm{T}} S_4(\bar{x}_4) + \varepsilon_4(\bar{x}_4) - c_4 e_4 - e_3 \tag{8.72}$$

其中，$\tilde{\boldsymbol{W}}_4 = \boldsymbol{W}_4 - \hat{\boldsymbol{W}}_4$。补偿变量 α_4 定义为：

$$\dot{\alpha}_4 = -c_4\alpha_4 - \alpha_3, \quad \alpha_4(0) = 0 \tag{8.73}$$

定义预测误差：

$$\alpha_{4NN} = \hat{x}_4 - \hat{\hat{x}}_4 \tag{8.74}$$

其中，$\hat{\hat{x}}_4$ 定义为：

$$\dot{\hat{\hat{x}}}_4 = \hat{\boldsymbol{W}}_4^{\mathrm{T}} S_4(\bar{x}_4) + \frac{1}{J}u + \beta_4\alpha_{4NN}, \quad \hat{\hat{x}}_4 = \hat{x}_4(0) \tag{8.75}$$

式中，$\beta_4 > 0$ 是一个设计常量，这里选择 $\hat{\boldsymbol{W}}_4$ 的更新规则为：

$$\dot{\hat{\boldsymbol{W}}}_4 = \Gamma_4[(\nu_4 + \Gamma_{z4}\alpha_{4NN}) S_4(\bar{x}_4) - \rho_4 \hat{\boldsymbol{W}}_4] \tag{8.76}$$

其中，$\Gamma_4 > 0$、$\Gamma_{z4} > 0$、$\rho_4 > 0$，它们均为常数。

3. 稳定性分析

结合式(8.35)描述的单连杆柔性关节机械臂，式(8.71)描述的动态表面控制器，式(8.16)描述的观测器，以及式(8.19)、式(8.62)、式(8.76)描述的自适应更新权重率，对于任意右边界的初始条件，存在着可适应的参数 $\boldsymbol{G}$、c_i、$\beta_i(i=1,2,3,4)$以及 Γ、Γ_4、ρ、ρ_2、ρ_4 能够保证上述所设计的控制系统满足以下两个条件：

- 控制系统的所有信号都是有边界的；
- 轨迹误差 ν_i 和 e_i 可以收敛到 0 的无穷小。

证明过程如下。

定义 3：李雅普诺夫函数控制器定义如下：

$$H = \frac{1}{2}\sum_{i=1}^{4}\nu_i^2 + \frac{1}{2}\sum_{i=2,4}\tilde{\boldsymbol{W}}_{2i}^{\mathrm{T}}\boldsymbol{\Gamma}_I^{-1}\tilde{\boldsymbol{W}}_{2i} + \frac{1}{2}\sum_{i=2,4}\boldsymbol{\Gamma}_{zi}\alpha_{iNN}^2 + \frac{1}{2}\tilde{x}^{\mathrm{T}}P\tilde{x} + \frac{1}{2}tr(\tilde{\boldsymbol{W}}^{\mathrm{T}}\boldsymbol{\Gamma}^{-1}\tilde{\boldsymbol{W}}) \tag{8.77}$$

考虑到轨迹误差的时间导数，可以得到

$$\dot{\nu}_1 = \dot{e}_1 - \dot{\alpha}_1 = -c_1(e_1 - \alpha_1) + (e_2 - \alpha_2) = -c_1\nu_1 + \nu_2 \tag{8.78}$$

$$\begin{aligned}\dot{\nu}_2 &= \dot{e}_2 - \dot{\alpha}_2 = \tilde{\boldsymbol{W}}_4^{\mathrm{T}} S_4(\bar{x}_4) + \varepsilon_2(\bar{x}_2) - c_2(e_2 - \alpha_2) + (e_1 - \alpha_1) + \frac{K}{I}(e_3 - \alpha_3) \\ &= \tilde{\boldsymbol{W}}_4^{\mathrm{T}} S_4(\bar{x}_4) + \varepsilon_2(\bar{x}_2) - c_2\nu_2 - \nu_1 + \frac{K}{I}\nu_3\end{aligned} \tag{8.79}$$

$$\dot{\nu}_3 = \dot{e}_3 - \dot{\alpha}_3 = -c_3(e_3 - \alpha_3) - \frac{K}{I}(e_2 - \alpha_2) + (e_4 - \alpha_4) = -c_3\nu_3 - \frac{K}{I}\nu_2 + \nu_4 \tag{8.80}$$

$$\begin{aligned}\dot{\nu}_4 &= \dot{e}_4 - \dot{\alpha}_4 = \tilde{\boldsymbol{W}}_4^{\mathrm{T}} S_4(\bar{x}_4) + \varepsilon_4(\bar{x}_4) - c_4(e_4 - \alpha_4) + (e_3 - \alpha_3) + \\ &\quad \tilde{\boldsymbol{W}}_4^{\mathrm{T}} S_4(\bar{x}_4) + \varepsilon_4(\bar{x}_4) - c_4\nu_4 - \nu_3\end{aligned} \tag{8.81}$$

$$\dot{\alpha}_{2NN} = \dot{x}_2 - \dot{x}_2 = \tilde{\boldsymbol{W}}_2^{\mathrm{T}} + \varepsilon_2(\bar{x}_2) - \beta_2\alpha_{4NN}^2 \tag{8.82}$$

$$\dot{\alpha}_{4NN} = \dot{\hat{x}}_4 - \dot{\hat{\hat{x}}}_4 = \tilde{\boldsymbol{W}}_4^{\mathrm{T}} + \varepsilon_4(\bar{x}_4) - \beta_4\alpha_{4NN}^2 \tag{8.83}$$

然后，可得李雅普诺夫函数的时间导数

$$\dot{H}=\frac{1}{2}\tilde{x}^{\mathrm{T}}p\dot{\tilde{x}}+\frac{1}{2}\dot{\tilde{x}}^{\mathrm{T}}\boldsymbol{P}\tilde{x}+tr(\widetilde{\boldsymbol{W}}^{\mathrm{T}}\boldsymbol{\Gamma}^{-1}\dot{\widetilde{\boldsymbol{W}}})+\sum_{i=1}^{4}\nu_i\dot{\nu}_i+\sum_{i=2,4}\boldsymbol{\Gamma}_{zi}\alpha_{iNN}\dot{\alpha}_{iNN}-\sum_{i=2,4}(\widetilde{\boldsymbol{W}}_i^{\mathrm{T}}\boldsymbol{\Gamma}_i^{-1}\dot{\widetilde{\boldsymbol{W}}}_i)$$

$$=\sum_{i=1}^{4}(-c_i\nu_i^2)+\sum_{i=2,4}[\nu_i\varepsilon_i(\bar{x}_i)+\boldsymbol{\Gamma}_{zi}\alpha_{iNN}\varepsilon_i(\bar{x}_i)-\boldsymbol{\Gamma}_{zi}\beta_i\dot{\alpha}_{iNN}-\rho_i\widetilde{\boldsymbol{W}}_i^{\mathrm{T}}\widetilde{\boldsymbol{W}}]+\dot{L} \tag{8.84}$$

通过观察器的稳定性分析，可知：

如果

$$\|\tilde{x}\|>\frac{2Pw_m+2K}{\lambda_{\min}(\boldsymbol{Q})}=\nu \tag{8.85}$$

则有

$$\dot{L}<0 \tag{8.86}$$

从而可得

$$\dot{H}<\sum_{i=1}^{4}(-c_i\nu_i^2)+\sum_{i=2,4}[\nu_i\varepsilon_i(\bar{x}_i)+\boldsymbol{\Gamma}_{zi}\alpha_{iNN}\varepsilon_i(\bar{x}_i)-\boldsymbol{\Gamma}_{zi}\beta_i\dot{\alpha}_{iNN}-\rho_i\widetilde{\boldsymbol{W}}_i^{\mathrm{T}}\widetilde{\boldsymbol{W}}] \tag{8.87}$$

定义

$$V=\frac{1}{2}\sum_{i=1}^{4}\nu_i^2+\frac{1}{2}\sum_{i=2,4}(\widetilde{\boldsymbol{W}}_{2i}^{\mathrm{T}}\boldsymbol{\Gamma}_I^{-1}\widetilde{\boldsymbol{W}}_{2i})+\frac{1}{2}\sum_{i=2,4}\boldsymbol{\Gamma}_{zi}\alpha_{iNN}^2 \tag{8.88}$$

如果

$$\|\tilde{x}\|>\frac{2Pw_m+2K}{\lambda_{\min}(\boldsymbol{Q})}=\nu \tag{8.89}$$

可得 $\dot{H}<\dot{V}$。考虑如下不等式

$$\nu_i\varepsilon_i(\tilde{x}_i)-c_i\nu_i^2\leqslant -c_i\left(\nu_i-\frac{\varepsilon_i(\tilde{x}_i)}{2c_i}\right)^2+\frac{1}{4c_i}\varepsilon_i(\tilde{x}_i)^2 \tag{8.90}$$

$$\alpha_{iNN}\varepsilon_i(\tilde{x}_i)-\beta_i\alpha_{iNN}^2\leqslant -\beta\left(\alpha_{iNN}-\frac{\varepsilon_i(\tilde{x}_i)}{2\beta_i}\right)^2+\frac{1}{4\beta_i}\varepsilon_i(\tilde{x}_i)^2 \tag{8.91}$$

$$\widetilde{\boldsymbol{W}}_i^{\mathrm{T}}\boldsymbol{W}_i-\widetilde{\boldsymbol{W}}_i^{\mathrm{T}}\widetilde{\boldsymbol{W}}_i\leqslant -\left\|\widetilde{\boldsymbol{W}}_i-\frac{\boldsymbol{W}}{2}\right\|^2+\frac{1}{4}\|\boldsymbol{W}_i\|^2 \tag{8.92}$$

可得

$$\dot{V}\leqslant -\sum_{i=1,3}c_iv_i-\sum_{i=2.4}\left[c_{\min}\left(v_i-\frac{\varepsilon_i(\tilde{x}_i)}{2c_i}\right)^2+\boldsymbol{\Gamma}_{z\min}\beta_{\min}\left(z_{iNN}-\frac{\varepsilon_i(\tilde{x}_i)}{2\beta_i}\right)^2\right]+$$
$$\rho_{\min}\left\|\widetilde{\boldsymbol{W}}_i-\frac{\boldsymbol{W}}{2}\right\|^2+\frac{1}{2c_{\min}}\varepsilon_{\min}^2+\frac{\boldsymbol{\Gamma}_{z\max}}{2\beta_{\min}}\varepsilon_{\max}^2+\frac{\rho_{\max}}{2}\boldsymbol{W}_{\max}^2 \tag{8.93}$$

其中，$c_{\min}=\min[c_i]$，$\beta_{\min}=\min[\beta]$，$\boldsymbol{\Gamma}_{z\min}=\min[\boldsymbol{\Gamma}_{zi}]$，$\rho_{\min}=\min[\rho_i]$，$\boldsymbol{\Gamma}_{z\max}=\max[\boldsymbol{\Gamma}_{zi}]$，$\boldsymbol{W}_{\max}=\max[\|W\|]$，$\rho_{\max}=\max[\rho_i]$。

假定

$$D=\frac{1}{2c_{\min}}\varepsilon_{\min}^2+\frac{\boldsymbol{\Gamma}_{z\max}}{2\beta_{\min}}\varepsilon_{\max}^2+\frac{\rho_{\max}}{2}\boldsymbol{W}_{\max}^2 \tag{8.94}$$

如果

$$\left|v_i-\frac{\varepsilon_i(\tilde{x}_i)}{2c_i}\right|\geqslant\sqrt{\frac{D}{c_{\min}}} \tag{8.95}$$

或者

$$z_{iNN}-\frac{\varepsilon_i(\tilde{x}_i)}{2\beta_i}\geqslant\sqrt{\frac{D}{\boldsymbol{\Gamma}_{z\min}\beta_{\min}}} \tag{8.96}$$

或者

$$\left\|\widetilde{\boldsymbol{W}}_i-\frac{\boldsymbol{W}}{2}\right\|\geqslant\sqrt{\frac{D}{\rho_{\min}}} \tag{8.97}$$

则有 $\dot{H}\leqslant\dot{V}\leqslant 0$。因此,可以得到 ν_i、α_{iNN} 以及在下列定义的集合中被确定边界的 $\|\widetilde{\boldsymbol{W}}_i\|$。

$$\Omega_{\nu_i}=\left(\nu\,\middle|\,|\nu_i|\leqslant\left|\sqrt{\frac{D}{c_{\min}}}+\frac{\varepsilon_{\max}}{2c_{\min}}\right|\right) \tag{8.98}$$

$$\Omega_{\alpha_{iNN}}=\left(\alpha_{iNN}\,\middle|\,|\alpha_{iNN}|\leqslant\left|\sqrt{\frac{D}{\boldsymbol{\Gamma}_{z\min}\beta_{\min}}}+\frac{\varepsilon_{\max}}{2\beta_{\min}}\right|\right) \tag{8.99}$$

$$\Omega_{\hat{W}_i}=\left(\widetilde{\boldsymbol{W}}_i\,\middle|\,|\widetilde{\boldsymbol{W}}_i|\leqslant\left|\sqrt{\frac{D}{\rho_{\min}}}+\frac{\boldsymbol{W}_{\max}}{2}\right|\right) \tag{8.100}$$

进一步,$\tilde{x}$ 可由集合$\{\|\tilde{x}\|\mid\|\tilde{x}\|>\nu\}$确定边界,同时 $\widetilde{\boldsymbol{W}}$ 的边界也可以确定,从而确定该系统中的信号边界。如果选择的 c_i 和 β_i 的值足够大,则 ν_i 和 α_{iNN} 的误差可以达到无穷小。

8.2.3 仿真

为了验证该控制器的有效性,对下述模型的机械臂进行仿真。给定的机械臂系统参数为:$L=1\text{m},M=2\text{kg},I=2\text{kg}\cdot\text{m}^2,J=0.5\text{kg}\cdot\text{m}^2,K=10\text{N}\cdot\text{m/rad},g=9.8\text{m/s}^2$。

参考轨迹为:

$$\begin{cases}\dot{x}_{d1}=x_{d2}\\ \dot{x}_{d2}=2\sin\left(\frac{3}{2}t\right)-\frac{1}{2}x_{d1}-\frac{3}{2}x_{d2}\\ y_d=x_{d1}\end{cases} \tag{8.101}$$

仿真结果如图 8.11～图 8.21 所示。

首先,去掉状态观测器来检查控制器的性能。

参考轨道 y_d 和 x_{d2} 与实际变量 y 和 x_2 的关系如图 8.11、图 8.12 所示。从图中可以看出,实际输出 y 和 x_2 可以准确、快速地跟踪参考轨迹 y_d 和 x_{d2}。

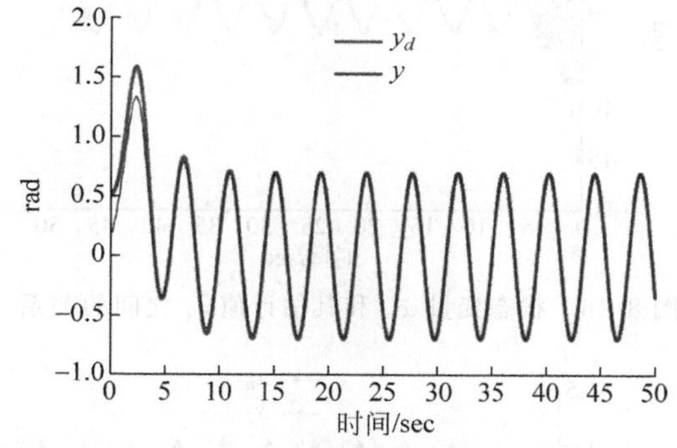

图 8.11　参考轨迹 y_d 和实际输出 y 之间的关系

假设 x_3 和 x_4 不可测,并且使用来自状态观测器的估计 $\hat{x}_3$ 和 $\hat{x}_4$,而不是 x_3 和 x_4。

状态变量 x 与估计值 $\hat{x}$ 之间的关系如图 8.13～图 8.16 所示。从它们可以看出,观测器的状态与实际系统的状态一致、准确且迅速。因此,该观测器的跟踪性能满足要求。

参考轨道 y_d 和 x_{d2} 与实际变量 y 和 x_2 之间的关系如图 8.17～图 8.18 所示。可以看到实际输出 y 和 x_2 可以跟踪参考轨迹 y_d 和 x_{d2} 以及在不受状态观测器作用的情况下运行的仿真。

神经网络的权值如图 8.19～图 8.21 所示。可以看出,神经网络的权值在短时间内收敛到最优值。总之,本节介绍的基于神经网络的控制器在模型未知的情况下,能够使神经网络观测器获得良好的跟踪误差的瞬态性能。

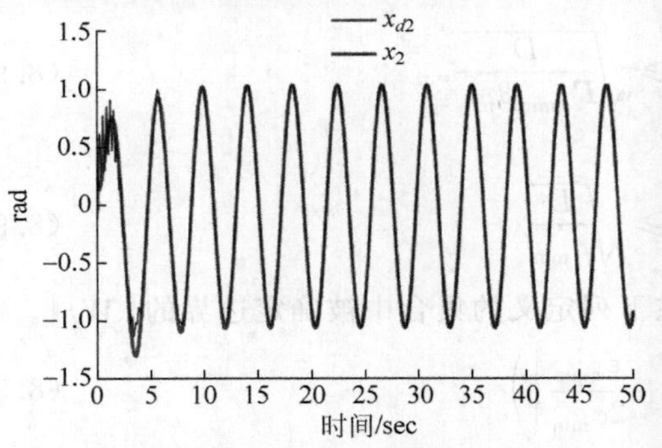

图 8.12　参考轨迹 x_{d2} 和实际状态变量 x_2 之间的关系

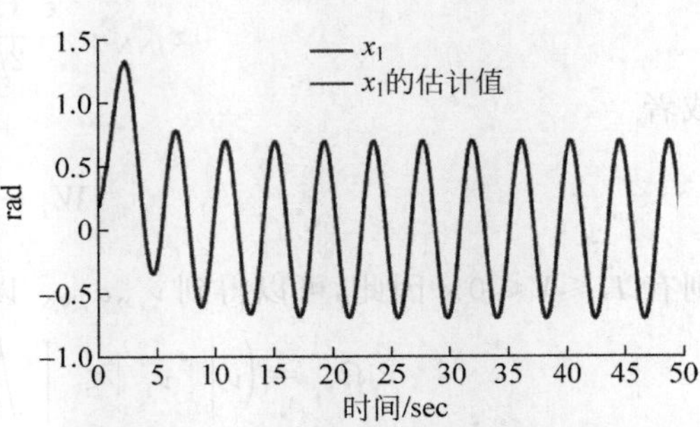

图 8.13　状态变量 x_1 和其估计值 $\hat{x}_1$ 之间的关系

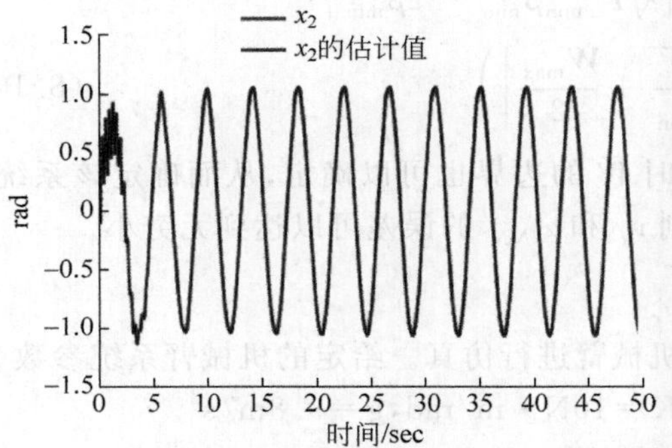

图 8.14　状态变量 x_2 和其估计值 $\hat{x}_2$ 之间的关系

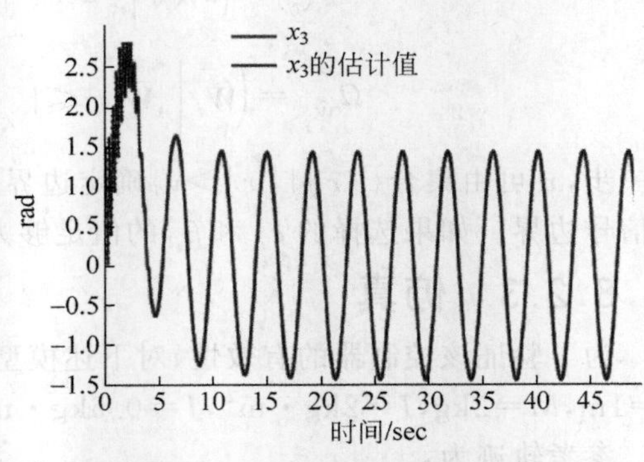

图 8.15　状态变量 x_3 和其估计值 $\hat{x}_3$ 之间的关系

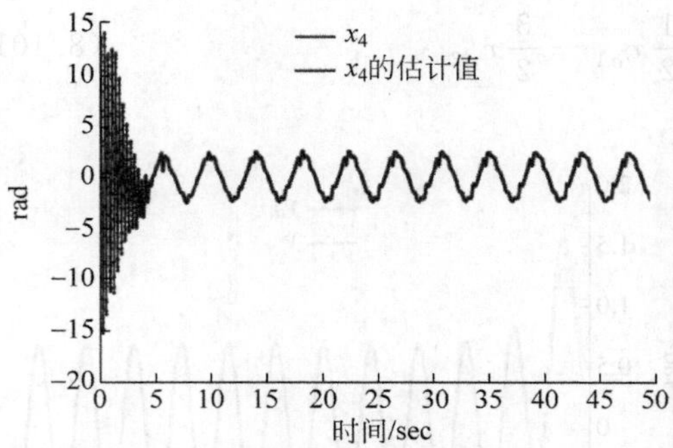

图 8.16　状态变量 x_4 和其估计值 $\hat{x}_4$ 之间的关系

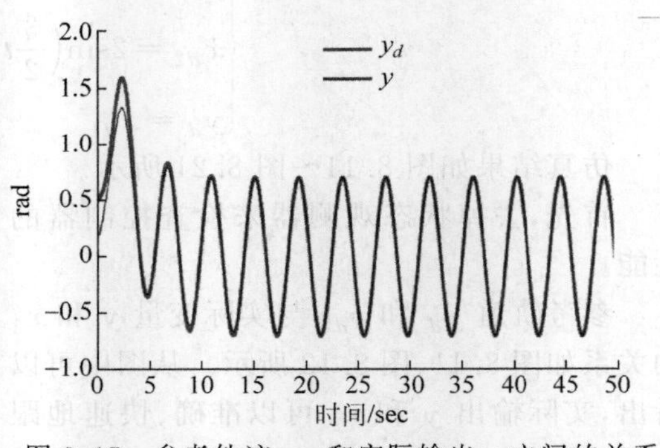

图 8.17　参考轨迹 y_d 和实际输出 y 之间的关系

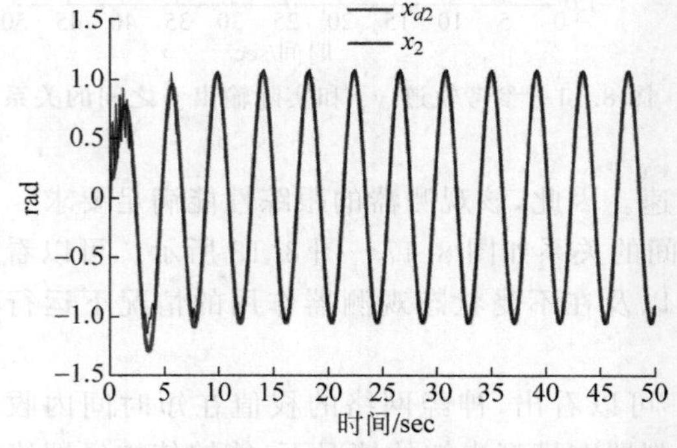

图 8.18　参考轨迹 x_{d2} 和实际状态变量 x_2 之间的关系

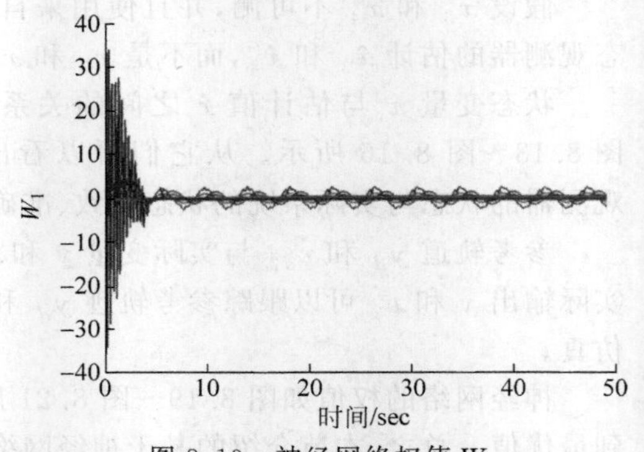

图 8.19　神经网络权值 W_1

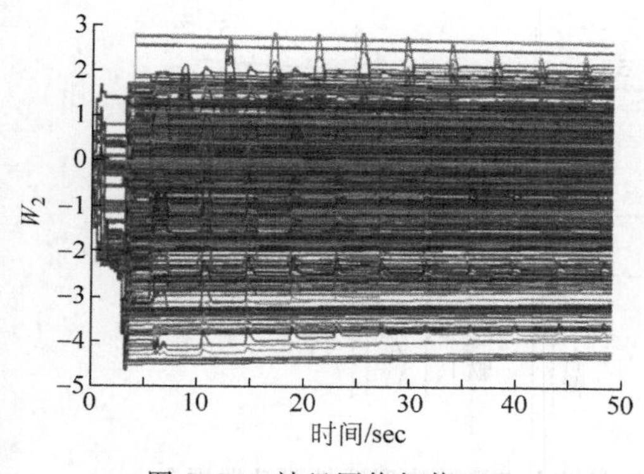

图 8.20 神经网络权值 W_2

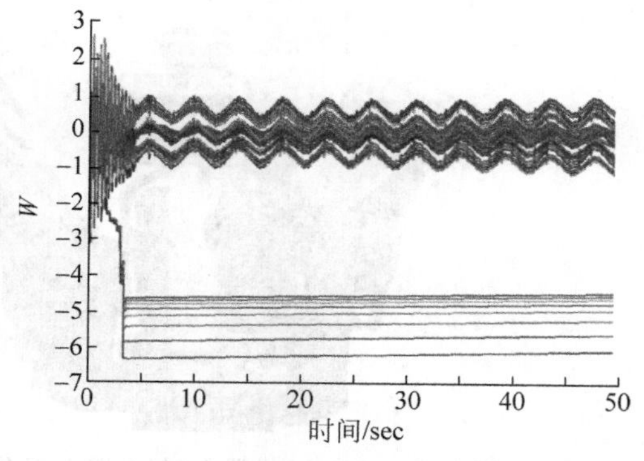

图 8.21 神经网络权值 W

8.3 基于在线模糊参数整定的双臂自适应控制

本节将介绍一种用于 Baxter 双臂机器人的全运动学和动力学模型的在线自适应阻尼和控制力的仿生控制器。

自 1965 年引入模糊逻辑理论以来，模糊控制作为传统控制方法的一种替代已经广泛应用。模糊控制通常应用于以下系统：

(1) 没有模型的系统，因此不能很好地用数学逼近；

(2) 专家操作员能用语言描述系统的控制方法。

其他方法，如人工神经网络(ANNs)可以用来对复杂或未知系统的动力学进行建模，但通常需要大量的训练数据。相比之下，模糊控制器可以根据人类专家知识实现，而人工神经网络则需要长时间的训练。

研究表明，人类能通过调整与力无关的机械阻抗的大小和方向学习稳定控制，即中枢神经系统能够将不稳定和误差的影响最小化。控制器设计的一个问题是设计者需要设置任意的学习参数。本节利用模糊控制器将控制工程师的调优经验转换为对这些元参数的调整来解决这一问题。当系统具有复杂、不确定的动力学特性时，无法使用传统方法。为保证学习的稳定性，将这些增益先设为某一较小的值，然后将该值作为增益值模糊推理的基准。

8.3.1 问题描述

1. Baxter 双臂机器人

Baxter 是一种双臂机器人，它的手臂采用一系列弹性驱动器和力感应器使其具有主动/被动顺应性，在靠近人的操作时能保证安全。Peter Corke 的 MATLAB 机器人工具箱开发了一个完整的 Baxter 运动学和动力学模型，如图 8.22 右侧所示。

2. 问题描述

Baxter 机器人的两只手臂沿着某一轨迹移动一个重物。该物体具有弹簧-质量阻尼器接触力模拟的动力学特性。此外，该物体有一个内部干扰，在手臂上可以产生一个低振幅、高频的力；第二种干扰作用于机械臂的肘部，就像机器人与环境或操作者接触过一样。必须保持最小的跟踪误差，以避免对象被压碎或丢弃；并且必须最小化控制工作，以使系统保持兼容。

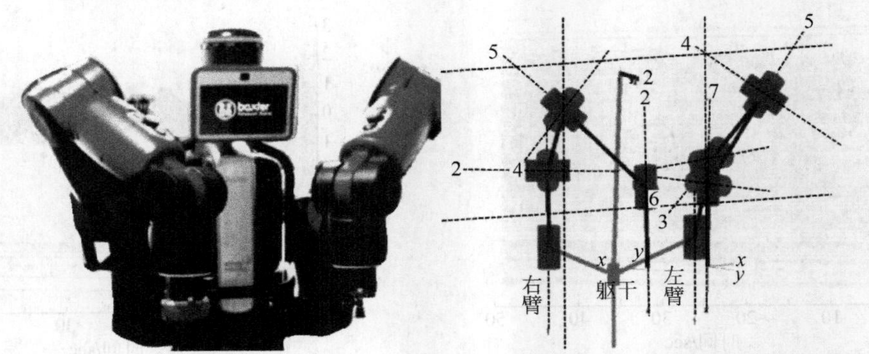

图 8.22 Baxter 机器人(每个臂上都有 7 个关节,这些关节通过串联弹性驱动器耦合。右图是在 MATLAB 机器人工具箱中生成的开发模型)

质量-弹簧-阻尼系统模型如图 8.23 所示。施加于左右臂的力 F_L 和 F_R 为

$$\begin{bmatrix} \dot{X}_m \\ \ddot{X}_m \end{bmatrix} = \begin{bmatrix} 0 & 1 \\ -\dfrac{2k}{m} & -\dfrac{2d}{m} \end{bmatrix} \begin{bmatrix} X_m \\ \dot{X}_m \end{bmatrix} + \begin{bmatrix} 0 & 0 \\ \dfrac{k}{m} & \dfrac{d}{m} \end{bmatrix} \begin{bmatrix} X_A \\ \dot{X}_A \end{bmatrix} \tag{8.102}$$

$$\begin{bmatrix} F_L \\ F_R \end{bmatrix} = \begin{bmatrix} k & d \\ k & d \end{bmatrix} \begin{bmatrix} X_m \\ \dot{X}_m \end{bmatrix} + [-k\mathrm{II} \quad -d\mathrm{II}] \begin{bmatrix} X_A \\ \dot{X}_A \end{bmatrix} + \begin{bmatrix} kl \\ -kl \end{bmatrix} \tag{8.103}$$

其中,X_m、$\dot{X}_m$ 和 $\ddot{X}_m$ 分别是工作空间中物体质量的位置、速度和加速度,$X_A = [X_L \ X_R]^{\mathrm{T}}$,$X_A = [X_L \ X_R]^{\mathrm{T}}$ 是手臂的位置和速度,而 k、d、m 和 l 分别是刚度、阻尼系数、质量和自然对象的弹簧长度(或半径)。

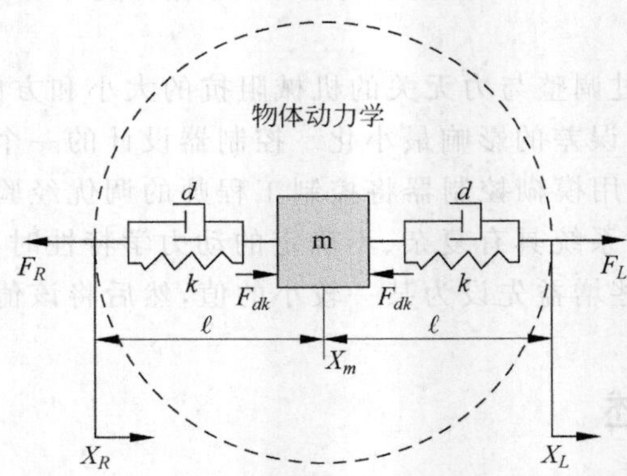

图 8.23 物体动力学示意图(F_R 和 F_L 是作用在左臂和右臂上的力,是由左右端执行器的笛卡儿坐标位置和速度决定的)

3. 机器人动力学

机械臂的动力学模型如下:

$$\begin{aligned} &\boldsymbol{M}_L(q_L)\ddot{q}_L + \boldsymbol{C}_L(q_L,\dot{q}_L)\dot{q}_L + \boldsymbol{G}_L(q_L) = \tau_{uL} + \boldsymbol{J}_L^{\mathrm{T}}(q_L)F_L + \tau_{\mathrm{dist}L} \\ &\boldsymbol{M}_R(q_R)\ddot{q}_R + \boldsymbol{C}_R(q_R,\dot{q}_R)\dot{q}_L + \boldsymbol{G}_R(q_R) = \tau_{uR} + \boldsymbol{J}_R^{\mathrm{T}}(q_R)F_R + \tau_{\mathrm{dist}R} \end{aligned} \tag{8.104}$$

式中,q 为机械臂的关节位置;$\boldsymbol{M}^q \in R^{n\times n}$ 是对称的正定惯性矩阵,n 是机械臂的自由度;$\boldsymbol{C}(q,\dot{q})\dot{q} \in \boldsymbol{R}^n$ 表示科氏力和离心力;$\boldsymbol{G}(q) \in R^n$ 是重力;$\boldsymbol{T}_{ul,R} \in \boldsymbol{R}^n$ 是向量控制输入转矩;

$\boldsymbol{T}_{\mathrm{dist}R,L} \in \boldsymbol{R}^n$ 是一个由摩擦、干扰或负载等引起的力矩；控制扭矩 $\boldsymbol{T}_{ul,R}$ 是由设计控制器生成的，以达到所需的运动跟踪和干扰抑制性能。力 F_L、F_R 如式(8.103)所述，通过物体耦合两臂之间的动力学，通过机械臂雅可比矩阵转化为关节空间扭矩 $\boldsymbol{J}_{L,R} \in \boldsymbol{R}^{6\times n}$。

4. 轨迹生成

前臂的平滑轨迹定义如下：

$$\begin{cases} f(t) = f(0) + (f(T) - f(0))g \\ g = 10\left(\dfrac{2t}{T}\right)^3 - 15\left(\dfrac{2t}{T}\right)^4 + 6\left(\dfrac{2t}{T}\right)^5 \end{cases} \tag{8.105}$$

其中，$f(0)$和 $f(T)$是起点和终点，T 是轨迹时间长度。左前臂 $X_L^* \in \boldsymbol{R}^6$ 的期望任务空间轨迹如下：

$$X_L^* = [x_L(0) f(t) z_L(0) \vartheta_L(0) \varphi_L(0) \psi_L(0)]^{\mathrm{T}} \tag{8.106}$$

使轨迹的 y 分量通过最小加速轨迹，而其他所有分量保持其初始位置。右臂 X_R^* 的轨迹定义为在任务空间的所有自由度中保持与左臂的恒定偏移，即

$$X_R^* = [x_L(t)(y_L(t) + p^*) f(t) z_L(t) \vartheta_L(t) \varphi_L(t) \psi_L(t)]^{\mathrm{T}} \tag{8.107}$$

其中，p^* 是左右操纵器的末端执行器之间所需的距离。用雅可比矩阵反解法进行运动学逆求解。

对于前臂，定义 X_L^* 的一阶导数是微不足道的，这样 $\dot{X}_L^*$ 就可以转换为关节角 q_L^*，如下所示：

$$q_L^* = \int \dot{q}_L^* \,\mathrm{d}t = \int \dot{\boldsymbol{J}}^{-1}(q_L) \dot{X}_L^* \,\mathrm{d}t \tag{8.108}$$

类似地，可以使用逆雅可比方法式(8.108)来计算 q_R^* 和 $\dot{q}_R^*$。

8.3.2 控制器设计

1. 生物模拟阻抗和力控制

输入转矩 τ_{uL} 和 τ_{uR} 是左右操纵器的在线适应输入，定义为

$$\begin{cases} \tau_{uL} = \tau_{rL} + \tau_{xL} + \tau_{jL} \\ \tau_{uR} = \tau_{rR} + \tau_{xR} + \tau_{jR} \end{cases} \tag{8.109}$$

为了简单起见，以下等式中去掉下标$(\cdot)_L$ 和$(\cdot)_R$(特殊情况除外)。参考转矩 $\tau_r \in \boldsymbol{R}^n$、自适应反馈项 $\tau_x \in \boldsymbol{R}^n$ 和 $\tau_j \in \boldsymbol{R}^n$ 中，n 表示自由度。它们的定义如下：

$$\begin{cases} \tau_r = \boldsymbol{M}(q)\ddot{q} * + \boldsymbol{C}(q,\dot{q})\dot{q}^* + \boldsymbol{G}(q) - L(t)\varepsilon(t) \\ \tau_x = \boldsymbol{J}^{\mathrm{T}}(q)(-F_X(t) - K_X(t)e_x(t) - D_x(t)\dot{e}_x(t)) \\ \tau_j = \Gamma(-\tau(t) - K_j(t)e_j(t) - D_j(t)\dot{e}_j(t)) \end{cases} \tag{8.110}$$

其中，$\boldsymbol{M}(q) \in \boldsymbol{R}^{n\times n}$、$\boldsymbol{C}(q,\dot{q}) \in \boldsymbol{R}^n$ 和 $\boldsymbol{G}(q) \in \boldsymbol{R}^n$ 分别为惯性、科里奥利/离心力和重力。$L(t) \in \boldsymbol{R}^{n\times n}$ 项对应于期望的稳定裕度，并且 Γ 是形式为 $\Gamma \in \boldsymbol{R}^{n\times n} = \mathrm{diag}[11\cdots 0]$的缩减矩阵，其中对角线上 1 的数量与肩关节的数量有关。扭矩 τ_x 和 τ_j 分别是自适应任务空间和关节空间扭矩。自适应规则定义为：

$$\begin{cases} \delta\tau(t) = Q_\tau(|\varepsilon_j|, |\tau_u|)\varepsilon_j(t) - \gamma_j \tau(t) \\ \delta K_j(t) = QK_j(|\varepsilon_j|, |\tau_u|)\varepsilon_j(t) e_j^{\mathrm{T}}(t) - \gamma_j K_j(t) \\ \delta D_j(t) = QD_j(|\varepsilon_j|, |\tau_u|)\varepsilon_j(t) e_j^{\mathrm{T}}(t) - \gamma_j D_j(t) \end{cases} \tag{8.111}$$

类似地，在任务空间中：

$$\begin{cases}\delta F_x(t)=QF_x(|\varepsilon_x|,|F_u|)\varepsilon_x(t)-\gamma_x F_x(t)\\ \delta K_x(t)=QK_x(|\varepsilon_x|,|F_u|)\varepsilon_X(t)e_x^{\mathrm{T}}(t)-\gamma_X K_x(t)\\ \delta D_x(t)=QDx(|\varepsilon_x|,|F_u|)\varepsilon_x(t)e_x^{\mathrm{T}}(t)-\gamma_x D_x(t)\end{cases}\tag{8.112}$$

在任务空间和关节空间中都定义了位置、速度和跟踪误差：

$$\begin{cases}e_j(t)=q(t)-q^*(t),e_x(t)=X(t)-X^*(t)\\ \dot{e}_j(t)=\dot{q}(t)-\dot{q}^*(t),\dot{e}_x(t)=X(t)-\dot{X}^*(t)\\ \varepsilon_j(t)=\dot{e}_j(t)+\kappa e_j(t),\varepsilon_x(t)=\dot{e}_x(t)+\kappa e_x(t)\end{cases}\tag{8.113}$$

r_x、r_j 是遗忘因子，表达式分别如下：

$$\begin{cases}\gamma_j=\alpha_j(\bar{\varepsilon}_j,\bar{\tau}_j)\exp\left(-\dfrac{\varepsilon_j(t)^2}{0.1\alpha_j(\bar{\varepsilon}_j,\bar{\tau}_j)^2}\right)\\ \gamma_x=\alpha_x(\bar{\varepsilon}_x,\bar{F}_u)\exp\left(-\dfrac{\varepsilon_x(t)^2}{0.1\alpha_x(\bar{\varepsilon}_x,\bar{F}_u)^2}\right)\end{cases}\tag{8.114}$$

增益 Q_τ、Q_K、Q_D 和 α 来自 $|\tau_u(t)|$ 的模糊关系，用作控制量的指标；$|\varepsilon_j(t)|$ 用来衡量跟踪绩效。类似地，任务空间 QF_x 中，QK_x、QD_x 是从任务空间控制量和跟踪误差 F_u 和 ε_x 的模糊关系导出的，其中 $F_u=(\boldsymbol{J}^{\mathrm{T}})^{-1}(q)\tau_u$。增益 α 适于改变 γ 的大小和形状，因此如果跟踪性能良好，则遗忘因子很高，并且力度最小化。图 8.24 说明了 α 的值如何改变 γ 的形状。

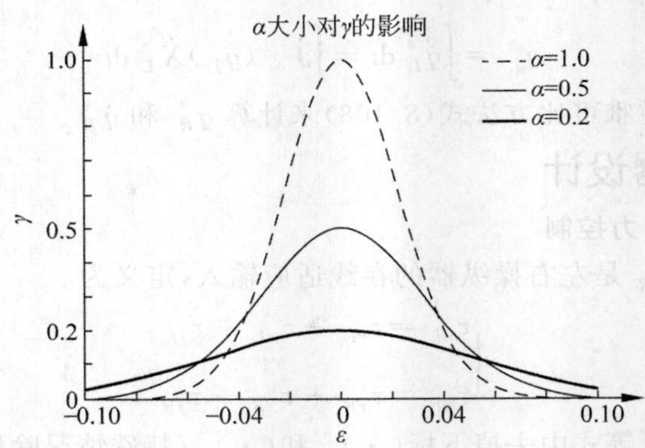

图 8.24　α 的值影响遗忘因子 γ 的示例（较高的 α 值具有较高的窄形状，因此当跟踪性能良好时，控制量也最大程度地降低。当跟踪性能差时，遗忘因子被最小化）

2. 控制增益的模糊推理

在对 ε_x 和 τ_u 进行模糊化之前，必须首先以某种方式对其进行归一化。对每个自由度计算平均跟踪误差 $\hat{\varepsilon}_j$，$\hat{\varepsilon}_x\in\boldsymbol{R}^6$，输入扭矩 $\hat{\tau}_u\in\boldsymbol{R}^n$ 和输入力 $\hat{F}_u\in\boldsymbol{R}^6$。因此

$$\begin{cases}\hat{\varepsilon}_{xi}=\dfrac{\sum|\varepsilon_{xi}(t)|}{t_f/\delta_t},\quad \hat{\varepsilon}_{ji}=\dfrac{\sum|\varepsilon_{ji}(t)|}{t_f/\delta_t}\\ \hat{\tau}_{xi}=\dfrac{\sum|\tau_{ui}(t)|}{t_f/\delta_t},\quad \hat{F}_{ui}=\dfrac{\sum|F_{ui}(t)|}{t_f/\delta_t}\end{cases}\tag{8.115}$$

该初始数据是从使用固定值增益 Q_τ、Q_k、Q_D 和 α 的控制器收集的数据。为确保稳定性，可以将它们先设置为某个较小的值，且不需要像通常情况那样进行调优，以改进跟踪误差或控制的性能。计算模糊系统的输入 $\bar{\varepsilon}_x$、$\bar{\varepsilon}_j$、$\bar{\tau}_u$、$\bar{F}_u$，将这些基线与系统的反馈比较，从而对一些

性能指标进行识别：

$$\bar{\varepsilon}_{j_i}(t)=\frac{|\varepsilon_{j_i}(t)|}{\hat{\varepsilon}_{j_i}}\sigma,\quad \bar{\varepsilon}_{x_i}(t)=\frac{|\varepsilon_{x_i}(t)|}{\hat{\varepsilon}_{x_i}}\sigma$$

$$\bar{\tau}_{u_i}=\frac{|\tau_{u_i}(t)|}{\hat{\tau}_{u_i}}\sigma,\quad \bar{F}_{u_i}=\frac{|F_{u_i}(t)|}{\hat{F}_{u_i}}\sigma \tag{8.116}$$

结果显示，对于所有的输入模糊系统，σ 值表明控制器是执行相同的固定值控制器，值小于 σ 表示一种进步，值大于 σ 表明性能更差。这里设置 $\sigma=0.5$，有效地正常化的结果在 0 和 1 之间（1 的结果表明，目前的反馈是两倍基线）。由于式(8.116)中生成的变量没有上限，因此任何大于 1 的输入都将返回 high 分类中的最大隶属度。这允许一组通用的输入成员函数应用于所有系统。

控制增益模糊推理的规则是利用专家知识来设置的，但在一般情况下：如果控制功耗过高，则增益设置较低；如果跟踪误差小，则增益设置高。Q 增益的模糊真值表（见表 8.1）证明了这一点。遗忘因子增益的真值表略有不同，见表 8.2。控制效果和跟踪误差的变化对 Q 增益的影响如图 8.25(a)所示。可以看出，一般情况下，跟踪误差大、控制效果小时，增益增大；跟踪误差小、控制效果大时，增益减小。表面的 α 的模糊推理如图 8.25(b)所示。

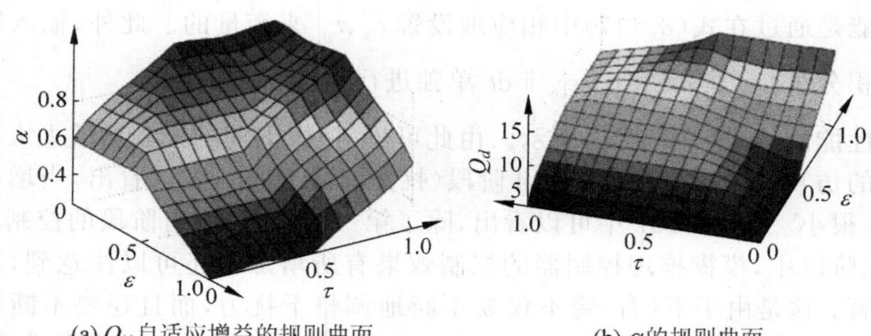

(a) $Q_{(\cdot)}$自适应增益的规则曲面　(b) α的规则曲面

图 8.25　规则曲面图（α 值是基于式(8.116)中描述的输入 $\bar{\varepsilon}$ 和 $\bar{\tau}_u$）

表 8.1　模糊推理控制增益 Q_τ、Q_{Fx}、Q_k、Q_{kx}、Q_D 和 Q_{Dx} 的真值表

		$\bar{\tau}_u,\bar{F}_u$		
		低	相等	高
$\bar{\varepsilon}_x,\bar{\varepsilon}_j$	低	L	L	L
	相等	L	M	M
	高	H	H	M

表 8.2　模糊推理遗忘因子增益 α_j 和 α_x 的真值表

		$\bar{\tau}_u,\bar{F}_u$		
		低	相等	高
$\bar{\varepsilon}_x,\bar{\varepsilon}_j$	低	M	H	H
	相等	M	M	H
	高	L	L	M

8.3.3 仿真结果

利用 MATLAB 机器人工具箱，对 Baxter 双臂机器人的全运动学和动力学模型进行仿真。其任务是在不粉碎或松开双手握把的情况下，将不确定动力学的物体沿轨迹移动。该物体的模型如前所述，包括接触力 $F_{L,R}$ 以及高频内扰力 $F_{\text{int}L}$ 和 $F_{\text{int}R}$。此外，还对双臂施加低频、高幅值的外部扰动 F_{ext}，模拟机器人与环境的相互作用。内部和外部力 F_{int} 和 F_{ext} 组成的扰动力矩 τ_{dist} 在四个阶段进行了介绍：在第一阶段只应用 F_{ext}；第二阶段，同时应用 F_{ext} 和 F_{int}；第三阶段仅应用 F_{int}；第四阶段无干扰。

本节介绍的控制器与类似的控制器相比，具有 $Q_{(.)}$ 增益和 $\alpha_{(.)}$ 的固定值，以确定模糊推理的增益。性能指数 η 计算如下：

$$\eta=\int_{t_s}^{t_f}[F_u(t)^{\mathrm{T}}\boldsymbol{Q}F_u(t)+\varepsilon_x^{\mathrm{T}}(t)\boldsymbol{R}\varepsilon_x(t)]\mathrm{d}t \tag{8.117}$$

其中，$\boldsymbol{Q},\boldsymbol{R}\in\boldsymbol{R}^{6\times6}$ 为正对角扩展矩阵，可以设置 t_s 和 t_f 的值来获得每个阶段仿真的 η。性能指标越低越好，因为其目标是最小化跟踪误差和控制工作。

在两种情况下，均应用相同扰动的定值控制器和模糊推理控制器进行仿真。对于 F_{int} 振幅设置为 10N，频率设置为 50Hz；对于 F_{ext} 振幅设置为 50N，频率设置为 0.5Hz。对象的动态属性设置为 $k=10,d=5,m=1$。轨迹 T 的周期设为 2.4s，所以在每一阶段，手臂将穿过轨迹两次。其性能是通过在式(8.117)中相应地设置 t_s、t_f 来衡量的。此外，输入转矩的二范数与跟踪误差的积分 $\int\|\tau_u\|\mathrm{d}t$ 和 $\int\|\varepsilon_x\|\mathrm{d}t$ 单独进行评价。

跟踪误差性能的结果如图 8.26 所示。由此可见，模糊推理的控制增益大大改善了跟踪双臂的所有阶段的仿真效果；特别是在第Ⅱ阶段(扰动力最大时)，可以看出，当增益是模糊推断时，右臂的误差很小。从图 8.27 中可以看出，除了第二阶段外，所有阶段的控制力矩都有轻微的改善，在第二阶段中，模糊推理控制器的控制效果有所增加。还可以注意到，左臂的输入扭矩明显小于右臂；这是由于下(右)臂不仅要不断地调整干扰力，而且还要不断地调整前(左)臂的不确定位置。对比图 8.26 和图 8.27 可知，规则库的权重偏向于改善跟踪误差，而不是减少控制效果。当任务是通过轨迹移动一个动态对象时，一个重要的考虑因素是——系统遵从性可能不是那么重要。机器人左臂各阶段的性能指标如图 8.28 所示，将模糊推理增益控制器与固定增益控制器进行了比较。

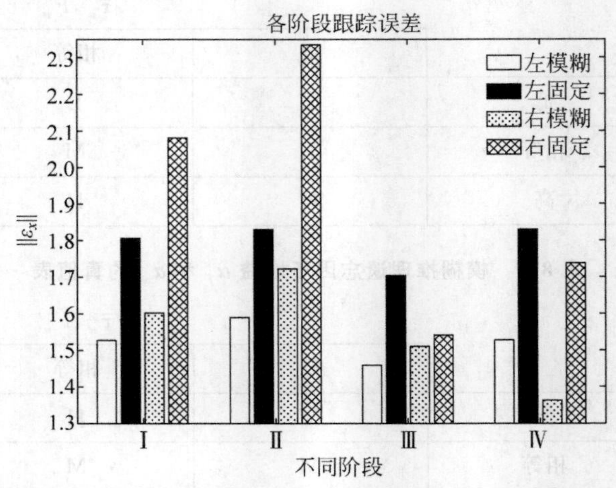

图 8.26 每个阶段的跟踪误差积分 $\int\|\varepsilon_x\|\mathrm{d}t$，分别为左(黑、白条柱)和右(黑点、灰点条柱)，比较模糊推理控制增益的控制器与固定增益的控制器

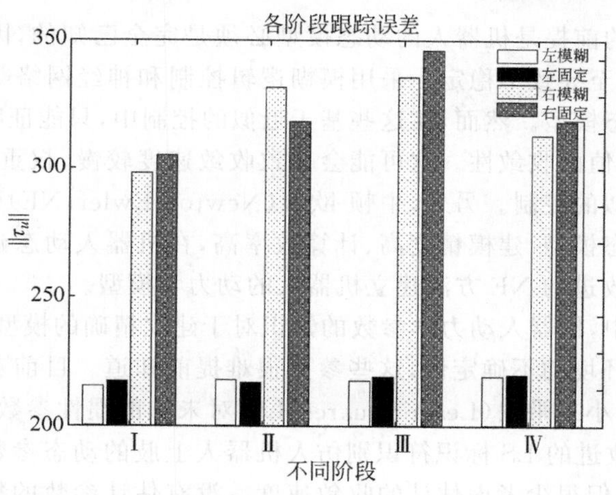

图 8.27 比较每个阶段控制作用的积分 $\int \| \tau_u \| \mathrm{d}t$

从图 8.28 和图 8.29 可以看出，对控制增益进行模糊推理的控制器在左右两臂的性能上都优于固定增益的控制器。必须指出的是，即使在第二阶段，所观察到的模糊控制器的控制效果有所增加，但跟踪性能的改善要大得多，导致性能指标得分较低。

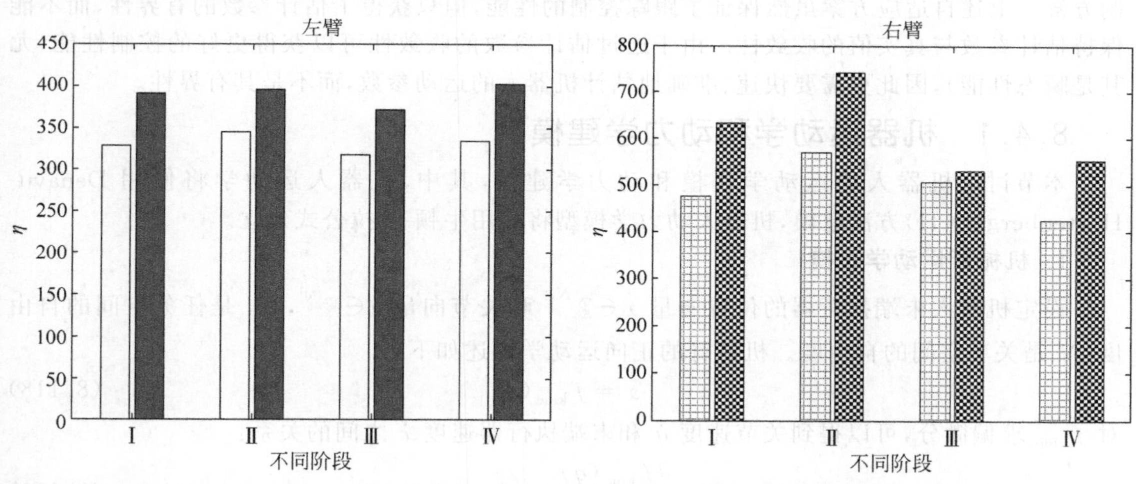

图 8.28 左臂性能指标比较，模糊自适应增益的控制器的指标用白色表示，固定增益控制器用灰色表示

图 8.29 右臂性能指标比较，使用模糊自适应增益的控制器的指标用虚线矩形表示，固定增益控制器用黑白矩形表示

8.4 基于有限时间收敛的机器人自适应参数估计与控制

针对未知机器人的运动学和动力学参数，本节将介绍一种提高收敛速度的机器人控制/辨识方法。

作为最有前途的技术之一，机器人技术已经在工业界和学术界得到了广泛研究，并在现代制造业和工厂中得到了广泛应用。如 ABB 公司制造的 YuMi 机器人，Rethink 公司制造的 Baxter 机器人等。为保证机器人动力学高度非线性、时变、强耦合的控制性能，利用完整的机器人动力学信息，可以考虑使用基于模型的控制方法。许多性能良好的机器人控制器，如计算转矩控制、比例导数增广控制和阻抗控制等，都是基于模型的控制，并已经成功应用于机器人控制。

基于模型的控制的前提是机器人的动态模型必须是完全已知的，因为不准确的模型可能导致控制性能下降，甚至导致不稳定。采用模糊逻辑控制和神经网络等基于逼近的控制方法可以学习机器人的动态模型。然而，在这些基于近似的控制中，只能证明跟踪误差的一致有界性，并不能保证估计权值的收敛性。这可能会导致收敛速度较慢、权重训练过程较长，阻碍了在实际应用中基于近似的控制。另外，牛顿-欧拉(Newton Ewler,NE)建模方法利用正向和反向迭代建立机器人动态模型，建模精度高、计算效率高，在机器人动态建模中得到了广泛的应用。本节将介绍一种改进的 NE 方法建立机器人的动力学模型。

在 NE 建模过程中，机器人动力学参数的知识对于建立精确的模型至关重要。然而，由于复杂的机器人机构和环境的不确定性，这些参数很难提前知道。目前获取机器人动态参数的方法有很多，如利用最小二乘法(Least Squares,LS)对未知的惯性参数进行辨识，对机器人动力学辨识；有人利用改进的 LS 标识符识别仿人机器人上肢的动态参数等。虽然有许多方法识别未知的动态参数，但很少考虑估计的收敛速度。没有估计参数的精确、快速收敛，无法及时抑制未知机器人动力学引起的扰动，可能导致控制性能和瞬态响应退化。

另一方面，机器人控制中普遍存在运动学不确定性。针对具有不确定运动学和引力的机器人，在不使用机器人雅可比矩阵的情况下，有人提出一种自适应设定值控制方案。而对于机器人运动学和动力学未知的问题，可以使用结合自适应雅可比矩阵逼近的机器人神经网络控制方案。上述自适应方案虽然保证了跟踪控制的性能，但只获得了估计参数的有界性，而不能保持估计参数与真实值的收敛性。由于通过估计参数的收敛性可以获得更好的控制性能(尤其是瞬态性能)，因此更需要快速、准确地估计机器人的运动参数，而不是其有界性。

8.4.1 机器运动学和动力学建模

本节讨论机器人的运动学建模和动力学建模，其中，机器人运动学将使用 Denavit-Hartenberg(D-H)方法建模，机器人动力学模型将使用牛顿-欧拉公式建立。

1. 机械臂运动学建模

设定机器人末端执行器的位置向量 $x\in\mathbb{R}^{N_0}$ 和关节向量 $q\in\mathbb{R}^{N}$，N_0 是任务空间的自由度，N 是关节空间的自由度。机械臂的正向运动学描述如下：

$$x=f_{\text{kine}}(q) \tag{8.118}$$

对 f_{kine} 求偏微分，可以得到关节速度 $\dot{q}$ 和末端执行器速度 $\dot{x}$ 之间的关系：

$$\dot{x}=\frac{\partial f_{\text{kine}}(q)}{\partial q}\dot{q}=\boldsymbol{J}(q,\theta)\dot{q} \tag{8.119}$$

表 8.3 为使用牛顿-欧拉法建模时，对应的运动参数和惯性参数。

表 8.3 NE 建模中的运动学参数和惯性参数

$\boldsymbol{m}_i\in\mathbb{R}$	连杆 i 的质量
$\boldsymbol{\tau}_i\in\mathbb{R}$	执行器在关节 i 处的扭矩
$\boldsymbol{\psi}_i\in\mathbb{R}^3$	第 i 坐标系的角速度
$\dot{\boldsymbol{\psi}}_i\in\mathbb{R}^3$	第 i 坐标系的角加速度
$\boldsymbol{v}_i\in\mathbb{R}^3$	连杆 i 的线速度
$\dot{\boldsymbol{v}}_i\in\mathbb{R}^3$	连杆 i 的线加速度
$\boldsymbol{f}_{ci}\in\mathbb{R}^3$	由连杆 i 的运动引起的关节 i 处的力
$\boldsymbol{n}_{ci}\in\mathbb{R}^3$	由连杆 i 运动引起的关节 i 处的扭矩
$\boldsymbol{I}_i\in\mathbb{R}^3$	连杆 i 的惯性参数

其中，$\theta\in\mathbb{R}^h$ 为常数，表示运动学参数，h 表示运动学参数个数，$\boldsymbol{J}(q,\theta)\in\mathbb{R}^{N_0\times N}$ 是机器人雅可比矩阵。

基于以下性质和假设，对参数进行估计。

性质 1：雅可比矩阵 $\boldsymbol{J}(q,\theta)$ 可线性参数化为：

$$\boldsymbol{J}(q,\theta)\dot{q}=R(q,\dot{q})\theta \tag{8.120}$$

其中，$R(q,\dot{q})\in\mathbb{R}^{N\times h}$ 是雅可比矩阵的回归函数。

假设 1：机械臂的雅可比矩阵是满秩的，机器人在估计过程中能够被很好地控制，避免奇异点。

2. 机械臂的动态建模

利用牛顿-欧拉法建立机器人的动力学模型。建模过程由两个递归组成：前向递归和后向递归，其推导过程如下。表 8.3 给出了建模过程中用到的以下参数：

$$\begin{cases}\psi_i={}_i^{i-1}\boldsymbol{R}\psi_{i-1}+z_i\dot{q}_i\\ \dot{\psi}_i={}_i^{i-1}\boldsymbol{R}\dot{\psi}_{i-1}+{}_i^{i-1}\boldsymbol{R}\psi_{i-1}\times z_i\dot{q}_i+z_i\ddot{q}_i\\ \dot{\upsilon}_i={}_i^{i-1}\boldsymbol{R}[\dot{\upsilon}_{i-1}+\dot{\psi}_{i-1}\times{}_i^{i-1}P+\psi_{i-1}\times(\psi_{i-1}\times{}_i^{i-1}P)]\\ f_{ci}=m_i\dot{\zeta}_i+\dot{\psi}_i\times m_{h_i}+\psi_i\times(\psi_i\times m_{h_i})\\ n_{ci}=I_i\dot{\boldsymbol{\psi}}_i+\psi_i\times(I_i\psi_i)-\dot{\zeta}_i\times m_{h_i}\end{cases} \tag{8.121}$$

其中，z_i 为关节旋转轴的向量，如 $z_i=[0,0,1]^{\mathrm{T}}$，$\dot{\zeta}_i=\dot{\upsilon}_i+\psi_i\times\upsilon_i$，${}_i^{i-1}\boldsymbol{R}$ 是旋转变换矩阵，${}_i^{i-1}P\in\mathbb{R}^3$ 为变换向量，则式(8.121)对 m_i、m_{h_i}、I_i 的线性参数化可表示为：

$$\begin{aligned}\varsigma_{ii}&=[n_{ci}^{\mathrm{T}}\ \ f_{ci}^{\mathrm{T}}]^{\mathrm{T}}\\ &=\begin{bmatrix}\boldsymbol{0} & -L(\dot{\varsigma}_i) & E(\dot{\psi}_i)+L(\psi_i)E(\psi_i)\\ \dot{\varsigma}_i & L(\dot{\psi}_i)+L(\psi_i)L(\psi_i) & \boldsymbol{0}\end{bmatrix}\begin{bmatrix}\boldsymbol{m}_i\\ m_{h_i}\\ \boldsymbol{\mathcal{L}}(\bar{I}_i)\end{bmatrix}\\ &=A_i\boldsymbol{\phi}_i\end{aligned} \tag{8.122}$$

其中，$\boldsymbol{A}_i$ 是一个具有适当维数的矩阵，$\boldsymbol{\phi}_i=[\boldsymbol{m}_i,m_{h_i},\boldsymbol{\mathcal{L}}(\bar{I}_i)]^{\mathrm{T}}$ 是一个未知惯性参数的矢量，$\boldsymbol{\mathcal{L}}(\bar{\boldsymbol{I}}_i)=[I_{xx},I_{xy},I_{xz},I_{yy},I_{yz},I_{zz}]^{\mathrm{T}}$ 为链惯性矢量，$L(\cdot)$ 和 $E(\cdot)$ 定义为

$$L(\psi)=\begin{bmatrix}0 & -\psi_z & \psi_y\\ \psi_z & 0 & -\psi_x\\ -\psi_y & \psi_x & 0\end{bmatrix}$$

$$E(\psi)=\begin{bmatrix}\psi_x & \psi_y & \psi_z & 0 & 0 & 0\\ 0 & \psi_x & 0 & \psi_y & \psi_z & 0\\ 0 & 0 & \psi_x & 0 & \psi_y & \psi_z\end{bmatrix}$$

需要注意的是，ζ_{ii} 是关节的力还是力矩完全取决于连杆 i 的运动。ζ_i 可以通过结合每个连杆的力矩以下述方式得到，即 $\zeta_i=\sum_{j=i}^{N}\zeta_{ij}$，其中

$$\zeta_{ij}=T_{ci}T_{ci+1}\cdots T_{cj}\zeta_{ii},\quad T_{ci}=\begin{bmatrix}{}_{i+1}^{i}P\,{}_{i+1}^{i}R & {}_{i+1}^{i}R\\ {}_{i+1}^{i}R & 0\end{bmatrix}$$

因为 $\tau_i=[z_i^{\mathrm{T}} \quad 0]^{\mathrm{T}}\zeta_i$，考虑式(8.122)，可以得到如下线性化参数化的牛顿-欧拉公式

$$\tau=S\Phi=\begin{bmatrix} S_{11} & S_{12} & \cdots & S_{1N} \\ \mathbf{0} & S_{22} & \cdots & S_{2N} \\ \vdots & \vdots & \ddots & \vdots \\ \mathbf{0} & \mathbf{0} & \cdots & S_{NN} \end{bmatrix}\begin{bmatrix} \Phi_1 \\ \Phi_2 \\ \vdots \\ \Phi_N \end{bmatrix} \tag{8.123}$$

其中，$H_{ij}=T_{ci}T_{ci+1}\cdots T_{cj}A_i$。特别地，$H_{ii}=A_i$，$S_{ij}=[z_i \quad 0]^{\mathrm{T}}H_{ij}$。

8.4.2 有限时间参数辨识

本节将讨论基于有限时间辨识的方法来获取未知的机器人运动学和动力学参数。

1. 运动学参数的辨识

图 8.30 为有限时间运动学估计策略示意图。

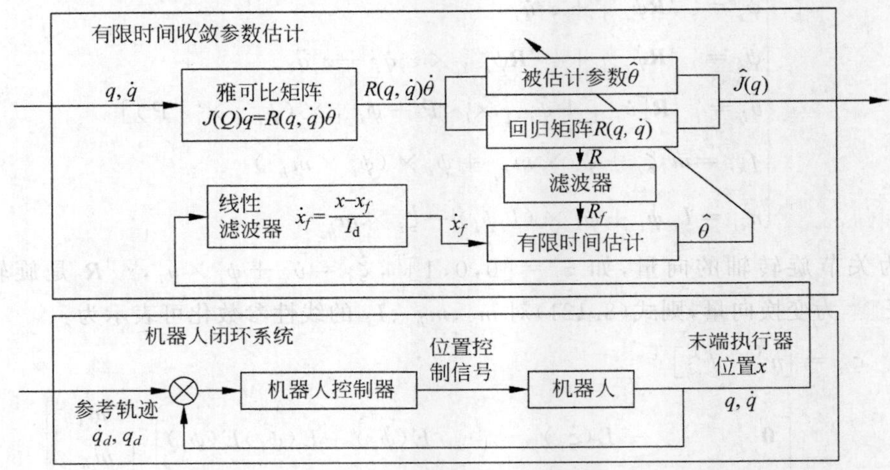

图 8.30 有限时间运动学估计策略示意图

估计未知的运动学参数 θ 时，要保证估计值在限定时间内收敛。结合式(8.118)、式(8.119)和式(8.120)，有

$$\dot{x}=\boldsymbol{J}(q,\theta)\dot{q}=\boldsymbol{R}(q,\dot{q})\theta \tag{8.124}$$

需要注意的是，末端执行器速度 $\dot{x}$ 是通过外部传感器测量的，外部传感器可能对噪声敏感。为避免这一情况，在式(8.124)的两侧采用稳定的线性滤波器$(\cdot)_f=\dfrac{1}{l_1 s+1}(\cdot)$，如下式所示

$$\boldsymbol{R}_f(q,\dot{q})\theta=\dot{x}_f \tag{8.125}$$

其中，$\boldsymbol{R}_f(q,\dot{q})\in\mathbb{R}^{N\times h}$ 是滤波后的回归矩阵，$\dot{x}_f$ 为滤波后的速度，满足如下等式

$$\begin{cases} l_1\dot{\boldsymbol{R}}_f(q,\dot{q})+\boldsymbol{R}_f(q,\dot{q})=\boldsymbol{R}(q,\dot{q}) & R_{f|t=0}=0 \\ l_1\dot{x}_f+x_f=x & x_{f|t=0}=0 \end{cases} \tag{8.126}$$

其中，l_1 是一个正常数，式(8.126)中可以用$\dfrac{x-x_f}{l_1}$代替 $\dot{x}_f$。因此，在估计过程中只需要使用位置信息。下面介绍两个定义。

定义 1：如果存在 $T>0,\varepsilon>0$ 使得 $\int_t^{t+T}R_f(r)^{\mathrm{T}}R_f(r)\mathrm{d}r\geqslant\varepsilon I,\forall t\geqslant 0$，则向量或矩阵函

数 R_f 是持续激励的(或满足 PE 条件)。

定义 2：如果存在 T_e，T_0 和 $\varepsilon>0$ 使得 $\int_{T_e-T_0}^{T_e} R_f(\tau)^{\mathrm{T}} R_f(\tau)\mathrm{d}\tau \geqslant \varepsilon I$，则有界向量或矩阵函数 R_f 是区间 $[T_e-T_0, T_e]$ 上的间断激励(或满足 IE 条件)。

注意：PE 条件虽然是保证估计参数收敛的必要条件，但是该条件并不容易满足。与 PE 条件相比，IE 条件只需要在一段时间内保持，这大大降低了要求。

引入一个辅助矩阵 $\mathcal{D}\in\mathbb{R}^{h\times h}$，两个辅助向量 $\mathcal{T}\in\mathbb{R}^N$ 和 $\mathcal{P}\in\mathbb{R}^N$ 如下：

$$\begin{cases}\dot{\mathcal{D}}=-\vartheta\,\mathcal{D}+\boldsymbol{R}_f(q,\dot{q})^{\mathrm{T}}\boldsymbol{R}_f(q,\dot{q})\ \mathcal{D}(0)=0\\ \dot{\mathcal{T}}=-\vartheta\,\mathcal{T}+\boldsymbol{R}_f(q,\dot{q})^{\mathrm{T}}\dfrac{(x-x_f)}{l_1}\ \mathcal{T}(0)=0\\ P=\mathcal{T}-\mathcal{D}\hat{\theta}\end{cases}\tag{8.127}$$

其中，ϑ 是一个正的常数，表示滤波矩阵的遗忘因子，这是为了保持鲁棒性和收敛速度之间的平衡。

对式(8.127)两边同时积分，得到 $\mathcal{D}$ 和 $\mathcal{T}$ 的解如下：

$$\begin{cases}\mathcal{D}(t)=\int_0^t \mathrm{e}^{-\vartheta(t-r)}R_f(q(r),\dot{q}(r))^{\mathrm{T}}R_f(q(r),\dot{q}(r))\mathrm{d}r\\ T(t)=\int_0^t \mathrm{e}^{-\vartheta(t-r)}R_f(q(r),\dot{q}(r))^{\mathrm{T}}\dfrac{(x-x_f)}{l_1}\mathrm{d}r\end{cases}\tag{8.128}$$

从 PE 条件的定义，可以得到 $\int_t^{t+T}R_f^{\mathrm{T}}(r)R_f(r)\mathrm{d}r\geqslant\varepsilon I$，也相当于 $\int_{t-T}^t R_f^{\mathrm{T}}(r)R_f(r)\mathrm{d}r\geqslant\varepsilon I$，其中，$t>T>0$。因此，如果 R_f 满足 PE 条件，则 $\int_{t-T}^t R_f^{\mathrm{T}}(r)R_f(r)\mathrm{d}r\geqslant\varepsilon I$ 对于 $t>T>0$ 恒成立。然后，考虑积分区间 $r\in[t-T,t]$。

因为 $t-r\leqslant T$，根据指数函数的单调性可得 $\mathrm{e}^{-\vartheta(t-r)}\geqslant\mathrm{e}^{-\vartheta T}>0$。从而可以推导出 $\int_{t-T}^t \mathrm{e}^{-\vartheta(t-r)}R_f^{\mathrm{T}}(r)R_f(r)\mathrm{d}r\geqslant\int_{t-T}^t \mathrm{e}^{-\vartheta T}R_f^{\mathrm{T}}(r)R_f(r)\mathrm{d}r\geqslant\mathrm{e}^{-\vartheta T}\varepsilon I$。此外，$\int_0^t \mathrm{e}^{-\vartheta(t-r)}R_f^{\mathrm{T}}(r)R_f(r)\mathrm{d}r>\int_{t-T}^t \mathrm{e}^{-\vartheta(t-r)}R_f^{\mathrm{T}}(r)R_f(r)\mathrm{d}r$ 对于所有的 $t>T>0$ 恒成立。由上述分析得 $\mathcal{D}=\int_0^t \mathrm{e}^{-\vartheta(t-r)}R_f^{\mathrm{T}}(r)R_f(r)\mathrm{d}r>\mathrm{e}^{-\vartheta T}\int_{t-T}^t R_f^{\mathrm{T}}(r)R_f(r)\mathrm{d}r\geqslant\mathrm{e}^{-\vartheta T}\varepsilon I$。这意味着 $\mathcal{D}$ 是正定的，且其最小特征值满足 $\lambda_{\min}(\mathcal{D})>\sigma$，$\sigma=\mathrm{e}^{-\vartheta T}\varepsilon$。

比较式(8.127)中 $\mathcal{D}(t)$ 与 $\mathcal{T}(t)$ 的结构，根据式(8.125)，可以得到 $\mathcal{D}=\mathcal{T}\theta$。因此，$\mathcal{P}$ 可以写成 $\mathcal{P}=\mathcal{D}\theta-\mathcal{D}\hat{\theta}=\mathcal{D}\tilde{\theta}$。这意味着 $\mathcal{P}$ 包含估计参数的误差信息 $\tilde{\theta}$

$$\dot{\hat{\theta}}=\begin{cases}-\Gamma\dfrac{\mathcal{P}}{\|\mathcal{P}\|} & (P\neq 0)\\ 0 & (P=0)\end{cases}\tag{8.129}$$

Γ 是规定的、正的常数。注意，在运动参数的估计中，假设末端执行器位置 x 和关节变量 q 是有界的，并且可测，则可以通过机械臂的内部位置控制器来实现。

定理 1：考虑机器人运动学模型即式(8.120)，假设 $\boldsymbol{R}_f(q,\dot{q})$ 满足 IE 条件 $\int_{T_e-T_0}^{T_e}R_f^{\mathrm{T}}(\tau)R_f(\tau)\mathrm{d}\tau\geqslant\varepsilon I$，$T_e$、$T_0$ 和 ε 为正的常数。然后，根据参数估计定律即式(8.129)，运动参数的估计误差在有限时间 t_a 内收敛到原点，满足 $t_a\leqslant\|\tilde{\theta}(0)\|\lambda_{\max}(\Gamma^{-1})/\sigma+T_e$，$\sigma$ 是一个正值，$\lambda_{\max}(\cdot)$ 是矩阵最大的特征值。

2. 动态参数辨识

本小节将介绍一种自适应估计方法来识别未知的动态参数，具体方案如图 8.31 所示。

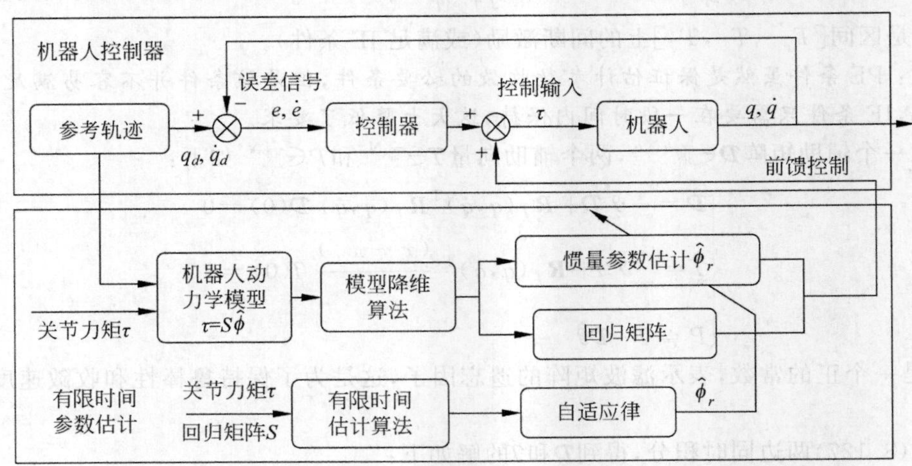

图 8.31 基于有限时间收敛的机器人控制

(1) 辅助矩阵设计：构造一组辅助矩阵进行动态识别，如下所示：

$$\begin{cases} \dot{\boldsymbol{U}} = -\delta \boldsymbol{U} + \boldsymbol{S}^{\mathrm{T}} \boldsymbol{S} & \boldsymbol{U}(0) = 0 \\ \dot{\boldsymbol{B}} = -\delta \boldsymbol{B} + \boldsymbol{S}^{\mathrm{T}} \tau & \boldsymbol{U}(0) = 0 \\ \boldsymbol{E} = \boldsymbol{B} - \boldsymbol{U}\hat{\Phi} \end{cases} \tag{8.130}$$

其中，δ 是规定的正的常数，可以推导出 $\boldsymbol{U}$ 和 B 的解 $\boldsymbol{U}(t) = \int_0^t \mathrm{e}^{-\delta(t-r)} \boldsymbol{S}^{\mathrm{T}}(r)\boldsymbol{S}(r)\mathrm{d}r$，$\boldsymbol{B}(t) = \int_0^t \mathrm{e}^{-\delta(t-r)} \boldsymbol{S}^{\mathrm{T}}(r)\tau\mathrm{d}r$。

注意：在估计中，PE 条件可能不满足，这是因为 $\boldsymbol{U}(t)$ 可能不是满秩。为了解决这一问题，这里使用 SVD-MR 方法。

(2) SVD-MR：对于一个普通的机械臂，未知的惯性参数可以分为三组，即参数绝对可识别、参数不可识别以及参数识别为线性组合。其主要思想是通过以下 3 个步骤建立最小惯性参数集。

① 消去 $\boldsymbol{U}$ 的零元素列。

② 重新组合 $\boldsymbol{U}$ 中的线性别列，然后消除对关节扭矩没有影响的列。

③ 重新安排和选择 Φ 惯性参数。

假设 U 矩阵的 $\mathrm{rank}(U)=\zeta_r$，对矩阵 $\boldsymbol{U}$ 进行奇异值分解，有

$$\boldsymbol{U} = \boldsymbol{V}\boldsymbol{A}\boldsymbol{Y}^{\mathrm{T}} = \boldsymbol{V}\begin{bmatrix} \Sigma & 0 \\ 0 & 0 \end{bmatrix}\begin{bmatrix} Y_1^{\mathrm{T}} \\ Y_2^{\mathrm{T}} \end{bmatrix} \tag{8.131}$$

其中，$\boldsymbol{V} \in \mathbb{R}^{\zeta_u \times \zeta_u}$ 和 $\boldsymbol{Y} = [Y_1^{\mathrm{T}}, Y_2^{\mathrm{T}}]^{\mathrm{T}} \in \mathbb{R}^{\zeta_u \times \zeta_u}$ 是正交矩阵，$\Sigma \in \mathbb{R}^{\zeta_r \times \zeta_r}$ 是一个主元素的矩阵，ζ_u 是表示 $\boldsymbol{U}$ 的维数的常数。$Y_1 \in \mathbb{R}^{\zeta_u \times \zeta_r}$ 和 $Y_2 \in \mathbb{R}^{\zeta_u \times (\zeta_u - \zeta_r)}$ 是子矩阵。

根据式(8.131)，有 $\boldsymbol{B}(t) = \boldsymbol{U}(t)\phi = \boldsymbol{V}\Sigma Y_1^{\mathrm{T}}\phi = \int_0^t \mathrm{e}^{-\delta(t-r)} \boldsymbol{S}^{\mathrm{T}}(r)\tau\mathrm{d}r$。进而可以推出矩阵 Y_1 和矩阵 Y_2 中的零行不会影响 $\boldsymbol{B}(t)$ 的输出。因此，相应的惯性参数可以归为不可识别参数。另一方面，由于 $[Y_1^{\mathrm{T}}, Y_2^{\mathrm{T}}]^{\mathrm{T}}$ 是一个正交矩阵，因此 Y_2^{T} 中的零列的子空间对应于 Y_1^{T} 中线

性独立的列的子空间，这意味着可以通过 Y_2^{T} 中的零列找到绝对的惯性参数 Φ。然后，将剩余的惯性参数分组为线性可识别参数。

对三组惯性参数进行分类后，还需要获得线性可识别参数 Φ_c 的组合形式。这里通过消去矩阵 $\boldsymbol{U}$ 中与不可识别参数和绝对可识别参数对应的列，设计一个增广矩阵 $\boldsymbol{U}_r$，假设 $\boldsymbol{U}_r$ 的秩为 $\mathrm{rank}(\boldsymbol{U}_r)=\zeta_{r_2}$，然后在 $\boldsymbol{U}_r$ 上进一步采用奇异值分解，具体如下：

$$\boldsymbol{U}_r=\boldsymbol{V}_r\boldsymbol{A}_r\boldsymbol{Y}_r^{\mathrm{T}}=\boldsymbol{V}_r\begin{bmatrix}\Sigma_r & 0\\ 0 & 0\end{bmatrix}\begin{bmatrix}Y_{r1}^{\mathrm{T}}\\ Y_{r2}^{\mathrm{T}}\end{bmatrix}\tag{8.132}$$

其中，$\Sigma_r\in\mathbb{R}^{\zeta_{r2}\times\zeta_{r2}}$ 是一个对角矩阵，$Y_{r1}\in\mathbb{R}^{\zeta_{u2}\times\zeta_{r2}}$ 和 $Y_{r2}\in\mathbb{R}^{\zeta_{u2}\times(\zeta_{u2}-\zeta_{r2})}$ 是子矩阵，且 ζ_{u2} 是表示 U_r 的维数的常数。矩阵 Y_{r2} 的行（和 Φ_c 中相对应的元素）可以重新安排如下：

$$\boldsymbol{P}^{\mathrm{T}}\boldsymbol{Y}_{r2}^{\mathrm{T}}=\begin{bmatrix}Y_{r21}^{\mathrm{T}}\\ Y_{r22}^{\mathrm{T}}\end{bmatrix}\quad \boldsymbol{P}^{\mathrm{T}}\Phi_c=\begin{bmatrix}\Phi_1\\ \Phi_2\end{bmatrix}\tag{8.133}$$

其中，$\boldsymbol{P}$ 是一个置换矩阵，用来保证 $\boldsymbol{Y}_{r22}^{\mathrm{T}}$ 为正则矩阵，$\Phi_1\in\mathbb{R}^{\zeta_{u2}-\zeta_{r2}}$ 和 $\Phi_2\in\mathbb{R}^{\zeta_{r2}}$ 是子向量。Φ_c 左乘 P^{T} 如式(8.133)右边所示，可以推出线性可识别参数 Φ_c' 的具体形式 $\Phi_c'=\Phi_1-\beta\Phi_2$，$\beta=Y_{r21}Y_{r22}^{-1}$ 是线性组合的系数。然后，可以通过把 Φ_a 添加到 Φ_c' 中得到 $\Phi_r=[\Phi_a,\Phi_c']^{\mathrm{T}}$，通过选择 S 中对应的列，可以得到相应的回归矩阵 S_r。因此，牛顿-欧拉方程即式(8.123)可以重建为 $\tau=S_r\Phi_r$。需要强调的是：惯性参数的重新组合不会改变关节扭矩的计算结果，即 $\tau=S_r\Phi_r=S\Phi$，因为 S 中删除的参数和相应的列不影响关节力矩。

(3) 有限时间估计设计：这里将介绍另一种可替代的有限时间自适应方法来估计参数 Φ_r。首先定义一个辅助矩阵 $\boldsymbol{Q}$，其中 $\boldsymbol{Q}$ 的时间导数为：

$$\dot{\boldsymbol{Q}}=\delta\boldsymbol{Q}-\boldsymbol{Q}\boldsymbol{S}_r^{\mathrm{T}}\boldsymbol{S}_r\boldsymbol{Q},\quad Q(0)=Q_0^{-1}>0\tag{8.134}$$

且 $\delta>0$ 为一个正的常数。注意，存在以下矩阵等式：$\dfrac{\mathrm{d}}{\mathrm{d}t}\boldsymbol{Q}\boldsymbol{Q}^{-1}=\dot{\boldsymbol{Q}}\boldsymbol{Q}^{-1}+\boldsymbol{Q}\dot{\boldsymbol{Q}}^{-1}=0$。

式(8.134)两边同时乘以 $\boldsymbol{Q}^{-1}$ 并考虑上述等式，有：

$$\begin{aligned}\boldsymbol{Q}^{-1}\dot{\boldsymbol{Q}}\boldsymbol{Q}^{-1}&=-\boldsymbol{Q}^{-1}\boldsymbol{Q}\dot{\boldsymbol{Q}}^{-1}=\delta\boldsymbol{Q}^{-1}\boldsymbol{Q}\boldsymbol{Q}^{-1}\\&=-\boldsymbol{Q}^{-1}\boldsymbol{Q}\boldsymbol{S}^{\mathrm{T}}\boldsymbol{S}_r\boldsymbol{Q}\boldsymbol{Q}^{-1}=\delta\boldsymbol{Q}^{-1}-\boldsymbol{S}_r^{\mathrm{T}}\boldsymbol{S}_r\end{aligned}\tag{8.135}$$

则一阶微分方程式(8.135)的解为 $Q^{-1}(t)=\mathrm{e}^{-\delta t}Q_0+\int_0^t\mathrm{e}^{-\delta(t-r)}S_r^{\mathrm{T}}(r)S_r(r)\mathrm{d}r$，这里用到了初始条件 $Q_0=Q^{-1}(0)>0$，选择 $Q_0=\eta I$，η 是一个正的常数。因为 $\mathcal{U}_c=\int_0^t\mathrm{e}^{-\delta(t-r)}S_r^{\mathrm{T}}(r)S_r(r)\mathrm{d}r$，有 $Q(t)=[\mathrm{e}^{-\delta t}Q_0+\mathcal{U}_c(t)]^{-1}$。

然后，用奇异值分解法求解矩阵 $\mathcal{U}_c$，得 $\mathcal{U}_c=\mathcal{V}_c\mathcal{A}_c\mathcal{Y}_c^{\mathrm{T}}$，其中 $\mathcal{V}_c$ 是一个正交矩阵，它的列向量是 $\mathcal{U}_c\mathcal{U}_c^{\mathrm{T}}$ 的特征向量，$\mathcal{Y}_c$ 是一个正交矩阵，它的列向量是 $\mathcal{U}_c^{\mathrm{T}}\mathcal{U}_c$ 的特征向量，$\mathcal{A}_c$ 是一个形式为 $\mathcal{A}_c=\mathrm{diag}(a_1,\cdots,a_n)$ 的对角矩阵。注意到 $\mathcal{V}_c$ 和 $\mathcal{Y}_c$ 是酉矩阵（Unitary Matrix），所以 $\mathcal{V}_c\mathcal{V}_c^{\mathrm{T}}=\boldsymbol{I}$ 和 $\mathcal{Y}_c\mathcal{Y}_c^{\mathrm{T}}=\boldsymbol{I}$ 恒成立。

$$\begin{aligned}\boldsymbol{Q}&=[\mathrm{e}^{-\delta t}Q_0+\mathcal{U}_c]^{-1}\\&=[\mathcal{V}_c(\mathcal{A}_c+\mathrm{e}^{-\delta t}\eta I)\mathcal{Y}_c^{\mathrm{T}}]^{-1}\\&=\mathcal{Y}_c(\mathcal{A}_c+\mathrm{e}^{-\delta t}\eta I)^{-1}\mathcal{V}_c^{\mathrm{T}}\end{aligned}\tag{8.136}$$

因为 $\mathcal{V}_c$ 满足 $\mathcal{V}_c^{-1}=\mathcal{V}_c^{\mathrm{T}}$，所以可以得到 $\mathcal{V}_c^{\mathrm{T}}\mathcal{U}_c=\mathcal{A}_c\mathcal{Y}_c^{\mathrm{T}}$。对式(8.159)两边同乘以 $\mathcal{U}_c$，得到

$$
\begin{aligned}
\boldsymbol{Q}\,\boldsymbol{\mathcal{U}}_c &= \boldsymbol{\mathcal{Y}}_c(\boldsymbol{\mathcal{A}}_c + \mathrm{e}^{-\delta t}\eta I)^{-1}\,\boldsymbol{\mathcal{V}}_c^{\mathrm{T}}\boldsymbol{\mathcal{U}}_c \\
&= \boldsymbol{\mathcal{Y}}_c(\boldsymbol{\mathcal{A}}_c + \mathrm{e}^{-\delta t}\eta I)^{-1}\,\boldsymbol{\mathcal{A}}_c\boldsymbol{\mathcal{Y}}_c^{\mathrm{T}} \\
&= \boldsymbol{\mathcal{Y}}_c\,\mathrm{diag}\left(\frac{a_1}{a_1 + \mathrm{e}^{-\delta t}\eta}, \cdots, \frac{a_n}{a_n + \mathrm{e}^{-\delta t}\eta}\right)\boldsymbol{\mathcal{Y}}_c^{\mathrm{T}}
\end{aligned} \tag{8.137}
$$

需要注意的是，在上述方程中，$\boldsymbol{\mathcal{A}}_c$ 是一个对角矩阵。

定义一个辅助项 $\boldsymbol{F}(t)$ 如下：

$$
\boldsymbol{F}(t) = \boldsymbol{\mathcal{Y}}_c\,\mathrm{diag}\left(\frac{\mathrm{e}^{-\delta t}\eta}{a_1 + \mathrm{e}^{-\delta t}\eta}, \cdots, \frac{\mathrm{e}^{-\delta t}\eta}{a_n + \mathrm{e}^{-\delta t}\eta}\right)\boldsymbol{\mathcal{Y}}_c^{\mathrm{T}} \tag{8.138}
$$

则式(8.137)可以写成如下形式：

$$
\boldsymbol{Q}(t)\,\boldsymbol{\mathcal{U}}_c(t) = \boldsymbol{I} - \boldsymbol{F}(t) \tag{8.139}
$$

注意，对于非零特征值 a_i，$t \to \infty$ 时 $\dfrac{\mathrm{e}^{-\delta t}\eta}{a_i + \mathrm{e}^{-\delta t}\eta}$ 这一项收敛于 0。

$$
\tilde{\Phi}_r = \Phi_r - \hat{\Phi}_r = [\boldsymbol{Q}\,\boldsymbol{\mathcal{U}}_c + \boldsymbol{F}]\Phi_r - \hat{\Phi}_r \tag{8.140}
$$

现在估计误差可以用式(8.140)表示，8.4.4 节将用式(8.140)设计自适应律。

8.4.3 有限时间自适应控制器设计

本节以动态模型和有限时间辨识为基础，在动力学具有不确定性的情况下，控制机器人跟踪期望的轨迹。机械臂的动力学模型可以描述为：

$$
\boldsymbol{M}(q)\ddot{q} + \boldsymbol{C}(q,\dot{q})\dot{q} + \boldsymbol{G}(q) = S_r(\ddot{q},\dot{q},q)\Phi_r = \tau \tag{8.141}
$$

其中，$q \in \mathbb{R}^N$ 是关节位置向量，$\boldsymbol{M}(q) \in \mathbb{R}^{N\times N}$ 是对称惯性矩阵，$\boldsymbol{C}(q,\dot{q})\dot{q} \in \mathbb{R}^N$ 表示为科里奥利力和向心力矩阵，$\boldsymbol{G}(q) \in \mathbb{R}^{N\times N}$ 是重力，$\tau \in \mathbb{R}^N$ 是关节力矩。

在设计控制器之前，引入两个误差信号如下：

$$
e_q = q - q_d,\quad e_s = \dot{q} - \dot{q}_r \tag{8.142}
$$

其中，q_d 为关节位置参考轨迹，而 $\dot{q}_r$ 是速度参考轨迹，定义为 $\dot{q}_r = \dot{q}_d + \lambda e_q$，$\lambda$ 是一个正的常数，将定义代入式(8.142)，e_s 可改写为 $e_s = \dot{e}_q + \lambda e_q$。

对机器人的控制基于以下特性和假设。

性质 2：矩阵 $\boldsymbol{M}(q)$ 是对称且正定的，而矩阵 $\dot{\boldsymbol{M}}(q) - 2\boldsymbol{C}(q,\dot{q})$ 是斜对称的。

假设 2：关节位置参考轨迹 q_d 及其导数 $\dot{q}_d$ 是连续有界的。

将式(8.142)代入式(8.141)中，可得

$$
\boldsymbol{M}(q)\dot{e}_s + \boldsymbol{C}(q,\dot{q})e_s = \tau - \boldsymbol{S}_r(\ddot{q}_r,\dot{q}_r,\dot{q},q)\Phi_r \tag{8.143}
$$

假定控制信号如下：

$$
\tau = -K_1 e_s + \boldsymbol{S}_r(\ddot{q}_r,\dot{q}_r,\dot{q},q)\hat{\Phi}_r + \tau_r \tag{8.144}
$$

τ_r 为鲁棒项，定义如下：

$$
\tau_r = \begin{cases} -K_2\dfrac{e_s}{\|e_s\|} & (e_s \neq 0) \\ 0 & (e_s = 0) \end{cases}
$$

其中，K_1 和 K_2 是选定的正控制增益。将控制器式(8.144)代入控制器式(8.143)，可得误差动力学表达式为：

$$
\boldsymbol{M}(q)\dot{e}_s + \boldsymbol{C}(q,\dot{q})e_s = -K_1 e_s + \boldsymbol{S}_r(\ddot{q}_r,\dot{q}_r,\dot{q},q)\hat{\Phi}_r + \tau_r \tag{8.145}
$$

设计自适应控制律如下：

$$\dot{\hat{\Phi}}_r=\begin{cases}-\Gamma_d\left(\boldsymbol{S}_r^{\mathrm{T}}e_s-\dfrac{\hat{\Phi}_r-\boldsymbol{QB}_c}{\|\hat{\Phi}_r-QB_c\|}\right) & (\|\hat{\Phi}_r-\boldsymbol{QB}_c\|\neq 0)\\ -\Gamma_d S_r^{\mathrm{T}}e_s & (\|\hat{\Phi}_r-\boldsymbol{QB}_c\|=0)\end{cases}\tag{8.146}$$

其中，Γ_d 是一个正的常数，$\boldsymbol{B}_c=\int_0^t \mathrm{e}^{-\delta(t-r)}S_r^{\mathrm{T}}(r)\tau\,\mathrm{d}r$。

定理 2：考虑有控制器式(8.144)和 FT 自适应律式(8.146)的机器人动态模型式(8.164)，利用生成的激励轨迹，可以推导出跟踪误差收敛到原点的一个小邻域内，估计误差 $\tilde{\Phi}_r$ 在有限时间内收敛于一个以零为中心的小的紧集内。

证明过程见 8.4.5 节。

8.4.4 仿真与实验

为了验证算法的有效性，在 7 自由度 Baxter 机械臂(如图 8.32 所示)上进行仿真和实验。

1. 运动学有限时间估计与验证

(1) 仿真设置：对于转动关节链，采用 D-H 参数建立运动学模型，如表 8.4 所示，标称值分别为 $a_1=0.069$，$a_3=0.039$，$a_5=0.01$，$d_3=0.36435$，$d_5=0.37429$，$d_7=0.22953$。假设这些参数未知，将使用 FT 适应律式(8.129)进行估计。在运动估计过程中，Baxter 机器人会在位置控制模块中运行，使得每个关节的速度稳定且有界。

图 8.32　Baxter 机械臂

表 8.4　BAXTER 机器人左臂的运动学 D-H 参数

连杆 i	θ_i(deg)	d_i(m)	a_{i-1}(m)	α_{i-1}(rad)
1	q_1	0	0	0
2	$q_2+\pi/2$	0	a_1	$-\pi/2$
3	q_3	d_3	0	$\pi/2$
4	q_4	0	a_3	$-\pi/2$
5	q_5	d_5	0	$\pi/2$
6	q_6	0	a_5	$-\pi/2$
7	q_7	d_7	0	$\pi/2$

令 Baxter 机器人跟踪参考轨迹 $q_{di}=a_i\cos(0.3t+b_i\pi)$，其中 $a_1=a_2=0.1$，$a_3=a_4=0.3$，$a_5=a_6=a_7=0.5$，$b_1=0$，$b_2=0.4$，$b_3=0.1$，$b_4=0.3$，$b_5=0.6$，$b_6=0.8$，$b_7=0.5$，$c_1=0.2$，$c_2=0.15$，$c_3=c_4=-0.1$，$c_5=c_6=c_7=0$，在 0～12s 和 18～24s 期间，参考轨迹是持续变化的，在 12～18s 内保持不变。增益设置为 $\vartheta=0.015$，$\Gamma=0.025$，$l_1=0.01$。选择估计参数的初值为 $\hat{\theta}(0)=[0.05,0.05,0.05,0.2,0.19,0.1]^{\mathrm{T}}$。

(2) 仿真结果：运动估计结果如图 8.33～图 8.36 所示。图 8.33 为满足 IE 条件的机器人关节速度示意图，可以看到，$\dot{q}_i$ 在 0～12s 和 18～24s 内持续变化，而在 12～18s 保持不变。参数估计性能如图 8.33 所示，跟踪误差如图 8.35 所示。从图 8.34 可以看出，所有估计的 D-H 参数(实线“-”)都收敛到它们的真值(虚线“--”)，收敛速度很快。即使在输入信号间断期间，该算法仍能保证估计性能。相比如图 8.34 所示的自适应梯度下降法，该算法的估计性能在收敛速度和精度上都有较大提高。图 8.36 为辅助矩阵 $\boldsymbol{D}$ 的最小特征值分布图，可以看出，$\mathcal{D}$的最小特征值在 1～12s 和 18～24s 期间不断上升，在 24s 左右达到峰值，这验证了 IE 条件的满足。同时表明，该算法可以有效地工作在区间激励输入下。

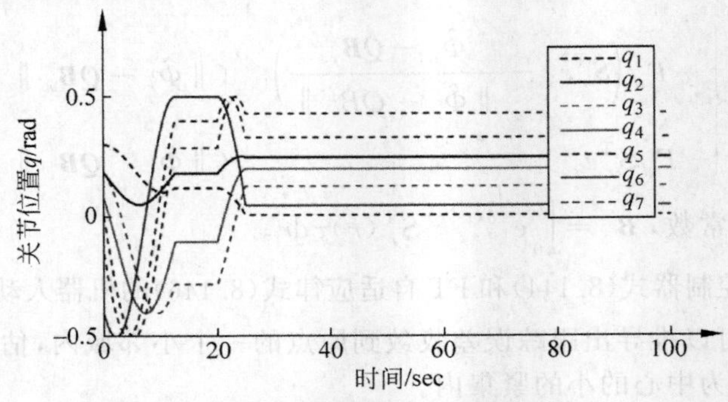

图 8.33 满足 IE 条件的输入信号

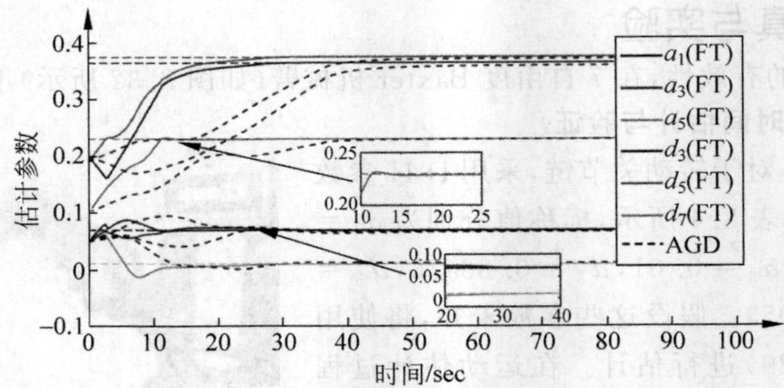

图 8.34 估计参数在区间时间内的收敛性

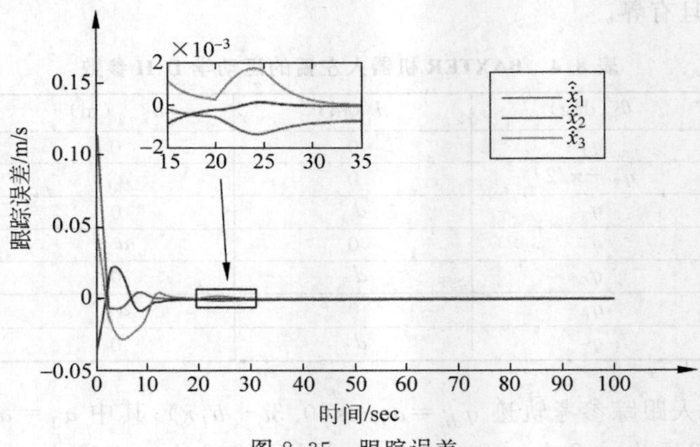

图 8.35 跟踪误差

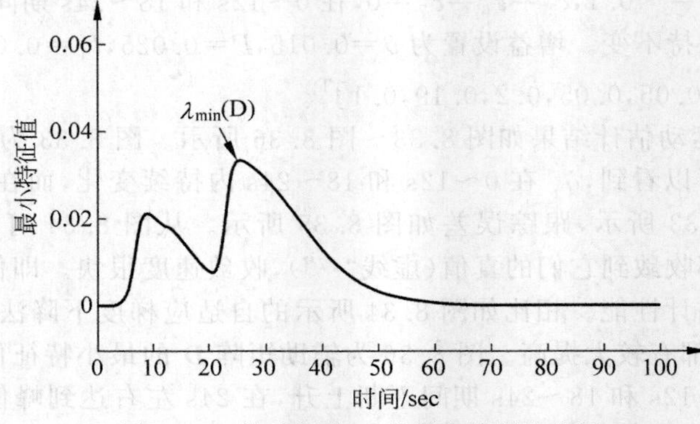

图 8.36 辅助矩阵 **D** 的最小特征分布图

(3) 鲁棒性验证与实验：为了进一步证明上述估计算法的有效性，这里通过在系统模型中添加未知的外部干扰来进行鲁棒性测试。在一些实际应用中，测量值的不确定性是不可避免的。例如，基于摄像头的目标跟踪系统很容易受到环境噪声的影响。在对比研究中，将不同强度的白噪声加入到末端执行器的测量信号里进行测试。选择外部干扰为 $d(t)=\sigma\omega(t)$，其中 σ 为噪声强度，$\omega(t)$ 是高斯白噪声，大小为 1dBW。为了实现公平比较，自适应估计中的参数选择相同，机器人跟踪相同的轨迹。仿真结果如图 8.37～图 8.42 所示。末端执行器位置上的扰动如图 8.37、图 8.39 和图 8.41 所示，其中 σ 分别为 0.005、0.01 和 0.02。从图中可以看出，末端执行器上添加的最大偏差分别为±2cm、±4cm 和±6cm。参数估计性能如图 8.38、图 8.40 和图 8.42 所示。从图中可以看出，即使存在外部扰动，三组参数的收敛速度和精度都令人满意。

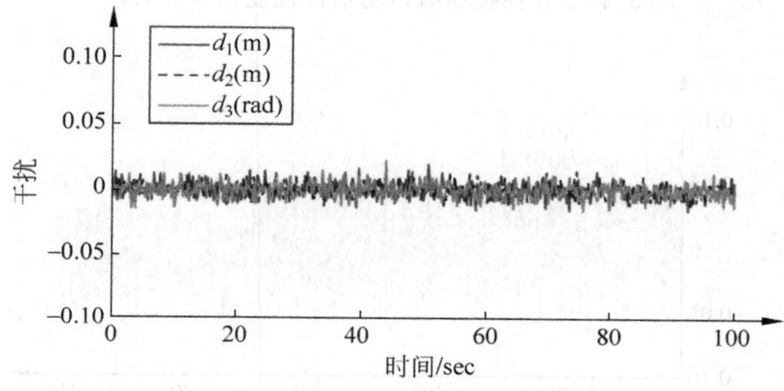

图 8.37 $\sigma=0.005$ 在末端执行器的位置添加扰动

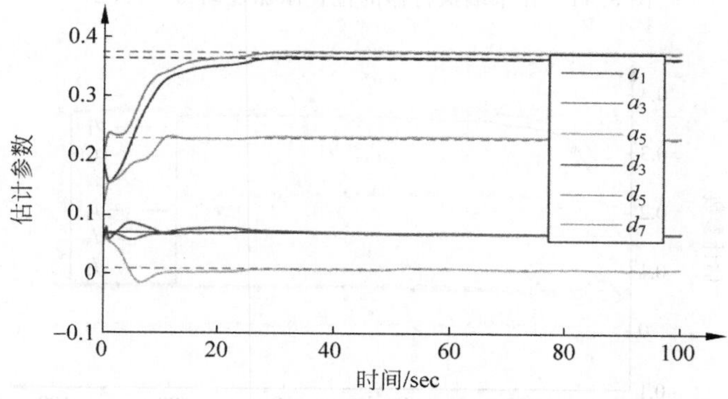

图 8.38 扰动 $\sigma=0.005$ 时运动估计性能

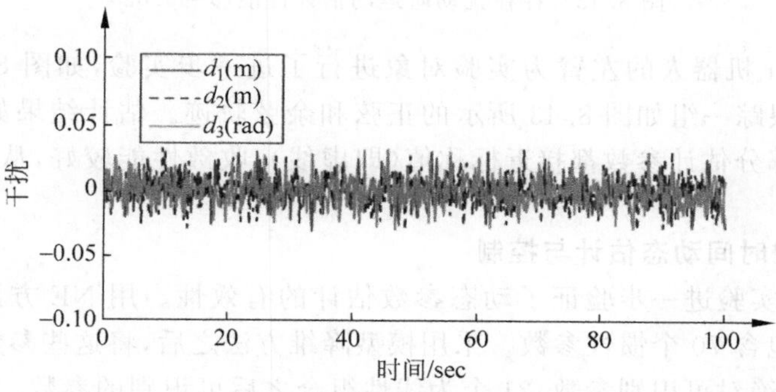

图 8.39 在末端执行器的位置添加扰动($\sigma=0.01$)

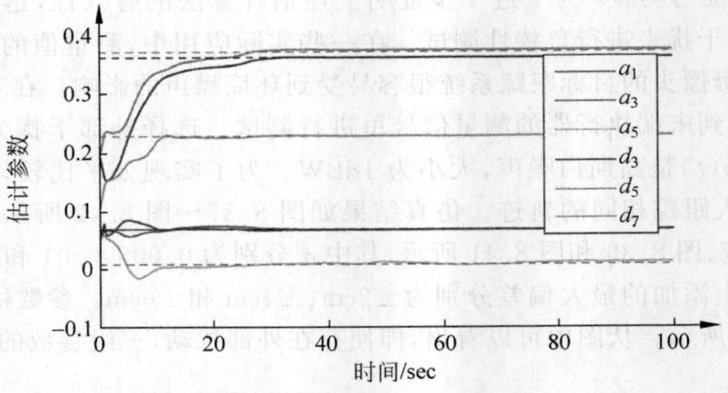

图 8.40 存在扰动时运动估计性能($\sigma=0.01$)

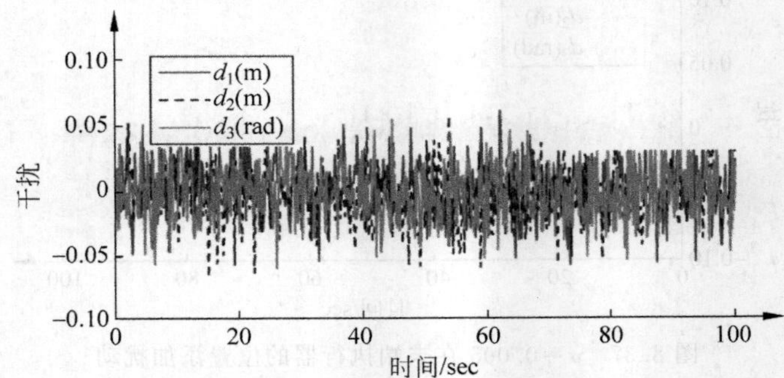

图 8.41 在末端执行器的位置添加扰动($\sigma=0.02$)

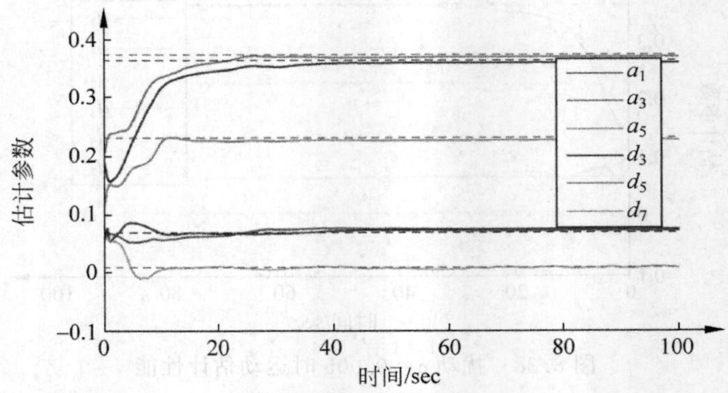

图 8.42 存在扰动时运动估计性能($\sigma=0.02$)

此外,以 Baxter 机器人的左臂为实验对象进行了进一步实验,如图 8.32 所示。在实验中,机器人被命令跟踪一组如图 8.43 所示的正弦和余弦轨迹。估计结果如图 8.44 所示。从图中可以看出,大部分估计参数都接近标称值(即虚线),收敛性能较好,从而验证了该算法的鲁棒性。

2. 自适应有限时间动态估计与控制

前文通过数值实验进一步验证了动态参数估计的有效性。用 NE 方法对 Baxter 机器人的初始建模,其中包含 70 个惯性参数。采用模型降维方法之后,将这些参数重新组合成 43 个参数,其中 22 个为绝对可识别参数,21 个为线性组合之后可识别的参数。利用傅里叶展开保

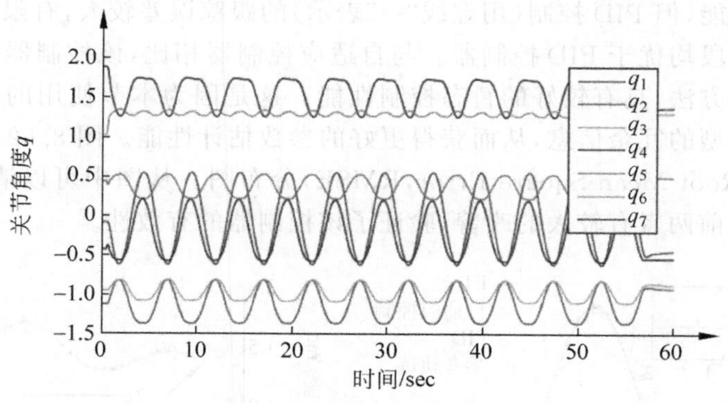

图 8.43 关节角的轨迹

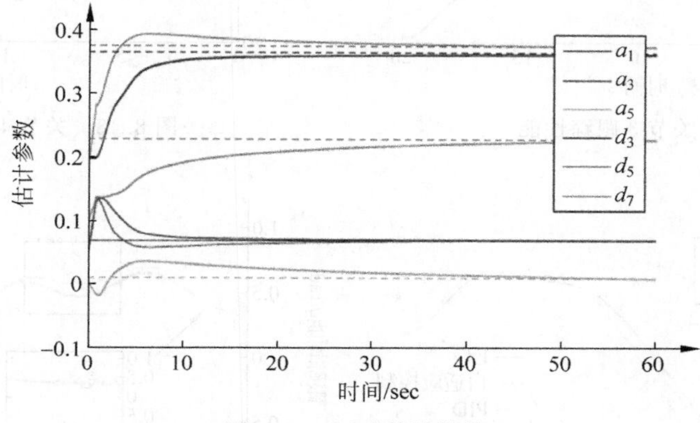

图 8.44 运动估计性能

证激发条件，得到周期性的持续激励信号 $\ddot{q}_d$、$\dot{q}_d$、q_d。

选取控制增益为 $k_1=\text{diag}[320,185,40,42,5,10,0.38]$，$k_2=\text{diag}[26,19,3,5,0.4,0.75,0.03]$，选择自适应律增益为 $\Gamma_d=20$ 和 $\delta=2$，初始参数 $\hat{\Phi}_r$ 为零，设定初始状态 $\ddot{q}$，$\dot{q}$，q 为零。

估计结果如图 8.44～图 8.53 所示，其中图 8.45～图 8.51 为对机器人关节的跟踪性能，图 8.52 和图 8.53 为参数估计性能。从图中可以看出，利用本节介绍的有限时间估计算法，机器人能够很好地跟随参考轨迹，并且获得了令人满意的瞬态性能。

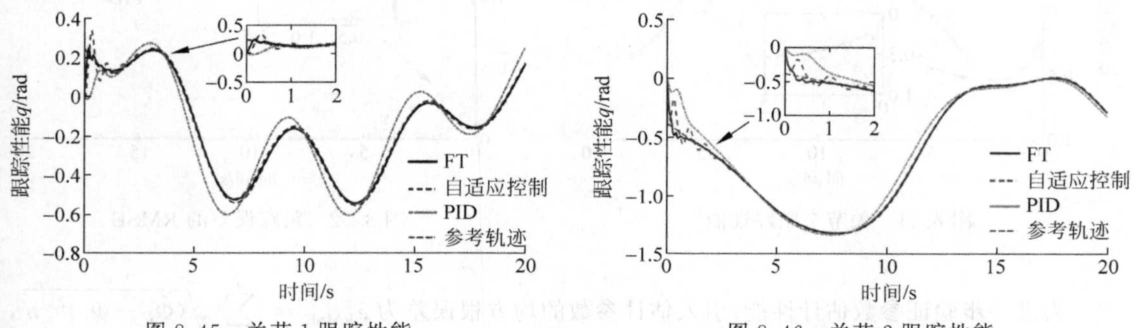

图 8.45 关节 1 跟踪性能

图 8.46 关节 2 跟踪性能

为进一步验证算法的有效性，分别基于 PID 控制器、自适应控制器和所设计的控制器进行了比较研究。比较结果如图 8.45～图 8.52 所示。由图可知，虽然三种类型的控制器均可获得稳定的跟踪性能，但 PID 控制(用虚线“--”表示)的跟踪误差较大，有限时间方法的控制性能在暂态和稳态阶段均优于 PID 控制器。与自适应控制器相比，该控制器的跟踪误差收敛速度快于自适应控制方法，具有较好的暂态控制性能。这是因为本节使用的模型降维算法可以减少机器人动态模型的冗余信息，从而获得更好的参数估计性能。图 8.52 为七个关节跟踪误差的均方根误差(Root-Mean-Square Error，RMSE)分布图。从图中可以清楚地看出，稳态误差和瞬态误差均较前两者有较大的改善，验证了该控制器的有效性。

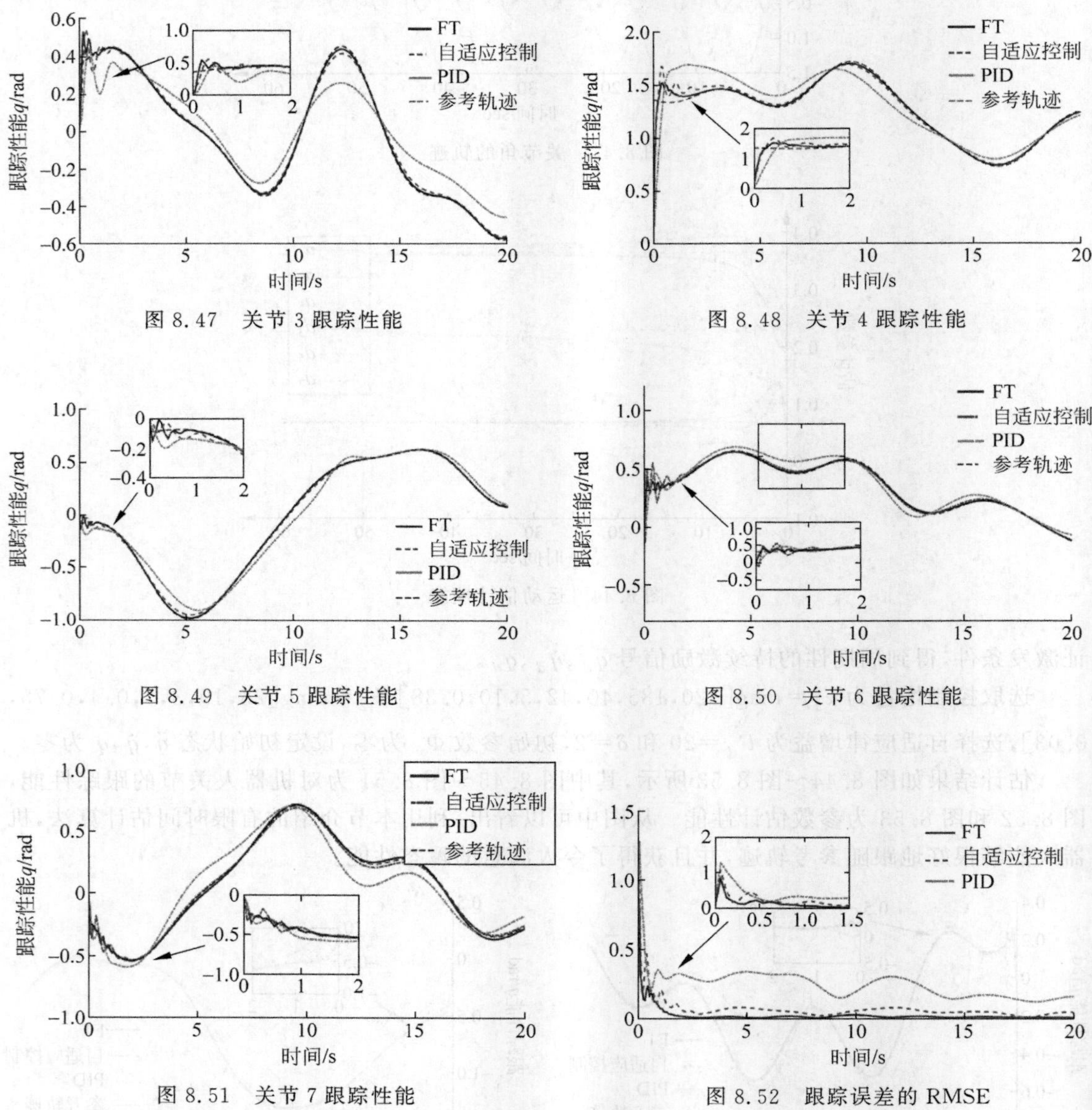

图 8.47　关节 3 跟踪性能

图 8.48　关节 4 跟踪性能

图 8.49　关节 5 跟踪性能

图 8.50　关节 6 跟踪性能

图 8.51　关节 7 跟踪性能

图 8.52　跟踪误差的 RMSE

为进一步验证参数估计性能，引入估计参数的均方根误差为 $e_{\mathrm{RMSE}}=\sum_{i=1}^{n}\sqrt{(\hat{\Phi}_i-\Phi_i)^2/n}$，其中 n 表示参数的数量。参数估计性能如图 8.53 和图 8.54 所示。从图 8.53 中可以看出，所有估计的惯性参数都可以在很短的时间内收敛到其真实值的一个小范围内，而图 8.54 中均方根误差(RMSE)最终也收敛到零附近的一个小邻域。

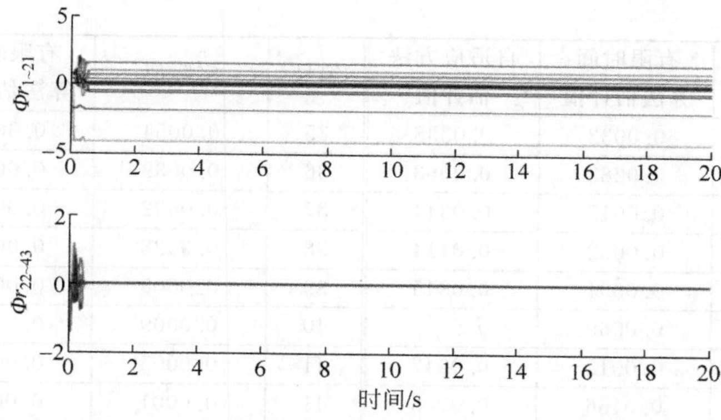

图 8.53 基于有限时间算法估计的惯性参数估计性能

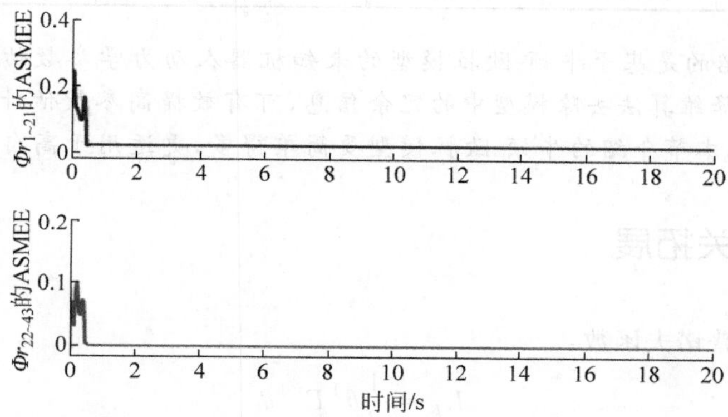

图 8.54 基于有限时间算法估计的惯性参数均方根误差

在此基础上，对本节介绍的有限时间估计算法和其他自适应估计方法的参数估计性能进行了比较。具体估计参数如表 8.5 所示，其中分别给出了实际值、本节的有限时间算法估计的参数以及其他自适应估计方法估计的参数。由表 8.5 可以看出，采用本节方法估计的参数与实际动态参数较为接近，比传统的自适应估计方法具有更高的估计精度。

表 8.5 动态参数的估计性能

编号	实际值	有限时间算法估计值	自适应方法估计值	编号	实际值	有限时间算法估计值	自适应方法估计值
1	0.0689	0.1322	0.0864	13	0.0027	−0.0051	0.0484
2	−0.2773	−0.6104	−1.4653	14	0.0332	0.0839	0.0266
3	−4.1237	−4.0514	−3.4160	15	−0.4721	−0.4638	1.4161
4	1.5528	1.5552	1.3533	16	−1.8565	−1.8240	−1.1679
5	0.6692	0.9955	1.8549	17	−0.0162	−0.0153	−0.0279
6	1.5244	1.5274	1.4008	18	0.7035	0.6918	0.4194
7	−0.0253	0.0211	0.1150	19	0.1869	0.1836	−0.2221
8	0.1696	0.1666	0.0683	20	0.6905	0.6790	0.3696
9	0.4057	0.3986	0.4159	21	−0.0246	0.0217	0.1070
10	0.0168	0.0600	0.0580	22	0.0087	0.0085	−0.0214
11	−0.0241	−0.0670	−0.1071	23	0.0208	0.0205	0.0084
12	0.0087	0.0334	0.0360	24	0.0118	0.0110	0.0105

续表

编号	实际值	有限时间算法估计值	自适应方法估计值	编号	实际值	有限时间算法估计值	自适应方法估计值
25	0.0021	0.0032	0.0338	35	0.0054	0.0055	0.0021
26	0.0284	0.0283	0.0063	36	0.0039	0.0031	0.0226
27	−0.0011	−0.0015	0.0344	37	−0.0002	−0.0008	0.0109
28	0.0033	0.0032	−0.0114	38	0.0028	0.0027	0.0088
29	0.0093	0.0091	0.0345	39	0.0005	0.0005	0.0013
30	0.0071	0.0069	0	40	0.0009	0.0009	−0.0030
31	0.0007	0.0013	0.0047	41	0.0005	0.0007	0.0044
32	0.0168	0.0166	−0.0086	41	0.0001	0.0001	0.0179
33	0.0006	−0.0007	0.0146	43	0.0002	0.0002	0.0117
34	0.0112	0.0110	0.0016				

注意：本节介绍的是基于牛顿-欧拉模型的未知机器人动力学参数估计问题。采用基于奇异值分解的模型降维算法去除模型中的冗余信息，可有效提高参数估计的效率和精度。与其他估计方法相比，本节介绍的牛顿-欧拉模型要简单得多，更适用于高自由度机器人的实时估计。

8.4.5 相关拓展

1. 证明 1

考虑以下李雅普诺夫函数：

$$L_k=\frac{1}{2}\tilde{\theta}^{\mathrm{T}}\Gamma^{-1}\tilde{\theta} \tag{8.147}$$

对式$\mathcal{P}=\mathcal{D}\theta-\mathcal{D}\hat{\theta}=\mathcal{D}\tilde{\theta}$，在$\mathcal{P}=0,T\geqslant T_e$以及$\mathcal{D}$满足 IE 条件下，$\tilde{\theta}$会收敛于 0。

在$\mathcal{P}\neq 0$条件下，将式(8.147)对时间进行求导，并将式(8.129)代入得到$\dot{L}_k=\tilde{\theta}^{\mathrm{T}}\Gamma^{-1}\dot{\tilde{\theta}}$。代入自适应规律$\dot{\hat{\theta}}=-\Gamma\dfrac{\mathcal{P}}{\|\mathcal{P}\|}$，得到$\dot{L}_k=-\tilde{\theta}^{\mathrm{T}}\dfrac{\mathcal{P}}{\|\mathcal{P}\|}=-\dfrac{\tilde{\theta}^{\mathrm{T}}\mathcal{D}\tilde{\theta}}{\|\mathcal{D}\tilde{\theta}\|}$。注意到矩阵是正定的，因此$\mathcal{D}$的所有奇异值都大于零，考虑$\tilde{\theta}$是一个矢量，因此可以推导出性质$\tilde{\theta}^{\mathrm{T}}\mathcal{D}\tilde{\theta}\geqslant\lambda_{\min}(D)\tilde{\theta}^{\mathrm{T}}\tilde{\theta}$。然后有$\dot{L}_k=-\dfrac{\tilde{\theta}^{\mathrm{T}}\mathcal{D}\tilde{\theta}}{\|\mathcal{D}\tilde{\theta}\|}\leqslant-\dfrac{\lambda_{\min}(D)}{\lambda_{\max}(D)}\|\tilde{\theta}\|\leqslant-\mu\sqrt{L_k}$，其中$\mu=\sqrt{\dfrac{\lambda_{\min}(D)}{\lambda_{\max}(D)}}/\lambda_{\max}(\Gamma^{-1})$。因为 IE 条件满足，可以根据式(8.151)推导出$\mathcal{D}>\sigma I$和定义 2，始终存在正的常数μ，使$\mu\geqslant\sqrt{\dfrac{\lambda_{\min}(D)}{\lambda_{\max}(D)}}/\lambda_{\max}(\Gamma^{-1})$。根据式(8.147)的结果，可以得到$\tilde{\theta}$在有限时间$t_a\leqslant 2\sqrt{L_k(0)/\mu}+T_e$收敛到 0。

2. 证明 2

考虑以下李雅普诺夫函数：

$$L_d=\frac{1}{2}e_s^{\mathrm{T}}Me_s+\frac{1}{2}\tilde{\Phi}_r^{\mathrm{T}}\Gamma_d^{-1}\tilde{\Phi}_r \tag{8.148}$$

对L_d求导，有：

$$\dot{L}_d=e_s^{\mathrm{T}}M\dot{e}_s+\frac{1}{2}e_s^{\mathrm{T}}\dot{M}e_s+\tilde{\Phi}_r^{\mathrm{T}}\Gamma_d^{-1}\dot{\tilde{\Phi}}_r \tag{8.149}$$

将式(8.145)代入式(8.149)可得：

$$\dot{L}_d = e_s^{\mathrm{T}}(-K_1 e_s + S_r(\ddot{q}_r, \dot{q}_r, \dot{q}, q)\tilde{\Phi}_r + \tau_r) - e_s^{\mathrm{T}} \boldsymbol{C}(\dot{q}, q) e_s + \frac{1}{2} e_s^{\mathrm{T}} \dot{M} e_s + \tilde{\Phi}_r^{\mathrm{T}} \Gamma_d^{-1} \dot{\hat{\Phi}}_r \tag{8.150}$$

将自适应规律式(8.146)代入式(8.150)，得到

$$\begin{aligned}\dot{L}_d &\leqslant e_s^{\mathrm{T}}(-K_1 e_s + S_r \tilde{\Phi}_r + \tau_r) - \tilde{\Phi}_r^{\mathrm{T}}\left(S_r^{\mathrm{T}} e_s - \frac{\hat{\Phi}_r - \boldsymbol{QB}_c}{\|\hat{\Phi}_r - \boldsymbol{QB}_c\|}\right) \\ &\leqslant -e_s^{\mathrm{T}} K_1 e_s + \tilde{\Phi}_r^{\mathrm{T}} + \frac{\hat{\Phi}_r - \boldsymbol{QB}_c}{\|\hat{\Phi}_r - \boldsymbol{QB}_c\|} - K_2 \frac{e_s^{\mathrm{T}} e_s}{\|e_s\|}\end{aligned} \tag{8.151}$$

根据式(8.139)，考虑 $F\Phi_r = \hat{\Phi}_r - \boldsymbol{QB}_c$，$B_c = U_c \Phi_r$，式(8.151)可以写成如下形式：

$$\begin{aligned}\dot{L}_d &= -e_s^{\mathrm{T}} K_1 e_s - (\hat{\Phi}_r - \Phi_r)^{\mathrm{T}} \frac{\hat{\Phi}_r - \boldsymbol{QB}_c}{\|\hat{\Phi}_r - \boldsymbol{QB}_c\|} - K_2 \frac{e_s^{\mathrm{T}} e_s}{\|e_s\|} \\ &\leqslant -(\hat{\Phi}_r - F\Phi_r - QB_c)^{\mathrm{T}} \frac{\hat{\Phi}_r - \boldsymbol{QB}_c}{\|\hat{\Phi}_r - \boldsymbol{QB}_c\|} - K_2 \frac{e_s^{\mathrm{T}} e_s}{\|e_s\|} \\ &\leqslant -(\hat{\Phi}_r - \boldsymbol{QB}_c)^{\mathrm{T}} \frac{\hat{\Phi}_r - \boldsymbol{QB}_c}{\|\hat{\Phi}_r - \boldsymbol{QB}_c\|} + \|F\Phi_r\| - K_2 \|e_s\| \\ &\leqslant -\|\hat{\Phi}_r - \boldsymbol{QB}_c\| + \|F\Phi_r\| - K_2 \|e_s\| \\ &\leqslant -\|\Phi_r - \boldsymbol{QB}_c + \hat{\Phi}_r - \Phi_r\| + \|F\Phi_r\| - K_2 \|e_s\| \\ &\leqslant -\|F\Phi_r - \tilde{\Phi}_r\| + \|F\Phi_r\| - K_2 \|e_s\| \\ &\leqslant -\|\tilde{\Phi}_r\| - K_2 \|e_s\| + 2\|F\Phi_r\| \\ &\leqslant -\mu_d \sqrt{L_d} + \rho_d\end{aligned} \tag{8.152}$$

其中，$\mu_d = \min\{\sqrt{2/\lambda_{\max}(\Gamma_d^{-1})}, K_2\sqrt{2/\lambda_{\max}(M)}\}$，$\rho_d = 2\|F\|\|\Phi_r\|$。因为 F 和 Φ_r 都是有界的，且 $\lim\limits_{t\to\infty} F = 0$，存在一个 0 附近的紧集 $\Omega := \{\tilde{\Phi}_r \mid L_d(\tilde{\Phi}_r) \leqslant (c/\mu_d)^2\}$，使得 $\forall \tilde{\Phi}_r \notin \Omega$，$\dot{L}_d < 0$，$c$ 是一个较小的正的常数，满足 $c > \gamma_d \rho_d$，$0 < \gamma_d < 1$。根据前述公式可以推出，Ω 以外的信号能够在有限的时间内进入这个紧集，并仍将在未来一直保持。因此，参数估计误差能够在有限的时间内收敛到真实值的一个小的紧凑集。此外，可以通过选择适当的 Γ_d 和 K_2 来选择较大的 u_d，当 $t\to\infty$ 时，ρ_d 收敛于 0。这意味着 t 足够大时，紧集 Ω 较小，且将收敛于零。可以通过选择一个更大的 Γ_d 增大收敛速度。

8.5 神经网络自适应导纳控制

本节将介绍一种基于机器人-环境交互的神经网络自适应导纳控制方法。

随着机器人技术的飞速发展，机器人在教育、工业、娱乐等领域受到了广泛的关注。在这些领域，机器人不可避免地与外部环境交互。虽然机器人经过了几十年的发展，但由于机器人在更一般的场景中的高期望以及机器人工作的复杂环境，仍有许多问题亟待解决。为了实现机器人的柔性行为，有 3 种方法得到了广泛的应用：导纳控制；混合位置/力控制；阻抗控制。

近年来，由 Hogan 提出的阻抗控制概念，在机器人领域得到了广泛的应用。阻抗控制旨在调节机器人在物理交互点上的行为。阻抗控制的核心思想是控制器调节机械阻抗，即广义

速度到广义力的映射。另一种方法是由 Mason 提出的导纳控制。在一个广义导纳控制系统中,通过测量环境力和所需的导纳模型,得到了一个参考轨迹并进行跟踪。然后,通过轨迹适应来实现柔性行为。传统的机械臂控制方法大多是基于系统模型,具有良好的控制性能。然而,这些方法需要精确的机器人模型,而在很多情况下精确的模型无法获得。因此,自适应控制方法受到了广泛的关注,并在实际系统中得到了应用。采用智能工具对自适应控制的不确定性进行逼近。导纳控制系统的另一个关键元件是力传感器。力传感器被认为是机器人与环境之间交流的媒介。然而,安装在机械臂上的力传感器可能会带来不便,而且通常价格昂贵。由于这些原因,无传感器控制方案受到了广泛的关注。对电机的外力估计主要有两种方法:扰动观测器法和基于电机扭矩知识的力观测器法。如基于关节角的干扰观测器方法和基于广义动量的碰撞检测力观测器。

基于阻抗/导纳的控制,阻抗/导纳模型是非常重要的。在实际应用中,由于环境动力学的复杂性,获得理想的阻抗/导纳模型并不容易。此外,固定阻抗/导纳模型并不适用于所有情况。为了解决这一问题,迭代学习已被广泛研究,用于机器人适应未知环境。该方法旨在通过重复一项任务将人类的学习技能引入机器人,并得到了广泛的研究。如采用基于神经网络的方法来调节机器人末端执行器的阻抗参数。然而,这种学习方法的缺点是需要机器人重复操作来学习阻抗参数,这在实际应用中可能会带来很多不便。因此,有学者提出了阻抗自适应方法,如采用在不同阻抗参数值之间切换的策略,分散系统的能量;应用于机器人与未知环境交互的阻抗自适应方法等。

交互控制的控制目的是实现力的调节和轨迹跟踪。因此,应当考虑到最优化,因为它是这两个目标的综合。众所周知的线性二次型调节器(Linear Quadratic Regulator,LQR)是最优控制的一个重要解决方案,它涉及以最小的代价运行一个动态系统。例如,在已知环境动力学的情况下,用 LQR 法求理想的阻抗参数。也有研究人员根据环境刚度和阻尼对所定义的 LQR 问题进行在线求解,调整目标阻抗。该算法比 LQR 技术获得的固定阻抗参数具有更好的适应性,即适用范围更广。然而,本节中环境的动力学也假定是已知的。因为在环境动力学未知的情况下,Riccati 方程的解是很难找到的。因此,当环境动力学未知时,上述方法可能不适用。为了解决这一问题,自适应动态规划(Adaptive Dynamic Programming,ADP)得到了广泛的关注和研究,尤其是用 ADP 解决优化问题。基于 ADP 的思想可以利用环境反馈信息对控制行为进行修正。ADP 方法有许多,如启发式动态规划和 Q 学习,其优点是只需要知道被控制系统的部分信息。

本节介绍了一种导纳自适应方法来调整导纳参数,实现未知环境动态下的最优交互行为。考虑具有未知动力学的环境,将其建模为状态空间形式的线性系统。控制目标是使所定义的成本函数最小化,使其具有良好的交互性能。采用基于广义动量法的观测器来估计系统的相互作用力矩,同时采用基于神经网络的控制器来保证系统的跟踪性能。

8.5.1 问题描述

1. 系统模型描述

系统中,考虑机械臂与环境的交互作用,正运动学可以表示为:

$$\begin{cases} \boldsymbol{M}_E\ddot{q}+\boldsymbol{C}_E\dot{q}+\boldsymbol{G}_E q=-\tau_{\text{ext}} \\ \boldsymbol{C}_E\dot{q}+\boldsymbol{G}_E q=-\tau_{\text{ext}} \end{cases} \tag{8.153}$$

式(8.153)分别给出了线性空间下,用质量-阻尼-刚度模型和阻尼-刚度模型表示的动态模型。其中,$\boldsymbol{M}_E$、$\boldsymbol{C}_E$ 和 $\boldsymbol{G}_E$ 分别表示模型中未知的质量、阻尼和刚度矩阵。上述两种模型可以用来表示大多数环境动力学。

2. 代价函数

控制的目标是通过设计的控制系统使得代价函数最小。考虑机器人系统状态以及外部环境，设计代价函数如下：

$$V(t)=\int_0^{\infty}((q-q_d)^{\mathrm{T}}\boldsymbol{Q}(q-q_d)+\hat{\tau}_{\mathrm{ext}}^{\mathrm{T}}R\hat{\tau}_{\mathrm{ext}})\mathrm{d}t \tag{8.154}$$

其中，$\boldsymbol{Q}=\boldsymbol{Q}^{\mathrm{T}}\in\mathbb{R}^{n\times n}$ 是正定矩阵，表示跟踪误差权重，$\boldsymbol{Q}\in\mathbb{R}^{n\times n}$ 表示交互力权重矩阵。代价函数用来评价交互控制效果，通过最小化 $V(t)$，可以获得期望的交互性能。

8.5.2 基于神经网络的自适应控制器设计

1. 自适应最优控制计算

考虑如下连续时间的线性系统

$$\dot{\xi}=\boldsymbol{A}\xi+\boldsymbol{B}u(t) \tag{8.155}$$

其中，$\xi\in\mathbb{R}^m$ 是系统状态变量，$u\in\mathbb{R}^r$ 为系统输入，$\boldsymbol{A}\in\mathbb{R}^{m\times m}$ 是系统矩阵，输入矩阵 $\boldsymbol{B}\in\mathbb{R}^{m\times r}$，且 $\boldsymbol{A}$、$\boldsymbol{B}$ 都是未知的常数矩阵。

系统最优控制输入为：

$$u=-K\xi \tag{8.156}$$

它可以最小化代价函数：

$$V=\int_0^{\infty}(\xi^{\mathrm{T}}\boldsymbol{Q}\xi+u^{\mathrm{T}}\boldsymbol{R}u)\mathrm{d}t \tag{8.157}$$

式(8.157)的解与 LQR 问题的解类似。根据最优控制理论，可以在已知矩阵 $\boldsymbol{A}$ 和 $\boldsymbol{B}$ 的基础上，通过解 ARE 方程得到矩阵 P^*：

$$\boldsymbol{PA}+\boldsymbol{A}^{\mathrm{T}}\boldsymbol{P}+\boldsymbol{Q}-\boldsymbol{PBR}^{-1}\boldsymbol{B}^{\mathrm{T}}\boldsymbol{P}=0 \tag{8.158}$$

然后，由 P^* 可得最优反馈增益如下：

$$K^*=-\boldsymbol{R}^{-1}\boldsymbol{B}^{\mathrm{T}}\boldsymbol{P}^* \tag{8.159}$$

因此，可以得到式(8.159)的最优控制输入。接下来，使用在线学习算法来获得在环境动力学未知情况下的最优控制输入。

定义 $P_k\in R^{m\times m}$ 将矩阵转换为向量形式，即：$P_k\in\boldsymbol{R}^{m\times m}\rightarrow\hat{P}_k\in R^{\frac{1}{2}m(m+1)}$，同理，$\xi\in R^m\rightarrow\bar{\xi}\in R^{\frac{1}{2}m(m+1)}$，其中 P_k 是对称矩阵：

$$\begin{cases}P_K=[P_{11},2P_{12}\cdots2P_{1m}\cdots P_{mm}]^{\mathrm{T}}\\ \bar{\xi}=[\xi_1^2,\xi_1\xi_2,\cdots,\xi_1\xi_m,\xi_2^2,\xi_2\xi_3,\cdots,\xi_m^2]^{\mathrm{T}}\\ \delta_{\xi\xi}=[\bar{\xi}(t_1)-\bar{\xi}(t_0),\bar{\xi}(t_2)-\bar{\xi}(t_1),\bar{\xi}(t_l)-\bar{\xi}(t_{l-1})]^{\mathrm{T}}\\ I_{\xi\xi}=\left[\int_{t_0}^{t_1}\xi\otimes\xi,\int_{t_1}^{t_2}\xi\otimes\xi,\cdots,\int_{t_{l-1}}^{t_l}\xi\otimes\xi\right]^{\mathrm{T}}\\ I_{\xi u}=\left[\int_{t_0}^{t_1}\xi\otimes u,\int_{t_1}^{t_2}\xi\otimes u,\cdots,\int_{t_{l-1}}^{t_l}\xi\otimes u\right]^{\mathrm{T}}\end{cases} \tag{8.160}$$

其中，$\otimes$表示克罗内克乘积，l 为积分次数。假定初始输入 $u=K_0\xi+\phi$，$t\in[t_0,t_l]$，ϕ 是噪声，K_0 表示初始反馈增益，它的选取要能够保证系统的稳定。然后，计算 $I_{\xi\xi}$、$I_{\xi u}$ 直到满足如下矩阵的秩关系：

$$\mathrm{rank}([I_{\xi\xi},I_{\xi u}])=\frac{m(m+1)}{2}+mr \tag{8.161}$$

满足式(8.161)后,可由如下齐次方程求得 P_K、K_{K+1}:

$$\begin{bmatrix} \hat{P}_K \\ vec(K_{K+1}) \end{bmatrix} = (\Theta_k^{\mathrm{T}}\Theta_k)^{-1}\Theta_k^{\mathrm{T}}\Xi_k \tag{8.162}$$

相关变量定义如下:

$$\begin{cases} \Theta_k = [\delta_{\xi\xi}, -2I_{\xi\xi}(I_m \otimes K_k^{\mathrm{T}}R) - 2I_{\xi u}(I_m \otimes R)] \\ \Xi_k = -I_{\xi\xi}vec(\boldsymbol{Q}_k) \\ \boldsymbol{Q}_k = \boldsymbol{Q} + \boldsymbol{K}_k^{\mathrm{T}}\boldsymbol{R}K_k \end{cases} \tag{8.163}$$

其中,I_m 是 m 维单位阵,$vec(\cdot)$是将矩阵转换为向量的函数。重复计算,直到 $\| P_K - P_{K-1} \| < \varepsilon$,其中的 ε 为很小的正实数。由式(8.162)可得最优反馈控制增益 K_K。

2. 自适应导纳控制

这部分的目标是获得一个在未知环境的最优导纳控制模型,使代价函数最小。这里使用的是环境模型阻尼-刚度模型:$\boldsymbol{C}_E\dot{q} + \boldsymbol{G}_E q = -\tau_{\mathrm{ext}}$。定义如下状态变量:

$$\xi = [q^{\mathrm{T}}, q_d^{\mathrm{T}}]^{\mathrm{T}} \tag{8.164}$$

则式(8.154)可写成如下形式:

$$\begin{aligned} V &= \int_0^{\infty}\left([q^{\mathrm{T}}, q_d^{\mathrm{T}}]Q'\begin{bmatrix} q \\ q_d \end{bmatrix} + \hat{\tau}_{\mathrm{ext}}^{\mathrm{T}}R\hat{\tau}_{\mathrm{ext}}\right)\mathrm{d}t \\ &= \int_0^{\infty}(\xi^{\mathrm{T}}Q'\xi + \hat{\tau}_{\mathrm{ext}}^{\mathrm{T}}R\hat{\tau}_{\mathrm{ext}})\mathrm{d}t \end{aligned} \tag{8.165}$$

其中:

$$\boldsymbol{Q}' = \begin{bmatrix} \boldsymbol{Q} & -\boldsymbol{Q} \\ -\boldsymbol{Q} & \boldsymbol{Q} \end{bmatrix}$$

结合所定义的状态变量,可以将环境模型重写为状态空间形式:

$$\dot{\xi} = \boldsymbol{A}\xi + \boldsymbol{B}\hat{\tau}_{\mathrm{ext}} \tag{8.166}$$

其中:

$$\boldsymbol{A} = \begin{bmatrix} -\boldsymbol{C}_E^{-1}\boldsymbol{G}_E & 0 \\ 0 & \boldsymbol{I}_n \end{bmatrix}, \quad \boldsymbol{B} = \begin{bmatrix} -\boldsymbol{C}_E^{-1} \\ 0 \end{bmatrix} \tag{8.167}$$

由式(8.167)不难看出,矩阵 $\boldsymbol{A}$ 和 $\boldsymbol{B}$ 包含未知的环境动态。将 $\hat{\tau}_{\mathrm{ext}}$ 作为系统输入,用上述介绍的自适应最优控制的方法得到系统最优的反馈控制信号。

显然,矩阵 $\boldsymbol{A}$ 和 $\boldsymbol{B}$ 包含了未知的环境动力学。如果将 $\hat{\tau}_{\mathrm{ext}}$ 作为式(8.166)的输入,可以使用上述方法得到系统的控制输入,以使代价函数最小化:

$$\hat{\tau}_{\mathrm{ext}} = -K_K\xi \tag{8.168}$$

其中,K_K 由前述自适应在线学习的方法得到。

从 LQR 角度理解式(8.168),则最优控制输入由式(8.159)求得。求解 ARE 方程,可得最优矩阵 $\boldsymbol{P}^*$ 为

$$\boldsymbol{P}^* = \begin{bmatrix} P_1 & P_2 \\ * & * \end{bmatrix} \tag{8.169}$$

其中,$P_1 \in \mathbb{R}^{n\times n}$,$P_2 \in \mathbb{R}^{n\times n}$。

因此,可得:

$$\hat{\tau}_{\mathrm{ext}} = R^{-1}P_1 q - R^{-1}P_2 q_d \tag{8.170}$$

将式(8.170)与期望导纳模型进行比较,可得期望导纳模型,并保证最优交互性能。参考

轨迹 q_d 和环境外部力矩的估计值 $\hat{\tau}_{\text{ext}}$ 由力观测器估计，则可得关节空间的修正参考轨迹 q_r。

3. 控制器设计

系统的内环是为了保证机械臂的轨迹能够跟踪参考轨迹 q_r。为此，设计了一种基于自适应神经网络的控制器。考虑机械臂的动力学特性，定义跟踪误差如下：

$$\begin{cases} s = \dot{e}_q - \Lambda e_q \\ v = \dot{q}_r + \Lambda e_q \\ \Lambda = \operatorname{diag}(\lambda_1, \lambda_2, \cdots, \lambda_n) \end{cases} \tag{8.171}$$

其中，$e_q = q - q_r$，$\lambda_i > 0$。

引用 n 连杆的机器人的动力学公式：

$$\boldsymbol{M}(q)\ddot{q} + \boldsymbol{C}(q,\dot{q})\dot{q} + \boldsymbol{G}(q) + \tau_{\text{ext}} = \tau \tag{8.172}$$

将式(8.171)代入式(8.172)得：

$$\boldsymbol{M}(q)\dot{s} + \boldsymbol{C}(q,\dot{q})s + \boldsymbol{G}(q) + \boldsymbol{M}(q)\dot{v} + \boldsymbol{C}(q,\dot{q})v = \tau - \tau_{\text{ext}} \tag{8.173}$$

控制器的输入力矩为：

$$\tau = \hat{\boldsymbol{G}} + \hat{\boldsymbol{M}}\dot{v} + \hat{\boldsymbol{C}}v + \hat{\tau}_{\text{ext}} - Ks \tag{8.174}$$

其中，$\hat{\boldsymbol{M}}(q)$、$\hat{\boldsymbol{C}}(q,\dot{q})$和$\hat{\boldsymbol{G}}'(q)$是神经网络的估计项，$K = \operatorname{diag}(k_1, k_2 \cdots k_i)$，$k_i > \frac{1}{2}$，闭环系统可写为：

$$\begin{aligned} \boldsymbol{M}(q)\dot{s} + \boldsymbol{C}(q,\dot{q})s + Ks = &-(\boldsymbol{M}(q) - \hat{\boldsymbol{M}}(q))\dot{v} - (\boldsymbol{C}(q,\dot{q}) - \hat{\boldsymbol{C}}(q,\dot{q}))v - \\ &(\boldsymbol{G}(q) - \hat{\boldsymbol{G}}(q)) - (\hat{\tau}_{\text{ext}} - \tau_{\text{ext}}) \end{aligned} \tag{8.175}$$

用 RBFNN 逼近法可得：

$$\begin{cases} \boldsymbol{M}(q) = \boldsymbol{W}_M^{\mathrm{T}} Z_M(q) + \varepsilon_M(q) \\ \boldsymbol{C}(q,\dot{q}) = \boldsymbol{W}_C^{\mathrm{T}} Z_C(q,\dot{q}) + \varepsilon_C(q) \\ \boldsymbol{G}(q) = \boldsymbol{W}_G^{\mathrm{T}} Z_G(q) + \varepsilon_G(q) \end{cases} \tag{8.176}$$

其中，$\boldsymbol{W}_M$、$\boldsymbol{W}_C$ 和 $\boldsymbol{W}_G$ 是理想的权重矩阵。$Z_M(q)$、$Z_C(q,\dot{q})$和 $Z_G(q)$是 RBFNN 的基函数，定义如下：

$$\begin{cases} Z_M(q) = \operatorname{diag}(Z_q, \cdots, Z_q) \\ Z_C(q,\dot{q}) = \operatorname{diag}([Z_q, Z_{\dot{q}}]^{\mathrm{T}}, \cdots, [Z_q, Z_{\dot{q}}]^{\mathrm{T}}) \\ Z_G(q) = \operatorname{diag}(Z_q^{\mathrm{T}}, \cdots, Z_q^{\mathrm{T}}) \end{cases} \tag{8.177}$$

其中

$$\begin{cases} Z_q = [\varphi(\| q - q_1 \|), \cdots, \varphi(\| q - q_n \|)]^{\mathrm{T}} \\ Z_{\dot{q}} = [\varphi(\| \dot{q} - \dot{q}_1 \|), \cdots, \varphi(\| \dot{q} - \dot{q}_n \|)]^{\mathrm{T}} \end{cases} \tag{8.178}$$

式(8.178)中，$\varphi(\cdot)$表示高斯函数。

$\boldsymbol{M}(q)$、$\boldsymbol{C}(q,\dot{q})$和 $\boldsymbol{G}(q)$的估计表示为：

$$\begin{cases} \hat{\boldsymbol{M}}(q) = \hat{\boldsymbol{W}}_M^{\mathrm{T}} Z_M(q) \\ \hat{\boldsymbol{C}}(q,\dot{q}) = \hat{\boldsymbol{W}}_C^{\mathrm{T}} Z_C(q,\dot{q}) \\ \hat{\boldsymbol{G}}(q) = \hat{\boldsymbol{W}}_G^{\mathrm{T}} Z_G(q) \end{cases} \tag{8.179}$$

将式(8.179)和式(8.177)代入式(8.175)中，可得：

$$\boldsymbol{M}(q)\dot{s} + \boldsymbol{C}(q,\dot{q})s + Ks = -\tilde{\boldsymbol{W}}_M^{\mathrm{T}} Z_M \dot{v} - \tilde{\boldsymbol{W}}_C^{\mathrm{T}} Z_C v - \tilde{\boldsymbol{W}}_G^{\mathrm{T}} Z_G - e_\tau \tag{8.180}$$

其中，$\widetilde{\boldsymbol{W}}_M=\boldsymbol{W}_M-\hat{\boldsymbol{W}}_M$，$\widetilde{\boldsymbol{W}}_C=\boldsymbol{W}_C-\hat{\boldsymbol{W}}_C$，$\widetilde{\boldsymbol{W}}_G=\boldsymbol{W}_G-\hat{\boldsymbol{W}}_G$，$e_\tau=\tau_{\text{ext}}-\hat{\tau}_{\text{ext}}$。

4. 稳定性分析

选取李雅普诺夫函数如下：

$$V=\frac{1}{2}s^{\mathrm{T}}Ms+\frac{1}{2}\operatorname{tr}(\widetilde{\boldsymbol{W}}_M^{\mathrm{T}}\boldsymbol{Q}_M\widetilde{\boldsymbol{W}}_M)+\frac{1}{2}\operatorname{tr}(\widetilde{\boldsymbol{W}}_C^{\mathrm{T}}\boldsymbol{Q}_C\widetilde{\boldsymbol{W}}_C)+\frac{1}{2}\operatorname{tr}(\widetilde{\boldsymbol{W}}_G^{\mathrm{T}}\boldsymbol{Q}_G\widetilde{\boldsymbol{W}}_G) \tag{8.181}$$

其中，$\boldsymbol{Q}_M$、$\boldsymbol{Q}_C$ 和 $\boldsymbol{Q}_G$ 是正常数矩阵。

对李雅普诺夫函数即式(8.181)求导，可得：

$$\dot{V}=s^{\mathrm{T}}M\dot{s}+\frac{1}{2}s^{\mathrm{T}}\dot{M}s+\operatorname{tr}(\widetilde{\boldsymbol{W}}_M^{\mathrm{T}}\boldsymbol{Q}_M\dot{\widetilde{\boldsymbol{W}}}_M)+\operatorname{tr}(\widetilde{\boldsymbol{W}}_C^{\mathrm{T}}\boldsymbol{Q}_C\dot{\widetilde{\boldsymbol{W}}}_C)+\operatorname{tr}(\widetilde{\boldsymbol{W}}_C^{\mathrm{T}}\boldsymbol{Q}_C\dot{\widetilde{\boldsymbol{W}}}_C) \tag{8.182}$$

理想的权重矩阵 $\boldsymbol{W}_M$、$\boldsymbol{W}_C$ 和 $\boldsymbol{W}_G$ 是常数矩阵，有如下关系：

$$\begin{cases}\dot{\widetilde{\boldsymbol{W}}}_M=\dot{\hat{\boldsymbol{W}}}_M\\ \dot{\widetilde{\boldsymbol{W}}}_C=\dot{\hat{\boldsymbol{W}}}_C\\ \dot{\widetilde{\boldsymbol{W}}}_G=\dot{\hat{\boldsymbol{W}}}_G\end{cases} \tag{8.183}$$

由于 $2\boldsymbol{C}(q,\dot{q})-\dot{\boldsymbol{M}}(q)$ 是反对称矩阵，将式(8.182)变为：

$$\begin{aligned}\dot{V}&=s^{\mathrm{T}}M\dot{s}+s^{\mathrm{T}}\boldsymbol{C}s+\operatorname{tr}(\widetilde{\boldsymbol{W}}_M^{\mathrm{T}}\boldsymbol{Q}_M\dot{\widetilde{\boldsymbol{W}}}_M)+\operatorname{tr}(\widetilde{\boldsymbol{W}}_C^{\mathrm{T}}\boldsymbol{Q}_C\dot{\widetilde{\boldsymbol{W}}}_C)+\operatorname{tr}(\widetilde{\boldsymbol{W}}_C^{\mathrm{T}}\boldsymbol{Q}_C\dot{\widetilde{\boldsymbol{W}}}_C)\\&=-s^{\mathrm{T}}(Ks+\widetilde{\boldsymbol{W}}_M^{\mathrm{T}}Z_M\dot{v}+\widetilde{\boldsymbol{W}}_C^{\mathrm{T}}Z_Cv+\widetilde{\boldsymbol{M}}_G^{\mathrm{T}}Z_G+e_\tau+\\&\quad\operatorname{tr}(\widetilde{\boldsymbol{W}}_M^{\mathrm{T}}\boldsymbol{Q}_M\dot{\widetilde{\boldsymbol{W}}}_M)+\operatorname{tr}(\widetilde{\boldsymbol{W}}_C^{\mathrm{T}}\boldsymbol{Q}_C\dot{\widetilde{\boldsymbol{W}}}_C)+\operatorname{tr}(\widetilde{\boldsymbol{W}}_C^{\mathrm{T}}\boldsymbol{Q}_C\dot{\widetilde{\boldsymbol{W}}}_C)\\&=-s^{\mathrm{T}}Ks-s^{\mathrm{T}}e_\tau-\operatorname{tr}[\widetilde{\boldsymbol{W}}_M^{\mathrm{T}}(Z_M\dot{v}s^{\mathrm{T}}+\boldsymbol{Q}_M\dot{\hat{\boldsymbol{W}}}_M)]-\\&\quad\operatorname{tr}[\widetilde{\boldsymbol{W}}_C^{\mathrm{T}}(Z_Cvs^{\mathrm{T}}+\boldsymbol{Q}_C\dot{\hat{\boldsymbol{W}}}_C)]-\operatorname{tr}[\widetilde{\boldsymbol{W}}_G^{\mathrm{T}}(Z_Gs^{\mathrm{T}}+\boldsymbol{Q}_G\dot{\hat{\boldsymbol{W}}}_G)]\end{aligned} \tag{8.184}$$

设计 RBFNN 的更新律：

$$\begin{cases}\dot{\hat{\boldsymbol{W}}}_M=-\boldsymbol{Q}_M^{-1}(Z_M\dot{v}s^{\mathrm{T}}+\sigma_M\hat{\boldsymbol{W}}_M)\\ \dot{\hat{\boldsymbol{W}}}_C=-\boldsymbol{Q}_C^{-1}(Z_Cvs^{\mathrm{T}}+\sigma_C\hat{\boldsymbol{W}}_C)\\ \dot{\hat{\boldsymbol{W}}}_G=-\boldsymbol{Q}_G^{-1}(Z_Gs^{\mathrm{T}}+\sigma_G\hat{\boldsymbol{W}}_G)\end{cases} \tag{8.185}$$

将式(8.184)代入式(8.183)中：

$$\dot{V}=-s^{\mathrm{T}}Ks-s^{\mathrm{T}}e_\tau+\operatorname{tr}[\sigma_M\widetilde{\boldsymbol{W}}_M^{\mathrm{T}}\hat{\boldsymbol{W}}_M]+\operatorname{tr}[\sigma_C\widetilde{\boldsymbol{W}}_C^{\mathrm{T}}\hat{\boldsymbol{W}}_C]+\operatorname{tr}[\sigma_G\widetilde{\boldsymbol{W}}_G^{\mathrm{T}}\hat{\boldsymbol{W}}_G] \tag{8.186}$$

根据 Young 不等式：

$$\dot{V}\leqslant-s^{\mathrm{T}}Ks+\frac{1}{2}\|s\|^2+\frac{1}{2}\|e_\tau\|^2+\alpha-\frac{\sigma_M}{2}\|\widetilde{\boldsymbol{W}}_M\|^2-\frac{\sigma_C}{2}\|\widetilde{\boldsymbol{W}}_C\|^2-\frac{\sigma_G}{2}\|\widetilde{\boldsymbol{W}}_G\|^2 \tag{8.187}$$

其中：

$$\alpha=\frac{\sigma_M}{2}\|\boldsymbol{W}_M\|^2-\frac{\sigma_C}{2}\|\boldsymbol{W}_C\|^2-\frac{\sigma_G}{2}\|\boldsymbol{W}_G\|^2$$

当式(8.187)满足：

$$\alpha\leqslant s^{\mathrm{T}}\left(K-\frac{1}{2}I\right)s+\frac{1}{2}\|e_\tau\|^2+\frac{\sigma_M}{2}\|\widetilde{\boldsymbol{W}}_M\|^2+\frac{\sigma_C}{2}\|\widetilde{\boldsymbol{W}}_C\|^2+\frac{\sigma_G}{2}\|\widetilde{\boldsymbol{W}}_G\|^2 \tag{8.188}$$

其中，矩阵 $\boldsymbol{I}$ 是单位矩阵。

利用 UUB 稳定分析：跟踪误差 s，外力估计误差 e_τ，神经网络误差 $\widetilde{\boldsymbol{W}}_M$、$\widetilde{\boldsymbol{W}}_C$ 和 $\widetilde{\boldsymbol{W}}_G$ 将收敛至一个不变集合(Ω_s)，Ω_s 可以定义为：

$$\Omega_s=\left\{(\|\widetilde{\boldsymbol{W}}_M\|,\|\widetilde{\boldsymbol{W}}_C\|,\|\widetilde{\boldsymbol{W}}_G\|,\|e_\tau\|,\|s\|),\right.$$
$$\left.\frac{\sigma_M}{2\alpha}\|\widetilde{\boldsymbol{W}}_M\|^2+\frac{\sigma_C}{2\alpha}\|\widetilde{\boldsymbol{W}}_C\|^2+\frac{\sigma_G}{2\alpha}\|\widetilde{\boldsymbol{W}}_G\|^2+\frac{s^{\mathrm{T}}\left(K-\frac{1}{2}I\right)s}{2\alpha}+\frac{\frac{1}{2}\|e_\tau\|^2}{2\alpha}\leqslant 1\right\} \tag{8.189}$$

图 8.55 给出了此不变集合的图示。此不变集处于第一项象限，其中集合与 x 轴、y 轴、z 轴的交点为 $\bar{\omega}$、μ、β，$\left(\frac{\sigma_{(\cdot)}}{2}\|\widetilde{\boldsymbol{W}}_{(\cdot)}\|^2=\alpha,\ \|e_\tau\|^2=0,\ \|s\|^2=0\right)$，$\left(s^{\mathrm{T}}\left(K-\frac{1}{2}I\right)s=\alpha,\ \|\widetilde{\boldsymbol{W}}_{(\cdot)}\|^2=0,\ \|e_\tau\|^2=0\right)$，$\left(\frac{1}{2}\|e_\tau\|^2=\alpha,\ \|\widetilde{\boldsymbol{W}}_{(\cdot)}\|^2=0,\ \|s\|^2=0\right)$。

因此，图 8.55 中，定义：

$$\begin{cases}\frac{\sigma_{(\cdot)}}{2}\|\widetilde{\boldsymbol{W}}_{(\cdot)}\|^2=\alpha, & \widetilde{W}=\bar{\omega}\\ s^{\mathrm{T}}\left(K-\frac{1}{2}I\right)s=\alpha, & s=\beta\\ \frac{1}{2}\|e_\tau\|^2=\alpha, & e_\tau=\mu\end{cases} \tag{8.190}$$

8.5.3 仿真控制

这里对一个两连杆机械臂与未知环境的物理交互进行仿真。仿真环境如图 8.56 所示，环境的外力仅作用于机械臂的 Y 轴方向。两连杆机械臂参数设置为：$m_1=2\text{kg}$，$m_2=2\text{kg}$，$l_1=0.2\text{m}$，$l_2=0.2\text{m}$，$I_1=0.027\text{kgm}^2$，$I_2=0.027\text{kgm}^2$，$g=9.81\text{m/s}^2$。控制器的控制目标是保证机械臂能够很好地跟踪参考轨迹 q_r。

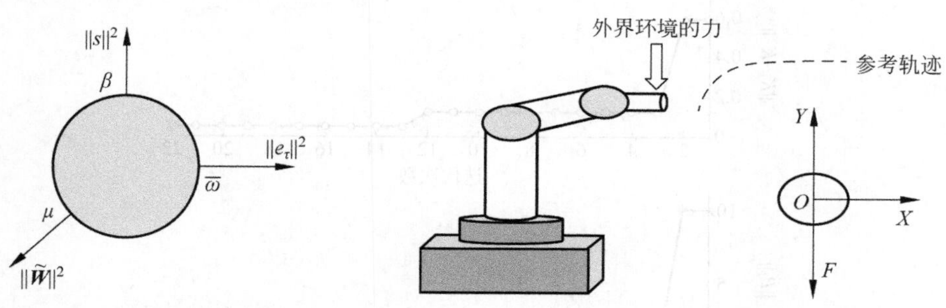

图 8.55 不变集合 Ω_s 图示

图 8.56 系统仿真场景

1. 交互性能

假定环境的动态模型为：$0.01\dot{q}+(q-0.3)=-\tau_{\text{ext}}$，采用 LQR 法对其进行验证。当矩阵 $\boldsymbol{A}$ 和 $\boldsymbol{B}$ 已知时，用 ARE 方程的解，可以得到最优的导纳模型参数。

首先，需要设置合适的系统变量初始值。噪声函数的选取，关系到估计的参数是否能够收敛到真实值。选取噪声函数为：

$$\phi = \sum_{\omega=1}^{8} \frac{0.04}{\omega} \sin(\omega t) \tag{8.191}$$

为保证系统的稳定性，选取初始的增益 $K_0 = [-1; 0.1]$，P_K 的初始值设为 $P_0 = 10I_p$。然后，设定最优的控制增益 K_K，直到满足条件：$\|P_K\| \leqslant 0.02$。代价函数中的权重设定为 $Q=1, R=1$。

仿真结果如图 8.57～图 8.60 所示。当矩阵 A 和 B 已知时，基于 LQR 方法求得的最优导纳模型为：$\hat{\tau}_{\text{ext}} = -0.4142\dot{q} + 0.0702q_r$。如图 8.57 所示为基于 LQR 法和自适应在线学习方法产生的关节空间中机械臂的期望轨迹和参考轨迹。可以看到，在初始时刻，基于上述两种方法产生的轨迹曲线之间有很大的误差，主要是因为初始的阻抗模型 $0.01\dot{q} + (q-0.3) = -\tau_{\text{ext}}$ 和选取的噪声函数。之后，两轨迹曲线之间的误差逐渐减小，最终两轨迹曲线的走向趋近相同。

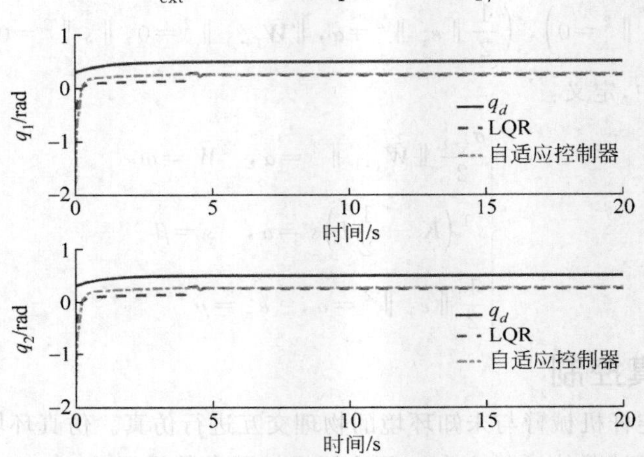

图 8.57 期望轨迹 q_d 和两种方法产生的修正参考轨迹

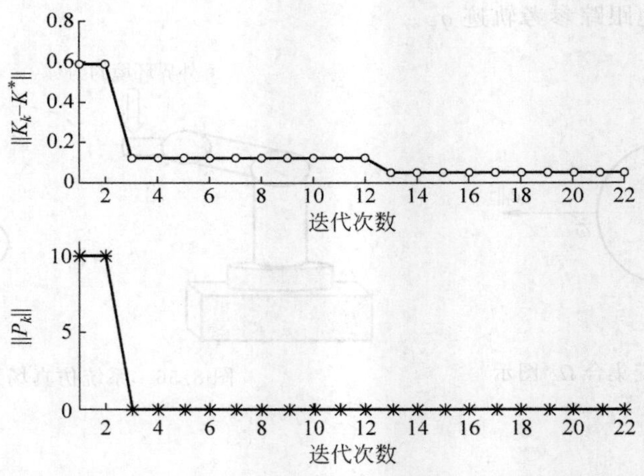

图 8.58 $Q=1$ 和 $R=1$ 时，P_K 和 K_K 收敛到它们的最优值

图 8.57 表示了 LQR 和自适应最优化方法产生的修正参考轨迹曲线。

图 8.58 给出了上述两种方法之间的导纳参数误差 $\|K_k - K^*\|$，说明基于 LQR 方法的

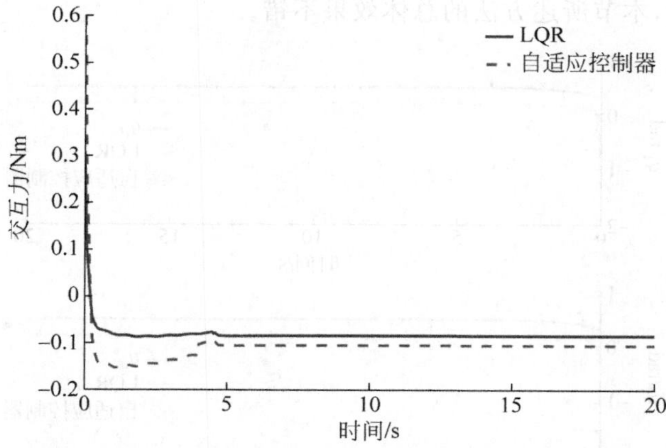

图 8.59 $Q=1$ 和 $R=1$ 时，两种方法下交互力大小对比

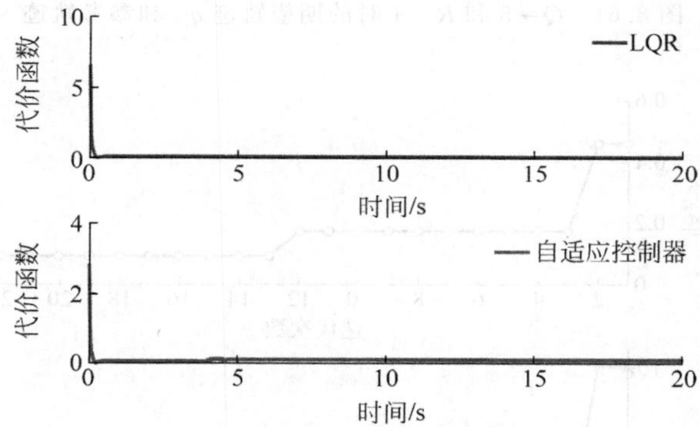

图 8.60 $Q=1$ 和 $R=1$ 时，两种方法下代价函数趋势

P_K 和 K_K 最优解是收敛的。P_K 和 K_K 的差值在 12 次迭代后趋于 0.01，P_K 的欧几里得范数误差减少到 0.02，其中：

$$P_K=\begin{bmatrix}0.0033 & 0.0027\\0.0027 & 0.0077\end{bmatrix},\quad P^*=\begin{bmatrix}0.0041 & -0.0007\\-0.0007 & 0.0025\end{bmatrix}$$

最终，由在线学习的方式得到的最优导纳模型为：

$$\hat{\tau}_{\text{ext}}=-0.4732\dot{q}+0.0904q_r$$

对比由 LQR 产生的最优导纳模型，可知本节所介绍的算法是有效的。

为了进一步验证该方法的正确性，给出了当 $Q=5$ 和 $R=1$ 时，代价函数有不同权重，结果如图 8.59～图 8.62 所示。同样地，期望的导纳模型：$\hat{\tau}_{\text{ext}}=-1.4495\dot{q}+0.2033q_r$。基于自适应在线学习方法，迭代三步后可得导纳模型：$\hat{\tau}_{\text{ext}}=-1.5374\dot{q}+0.2063q_r$。当 $Q=5$ 和 $R=1$ 时，期望轨迹 q_d 和参考轨迹 q_r 如图 8.59 所示。如图 8.60 所示，经过 12 次迭代，LQR 与自适应在线方法之间的误差 $\|K_k-K^*\|$ 收敛到 0.08。如图 8.61 所示，在 7s 时，相互作用力收敛到 0.35nm 左右。两种方法对应的代价函数值分别为 0.561 和 0.602。同样地，当 $Q=5$，$R=1$ 时，基于上述两种方法所得的对称正矩阵 P_K 和 P^* 为：

$$P_K=\begin{bmatrix}0.0106 & 0.0068\\0.0068 & 0.0107\end{bmatrix},\quad P^*=\begin{bmatrix}0.0145 & -0.0020\\-0.0020 & 0.0043\end{bmatrix}$$

将自适应在线学习方法所得导纳模型与 LQR 方法所得导纳模型进行比较，可以发现两者的差异很小。因此，本节所述方法的总体效果不错。

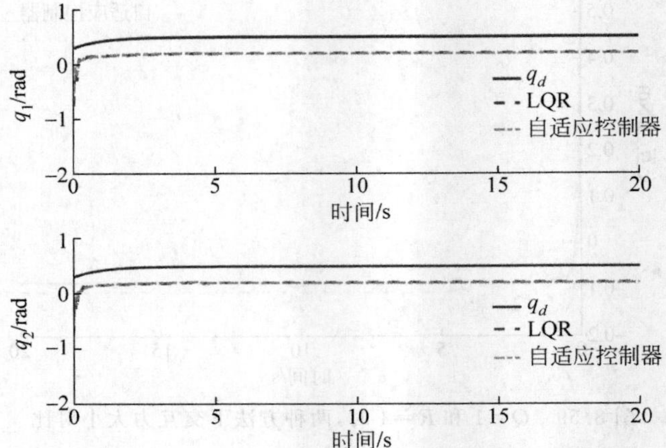

图 8.61　$Q=5$ 和 $R=1$ 时的期望轨迹 q_d 和参考轨迹

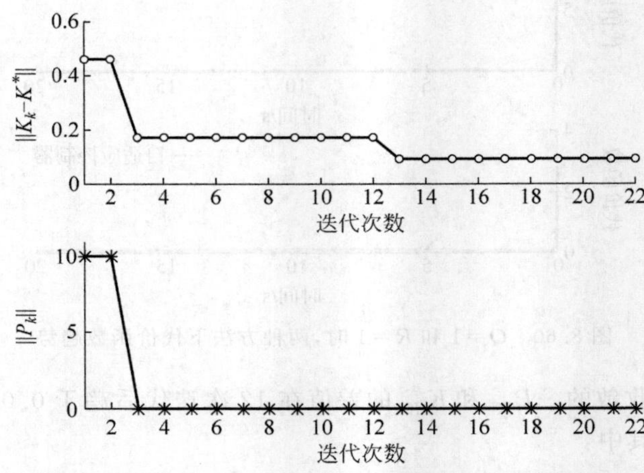

图 8.62　$Q=5$ 和 $R=1$ 时，P_K 和 K_K 收敛到它们的最优值

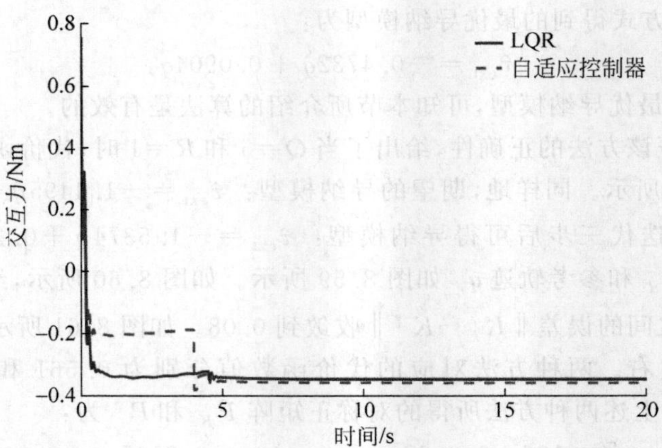

图 8.63　$Q=5$ 和 $R=1$ 时，两种方法下交互力大小对比

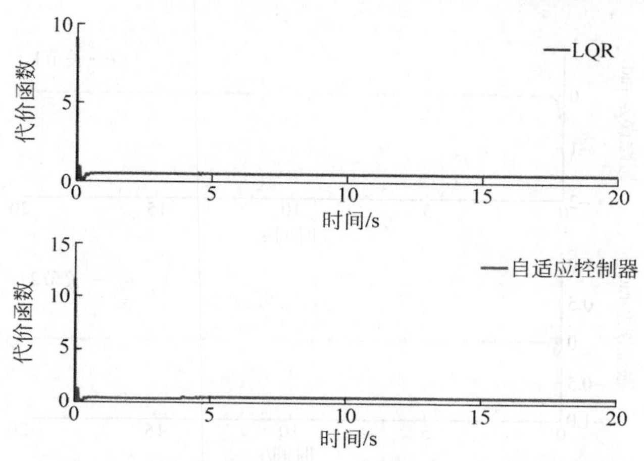

图 8.64 $Q=5$ 和 $R=1$ 时,两种方法下代价函数趋势

2. 自适应神经网络控制器的仿真验证

两连杆机械臂的关节角初始值设为:$q(0)=[0.26,-0.26]^{\mathrm{T}}$,输入参考轨迹为:$q_d=[0.3+0.2\mathrm{e}^{-t},0.3\mathrm{e}^{-t}]^{\mathrm{T}}$,仿真时间 $t_s=20\mathrm{s}$。设权重矩阵的初始值为:$\hat{W}_M^{\mathrm{T}}(0)=0\in R^{n\times l}$,$\hat{W}_C^{\mathrm{T}}(0)=0\in R^{2n\times l}$,$\hat{W}_{G'}^{\mathrm{T}}(0)=0\in R^{n\times l}$。跟踪性能结果如图 8.65~图 8.71 所示。图 8.65 中机械臂的实际轨迹可以很好地跟踪参考轨迹,且从图 8.66 中可以看到,跟踪误差最终收敛并趋近于 0。图 8.67~图 8.69 所示为自适应在线学习神经网络的函数逼近性能。从这些图中可以看出,本节介绍的算法可以跟随非线性函数的动力学($M(q)$,$C(q,\dot{q})$,$G(q,\dot{q})$),并取得满意的跟踪性能。如图 8.70 所示权重矩阵有收敛的趋势,图 8.71 为控制器的输入 τ_1 和 τ_2,说明输入控制力矩信号是稳定且有界的,其中神经网络的参数随着时间的推移变得逐渐稳定。实验的结果说明自适应神经网络控制器取得了令人满意的控制效果。

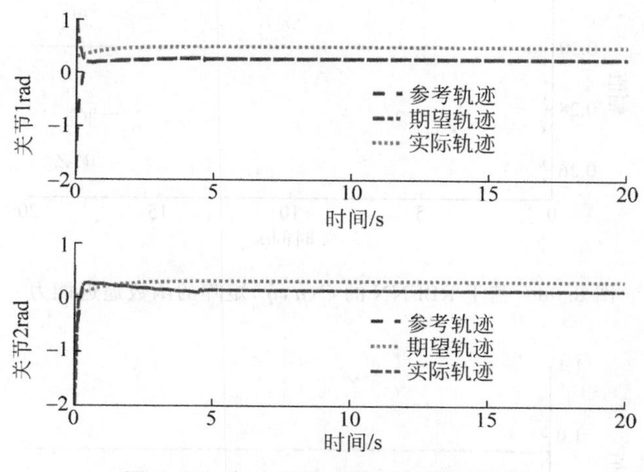

图 8.65 每个关节控制器的跟踪性能

3. 力观测器

假设交互力作用于机械臂的端部,观测器对外部力的估计结果如图 8.72 和图 8.73 所示。图 8.72 给出了交互力的实际值及其估计值,各关节广义动量的估计结果如图 8.73 所示。从图中可以看出,观测器输出的交互力和关节广义动力与实际值一致,表明该观测器具有较好的估计性能。

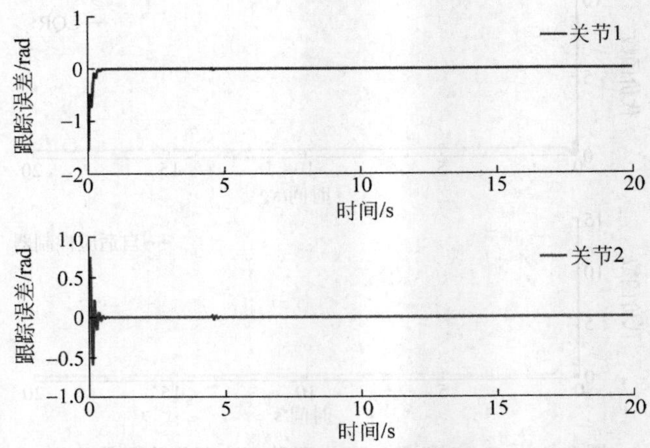

图 8.66　每个关节控制器的跟踪误差

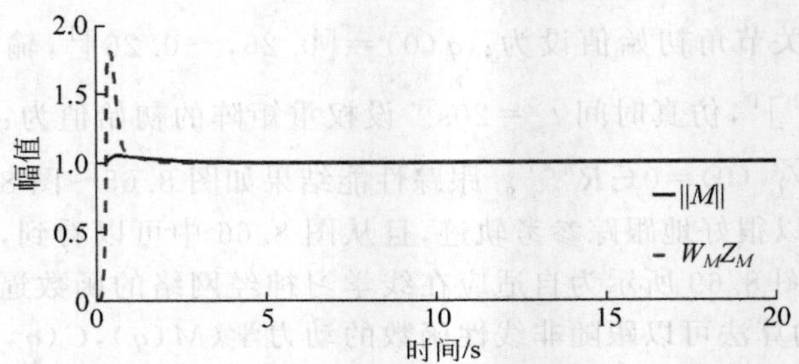

图 8.67　基于 RBFNN 的 $M(q)$矩阵的函数逼近能力

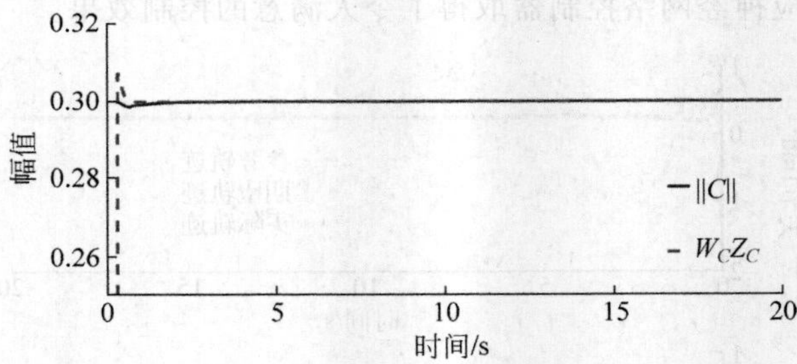

图 8.68　基于 RBFNN 的 $C(q,\dot{q})$矩阵的函数逼近能力

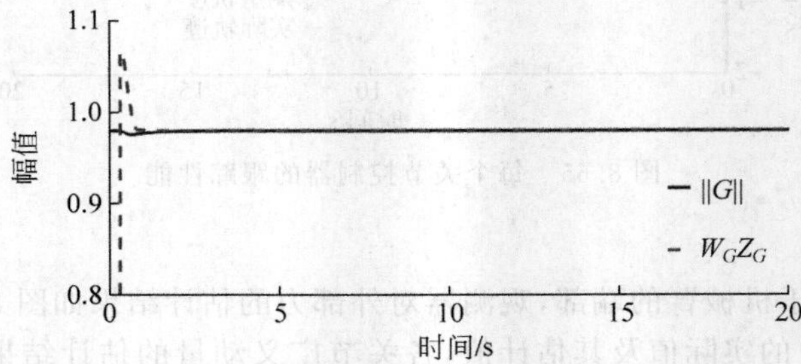

图 8.69　基于 RBFNN 的 $G(q)$矩阵的函数逼近能力

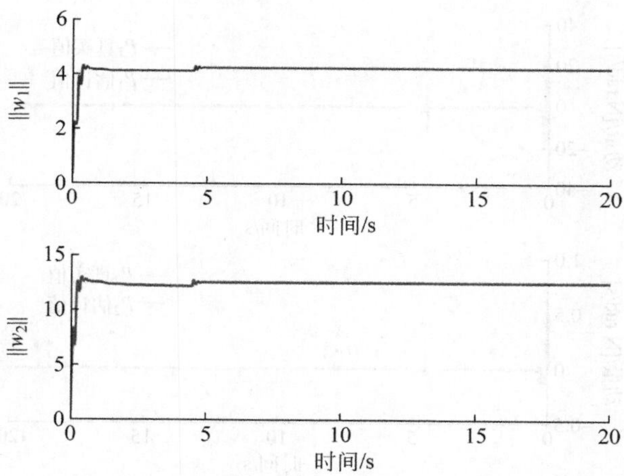

图 8.70　每个关节 NN 控制器权值更新

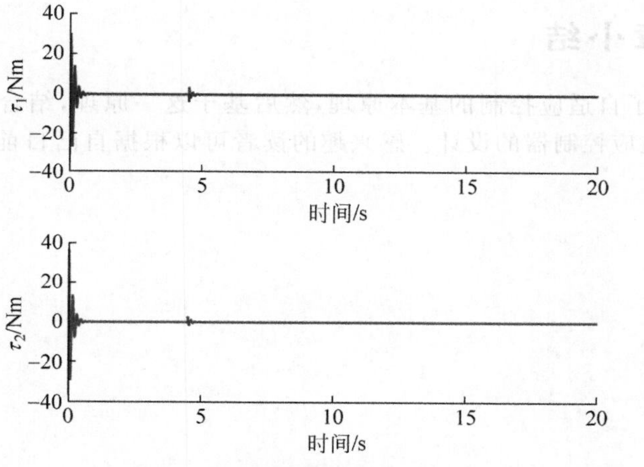

图 8.71　控制器的输入 τ_1 和 τ_2

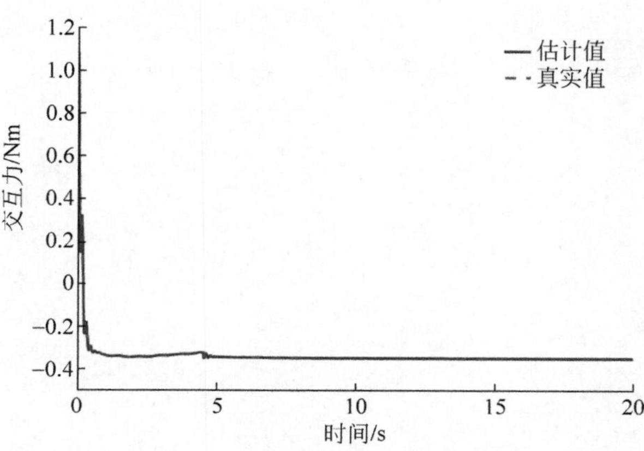

图 8.72　交互力的真实值和估计值

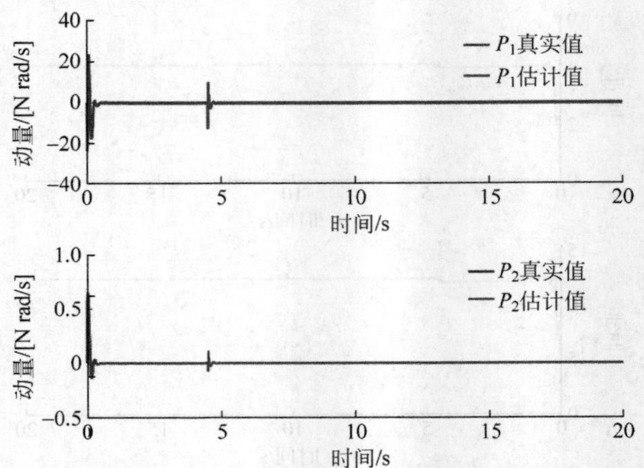

图 8.73 从力矩观测器得到的各关节广义动量的估计值和真实值

8.6 本章小结

本章首先介绍了自适应控制的基本原理，然后基于这一原理，结合不同的机器人应用场景，详细阐述了自适应控制器的设计。感兴趣的读者可以根据自己目前的研究方向进一步深入研究。

第 9 章 其他控制方法

CHAPTER 9

除了第 7 章和第 8 章中介绍的神经网络控制和自适应控制，还有很多其他的智能控制方法，如滑模控制、学习控制、模糊控制以及这些方法相结合，或者这些方法和神经网络相结合形成的新的控制方法。本章将结合具体应用来研究基于上述控制算法的控制器设计。

9.1 其他控制方法介绍

本节将介绍滑模控制、学习控制、模糊控制等控制方法，以及常与这些控制方法结合使用的一些神经网络，如径向基函数(Radial Basis Function, RBF)神经网络。

9.1.1 滑模控制

滑模控制也叫变结构控制，本质上是一种非线性控制，且非线性表现为控制的不连续性。变结构控制起源于继电器控制和 bang-bang 控制，与常规控制不同，该方法在控制上不连续，对非线性系统具有良好的控制性和鲁棒性。滑模控制对被控对象的建模误差、对象参数以及外部干扰极不敏感，是一种实践性很强的控制方法。从 19 世纪 60 年代苏联学者提出发展 50 余年至今，它已在电机、电力系统、机器人、航天器和伺服系统中得到广泛的应用。

1. 工作原理

考虑一个非线性系统

$$\dot{x} = f(x, u, t) x \in \mathbb{R}^n, u \in \mathbb{R}^m, t \in \mathbb{R} \tag{9.1}$$

确定切换函数向量 $s(x), s \in \mathbb{R}^m$，控制器设计框架

$$u = \begin{cases} u^+ & s(x) > 0 \\ u^- & s(x) \leqslant 0 \end{cases} \tag{9.2}$$

其中，$s(x)$为切换函数，当切换函数取值不同时，对应控制器的结构不同，从而相平面中系统的运动轨迹也不同，如图 9.1 所示。在合适的控制规律作用下，系统相平面中的状态($\dot{x}$,x)最后运动到直线中，这种运动就是滑模运动，该直线也叫切换线，可由用户自行定义；运动到切换线后，系统状态沿着直线趋向于原点，从而保持系统的稳定。由上述分析可知，滑模控制下的系统运动状态包括两个过程，即趋近运动过程(从系统的初始状态 x_0 运动到滑模面状态 A)和滑模运动过程(在滑模面上从状态 A 运动到原点 O)，如图 9.2 所示。

2. 趋近律

为了使滑模面以外的系统状态能够快速地到达滑模面并完成趋近运动，需要选取一个好的趋近律。因为过大的趋近速度会导致系统剧烈抖振，太小的趋近速度则会使系统反应过慢，以下列举几种常用的趋近律。

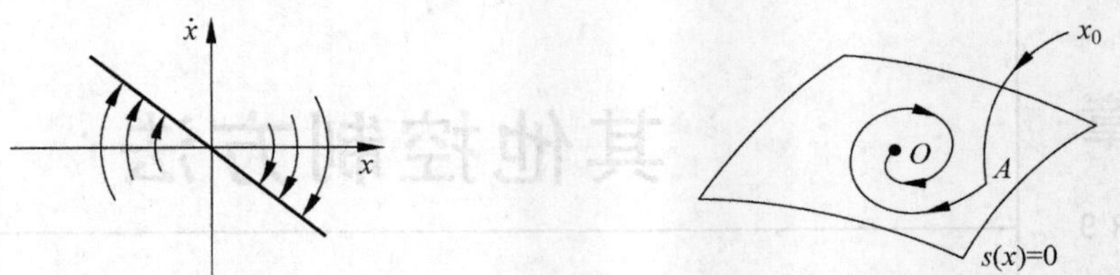

图 9.1　滑模运动示意图　　　　图 9.2　滑模运动示意图

等速趋近律：

$$\dot{s}=-\varepsilon \operatorname{sgn}(s) \quad \varepsilon>0 \tag{9.3}$$

指数趋近律：

$$\dot{s}=-\varepsilon \operatorname{sgn}(s)-k s \quad \varepsilon>0, k>0 \tag{9.4}$$

幂次趋近律：

$$\dot{s}=-k|s|^{a} \operatorname{sgn}(s) \quad k>0,1>a>0 \tag{9.5}$$

一般趋近律：

$$\dot{s}=-\varepsilon \operatorname{sgn}(s)-f(s)>0 \tag{9.6}$$

其中，s 为滑模算子，表达式为：$s=\dot{e}+\lambda e$。

3. 震颤问题

滑模控制方法刚提出时，控制器输出的震颤问题就已经成为滑模控制需要改进和解决的问题之一。控制器输出的震颤将会导致一系列的问题，震颤加速了执行器的机械磨损，缩短系统使用寿命，来回的震荡也存在共振问题。其发生的原因主要有以下几点。

(1) 由于切换函数的存在，系统状态在滑模面上来回震荡，使得系统维持在滑模面上并不断趋近于零，在切换控制器结构的过程中，控制器输出量也随之来回震荡；

(2) 时间滞后开关(控制作用对状态准确变化有滞后)；

(3) 空间滞后开关(状态空间中的状态量变化死区)；

(4) 系统惯性的影响；

(5) 离散时间系统本身造成的抖振。

解决震颤问题的方法目前主要有以下几种：

(1) 准滑动模态方法(系统运动轨迹被限制在边界层)；

(2) 趋近律方法(保证动态品质、减弱控制信号抖振)；

(3) 观测器方法(补偿不确定项和外界干扰)。

9.1.2　模糊控制

模糊控制是一类应用模糊集合理论和模糊逻辑推理的控制方法。一方面，模糊控制提出一种用于实现基于知识(规则)甚至语义描述的控制规律的新机制；另一方面，模糊控制为非线性控制器提出一个相对容易的设计方法，尤其是当被控装置(被控对象或被控过程)具有不确定性而且很难用常规非线性控制理论处理时，更为有效。

模糊控制是智能控制中一个活跃的研究与应用领域。模糊控制系统对于处理测量数据不确切、数据量过大以致无法实现实时性和复杂时变的被控对象是非常有价值的，利用模糊系统来逼近上述非线性系统非常有效。与依据系统行为参数的传统控制器设计方法不同，模糊控制器设计依赖于设计者的经验。在传统控制器中，其核心是系统的数学模型；而模糊控制器控制的核心是模糊规则。改善模糊控制性能的方法是优化模糊控制规则、调整模糊描述。通常，模糊控制规则的获取是通过将人的手动控制经验转化为模糊语言形式，因此它有一定的主观性，而且有限的规则难以准确、完整地描述人的手动控制经验。所以，模糊控制也存在一定的局限性和不足，没有一种特定的控制方法对所有的控制对象和在各种环境下都是最优的。

1. 模糊控制的概念和特点

模糊控制是模糊理论在控制工程上的应用。它用语言变量代替数学变量(或将两者结合应用)，用模糊条件语句来描述变量间的函数关系，用模糊推理来"刻画"复杂的关系，是具有模拟人类学习和自适应能力的控制系统。模糊控制的核心是模糊规则和各种变量的模糊集合表示。一个典型的模糊控制系统结构示意图如图 9.3 所示。

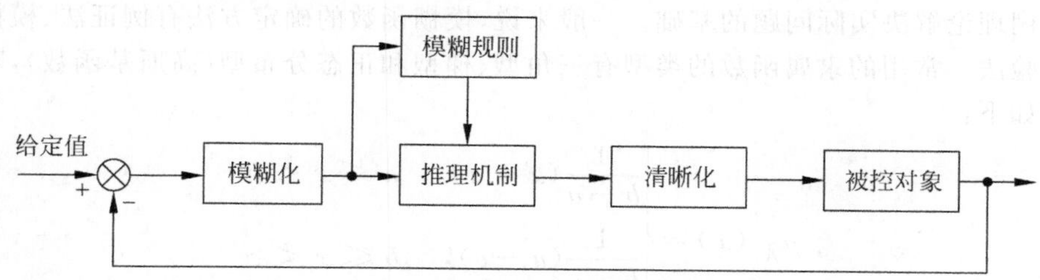

图 9.3　模糊控制系统结构示意图

模糊控制在复杂的工业生产控制领域得到了广泛的成功应用，特别是在近二十年来发展相当迅速，这主要归结于模糊控制的如下显著特点：

- 无须建立被控对象的数学模型；
- 是一种模拟人类知识、思维智慧的控制方法；
- 规则和推理机制易被人接受、理解，便于进行人机交互；
- 控制器构造容易；
- 控制器鲁棒性好。

2. 模糊控制器的结构

模糊控制器的基本结构通常由 4 个部分组成：模糊化接口、规则库、模糊逻辑推理和清晰化接口，如图 9.4 所示。

1) 模糊化接口

模糊化就是通过在控制器的输入、输出论域上定义语言变量，将精确的输入、输出值转换为模糊的语言值。模糊化接口的设计步骤事实上就是定义语言变量的过程，可分为以下几步。

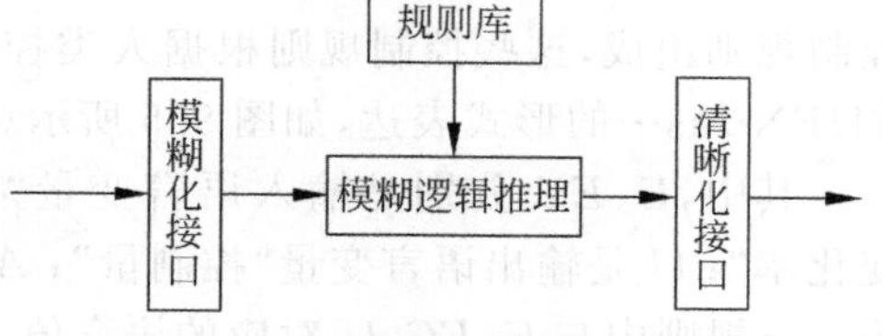

图 9.4　模糊控制器的基本结构

① 语言变量的确定。针对模糊控制器每个输入、输出空间，各自定义一个语言变量。通常取系统的误差值 e 和误差变化率 ec 为模糊控制器的两个输入，在 e 的论域上定义语言变量"误差 E"，在 ec 的论域上定义语言变量"误差变化 EC"；在控制量 u 的论域上定义语言变量"控制量 U"。

② 语言变量论域的设计。在模糊控制器的设计中，通常就把语言变量的论域定义为有限整数的离散论域。例如，可以将 E 的论域定义为$\{-m,-m+1,\cdots,-1,0,1,\cdots,m-1,m\}$；将 EC 的论域定义为$\{-n,-n+1,\cdots,-1,0,1,\cdots,n-1,n\}$；将 U 的论域定义为$\{-l,-l+1,\cdots,-1,0,1,\cdots,l-1,l\}$。

为了提高实时性，模糊控制器常常以控制查询表的形式出现。该表反映了通过模糊控制算法求出的模糊控制器输入量和输出量在给定离散点上的对应关系。为了能方便地产生控制查询表，在模糊控制器的设计中，通常就把语言变量的论域定义为有限整数的离散论域。

③ 定义各语言变量的语言值。通常在语言变量的论域上，将其划分为有限的几类。例如，可将 E、EC 和 U 的论域划分为“正大(PB)”“正中(PM)”“正小(PS)”“零(ZO)”“负小(NS)”“负中(NM)”“负大(NB)”七类。

类别越多，规则制定灵活，规则细致，但规则多、复杂，编制程序困难，占用的内存较多；类别越少，规则越少，规则实现方便，但过少的规则会使控制作用粗糙而达不到预期的效果。因此，在选择模糊状态时，要兼顾简单性和控制效果。

④ 定义各语言值的隶属函数。隶属函数决定着模糊集的模糊性。设计合理的隶属函数是运用模糊理论解决实际问题的基础。一般来说，模糊函数的确定方法有例证法、模糊统计法和专家经验法。常用的隶属函数的类型有三角型、梯型和正态分布型(高斯基函数)，对应的表达式分别如下：

$$\mu_{\tilde{A}_i}(x)=\begin{cases}\dfrac{1}{b-a}(x-a), & a\leqslant x<b\\ \dfrac{1}{b-c}(u-c), & b\leqslant x<c\\ 0 & \text{其他}\end{cases} \tag{9.7}$$

$$\mu_{\tilde{A}_i}(x)=\begin{cases}\dfrac{x-a}{b-a}, & a\leqslant x<b\\ 1, & b\leqslant x<c\\ \dfrac{d-x}{d-c}, & c\leqslant x<d\\ 0 & \text{其他}\end{cases} \tag{9.8}$$

$$\mu_{\tilde{A}_i}(x)=\mathrm{e}^{-\frac{(x-a_i)^2}{b_i^2}} \tag{9.9}$$

2) 规则库

模糊规则的完善程度和准确程度对系统的作用效果起决定性作用。模糊规则库由若干条控制规则组成，这些控制规则根据人类控制专家的经验总结得出，按照 IF…is…AND…is…THEN…is…的形式表达，如图 9.5 所示。

R_1: IF E is A_1 AND EC is B_1 THEN U is C_1

R_2: IF E is A_2 AND EC is B_2 THEN U is C_2

⋮

R_n: IF E is A_n AND EC is B_n THEN U is C_n

图 9.5 规则库示例

其中，E、EC 分别是输入语言变量“误差”“误差变化率”；U 是输出语言变量“控制量”；A_i、B_i、C_i 是第 i 条规则中与 E、EC、U 对应的语言值。

3) 模糊逻辑推理

模糊控制的实质是模糊逻辑推理，即根据模糊输入和规则库中蕴涵的输入输出关系，通过模糊推理方法得到模糊控制器的输出模糊值。

4) 清晰化接口

由模糊推理得到的模糊输出值 C^* 是输出论域上的模糊子集，只有其转化为精确控制量 u，才能施加于对象，这种转化的方法称为清晰化/去模糊化/模糊判决。模糊判决的方法有很多，常用的有最大隶属度法、重心法和取中位数法。这里只对重心法(也叫加权平均法)做简单介绍。

重心法对模糊输出量中各元素及其对应的隶属度求加权平均值，并进行四舍五入取整，来得到精确输出控制量，表达式如下：

$$U^* = \left\langle \frac{\sum_i U_i \mu_{C^*}(U_i)}{\sum_i \mu_{C^*}(U_i)} \right\rangle \tag{9.10}$$

式中，〈 〉代表四舍五入取整操作。

3. 模糊查询表

模糊控制器的工作过程如下：

① 模糊控制器实时检测系统的误差和误差变化率 e^* 和 ec^*；

② 通过量化因子 k_e 和 k_{ec}，将 e^* 和 ec^* 分别量化为控制器的精确输入 E^* 和 EC^*；

③ E^* 和 EC^* 通过模糊化接口分别转化为模糊输入 A^* 和 B^*；

④ 将 A^* 和 B^* 根据规则库蕴涵的模糊关系进行模糊推理，得到模糊控制输出量 C^*；

⑤ 对 C^* 进行清晰化处理，得到控制器的精确输出量 U^*；

⑥ 通过比例因子 k_u 将 U^* 转化为实际作用于控制对象的控制量 u^*。

对③～⑤步离线进行运算，对于每一种可能出现的 E 和 EC 取值，计算出相应的输出量 U，并以表格的形式储存在计算机内存中，这样的表格称为模糊查询表。

如果 E、EC 和 U 的论域均为{−6，−5，−4，−3，−2，−1，0，1，2，3，4，5，6}，则生成的模糊查询表具有如图 9.6 所示的形式。

U		EC												
		−6	−5	−4	−3	−2	−1	0	1	2	3	4	5	6
E	−6	−6	−6	−6	−6	−6	−5	−5	−4	−3	−2	0	0	0
	−5	−6	−6	−6	−6	−5	−5	−5	−4	−3	−2	0	0	0
	−4	−6	−6	−6	−5	−5	−5	−5	−3	−3	−2	0	0	0
	−3	−5	−5	−5	−5	−4	−4	−4	−3	−2	−1	1	1	1
	−2	−4	−4	−4	−4	−4	−4	−4	−2	−1	0	2	2	2
	−1	−4	−4	−4	−3	−3	−3	−3	−1	2	2	3	3	3
	0	−4	−4	−4	−3	−3	−1	0	1	3	3	4	4	4
	1	−3	−3	−3	−2	−2	1	3	3	3	3	4	4	4
	2	−2	−2	0	0	1	2	4	4	4	4	4	4	4
	3	−1	−1	0	1	2	3	4	4	4	5	5	5	5
	4	0	0	1	2	3	4	5	5	5	5	6	6	6
	5	0	0	1	2	3	4	5	5	5	6	6	6	6
	6	0	0	1	2	3	4	5	5	6	6	6	6	6

图 9.6 模糊查询表示例

综上所述，模糊控制器的设计内容主要有以下几个方面：

(1) 确定模糊控制器的输入变量和输出变量；

(2) 确定输入、输出的论域和 K_e、K_{ec}、K_u 的值；

(3) 确定各变量的语言取值及其隶属函数；

(4) 总结专家控制规则及其蕴涵的模糊关系；

(5) 选择推理算法；

(6) 确定清晰化的方法；

(7) 总结模糊查询表。

9.1.3 学习控制

学习控制是指对于具有可重复性的被控对象，利用控制系统先前的控制经验，根据测量系统的实际输出信号和期望信号，寻找一个理想的输入输出特性曲线，使被控对象产生期望运动。这种控制方法能够在系统进行过程中估计未知信息，并据之进行最优控制，以便逐步改善系统性能。一个学习系统通过所学得的信息以控制某个具有未知特征的过程，则称该系统为学习控制系统。

1. 学习控制的数学描述

在有限时间域[0，T]内，给出受控对象的期望响应 $y_d(t)$，寻求某个给定输入 $u_k(t)$，使得 $u_k(t)$的响应 $y_k(t)$在某种意义上获得改善，其中，k 为搜索次数，$t\in[0,T]$，则称该搜索过程为学习控制过程。当 $k\to\infty$时，满足 $y_k(t)\to y_d(t)$，则该学习控制过程是收敛的。

2. 学习控制系统的运行方式

学习控制系统有两种运行方式：启动学习和运行学习。启动学习是指控制器启动后初始运行的学习。它反复依据当前的特征状态、前段运行效果的特征记忆以及相应的学习规则，确定运行决策。运行学习是指在控制运行中对象类型变化时的学习过程，通过尝试考虑所有可能的决策，修改控制策略和控制参数。

3. 学习控制与常规自适应控制的异同

这两种控制方法的主要相同之处有：

(1) 学习系统是自适应系统的发展与延伸，它能够按照运行过程中的“经验”和“教训”来不断改进算法，增长知识，更广泛地模拟高级推理、决策和识别等人类的优良行为和功能；

(2) 都是解决系统不确定性问题的方法；

(3) 都是基于在线的参数调整算法；

(4) 都使用与环境、对象闭环交互得到的信息。

它们还有一些不同点，主要体现在以下几个方面。

(1) 自适应控制系统在未知环境下的控制决策是有条件的，其控制算法依赖于受控对象数学模型的精确辨识，并要求对象或环境的参数和结构能够发生大范围突变。这就要求控制器有较强的适应性、实时性，并保持良好的控制品质。在这种情况下，自适应控制算法将变得过于复杂，计算工作量大，而且难于满足实时性和其他控制要求。因此，自适应控制的应用范围比较有限。

(2) 自适应控制着眼于瞬时观点，缺乏记忆。

(3) 当受控对象的运动具有可重复性时，即受控制系统每次进行同样的工作时，就可把学习控制用于该对象。在学习控制过程中，只需要检测实际输出信号和期望信号，而受控对象复杂的动态描述计算和参数估计可被简化或被省略。

(4) 学习控制强调经验和记忆。

4. 一般学习控制系统的组成

一般学习控制系统主要由常规反馈控制环(即先验补偿器)、自适应环和学习环组成，如图 9.7 所示。

学习控制系统从结构上可以分为基于模式识别的学习控制、迭代学习控制、重复学习控制和基于神经网络的学习控制。其中，基于模式识别的学习控制就是用模式识别方法对输入信息进行提取和处理，为控制决策和学习适应提供依据。迭代学习控制则是反复应用系统以前运行得到的信息，以获得能够产生期望输出轨迹的控制输入，改善控制质量。重复学习控制是根据内模原理，引入能够产生周期信号的重复补偿器，以跟踪具有周期性的任意目标信号。基

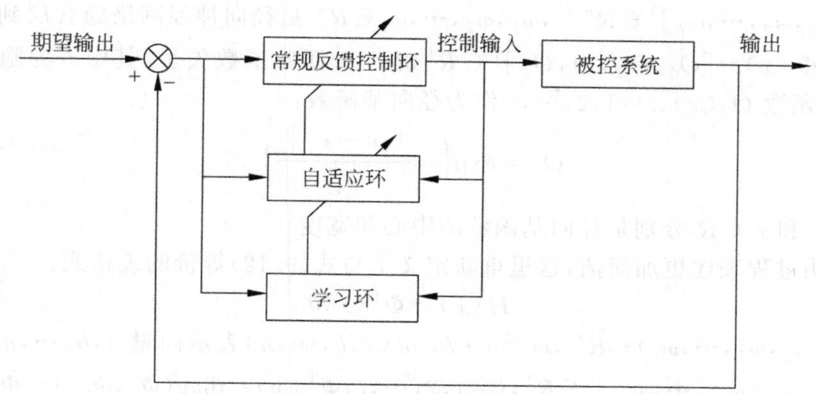

图 9.7　学习控制系统的组成

于神经网络的学习控制是以神经网络为辨识模型或控制器，神经网络的学习训练算法是该控制方案的关键。

9.1.4　径向基函数神经网络

径向基函数神经网络(Radial Basis Function Neural Network，RBFNN)在逼近能力、分类能力和学习速度等方面都优于 BP 神经网络，其结构简单、训练简洁、学习收敛速度快，能够逼近任意非线性函数，克服局部极小值问题。RBFNN 是一种前馈式的神经网络，由三层神经元组成，分别是输入层、隐含层以及输出层，如图 9.8 所示。从输入层到隐含层的权值为 1；输出层是对线性权值进行调整，采用线性优化策略；隐含层使用径向基函数对输入层极性变换升维，径向基函数是一个取值仅仅依赖于离原点距离的实值函数，采用非线性优化策略。

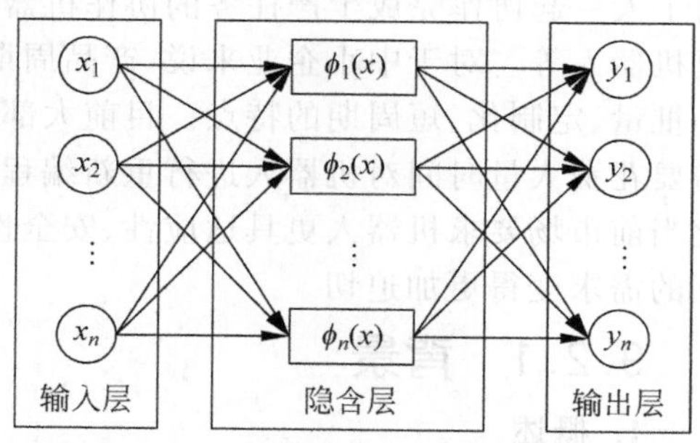

图 9.8　径向基函数神经网络结构图

1. 基本思想

RBFNN 的基本思想是：以径向基函数作为隐含层单元的“核”$\phi(x)$构成隐藏空间，隐含层对输入矢量进行变换，将低维的输入映射到高维空间中，并在高维空间中进行加权线性组合(即网络输出是隐含层单元输出的线性加权和，该权值即为网络需要训练学习的参数)，从而使整个系统架构达到拟合非线性函数的目的。当径向基函数的中心点确定后，这种映射关系也就确定了。当输入一个变量时，由于径向基函数的作用，在距离某一个中心比较近的隐含单元输出较大，其他远离输入变量的隐含单元输出较小，因此调整权值时，可看作只有部分权值有响应，这样的局部响应机制使得径向基函数神经网络的训练学习变得简洁，且避免了局部极小值的问题。

RBFNN 需要调整的参数主要包括：①径向基函数神经网络中心的选取；②径向基函数神经网络中心的宽度选取；③中心点数目(即隐含层的隐含单元数目)。

2. 数学描述

当需要使用径向基函数网络去逼近一个位置的函数 $H(x)\in R^n$，$x\in R^m$ 时，其数学表达式如下：

$$H(x)=\boldsymbol{W}^{\mathrm{T}}\boldsymbol{\Phi}(x) \tag{9.11}$$

其中，$\boldsymbol{W}=[\omega_1,\omega_2,\cdots,\omega_l]^{\mathrm{T}}\in R^{n\times l}$，$\omega_1,\omega_2,\cdots,\omega_l\in R^n$ 是径向神经网络隐含层到输出层对应的权值矩阵，$\boldsymbol{\Phi}(x)=[\varnothing_1,\varnothing_2,\cdots,\varnothing_l]^{\mathrm{T}}\in R^l$ 是一个回归函数矢量，其中 l 为隐藏层节点个数，选择高斯函数 $\varnothing_i(x),i=1,2,\cdots,l$ 作为径向基函数：

$$\varnothing_i=\exp\left(-\frac{\|x-c_i\|}{\sigma_i^2}\right) \tag{9.12}$$

其中，$c_i\in R^n$ 和 $\sigma_i\in R$ 分别是径向基函数的中心和宽度。

为使证明过程表述更加简洁，这里重新定义了与式(9.12)等价的表达式：

$$H(x)=\boldsymbol{\Phi}^{\mathrm{T}}(x)\theta \tag{9.13}$$

其中，θ：$col(\omega_1,\omega_2,\cdots,\omega_l)\in R^m$，$m=n\cdot l$，$col(a,b,\cdots,n)$表示向量 $a,b,\cdots,n$ 构成列向量的算子，$\omega_i=[\omega_{i1},\omega_{i2},\cdots,\omega_{il}]^{\mathrm{T}}\in R^l$，$i=1,2,\cdots,l$，$\Phi^{\mathrm{T}}(x)=\mathrm{diag}(\Phi_1,\Phi_2,\cdots,\Phi_n)$，$\mathrm{diag}(\cdot)$表示对角矩阵算子，$\Phi_i=[\varnothing_1(x),\varnothing_2(x),\cdots,\varnothing_l(x)]^{\mathrm{T}}\in R^{1\times l}$，$i=1,2,\cdots,n$。

9.2 基于输出受限的自适应控制器的机械臂参考轨迹调节

随着中国劳动力成本的不断上升，机器人自动化逐渐成为了中小企业生产或服务型行业的劳动力解决方案。近十年来，机器人的应用也越来越广泛，如生产流水线上的工业机器人、与工人一起协作完成生产任务的协作机器人、餐饮业中服务型的送餐机器人、医学上的护理康复机器人等。对于中小企业来说，产品周期较短，订单样式多，如3C产业中手机壳的加工，有小批量、定制化、短周期的特点。目前大部分工业机器人仅能重复固定单一的动作，产线更替需要花费大量时间对机器人进行重新编程，此类机器人已经不能够满足中小企业的需求。因此当前市场要求机器人更具适应性、安全性、小型化和轻量化。简言之，机器人与人和环境交互的需求变得更加迫切。

9.2.1 背景

1. 概述

众所周知，对于一个简单的动作(如手握水杯)，人类能够轻松地完成，而机器人完成这个动作则需要研究人员花费数年的时间来实现这项技术。为了让机器人像人类一样能够灵活自如地控制其手臂，研究者们在仿生学上做出了大量的研究。研究人员根据人类中枢神经(Central Nervous System，CNS)控制手臂运动的机制提出了各种猜想假设。这些猜想假设启发了人们设计人类仿生的控制器，使得机器人能够更加灵活、智能地与人/环境进行交互。因此，本节通过研究人类CNS对与环境交互时的运动控制机制，设计一款性能与人类相近甚至更优的仿生自适应控制器。

2. 机械臂轨迹跟踪发展现状

机器人在某些应用领域，如老年人护理、健康护理、医疗康复、人机协作等方面，都需要机器人与环境/人进行交互，由于各种各样的因素，这种交互存在许多不确定性。为了更好地控制机器人与人/环境进行交互，人们试图通过研究人类自身CNS运动控制机制来启发、指导机器人轨迹跟踪控制器的设计。

关于机器人轨迹跟踪控制器的研究，有学者分析人类实验者用手臂拖动一个能够产生模拟力场的平面机械臂手柄跟踪给定的点对点轨迹，在有力场作用下的轨迹偏离情况，揭示了人类CNS会在重复的运动中通过手臂的肌肉收缩舒张，逐渐学习调整施加力的大小。也有研究利用触觉来识别力场表面，该研究提到了CNS在运动过程中具有两种自适应响应，一种是对力进行抑制(即尽量跟踪参考轨迹)，另一种是沿着物体边界运动(即修改原参考轨迹以减少交互力)。在研究这两种响应的切换方式的基础上,该研究提出 CNS 通过维持与环境的交互力不变的机制来选择这两种自适应响应,从而使两种响应在切换过程中更加顺滑。可以看出,人类在运动过程中受到力的扰动时,会通过修改运动轨迹来减少受到的力对运动的影响。这与 Hogan 首次提出的阻抗控制相契合——阻抗控制的基本思想就是牺牲一定的控制精度,以调整力和轨迹的动态关系为控制目标,控制机器人完成既定任务。因此,在后续的研究中,人们一般都会用到阻抗控制。

9.2.2 轨迹跟踪控制器设计

1. 机械臂运动学与动力学模型

机械臂的控制主要是通过给各个关节驱动的力矩,使得机械臂的各个关节位置、速度和加速度等状态变量尽量与参考轨迹重合,从而完成预期的任务。在控制机械臂时,往往需要建立数学模型以表述其动态特性。机械臂的数学模型由两部分组成,分别是运动学模型和动力学模型。

1) 机械臂的运动学模型

机械臂末端执行器正向运动学方程为:

$$x=\Psi(q),\quad q\in\mathbb{R}^n, x\in\mathbb{R}^m \tag{9.14}$$

其中,x 表示机械臂末端执行器在笛卡儿空间中的位置和方向;n 表示机械臂有 n 个关节;q 为对机械臂各个关节在关节空间的配置;m 表示机械臂的自由度。$\Psi(\cdot)$为机械臂的正向运动学模型,单向连接了关节空间和任务空间,在指导关节空间配置的前提下,可由模型计算出末端执行器在任务空间中的位置。

机械臂逆向运动学的数学模型为:

$$q=\Psi^{-1}(x),\quad q\in\mathbb{R}^n, x\in\mathbb{R}^m \tag{9.15}$$

机械臂的雅可比矩阵 $\boldsymbol{J}(q)$将任务空间中的力与关节空间中的力矩相联系:

$$\boldsymbol{\tau}=\boldsymbol{J}(q)^{\mathrm{T}}F \tag{9.16}$$

其中,$F\in\mathbb{R}^m$ 为机械臂各个自由度的力,$\boldsymbol{\tau}\in\mathbb{R}^n$ 为力作用下对应产生的关节空间的力矩,$\boldsymbol{J}(q)\in\mathbb{R}^{m\times n}$。

2) 机械臂的动力学模型

考虑一个具有 n 个自由度的机械臂,其动态特性可以用如下二阶非线性微分方程描述:

$$\boldsymbol{M}(q)\ddot{q}+\boldsymbol{C}(q,\dot{q})\dot{q}+\boldsymbol{G}(q)+\tau_d=\tau_u \tag{9.17}$$

其中,$q\in\mathbb{R}^n$ 为关节空间配置量,$\boldsymbol{M}(q)\in\mathbb{R}^{n\times n}$ 为机械臂的惯性矩阵,$\boldsymbol{C}(q,\dot{q})\in\mathbb{R}^{n\times n}$ 表示机械臂的离心力和科氏力,$\boldsymbol{G}(q)\in\mathbb{R}^n$ 为由于重力引起的力矩,$\tau_d\in\mathbb{R}^n$ 为与环境扰动相关的力矩,$\tau_u\in\mathbb{R}^n$ 为控制器输出的控制力矩。

机械臂在动力学方面具有以下常用性质,这些性质对控制器的设计具有很大帮助。

性质 1:$\boldsymbol{M}(q)$是对称正定矩阵,m_1 和 m_2 为常量 $0<m_1<m_2$,$\xi\in\mathbb{R}^n$,满足:

$$m_1\|\xi\|^2\leqslant\xi^{\mathrm{T}}\boldsymbol{M}(q)\xi\leqslant m_2\|\xi\|^2$$

性质 2:$\boldsymbol{M}(q)-2\boldsymbol{C}(q,\dot{q})$为斜对称矩阵,且满足 $\forall\xi,\xi^{\mathrm{T}}(\boldsymbol{M}(q)-2\boldsymbol{C}(q,\dot{q}))\xi=0$。

性质 3:存在依赖于机械臂参数的参数向量 $\boldsymbol{P}$,使得 $\boldsymbol{M}(q)$、$\boldsymbol{C}(q,\dot{q})$、$\boldsymbol{G}(q)$满足线性关系:

$$\boldsymbol{M}(q)a+\boldsymbol{C}(q,\dot{q})b+\boldsymbol{G}(q)=\boldsymbol{\Phi}(q,\dot{q},a,b)\boldsymbol{P}$$

其中,$\boldsymbol{\Phi}(q,\dot{q},a,b)\in\mathbb{R}^{n\times m}$ 为回归矩阵,且为已知矩阵;$\boldsymbol{P}\in\mathbb{R}^n$ 是描述机器人质量特性的未知、定常参数向量。

性质 4:$\boldsymbol{M}(q)$、$\boldsymbol{C}(q,\dot{q})$、$\boldsymbol{G}(q)$,$\forall q,\dot{q}\in\mathbb{R}^n$ 一阶连续可导。

2. 问题描述

机械臂跟踪运动时受到的环境扰动，例如机械臂运动时遇到障碍物时，或者是一个较为柔软的物质如果没有调整自身的阻抗，或者没有修改自身的轨迹，那么末段执行器受到的环境作用力将会变得很大，机械臂很可能会受到损坏。考虑任务轨迹为直线的情况，对环境力 F_{env} 和跟踪偏离面积 RDA（即 Reaching Deviation Area）的描述如下：

$$F_{\mathrm{env}}=\frac{1}{t_f-t_0}\int_{t_0}^{t_f}F_I(t)\mathrm{d}t \tag{9.18}$$

$$\mathrm{RDA}=\int_{x_0}^{x_f}\chi(x)\mathrm{d}x \tag{9.19}$$

其中，$F_I(t)$表示环境作用于机械臂的时变力，它与机械臂运动轨迹相关；$\chi(x)$表示轨迹偏离量，$x\in\mathbb{R}$表示当前机械臂沿着 x 轴运动；RDA 为偏离 x 轴的面积。

假设机械臂的末端执行器需要跟踪从 A 点到 B 点的点到点直线任务轨迹，跟踪的同时，受到一个以点 A 到 B 的直线长度为直径，中心为圆心的辐射状力场的作用，如图 9.9 所示。力场的表达式为：

$$F_e=\begin{cases}k_e(r_0-r)\boldsymbol{n}, & r\leqslant r_0\\ 0, & r>r_0\end{cases} \tag{9.20}$$

其中，F_e、k_e、r_0、r、$\boldsymbol{n}$ 分别表示交互力、环境刚度、辐射力半径、末端执行器离圆心的距离和力的作用方向矢量。目前研究较多的是使用迭代学习的方法，通过一次又一次的试验，记录误差，更改轨迹以用于下一次试验作为参考轨迹，最终收敛为能够平衡 F_{env} 和 RDA 的最佳轨迹。如图 9.9(a)所示，在最初跟踪 1 线的任务轨迹（记为 1stTraj.）的时候生成了 2 线（记为 2ndTraj.），跟踪 2ndTraj. 的同时生成了 3 线的参考轨迹（记为 3rdTraj.）……以此类推，通过轨迹的不断迭代更新，最后生成一条平衡环境力与偏离面积的最佳轨迹。

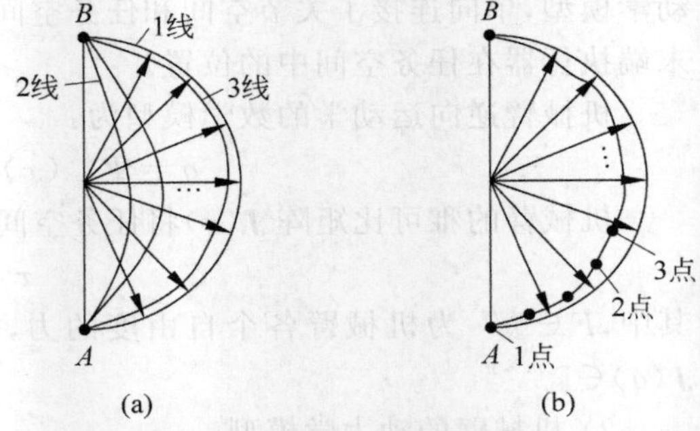

图 9.9　轨迹自适应策略示意图

然而，上述方法需要在离线生成一条轨迹之后，机械臂再去跟踪。在首次迭代的时候，如果力场的刚度非常大的情况下，将很可能导致机械臂损坏。因此需要一种能够在线自适应调节参考轨迹的算法，从而避免上述问题。解决方法是先对环境建模，利用基于李雅普诺夫函数的方法进行参数估计，通过估计的模型预测出下一时刻环境作用力的大小，以此为依据，对下一刻的跟踪参考点进行修改，如图 9.9(b)所示，在初始时刻跟从参考点即 1 点（记为 1stPoint）；根据对环境参数的估计，生成第 2 个采样时刻的跟踪参考点即 2 点（记为 2ndPoint）；根据第 2 个采样时刻对环境的估计，生成第 3 个采样时刻的跟踪参考点即 3 点（记为 3rdPoint）……以此类推，最终这些参考点连成一条自适应轨迹。该轨迹的目标如下：

$$J=J_f+J_d=\frac{1}{t_f-t}\int_t^{t_f}F_I^{\mathrm{T}}QF_I\mathrm{d}t+\int_x^{x_f}\chi^{\mathrm{T}}R\chi\mathrm{d}x \tag{9.21}$$

从任意 t 时刻开始，对参考轨迹的修改应能够保证当前时刻 t 到最后时刻 t_f 的损耗函数 J 最小。

根据上述的分析，机械臂的阻抗、力、参考轨迹在线调节技术实际上由两个嵌套的闭环构成，内环是一个位置跟踪环，要求控制器能够准确跟踪给定的轨迹；外环是一个参考轨迹自适应调节器，要求能够根据机械臂与环境相互作用反馈回来的信息自适应地修改原有参考轨迹，其输出作为内环轨迹跟踪的输入，如图 9.10 所示。考虑到这两个闭环是相互影响的，控制器的跟踪效果将会大大地影响到机械臂与环境相互作用的表现，从而影响到轨迹自适应模块的性能，因此要设计一个如上所述的控制系统，首先需要有一个能够准确跟踪轨迹的轨迹跟踪控制器，其次需要一个能够根据环境状态以自适应地修改轨迹的轨迹自适应模块。下面将分别对这两部分设计进行详细的阐述。

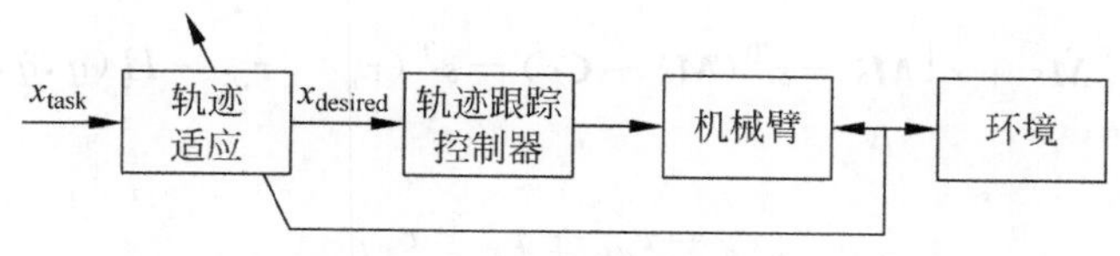

图 9.10 系统总体结构图

3. 轨迹跟踪器设计

机械臂轨迹跟踪控制器的最基本目标是控制输出能够准确地跟踪控制器输入参考轨迹，并使系统具有一定的鲁棒性，能够抵抗外界的干扰。本小节分别设计了基于边界估计的滑模控制器和输出受限的自适应控制器，这两种控制器将会在仿真中比较其控制性能，并选定使用其中一种控制器构成机械臂的力、阻抗、参考轨迹自适应的控制系统。

在进行设计前，需要应用到以下假设和引理。

假设 系统受到的扰动有界并满足不等式：

$$\|\tau_d\| \leqslant d_0 + d_1\|\dot{e}\| + d_2\|e\| \tag{9.22}$$

其中，$d_i>0(i=0,1,2)$，$e=q-q_d$。

引理 李雅普诺夫函数 $V(t)$ 是正定的，在初始状态 $V(0)$ 有界，且 $V(t)$ 一阶连续可导的情况下，如果下列不等式成立：

$$\dot{V} \leqslant -\rho V + c \tag{9.23}$$

其中，$\rho>0$，$c>0$，那么 V 有界。

1）基于边界估计的滑模控制器

本部分结合边界估计方法和径向基函数神经网络，设计一个能够对扰动边界进行估计的滑模控制器。该控制器将机械臂的动力学模型分解为两部分，一部分是系统自身的结构模型，另一部分是外界未知的干扰、系统参数估计误差等不确定项。整个控制器的控制框图如图 9.11 所示。

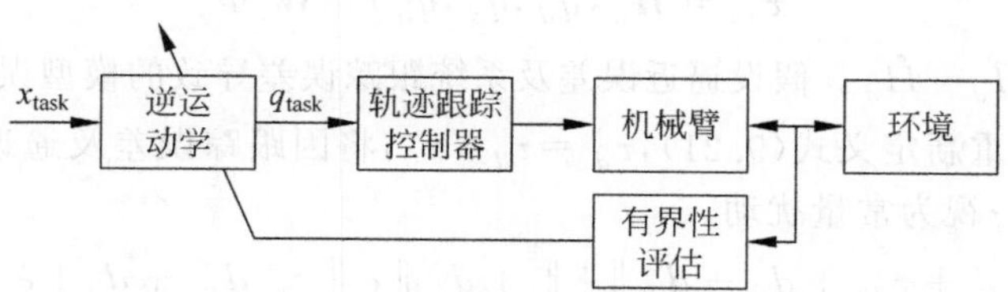

图 9.11 基于边界估计的滑模控制器的控制框图

构造滑模算子 s 和辅助变量 q_r，$s=\dot{e}+\Gamma_e$，$\dot{q}_r=\dot{q}_d-\Gamma_e$，其中 q_d 为期望角度，对系统模型进行分析：

$$\begin{aligned}\boldsymbol{M}(q)\ddot{q}+\boldsymbol{C}(q,\dot{q})\dot{q}+\boldsymbol{G}(q)&=\boldsymbol{M}(q)(\dot{s}+\ddot{q}_r)+\boldsymbol{C}(q,\dot{q})(s+\dot{q}_r)+\boldsymbol{G}(q)\\&=\boldsymbol{M}(q)\dot{s}+\boldsymbol{C}(q,\dot{q})s+\boldsymbol{M}(q)\ddot{q}_r+\boldsymbol{C}(q,\dot{q})\dot{q}_r+\boldsymbol{G}(q)\end{aligned} \tag{9.24}$$

则机械臂动力学模型即式(9.17)可以改写为：

$$\boldsymbol{M}(q)\dot{s}+\boldsymbol{C}(q,\dot{q})s+\boldsymbol{H}(q,\dot{q},\ddot{q}_r,\dot{q}_r)+\tau_d=\tau_u \tag{9.25}$$

其中，$\boldsymbol{H}(q,\dot{q},\ddot{q}_r,\dot{q}_r)=\boldsymbol{M}(q)\ddot{q}_r+\boldsymbol{C}(q,\dot{q})\dot{q}_r+\boldsymbol{G}(q)$。

初选李雅普诺夫函数：$V_1=\dfrac{1}{2}s^{\mathrm{T}}Ms$；结合机械臂性质2和式(9.25)，对其求导后进行分析：

$$\dot{V}_1=\frac{1}{2}s^{\mathrm{T}}\dot{\boldsymbol{M}}s+s^{\mathrm{T}}\boldsymbol{M}\dot{s}=s^{\mathrm{T}}(\boldsymbol{M}\dot{s}+\boldsymbol{C}s)=s^{\mathrm{T}}(\tau_u-\tau_d-H(q,\dot{q},\ddot{q}_r,\dot{q}_r)) \tag{9.26}$$

设计控制器如下：

$$\tau_u=\tau_{ap}+\tau_s+\tau_{pd} \tag{9.27}$$

该控制器由三项组成，τ_{ap} 为逼近项，用于逼近并补偿系统的非线性部分；τ_s 为进行边界估计后的滑模项，用于补偿系统执行轨迹跟踪任务时受到来自环境、系统内部等不确定的扰动；将滑模算子 s 展开后可知，τ_{pd} 项等价于一个PD控制器，用于保证系统的稳定性。式(9.25)中各项的具体表达式如下：

$$\begin{cases}\tau_{ap}=\hat{H}(q,\dot{q},\ddot{q}_r,\dot{q}_r)\\ \tau_s=-\hat{\sigma}\operatorname{sgn}(s)\\ \tau_{pd}=-\hat{k}_p s,\hat{k}_p=\hat{k}+k_0\end{cases} \tag{9.28}$$

其中，k_0 用于保证系统处于初始状态，$\hat{k}_p$ 为调节到最佳值之前的稳态。

分析待逼近项 $\boldsymbol{H}(q,\dot{q},\ddot{q}_r,\dot{q}_r)$，考虑到 $q=e+q_d$，式(9.21)变换如下：

$$\begin{aligned}\boldsymbol{H}(q,\dot{q},\ddot{q}_d,\dot{q}_d,q_d)&=\boldsymbol{M}(e+q_d)(\ddot{q}_d-\Gamma\dot{e})+\boldsymbol{C}(e+q_d,\dot{e}+\dot{q}_d)(\dot{q}_d+\Gamma_e)+\boldsymbol{G}(e+q_d)\\&=\boldsymbol{M}(q_d)\ddot{q}_d+\boldsymbol{C}(q_d,\dot{q}_d)\dot{q}_d+\boldsymbol{G}(q_d)+\boldsymbol{\varepsilon}_h\\&=H_d(\ddot{q}_d,\dot{q}_d,q_d)+\boldsymbol{\varepsilon}_h\end{aligned} \tag{9.29}$$

其中，$\boldsymbol{\varepsilon}_h=\boldsymbol{H}(q,\dot{q},\ddot{q}_d,\dot{q}_d,q_d)-\boldsymbol{H}_d(\ddot{q}_d,\dot{q}_d,q_d)$，当且仅当系统完全跟踪到期望的轨迹时，$\hat{\boldsymbol{H}}=\hat{\boldsymbol{H}}_d$(即 $\ddot{e}=\dot{e}=e=0$)。为了设计一个高效的控制器，需要减少神经网络的节点数，这里使用径向基函数神经网络逼近 $\hat{\boldsymbol{H}}_d$ 项，而不是 $\hat{\boldsymbol{H}}$ 项，使得神经网络输入结点数从 $5n$ 减少至 $3n$，从而大大减少了神经网络隐藏结点数目。其中：

$$\boldsymbol{\tau}_{ap}=\hat{\boldsymbol{H}}_d(\ddot{q}_d,\dot{q}_d,q_d)=\hat{\boldsymbol{W}}^{\mathrm{T}}\Phi \tag{9.30}$$

设逼近误差为 $\varepsilon_h=H_d-\hat{H}_d$。假设逼近误差及系统跟踪误差导致的模型误差均有界，$\|\varepsilon_h\|\leqslant\bar{\tau}_{d1}$，$\|\varepsilon_h\|\leqslant\bar{\tau}_{d2}$。重新定义式(9.21)，$\tau_d^*=\tau_d+\tau_0$，将因跟踪误差及逼近误差产生的不确定但有界项 ε_h、ε_h 统一视为常量扰动。

$$\|\tau_d^*\|\leqslant\bar{\tau}_{d1}+\bar{\tau}_{d2}+d_0+d_1\|\dot{e}\|+d_3\|e\|\leqslant d_0^*+d_1\|\dot{e}\|+d_2\|e\|$$

$$d_0^*=\tau_{d1}+\tau_{d2}+d_0$$

式(9.24)中各项的具体表达式与更新规律如下：

$$\begin{cases}\dot{\hat{\boldsymbol{W}}}=\eta\Phi s^{\mathrm{T}}\\ \dot{\hat{\sigma}}=\zeta\|s\|\\ \dot{\hat{k}}_p=\xi\|s\|^2\end{cases} \tag{9.31}$$

观察式(9.24)中最后一个等式，对扰动项进行分析

$$\begin{cases} \|\dot{e}\| = \|s\| - \|\Gamma_e\| \leqslant \|s\| + \lambda_{\max}(\Gamma)\|e\| \\ -s^{\mathrm{T}}\tau_d \leqslant \|s\|(d_0 + d_1\|\dot{e}\| + d_2\|e\|) \\ \qquad \leqslant d_0\|s\| + d_1\|s\|^2 + \|s\|\|e\|(d_1\lambda_{\max}(\Gamma) + d_2) \end{cases} \tag{9.32}$$

选择李雅普诺夫函数如下：

$$V = \frac{1}{2}s^{\mathrm{T}}\boldsymbol{M}s + \frac{1}{2\xi}\tilde{k}_p^2 + \frac{1}{2\zeta}\tilde{\sigma}^2 + \frac{1}{2\eta}\|\widetilde{\boldsymbol{W}}\|^2 \tag{9.33}$$

其中，$\|\widetilde{\boldsymbol{W}}\|^2 = \sum_{i=1,j=1}^{i=n,j=m} \tilde{\omega}_{ij}^2 = tr(\widetilde{\boldsymbol{W}}^{\mathrm{T}}\widetilde{\boldsymbol{W}}), \widetilde{\boldsymbol{W}} = \boldsymbol{W}^* - \hat{\boldsymbol{W}}$。

结合式(9.25)和式(9.32)，对式(9.32)关于时间求导可得：

$$\begin{aligned} \dot{V} &= s^{\mathrm{T}}(\boldsymbol{M}\dot{s} + Cs) + \tilde{k}_p\dot{\hat{k}}_p/\xi + \tilde{\sigma}\dot{\hat{\sigma}}/\zeta + \mathrm{tr}(\dot{\hat{\boldsymbol{W}}}^{\mathrm{T}}\widetilde{\boldsymbol{W}})/\eta \\ &= s^{\mathrm{T}}(-k_p s - \tau_s + \hat{\boldsymbol{W}}\Phi - \tau_d - \boldsymbol{W}^*\Phi - \varepsilon_h - \varepsilon_h) + \tilde{k}_p\dot{\hat{k}}_p/\xi + \tilde{\sigma}\dot{\hat{\sigma}}/\zeta + \mathrm{tr}(\dot{\hat{\boldsymbol{W}}}^{\mathrm{T}}\widetilde{\boldsymbol{W}})/\eta \\ &\leqslant -s^{\mathrm{T}}\tau_d - k_p\|s\|^2 - \sigma\|s\| + \mathrm{tr}(-\Phi s^{\mathrm{T}}\widetilde{\boldsymbol{W}} + \dot{\hat{\boldsymbol{W}}}^{\mathrm{T}}\widetilde{\boldsymbol{W}}/\eta) \\ &\leqslant -(\sigma - d_0^*)\|s\| - (k_p - d_1)\|s\|^2 + \|s\|\|e\|(d_1\lambda_{\max}(\Gamma) + d_2) \\ &\leqslant -[\|s\| \ \|e\|]\boldsymbol{Q}\begin{bmatrix}\|s\| \\ \|e\|\end{bmatrix} \end{aligned} \tag{9.34}$$

其中，$\boldsymbol{Q} = \begin{bmatrix} d_1 - k_p & -\dfrac{d_1\lambda_{\max}(\Gamma) + d_2}{2} \\ -\dfrac{d_1\lambda_{\max}(\Gamma) + d_2}{2} & 0 \end{bmatrix}$，满足 $\sigma > d_0^*$，且 $\boldsymbol{Q}$ 为正定矩阵时，可知滑模算子 s 逐渐趋近于0；考虑到 $s = \dot{e} + \Gamma e$，则跟踪误差将逐渐趋近于0。

由于控制器中存在符号函数相关项，容易引起输出控制扭矩的震颤，需要对机械臂输出控制量进行除颤。震颤问题可以使用边界理论进行消除，使用 sat()代替 sgn()：

$$\mathrm{sat}(s) = \begin{cases} 1 s/b > 1 \\ s/b - 1 \leqslant s/b \leqslant 1 \\ -1 \dfrac{s}{b} < -1 \end{cases} \tag{9.35}$$

其中，b 为边界层厚度。因此，最终基于边界控制的滑模控制器为：

$$\tau_u = \hat{\boldsymbol{W}}^{\mathrm{T}}\Phi - \hat{\sigma}\mathrm{sat}(s) - \hat{k}_p s \tag{9.36}$$

2) 输出受限的自适应控制器

输出受限控制器的设计目标是：在输出状态受到约束且环境干扰作用于机械臂时，仍然能够跟踪轨迹，且不违背约束条件。在机器人应用中，机器人的运动需要受到某些特定条件的约束，如关节角度、关节角速度和关节角加速度的约束，以及在与人交互过程中的安全性要求，保护机械臂不在运动过程中损坏等。因此，状态受限控制器是一个值得深入研究的领域。参考利用障碍李雅普诺夫函数的设计方法，结合径向基函数神经网络的简化方法，设计一个输出受限控制器，使用径向基函数神经网络来逼近系统的不确定项，利用障碍李雅普诺夫函数在关节空间中进行控制器的设计使输出受限，整个控制器的结构如图 9.12 所示。

输出状态的受限不等式为 $|q_i| < k_i, \forall t > 0, i = 1, 2, \cdots, n$，其中 $k_i > 0$。对机械臂动力学模型的表达式即式(9.17)进行变换，其在状态空间中表示如下：

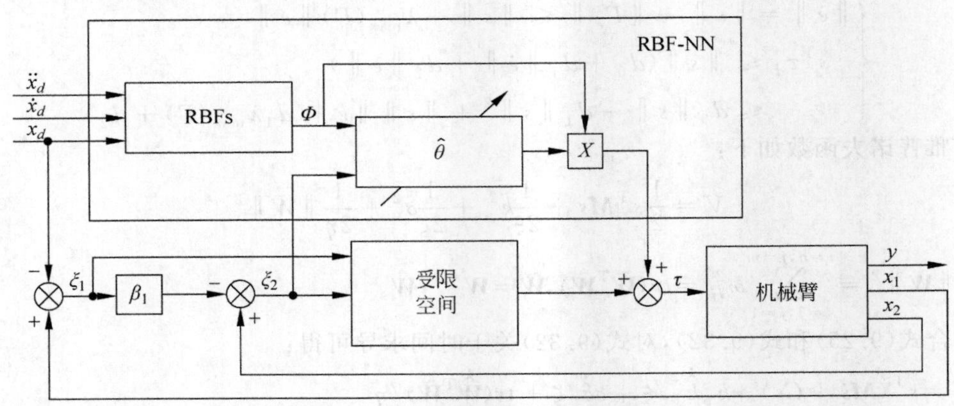

图 9.12　输出受限的控制器结构

$$\begin{cases}\dot{x}_1 = x_2 \\ \dot{x}_2 = \boldsymbol{M}^{-1}(q)[\tau - \tau_d - \boldsymbol{C}(q,\dot{q})\dot{q} - \boldsymbol{G}(q)] \\ y = x_1\end{cases} \tag{9.37}$$

其中，$x_1 := q$，$x_2 := \dot{q}$。

定义误差信号：

$$\begin{cases}\xi_1 = x_1 - x_d \\ \xi_2 = x_2 - \beta_1\end{cases} \tag{9.38}$$

其中，$x_d = q_d$ 为期望的轨迹，β_1 为辅助虚拟的参考变量，有待进一步设计。由上式可知，关于 ξ_2 的误差动态方程可表示如下：

$$\boldsymbol{M}\dot{\xi}_2 + \boldsymbol{C}\xi_2 = \tau - \boldsymbol{M}\dot{\beta}_1 - \boldsymbol{C}\beta_1 - \boldsymbol{G} + \tau_d \tag{9.39}$$

其中，$\boldsymbol{M}$、$\boldsymbol{C}$、$\boldsymbol{G}$ 分别为 $\boldsymbol{M}(q)$、$\boldsymbol{C}(q,\dot{q})$、$\boldsymbol{G}(q)$ 的缩写。

(1) 假设系统参数已知，考虑到约束条件 $|\xi_{1i}| < k_{ci}$，$i = 1,2,\cdots,n$，选择 tan 类型的障碍李雅普诺夫函数：

$$V_1(t) = \sum_{i=1}^{n} \frac{k_{ci}^2}{\pi} \tan\left(\frac{\pi \xi_{1i}^2}{2k_{ci}^2}\right) + \frac{1}{2}\xi_2^{\mathrm{T}} \boldsymbol{M} \xi_2 \tag{9.40}$$

对上式求关于时间的导数可得

$$\begin{aligned}\dot{V}_1(t) &= \sum_{i=1}^{n} \frac{\xi_{1i}\dot{\xi}_{1i}}{\cos^2\left(\frac{\pi \xi_{1i}^2}{2k_{ci}^2}\right)} + \xi_2^{\mathrm{T}}(\boldsymbol{M}\dot{\xi}_2 + \boldsymbol{C}\xi_2) \\ &= \sum_{i=1}^{n} \frac{\xi_{1i}(\xi_{2i} + \beta_{1i} - \dot{x}_{di})}{\cos^2\left(\frac{\pi \xi_{1i}^2}{2k_{ci}^2}\right)} + \xi_2^{\mathrm{T}}(\boldsymbol{M}\dot{\xi}_2 + \boldsymbol{C}\xi_2) \\ &= \sum_{i=1}^{n} \xi_{2i} \frac{\xi_{1i}}{\cos^2\left(\frac{\pi \xi_{1i}^2}{2k_{ci}^2}\right)} + \sum_{i=1}^{n} \xi_{1i} \frac{\beta_{1i} - \dot{x}_{di}}{\cos^2\left(\frac{\pi \xi_{1i}^2}{2k_{ci}^2}\right)} + \xi_2^{\mathrm{T}}(\tau + \tau_d - (\boldsymbol{M}\dot{\beta}_1 + \boldsymbol{C}\beta_1 + \boldsymbol{G}))\end{aligned} \tag{9.41}$$

为了构建如引理所示的结构，设计如下 τ 和 β_1：

$$\beta_1=-K\begin{bmatrix}\dfrac{k_{c1}^2}{\xi_{11}\pi}\sin\left(\dfrac{\pi\xi_{11}^2}{2k_{c1}^2}\right)\cos\left(\dfrac{\pi\xi_{11}^2}{2k_{c1}^2}\right)\\ \vdots \\ \dfrac{k_{cn}^2}{\xi_{1n}\pi}\sin\left(\dfrac{\pi\xi_{1n}^2}{2k_{cn}^2}\right)\cos\left(\dfrac{\pi\xi_{1n}^2}{2k_{cn}^2}\right)\end{bmatrix}+\dot{x}_d \tag{9.42}$$

$$\tau_1=-\begin{bmatrix}\dfrac{\xi_{11}}{\cos^2\left(\dfrac{\pi\xi_{11}^2}{2k_{c1}^2}\right)}\\ \vdots \\ \dfrac{\xi_{1n}}{\cos^2\left(\dfrac{\pi\xi_{1n}^2}{2k_{cn}^2}\right)}\end{bmatrix}-K_p\xi_2-\tau_d+\boldsymbol{M}\dot{\beta}_1+\boldsymbol{C}\beta_1+\boldsymbol{G} \tag{9.43}$$

其中,$\boldsymbol{K}=\mathrm{diag}(k_1,k_2,\cdots,k_n)$,$\boldsymbol{K}_p=\mathrm{diag}(k_{p1},k_{p2},\cdots,k_{pn})$,$\boldsymbol{K}$ 和 $\boldsymbol{K}_p$ 为正定常对角矩阵。

将式(9.43)和式(9.42)代入式(9.41)中,可得

$$\dot{V}_1(t)=-\sum_{i=1}^{n}k_i\frac{k_{ci}^2}{\pi}\tan\left(\frac{\pi\xi_{1i}^2}{2k_{ci}^2}\right)-\xi_2^{\mathrm{T}}K_p\xi_2<-\rho_1V_1(t) \tag{9.44}$$

其中,$\rho_1>0$,且满足 $\rho_1=\min(k_i,2\lambda_{\min}(K_p)/\lambda_{\max}(\boldsymbol{M}))$,$i=1,2,\cdots,n$,因此 $\dot{V}_1(t)$ 为负定,保证了闭环系统的稳定性。

(2) 考虑系统参数不能够准确获知的情况。

因为存在不确定项 $\boldsymbol{M}$、$\boldsymbol{C}$、$\boldsymbol{G}$,式(9.44)所示的控制器无法实现,故需对不确定项进一步分析。定义不确定项为 $H^*(\xi,x_r)$,其中 $\xi=[\xi_1,\xi_2]^{\mathrm{T}}$,$x_r=[x_d,\dot{x}_d,\ddot{x}_d]^{\mathrm{T}}$。注意到 $q=x_1=\xi_1+x_d$,$\dot{q}=x_2=\xi_2+\beta_1$,$\beta_1(\xi_1,\dot{x}_d)|_{\xi=0}=\dot{x}_d$,可得:

$$H^*:=\boldsymbol{M}(\xi_1+x_d)\dot{\beta}_1(\xi_1,\dot{x}_d)+\boldsymbol{G}(\xi_1+x_d)+\boldsymbol{C}(\xi_1+x_d,\xi_2+\beta_1(\xi_1,\dot{x}_d))\beta(\xi_1,\dot{x}_d) \tag{9.45}$$

通常情况下,使用径向基函数神经网络去逼近 H^* 的时候,输入 $x=[\xi,x_r]^{\mathrm{T}}\in\mathbb{R}^{5n}$,输入数量为 $5n$。为了设计一个高效、输入数量更少的神经网络,假设期望轨迹被完美地跟踪,即 $\boldsymbol{\xi}=[0,0]^{\mathrm{T}}$,则 $\boldsymbol{H}(0,x_r)=\boldsymbol{M}(x_d)\ddot{x}_d+\boldsymbol{C}(x_d,\dot{x}_d)\dot{x}_d+\boldsymbol{G}(x_d)$。令 $\boldsymbol{H}(0,x_r)=\boldsymbol{H}(x_r)$,通过将 ξ 从 $\boldsymbol{H}(\xi,x_r)$ 中移除,神经网络输入变量的数量减少到 $3n$,这将大大地简化 RBF 神经网络的结构。当然,这种简化也带来了一定的匹配误差 ε_h,$\varepsilon_h(\xi,x_r):=H(x_r)-H^*(\xi,x_r)$。根据性质 4,$H$ 一阶可导,对匹配误差项 ε_h 应用平均值定理,可得:

$$\|\varepsilon_h(\xi,x_r)\|\leqslant g(\|\xi\|)\|\xi\| \tag{9.46}$$

其中,$g:\mathbb{R}^+\to\mathbb{R}^+$ 是一个严格单调递增且全局可逆的确定函数。

在此,使用简化后的一个径向基函数神经网络逼近整个不确定项 $H(x_r)$。

$$H(x_r)=\boldsymbol{\Phi}^{\mathrm{T}}(x_r)\theta^*-\delta_h \tag{9.47}$$

其中,δ_h 为有界的逼近误差,θ^* 定义为

$$\theta^*:=\underset{\hat{\theta}\in\Omega_\omega}{\mathrm{argmin}}\left(\sup_{x_r\in\Omega_d}\|H(x_r)-\hat{H}(x_r\mid\hat{\theta})\|\right) \tag{9.48}$$

选择李雅普诺夫函数,有:

$$V(t)=V_1(t)+\frac{1}{2}\tilde{\theta}^{\mathrm{T}}\boldsymbol{\Gamma}^{-1}\tilde{\theta} \tag{9.49}$$

控制器输出修改如下：

$$\tau=-\begin{bmatrix}\dfrac{\xi_{11}}{\cos^2\left(\dfrac{\pi\xi_{11}^2}{2k_{c1}^2}\right)}\\ \dfrac{\xi_{12}}{\cos^2\left(\dfrac{\pi\xi_{12}^2}{2k_{c2}^2}\right)}\\ \vdots\\ \dfrac{\xi_{1n}}{\cos^2\left(\dfrac{\pi\xi_{1n}^2}{2k_{cn}^2}\right)}\end{bmatrix}-(K_{P1}+K_{P2})\xi_2-K_s\operatorname{sgn}(\xi_2)+\Phi^{\mathrm{T}}\hat{\theta} \tag{9.50}$$

其中，增加的$-K_s\operatorname{sgn}(\xi_2)$项用于抵消外部干扰$\tau_d$，神经网络的逼近误差$\delta_h$，以及简化神经网络后的误差$\epsilon_h$，增加系统的鲁棒性；$\Phi^{\mathrm{T}}\hat{\theta}$用于逼近不确定项的集合。为了满足下列等式：

$$\tilde{\theta}^{\mathrm{T}}\Phi\xi_2+\tilde{\theta}^{\mathrm{T}}\boldsymbol{\Gamma}^{-1}\dot{\hat{\theta}}=-\tilde{\theta}^{\mathrm{T}}\Lambda\hat{\theta} \tag{9.51}$$

其中，$\Lambda=\operatorname{diag}(\lambda_1,\lambda_2,\cdots,\lambda_{2l})$，注意到

$$\tilde{\theta}^{\mathrm{T}}\Phi\xi_2+\tilde{\theta}^{\mathrm{T}}\boldsymbol{\Gamma}^{-1}\dot{\hat{\theta}}=\sum(\omega_{1i}(\phi_i\xi_{2l}+\gamma_i^{-1}\dot{\hat{\omega}}_{1i}))+\sum(\omega_{nj}(\phi_j\xi_{2n}+\gamma_i^{-1}\dot{\hat{\omega}}_{nj})) \tag{9.52}$$

由此，设计更新率如下：

$$\begin{cases}\dot{\hat{\omega}}_{1i}=-\gamma_i\phi_i\xi_{2l}-k_i\hat{\omega}_{1i} & i=1,2,\cdots,l\\ \quad\vdots\\ \dot{\hat{\omega}}_{nj}=-\gamma_j\phi_j\xi_{2n}-k_j\hat{\omega}_{nj} & j=1,2,\cdots,l\end{cases} \tag{9.53}$$

式(9.49)对时间求导可得：

$$\dot{V}_1(t)\leqslant-\sum_{i=1}^{n}k_i\frac{k_{ci}^2}{\pi}\tan\left(\frac{\pi\xi_{1i}^2}{2k_{ci}}\right)-\xi_2^{\mathrm{T}}K_{p1}\xi_2-\frac{1}{2}\tilde{\theta}^{\mathrm{T}}\Lambda\tilde{\theta}+\xi_2^{\mathrm{T}}(-K_s\operatorname{sgn}(\xi_2)+\delta-K_{p2}\xi_2+\epsilon_h)+\frac{1}{2}\theta^{*\mathrm{T}}\Lambda\theta^{*}+(\tilde{\theta}^{\mathrm{T}}\Phi\xi_2+\tilde{\theta}^{\mathrm{T}}\boldsymbol{\Gamma}^{-1}\dot{\hat{\theta}}) \tag{9.54}$$

其中，$\boldsymbol{\Gamma}^{-1}=\operatorname{diag}(\gamma_1^{-1},\gamma_2^{-1},\cdots,\gamma_{2l}^{-1})$，且

$$-\tilde{\theta}^{\mathrm{T}}\Lambda\hat{\theta}=\sum_{i=1}^{m}-\lambda_i\tilde{\theta}_i^{\mathrm{T}}(\theta_i+\theta_i^{*})\leqslant\sum_{i=1}^{m}\frac{\lambda_i}{2}(-\tilde{\theta}^{\mathrm{T}}\tilde{\theta}+\theta_i^{*\mathrm{T}}\theta_i^{*}) \tag{9.55}$$

参考式(9.35)和$\|\xi_i\|\leqslant\|\xi\|$，$i=1,2(\xi=[\xi_1,\xi_2]^{\mathrm{T}})$，可得不等式$\xi_2^{\mathrm{T}}\epsilon_h\leqslant\|\xi_2\|\|\xi\|g(\|\xi\|)\leqslant\|\xi\|^2g(\|\xi\|)$，$-\xi_2^{\mathrm{T}}K_{P2}\xi_2\leqslant-k\|\xi_2\|^2\leqslant-k\|\xi\|^2$，$k=\lambda_{\min}(K_{P2})$，选择$k>g(\|\xi\|)$和$k_s>\bar{\delta}_h+\bar{\tau}_d$，$k_s=\lambda_{\min}(K_s)$，则可得：

$$\dot{V}(t)\leqslant-\sum_{i=1}^{n}k_i\frac{k_{ci}^2}{\pi}\tan\left(\frac{\pi\xi_{1i}^2}{2k_{ci}}\right)-\xi_2^{\mathrm{T}}K_{p1}\xi_2-\frac{1}{2}\tilde{\theta}^{\mathrm{T}}\Lambda\tilde{\theta}+\frac{1}{2}\theta^{*\mathrm{T}}\Lambda\theta^{*}\leqslant-\rho V(t)+c \tag{9.56}$$

其中，$c=\dfrac{1}{2}\theta^{*\mathrm{T}}\Lambda\theta^{*}$，$\rho$满足

$$\rho=\min\left(k_1,k_2,\cdots,k_n,\frac{2\lambda_{\min}(K_{P1})}{\lambda_{\max}(\boldsymbol{M})},\frac{\lambda_{\min}(\Lambda)}{\lambda_{\max}(\boldsymbol{\Gamma}^{-1})}\right) \tag{9.57}$$

式(9.56)不等号两侧分别乘以 $e^{\rho t}$，可得 $\dfrac{\mathrm{d}}{\mathrm{d}t}(e^{\rho t}V(t))<e^{\rho t}c$；再对等号两侧积分可得 $V\leqslant e^{-\rho t}V(0)+\dfrac{\boldsymbol{C}}{\rho}-\dfrac{\boldsymbol{C}}{\rho}e^{-\rho t}\leqslant V(0)+\dfrac{\boldsymbol{C}}{\rho}$。考虑到状态变量 ξ_1，可得 $\dfrac{1}{2}\xi_1^{\mathrm{T}}\xi_1\leqslant V(0)+\dfrac{\boldsymbol{C}}{\rho}$。因此，当 $V(0)\in L_\infty$，在控制器即式(9.49)的控制下，按照式(9.53)的更新律更新权值，ξ_1 将会渐近收敛于紧集 $\Omega_1=\left\{\xi_1 \mid \|\xi_1\|\leqslant 2V(0)+\dfrac{2\boldsymbol{C}}{\rho}\right\}$。

控制器中有符号函数 sgn 的存在，为了使控制器输出的力矩更加平滑，将符号函数用 sat 函数替代。因此，控制器最终为：

$$\tau=-\begin{bmatrix}\dfrac{\xi_{11}}{\cos^2\left(\dfrac{\pi\xi_{11}^2}{2k_{c1}^2}\right)}\\ \vdots \\ \dfrac{\xi_{1n}}{\cos^2\left(\dfrac{\pi\xi_{1n}^2}{2k_{cn}^2}\right)}\end{bmatrix}-(K_{P1}+K_{P2})\xi_2-K_s\,\mathrm{sat}(\xi_2)+\Phi^{\mathrm{T}}\hat{\theta} \tag{9.58}$$

9.2.3 轨迹跟踪自适应模块设计

轨迹自适应模块设计的目标是修改任务轨迹，并使机械臂跟踪轨迹时偏离任务轨迹的程度与受到的环境作用力之间达到平衡。考虑一般的情况，机械臂在三维的任务空间中跟踪一条从 A 点到 B 点的点到点直线轨迹。跟踪过程中受到环境力的作用。

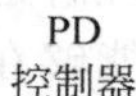

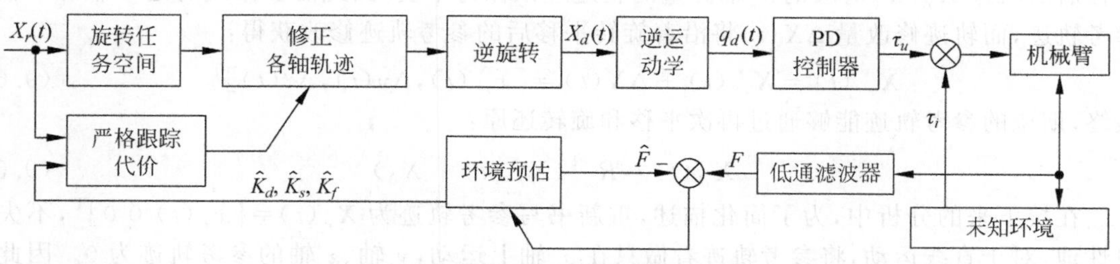

图 9.13　轨迹自适应模块结构示意图

1. 环境作用力的估计

由于环境是未知的，即交互力是未知的，在线调节技术要求机械臂只运行一次就能够在未知环境中通过调节参考轨迹来平衡力与偏离任务轨迹面积。一种可行的办法是假定一个环境模型，然后在线估计环境模型的未知参数，从而估计交互力的变化情况，以实现控制目标。

假设环境交互力满足：

$$F_I=F_0^*+\boldsymbol{K}_s(X-X_0^*)+\boldsymbol{K}_d\dot{X}=\boldsymbol{K}_d\dot{X}+\boldsymbol{K}_sX+K_f \tag{9.59}$$

其中，$K_f=F_0^*-K_sX_0$，F_I 和 X 分别表示实际交互力和当前末端执行器的位置。交互力的前馈部分 F_0^*、刚度矩阵 $\boldsymbol{K}_s$、阻尼矩阵 $\boldsymbol{K}_d$、平衡点位置 X_0^* 都是位置的参数，都需要估计。下面给出估计参数的更新律：

$$\begin{cases}\hat{\boldsymbol{K}}_d=\hat{K}_d(0)+\operatorname{diag}(\gamma_1,\gamma_1)\int_0^t \dot{Y}(F-\hat{F})\\ \hat{\boldsymbol{K}}_s=\hat{K}_s(0)+\operatorname{diag}(\gamma_2,\gamma_2)\int_0^t Y(F-\hat{F})\\ \hat{K}_f=\hat{K}_f(0)+\operatorname{diag}(\gamma_3,\gamma_3)\int_0^t(F-\hat{F})\\ \hat{F}_I=\hat{\boldsymbol{K}}_d\dot{Y}+\hat{\boldsymbol{K}}_sY+\hat{\boldsymbol{K}}_f\end{cases}\tag{9.60}$$

其中，$\hat{\boldsymbol{K}}_d=[k_{dy},k_{dz}]^{\mathrm{T}}$，$\hat{\boldsymbol{K}}_s=[k_{sy},k_{sz}]^{\mathrm{T}}$，$\hat{\boldsymbol{K}}_f=[k_{fy},k_{fz}]^{\mathrm{T}}$，$Y=[y(t),z(t)]^{\mathrm{T}}$，$F=[f_y,f_z]^{\mathrm{T}}$，$F_I=[f_{Iy},f_{Iz}]^{\mathrm{T}}$。机械臂执行任务时，在初始状态处于自由空间中，没有受到外力作用，因此可以设置初值为$\hat{\boldsymbol{K}}_d(0)=0_{2\times1}$，$\hat{\boldsymbol{K}}_s(0)=0_{2\times1}$，$\hat{\boldsymbol{K}}_f(0)=0_{2\times1}$。

2. 轨迹自适应修改

考虑一般情况，机械臂在三维空间中执行点到点直线跟踪运动，参考轨迹表示为$\boldsymbol{X}_r(t)=[x_r(t)y_r(t)z_r(t)]^{\mathrm{T}}$。可以在任务空间中旋转和平移直线轨迹，使得$\boldsymbol{X}_r(t)$与$x$轴(或者$y$轴、$z$轴)重合。

$$\begin{aligned}\boldsymbol{X}_r^*(t)&=RX_r(t)\operatorname{diag}(1,0,0)\\&=[x_r^*(t),y_r^*,z_r^*]^{\mathrm{T}}-[0,y_r^*,z_r^*]^{\mathrm{T}}\\&=RX_r(t)-X_0\\&=[x_r^*(t),0,0]^{\mathrm{T}}\end{aligned}\tag{9.61}$$

其中，$\boldsymbol{X}_0=RX_r(t)\operatorname{diag}(0,1,1)$，$y_r^*$和$z_r^*$是常数，$\boldsymbol{R}$是旋转矩阵。

参考轨迹自适应模块通过修改期望的任务轨迹，以减轻因为严格跟踪任务轨迹$X_r(t)$而受到的环境交互力。为了更直观地理解这个过程，这里选择在任务空间中对轨迹进行修改，而不是在关节空间中。为了使机械臂能够在规定时间内从起始点一直向前运动直至终点，旋转平移后的轨迹$X_r^*(t)$对应的x轴分量的轨迹应该保持不变，因此需要修改的是y轴和z轴的参考轨迹，而轨迹修改量$\Delta X(t)$将沿着旋转平移后的参考轨迹修改获得：

$$\widetilde{\boldsymbol{X}}_r^*(t)=X_r^*(t)+\Delta X(t)=[x_r^*(t),\Delta y(t),\Delta z(t)]^{\mathrm{T}}\tag{9.62}$$

最终，期望的参考轨迹能够通过再次平移和旋转还原：

$$X_d(t)=R^{-1}(\widetilde{X}_r^*(t)+X_0)\tag{9.63}$$

在接下来的分析中，为了简化描述，重新书写参考轨迹为$\boldsymbol{X}_r(t)=[x_r(t)\ 0\ 0]^{\mathrm{T}}$，不失一般性地，对于直线运动，将参考轨迹看做只在$x$轴上运动，$y$轴、$z$轴的参考轨迹为0。因此期望轨迹的最终描述形式为$\boldsymbol{X}_d(t)=[x_r(t),\Delta y(t),\Delta z(t)]^{\mathrm{T}}$，式中$\Delta y(t)$和$\Delta z(t)$代表根据交互表现计算出的轨迹修改值。

虽然在上述分析中，修改轨迹时不考虑x轴，但沿着x轴的交互力不能忽视，因此需要整合x轴的交互力f_{mx}到式(9.47)的更新律中：

$$\begin{cases}f_y=\sqrt{f_{mx}^2+f_{my}^2}\\ f_z=\sqrt{f_{mx}^2+f_{mz}^2}\end{cases}\tag{9.64}$$

其中，f_{mx}、f_{my}和f_{mz}为安装在末端执行器的力传感器分别沿x、y、z轴测量获得的交互力。交互力能够通过式(9.60)和式(9.64)进行估计获得：

$$F_r=\begin{bmatrix}f_{yr}\\ f_{zr}\end{bmatrix}=\begin{bmatrix}\hat{k}_{dy}\dot{y}_r+\hat{k}_{sy}y_r+\hat{k}_{fy}\\ \hat{k}_{dz}\dot{z}_r+\hat{k}_{sz}z_r+\hat{k}_{fz}\end{bmatrix}\tag{9.65}$$

其中 y_r、z_r 分别表示沿 y 轴和 z 轴的参考轨迹，通常在旋转后的轨迹中，$\dot{y}_r(t)=y_r(t)=0$，$\dot{z}_r(t)=z_r(t)=0$。

由此可以估算出每个采样时刻严格跟踪任务轨迹 $X_r(t)$ 时的代价值，假设交互力和偏离面积需要满足式(9.65)，从而保证两者的平衡；这将使得式(9.8)的代价函数 J 最小。

$$F_r=\mathrm{diag}(\lambda,\lambda)(Y_d(t)-Y_r) \tag{9.66}$$

其中，λ 是用户定义的平衡 F 与 RDA 的因子，$Y_d(t)=[\Delta y(t),\Delta z(t)]^{\mathrm{T}}$，$Y_r=[y_r,z_r]^{\mathrm{T}}$。

因此，结合式(9.60)、式(9.64)～式(9.66)，期望轨迹的表达式为：

$$X_d(t)=\begin{bmatrix} x_r(t) \\ \frac{1}{\lambda}(\hat{k}_{dy}\dot{y}_r+\hat{k}_{sy}y_r+\hat{k}_{fy})+y_r \\ \frac{1}{\lambda}(\hat{k}_{dz}\dot{z}_r+\hat{k}_{sz}z_r+\hat{k}_{fz})+z_r \end{bmatrix} \tag{9.67}$$

在自由空间中运动(即没有环境交互力作用 $F_I=0$)时，式(9.60)中的参数将保持为零。结合式(9.60)和式(9.67)分析可知，$X_d(t)=X_r(t)$，这保证了在没有环境交互力作用时，该系统能够在轨迹跟踪控制器的控制下严格地跟踪任务轨迹。

9.2.4 仿真设计

1. 机械臂仿真模型

下面介绍使用两连杆模型对提出的在线调节方法进行仿真验证，如图 9.14 所示。

该模型的动力学方程如下：

$$\begin{bmatrix} M_{11} & M_{12} \\ M_{12} & M_{22} \end{bmatrix}\begin{bmatrix} \ddot{q}_1 \\ \ddot{q}_2 \end{bmatrix}+\begin{bmatrix} -c\dot{q}_2 & c(\dot{q}_1+\dot{q}_2) \\ c\dot{q}_1 & 0 \end{bmatrix}\begin{bmatrix} \dot{q}_1 \\ \dot{q}_2 \end{bmatrix}+\begin{bmatrix} p_1 g \\ p_2 g \end{bmatrix}=\begin{bmatrix} \tau_1 \\ \tau_2 \end{bmatrix} \tag{9.68}$$

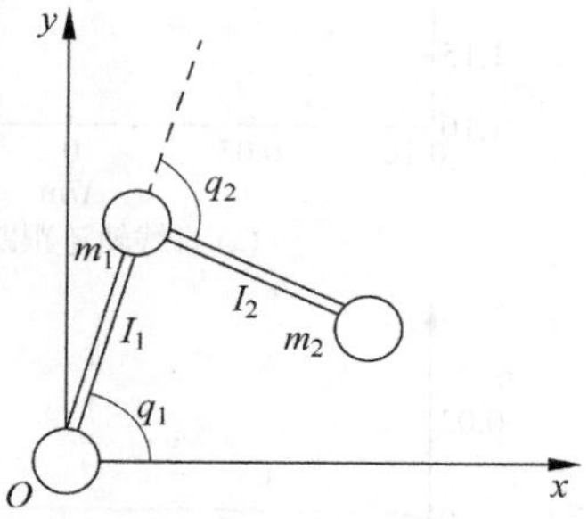

其中，$l_1=1\mathrm{m}$，$l_2=0.8\mathrm{m}$，$m_1=0.5\mathrm{kg}$，$m_2=0.5\mathrm{kg}$，$g=9.8\mathrm{N/kg}$。

图 9.14 两连杆机械臂模型

使用如下简化缩写：

$$\begin{cases} s_{12}=\sin(q_1+q_2), c_{12}=\cos(q_1+q_2) \\ c_1=\cos(q_1), c_2=\cos(q_2) \\ s_1=\sin(q_1), s_2=\sin(q_2) \end{cases} \tag{9.69}$$

式(9.68)中对应元素的表达如下：

$$\begin{cases} M_{11}=(m_1+m_2)l_1^2+m_2l_2^2+2m_2l_1l_2c_2 \\ M_{12}=m_2l_2^2+m_2l_1l_2c_2 \\ M_{22}=m_2l_2^2 \\ c=m_2l_1l_2s_2 \\ p_1=(m_1+m_2)l_1c_2+m_2l_2c_{12} \\ p_2=m_2l_2c_{12} \end{cases} \tag{9.70}$$

而机械臂雅可比矩阵表示如下：

$$\boldsymbol{J}(q)=\begin{bmatrix} -(l_1s_1+l_2s_{12}) & -l_2s_{12} \\ l_1c_1+l_2c_{12} & l_2c_{12} \end{bmatrix} \tag{9.71}$$

下面将使用上述机械臂模型比较前述所设计的两个控制器，对比仿真结果，选择合适的轨迹跟踪控制器，然后采用该控制器对轨迹自适应模块进行仿真。

2. 轨迹跟踪控制器仿真

轨迹跟踪控制器的仿真主要验证控制器在扰动力场存在时的跟踪性能，具体的跟踪性能包括系统稳定性、输出力矩的平滑性、跟踪精度等。希望设计的控制器能够使机械臂应用在不稳定力场中通过闭环控制使得系统能够抵抗干扰，并较为准确地跟踪参考轨迹。

使用传统的PD控制器，跟踪直线轨迹时，受到发散力场作用；跟踪圆轨迹时，同时受到常量力场、位置相关力场和速度相关力场的作用。轨迹跟踪结果分别如图9.15和图9.16所示。

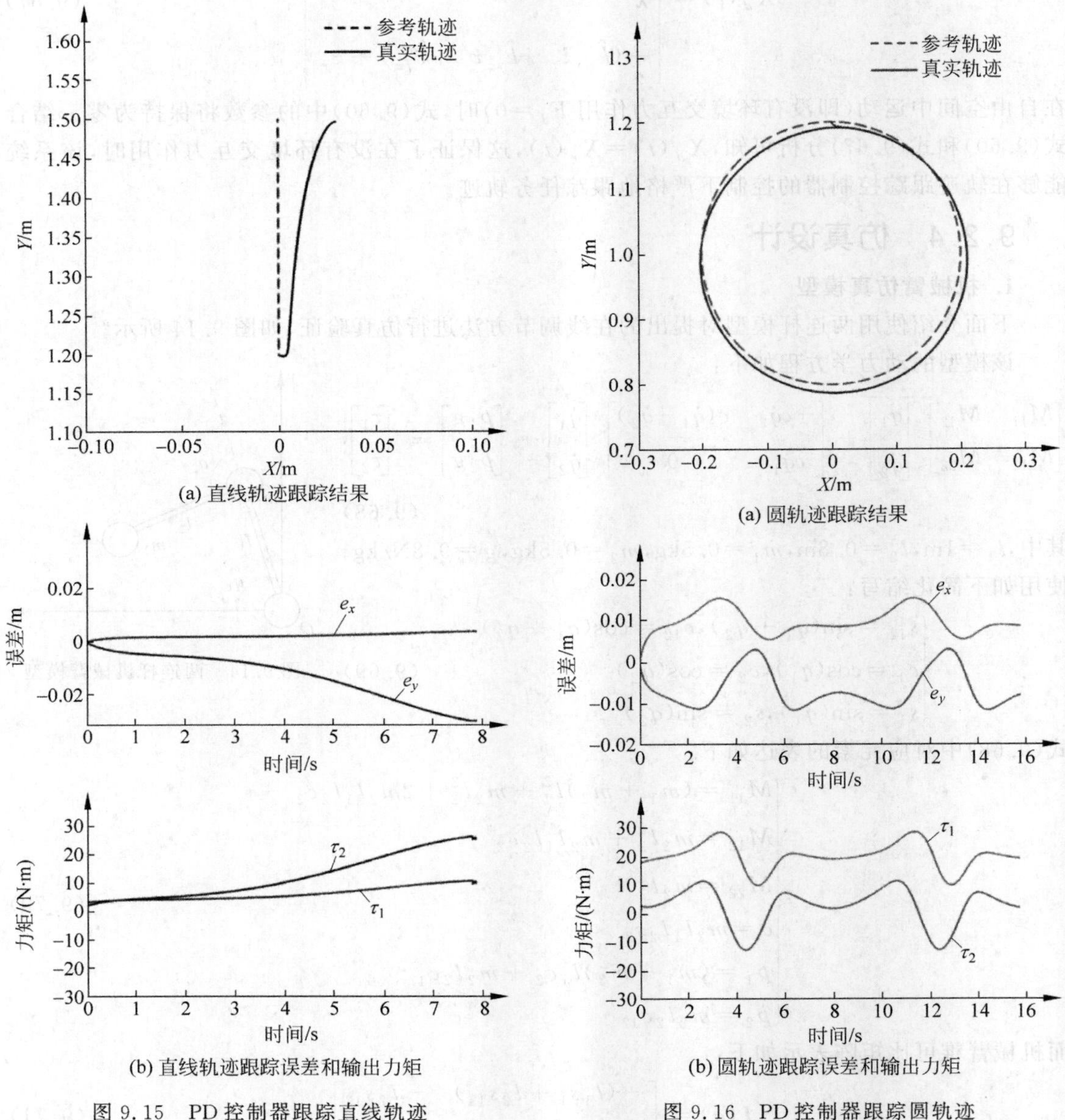

(a) 直线轨迹跟踪结果

(b) 直线轨迹跟踪误差和输出力矩

图 9.15 PD控制器跟踪直线轨迹

(a) 圆轨迹跟踪结果

(b) 圆轨迹跟踪误差和输出力矩

图 9.16 PD控制器跟踪圆轨迹

图 9.15 中(a)为机械臂末端执行器跟踪结果,虚线表示参考轨迹,实线表示真实轨迹;图 9.16(b)中上面的图表示跟踪误差,下面的图表示控制器输出力矩大小。① 由图 9.15 和图 9.16 可知,传统的 PD 控制器在干扰存在的条件下不能够很好地跟踪参考轨迹,跟踪误差较大;且参数设置值较大,系统容易不稳定,因此设计一个能够在一定程度上抵抗扰动的控制器十分有必要。下面将对前述两个轨迹跟踪控制器的性能进行分析。

在自由空间中跟踪圆轨迹的逼近效果,如图 9.17 所示,其中图 9.17(a)表示逼近结果,虚线为参考输出,实线为实际输出,图 9.17(b)表示逼近误差。

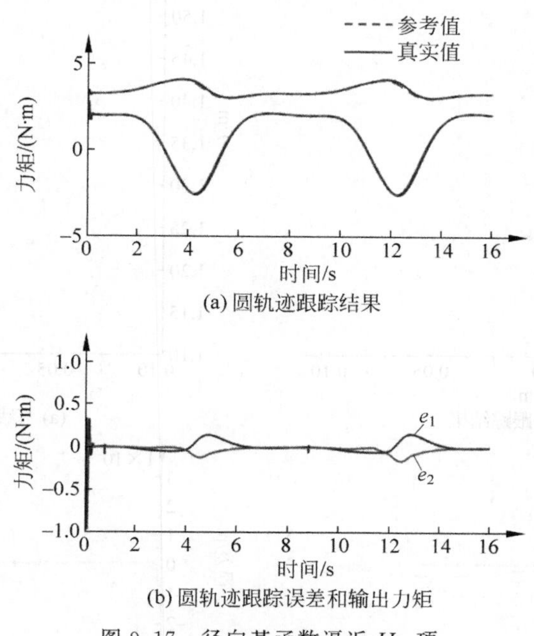

图 9.17 径向基函数逼近 H_d 项

1) 直线轨迹跟踪

利用基于边界估计的滑模控制器分别在自由空间和发散力场跟踪直线参考轨迹的相关曲线,跟踪结果如图 9.18 和图 9.19 所示。在图 9.18 和图 9.19 中,分图(a)为跟踪结果(虚线为参考轨迹,实线为实际轨迹);分图(b)中上面的图为跟踪误差,下面的图表示控制器输出力矩。图 9.20 和图 9.21 为输出状态受限控制器的仿真结果,分别与图 9.18 和图 9.19 相对应。

从图 9.18～图 9.21 的跟踪表现看来,无论是在自由空间中还是在发散力场中,基于边界估计的滑模控制器和输出状态受限自适应控制器都能够很好地跟踪直线轨迹。对比图 9.15,基于边界估计的滑模控制器和输出状态受限自适应控制器都具有一定程度的抗干扰能力。

2) 圆轨迹跟踪

对圆轨迹的跟踪分为以下四种情况:

- 情况 1:在自由空间中跟踪圆轨迹;
- 情况 2:在常量力场中跟踪圆轨迹;
- 情况 3:在常量和位置相关力场中跟踪圆轨迹;
- 情况 4:在常量、位置相关力场、速度相关力场中跟踪圆轨迹。

① 在无特殊说明时,所有仿真结果图中的分图(a)、(b)中的曲线所代表的意义均与图 9.15 一致。

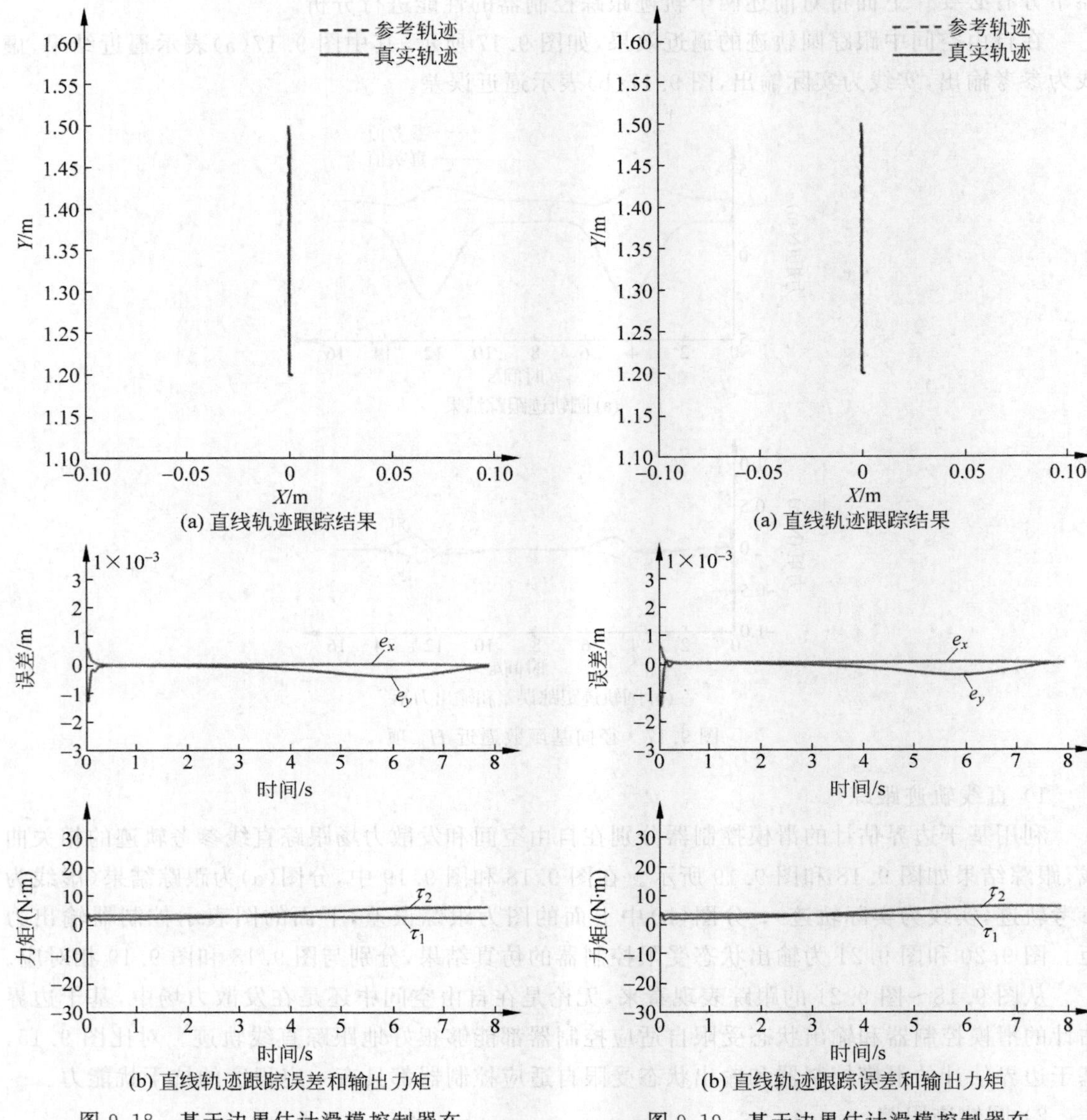

图 9.18 基于边界估计滑模控制器在自由空间中跟踪直线轨迹

图 9.19 基于边界估计滑模控制器在发散力场作用下跟踪直线轨迹

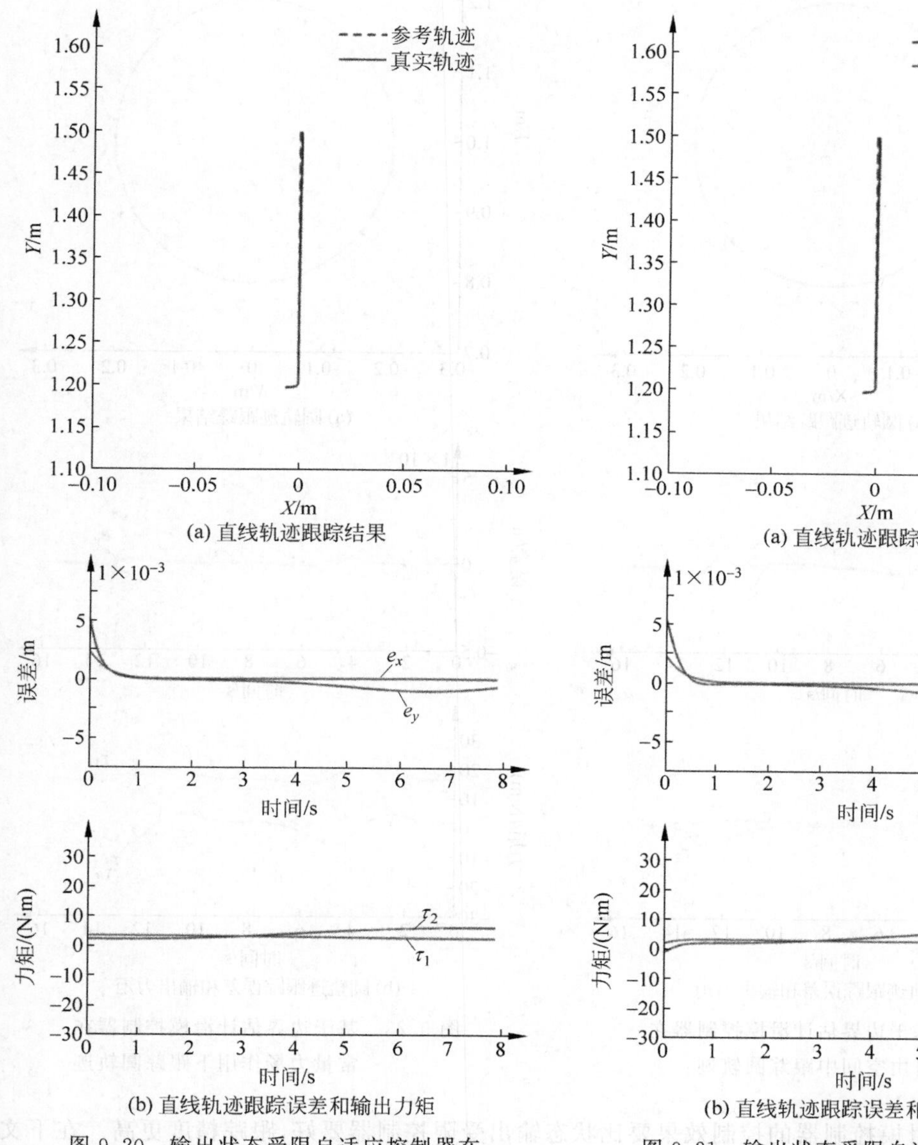

图 9.20 输出状态受限自适应控制器在自由空间中跟踪直线轨迹

图 9.21 输出状态受限自适应控制器在发散力场作用下跟踪直线轨迹

跟踪结果分别如图 9.22～图 9.29 所示。

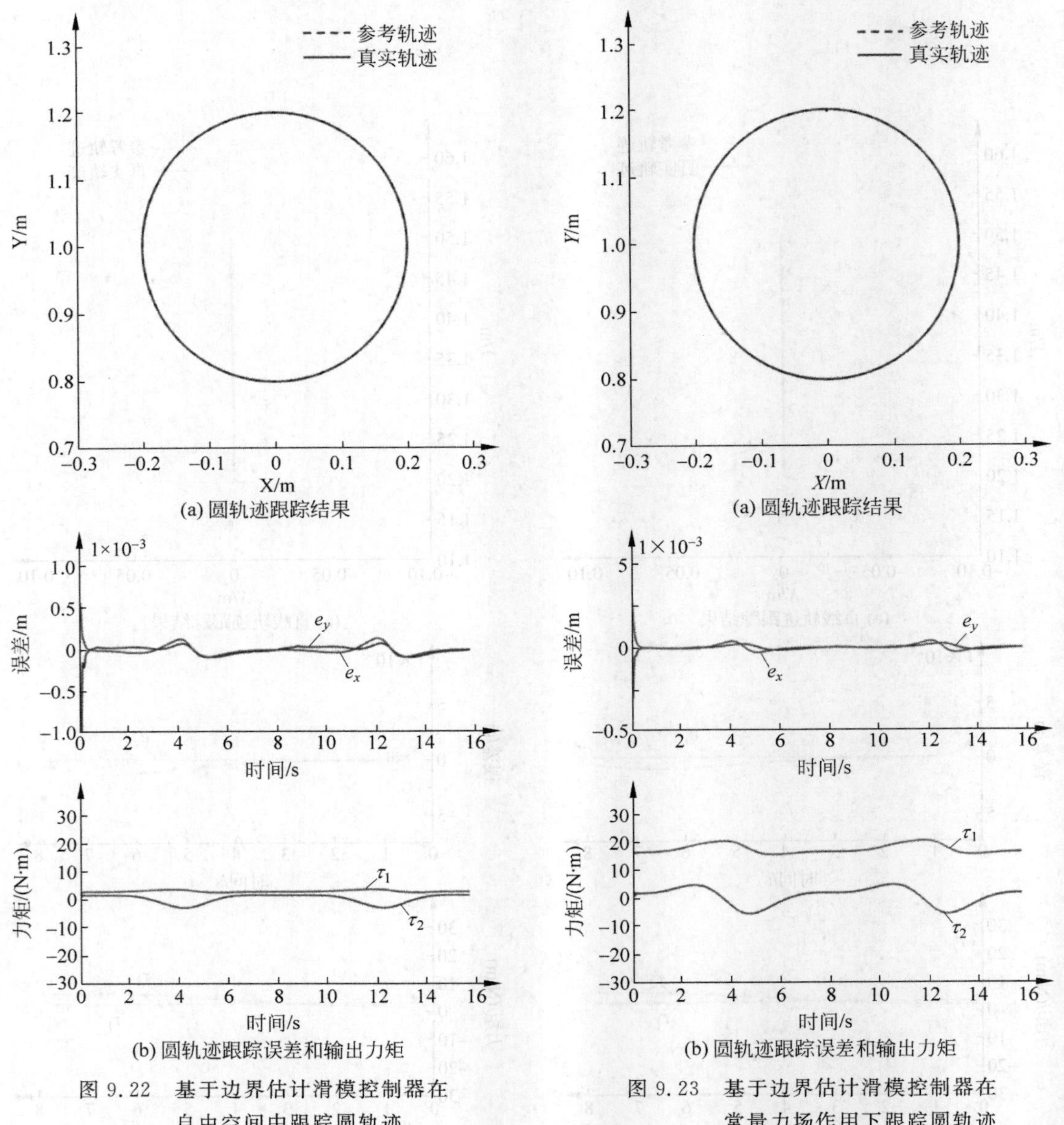

图 9.22 基于边界估计滑模控制器在自由空间中跟踪圆轨迹

图 9.23 基于边界估计滑模控制器在常量力场作用下跟踪圆轨迹

总体而言，滑模控制器的控制效果要比状态输出受限控制器要好，跟踪精度更高。在下文将讨论的轨迹自适应仿真中，将基于边界估计的滑模控制器作为内环轨迹跟踪控制器，对轨迹自适应环节进行仿真。

3. 轨迹自适应仿真

这里将通过仿真来验证轨迹自适应的设计，假设没有环境交互作用时，系统能够在轨迹跟踪控制器的控制下严格地跟踪任务轨迹。设计要求机械臂能够在起始点和终点之间沿直线移动 3 个周期。选择两个不同的力场(力场 1 和力场 2)进行上述仿真，仿真结果如图 9.30 所示。

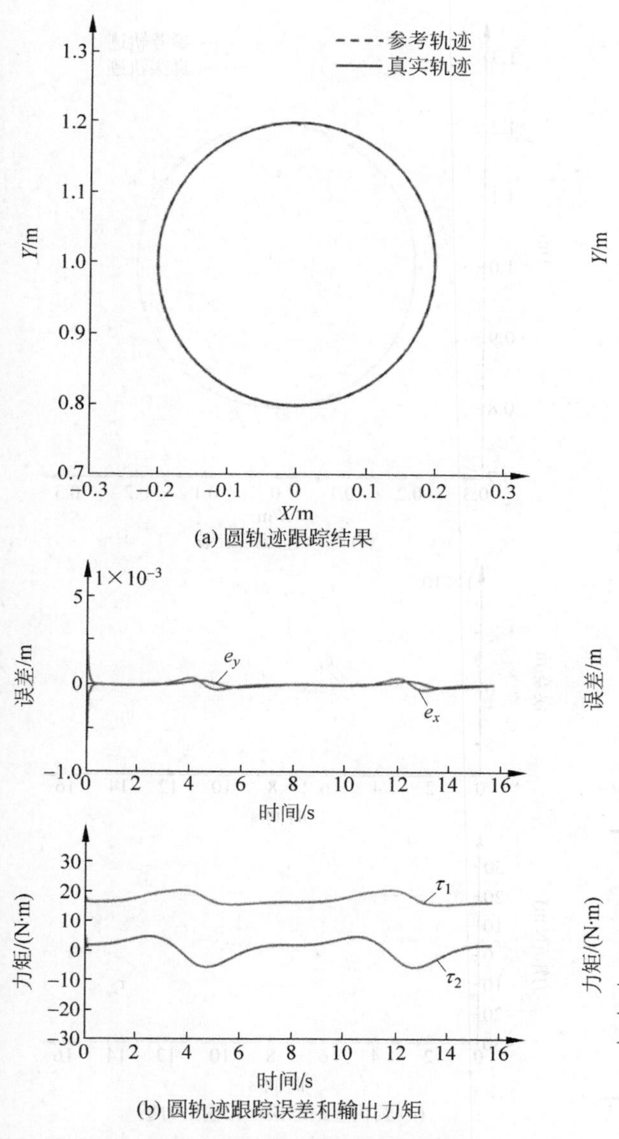

(a) 圆轨迹跟踪结果

(b) 圆轨迹跟踪误差和输出力矩

图 9.24 基于边界估计滑模控制器在常量、位置相关力场同时作用下跟踪圆轨迹

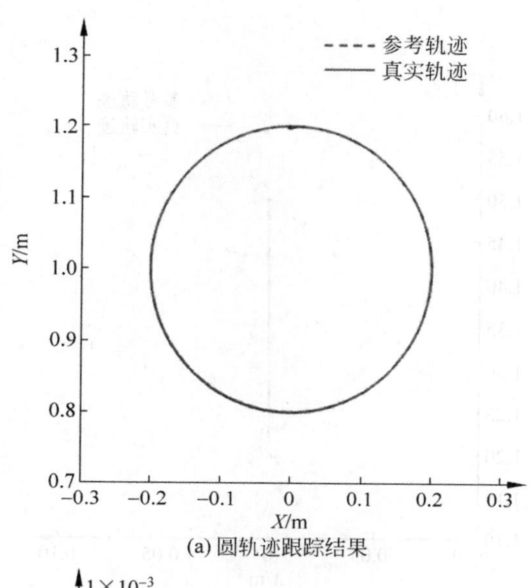

(a) 圆轨迹跟踪结果

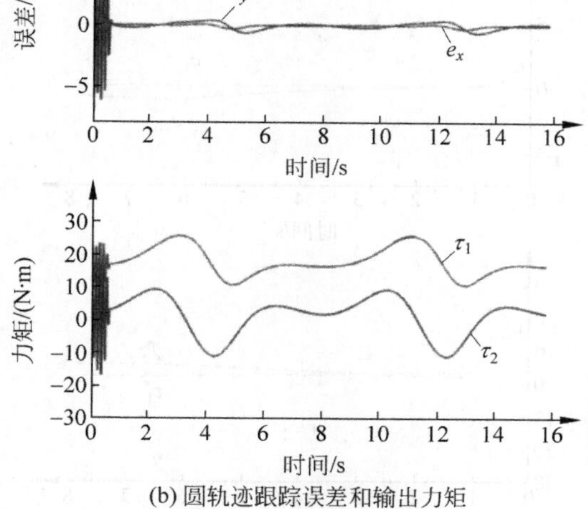

(b) 圆轨迹跟踪误差和输出力矩

图 9.25 基于边界估计滑模控制器在常量、位置相关和速度相关力场作用下跟踪圆轨迹

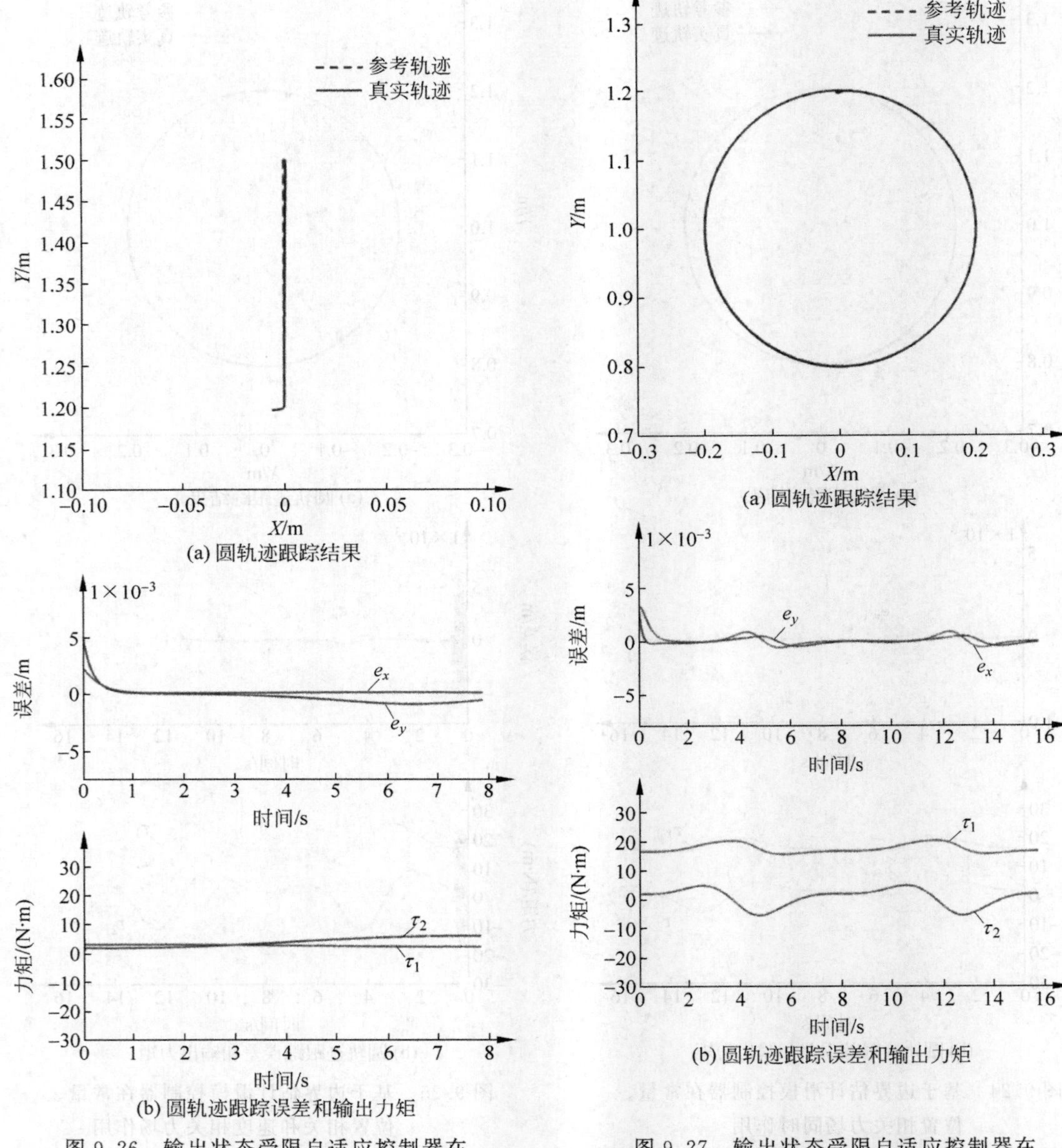

(a) 圆轨迹跟踪结果

(b) 圆轨迹跟踪误差和输出力矩

图 9.26　输出状态受限自适应控制器在自由空间中跟踪圆轨迹

(a) 圆轨迹跟踪结果

(b) 圆轨迹跟踪误差和输出力矩

图 9.27　输出状态受限自适应控制器在常量力场作用下跟踪圆轨迹

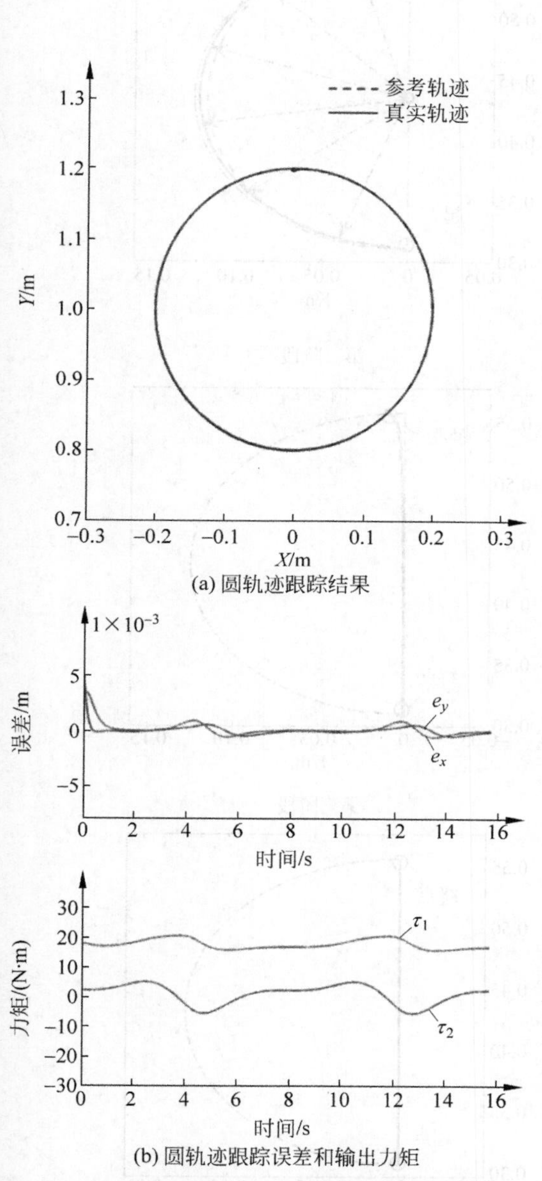

(a) 圆轨迹跟踪结果

(b) 圆轨迹跟踪误差和输出力矩

图 9.28　输出状态受限自适应控制器在常量、位置相关力场同时作用下跟踪圆轨迹

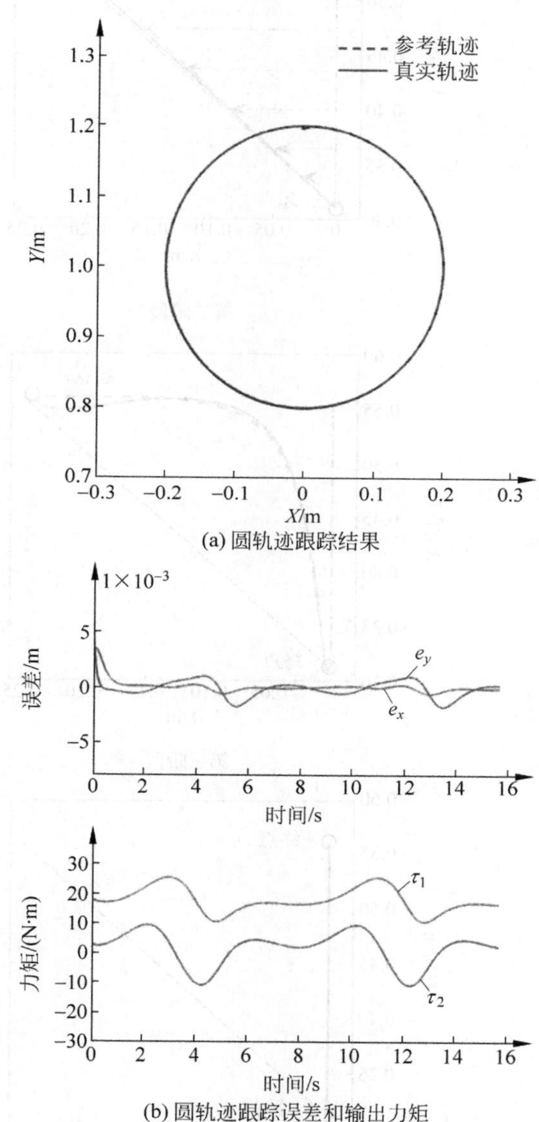

(a) 圆轨迹跟踪结果

(b) 圆轨迹跟踪误差和输出力矩

图 9.29　输出状态受限自适应控制器在常量、位置相关和速度相关力场作用下跟踪圆轨迹

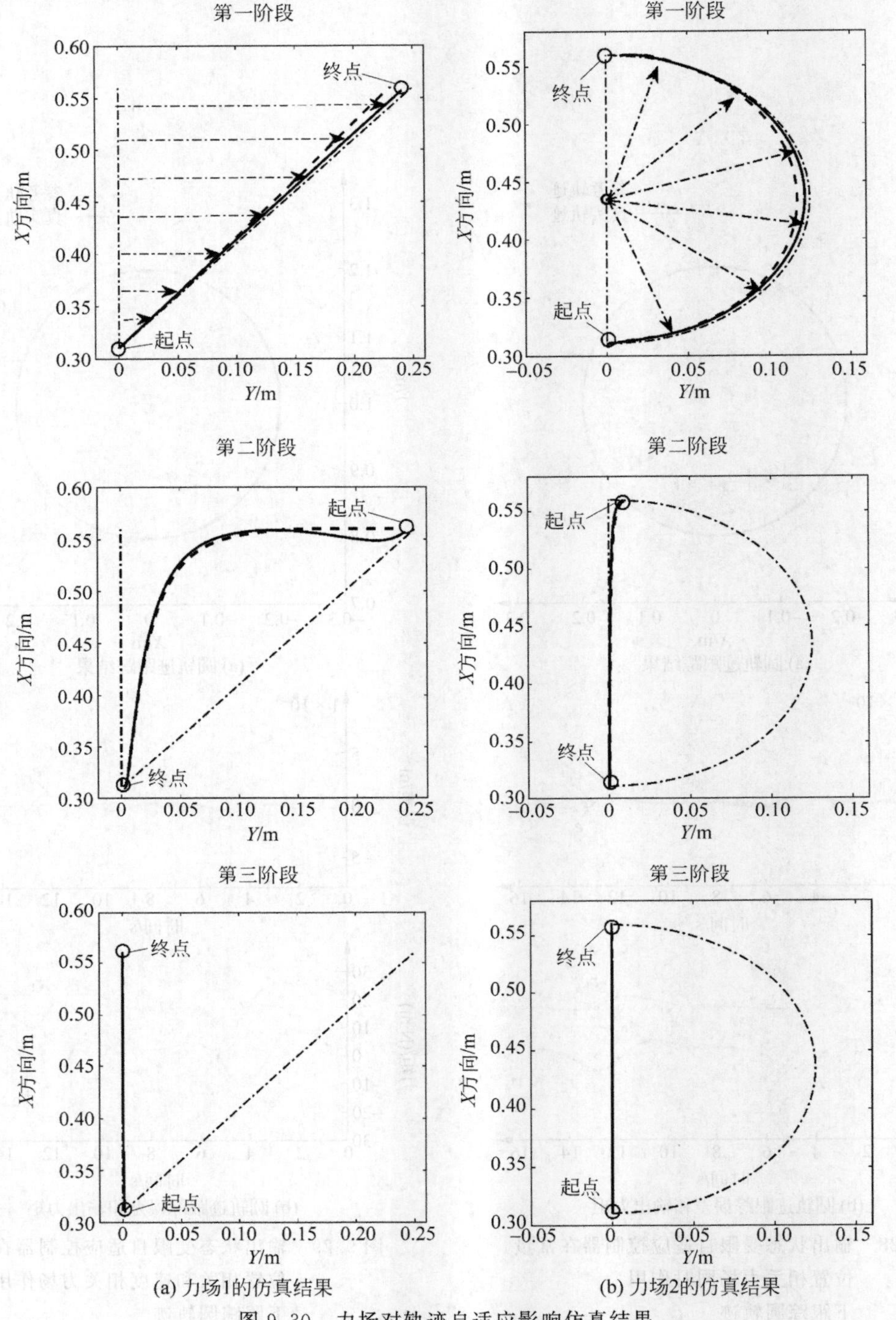

图 9.30 力场对轨迹自适应影响仿真结果

下面对轨迹自适应的作用效果进行仿真，仿真的结果如图 9.31 和图 9.32 所示，其中左侧图表示的是具有较低曲率的力场，右侧图表示具有较高曲率的力场仿真效果图。图中的不同线型表示不同环境刚度下(环境刚度 1 和刚度 2)的调节结果，0N/m(图中用实线表示)，100N/m(图中用虚线表示)，200N/m(图中用“o”标记的实线表示)，400N/m(图中用“＋”标记的实线表示)，800N/m(图中用“＊”标记的实线表示)，点虚线表示力场的轮廓。

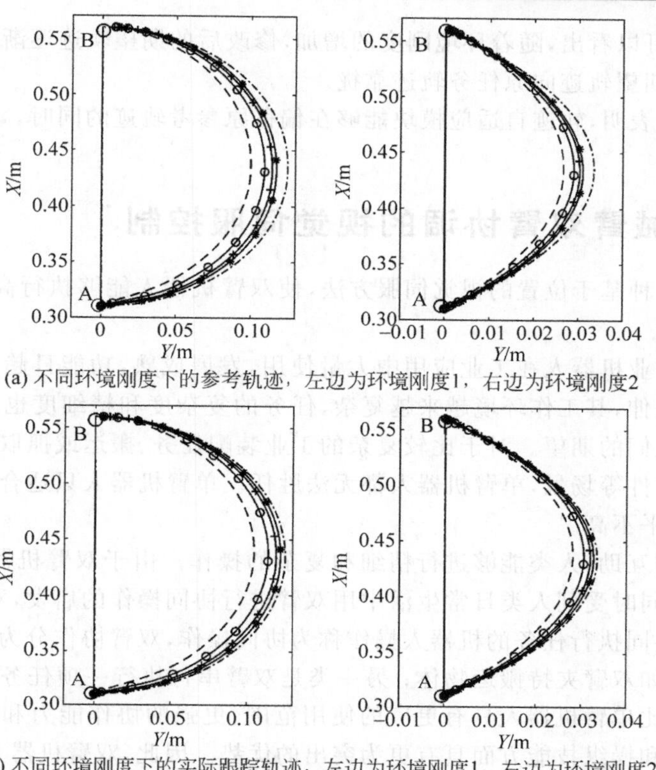

(a) 不同环境刚度下的参考轨迹，左边为环境刚度1，右边为环境刚度2

(b) 不同环境刚度下的实际跟踪轨迹，左边为环境刚度1，右边为环境刚度2

图 9.31　力场对轨迹自适应影响仿真结果一

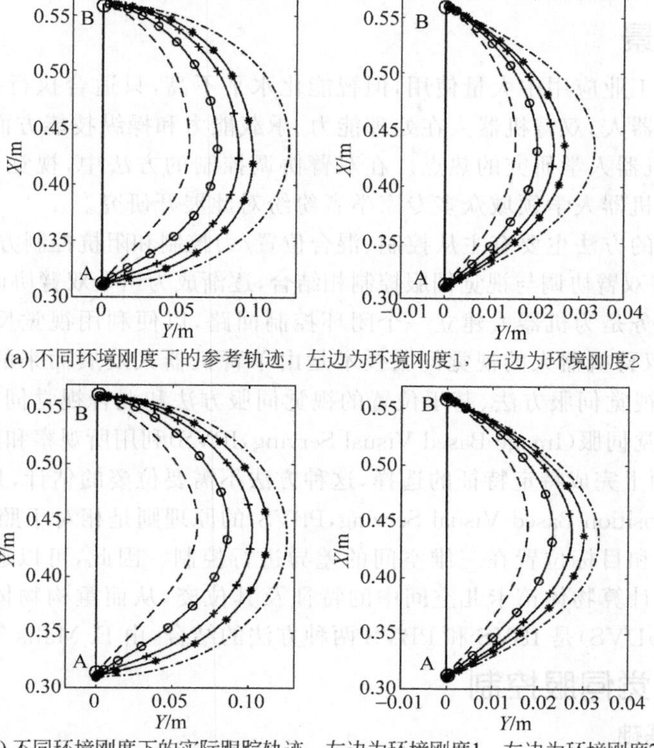

(a) 不同环境刚度下的参考轨迹，左边为环境刚度1，右边为环境刚度2

(b) 不同环境刚度下的实际跟踪轨迹，左边为环境刚度1，右边为环境刚度2

图 9.32　力场对轨迹自适应影响仿真结果二

从图 9.32 中可以看出，随着环境刚度的增加，修改后的期望轨迹逐渐偏离原任务轨迹，当环境刚度减小时，期望轨迹向原任务轨迹靠拢。

以上仿真结果表明，轨迹自适应模块能够在偏移原参考轨迹的同时，减少自身受到的环境交互力。

9.3 机械臂双臂协调的视觉伺服控制

本节将介绍一种基于位置的视觉伺服方法，使双臂机器人能够执行高精度的双臂抓取和操作任务。

传统的单臂工业机器人在工业应用中大量使用，发展成熟，功能日趋稳定。然而，随着机器人作业场景的延伸，其工作环境越来越复杂，任务的复杂度和精细度也越来越高，单臂机器人远远没有达到人们的期望。对于比较复杂的工业装配任务、搬运或抓取较重的物体、保养和维修结构复杂的工件等场景，单臂机器人都无法胜任。单臂机器人只适合执行一些简单、重复的任务，智能化水平不高。

通过双手协同互助，人类能够进行精细和复杂的操作。由于双臂机器人具有和人类手臂相近的机械结构，同时受到人类日常生活中用双臂进行协同操作的启发，双臂机器人协调操作应运而生。多个共同执行任务的机器人操作称为协同操作，双臂协作分为两类，一类是双臂并行执行一项任务，如双臂夹持搬运物体；另一类是双臂串行执行一项任务，如双臂倒水。由此可见，双臂机器人比单臂机器人具有更广的使用范围、更强的协作能力和更高的可靠性，在处理能力、承载能力和操纵技能方面具有更为突出的优势。因此，双臂机器人不仅广泛应用于工业装配、物品搬运、工业维修等工业自动化领域，还可以应用于带有双臂系统的家庭服务机器人领域，完成单臂操作难以完成的任务。

9.3.1 背景

单臂机器人在工业应用中大量使用，但智能化水平不高，只适合执行一些简单、重复的任务。相比于单臂机器人，双臂机器人在处理能力、承载能力和操纵技能方面具有更为突出的优势，因而成为当今机器人学研究的热点。在双臂协调控制的方法中，视觉伺服精度高、灵活性好、鲁棒性强，因此机器人学领域众多专家学者纷纷对此展开研究。

双臂协调控制的方法主要有主从控制、混合位置/力控制和阻抗控制方法等。近年来，随着机器视觉的兴起，将双臂协调与视觉伺服控制相结合，逐渐成为当今双臂协调控制方法的主流。

视觉伺服的任务是为机器人建立一个闭环控制回路，以便利用视觉反馈来操纵环境中的物体。一般而言，双臂机器人的视觉伺服技术是由单臂机器人发展而来的。传统的基本方法包括：基于图像的视觉伺服方法、基于位置的视觉伺服方法和混合视觉伺服方法。

基于图像的视觉伺服(Image-Based Visual Serving，IBVS)利用所观察和期望位置的二维图像的差异，在二维平面上完成特定特征的选择，这种方法不需要位姿的估计，且运行速度快。基于位置的视觉伺服(Position-Based Visual Serving，PBVS)的原理则是相对于照相机而言，利用所跟踪物体的观察位置和目标位置在三维空间的差异进行控制。因此，可以通过利用预捕获模型的信息或深度信息计算物体笛卡儿空间中的特征及其位姿，从而重构物体的三维模型。混合视觉伺服(又称 2.5DVS)是 IBVS 和 PBVS 两种方法的结合，由 E. Malis 等人在 1999 年提出。

9.3.2 视觉伺服控制

1. 视觉伺服基础

为了得到摄像头坐标系和机器人坐标系的坐标转化关系，减少视觉目标定位和末端执行器定位之间的误差，必须对机器人进行手眼标定，然后对目标物体识别与定位。同时，本节将阐述视觉伺服中目标跟踪的相应原理以及相关的抓取姿态。

1）手眼标定

机器人标定包括相机标定和手眼标定。相机标定，主要是对相机的内参和外参进行标定。内参是与相机自身特性相关的参数，外参是在世界坐标系中的参数，如相机的位置、旋转方向等。手眼标定，则是得到像素坐标系和空间机械臂坐标系的坐标转化关系，可以减少视觉目标定位和末端执行器定位之间的误差。在双臂操作任务中，两只手臂的工作空间都必须在机器人的相机系统中观察到。

2）目标识别与定位

手眼标定后，就要对目标物体进行识别与定位。为了简化这一问题，采用纯色物体，使用颜色阈值分割算法即可将目标物体从背景中分割出来，达到识别目标物体的目的，再结合手眼标定得到的转化矩阵 $\boldsymbol{X}$，可求得目标物体在机器人坐标系下的三维坐标。

3）目标跟踪

视觉伺服方法通常跟踪目标对象的工具中心点（Tool Center Point，TCP）或特征，并将TCP移动到所需的位置和方向。视觉伺服的效果在很大程度上依赖于视觉感知部件计算出来的信息。为了确保视觉伺服的鲁棒执行，视觉伺服控制回路需要存储 t 时刻获得的手和目标的姿态。为了处理机械臂跟踪失败的情况，运动学计算和视觉确定的机械臂位置之间的差异被计算出来。在 t 时刻，使用机器人的关节角度计算正向运动学 p_{kin}^{t} 的姿态，而且视觉系统中TCP位姿 p_{visual}^{t} 的偏移量可用以下方法求出：

$$\Delta p_{\text{kin}}^{t}=p_{\text{kin}}^{t}-p_{\text{visual}}^{t} \tag{9.72}$$

其中，偏移量 $\Delta p_{\text{kin}}^{t}$ 仅在机器人当前机械臂姿势附近有效。

在视觉感知失败的情况下，可以使用偏移量 $\Delta p_{\text{kin}}^{t}$ 按以下方法计算 $t+1$ 时刻姿态的估计值 p_{est}^{t+1}：

$$p_{\text{est}}^{t+1}=p_{\text{visual}}^{t+1}-p_{\text{kin}}^{t} \tag{9.73}$$

由于运动学上和视觉上确定的手位置之间的偏移 $\Delta p_{\text{kin}}^{t}$ 仅在当前机械臂姿势附近有效，而且当移动过远时，近似值会变得更差，速度会降低。如果在特定时间间隔内无法再次识别机械臂，则终止伺服回路，以避免不可预测的危险情况发生。

4）抓取姿态

对于目标物体的抓取姿态如图9.33所示。为了实现对于目标物体的顺利抓取，特地设置了预备抓取姿态 $p_{\text{preleft}}^{\text{world}}$ 和 $p_{\text{preright}}^{\text{world}}$ 作为抓取阶段的过渡期。以左手的抓取姿态为例：首先将TCP移动到预备姿态 $p_{\text{preleft1}}^{\text{world}}\cdots p_{\text{preleftn}}^{\text{world}}$，然后再移动到最后抓取姿态 $p_{\text{grasp1}}^{\text{world}}$。为了避免在接近时与目标对象发生碰撞，此过程需要定义接近方向的动作 $v_{\text{grasp}}=p_{\text{grasp1}}^{\text{world}}-p_{\text{preleft}}^{\text{world}}$ 来实现抓取。为此，需要求得：

$$p_{\text{grasp1}}^{\text{world}}=p_{\text{obj1}}^{\text{world}}-p_{\text{grasp1}}^{\text{obj1}} \tag{9.74}$$

$$p_{\text{preleft}}^{\text{world}}=p_{\text{obj1}}^{\text{world}}-p_{\text{preleft}}^{\text{obj1}} \tag{9.75}$$

在视觉伺服系统中，$p_{\text{obj1}}^{\text{world}}$ 是已知量，可以通过以下公式求得 $p_{\text{preleft}}^{\text{obj1}}$、$p_{\text{grasp1}}^{\text{obj1}}$：

$$p_{\text{grasp1}}^{\text{obj1}}=(p_{\text{obj1}}^{\text{world}})^{-1}p_{\text{left}}^{\text{world}} \tag{9.76}$$

$$p_{\text{preleft}}^{\text{obj1}}=(p_{\text{obj1}}^{\text{world}})^{-1}p_{\text{preleft}}^{\text{world}} \tag{9.77}$$

2. 抓取视觉伺服

当对机械臂的双臂执行操作时，如执行抓取任务，需要用1～2个物体精确地定位两只机

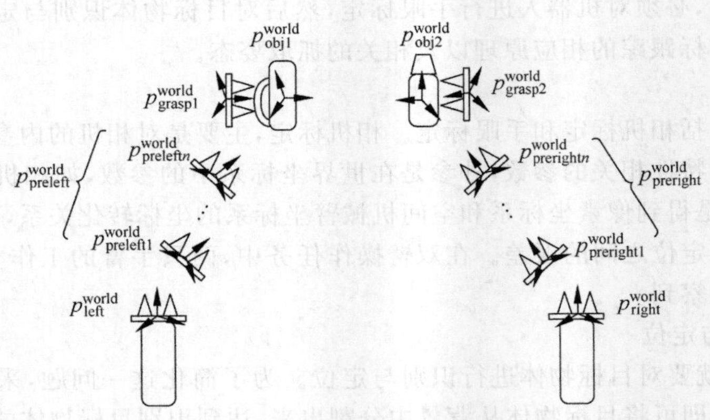

图 9.33 抓取姿态

械臂。在世界坐标系内，机械臂与物体的相对关系或相对位姿比绝对位姿更为重要，因此视觉上确定的机械臂和物体的相对姿态应该在相同的图像数据上进行。抓取视觉伺服具体过程如下。

(1) 通过视觉系统确定目标物体在机器人坐标系下的位姿，结合已知的机械臂位姿，得到差分向量 $\Delta x = x_{\text{target}} - x_{\text{hand}}$ 来描述机械臂和目标位置之间的差异。

(2) 由于机械臂与目标物体的差异很大，一步到位抓取物体是不现实的。因此将 Δx 细分到抓取的过程中的每一个预备姿态中，并设定一个阈值，假设左手与右手抓取过程中每一个预备姿态之间的差分向量分别为 Δx_{left} 与 Δx_{right}，则所期望的关节速度 $\dot{q}$ 可通过以下方程计算得到：

$$\dot{q}_{\text{left}} = \alpha J^{+}(q_{\text{left}})\Delta\dot{x}_{\text{left}} \tag{9.78}$$

$$\dot{q}_{\text{right}} = \alpha J^{+}(q_{\text{right}})\Delta\dot{x}_{\text{right}} \tag{9.79}$$

其中，α 是控制伺服速度的增益因子，$\boldsymbol{J}^{+}(q)$是雅可比矩阵 $\boldsymbol{J}(q)$的伪逆。

(3) 如果 Δx_{left} 或 Δx_{right} 低于阈值，则选择下一个姿势，或者如果机械臂已经处于最后的抓取位置，则关闭机器手的夹持器，实现目标物体的抓取。

在上述视觉伺服方法中，对机械臂姿态 p_{tcp} 的跟踪是独立的，因此可以从视觉观察到的机械臂位置导出当前对象姿态 p_{obj}：

$$p_{\text{obj}} = T_{\text{obj}}^{\text{tcp}} * p_{\text{tcp}} \tag{9.80}$$

机械臂与目标物体之间的转化关系 $T_{\text{obj}}^{\text{tcp}}$ 可以在对目标物体进行抓取的过程中得到，即 $T_{\text{obj}}^{\text{tcp}} = (p_{\text{grasp}}^{\text{obj}})^{-1}$。为了操纵物体的姿态，可以稍微修改抓取的算法，以便应用耦合或解耦的双臂操作。见图 9.34。

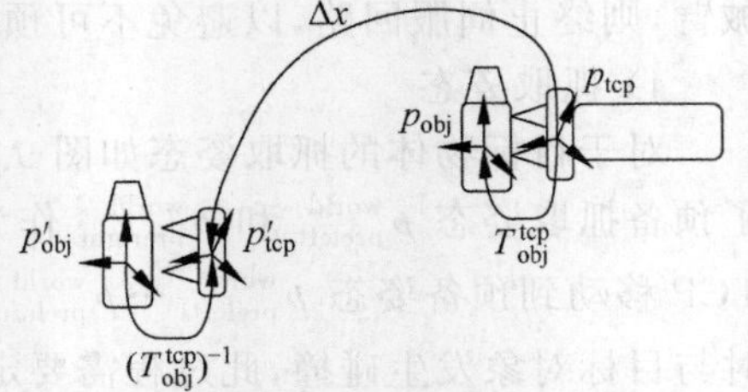

图 9.34 视觉控制的当前姿态和目标姿态

3. 基于视觉控制的双臂操作

研究平台为 Baxter 机器人，如图 9.35 所示。Baxter 拥有 360°头部超声波雷达，可时刻检查机器人工作空间中是否有人，防止碰撞。左右臂都是 7 自由度的机械臂，模拟人的手臂结构，灵活性高；且手部装有摄像头及距离传感器，能够适应变化的环境，可“感知”异常现象并引导部件就位。

关于 Baxter 视觉控制的双臂操作流程图如图 9.36 所示。通过 Baxter 机器人的关节传感器得到两个机械臂的关节角度 q，从而得到双臂的姿态。在视觉系统部分，使用 Bumblebee 摄像头对两个机械臂的位置和目标物体的位姿进行视觉估计。将所得到的双臂姿态和双臂位置相结合，得到双臂的位姿，与之前视觉估计所得到的目标物体的位姿相比较，得到两个位姿之间的差分向量 Δx。在实际操作中，由于双臂与目标物体的位姿差异很大，将 Δx 细分到每两个相邻的期望姿态之间。差分正向运动学通过关节角度 q 和差分向量 Δx 求得关节角速度 $\dot{\theta}$，并将关节角速度 $\dot{\theta}$ 作为关节控制器的输入，控制 Baxter 机器人的关节运动，改变双臂的姿态，得到双臂姿态与下一姿态的差分向量。不断重复上述过程，直至最后双臂达到最终姿态。

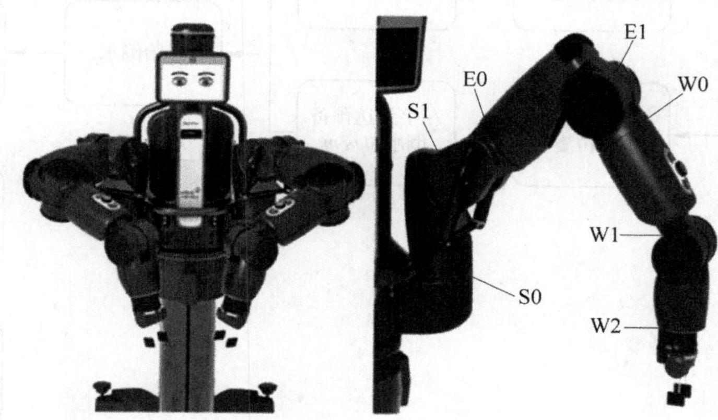

图 9.35 Baxter 机器人及其关节

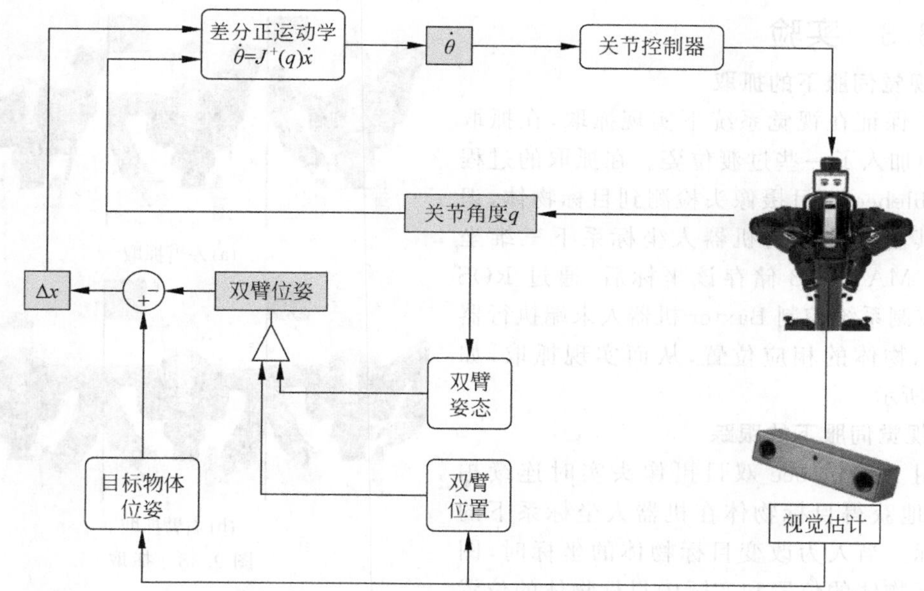

图 9.36 双臂操作流程图

4. 基于示教的双臂操作

在视觉伺服系统下，当双臂成功抓取目标物体后，采用示教的方式进行倒水的双臂操作。与传统的机器人不同的是，Baxter 可以通过示教完成一系列简单的任务。示教一般分为两部分——教学部分和复现部分。在教学部分，人为地移动 Baxter 的机械臂到达不同的位姿或改变夹持器的状态，计算机需要记录这一系列的位姿以及夹持器的状态。在复现部分，计算机根据所记录的位姿以及夹持器的状态，操控 Baxter 机器人复现这一系列位姿，完成相关任务。而且 Baxter 的手臂上有额外的刻度盘、按钮和控件，以获得更高的精度和功能。对于大多数其他工业机器人而言，都需要专业的计算机程序员对它们进行编码。然而，具有示教功能的 Baxter 可以在几分钟内由非熟练工人完成编程。倒水双臂操作的复现流程图如图 9.37 所示。

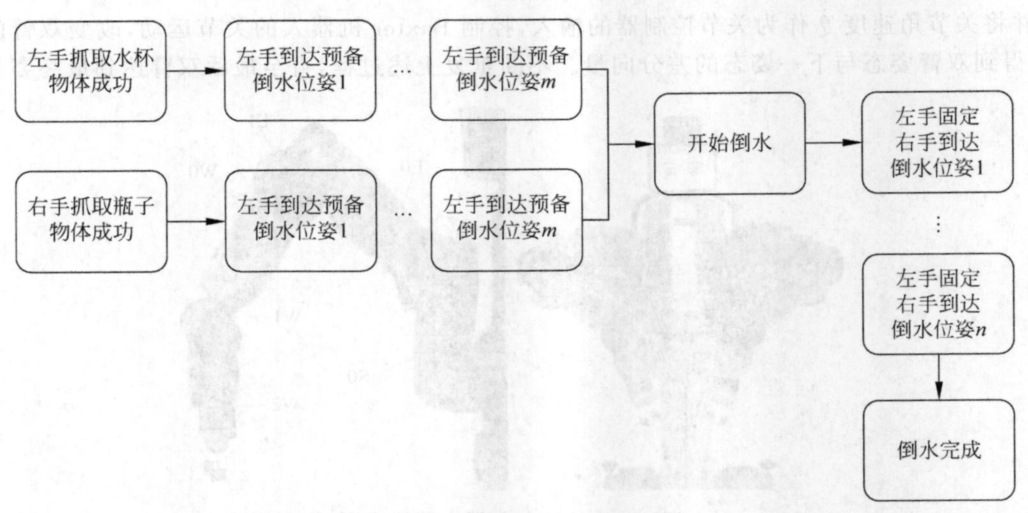

图 9.37　倒水双臂操作的复现流程图

9.3.3　实验

1. 视觉伺服下的抓取

为了保证在视觉系统下实现抓取，在抓取的过程中加入了一些过渡位姿。在抓取的过程中，Bumblebee 双目摄像头检测到目标物体，识别后将其坐标转化为机器人坐标系下三维坐标，使用 MATLAB 储存该坐标后，通过 ROS 机器人控制系统控制 Baxter 机器人末端执行器到达目标物体的相应位置，从而实现抓取，如图 9.38 所示。

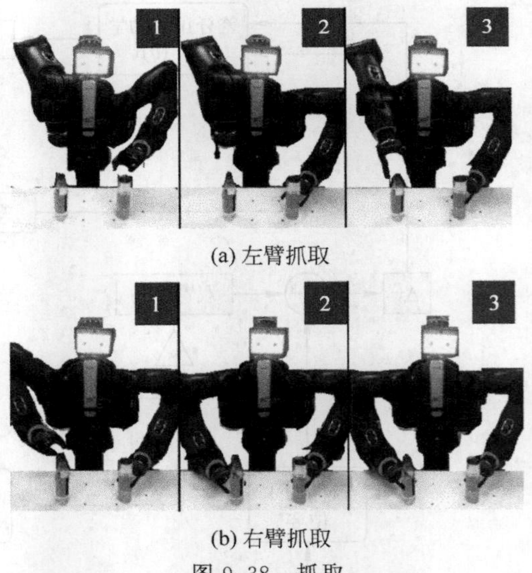

(a) 左臂抓取

(b) 右臂抓取

图 9.38　抓取

2. 视觉伺服下的跟踪

利用 Bumblebee 双目摄像头实时连续拍照，不断地获得目标物体在机器人坐标系下的三维坐标。当人为改变目标物体的坐标时，图像中目标物体的位置和实际中目标物体的位置就会存在误差。设定误差阈值为 0.1，即如果两个三维坐标的误差之和达到 0.1，可以认为目标物体的坐标发生了变化，需要把目标物体新的坐标通过 MATLAB 传达到 ROS 机器人控制系统，从而控制 Baxter 末端执行器到达新的位置，实现视觉伺服下的跟踪，如图 9.39 所示。

3. 示教倒水实验

当双臂成功抓取目标物体后，可以对 Baxter 机器人采用示教的方式进行倒水的双臂操

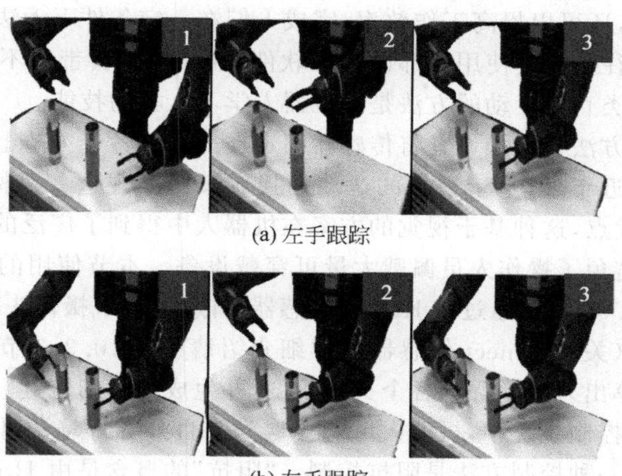

(a) 左手跟踪

(b) 右手跟踪

图 9.39　视觉跟踪

作。为了避免机械臂的正向运动学中的奇异点，在倒水过程中设置了一系列预备倒水位姿和倒水位姿，并在教学时提前将预备倒水姿势和倒水姿势记录到计算机。双臂倒水的操作如图 9.40 所示。

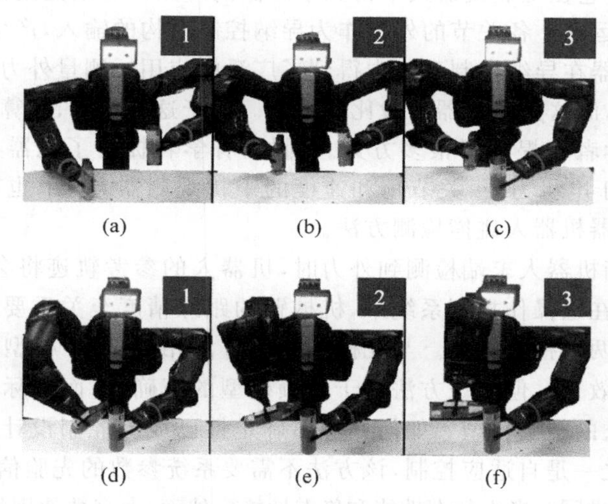

(a)　(b)　(c)

(d)　(e)　(f)

图 9.40　示教倒水的操作

9.4　基于神经网络的未知机械臂导纳控制

本节将介绍一种基于神经网络的无力传感器机械臂与人体手臂物理交互的控制方案。该方案采用几何矢量法和 Kinect 传感器生成轨迹。为了适应外部环境的力矩，提出了一种基于观测器的关节空间无传感器导纳控制方法，用于估计操作者施加的外部力矩。针对不确定机械臂的跟踪问题，设计了一种基于径向基函数神经网络(Radial Basis Function Neural Network，RBFNN)的自适应控制器，采用 RBFNN 对系统的不确定性进行补偿。为了达到规定的跟踪精度，将误差变换算法集成到控制器中，并利用李雅普诺夫函数分析控制系统的稳定性。通过 Baxter 机器人实验，验证了该控制方案的有效性和正确性。

在过去的几十年里，机器人在工业、服务和医疗等各个领域得到了广泛的应用。机器人不仅可以提高生活质量，还可以提高工作效率，完成人们在一定条件下无法完成的工作。但是传统的机器人操作方法往往需要使用外部设备和软件，给操作人员带来不便，降低了生产效率。另一种让机器人与人类直接互动的方法是让机器人学习人类的技能。

传统的运动捕捉方法要求操作者将传感器固定在人体的各个关节上，捕捉人体的运动，但这会带来很多不便。近年来，基于视觉的运动捕捉方案为实现这一目标提供了另一种思路。由于其方便、准确等优点，这种基于视觉的方案在机器人中得到了广泛的应用。该方案采用摄像机捕捉人体运动，避免了操作人员佩戴大量可穿戴设备。本节使用的运动捕捉相机是微软公司开发的Kinect(2.0版)。通过在Kinect传感器中嵌入RGB摄像头和深度传感器，得到人体各关节的三维坐标(关于Kinect传感器的详细介绍请参考10.3.3节)。在此基础上，利用几何向量的方法，计算出人体手臂的各个关节角度，并生成所需的轨迹。

在实际的遥操作控制系统中，机器人可能会遇到来自外界环境的外力。能让机器人的行为与环境力相适应的一种控制方法是阻抗控制。"阻抗"的概念是由Hogan提出的，并用于人与机器人的物理交互中。目前，该方法已成为机器人领域的经典控制方法。阻抗控制方法的核心思想是将广义位置和速度映射到广义力上。如果控制一个机构的阻抗，就控制了外界运动所产生的阻力。从实用的角度出发，通常把机器人的行为看作是末端执行器的姿态，它是在直角坐标系下定义的。笛卡儿坐标系下的位置和速度是控制器的输入，电机力矩为输出。另一种方法是导纳控制，它在工业机器人中得到了广泛的应用。导纳是阻抗的倒数，导纳控制定义了由力输入引起的运动。各关节的外力作为导纳控制结构的输入，产生新的运动。因此，用于接收外力的力传感器在导纳控制系统中得到了广泛的应用。测量外力的一般思路是将力传感器固定在机械臂上，而这些传感器一般比较昂贵。由于这些原因，估算外力的相关技术受到了极大的关注，相关学者也提出了很多方案。例如，有学者提出了机器人应用的早期估计方法；有学者分析了基于电机力矩、关节角和速度的干扰观测器方法；也有学者提出了一种基于广义动量的无传感器机器人碰撞检测方法。

在导纳控制下，当机器人末端检测到外力时，机器人的参考轨迹将会改变，控制器将跟踪修正后的参考轨迹。在遥操作控制系统中，机械臂的跟踪精度至关重要。无模型控制和基于模型控制是机械臂的两种控制方法。与无模型控制方法相比，基于模型的控制方法通常能够取得比较满意的控制效果。但是该方法过于依赖模型的精确度，而实际系统中往往存在不确定性，很难得到机器人的精确模型。如何处理不确定性已成为控制设计中的核心问题。一般而言，最常用的方法之一是自适应控制，该方法不需要系统参数的先验信息。

在实际应用中，要求同时考虑暂态性能和稳态性能。然而，大多数通用的自适应控制方法只能保证系统的稳定能，难以解决暂态性问题。本节使用误差转换技术将跟踪误差控制在期望的水平。

9.4.1 力观测器

1. 机器人动力学建模

一个 n 连杆的机械臂动力学为：

$$\boldsymbol{M}(q)\ddot{q}+\boldsymbol{C}(q,\dot{q})\dot{q}+\boldsymbol{G}(q)+\boldsymbol{\tau}_{\mathrm{ext}}=\boldsymbol{\tau} \tag{9.81}$$

式中，$q\in R^n$ 为关节角位移向量；$\boldsymbol{\tau}\in R^n$ 是控制力矩输入；$\boldsymbol{M}(q)$、$\boldsymbol{C}(q,\dot{q})$ 和 $\boldsymbol{G}(q)$ 分别表示对称惯性矩阵、离心力和哥氏力矩阵、重力项；$\boldsymbol{\tau}_{\mathrm{ext}}\in R^n$ 是连杆中的外加干扰。

机械臂有如下动力学特性：

(1) $\boldsymbol{M}(q)-2\boldsymbol{C}(q,\dot{q})$ 是一个斜对称矩阵，对于 $x\in R^n$，满足

$$x^{\mathrm{T}}(\boldsymbol{M}(q)-2\boldsymbol{C}(q,\dot{q}))x=0 \tag{9.82}$$

(2) $\boldsymbol{M}(q)$为对称正定矩阵，$\exists m_1>0, m_2>0, x\in R^n$ 满足如下不等式：

$$m_1\|x\|^2 \leqslant x^{\mathrm{T}}\boldsymbol{M}(q)x \leqslant m_2\|x\|^2 \tag{9.83}$$

(3) 存在一个参数矩阵使得 $\boldsymbol{M}(q)$、$\boldsymbol{C}(q,\dot{q})$和 $\boldsymbol{G}(q)$满足如下线性关系：

$$\boldsymbol{M}(q)\vartheta+\boldsymbol{C}(q,\dot{q})\rho+\boldsymbol{M}(q)+\tau_{\mathrm{ext}}=\boldsymbol{\Phi}(q,\dot{q},\vartheta,\rho)P \tag{9.84}$$

其中，$\boldsymbol{\Phi}(q,\dot{q},\vartheta,\rho)$是关节变量函数的回归矩阵，$P$ 是描述机械臂质量特性的未知定常参数向量。

两连杆机械臂结构如图 9.41 所示。图中，m_i 为第 i 个连杆的质量，l_i 为第 i 个连杆的长度，$i=1,2$；l_{ci} 表示连接第 i 个连杆和第 $i-1$ 个连杆的质心距离，I_i 是第 i 个连杆的转动惯量。

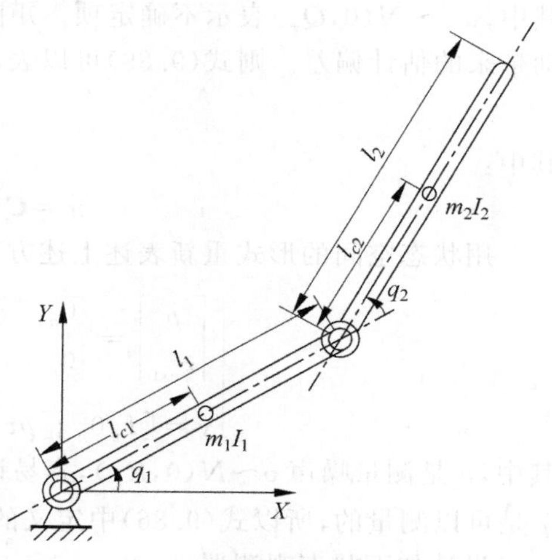

图 9.41　两连杆机械臂结构

根据拉格朗日-欧拉方程对机械臂进行动力学建模，可得 $\boldsymbol{M}(q)$、$\boldsymbol{C}(q,\dot{q})$和 $\boldsymbol{G}(q)$表达式分别如下：

$$\begin{cases}\boldsymbol{G}(q)=\begin{bmatrix}p(4)g\cos(q_1)+p(4)g\cos(q_1+q_2)\\ p(5)g\cos(q_1+q_2)\end{bmatrix}\\ \boldsymbol{M}(q)=\begin{bmatrix}p(1)+p(2)+2p(3)\cos(q_2) & p(2)+p(3)\cos(q_2)\\ p(2)+p(3)\cos(q_2) & p(2)\end{bmatrix}\\ \boldsymbol{C}(q,\dot{q})=\begin{bmatrix}-p(3)\dot{q}_2\sin(q_2) & -p(3)(\dot{q}_1+\dot{q}_2)\sin(q_2)\\ p(3)\dot{q}_1\sin(q_2) & 0\end{bmatrix}\end{cases} \tag{9.85}$$

其中，g 为重力加速度，且：

$$p(1)=m_1l_{c1}^2+m_2l_1^2+I_1$$
$$p(2)=m_2l_{c2}^2+I_2$$
$$p(3)=m_2l_1l_{c2}$$
$$p(4)=m_1l_{c2}+m_2l_1$$
$$p(5)=m_2l_{c2}$$

2. 力观测器设计

本节将介绍基于广义动量的力观测器设计。n 连杆的机器人的动力学如式(9.81)所示。定义广义动量为：

$$p=\boldsymbol{M}(q)\dot{q} \tag{9.86}$$

对式(9.86)求关于时间 t 的导数，可得：

$$\dot{p}=\dot{\boldsymbol{M}}(q)\dot{q}+\boldsymbol{M}(q)\ddot{q} \tag{9.87}$$

将式(9.87)代入式(9.81)中得：

$$\dot{p}=\dot{\boldsymbol{M}}(q)\dot{q}+\tau-\boldsymbol{C}(q,\dot{q})\dot{q}-\boldsymbol{G}(q)-\tau_{\mathrm{ext}} \tag{9.88}$$

化简式(9.88)，可得：

$$\dot{p}=\boldsymbol{C}^{\mathrm{T}}(q,\dot{q})+\tau-\boldsymbol{G}(q)-\tau_{\mathrm{ext}} \tag{9.89}$$

可以看出，基于广义动量的观测器方法，即式(9.89)不涉及关节角加速度 $\ddot{q}$。外力矩的模型为：

$$\dot{\tau}_{\text{ext}} = \boldsymbol{A}_\tau \tau_{\text{ext}} + w_\tau \tag{9.90}$$

其中，$w_\tau \sim N(0, Q_\tau)$表示不确定项。矩阵$\boldsymbol{A}_\tau$通常定义为$\boldsymbol{A}_\tau = 0_n \times 0_n$。负定$\boldsymbol{A}_\tau$可以减少扰动带来的估计偏差。则式(9.89)可以表示为：

$$\dot{p} = u - \tau_{\text{ext}} \tag{9.91}$$

其中：

$$u = \boldsymbol{C}^{\mathrm{T}}(q, \dot{q}) + \tau - \boldsymbol{G}(q) \tag{9.92}$$

用状态空间的形式重新表述上述方程：

$$\begin{cases} \begin{bmatrix} \dot{p} \\ \dot{\tau}_{\text{ext}} \end{bmatrix} = \begin{bmatrix} 0_n & -I_n \\ 0_n & A_\tau \end{bmatrix} \begin{bmatrix} p \\ \tau_{\text{ext}} \end{bmatrix} + \begin{bmatrix} I_n \\ 0_n \end{bmatrix} u + \begin{bmatrix} 0_n \\ w_\tau \end{bmatrix} \\ y = [I_n \; 0_n][p \tau_{\text{ext}}]^{\mathrm{T}} + v \end{cases} \tag{9.93}$$

其中，v是测量噪声$v \sim N(0, R_c)$，容易证明，该系统是可观测的。由于关节角q、关节角速度$\dot{q}$是可以测量的，所以式(9.86)中定义的广义动量也是可测的。

设计如下状态观测器：

$$\begin{cases} \dot{\hat{x}} = \boldsymbol{A}_C \hat{x} + \boldsymbol{B}_C u + \boldsymbol{L}(y - \hat{y}) \\ y = \boldsymbol{C}_C \hat{x} \end{cases} \tag{9.94}$$

其中，$\boldsymbol{A}_C = \begin{pmatrix} 0_n & -I_n \\ 0_n & A_\tau \end{pmatrix}$，$\boldsymbol{B}_C = \begin{pmatrix} I_n \\ 0_n \end{pmatrix}$，$\boldsymbol{C}_C = (I_n, 0_n)$，$x = [p \tau_{\text{ext}}]$。

观测器的增益矩阵计算如下：

$$L = \boldsymbol{P} \boldsymbol{C}_C^{\mathrm{T}} \boldsymbol{R}_C^{-1} \tag{9.95}$$

其中，矩阵$\boldsymbol{P}$由代数 Riccati 方程计算得到

$$\boldsymbol{A}_C \boldsymbol{P} + \boldsymbol{P} \boldsymbol{A}_C^{\mathrm{T}} - \boldsymbol{P} \boldsymbol{C}_C^{\mathrm{T}} \boldsymbol{R}_C^{-1} \boldsymbol{C}_C \boldsymbol{P} + \boldsymbol{Q}_C = 0 \tag{9.96}$$

式中，$\boldsymbol{Q}_C \sim \mathrm{diag}[(0, Q_\tau)]$为状态的不确定项。

力观测器示意图如图 9.42 所示，输出y为$\boldsymbol{C}_C x(t)$和$\boldsymbol{C}_C \hat{x}(t)$的差值，以增益矩阵$\boldsymbol{L}$作为校正项。如果增益矩阵$\boldsymbol{L}$合适，力观测器的估计值会逼近实际值。根据线性系统理论，有，

$$\dot{\hat{x}} = (\boldsymbol{A}_C - \boldsymbol{L}\boldsymbol{C}_C)\hat{x} + \boldsymbol{B}_C u + \boldsymbol{L} y \tag{9.97}$$

定义观测误差：$e = x - \hat{x}$，则

$$\dot{e} = x - \dot{\hat{x}} = \boldsymbol{A}_C x + \boldsymbol{B}_C u - (\boldsymbol{A}_C - \boldsymbol{L}\boldsymbol{C}_C)\hat{x} - \boldsymbol{B}_C u - \boldsymbol{L} y = (\boldsymbol{A}_C - \boldsymbol{L}\boldsymbol{C}_C) e \tag{9.98}$$

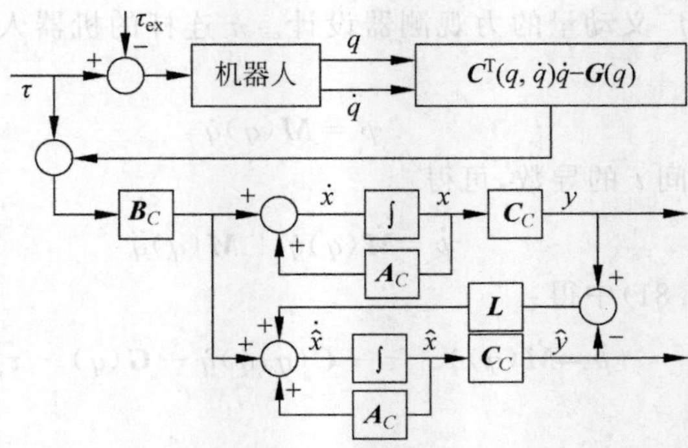

图 9.42 力观测器示意图

由式(9.98)可知，观测误差由($\boldsymbol{A}_C-\boldsymbol{L}\boldsymbol{C}_C$)的极点配置决定，当($\boldsymbol{A}_C,\boldsymbol{C}_C$)可观测情况下可以任意配置极点。由$\boldsymbol{A}_C$和$\boldsymbol{C}_C$的定义可知，($\boldsymbol{A}_C,\boldsymbol{C}_C$)是可观测的。而($\boldsymbol{A}_C-\boldsymbol{L}\boldsymbol{C}_C$)的极点选择决定了观测器的估计值是否会逼近真实值。

9.4.2　控制器设计

控制器的设计是为了保证机器人在Kinect产生的关节空间中能够按照期望的轨迹运动。

1. 导纳控制

机械臂的运动学为：

$$x(t)=\kappa(q) \tag{9.99}$$

其中，$\kappa(\cdot)$、$x(t)$和$q\in R^n$。$\kappa(\cdot)$为机器人正向运动学函数。

对式(9.99)求导，可得：

$$\dot{x}(t)=\boldsymbol{J}(q)\dot{q} \tag{9.100}$$

其中，$\boldsymbol{J}(q)\in R^{n\times n}$为雅可比矩阵。对$\dot{x}(t)$求导得：

$$\ddot{x}(t)=\dot{\boldsymbol{J}}(q)\dot{q}+\boldsymbol{J}(q)\ddot{q} \tag{9.101}$$

定义笛卡儿空间坐标系下机械臂导纳模型为：

$$f_{\text{ext}}=f(x_r,x_d) \tag{9.102}$$

其中，x_r为修正参考轨迹，x_d为初始参考轨迹。$f(\cdot)$是导纳模型函数。

将式(9.99)～式(9.101)代入二阶导纳模型，可得：

$$\boldsymbol{M}_d\boldsymbol{J}(q)(\ddot{q}_r-\ddot{q}_d)+(\boldsymbol{M}_d\dot{\boldsymbol{J}}(q)+C_d\boldsymbol{J}(q))(\dot{q}_r-\dot{q}_d)+\boldsymbol{G}_d(\kappa(q_r)-\kappa(q_d))=-\boldsymbol{J}^{\mathrm{T}}(q)\tau_{\text{ext}} \tag{9.103}$$

其中，$\boldsymbol{M}_d$、$\boldsymbol{C}_d$和$\boldsymbol{G}_d$为常数矩阵，$f_{\text{ext}}=\boldsymbol{J}^{\mathrm{T}}(q)\tau_{\text{ext}}$。

简化的导纳模型为：

$$\boldsymbol{G}_d(q_r-q_d)=\tau_{\text{ext}} \tag{9.104}$$

由以上导纳模型可以知，机械臂不受外力时，即$\tau_{\text{ext}}=0$，$q_r=q_d$，控制器将跟踪初始参考轨迹q_d。当机械臂受外力时，控制器将跟踪由导纳模型解出的修正的参考轨迹q_r。

2. 控制器设计

这里使用误差转换方法保证系统暂态控制效果，并利用神经网络对模型的不确定项进行估计，以保证系统的稳定。

1) 误差转换

定义机械臂的跟踪误差为：

$$\begin{cases}e_q=q-q_d\\ e_v=\dot{q}-v^d\end{cases} \tag{9.105}$$

v^d将在后面定义。控制器的目标是使实际关节轨迹q有效地跟踪期望关节轨迹q_d。首先，定义一个光滑且有界的约束函数

$$\rho(t)=(\rho_0-\rho_\infty)\mathrm{e}^{-pt}+\rho_\infty \tag{9.106}$$

其中，ρ_0、ρ_∞和ρ均为正实数。为了保证跟踪误差能够满足瞬态性能，引入以下转换函数：

$$\begin{cases}e_{qi}(t)=\rho(t)R_i\left(P_i\left(\dfrac{e_{qi}(t)}{\rho(t)}\right)\right)\\ R_i(t)=\begin{cases}\dfrac{\exp(t)-\sigma}{1+\exp(t)}, & \text{当 } e_{qi}(0)>0\text{ 时}\\ \dfrac{\sigma\exp(t)-1}{1+\exp(t)}, & \text{当 } e_{qi}(0)\leqslant 0\text{ 时}\end{cases}\end{cases} \tag{9.107}$$

其中，$R_i(\cdot)$是$P_i(\cdot)$的反函数，$P_i(\cdot)$为：

$$P_i(t)=\begin{cases}\ln\dfrac{t+\sigma}{1-t}, & \text{当 } e_{qi}(0)>0 \text{ 时}\\ \ln\dfrac{t+1}{\sigma-t}, & \text{当 } e_{qi}(0)\leqslant 0 \text{ 时}\end{cases} \tag{9.108}$$

式中，σ 为正实数。根据 $R_i(\cdot)$，轨迹跟踪误差 $e_q(t)$为：$-\sigma\rho(t)<e_q(t)<\rho(t),e_q(t)>0$；$-\rho(t)<e_q(t)<\sigma\rho(t),e_q(t)\leqslant 0$。因此，超调量 Δ 在暂态阶段有界：

$$\begin{cases}-\sigma\rho(0)<\Delta<\rho(0), & \text{当 } e_q(0)>0 \text{ 时}\\ -\rho(0)<\Delta<\sigma\rho(0), & \text{当 } e_q(0)\leqslant 0 \text{ 时}\end{cases} \tag{9.109}$$

跟踪误差的幅值不超过$[\rho_\infty,\sigma\rho_\infty]$的最大值，最大超调量不超过$[\sigma\rho_{0i},-\sigma\rho_{0i}]$。调整时间是系统的响应达到输入的 100%±5%时所用的时间，控制系统的调整时间小于$(\max(1,\sigma)/p)\ln(\rho_0-\rho_\infty/1.05\rho_\infty)$。因此，可以通过设置适当的参数来控制系统的暂态和稳态性能。

根据式(9.108)，定义：

$$\eta_i(t)=P_i\left(\frac{e_{qi}(t)}{\rho(t)}\right) \tag{9.110}$$

则期望的关节速度 $v_i^d(t)$为：

$$v_i^d(t)=-k_i e_{qi}(t)+\dot{q}_d^i(t)+\frac{\dot{\rho}(t)}{\rho(t)}e_{qi}(t) \tag{9.111}$$

其中，k_i 为正的常数。

定义李雅普诺夫函数 $V_1=\dfrac{1}{2}\eta^{\mathrm{T}}(t)\eta(t)$，对其求导可得：

$$\dot{V}_1=\frac{\eta(t)\dot{P}(\eta(t))e_v(t)}{\rho(t)}-k_1\eta^{\mathrm{T}}(t)\dot{P}(\eta_i(t))\eta_i(t) \tag{9.112}$$

其中：

$$\begin{cases}\dot{P}(\eta(t))=\mathrm{diag}(\dot{P}_1(R_1(\eta_1(t)))\cdots\dot{P}_n(R_n(\eta_n(t))))\\ v^d=[v_1^d,v_2^d\cdots v_n^d]\end{cases} \tag{9.113}$$

2）基于 RBF 神经网络的关节速度控制

对关节速度进行控制的目的是让速度误差尽可能地小。$\eta_i(t)$对时间求导，并代入式(9.81)，可得：

$$\boldsymbol{M}(q)\dot{e}_v+\boldsymbol{C}(q,\dot{q})e_v\dot{q}+\boldsymbol{G}'(q)+\boldsymbol{\tau}_{\mathrm{ext}}=\tau+\boldsymbol{M}(q)\dot{v}^d+\boldsymbol{C}(q,\dot{q})v^d \tag{9.114}$$

其中 $\boldsymbol{G}'(q)=\boldsymbol{G}(q)+\dfrac{\dot{P}(\eta(t))\eta(t)}{\rho(t)}$。

设计如下控制力矩：

$$\tau=-k_2 e_v-\hat{\boldsymbol{M}}(q)\dot{v}^d-\hat{\boldsymbol{C}}(q,\dot{q})v^d+\hat{\boldsymbol{G}}'(q)+\hat{\tau}_{\mathrm{ext}} \tag{9.115}$$

式中，$\hat{\boldsymbol{M}}(q)$、$\hat{\boldsymbol{C}}(q,\dot{q})$和 $\hat{\boldsymbol{G}}'(q)$均为神经网络的估计项。由函数逼近技术（Function Approximation Technique，FAT），可得：

$$\begin{cases}\boldsymbol{M}(q)\dot{v}^d=\boldsymbol{W}_M^{*\mathrm{T}}S_M(z)+\varepsilon_M^*(z)\\ \boldsymbol{C}(q,\dot{q})v^d=\boldsymbol{W}_C^{*\mathrm{T}}S_C(z)+\varepsilon_C^*(z)\\ \boldsymbol{G}'(q)=\boldsymbol{W}_{G'}^{*\mathrm{T}}S_{G'}(z)+\varepsilon_G^*(z)\end{cases} \tag{9.116}$$

其中，$W_M^{*\mathrm{T}}$、$W_C^{*\mathrm{T}}$ 和 $W_{G'}^{*\mathrm{T}}$ 表示理想的权重矩阵。利用 RBF 神经网络，则 $\boldsymbol{M}(q)$、$\boldsymbol{C}(q,\dot{q})$ 和 $\boldsymbol{G}'(q)$ 的估计值为：

$$\begin{cases}\hat{\boldsymbol{M}}(q)\dot{v}^d=\hat{\boldsymbol{W}}_M^{\mathrm{T}}S_M(z)\\ \hat{\boldsymbol{C}}(q,\dot{q})v^d=\hat{\boldsymbol{W}}_C^{\mathrm{T}}S_C(z)\\ \hat{\boldsymbol{G}}'(q)=\hat{\boldsymbol{W}}_{G'}^{\mathrm{T}}S_{G'}(z)\end{cases}\tag{9.117}$$

则动力学方程可写成如下形式：

$$\boldsymbol{M}(q)\dot{e}_v+\boldsymbol{C}(q,\dot{q})e_v+k_2e_v+\frac{\dot{P}(\eta(t))\eta(t)}{\rho(t)}=(\boldsymbol{M}(q)-\hat{\boldsymbol{M}}(q))\dot{v}^d+(\boldsymbol{C}(q,\dot{q})-\hat{\boldsymbol{C}}(q,\dot{q}))v^d-(\boldsymbol{G}(q)-\hat{\boldsymbol{G}}(q))+(\tau_{\mathrm{ext}}-\hat{\tau}_{\mathrm{ext}})\tag{9.118}$$

式中，$\hat{\boldsymbol{M}}(q)$、$\hat{\boldsymbol{C}}(q,\dot{q})$ 和 $\hat{\boldsymbol{G}}'(q)$ 均为估计矩阵。

考虑李雅普诺夫函数 $V_2=\frac{1}{2}e_v(t)^{\mathrm{T}}\boldsymbol{M}(q)e_v(t)$，其微分形式如下：

$$\begin{aligned}\dot{V}_2&=\left(\frac{1}{2}\right)e_v^{\mathrm{T}}\dot{\boldsymbol{M}}(q)e_v+e_v^{\mathrm{T}}\boldsymbol{M}(q)\dot{e}_v\\&=-k_2\|e_v\|_2^2+e_v^{\mathrm{T}}\widetilde{\boldsymbol{W}}^{\mathrm{T}}S(z)-e_v^{\mathrm{T}}e_f+e_v^{\mathrm{T}}\varepsilon(z)-e_v^{\mathrm{T}}\frac{\dot{P}(\eta(t))\eta(t)}{\rho(t)}\end{aligned}\tag{9.119}$$

其中，$\widetilde{\boldsymbol{W}}^{\mathrm{T}}=\widetilde{\boldsymbol{W}}_M^{\mathrm{T}}+\widetilde{\boldsymbol{W}}_C^{\mathrm{T}}-\widetilde{\boldsymbol{W}}_{G'}^{\mathrm{T}}$，$\widetilde{\boldsymbol{W}}=\boldsymbol{W}-\hat{\boldsymbol{W}}$，$\varepsilon(z)=\varepsilon_M(z)+\varepsilon_C(z)-\varepsilon_{G'}(z)$，$e_f=\tau_{\mathrm{ext}}-\hat{\tau}_{\mathrm{ext}}$。

通过如下表达式更新 RBF 神经网络权重矩阵 $\widetilde{\boldsymbol{W}}$：

$$\begin{cases}\dot{\hat{\boldsymbol{W}}}_M=-\boldsymbol{\Theta}_M(S_M(z)e_v^{\mathrm{T}}+\boldsymbol{\gamma}_M\hat{\boldsymbol{W}}_M)\\ \dot{\hat{\boldsymbol{W}}}_C=-\boldsymbol{\Theta}_C(S_C(z)e_v^{\mathrm{T}}+\boldsymbol{\gamma}_C\hat{\boldsymbol{W}}_C)\\ \dot{\hat{\boldsymbol{W}}}_{G'}=-\boldsymbol{\Theta}_G(S_{G'}(z)e_v^{\mathrm{T}}+\boldsymbol{\gamma}_{G'}\hat{\boldsymbol{W}}_{G'})\end{cases}\tag{9.120}$$

其中，$\boldsymbol{\Theta}(\cdot)$ 和 $\boldsymbol{\gamma}$ 均为常数矩阵。

3. 稳定性分析

构建如下李雅普诺夫函数：

$$V=V_1+V_2+\frac{1}{2}\mathrm{tr}(\widetilde{\boldsymbol{W}}_M^{\mathrm{T}}\boldsymbol{\Theta}_M^{-1}\widetilde{\boldsymbol{W}}_M)+\frac{1}{2}\mathrm{tr}(\widetilde{\boldsymbol{W}}_C^{\mathrm{T}}\boldsymbol{\Theta}_C^{-1}\widetilde{\boldsymbol{W}}_C)+\frac{1}{2}\mathrm{tr}(\widetilde{\boldsymbol{W}}_G^{\mathrm{T}}\boldsymbol{\Theta}_G^{-1}\widetilde{\boldsymbol{W}}_G)\tag{9.121}$$

对式(9.121)求导，可得：

$$\begin{aligned}\dot{V}=&-k_1\eta^{\mathrm{T}}(t)\dot{P}(\eta(t))\eta(t)-k_2\|e_v\|_2^2-e_v^{\mathrm{T}}e_f+\\&e_v^{\mathrm{T}}\varepsilon(z)+e_v^{\mathrm{T}}\widetilde{\boldsymbol{W}}^{\mathrm{T}}S(z)-\mathrm{tr}(\widetilde{\boldsymbol{W}}_M^{\mathrm{T}}\boldsymbol{\Theta}_M^{-1}\dot{\hat{\boldsymbol{W}}}_M)-\\&\mathrm{tr}(\widetilde{\boldsymbol{W}}_C^{\mathrm{T}}\boldsymbol{\Theta}_C^{-1}\dot{\hat{\boldsymbol{W}}}_C)-\mathrm{tr}(\widetilde{\boldsymbol{W}}_G^{\mathrm{T}}\boldsymbol{\Theta}_G^{-1}\dot{\hat{\boldsymbol{W}}}_G)\end{aligned}\tag{9.122}$$

由上式推导出：

$$\begin{aligned}\dot{V}\leqslant&-k_1\eta^{\mathrm{T}}(t)\dot{P}(\eta(t))\eta(t)-k_2\|e_v\|_2^2-e_v^{\mathrm{T}}e_f+\\&\frac{1}{2}e_v^{\mathrm{T}}\varepsilon(z)+\frac{1}{2}\|e_v\|_2^2+\gamma_M\mathrm{tr}(\widetilde{\boldsymbol{W}}_M^{\mathrm{T}}\hat{\boldsymbol{W}}_M)+\\&\boldsymbol{\gamma}_C\mathrm{tr}(\widetilde{\boldsymbol{W}}_C^{\mathrm{T}}\hat{\boldsymbol{W}}_C)+\gamma_G\mathrm{tr}(\widetilde{\boldsymbol{W}}_G^{\mathrm{T}}\hat{\boldsymbol{W}}_G)\end{aligned}\tag{9.123}$$

根据 $\dot{P}(\eta_i(t))$ 的定义,有:

$$\eta^{\mathrm{T}}(t)\dot{P}(\eta(t))\eta(t) \geqslant \frac{2}{1+\sigma}\|\eta(t)\|^2 \tag{9.124}$$

由 Young 不等式,可知以下不等式成立:

$$\widetilde{\boldsymbol{W}}^{\mathrm{T}}(\boldsymbol{W}^* - \widetilde{\boldsymbol{M}}) \leqslant -\frac{1}{2}\|\widetilde{\boldsymbol{W}}\|^2 + \frac{1}{2}\|\boldsymbol{W}^*\|^2 - e_v^{\mathrm{T}} e_f \leqslant \frac{1}{2}\|e_v\|^2 + \frac{1}{2}\|e_f\|^2 \tag{9.125}$$

$$e_v^{\mathrm{T}}\varepsilon(z) \leqslant \frac{1}{2}\|e_v\|^2 + \frac{1}{2}\|\varepsilon(z)\|^2$$

因此,根据式(9.124)可推导出:

$$\begin{aligned}\dot{V} \leqslant & \frac{1}{4}\|\varepsilon(z)\|^2 - \frac{1}{2}\|e_f\|^2 - 2\frac{k_1}{1+\sigma}\|\eta(t)\|^2 - \left(k_2 - \frac{5}{4}\right)\|e_v\|^2 + \\ & \frac{1}{2}\gamma\mathrm{tr}(\boldsymbol{W}_M^{*\mathrm{T}}\boldsymbol{W}_M^* + \boldsymbol{W}_C^{*\mathrm{T}}\boldsymbol{W}_C^* + \boldsymbol{W}_G^{*\mathrm{T}}\boldsymbol{W}_G^*) + \\ & \frac{1}{2}\gamma\mathrm{tr}(\widetilde{\boldsymbol{W}}_M^{\mathrm{T}}\widetilde{\boldsymbol{W}}_M + \widetilde{\boldsymbol{W}}_C^{\mathrm{T}}\widetilde{\boldsymbol{W}}_C + \widetilde{\boldsymbol{W}}_G^{\mathrm{T}}\widetilde{\boldsymbol{W}}_G)\end{aligned} \tag{9.126}$$

选取 $k_2 > \frac{1}{4}$,若式(9.126)满足不等式:

$$\begin{aligned}& \frac{1}{4}\|\varepsilon(z)\|^2 + \frac{1}{2}\gamma\mathrm{tr}(\boldsymbol{W}_M^{*\mathrm{T}}\boldsymbol{W}_M^* + \boldsymbol{W}_C^{*\mathrm{T}}\boldsymbol{W}_C^* + \boldsymbol{W}_G^{*\mathrm{T}}\boldsymbol{W}_G^*) \leqslant 2\frac{k_1}{1+\sigma}\|\eta(t)\|^2 + \\ & \left(k_2 - \frac{5}{4}\right)\|e_v\|^2 + \frac{1}{2}\|e_f\|^2 + \frac{1}{2}\gamma\mathrm{tr}(\widetilde{\boldsymbol{W}}_M^{\mathrm{T}}\widetilde{\boldsymbol{W}}_M + \widetilde{\boldsymbol{W}}_C^{\mathrm{T}}\widetilde{\boldsymbol{W}}_C + \widetilde{\boldsymbol{W}}_G^{\mathrm{T}}\widetilde{\boldsymbol{W}}_G)\end{aligned} \tag{9.127}$$

可得 $\dot{V} \leqslant 0$,即系统满足 UUB 稳定条件。

综上可得,$\|\eta(t)\|$、$\|\hat{\boldsymbol{W}}\|$ 和 $\|e_v\|$ 有界,e_q 也是有界的。至此,系统稳定性分析完毕。

9.4.3 仿真验证

实验基于 Baxter 双臂机器人(如图 9.43 所示)进行仿真验证。

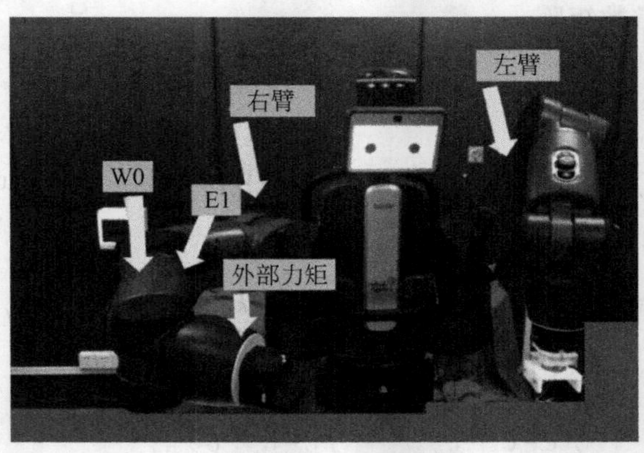

图 9.43 Baxter 双臂机器人

1. 神经网络跟踪性能仿真

本实验主要验证神经自适应控制器的有效性。通过 Kinect 传感器采集操作者肘曲角和肘转角的运动轨迹。数据采集过程中,要求操作者保持身体稳定,操作者手臂周期性地平稳运动,如图 9.44 所示。

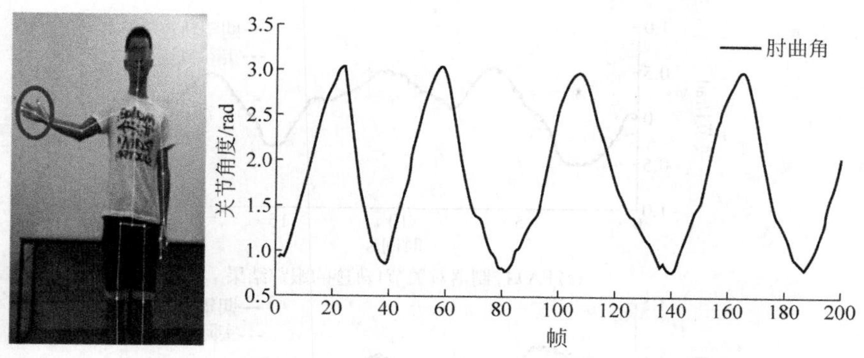

图 9.44 操作者从起始位置到目标位置以低速旋转手臂

仿真时,输入参考轨迹为如图 9.44 所示的轨迹。仿真时间 $t_s=20\text{s}$,关节角的初始值 $q_1=0\text{rad}$,$q_2=-1\text{rad}$;关节角速度的初始值为 $\dot{q}_1=0\text{rad/s}$,$\dot{q}_2=0\text{rad/s}$。为保证跟踪性能,控制器参数设置为 $\rho_0=0.2$,$\rho_\infty=0.03$,$\sigma=5$,控制增益 $k_1=[12,1]^{\mathrm{T}}$,$k_2=[15,1]^{\mathrm{T}}$,神经网络权重矩阵的初始值为 $\hat{\boldsymbol{W}}_M^{\mathrm{T}}(0)=\boldsymbol{0}\in R^{n\times l}$,$\hat{\boldsymbol{W}}_C^{\mathrm{T}}(0)=\boldsymbol{0}\in R^{2n\times l}$,$\hat{\boldsymbol{W}}_{G'}^{\mathrm{T}}(0)=\boldsymbol{0}\in R^{n\times l}$。

这里对带误差转换的控制器跟踪性能进行验证,并与 FAT 控制器和变刚度控制器的跟踪结果进行对比,实验结果如图 9.45 和图 9.46 所示。如图 9.45(a)、(b)和图 9.46(a)、(b)所示,无论是在瞬态还是稳态阶段,实际轨迹都能很好地跟随所期望的轨迹,跟踪误差都能收敛到式(9.106)中所定义的规定边界。两关节神经网络权值范数的变化如图 9.47 所示,控制器的输入力矩如图 9.48 所示,可以看出,控制器的输入有界。图 9.45(c)、(d)、(f)为三种控制器的跟踪性能,对应的跟踪误差如图 9.46(c)、(d)、(f)所示。从图中可以看出,在没有瞬态约束控制的情况下,跟踪误差超出了规定边界,稳定相位的误差相对较大。实验结果表明,带误差转换的神经网络自适应控制器在暂态阶段和稳定阶段均能保证跟踪误差不超过规定的界限,且控制效果优于另外两种控制器。

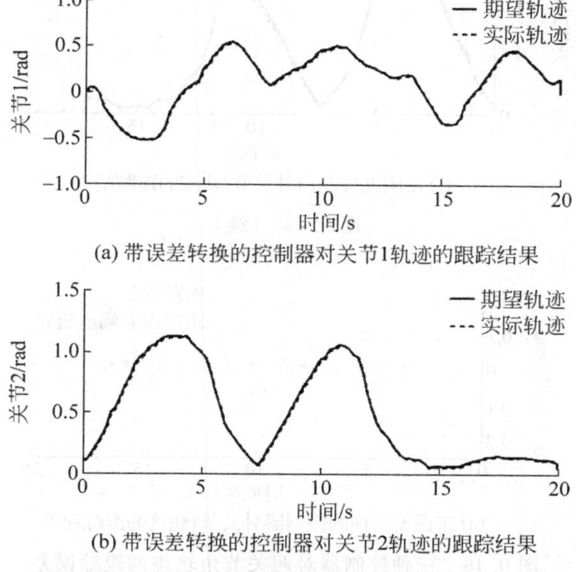

(a) 带误差转换的控制器对关节1轨迹的跟踪结果

(b) 带误差转换的控制器对关节2轨迹的跟踪结果

图 9.45 三种控制器对两关节角轨迹的跟踪结果

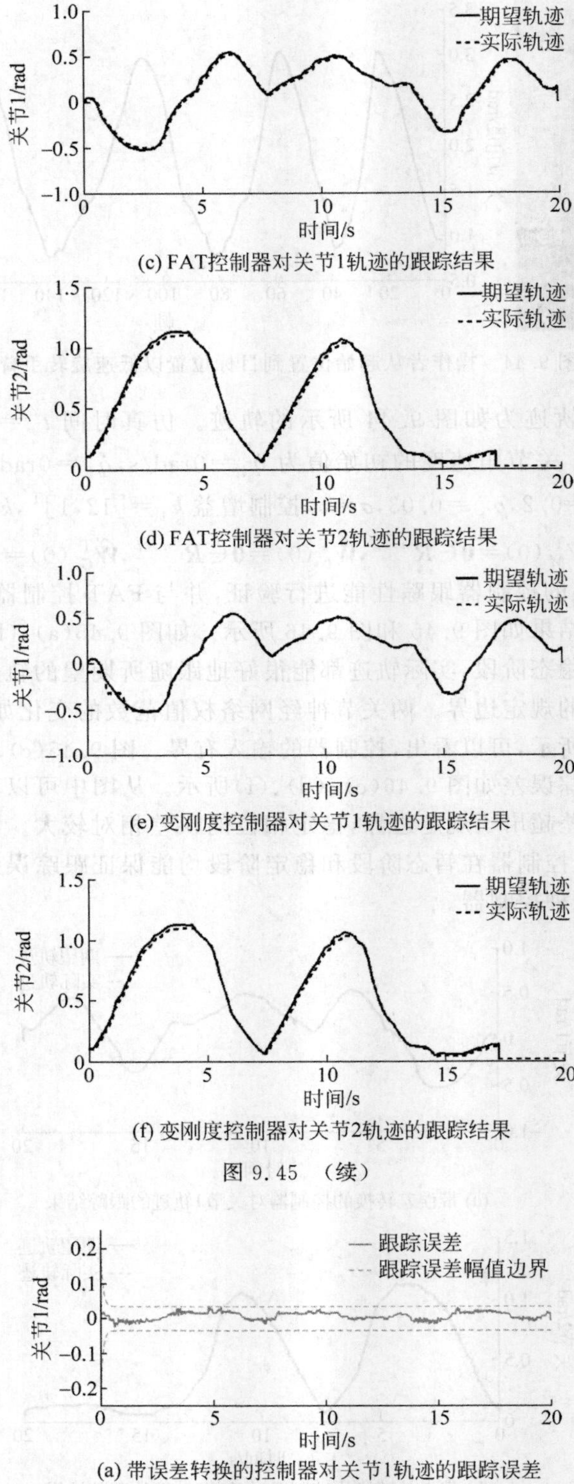

(c) FAT控制器对关节1轨迹的跟踪结果

(d) FAT控制器对关节2轨迹的跟踪结果

(e) 变刚度控制器对关节1轨迹的跟踪结果

(f) 变刚度控制器对关节2轨迹的跟踪结果

图 9.45 （续）

(a) 带误差转换的控制器对关节1轨迹的跟踪误差

图 9.46 三种控制器对两关节角轨迹的跟踪误差

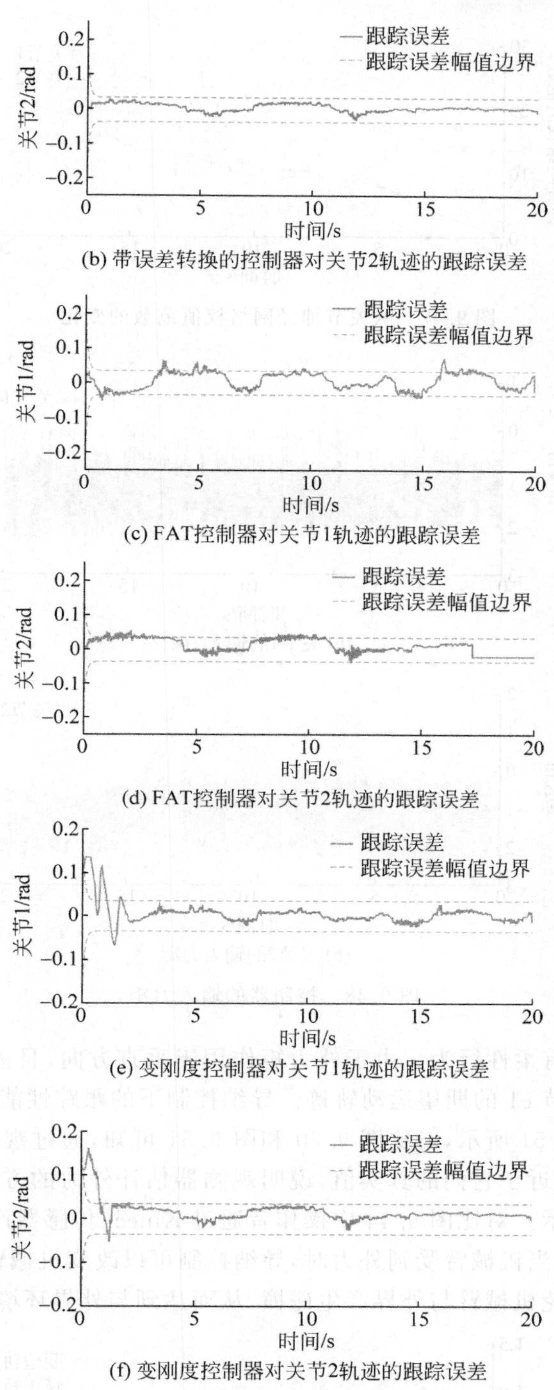

(b) 带误差转换的控制器对关节2轨迹的跟踪误差

(c) FAT控制器对关节1轨迹的跟踪误差

(d) FAT控制器对关节2轨迹的跟踪误差

(e) 变刚度控制器对关节1轨迹的跟踪误差

(f) 变刚度控制器对关节2轨迹的跟踪误差

图 9.46 （续）

2. 导纳控制性能仿真

该实验主要是对导纳控制性能进行验证。实验中，外部力矩施加于机械臂 6～16s，导纳控制用来跟踪受外部力矩影响的修正参考轨迹，并由观测器基于广义动量法对其进行估计。实验结果如图 9.49～图 9.52 所示。如图 9.49 所示，关节 w0 的期望轨迹 q_d 将通过外部力矩

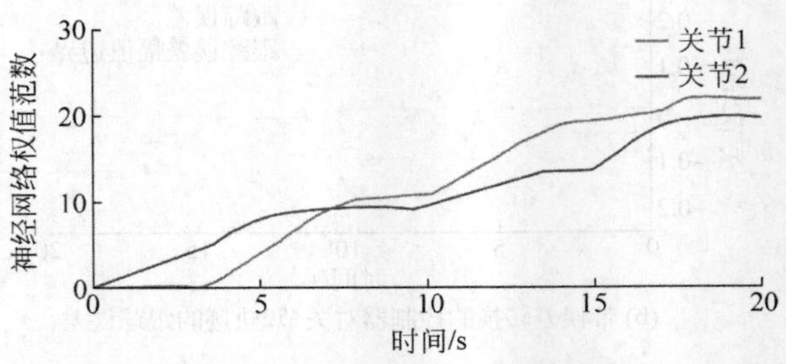

图 9.47　两关节神经网络权值范数的变化

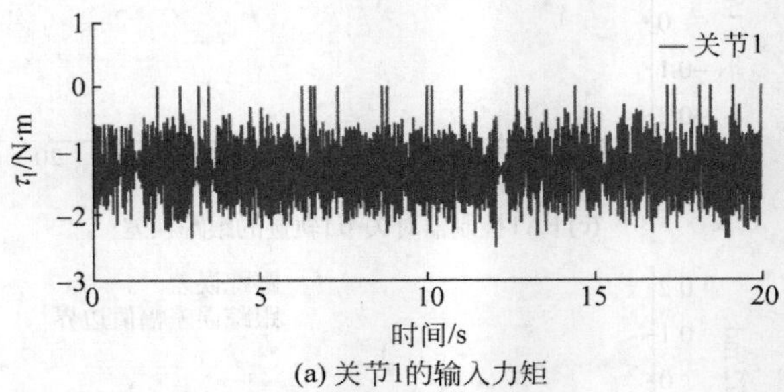

(a) 关节1的输入力矩

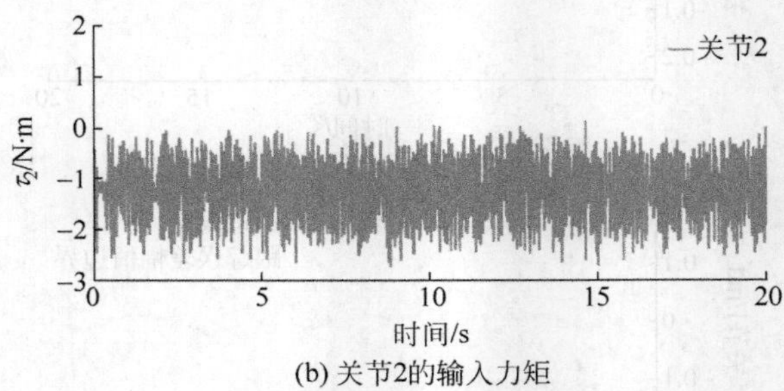

(b) 关节2的输入力矩

图 9.48　控制器的输入力矩

进行修正，使机器人具有柔性行为。由于外力矩作用于垂直方向，且关节 e1 的运动轨迹为水平方向，故不会改变关节 e1 的期望运动轨迹。导纳控制下的跟踪性能如图 9.50 所示，导纳控制下的跟踪误差如图 9.51 所示，对比图 9.50 和图 9.51 可知，通过观测器得到的外力的估计值和动量的估计值均接近于它们的真实值，说明观测器估计外力的方法是有效的。外部力矩的估计值如图 9.52 所示。对比图 9.44 中操作者通过 Kinect 传感器产生的参考轨迹、图 9.51 和图 9.52 的虚线可知，当机械臂受到外力时，导纳控制可以改变机械臂的预设运动轨迹，并产生一条修正轨迹，以避免机械臂与外界产生碰撞，从而达到与外界环境的顺应交互。

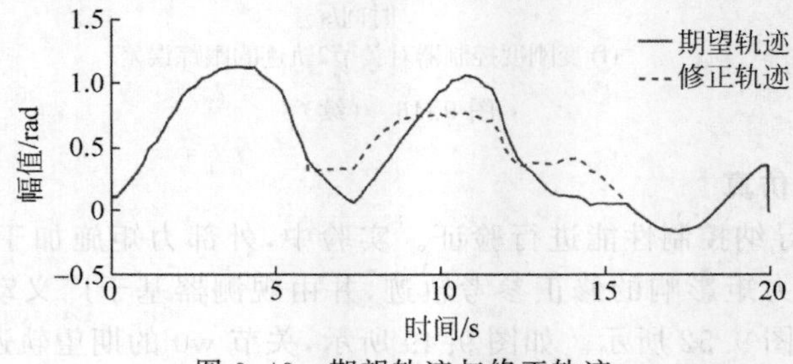

图 9.49　期望轨迹与修正轨迹

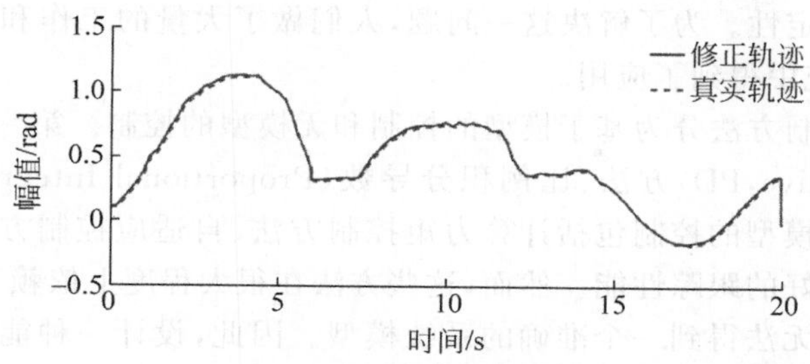

图 9.50 导纳控制下的跟踪性能

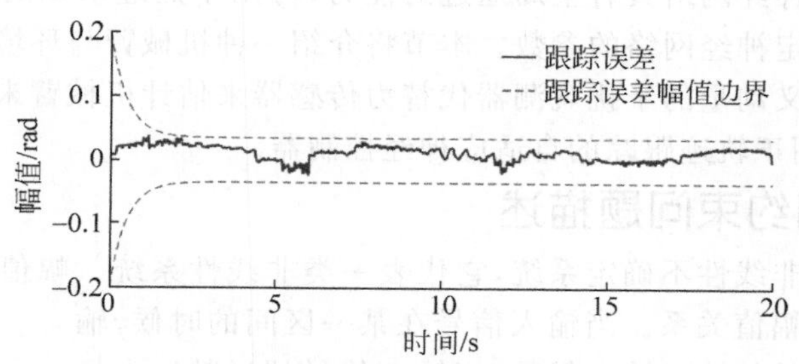

图 9.51 导纳控制下的跟踪误差

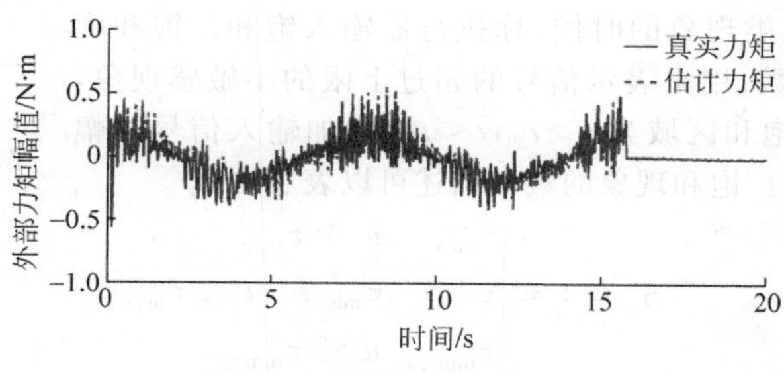

图 9.52 外部力矩的估计值

9.5 基于输入饱和的机械臂增强导纳控制

本节将介绍一种基于神经网络的机械臂自适应导纳控制方法，解决控制系统中的输入饱和问题。

近三十年，机器人广泛应用于各种领域，如教育、工业和娱乐等。这些应用大多要求机器人能够实现良好的机器人-环境交互性能。传统的力/位置控制系统不能满足安全、快速、准确交互的要求。阻抗控制是一种经典的方法，该概念最早是由霍根提出的，它涉及力和末端执行器位置的调节。另一种实现机械臂柔性行为的方法是由马森提出的导纳控制。导纳控制的思想是通过轨迹自适应实现机械臂的柔性行为。导纳控制的关键是外部力矩的测量。

传统的获取外部力矩信息的方法是使用力传感器，它固定在机械臂的末端执行器上。然而，这些方法会给机器人系统带来很多不便。近年来，人们对无传感器末端执行器扭矩估计方法进行了大量的研究，并提出了许多方法。因此，这些算法被广泛地集成到涉及物理机器人与环境交互的控制系统中。

在实际应用中，硬件上的物理输入饱和是许多控制系统中的一个问题。在许多执行机构中，控制系统不可避免地要受到一定的约束。当存在饱和非线性情况时，输入饱和可能导致较大的跟踪误差和不稳定性。为了解决这一问题，人们做了大量的工作和研究。这些算法性能良好，在许多控制系统中得到了应用。

通常机器人的控制方法分为基于模型的控制和无模型的控制。第一种方法包括比例导数(Proportional Derivative，PD)方法、比例积分导数(Proportional Integral Derivative，PID)方法和学习方法。基于模型的控制包括计算力矩控制方法、自适应控制方法等。传统的基于模型的控制方法具有良好的跟踪性能。然而，这些方法在很大程度上依赖于系统模型的准确性，在实际应用中又往往无法得到一个准确的系统模型。因此，设计一种能够补偿输入饱和的控制系统是非常重要的。由于机器人系统的机理复杂，智能控制方法(如基于神经网络的控制)受到了广泛的关注。神经网络具有全局逼近的能力，可用于处理未知的机器人系统动力学问题。通过在线学习确定神经网络的参数。本节将介绍一种机械臂与环境交互时的无传感器控制方案。采用基于广义动量的干扰观测器代替力传感器来估计机械臂末端执行器受到的环境外力，并设计了一个用于轨迹跟踪的自适应神经控制器。

9.5.1 饱和约束问题描述

考虑系统是饱和非线性不确定系统，它代表一类非线性系统。幅值饱和描述的是执行器的输入和输出之间的幅值关系。当输入信号在某一区间的时候，输出信号可以与输入信号保持一致。但是，当输入信号超过某一个幅值时，输出信号将趋近于一个常数，且随着输入信号的幅值增加，幅值并不增大，当发生此类现象的时候，称执行器输入饱和。饱和度是一个静态非线性函数，用来表示信号的超过上限的不敏感现象，如图 9.53 所示，输入饱和区域为 $t>t_2$，$t<t_1$，增加输入信号的幅值，输出信号趋于常数。饱和现象的数学描述可以表示为：

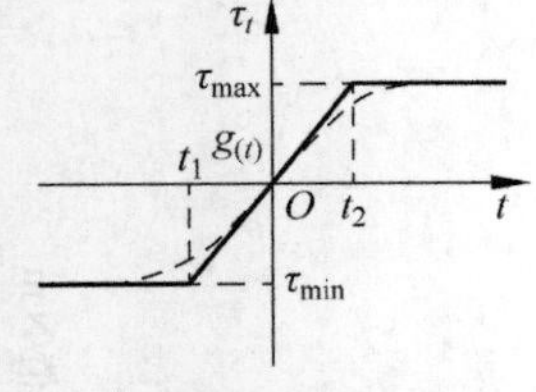

图 9.53　输入饱和约束

$$S_{\mathrm{at}}(\tau)=\begin{cases}\tau_{\max} & u\geqslant\tau_{\max}\\ g(t) & \tau_{\min}<u<\tau_{\max}\\ \tau_{\min} & u\leqslant\tau_{\min}\end{cases}$$

其中，u 是输入信号，$g(t)$是光滑的函数，$S_{\mathrm{at}}(\tau)$表示输出非线性关系。$\tau_{\max}$ 表示饱和非线性的最大值，$\tau_{\min}$ 表示饱和非线性的最小值。

9.5.2 观测器设计

n 连杆的机器人的动力学公式为：

$$\boldsymbol{M}(q)\ddot{q}+\boldsymbol{C}(q,\dot{q})\dot{q}+\boldsymbol{G}(q)=\tau+\tau_{\mathrm{ext}} \tag{9.128}$$

由式(9.87)可知

$$\dot{p}=\dot{\boldsymbol{M}}(q)\dot{q}+\boldsymbol{M}(q)\ddot{q}$$

将式(9.87)代入式(9.128)中可得：

$$\dot{p}=\boldsymbol{C}^{\mathrm{T}}(q,\dot{q})+\tau-\boldsymbol{G}(q)+\tau_{\mathrm{ext}} \tag{9.129}$$

首先，定义观测器的误差 $e=p-\hat{p}$，观测器的方程为：

$$\dot{\hat{p}}=\boldsymbol{C}^{\mathrm{T}}(q,\dot{q})+\tau-\boldsymbol{G}(q)+\boldsymbol{K}_{p}e \tag{9.130}$$

其中，$\boldsymbol{K}_p$ 是一个对角矩阵。比较式(9.129)与式(9.130)，并定义 $r=\boldsymbol{K}_pe$，可得：

$$\dot{r}=\boldsymbol{K}_p(\dot{p}-\dot{\hat{p}})=\boldsymbol{K}_p(\tau_{\mathrm{ext}}-r) \tag{9.131}$$

将式(9.131)变换到拉普拉斯域：

$$R(s)=\frac{K_{\mathrm{pi}}}{s+K_{\mathrm{pi}}}T(s)$$

由上式可知，将外力矩信号通过一个低阶滤波器可以得到 r：

$$r=\boldsymbol{K}_p(p-\hat{p})=\boldsymbol{K}_p\left(p-\int_0^t(\boldsymbol{C}^{\mathrm{T}}(q,\dot{q})+\tau-\boldsymbol{G}(q)+r)\mathrm{d}t\right)$$

其中，$\boldsymbol{K}_p$ 为增益矩阵。

9.5.3　控制器设计

本节将介绍自适应神经网络控制器的设计以及其稳定性分析。

首先，定义误差跟踪变量：

$$\begin{cases}e_q=q_r-q\\ \alpha=\dot{q}_r+Ke_q\\ e_v=\dot{e}_q+Ke_q\end{cases}$$

其中，$\boldsymbol{K}$ 是增益矩阵。考虑外部扰动，设计控制力矩为：

$$\tau=-e_q+\hat{\boldsymbol{G}}+\hat{\boldsymbol{M}}\dot{\alpha}+\hat{\boldsymbol{C}}\alpha-\hat{\tau}_{\mathrm{ext}}+\boldsymbol{K}_v(e_v+\xi)+\boldsymbol{K}_s\operatorname{sgn}(e_v)$$

其中，$\boldsymbol{K}_v$ 和 $\boldsymbol{K}_s$ 是控制增益矩阵，$\hat{\boldsymbol{M}}(q)$、$\hat{\boldsymbol{C}}(q,\dot{q})$ 和 $\hat{\boldsymbol{G}}'(q)$ 是 RBF 神经网络的估计项，ξ 为状态变量。

下面，考虑带输入饱和的 n 连杆的机器人动力学公式：

$$\boldsymbol{M}(q)\ddot{q}+\boldsymbol{C}(q,\dot{q})\dot{q}+\boldsymbol{G}(q)=S_{\mathrm{at}}(\tau)+\tau_{\mathrm{ext}} \tag{9.132}$$

式中，$S_{\mathrm{at}}(\tau)$ 如前述已经定义，此处不再赘述。

将控制力矩代入式(9.132)中可得：

$$\begin{aligned}-\boldsymbol{M}(q)\dot{e}_v=&-(\boldsymbol{M}(q)-\hat{\boldsymbol{M}}(q))\dot{\alpha}-(\boldsymbol{C}(q,\dot{q})-\hat{\boldsymbol{C}}(q,\dot{q}))\alpha-(\boldsymbol{G}(q)-\hat{\boldsymbol{G}}(q))-\\ &e_q+\boldsymbol{C}(q,\dot{q})e_v+\Delta\tau+\Delta\tau_e+\boldsymbol{K}_v(e_v+\xi)+\boldsymbol{K}_s\operatorname{sgn}(e_v)\end{aligned} \tag{9.133}$$

其中：

$$\begin{aligned}\Delta\tau&=S_{\mathrm{at}}(\tau)-\tau\\ \Delta\tau_e&=\tau_{\mathrm{ext}}-\hat{\tau}_{\mathrm{ext}}\end{aligned}$$

定义状态辅助系统：

$$\dot{\xi}=\begin{cases}-K_\xi\xi-\dfrac{|e_v^{\mathrm{T}}\Delta\tau|+0.5\Delta\tau^{\mathrm{T}}\Delta\tau}{\|\xi\|^2}+\Delta\tau & \text{当 }\|\xi\|\geqslant\mu\text{ 时}\\ 0 & \text{当 }\|\xi\|<\mu\text{ 时}\end{cases} \tag{9.134}$$

式中，$\boldsymbol{K}_\xi$ 表示增益矩阵，μ 为很小的正实数。

用 RBFNN 逼近未知项：

$$\begin{cases}\hat{\boldsymbol{M}}(q)=\hat{\boldsymbol{W}}_M^{\mathrm{T}}S_M(q)\\ \hat{\boldsymbol{C}}(q,\dot{q})=\hat{\boldsymbol{W}}_C^{\mathrm{T}}S_C(q,\dot{q})\\ \hat{\boldsymbol{G}}(q)=\hat{\boldsymbol{W}}_G^{\mathrm{T}}S_G(q)\end{cases} \tag{9.135}$$

设计 RBFNN 的更新律：

$$\begin{cases}\dot{\hat{\boldsymbol{W}}}_M=\boldsymbol{\Theta}_M(S_M\dot{\alpha}e_v+\boldsymbol{\sigma}_M\widetilde{\boldsymbol{W}}_M)\\ \dot{\hat{\boldsymbol{W}}}_C=\boldsymbol{\Theta}_C(S_C\alpha e_v+\boldsymbol{\sigma}_C\widetilde{\boldsymbol{W}}_C)\\ \dot{\hat{\boldsymbol{W}}}_G=\boldsymbol{\Theta}_G(S_Ge_v+\boldsymbol{\sigma}_G\widetilde{\boldsymbol{W}}_G)\end{cases} \tag{9.136}$$

其中，$\boldsymbol{\Theta}_M$、$\boldsymbol{\Theta}_C$ 和 $\boldsymbol{\Theta}_G$ 均为正实数矩阵，$\boldsymbol{\sigma}(\cdot)$ 是很小的正实数矩阵。

将式(9.135)和式(9.136)代入式(9.133)得：

$$-\boldsymbol{M}(q)\dot{e}_v = -e_q + \boldsymbol{C}(q,\dot{q})e_v + \Delta\tau + \Delta\tau_e + \boldsymbol{K}_v(e_v+\xi) + \boldsymbol{K}_s\operatorname{sgn}(e_v) - \widetilde{\boldsymbol{W}}_M^{\mathrm{T}}S_M\dot{\alpha} - \widetilde{\boldsymbol{W}}_C^{\mathrm{T}}S_C\alpha - \widetilde{\boldsymbol{W}}_G^{\mathrm{T}}S_G \tag{9.137}$$

其中，$\widetilde{\boldsymbol{W}}_M=\boldsymbol{W}_M-\hat{\boldsymbol{W}}_M$，$\widetilde{\boldsymbol{W}}_C=\boldsymbol{W}_C-\hat{\boldsymbol{W}}_C$，$\widetilde{\boldsymbol{W}}_G=\boldsymbol{W}_G-\hat{\boldsymbol{W}}_G$。

设计李雅普诺夫函数如下：

$$\boldsymbol{V}=\frac{1}{2}e_q^{\mathrm{T}}e_q+\frac{1}{2}e_v^{\mathrm{T}}Me_v+\frac{1}{2}\xi^{\mathrm{T}}\xi+\frac{1}{2}\operatorname{tr}(\widetilde{\boldsymbol{W}}_M^{\mathrm{T}}\boldsymbol{\Theta}_M^{-1}\widetilde{\boldsymbol{W}}_M)+\frac{1}{2}\operatorname{tr}(\widetilde{\boldsymbol{W}}_C^{\mathrm{T}}\boldsymbol{\Theta}_C^{-1}\widetilde{\boldsymbol{W}}_C)+\frac{1}{2}\operatorname{tr}(\widetilde{\boldsymbol{W}}_G^{\mathrm{T}}\boldsymbol{\Theta}_G^{-1}\widetilde{\boldsymbol{W}}_G) \tag{9.138}$$

对式(9.138)求导数：

$$\dot{\boldsymbol{V}}=e_q^{\mathrm{T}}\dot{e}_q+e_v^{\mathrm{T}}\boldsymbol{M}\dot{e}_v+\frac{1}{2}e_v^{\mathrm{T}}\dot{\boldsymbol{M}}e_v+\xi^{\mathrm{T}}\dot{\xi}+\operatorname{tr}(\widetilde{\boldsymbol{W}}_M^{\mathrm{T}}\boldsymbol{\Theta}_M^{-1}\dot{\widetilde{\boldsymbol{W}}}_M)+\operatorname{tr}(\widetilde{\boldsymbol{W}}_C^{\mathrm{T}}\boldsymbol{\Theta}_C^{-1}\dot{\widetilde{\boldsymbol{W}}}_C)+\operatorname{tr}(\widetilde{\boldsymbol{W}}_C^{\mathrm{T}}\boldsymbol{\Theta}_G^{-1}\dot{\widetilde{\boldsymbol{W}}}_C) \tag{9.139}$$

将式(9.137)代入上式可得：

$$\dot{\boldsymbol{V}}=e_q^{\mathrm{T}}\dot{e}_q-e_v^{\mathrm{T}}(-e_q+\boldsymbol{C}e_v+\boldsymbol{K}_v(e_v+\xi)+\boldsymbol{K}_s\operatorname{sgn}(e_v)+\Delta\tau+\Delta\tau_e+\xi^{\mathrm{T}}\dot{\xi}+\widetilde{\boldsymbol{W}}_M^{\mathrm{T}}S_M\dot{\alpha}+\widetilde{\boldsymbol{W}}_C^{\mathrm{T}}S_C\alpha+\widetilde{\boldsymbol{W}}_G^{\mathrm{T}}S_G+\frac{1}{2}e_v^{\mathrm{T}}\dot{\boldsymbol{M}}e_v+\operatorname{tr}(\widetilde{\boldsymbol{W}}_M^{\mathrm{T}}\dot{\alpha}e_v-\sigma_M\widetilde{\boldsymbol{W}}_M^{\mathrm{T}}\widetilde{\boldsymbol{W}}_M)+\operatorname{tr}(\widetilde{\boldsymbol{W}}_C^{\mathrm{T}}\alpha e_v-\sigma_C\widetilde{\boldsymbol{W}}_C^{\mathrm{T}}\widetilde{\boldsymbol{W}}_C)+\operatorname{tr}(\widetilde{\boldsymbol{W}}_G^{\mathrm{T}}e_v-\sigma_G\widetilde{\boldsymbol{W}}_G^{\mathrm{T}}\widetilde{\boldsymbol{W}}_G) \tag{9.140}$$

将 RBFNN 更新律代入上式得：

$$\dot{V}=e_q^{\mathrm{T}}\dot{e}_q-e_v^{\mathrm{T}}(-e_q+Ce_v\dot{\boldsymbol{M}}e_v(e_v+\xi)+\boldsymbol{K}_s\operatorname{sgn}(e_v)+\Delta\tau+\Delta\tau_e)+\xi^{\mathrm{T}}\dot{\xi}+\frac{1}{2}e_v^{\mathrm{T}}\dot{\boldsymbol{M}}e_v-\operatorname{tr}(\sigma_M\widetilde{\boldsymbol{W}}_M^{\mathrm{T}}\widetilde{\boldsymbol{W}}_M)-\operatorname{tr}(\sigma_C\widetilde{\boldsymbol{W}}_C^{\mathrm{T}}\widetilde{\boldsymbol{W}}_C)-\operatorname{tr}(\sigma_G\widetilde{\boldsymbol{W}}_G^{\mathrm{T}}\widetilde{\boldsymbol{W}}_G) \tag{9.141}$$

利用 Young 不等式，并结合式(9.136)得：

$$\begin{aligned}\xi^{\mathrm{T}}\dot{\xi}&\leqslant-\xi^{\mathrm{T}}K_\xi\xi-|e_v^{\mathrm{T}}\Delta\tau|-\frac{1}{2}\Delta\tau^{\mathrm{T}}\Delta\tau+\xi^{\mathrm{T}}\Delta\tau\\&\leqslant-\xi^{\mathrm{T}}K_\xi\xi-|e_v^{\mathrm{T}}\Delta\tau|+\frac{1}{2}\xi^{\mathrm{T}}\xi\end{aligned}$$

基于 Young 不等式，可将式(9.141)化简为：

$$\dot{V}\leqslant e_q^{\mathrm{T}}\dot{e}_q-e_v^{\mathrm{T}}(-e_q+\boldsymbol{C}e_v+\boldsymbol{K}_v(e_v+\xi)+\boldsymbol{K}_s\operatorname{sgn}(e_v)+\Delta\tau+\Delta\tau_e)-\xi^{\mathrm{T}}K_\xi\xi-|e_v^{\mathrm{T}}\Delta\tau|+\frac{1}{2}\xi^{\mathrm{T}}\xi-\operatorname{tr}(\sigma_M\widetilde{\boldsymbol{W}}_M^{\mathrm{T}}\widetilde{\boldsymbol{W}}_M)-\operatorname{tr}(\sigma_C\widetilde{\boldsymbol{W}}_C^{\mathrm{T}}\widetilde{\boldsymbol{W}}_C)-\operatorname{tr}(\sigma_G\widetilde{\boldsymbol{W}}_G^{\mathrm{T}}\widetilde{\boldsymbol{W}}_G) \tag{9.142}$$

由式(9.130)可得：

$$\dot{V}\leqslant e_q^{\mathrm{T}}\dot{e}_q-e_v^{\mathrm{T}}(-e_q+\boldsymbol{K}_v(e_v+\xi))-e_v^{\mathrm{T}}\Delta\tau_e-\xi^{\mathrm{T}}K_\xi\xi-|e_v^{\mathrm{T}}\Delta\tau|+\frac{1}{2}\xi^{\mathrm{T}}\xi-\operatorname{tr}(\sigma_M\widetilde{\boldsymbol{W}}_M^{\mathrm{T}}\widetilde{\boldsymbol{W}}_M)-\operatorname{tr}(\sigma_C\widetilde{\boldsymbol{W}}_C^{\mathrm{T}}\widetilde{\boldsymbol{W}}_C)-\operatorname{tr}(\sigma_G\widetilde{\boldsymbol{W}}_G^{\mathrm{T}}\widetilde{\boldsymbol{W}}_G) \tag{9.143}$$

化简式(9.143)可得：

$$\dot{V}\leqslant e_q^{\mathrm{T}}\dot{e}_v-e_q^{\mathrm{T}}\boldsymbol{K}\dot{e}_q+e_v^{\mathrm{T}}e_q-e_v^{\mathrm{T}}\boldsymbol{K}_ve_ve_v^{\mathrm{T}}\boldsymbol{K}_v\xi+\frac{1}{2}e_v^{\mathrm{T}}e_v+\frac{1}{2}\Delta\tau_e^{\mathrm{T}}\Delta\tau_e-\xi^{\mathrm{T}}K_\xi\xi+\frac{1}{2}\xi^{\mathrm{T}}\xi-\operatorname{tr}(\sigma_M\widetilde{\boldsymbol{W}}_M^{\mathrm{T}}\widetilde{\boldsymbol{W}}_M)-\operatorname{tr}(\sigma_C\widetilde{\boldsymbol{W}}_C^{\mathrm{T}}\widetilde{\boldsymbol{W}}_C)-\operatorname{tr}(\sigma_G\widetilde{\boldsymbol{W}}_G^{\mathrm{T}}\widetilde{\boldsymbol{W}}_G) \tag{9.144}$$

化简式(9.144)得：

$$\dot{V} \leqslant e_q^{\mathrm{T}} K e_q - \frac{1}{2}\xi^{\mathrm{T}}(2K_{\xi} - \boldsymbol{I} - \boldsymbol{K}_v^{\mathrm{T}}\boldsymbol{K}_v)\xi - e_v^{\mathrm{T}}(\boldsymbol{K}_v - \boldsymbol{I})e_v + C \tag{9.145}$$

式中：

$$C = -\operatorname{tr}(\sigma_M \widetilde{\boldsymbol{W}}_M^{\mathrm{T}} \widetilde{\boldsymbol{W}}_M) - \operatorname{tr}(\sigma_C \widetilde{\boldsymbol{W}}_C^{\mathrm{T}} \widetilde{\boldsymbol{W}}_C) - \operatorname{tr}(\sigma_G \widetilde{\boldsymbol{W}}_G^{\mathrm{T}} \widetilde{\boldsymbol{W}}_G) + \frac{1}{2}\Delta\tau_e^{\mathrm{T}}\Delta\tau_e \tag{9.146}$$

要想稳定系统，还需要满足：

$$\begin{cases} 2K_{\xi} - \boldsymbol{I} - \boldsymbol{K}_v^{\mathrm{T}}\boldsymbol{K}_v \geqslant 0 \\ \boldsymbol{K}_v - \boldsymbol{I} \geqslant 0 \end{cases} \tag{9.147}$$

根据UUB稳定分析，当系统满足如下不等式：

$$\frac{1}{2}\xi^{\mathrm{T}}(2K_{\xi} - \boldsymbol{I} - \boldsymbol{K}_v^{\mathrm{T}}\boldsymbol{K}_v)\xi - e_q^{\mathrm{T}} K e_q + e_v^{\mathrm{T}}(\boldsymbol{K}_v - I)e_v \geqslant C$$

$\dot{V} \leqslant 0$ 时，系统稳定，系统中的误差项趋于一个不变集合。

9.5.4 仿真验证

本节基于两连杆的机械臂对上述控制器仿真验证。机械臂的动力学模型如式(9.85)所示，机械臂参数为：$m_1 = 2\mathrm{kg}$，$m_2 = 2\mathrm{kg}$，$l_1 = 0.2\mathrm{m}$，$l_2 = 0.2\mathrm{m}$，$I_1 = 0.027\mathrm{kgm}^2$，$I_2 = 0.027\mathrm{kgm}^2$，$g = 9.81\mathrm{m/s}^2$。设仿真时间 $t_f = 10\mathrm{s}$。

1. 力矩观测器仿真

在机械臂末端执行器上施加外力矩共2～10s。动量 p 和外力矩 τ_{ext} 的实际曲线和期望曲线的结果分别如图9.54和图9.55所示。可以看出，由观测器估计的力矩比较接近实际力矩，各关节的广义动量误差可趋于零，说明设计的观测器的估计性能良好。

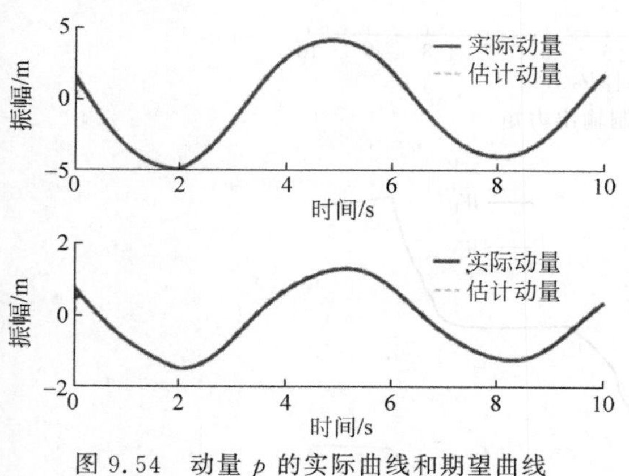

图9.54 动量 p 的实际曲线和期望曲线

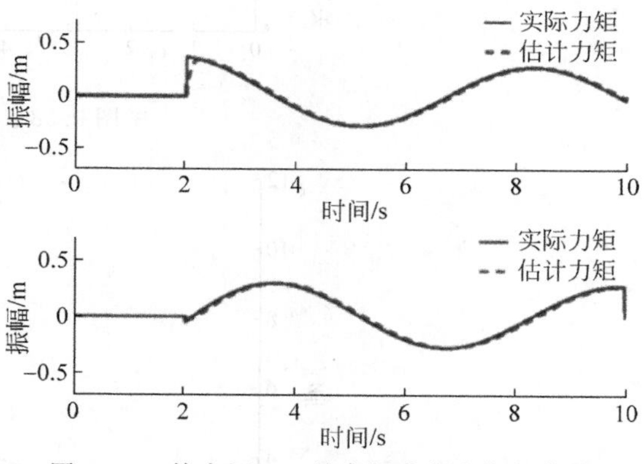

图9.55 外力矩 τ_{ext} 的实际曲线和期望曲线

2. 导纳控制器仿真

导纳控制器仿真参数设置如下：输入参考轨迹 $q_d = [\cos(t), \sin(t)]^{\mathrm{T}}$，机械臂关节角的初始值 $q = [1.0, 0.0]^{\mathrm{T}}$，关节角速度的初始值 $\dot{q} = [0, 0]^{\mathrm{T}}$。选取式(9.104)所示的导纳模型，参数选取 $\boldsymbol{M}_d = \mathrm{diag}(1.0)$、$\boldsymbol{C}_d = \mathrm{diag}(1.0)$、$\boldsymbol{G}_d = \mathrm{diag}(10.0)$，仿真结果如图9.56所示。由该图可知，当外力矩作用于机器人机械臂2～10s时，修改所需要的轨迹 q_d 来调整外力矩，然后生成虚拟目标轨迹 q_r 并跟踪。期望轨迹的跟踪结果如图9.57所示，由跟踪结果可以看出，q_1 和 q_2 能够有效地跟踪虚拟期望轨迹。控制输出力矩如图9.58所示，各节点神经网络权值列向量的范数如图9.59所示。从仿真结果可以看出，该控制方法具有良好的控制性能。

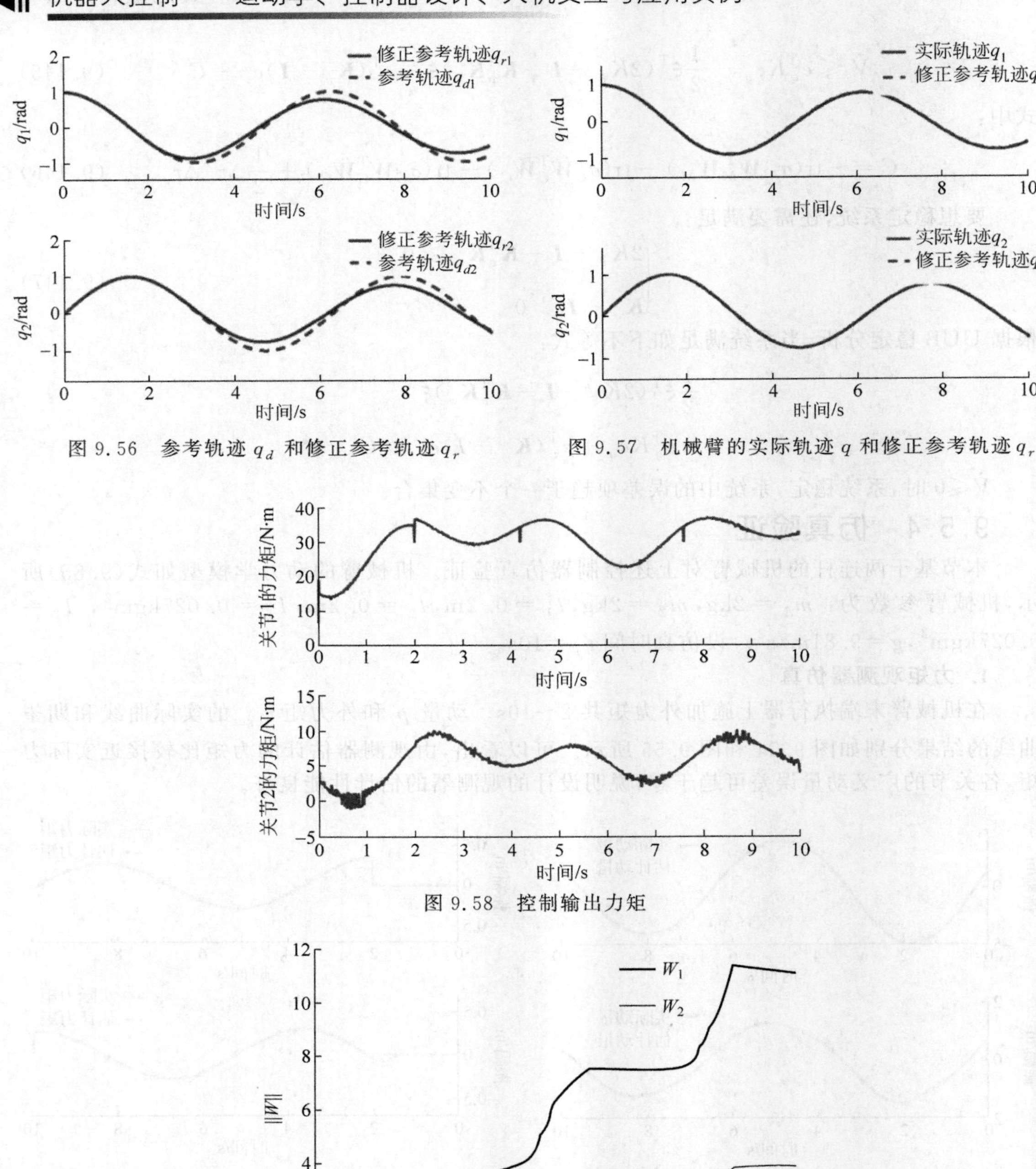

图 9.56　参考轨迹 q_d 和修正参考轨迹 q_r　　图 9.57　机械臂的实际轨迹 q 和修正参考轨迹 q_r

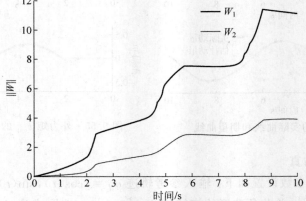

图 9.58　控制输出力矩

图 9.59　各节点神经网络权值列向量的范数

3. 输入饱和的仿真

这里定义两个关节的输入饱和上下界分别为[−36N·m,36N·m],[−30N·m,30N·m]。关节 1 的控制输出力矩如图 9.58 所示,关节 1 的控制力矩输出大于 36N·m。图 9.59 为神经网络权值列向量的范数。输入饱和补偿器的主要作用是使控制力矩值为 30～36N·m。

图 9.60 为带输入饱和补偿器的控制力矩，由图可知，使用输入饱和补偿器之后，控制力矩的幅值小于 36N·m。跟踪性能如图 9.61 所示，跟踪误差如图 9.62 所示。上述仿真结果验证了该神经网络控制器的有效性。

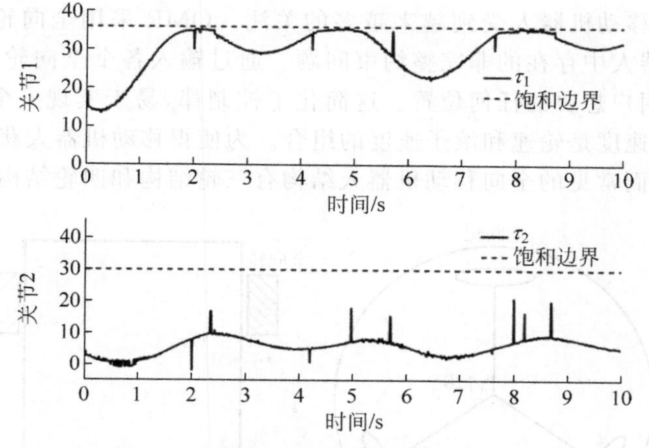

图 9.60　带输入饱和补偿器的控制力矩

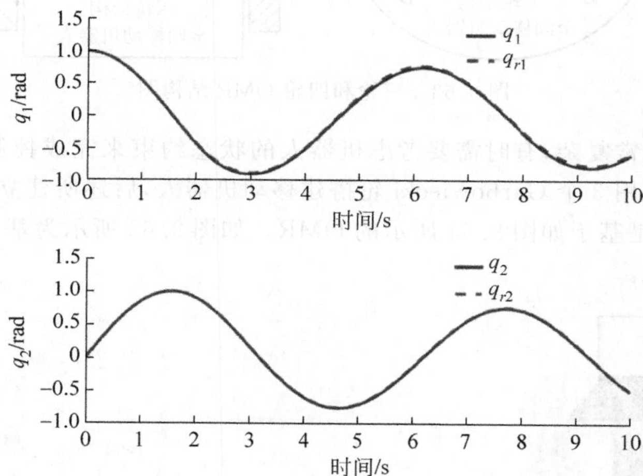

图 9.61　带输入饱和的神经网络控制器的跟踪性能

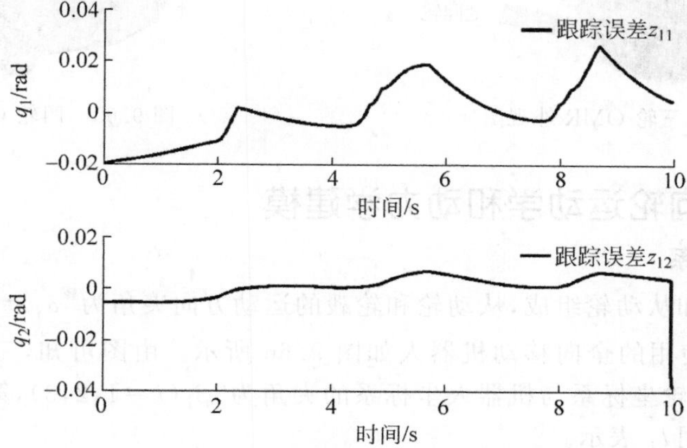

图 9.62　带输入饱和的神经网络控制器的跟踪误差

9.6 基于人工势场法的全向移动机器人路径规划

本节将介绍一种基于人工势场法对全向移动机器人(OMR)进行运动轨迹规划的算法。

近几十年,全向移动机器人受到越来越多的关注。OMR 采用全向轮的优点之一是它没有差分驱动移动机器人中存在的非完整约束问题。通过输入各个全向轮的转速,移动机器人可以轻松地移动到用户想要的任何位置。这简化了控制律,易于实现。全向轮由轮和滚子组成,即整个全向轮的速度是轮速和滚子速度的组合。为使得移动机器人获得全向移动性能,至少需要 3 个全向轮,而常见的全向移动机器人结构有三轮结构和四轮结构,如图 9.63 所示。

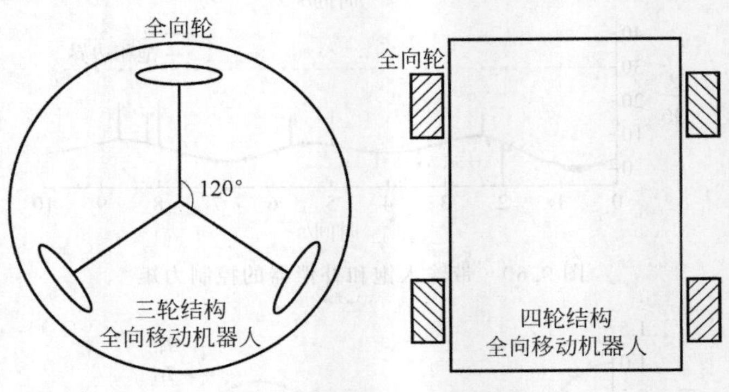

图 9.63 三轮和四轮 OMR 结构图

机器人的控制非常复杂,有时需要考虑机器人的状态约束来完成控制设计。本节中全向移动机器人结构为使用 3 个 Garbowiecki 轮搭建移动机器人,后述所建立的动力学、运动学模型以及实验平台,均是基于如图 9.64 所示的 OMR。如图 9.65 所示为基于四个麦克纳姆轮搭建的全向移动机器人。

图 9.64 三轮 OMR 外观图

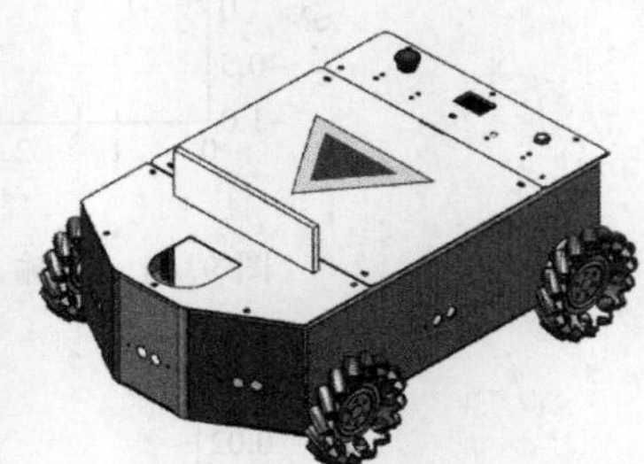

图 9.65 四轮 OMR 外观图

9.6.1 全向轮运动学和动力学建模

1. 全向轮坐标系

全向轮由轮毂和从动轮组成,从动轮和轮毂的运动方向夹角为${}^{W}\alpha_i=90°$,${}^{w}r_i$ 为轮毂半径($i=1,2,3$)。本节使用的全向移动机器人如图 9.66 所示。由图可知,三个轮为中心对称分布,其中第 i 个全向轮坐标系与机器人坐标系的夹角为${}^{r}_{w}\beta_i$($i=1,2,3$),第 i 个全向轮质心到机器人质心的长度用 l_i 表示。

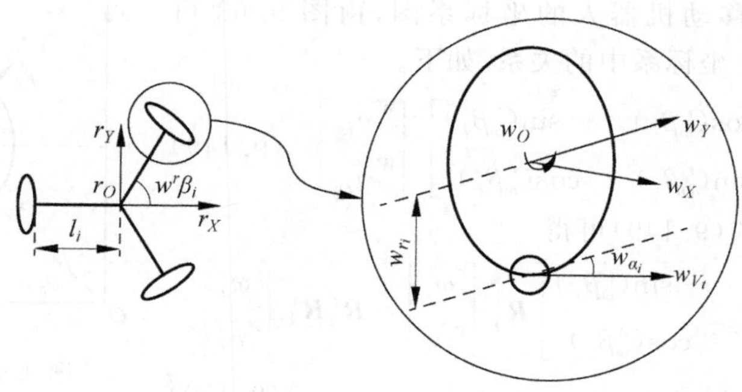

图 9.66 OMD 轮子分布及坐标系

2. 摄像头坐标系

摄像头按功能可分为RGB摄像头(一般用来采集图像)和深度摄像头(可采集到物体至摄像头之间的距离)。摄像头采集环境信息范围如图 9.67 所示。如华硕 XTION2 深度摄像头具体参数如表 9.1 所示。由表 9.1 可知,该深度摄像头的传感器不仅包含深度摄像头,还包含 RGB 摄像头。

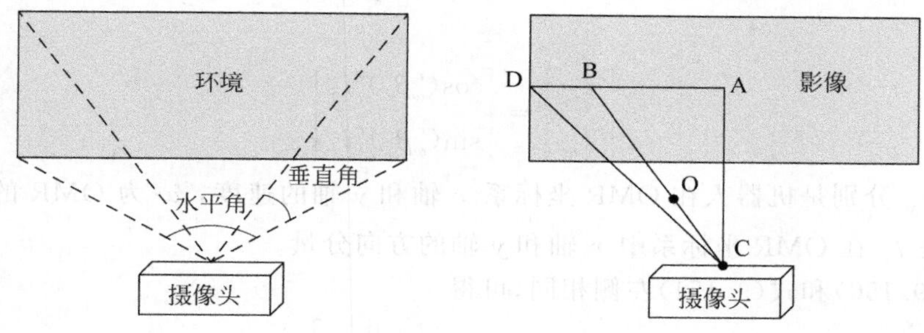

图 9.67 摄像机采集环境信息范围

表 9.1 华硕 XTION2 深度摄像头具体参数

采集的有效距离	0.8～4m
采集角度	(74°,52°,90°)
传感器	深度传感器和 RGB 传感器
深度传感器	640×480@30FPS
RGB 传感器分辨率	1280×720@P60
使用环境	室内

3. 全向轮运动学建模

由图 9.66 中的全向轮坐标系可得式(9.148)。

$$\begin{bmatrix} {}^{W}v_{ix} \\ {}^{W}v_{iy} \end{bmatrix} = \begin{bmatrix} 0 & \sin(\alpha_i) \\ \omega_{r_i} & \cos(\alpha_i) \end{bmatrix} \begin{bmatrix} {}^{r}\omega_i \\ {}^{r}v_i \end{bmatrix} = \boldsymbol{R}_1^i \begin{bmatrix} {}^{r}\omega_i \\ {}^{r}v_i \end{bmatrix} \tag{9.148}$$

其中,v_{ix}、v_{iy} 和 w_i 是笛卡儿坐标系中点${}^{W}O$ 的广义速度。${}^{W}v_{ix}$、${}^{W}v_{iy}$ 和${}^{r}w_i$ 是点${}^{W}O$ 在坐标系${}^{W}X{}^{W}O{}^{W}Y$ 中的广义速度。${}^{r}v_i$ 是第 i 个全向轮的速度分量,α_i 为全向轮和其从动轮转轴之间的夹角。

图 9.68 是全向移动机器人的坐标系图，由图 9.68 可得 ${}^r v_i$ 和 ${}^r w_i$ 在 OMR 坐标系中的关系，如下。

$$\begin{bmatrix} {}^r v_{ix} \\ {}^r v_{iy} \end{bmatrix} = \begin{bmatrix} \cos({}^r_\omega \beta_i) & -\sin({}^r_\omega \beta_i) \\ \sin({}^r_\omega \beta_i) & \cos({}^r_\omega \beta_i) \end{bmatrix} \begin{bmatrix} {}^W v_{ix} \\ {}^W v_{iy} \end{bmatrix} \tag{9.149}$$

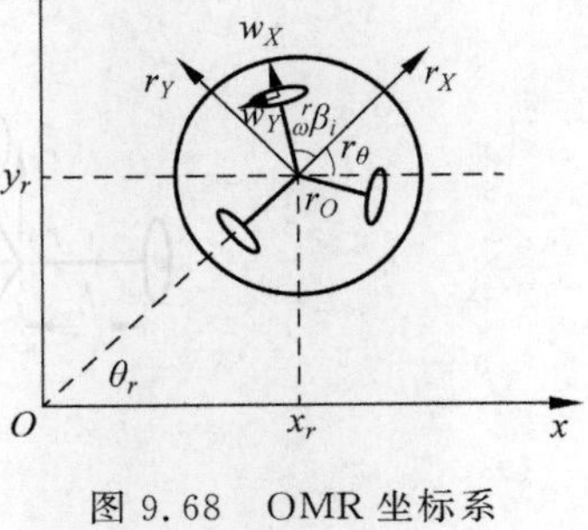

图 9.68 OMR 坐标系

由式(9.148)和式(9.149)可得

$$\begin{bmatrix} {}^r v_{ix} \\ {}^r v_{iy} \end{bmatrix} = \begin{bmatrix} \cos({}^r_\omega \beta_i) & -\sin({}^r_\omega \beta_i) \\ \sin({}^r_\omega \beta_i) & \cos({}^r_\omega \beta_i) \end{bmatrix} \boldsymbol{R}_1^i \begin{bmatrix} {}^r \omega_i \\ {}^r v_i \end{bmatrix} = \boldsymbol{R}_2^i \boldsymbol{R}_1^i \begin{bmatrix} {}^r \omega_i \\ {}^r v_i \end{bmatrix} \tag{9.150}$$

其中，${}^r v_{ix}$ 和 ${}^r v_{iy}$ 分别是 ${}^r v_i$ 在 ${}^r X$ 轴和 ${}^r Y$ 轴方向的速度分量，${}^r\beta_i$ 为全向轮坐标系与机器人坐标系的夹角，$\boldsymbol{R}_2^i \boldsymbol{R}_1^i$ 是全向轮坐标系到机器人坐标系的转换矩阵。

不考虑机器人在垂直方向上的运动，即机器人在全局坐标系中进行平面运动，因此有

$$\begin{bmatrix} {}^r v_{ix} \\ {}^r v_{iy} \end{bmatrix} = \begin{bmatrix} 1 & 0 & -{}^r l_{iy} \\ 0 & 1 & {}^r l_{ix} \end{bmatrix} \begin{bmatrix} {}^r v_x \\ {}^r v_y \\ {}^r \omega \end{bmatrix} = \boldsymbol{R}_3^i \begin{bmatrix} {}^r v_x \\ {}^r v_y \\ {}^r \omega \end{bmatrix} \tag{9.151}$$

其中

$$\begin{bmatrix} {}^r l_{ix} \\ {}^r l_{iy} \end{bmatrix} = \begin{bmatrix} \cos({}^r_\omega \beta_i)\, {}^r l_i \\ \sin({}^r_\omega \beta_i)\, {}^r l_i \end{bmatrix} \tag{9.152}$$

${}^r v_x$ 和 ${}^r v_y$ 分别是机器人在 OMR 坐标系 x 轴和 y 轴的速度，${}^r w$ 为 OMR 的角速度，${}^r l_{ix}$ 和 ${}^r l_{iy}$ 分别是 ${}^r l_i$ 在 OMR 坐标系中 x 轴和 y 轴的方向分量。

由于式(9.150)和式(9.151)左侧相同，可得

$$\boldsymbol{R}_2^i \boldsymbol{R}_1^i \begin{bmatrix} {}^r \omega_i \\ {}^r v_i \end{bmatrix} = \boldsymbol{R}_3^i \begin{bmatrix} {}^r v_x \\ {}^r v_y \\ {}^r \omega \end{bmatrix} \tag{9.153}$$

全向轮运动学模型可以通过将式(9.153)左右两边同时左乘 $[\boldsymbol{R}_2^i \boldsymbol{R}_1^i]^{-1}$ 得到。

$$\begin{bmatrix} {}^r \omega_i \\ {}^r v_i \end{bmatrix} = [\boldsymbol{R}_1^i]^{-1} [\boldsymbol{R}_2^i]^{-1} \boldsymbol{R}_3^i \begin{bmatrix} {}^r v_x \\ {}^r v_y \\ {}^r \omega \end{bmatrix} \tag{9.154}$$

令

$$\begin{aligned} R^i &= [\boldsymbol{R}_1^i]^{-1} [\boldsymbol{R}_2^i]^{-1} \boldsymbol{R}_3^i \\ &= \frac{-1}{{}^\omega r_i \sin(\alpha_i)} \begin{bmatrix} \cos(\alpha_i) & -\sin(\alpha_i) \\ -{}^\omega r_i & 0 \end{bmatrix} \begin{bmatrix} \cos({}^r_\omega \beta_i) & \sin({}^r_\omega \beta_i) \\ -\sin({}^r_\omega \beta_i) & \cos({}^r_\omega \beta_i) \end{bmatrix} \begin{bmatrix} 1 & 0 & -{}^r l_{iy} \\ 0 & 1 & {}^r l_{ix} \end{bmatrix} \\ &= \begin{bmatrix} -\dfrac{\cos({}^r_\omega \beta_i - \alpha_i)}{{}^\omega r_i \sin(\alpha_i)} & -\dfrac{\sin({}^r_\omega \beta_i - \alpha_i)}{{}^\omega r_i \sin(\alpha_i)} & -\dfrac{{}^r l_{ix} \sin({}^r_\omega \beta_i - \alpha_i) - {}^r l_{iy} c \cos({}^r_\omega \beta_i - \alpha_i)}{{}^\omega r_i \sin(\alpha_i)} \\ \dfrac{\cos({}^r_\omega \beta_i)}{\sin(\alpha_i)} & \dfrac{\sin({}^r_\omega \beta_i)}{\sin(\alpha_i)} & \dfrac{-{}^r l_{iy} \cos({}^r_\omega \beta_i) + {}^r l_{ix} \sin({}^r_\omega \beta_i)}{\sin(\alpha_i)} \end{bmatrix} \end{aligned} \tag{9.155}$$

考虑全向轮角速度${}^{r}w_i$，只取R_i的第一行，即可得OMR运动学模型，由式(9.152)可得

$$\begin{bmatrix} {}^{r}\omega_1 \\ {}^{r}\omega_2 \\ {}^{r}\omega_3 \end{bmatrix} = \boldsymbol{A}_1 \begin{bmatrix} {}^{r}v_x \\ {}^{r}v_y \\ {}^{r}\omega \end{bmatrix} \tag{9.156}$$

其中，$\boldsymbol{A}_1$为

$$\boldsymbol{A}_1 = \begin{bmatrix} -\dfrac{\cos({}^{r}_{\omega}\beta_1 - \alpha_1)}{{}^{\omega}r_2 \sin(\alpha_1)} & -\dfrac{\sin({}^{r}_{\omega}\beta_1 - \alpha_1)}{{}^{\omega}r_2 \sin(\alpha_1)} & \dfrac{{}^{r}l_1 \sin(\alpha_1) + {}^{r}l_1 c \cos(\alpha_1)}{{}^{\omega}r_1 \sin(\alpha_1)} \\ -\dfrac{\cos({}^{r}_{\omega}\beta_2 - \alpha_2)}{{}^{\omega}r_2 \sin(\alpha_2)} & -\dfrac{\sin({}^{r}_{\omega}\beta_2 - \alpha_2)}{{}^{\omega}r_2 \sin(\alpha_2)} & \dfrac{{}^{r}l_2 \sin(\alpha_2) + {}^{r}l_2 c \cos(\alpha_2)}{{}^{\omega}r_2 \sin(\alpha_2)} \\ -\dfrac{\cos({}^{r}_{\omega}\beta_3 - \alpha_3)}{{}^{\omega}r_3 \sin(\alpha_3)} & -\dfrac{\sin({}^{r}_{\omega}\beta_3 - \alpha_3)}{{}^{\omega}r_3 \sin(\alpha_3)} & \dfrac{{}^{r}l_3 \sin(\alpha_3) + {}^{r}l_3 c \cos(\alpha_3)}{{}^{\omega}r_3 \sin(\alpha_3)} \end{bmatrix} \tag{9.157}$$

根据角速度和速度的转换公式$v=rw$，可以将式(9.156)写成如下形式。

$$\begin{bmatrix} {}^{r}v_1 \\ {}^{r}v_2 \\ {}^{r}v_3 \end{bmatrix} = {}^{\omega}r\boldsymbol{A}_1 \begin{bmatrix} {}^{r}v_x \\ {}^{r}v_y \\ {}^{r}\omega \end{bmatrix} = {}^{\omega}r\boldsymbol{A}_1 \begin{bmatrix} {}^{r}\dot{x} \\ {}^{r}\dot{y} \\ \dot{\theta}_r \end{bmatrix} \tag{9.158}$$

$$\begin{bmatrix} x \\ y \\ \theta_r \end{bmatrix} = \begin{bmatrix} \cos({}^{r}\theta) & -\sin({}^{r}\theta) & 0 \\ \sin({}^{r}\theta) & \cos({}^{r}\theta) & 0 \\ 0 & 0 & 1 \end{bmatrix} \begin{bmatrix} {}^{r}x \\ {}^{r}y \\ \theta_r \end{bmatrix} + \begin{bmatrix} x_r \\ y_r \\ 0 \end{bmatrix} \tag{9.159}$$

对式(9.159)求导得

$$\begin{bmatrix} \dot{x} \\ \dot{y} \\ \dot{\theta}_r \end{bmatrix} = \begin{bmatrix} \cos({}^{r}\theta) & -\sin({}^{r}\theta) & 0 \\ \sin({}^{r}\theta) & \cos({}^{r}\theta) & 0 \\ 0 & 0 & 1 \end{bmatrix} \begin{bmatrix} {}^{r}\dot{x} \\ {}^{r}\dot{y} \\ \dot{\theta}_r \end{bmatrix} = \boldsymbol{A}_2 \begin{bmatrix} {}^{r}\dot{x} \\ {}^{r}\dot{y} \\ \dot{\theta}_r \end{bmatrix} \tag{9.160}$$

其中

$$\boldsymbol{A}_2 = \begin{bmatrix} \cos({}^{r}\theta) & -\sin({}^{r}\theta) & 0 \\ \sin({}^{r}\theta) & \cos({}^{r}\theta) & 0 \\ 0 & 0 & 1 \end{bmatrix} \tag{9.161}$$

将式(9.160)代入式(9.161)，可得速度的逆向运动学模型

$$\begin{bmatrix} {}^{r}v_1 \\ {}^{r}v_2 \\ {}^{r}v_3 \end{bmatrix} = {}^{\omega}r\boldsymbol{A}_1\boldsymbol{A}_2^{-1} \begin{bmatrix} {}^{r}\dot{x} \\ {}^{r}\dot{y} \\ \dot{\theta}_r \end{bmatrix} \tag{9.162}$$

同时，还可得到角速度的逆向运动学模型如下。

$$\begin{bmatrix} {}^{r}\omega_1 \\ {}^{r}\omega_2 \\ {}^{r}\omega_3 \end{bmatrix} = \boldsymbol{A}_1\boldsymbol{A}_2^{-1} \begin{bmatrix} {}^{r}\dot{x} \\ {}^{r}\dot{y} \\ \dot{\theta}_r \end{bmatrix} \tag{9.163}$$

实际搭建的OMR运动学模型参数如表9.2所示。

表 9.2 OMR 运动学模型参数表

变量	值	变量	值	变量	值
${}^{\omega}\alpha_1$	90°	${}^{r}_{\omega}\beta_1$	0°	${}^{\omega}r$	50.67mm
${}^{\omega}\alpha_2$	90°	${}^{r}_{\omega}\beta_2$	12	${}^{r}l$	118.18mm
${}^{\omega}\alpha_3$	90°	${}^{r}_{\omega}\beta_3$	90°		

将表 9.2 中数据代入式(9.157)和式(9.161)中,可得

$$\begin{bmatrix} {}^{r}\omega_1 \\ {}^{r}\omega_2 \\ {}^{r}\omega_3 \end{bmatrix} = \begin{bmatrix} -0.0170 & 0.00987 & 2.3323 \\ 0 & -0.0197 & 2.3323 \\ 0.0170 & 0.00987 & 2.3323 \end{bmatrix} \begin{bmatrix} {}^{r}v_x \\ {}^{r}v_y \\ {}^{r}v_\omega \end{bmatrix} \tag{9.164}$$

则雅可比矩阵 $\boldsymbol{A}_1$ 为

$$\boldsymbol{A}_1 = \begin{bmatrix} -0.0170 & 0.00987 & 2.3323 \\ 0 & -0.0197 & 2.3323 \\ 0.0170 & 0.00987 & 2.3323 \end{bmatrix} = \begin{bmatrix} -0.0170 & 0.00987 & 2.3323 \\ 0 & -0.0197 & 2.3323 \\ 0 & 0 & 6.997 \end{bmatrix} \tag{9.165}$$

根据式(9.165),可得 $\text{rank}(\boldsymbol{A}_1)=3$,由雅可比矩阵满秩可知,该 OMR 可以实现全方位的运动。

4. OMR 动力学建模

OMR 的中心点${}^{r}O$ 在坐标系 XOY 中的点坐标为(x_r, y_r)。由牛顿第二定律 $F=ma$,可得:

$$\begin{cases} {}^{G}F_x = m_r {}^{G}a_x = m_r \ddot{x}_r \\ {}^{G}F_y = m_r {}^{G}a_y = m_r \ddot{y}_r \end{cases} \tag{9.166}$$

式中,${}^{G}F_x$ 和${}^{G}F_y$ 为力${}^{G}F$ 分别在 X 和 Y 方向上的分量(其中,${}^{G}F$ 为 OMR 中心点${}^{G}O$ 受到的力); ${}^{G}a_x$ 和${}^{G}a_x$ 是${}^{G}a$(OMR 加速度)分别在 X 和 Y 方向上的分量。m_r 是移动机器人的质量。

定义矩阵 $M=\text{diag}(m,m)$,则式(9.166)与式(9.167)等价。

$${}^{G}F = M\ddot{S} \tag{9.167}$$

其中

$$S = \begin{bmatrix} x_r \\ y_r \end{bmatrix}, \quad {}^{G}F = \begin{bmatrix} {}^{G}F_x \\ {}^{G}F_y \end{bmatrix} \tag{9.168}$$

由 XOY 坐标系和${}^{r}X{}^{r}O{}^{r}Y$ 坐标系的转换公式,可得

$$\dot{S} = T_r^r\dot{S}, \quad \ddot{S} = T_r^r\ddot{S} + \dot{T}_r^r\dot{S}, \quad {}^{G}F = T_r^rF \tag{9.169}$$

其中,${}^{r}\dot{S}$ 和${}^{r}F$ 是 $\dot{S}$ 和${}^{G}F$ 在 OMR 坐标系${}^{r}X{}^{r}O{}^{r}Y$ 下的映射。将式(9.169)代入式(9.167),可得:

$${}^{r}F = M({}^{r}\ddot{S} + T_r^{-1}\dot{T}_r^r\dot{S}) \tag{9.170}$$

考虑角加速度和角速度对 OMR 的作用,并结合式(9.170),可得 OMR 的运动学模型如下:

$$\begin{cases} m_r({}^{r}\ddot{x}_r - {}^{r}\dot{y}_r\dot{\theta}_r) = {}^{r}F_x \\ m_r({}^{r}\ddot{y}_r - {}^{r}\dot{x}_r\dot{\theta}_r) = {}^{r}F_y \\ I_v\ddot{\theta}_r = M_I \end{cases} \tag{9.171}$$

其中，I_v 是 OMR 重心绕中心轴的转动惯量，M_I 是作用在 OMR 上关于其重心轴的力矩。由式(9.172)可得${}^rF_x$ 和${}^rF_y$ 分别为：

$$\begin{cases} {}^rF_x = N_2^\omega \sin(\pi - {}^r_\omega\beta_2) + N_3^\omega \sin({}^r_\omega\beta_3 - \pi) \\ {}^rF_y = N_1^\omega - N_2^\omega \cos(\pi - {}^r_\omega\beta_2) - N_3^\omega \cos({}^r_\omega\beta_3 - \pi) \end{cases} \tag{9.172}$$

OMR 第 i 个全向轮的驱动系统的动力学模型可以用式(9.173)表示

$$I_\omega \ddot{\theta}_r + \xi \ddot{\theta}_r = h \tag{9.173}$$

其中，$N_i^w(i=1,2,3)$是第 i 个全向轮的驱动力，ξ 是地面与全向轮之间的摩擦系数，I_w 是全向轮绕其中心轴的转动惯量，h 是一个驱动系数。

全向轮的速度${}^rv_i$ 可由${}^wr\,{}^rw_i$ 计算。全向移动机器人的动力学模型可以写成如下形式：

$$\ddot{X} = \boldsymbol{A}(X)\dot{X} + \boldsymbol{B}(X)u \tag{9.174}$$

其中

$$\begin{cases} X = [x_r \quad y_r \quad \theta_r]^{\mathrm{T}} \\ \dot{X} = [\tau_1 \quad \tau_2 \quad \tau_3]^{\mathrm{T}} \end{cases} \tag{9.175}$$

$$\begin{cases} \boldsymbol{A}(X) = \begin{bmatrix} \dfrac{-3\xi}{3I_\omega + 2m_r{}^\omega r^2} & \dfrac{-3I_\omega\dot{\theta}_r}{3I_\omega + 2m_r{}^\omega r^2} & 0 \\ \dfrac{-3I_\omega\dot{\theta}_r}{3I_\omega + 2m_r{}^\omega r^2} & \dfrac{3\xi}{3I_\omega + 2m_r{}^\omega r^2} & 0 \\ 0 & 0 & \dfrac{3\xi^r l}{3I_\omega{}^r l^2 + I_v{}^\omega r^2} \end{bmatrix} \\ \boldsymbol{B}(X) = \begin{bmatrix} \dfrac{-h^\omega r\kappa_1}{3I_\omega + 2m_r{}^\omega r^2} & \dfrac{h^\omega r\kappa_1}{3I_\omega + 2m_r{}^\omega r^2} & \dfrac{2h^\omega r\cos(\theta_r)}{3I_\omega + 2m_r{}^\omega r^2} \\ \dfrac{h^\omega r\kappa_2}{3I_\omega + 2m_r{}^\omega r^2} & \dfrac{h^\omega r\kappa_3}{3I_\omega + 2m_r{}^\omega r^2} & \dfrac{2h^\omega r\sin(\theta_r)}{3I_\omega + 2m_r{}^\omega r^2} \\ \dfrac{h^\omega r^r l}{3I_\omega{}^r l^2 + I_v{}^\omega r^2} & \dfrac{h^\omega r^r l}{3I_\omega{}^r l^2 + I_v{}^\omega r^2} & \dfrac{h^\omega r^r l}{3I_\omega{}^r l^2 + I_v{}^\omega r^2} \end{bmatrix} \end{cases} \tag{9.176}$$

并令 $\kappa_1 = \sqrt{3}\sin(\theta_r) - \cos(\theta_r)$，$\kappa_2 = -\sqrt{3}\sin(\theta_r) - \sin(\theta_r)$，$\kappa_2 = \sqrt{3}\cos(\theta_r) - \sin(\theta_r)$。

9.6.2 人工势场法

人工势场法路径规划是由 Khatib 提出的一种虚拟力法。它的基本思想是将机器人在周围环境中的运动设计成一种抽象的人造引力场中的运动，目标点对移动机器人产生“引力”，障碍物对移动机器人产生“斥力”(如图 9.69 所示)，最后通过求合力来控制移动机器人的运动(如图 9.70 所示)。应用势场法规划出来的路径一般比较平滑并且安全，但是这种方法存在局部最优点问题；且人工势场法无法将机器人自身的一些约束考虑进路径规划上，如机器人的最大运动速度等。为了解决这个问题，可以将模型预测控制器用于全向移动机器人的运动控制，以补偿人工势场法规划路径的不足。

目标点对移动机器人产生的“引力”会引导移动机器人运动，而障碍物对移动机器人产生的“斥力”则会驱使移动机器人远离障碍物，最终移动机器人在斥力与引力的共同作用下移动，如图 9.70 所示。

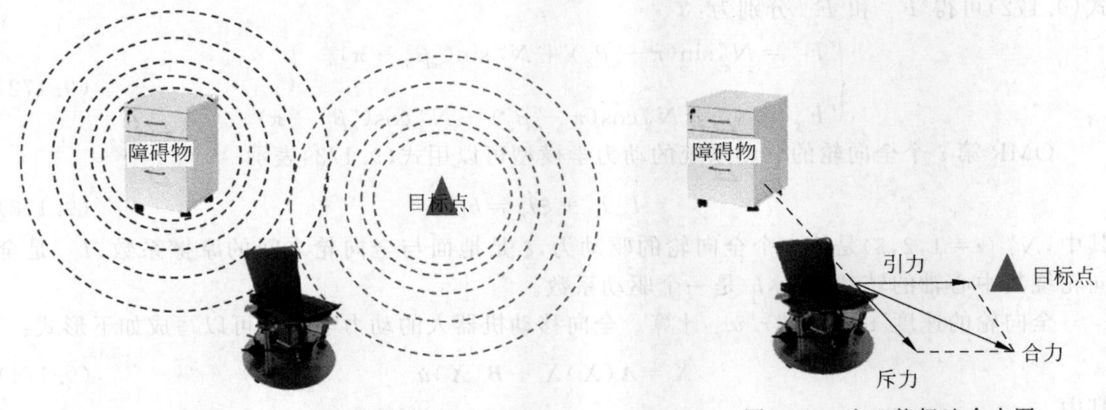

图 9.69 虚拟势场图

图 9.70 人工势场法合力图

利用人工势场法对 OMR 进行路径规划时，会生成一个虚拟的力引导移动机器人的运动，同时躲避障碍物。为了便于分析，将移动机器人视为在二维空间中运动的质点，其位置可表示为 $S=[x_r,y_r]^{\mathrm{T}}$。超声波传感器可以检测机器人与目标、机器人与障碍物之间的距离和角度。由目标点产生的引力势场函数可以由式(9.177)计算。

$$U_{\text{att}}(s)=a_{\text{att}}d^c(s,s_{\text{goal}}) \tag{9.177}$$

其中，a_{att} 是一个正比例系数，$d^c(s,s_{\text{goal}})=\|(s_{\text{goal}}-s)\|$ 是 OMR 质点和目标点之间的距离，$c=1$ 或 2。当 $c=2$ 时，引力为：

$$F_{\text{att}}(s)=-\nabla U_{\text{att}}=a_{\text{att}}d(s,s_{\text{goal}}) \tag{9.178}$$

斥力势函数为：

$$U_{\text{rep}}(s)=\begin{cases}a_{\text{rep}}\left(\dfrac{1}{d(s,s_{\text{goal}})}-\dfrac{1}{d_0}\right)^2 d^n(s,s_{\text{goal}}) & \text{当 } d(s,s_{\text{goal}})\leqslant d_0 \text{ 时}\\ 0 & \text{当 } d(s,s_{\text{goal}})>d_0 \text{ 时}\end{cases} \tag{9.179}$$

其中，a_{rep} 是一个正比例系数，$d(s,s_{\text{obs}})$ 是 OMR 质点与障碍物之间的最短距离，n 是一个正系数。d_o 表示障碍物对移动机器人的影响程度，它是一个正的常数。

斥力为：

$$F_{\text{rep}}(s)=-\nabla U_{\text{req}}(s)=\begin{cases}F_{\text{rep1}}n_{\text{OR}}+F_{\text{rep2}}n_{\text{RG}} & \text{当 } d(s,s_{\text{goal}})\leqslant d_0 \text{ 时}\\ 0 & \text{当 } d(s,s_{\text{goal}})>d_0 \text{ 时}\end{cases} \tag{9.180}$$

其中，$n_{\text{OR}}=\nabla d(s,s_{\text{obs}})$ 和 $n_{\text{RG}}=\nabla d(s,s_{\text{goal}})$ 分别是从障碍物点指向 OMR 以及从 OMR 指向目标点的单位向量。结合式(9.178)和式(9.180)，可得合力 F_{total} 的计算公式如下：

$$\begin{aligned}F_{\text{total}}(s)&=F_{\text{att}}(s)+F_{\text{rep}}(s)\\&=F_{\text{att}}(s)n_{\text{RG}}+F_{\text{rep1}}(s)n_{\text{OR}}+F_{\text{rep2}}(s)n_{\text{RG}}\end{aligned} \tag{9.181}$$

根据式(9.181)可以计算出合力角 θ_{total}。假设 OMR 的位姿 θ_r 已知，则由式(9.182)可得 θ_r 和 θ_{total} 的差值 θ_e。

$$\theta_e=\theta_r-\theta_{\text{total}} \tag{9.182}$$

9.6.3 全向移动机器人的模型预测控制器设计

1. 模型预测控制

近年来，模型预测控制(Model Predictive Control，MPC)在运动控制、物联网中得到了广泛的应用。MPC对模型的精度要求较低，适用于阶跃响应模型、线性和非线性模型。MPC的主要思想是将控制问题描述为一个代价函数的优化问题，在特定的约束条件下，使代价函数最小化的输入就是最优输入。MPC的思想与具体的模型无关，但是实现则与模型有关。一般情况下，MPC是由模型预测、滚动优化和反馈校正3个模块组成，如图9.71所示为MPC的基本原理。在k时刻对被控对象系统的输出进行测量，则可得测量值$y(k)$，以下面的状态空间模型为例。

$$\begin{cases} x(k+1)=f(x(k),u(k)) \\ y(k)=g(x(k),u(k)) \end{cases} \tag{9.183}$$

已知系统的初始状态$x(0)=x_0$，其中，$x(k)\in\mathbb{R}^{n1}$、$u(k)\in\mathbb{R}^{n2}$和$y(k)\in\mathbb{R}^{n3}$分别表示系统k时刻的状态、输入和输出。定义i时刻的输出为$y_p(k+i|k)$，则未来p时刻内所有的输出为$y_p(k+1|k),y_p(k+2|k),\cdots,y_p(k+p|k)$，对应的输入为$U_k=[u(k|k),u(k+1|k),\cdots,u(k+p-1|k)]$。需要注意的是，这里的$k$时刻输入与$k+1$时刻的输出相对应。

对于MPC，系统的输入u、输出y以及d都要满足一定的约束条件，即：

$$u_{\min}\leqslant u(k+i)\leqslant u_{\max}$$
$$y_{\min}\leqslant y(k+i)\leqslant y_{\max}$$
$$d_{\min}\leqslant d(k+i)\leqslant d_{\max}$$

最终最优控制输入的问题就转化为输出与参考值差值最小的问题，即图9.71中阴影面积最小。

$$J(y(k),U(k))=\sum_{i=k+1}^{k+p}(r(i)-y_p(i\mid k)^2) \tag{9.184}$$

1）模型预测

模型预测控制应具有预测功能，即能够根据系统当前时刻的控制输入以及过程的历史信息，预测过程输出的未来值，因此，需要一个描述系统动态行为的模型作为预测模型。预测模型具有展示过程未来动态行为的功能，这样就可像在系统仿真时那样，任意地给出未来控制策略，观察过程不同控制策略下的输出变化，从而为比较这些控制策略的优劣提供基础。

2）滚动优化

模型预测控制是一种优化控制算法，需要通过某一性能指标的最优化来确定未来的控制作用。与通常的离散最优控制算法不同，它不是采用一个不变的全局最优目标，而是采用滚动式的有限时域优化策略，如图9.72所示。滚动优化的优化过程不是一次离线完成的，而是反复在线进行的，即在每一采样时刻，优化性能指标只涉及从该时刻起到未来有限的时间，而到下一个采样时刻，这一优化时段会同时向前。这种优化算法在每一个时刻有一个相对于该时刻的局部优化性能指标。

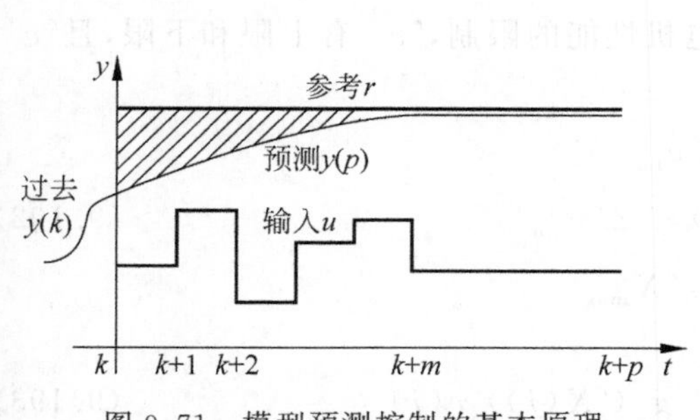

图9.71 模型预测控制的基本原理

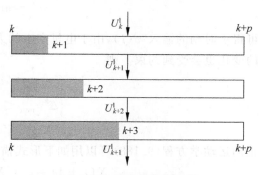

k
U_k^1
k+p
k+1
U_{k+1}^1
k+2
U_{k+2}^1
k+3
k
U_{k+1}^1
k+p

图9.72 滚动优化原理图

3）反馈校正

在模型预测控制中，通过输出的测量值 y_p 与模型的预估值 y 进行比较，得出模型的预测误差，再利用模型预测误差来对模型的预测值进行修正，如图 9.73 所示。

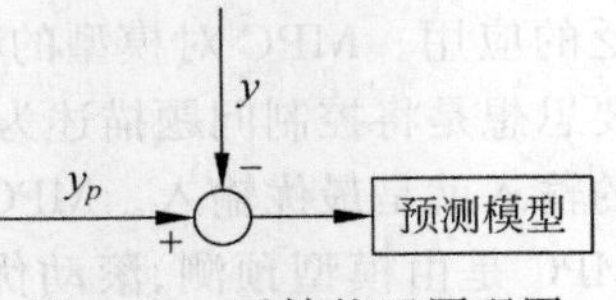

图 9.73 反馈校正原理图

2. 基于运动学模型的模型预测控制器

结合式(9.162)、$v=r\omega$、OMR 在机器人坐标系 $^rX^rO^rY$ 的位姿信息 $^rX=[^rx_r,{}^ry_r,{}^r\theta_r]^{\mathrm{T}}$ 以及三个全向轮速度 $^rv=[^rv_1,{}^rv_2,{}^rv_3]^{\mathrm{T}}$，可得：

$$^rv={}^\omega r\boldsymbol{A}_1{}^r\dot{X} \tag{9.185}$$

将式(9.185)左右两边同时左乘 $^wr_1^{-1}\boldsymbol{A}_1^{-1}$，可得

$$^r\dot{X}={}^\omega r_1^{-1}\boldsymbol{A}_1^{-1}{}^rv \tag{9.186}$$

通过零阶保持器，可将连续时间系统描述为如下离散时间形式：

$$^rX(j+1)={}^rX(j)+{}^r\dot{X}(t)T \tag{9.187}$$

其中，T 为采样周期。结合式(9.164)和式(9.186)，式(9.187)可写成下述形式：

$$\begin{bmatrix} ^rx_r(j+1) \\ ^ry_r(j+1) \\ ^r\theta_r(j+1) \end{bmatrix}=\begin{bmatrix} ^rx_r(j)-1.1547T{}^rv_1-0.05785T{}^rv_2+0.5777T{}^rv_3 \\ ^ry_r(j)-1.002T{}^rv_2+0.334T{}^rv_3 \\ ^r\theta_r(j)+0.0028T{}^rv_3 \end{bmatrix} \tag{9.188}$$

定义 MPC 的代价函数为：

$$J({}^rX.{}^rv)=\sum_{k=j}^{j+N-1}L_K({}^rX(k),{}^rv(k)+F({}^rX(j+N))) \tag{9.189}$$

式中，L_K 为

$$L_K({}^rX,{}^rv)=\sum_{k=1}^{N}{}^rX^{\mathrm{T}}(k+j\mid j)Q_k{}^rX(k+j\mid j)+$$
$$\sum_{k=0}^{N_u-1}\Delta^rv^{\mathrm{T}}(k+j)R_K\Delta^rv(k+j\mid j) \tag{9.190}$$

其中：$N\geqslant 1$ 为预测边界，$1\leqslant N_u\leqslant N$ 是控制边界，Q_K 和 R_K 是权重矩阵，$^rX(k+j|j)$ 为 OMR 的预测位姿，$\Delta^rv(k+j|j)$ 是控制器的输入增量，$L_K({}^rX,{}^rv)$ 是最常用的标准二次型形式。在线求解有限边界最优控制问题如下：

$$^rv^*=\underset{^rv}{\operatorname{argmin}}J({}^rX,{}^rv) \tag{9.191}$$

可得 j 时刻的输入 $^rv(j)$，由于电机产生的力矩受电机性能的限制，$^rv^*$ 有上限和下限，且 $^rv^*$ 的变化也会受到约束。则

$$\begin{cases} ^rv_{\min}\leqslant{}^rv(j)\leqslant{}^rv_{\max} \\ \Delta^rv_{\min}\leqslant\Delta^rv(j)\leqslant\Delta^rv_{\min} \\ ^rX_{\min}\leqslant{}^rX(j)\leqslant{}^rX_{\max} \end{cases} \tag{9.192}$$

正向运动学方程(9.188)可以用如下形式描述：

$$^rX(j+1)=g_1({}^rX(j))+g_2({}^rX(j)){}^rv(j) \tag{9.193}$$

其中，g_1 和 g_2 是连续的非线性函数。$g_1(0)=0$，$q=[^rx_r,{}^ry_r,{}^r\theta_r]^{\mathrm{T}}$ 是状态向量，可得

$$g_1(q)=\begin{bmatrix}{}^r x_r\\ {}^r y_r\\ {}^r\theta_r\end{bmatrix},\quad g_2(q)=T\begin{bmatrix}-1.1547 & -0.5785 & 0.57777\\ 0 & -1.002 & 0.334\\ 0 & 0 & 0.0028\end{bmatrix}\tag{9.194}$$

定义如下向量：

$$\begin{cases}{}^r\overline{X}=\left[{}^rX(j+1\mid j)\ \cdots\ {}^rX(j+N\mid j)\right]^{\mathrm{T}}\in\mathbb{R}^{3N}\\ {}^r\overline{v}=\left[{}^rv(j+1\mid j)\ \cdots\ {}^rv(j+N\mid j)\right]^{\mathrm{T}}\in\mathbb{R}^{3N_u}\\ \Delta^r\overline{v}=\left[\Delta^rv(j+1\mid j)\ \cdots\ \Delta^rv(j+N\mid j)\right]^{\mathrm{T}}\in\mathbb{R}^{3N_u}\end{cases}\tag{9.195}$$

预测输出为：

$${}^r\overline{X}=G\Delta^r\overline{v}(j)+\tilde{g}_1+\tilde{g}_2\tag{9.196}$$

其中

$$\begin{cases}G=\begin{bmatrix}g_2({}^rX(\overline{N}_1)) & 0 & \cdots & 0\\ g_2({}^rX(\overline{N}_2)) & g_2({}^rX(\overline{N}_2)) & \cdots & 0\\ \vdots & \vdots & \ddots & \vdots\\ g_2({}^rX(\overline{N}_N)) & g_2({}^rX(\overline{N}_N)) & \cdots & g_2({}^rX(\overline{N}_N))\end{bmatrix}\\ \tilde{g}_1=\begin{bmatrix}g_1({}^rX(\overline{N}_1))\\ g_1({}^rX(\overline{N}_2))\\ \vdots\\ g_1({}^rX(\overline{N}_N))\end{bmatrix}\in\mathbb{R}^{3N},\quad \tilde{g}_1=\begin{bmatrix}g_2({}^rX(\overline{N}_1))^rv(j-1)\\ g_2({}^rX(\overline{N}_2))^rv(j-1)\\ \vdots\\ g_2({}^rX(\overline{N}_N))^rv(j-1)\end{bmatrix}\in\mathbb{R}^{3N}\end{cases}\tag{9.197}$$

式中，$\overline{N}_i=j-1+1|j-1$。

式(9.189)的最优化问题可以转换成如下形式：

$$\min\left(\|\Delta^r\overline{X}(j)\|_{Q_K}^2+\|\Delta^r\overline{v}(j)\|_{R_K}^2\right)=\min\left(\|G\Delta^r\overline{v}(j)+\tilde{g}_1+\tilde{g}_2\|+\|\Delta^r\overline{v}(j)\|_{R_K}^2\right)\tag{9.198}$$

式(9.198)约束如下

$$\begin{cases}\Delta^rv_{\min}\leqslant\Delta^rv(j)\leqslant\Delta^rv_{\max}\\ {}^rv_{\min}\leqslant{}^rv(j-1)\leqslant{}^rv_{\max}\\ {}^rv_{\min}\leqslant{}^rv(j-1)+I\Delta^rv(j)\leqslant\Delta^rv_{\max}\\ {}^rX_{\min}\leqslant G^r\overline{v}(j)+\tilde{g}_1+\tilde{g}_2\leqslant{}^rX_{\max}\end{cases}\tag{9.199}$$

式(9.198)的优化问题也可以转换成一个二次规划问题：

$$\min\left(\frac{1}{2}\Delta^r\overline{v}^{\mathrm{T}}\overline{\boldsymbol{W}}\Delta\overline{{}^rv}+\overline{\boldsymbol{H}}^{\mathrm{T}}\Delta^r\overline{v}\right)\tag{9.200}$$

其中

$$\begin{cases}\overline{\boldsymbol{W}}=2(\boldsymbol{G}^{\mathrm{T}}\boldsymbol{Q}_K\boldsymbol{G}+\boldsymbol{R}_K)\\ \overline{\boldsymbol{H}}=-2\boldsymbol{G}^{\mathrm{T}}\boldsymbol{Q}_K(\tilde{g}_1+\tilde{g}_2)\\ \boldsymbol{E}=[-\boldsymbol{I}\ \ \boldsymbol{I}\ \ -\boldsymbol{G}\ \ \boldsymbol{G}]\end{cases}\tag{9.201}$$

3. 基于动力学模型的模型预测控制器

由 OMR 的动力学模型可得式(9.202)如下：

$$\begin{bmatrix} {}^r\ddot{x}_r = \dfrac{-3I_\omega {}^r\dot{y}_r^r\dot{\theta}_r - 3\xi^r\dot{x}_r - h^\omega r\kappa_1\tau_1 + h^\omega r\kappa_1\tau_2 + 2h^\omega r\tau_3}{2M^\omega r^2 + 3I_\omega} \\ {}^r\ddot{y}_r = \dfrac{3I_\omega {}^r\dot{x}_r^r\dot{\theta}_r + 3\xi^r\dot{y}_r - h^\omega r\kappa_2\tau_1 + h^\omega r\kappa_{13}\tau_2 + 2h^\omega r\tau_3}{2M^\omega r^2 + 3I_\omega} \\ {}^r\ddot{\theta}_r = \dfrac{-3\xi^r l^{2r}\dot{\theta}_r + hl^\omega r(\tau_1 + \tau_2 + \tau_3)}{(I_v + 3I_\omega)^\omega r^2} \end{bmatrix} \tag{9.202}$$

将式(9.188)代入式(9.202)中，则 OMR 的离散动力学可写成如下形式：

$$\begin{cases} {}^r\dot{x}_r(j+1) = {}^r\dot{x}_r(j) + {}^r\ddot{x}_r T \\ {}^r\dot{y}_r(j+1) = {}^r\dot{y}_r(j) + {}^r\ddot{y}_r T \\ {}^r\dot{\theta}_r(j+1) = {}^r\dot{\theta}_r(j) + {}^r\ddot{\theta}_r T \end{cases} \tag{9.203}$$

根据力矩 τ 公式 $\tau = \dfrac{9550 \times P}{N}$ 和转速公式 $v = \dfrac{2\pi r \times N}{60}$，可推导出：功率 P 确定的情况下，τ 与 v 满足下面的关系

$$\tau = \frac{19100r \times P \times \pi}{60v} = \frac{k_v^\tau}{v} \tag{9.204}$$

将式(9.174)、式(9.186)、式(9.203)和式(9.204)结合，可得

$${}^r\dot{X}(j+1) = {}^r\dot{X}(j) + \boldsymbol{A}({}^rX)^\omega r^{-1} A_1^{-1} \frac{k_v^\tau}{u(j)} T + \boldsymbol{B}({}^rX)u(j)T \tag{9.205}$$

约束如下：

$$\begin{cases} {}^rv_{\min} \leqslant {}^rv(j) \leqslant {}^rv_{\max} \\ u_{\min} \leqslant u(j) \leqslant u_{\max} \\ \Delta u_{\min} \leqslant \Delta u(j) \leqslant \Delta u_{\max} \end{cases} \tag{9.206}$$

其中，min 和 max 分别表示对应参数的下限和上限，v 为速度，u 为输入力矩，Δu 表示是力矩的变化率。

式(9.205)的预测模型可以写成：

$${}^r\dot{X}(j+k \mid j) = {}^r\dot{X}(j+k-1 \mid j) + \frac{\boldsymbol{A}({}^rX)^\omega r^{-1} \boldsymbol{A}_1^{-1} k_v^\tau}{u(j+k-1 \mid j)} T + \boldsymbol{B}({}^rX)u(j+k-1 \mid j)T \tag{9.207}$$

其中，$k \subseteq [1, \overline{N}_i]$。

结合上述分析，根据预测边界 $\overline{N}$ 和控制边界 $\overline{N}_u$，可得 OMR 状态与输入力矩 u 之间的二次目标函数为：

$$L_D(k) = \sum_{k=1}^{\hat{N}} {}^r\dot{X}^{\mathrm{T}}(j+k \mid j)\overline{Q}_D^r\dot{X}(j+k \mid j) + \sum_{k=1}^{\hat{N}_u} u^{\mathrm{T}}(j+k-1 \mid j)\overline{R}_D u(j+k-1 \mid j) \tag{9.208}$$

其中，$\overline{Q}_D$ 和 $\overline{R}_D$ 分别是对应的权重矩阵。

因此，动力学的预测电机力矩可通过下式得到。

$$u^* = \operatorname{argmin}_u L_D(j) \tag{9.209}$$

9.6.4　仿真与结果

这里设计的仿真环境是一个大小为 100m×100m 的二维空间，其中包含 6 个障碍物 $O_i(i=1,2,3,4,5,6)$，如图 9.74 所示。设 OMR 的仿真起点和目标点分别为(5,90)和(70,30)，起始速度为 1m/s。定义预测边界为 $N=5$，控制边界为 $N_u=3$。由于运动学控制器和动力学控制器的输入不同，所以约束条件也不同。OMR 与障碍物之间的距离是可调的，且 OMR 模型的参数值是根据实际搭建的 OMR 数据确定。本节基于 MATLAB 平台进行仿真。

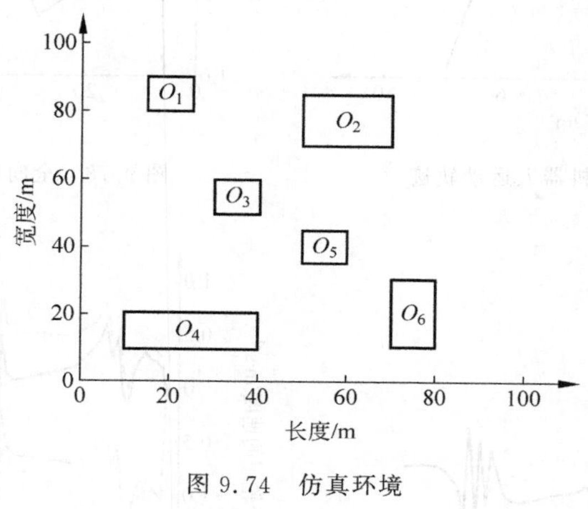

图 9.74　仿真环境

1. 运动学控制器仿真

首先基于 OMR 的运动学模型进行仿真，结合模型预测控制和人工势场法对 OMR 进行导航。在此仿真中，假设目标位置已知，并且提前设定初始位置和初始速度。仿真过程如图 9.75 所示。首先，确定了移动机器人的起始位置和起始速度。然后，将目标位置发送给移动机器人。基于人工势场法，移动机器人可以绘制出下一个状态，作为 MPC 的参考。在 MPC 过程结束后，将预测状态发送给移动机器人进行导航，并将预测状态发送给上一个过程为下一个提供参考。基于 MPC 和人工势场法，OMR 可以调整速度，最终到达图 9.76 和图 9.77 中的目标点(O_i 表示第 i 个障碍物)。从图 9.76 和图 9.77 可以看出，OMR 成功地到达目标点，并且能够顺利地躲避障碍物。OMR 的速度如图 9.78～图 9.80 所示。

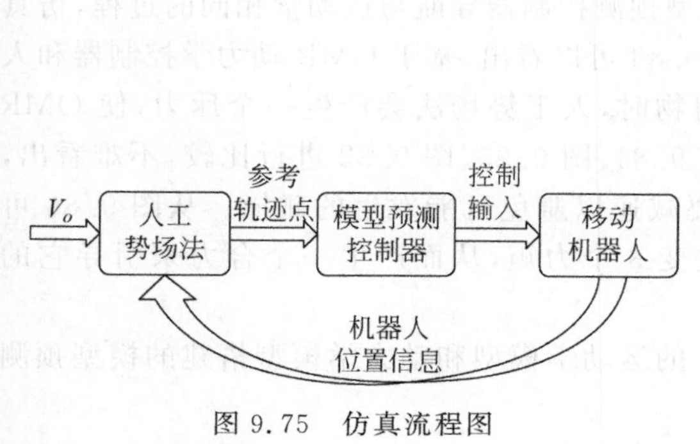

图 9.75　仿真流程图

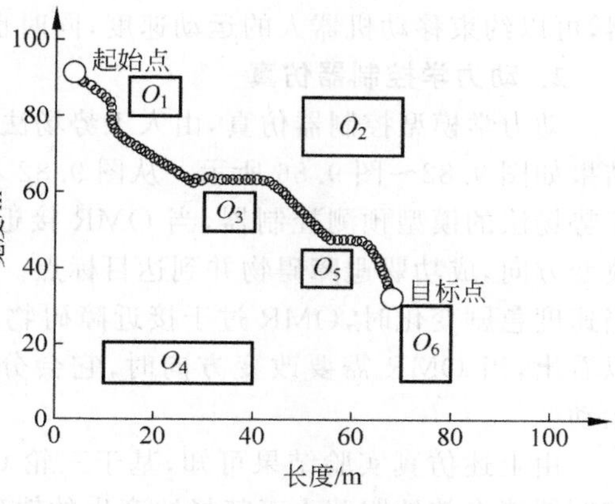

图 9.76　仿真环境下运动学模型控制器仿真效果

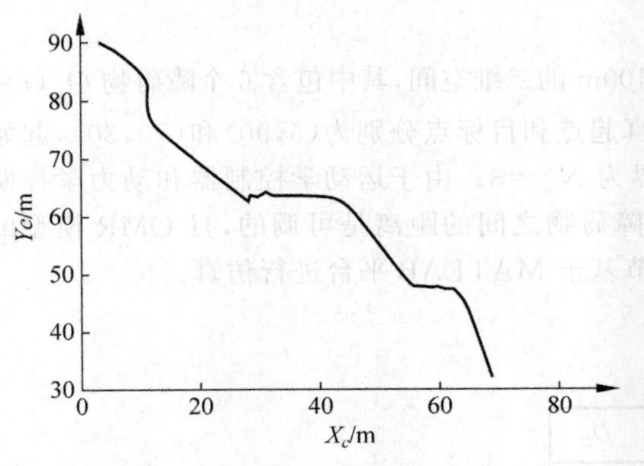

图 9.77 全向移动机器人运动轨迹

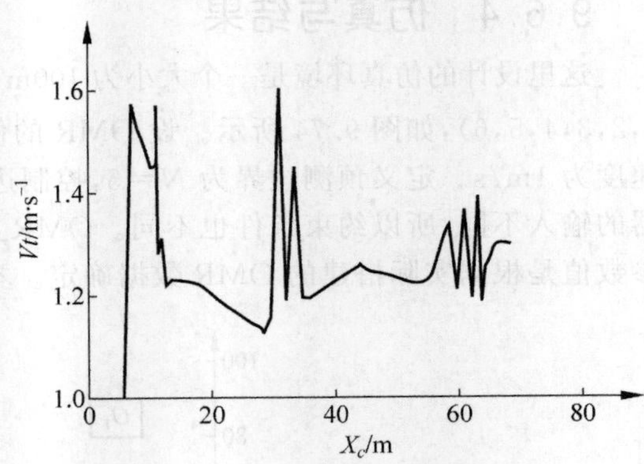

图 9.78 全向移动机器人的速度

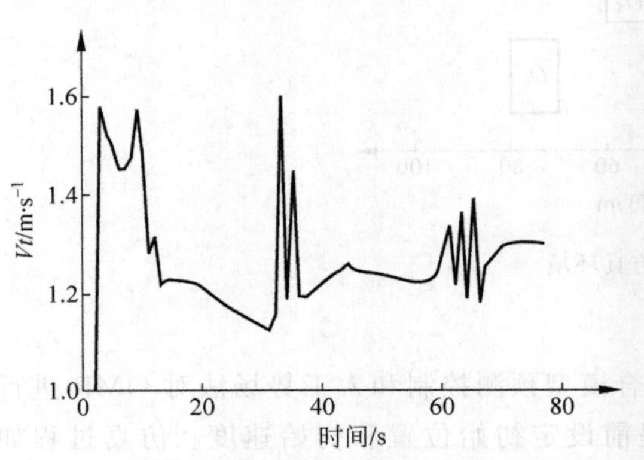

图 9.79 全向移动机器人的速度变化

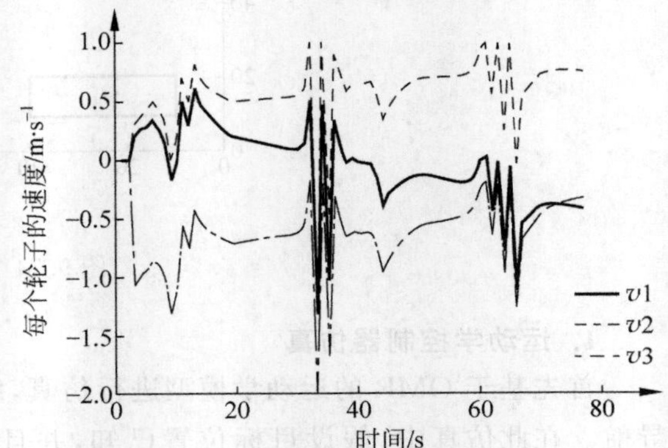

图 9.80 移动机器人三个全向轮的速度

在仿真开始时，将机器人的起始速度设为 1。当移动机器人开始运动时，MPC 将速度修改为 v_t。从图 9.76、图 9.78、图 9.79 可以看出，v 变化较快的时刻是移动机器人遇到障碍物需要改变方向的时刻。图 9.80 为三个全向车轮的速度。根据人工势场法，可以得到总的力矩角，并确定 η 的值，η 的变化如图 9.81 所示。

基于人工势场法，OMR 可以顺利地避开障碍物，并成功到达目标点。基于模型预测控制器，可以约束移动机器人的运动速度，同时也增强了系统的鲁棒性。

2. 动力学控制器仿真

动力学模型控制器仿真，由人工势场法和模型预测控制器导航与运动学相同的过程，仿真结果如图 9.82～图 9.86 所示。从图 9.82 和图 9.83 可以看出，基于 OMR 动力学控制器和人工势场法的模型预测控制器，当 OMR 接近障碍物时，人工势场法会产生一个斥力，使 OMR 改变方向，成功躲避障碍物并到达目标点。将图 9.84、图 9.85、图 9.82 进行比较，不难看出，当速度急剧变化时，OMR 过于接近障碍物，需要减速以避免可能发生的碰撞。从图 9.86 可以看出，当 OMR 需要改变方向时，它会分别改变 3 个力矩，从而产生一个合力来引导它的运动。

由上述仿真实验结果可知，基于三轮 OMR 的运动学模型和动力学模型搭建的模型预测控制器能有效地跟踪人工势场法产生的轨迹。

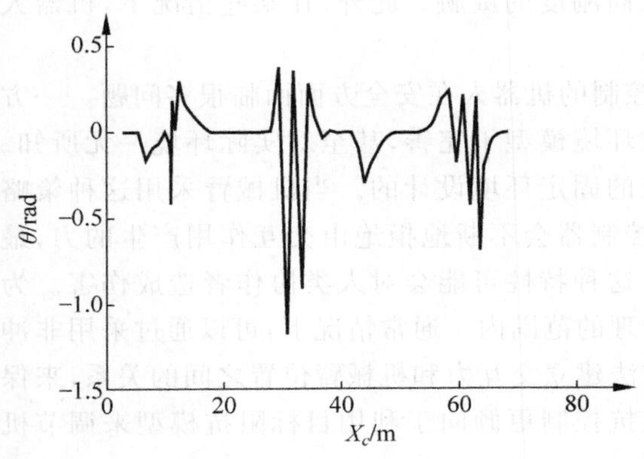

图 9.81 由人工势场法确定的 η

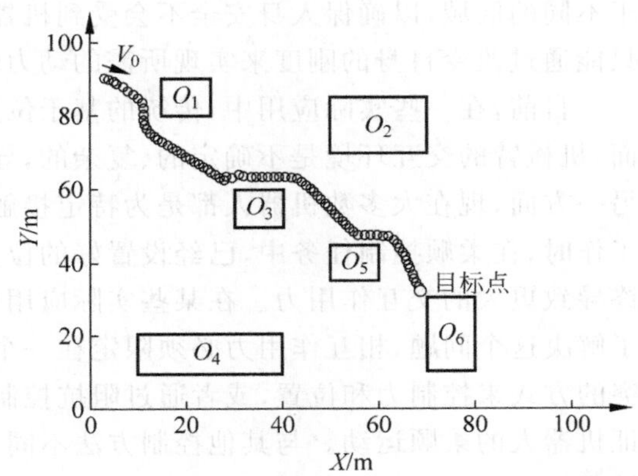

图 9.82 动力学模型全向轮在工作空间的运动仿真

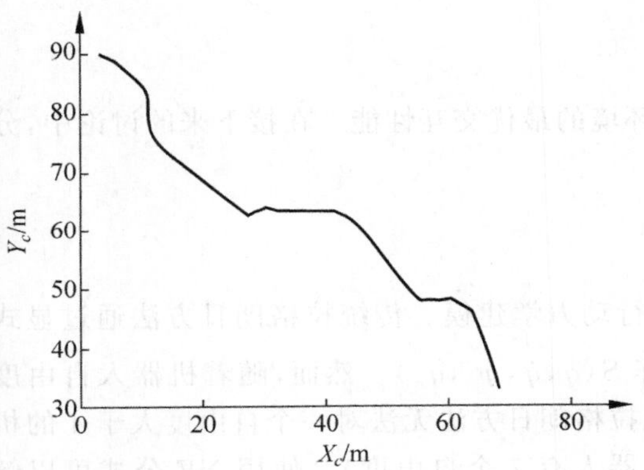

图 9.83 动力学模型全向轮的运动轨迹

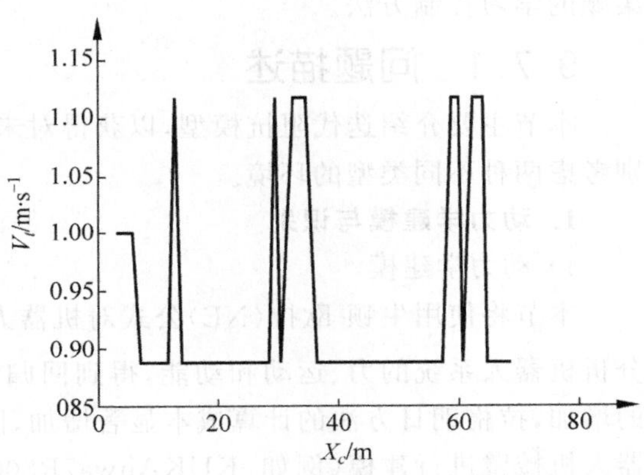

图 9.84 动力学模型全向轮的运动速度

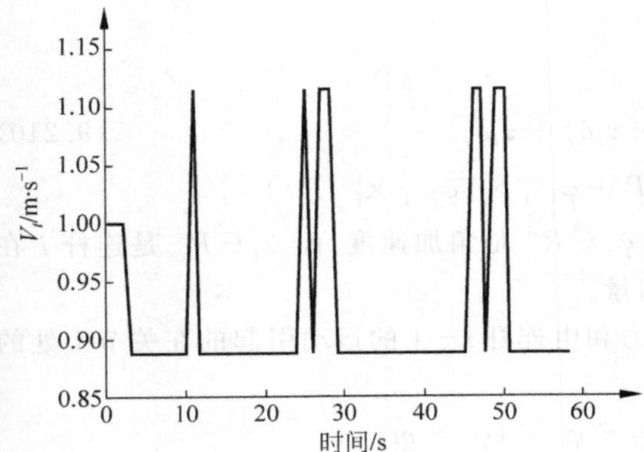

图 9.85 动力学模型全向轮的速度变化

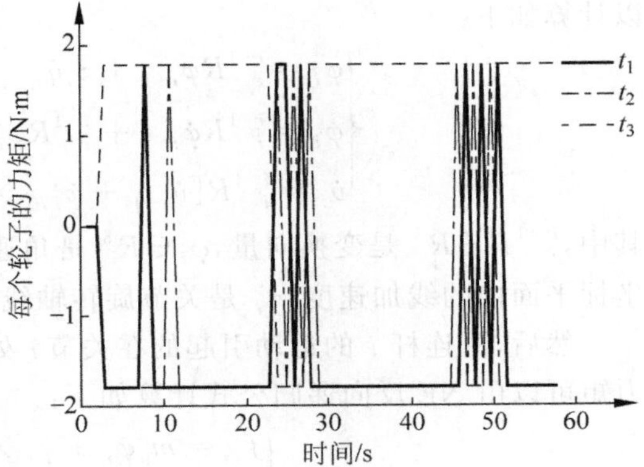

图 9.86 动力学模型全向轮的力矩变化

9.7 基于牛顿-欧拉模型的自适应迭代学习控制

随着机器人的发展，机械制造、娱乐、医疗保健、人机协作等诸多社会应用得到了极大的改善。机器臂主要应用于工业领域，其工作环境对人身安全是有威胁的，机器人和人应该分别处于不同的区域,以确保人身安全不会受到机器人高刚度的威胁。此外,在某些情况下,机器人只能通过改变自身的刚度来实现所需的动力学。

目前,在一些实际应用中,传统的基于位置控制的机器人在安全方面面临很多问题。一方面,机械臂的交互环境是不确定的、复杂的,导致环境模型不完善,甚至对实际环境一无所知。另一方面,现在大多数机器人都是为特定接触点的固定环境设计的。当机械臂采用这种策略工作时,在柔顺控制任务中,已经设置好的位置控制器会不断地拒绝由交互作用产生的力,最终导致更大的交互作用力。在某些实际应用中,这种特性可能会对人类协作者造成伤害。为了解决这个问题,相互作用力必须限定在一个合理的范围内。通常情况下,可以通过采用非冲突的方式来控制力和位置,或者通过阻抗控制方法建立交互力和机械臂位置之间的关系,来保证机器人的柔顺运动。与其他控制方法不同,阻抗控制更倾向于利用目标阻抗模型来调节机械阻抗。

随着现实世界的不确定性、复杂性的不断增加和越来越多的复用,越来越需要一种安全、柔顺的学习控制方法。

9.7.1 问题描述

本节主要介绍迭代阻抗模型,以获得对未知环境的最优交互性能。在接下来的讨论中,分别考虑两种不同类型的环境。

1. 动力学建模与识别

1) 动力学建模

本节将使用牛顿-欧拉(NE)公式对机器人进行动力学建模。传统拉格朗日方法通过显式分析机器人系统的力、运动和动能,得到回归矩阵 $S(q,\dot{q},\dot{q}_r,\ddot{q}_r)$。然而,随着机器人自由度的增加,拉格朗日方法的计算成本显著增加,因此拉格朗日方法无法对一个自由度大于 4 的机器人机械臂进行建模(例如,KUKAiiwa7R800 机器人有 7 个自由度)。使用 NE 公式可以解决这一问题,且利用 NE 公式可以提高控制器的计算效率。

利用 NE 公式,可以将机器人动力学计算分为两步:正向递归和反向递归。正向递归可以计算如下:

$$\begin{cases}\varphi_i = {}_i^{i-1}R\varphi_{i-1} + z_i\dot{q}_i \\ \dot{\varphi}_i = {}_i^{i-1}R\dot{\varphi}_{i-1} + {}_i^{i-1}R\varphi_{i-1} \times z_i\dot{q}_i + z_i\ddot{q}_i \\ \dot{\upsilon}_i = {}_i^{i-1}R[\dot{\upsilon}_{i-1} + \dot{\varphi}_{i-1} \times {}_i^{i-1}P + \varphi_{i-1} \times (\varphi_{i-1} \times {}_i^{i-1}P)]\end{cases} \tag{9.210}$$

其中,${}_i^{i-1}P \in R^3$ 是变换向量,$\varphi_i \in R^3$ 是角速度,$\dot{\varphi}_i \in R^3$ 是角加速度,而 $\dot{\upsilon}_i \in R^3$ 是连杆 i 在坐标平面内的线加速度,z_i 是关节旋转轴线的向量。

然后,由连杆 i 的运动引起的在关节 i 处的力和由连杆 $i-1$ 的运动引起的在关节 i 处的力矩可以由 NE 反向递归公式计算如下:

$$\begin{cases}f_{ci} = m_i\dot{\varphi}_i + \dot{\varphi}_i \times m_{hi} + \varphi_i \times (\varphi_i \times m_{hi}) \\ n_{ci} = I_i\dot{\varphi}_i + \varphi_i \times (I_i\varphi_i) - \xi_i \times m_{hi}\end{cases} \tag{9.211}$$

其中,$\xi_i = \dot{\upsilon}_i + \varphi \times \upsilon_i$。乘积符号 $L(\cdot)$ 和辅助矩阵 $E(\cdot)$ 分别为:

$$\varphi \times h = L(\varphi)h = \begin{bmatrix} 0 & \varphi_z & \varphi_y \\ \varphi_z & 0 & -\varphi_x \\ -\varphi_y & \varphi_x & 0 \end{bmatrix}\begin{bmatrix} h_x \\ h_y \\ h_z \end{bmatrix} \tag{9.212}$$

$$I\varphi = E(\varphi)\Re(I) = \begin{bmatrix} \varphi_x & \varphi_y & \varphi_z & 0 & 0 & 0 \\ 0 & \varphi_x & 0 & \varphi_y & \varphi_z & 0 \\ 0 & 0 & \varphi_x & 0 & \varphi_y & \varphi_z \end{bmatrix} \begin{bmatrix} I_{xx} \\ I_{xy} \\ I_{xx} \\ I_{yy} \\ I_{yz} \\ I_{zz} \end{bmatrix} \tag{9.213}$$

其中，$h \in R^3$ 是一个常数向量，同时 $I \in R^{3\times 3}$ 是一个惯性矩阵。然后将式(9.212)和式(9.213)代入，可将式(9.211)改写为：

$$\xi_{ii} = [n_{ci}^{\mathrm{T}}, f_{ci}^{\mathrm{T}}]^{\mathrm{T}} = \begin{bmatrix} I_i \dot{\varphi}_i + L\varphi I_i \varphi_i - L(\dot{\xi}) m_{hi} \\ m_i \dot{\xi}_i + L(\dot{\varphi}_i) m_{hi} + L(\varphi_i) L(\varphi_i) m_{hi} \end{bmatrix} \tag{9.214}$$

然后，式(9.214)可以通过对 m_i、m_{hi} 和 I_i 的线性参数化改写得到以下形式：

$$\xi_{ii} = \begin{bmatrix} 0 & -L(\dot{\xi}_i) & E(\dot{\varphi}_i) + L(\varphi_i) L(\varphi_i) \\ \dot{\xi}_i & L(\dot{\varphi}_i) + L(\varphi_i) E(\varphi_i) & 0 \end{bmatrix} \begin{bmatrix} m_i \\ m_{hi} \\ \Re(\bar{I}_i) \end{bmatrix} = \boldsymbol{A}_i \Phi_i \tag{9.215}$$

其中，$\boldsymbol{A}_i$ 是一个 6×10 矩阵，Φ_i 为 10 个未知惯性参数的矢量，ξ_i 是关节 i 处完全取决于连杆 i 的运动的力/力矩，$\Re(\bar{I}_i) = [I_x x, I_x y, I_x z, I_y y, I_y z, I_z z]^{\mathrm{T}}$ 是惯性参数的矢量。其中 ξ_i 可以由以下方程获得：

$$\xi_i = \sum_{j=i}^{N} \xi_{ij} \tag{9.216}$$

$$\xi_{ij} = T_{ci} T_{ci+1} \cdots T_{cj} \xi_{ij} = Q_{ij} \Phi_j \tag{9.217}$$

其中：

$$T_{ci} = \begin{bmatrix} {}_{i+1}^{i}P_i^{i+1}R & {}_{i+1}^{i}R \\ {}_{i+1}^{i}R & 0 \end{bmatrix} \tag{9.218}$$

$Q_{ij} = T_{ci} T_{ci+1} \cdots T_{cj} A_i$，$Q_{ii} = A_i$。

由式(9.216)和式(9.218)可知，上述机器人的串联运动链可表示为：

$$\begin{bmatrix} \xi_1 \\ \xi_2 \\ \vdots \\ \xi_N \end{bmatrix} = \begin{bmatrix} Q_{11} & Q_{12} & \cdots & Q_{1n} \\ 0 & Q_{22} & \cdots & Q_{2n} \\ \vdots & \vdots & \ddots & \vdots \\ 0 & 0 & \cdots & Q_{nn} \end{bmatrix} \begin{bmatrix} \Phi_1 \\ \Phi_2 \\ \vdots \\ \Phi_n \end{bmatrix} \tag{9.219}$$

然后将力矩/力矢量映射到关节旋转轴上，得到施加在每个关节轴上的力矩：

$$\begin{cases} \tau_i = \begin{bmatrix} z_i \\ 0 \end{bmatrix}^{\mathrm{T}} \xi_i \\ S_{ij} = \begin{bmatrix} z_i \\ 0 \end{bmatrix}^{\mathrm{T}} Q_{ij} \end{cases} \tag{9.220}$$

其中，$z_i = [0,0,1]^{\mathrm{T}}$ 是第 i 个关节旋转轴的向量，τ_i 是关节转矩，$S_{ij} \in \boldsymbol{R}^{1\times 10}$ 是矩阵 Q_{ij} 对应的行。

然后，可以得到机器人的线性参数内动力学如下：

$$\tau = S\Phi = \begin{bmatrix} S_{11} & S_{12} & \cdots & S_{1n} \\ 0 & S_{22} & \cdots & S_{2n} \\ \vdots & \vdots & \ddots & \vdots \\ 0 & 0 & \cdots & S_{nn} \end{bmatrix} \begin{bmatrix} \Phi_1 \\ \Phi_2 \\ \vdots \\ \Phi_n \end{bmatrix} \tag{9.221}$$

其中，$\tau=[\tau_1,\tau_2,\cdots,\tau_n]$是机器人关节力矩的矢量。

2）机械臂模型

机器人运动学可由下式描述：

$$x(t)=\phi(q) \tag{9.222}$$

根据上述 NE 模型，一个 n 连杆机器人系统的动态可以描述如下：

$$\boldsymbol{M}(q)\ddot{q}+\boldsymbol{C}(q,\dot{q})\dot{q}=\boldsymbol{S}(\ddot{q},\dot{q},q)\Phi+\boldsymbol{G}(q)=\tau \tag{9.223}$$

其中，$x(t)$表示在笛卡儿空间中的位置，$q\in R^n$，n 代表机械臂的自由度(DOF)。

然后对式(9.222)求导，可得式(9.224)：

$$\dot{x}(t)=\boldsymbol{J}(q)\dot{q} \tag{9.224}$$

其中，$\boldsymbol{J}(q)=\dfrac{\partial\phi}{\partial q}\in R^{n\times n}$ 为包含机器人直线和角速度的雅可比矩阵。

将式(9.224)对时间求导，得到：

$$\ddot{x}(t)=\dot{\boldsymbol{J}}(q)\dot{q}+\boldsymbol{J}(q)\ddot{q} \tag{9.225}$$

其中，$f(t)\in R^{n\times n}$ 表示机器人机械臂与环境之间存在的相互作用力矢量，在没有机器人和环境间相互作用时，这是一个零矢量。

此外，参考式(9.221)、式(9.223)和式(9.224)，可以将上述机器人动力学转化为适应操作空间的形式：

$$\boldsymbol{M}_m(q)\ddot{x}+\boldsymbol{C}_m(q,\dot{q})\dot{x}+\boldsymbol{G}_m(q)=\tau_x-f(t) \tag{9.226}$$

其中：

$$\begin{cases} \boldsymbol{M}_m(q)=\boldsymbol{J}^{-T}(q)\boldsymbol{M}(q)\boldsymbol{J}^{-1}(q) \\ \boldsymbol{C}_m(q,\dot{q})=\boldsymbol{J}^{-T}(q)(\boldsymbol{C}(q,\dot{q})-\boldsymbol{M}(q)\boldsymbol{J}^{-1}(q))\boldsymbol{J}^{-1}(q) \\ \boldsymbol{G}_m(q)=\boldsymbol{J}^{-T}(q)G(q) \\ \tau_m=\boldsymbol{J}^{-T}(q)\tau \end{cases} \tag{9.227}$$

同时，$\boldsymbol{M}_m(q)\ddot{x}$、$\boldsymbol{C}_m(q,\dot{q})$和 $\boldsymbol{G}_x(q)$满足：

$$\boldsymbol{M}_m(q)\ddot{x}+\boldsymbol{C}(q,\dot{q})\dot{x}+\boldsymbol{G}_m(q)=\boldsymbol{Y}(\ddot{x}_r,\dot{x}_r,\dot{x},x)\theta \tag{9.228}$$

其中，$\theta\in R^{n_\theta}$ 和 n_θ 分别表示机器人机械臂的物理参数向量和这些参数的个数；$\boldsymbol{Y}(\ddot{x}_r,\dot{x}_r,\dot{x},x)\in R^{n\times n_\theta}$ 是回归矩阵；$\ddot{x}_r$ 和 $\dot{x}_r$ 将由式(9.240)定义。

3）阻抗模型

为了使下面的分析更加方便，除非另有说明，否则系统参数和信号都依赖于时间。为了应用柔性控制，将阻抗模型表示如下：

$$\boldsymbol{M}_d(q)\ddot{e}+\boldsymbol{C}_d(q,\dot{q})\dot{e}+\boldsymbol{G}_d(q)e=f \tag{9.229}$$

其中，x_d 是在笛卡儿空间中的期望轨迹，而 $e=x_d-x$ 是跟踪误差。$\boldsymbol{M}_d$、$\boldsymbol{C}_d$ 和 $\boldsymbol{G}_d$ 分别表示期望的惯性、阻尼和刚度矩阵。需要特别指出的是，在这个阻抗模型中，可以根据不同的应用需求来选择 $\boldsymbol{M}_d$、$\boldsymbol{C}_d$ 和 $\boldsymbol{G}_d$ 的最优值。这就意味着，在某些交互应用中，需要修改这些参数，以便在交互控制任务期间获得最佳兼容性能。参考模型即式(9.226)建立了位置误差与交互力

f 之间的期望动态关系。当机器人不与环境接触时，交互力 f 为零向量。在这种情况下，只要式(9.226)稳定，机械臂的实际轨迹就会收敛到参考轨迹。由于这一特性，本节所介绍的模型结合了两种任务情况(交互力 f 是否为零向量)，以避免两种不同模式之间的颤振。

4) 控制目标

本节的控制目标是控制力矩，以获得式(9.226)的最优柔度性能。

为了更清晰地定义上述控制目标，将阻抗误差定义为：

$$\omega = -\boldsymbol{M}_d\ddot{e} - \boldsymbol{C}_m\dot{e} - \boldsymbol{G}_m e + f \tag{9.230}$$

通过在每次迭代时对所有 $t\in[0,t_f]$重复这些动作，可以得到如下迭代学习控制律：

$$\lim_{k\to\infty}\omega^k(t)\to 0,\quad \forall t\in[0,t_f] \tag{9.231}$$

其中，k、t_f 分别表示迭代次数和迭代周期。由于环境的复杂性，缺乏足够的环境信息，导致系统模型的不完善。针对这一问题，可以采用一种迭代学习控制方法来解决。通过使用一组具有指定操作条件的迭代操作，搜索所需的控制输入。

9.7.2 学习控制器设计

1. 控制器设计

增广阻抗误差定义为：

$$\bar{\omega}^k = K_f\omega^k = -\ddot{e}^k - K_d\dot{e}^k - K_p e^k + K_f f^k \tag{9.232}$$

其中，$\boldsymbol{K}_d=\boldsymbol{M}_d^{-1}\boldsymbol{C}_d$，$\boldsymbol{K}_p=\boldsymbol{M}_d^{-1}\boldsymbol{G}_d$，$\boldsymbol{K}_f=\boldsymbol{M}_d^{-1}$。

假设两个正定矩阵 Λ 和 Γ 满足以下方程：

$$\begin{cases}\Lambda+\Gamma=\boldsymbol{K}_d\\ \Gamma\Lambda=\boldsymbol{K}_p\end{cases} \tag{9.233}$$

式(9.232)可改写如下：

$$\bar{\omega}^k = -\ddot{e}^k - (\Lambda+\Gamma)\ddot{e}^k - \Gamma\Lambda e^k + \dot{f}_l^k + \Gamma f_l^k \tag{9.234}$$

f_l^k 满足：

$$\dot{f}_l^k + \Gamma f_l^k = \boldsymbol{K}_f f^k \tag{9.235}$$

定义：

$$z^k = -\dot{e}^k - \Lambda e^k + f_l^k \tag{9.236}$$

式(9.234)可变换为以下紧凑形式：

$$\bar{\omega}^k = \dot{z}^k + \Gamma z^k \tag{9.237}$$

需要注意的是，$\dot{z}^k=0$ 且 $z^k=0$，会导致 $\omega^k=0$。

系统控制输入如下：

$$\tau^k = \tau_{ct}^k + \tau_{fb}^k + \tau_\zeta^k + \hat{f}^k \tag{9.238}$$

其中，τ_{ct}^k、τ_{fb}^k 和 τ_ζ^k 分别表示计算转矩矢量、反馈转矩矢量和补偿转矩矢量。$\hat{f}^k$ 表示 f^k 的测量值。

由于在实际应用中力的精确测量是很难保证的，力测量噪声 $\tilde{f}^k=\hat{f}^k-f^k\neq 0$ 通常存在于许多应用中。假设力测量有一个已知的有界约束 ε，如 $\|\tilde{f}^k\|\leqslant\varepsilon$，可以由以下方程获得计算转矩 τ_{ct}^k：

$$\tau_{ct}^k = \hat{\boldsymbol{M}}_m^k\ddot{x}_r^k + \hat{\boldsymbol{C}}_m^k\dot{x}_r^k + \hat{\boldsymbol{G}}_m^k = \boldsymbol{Y}(\ddot{x}_r^k,\dot{x}_r^k,\dot{x}^k,x^k)\hat{\theta}^k \tag{9.239}$$

其中，$\hat{\theta}$ 是 θ 的估计值，同时 $\dot{x}_r^k$ 和 $\ddot{x}_r^k$ 满足：

$$\begin{cases}\dot{x}_r^k = \dot{x}_d + \Lambda e^k - \hat{f}_l^k\\ \ddot{x}_r^k = \ddot{x}_d + \Lambda\dot{e}^k - \dot{\hat{f}}_l^k\end{cases} \tag{9.240}$$

且 $\hat{f}_l^k$ 满足：

$$\dot{\hat{f}}_l^k + \Gamma \hat{f}_l^k = K_f \hat{f}^k \tag{9.241}$$

反馈力矩矢量可由下式求得：

$$\tau_{fb}^k = -K\bar{z}^k \tag{9.242}$$

其中，K 为对称正定矩阵。$\bar{z}^k$ 满足：

$$\bar{z}^k = -\dot{e}^k - \Lambda e^k + \hat{f}_l^k = z^k + \tilde{f}_l^k \tag{9.243}$$

且 $\tilde{f}_l^k = \hat{f}_l^k - f_l^k$。

补偿力矩由下式给出：

$$\tau_\zeta^k = -K_\zeta \operatorname{sgn}(\bar{z}^k) \tag{9.244}$$

其中，$K_\zeta > \zeta$，它将在接下来的部分分析，τ_ζ^k 用来表示补偿力测量的误差。

将系统控制输入(9.238)代入式(9.226)，闭环动力学可表示为：

$$\boldsymbol{M}_m(q^k)\dot{\bar{z}}^k + \boldsymbol{C}_m(q^k,\dot{q}^k)\bar{z}^k + K\bar{z}^k = \boldsymbol{Y}(\ddot{x}_r^k,\dot{x}_r^k,\dot{x}^k,x^k)\tilde{\theta}^k - (K_\zeta \operatorname{sgn}(\bar{z}^k) - \tilde{f}^k) \tag{9.245}$$

其中，$\tilde{\theta}^k = \hat{\theta}^k - \theta^k$，并假定：

$$\hat{\theta}^{k+1} = \hat{\theta}^k - \boldsymbol{S}^{-1}\boldsymbol{Y}^{k^{\mathrm{T}}}(\ddot{x}_r^k,\dot{x}_r^k,\dot{x}^k,x^k)\bar{z}^k \tag{9.246}$$

同时，矩阵 S 是对称正定的。

2. 控制性能分析

分别应用式(9.238)和式(9.246)描述的系统控制输入和迭代学习规律，机械系统具有如下性质：

(1) 对于所有 $t \in [0,t_f]$，$\lim\limits_{k\to\infty}\omega^k(t)$ 是由 $M_m\zeta$ 界定并且通过力的高精度测量，$\zeta=0$ 意味着 $\lim\limits_{k\to\infty}\omega^k(t) \to 0$。

(2) 对于所有的 $t \geqslant 0$，闭环中的所有信号都是有界的。

证明过程如下。

对于所有的 $t \in [0,t_f]$ 和 k，定义一个性能指标函数如下：

$$U^k(t) = \int_0^t \tilde{\theta}^{k^{\mathrm{T}}}(\tau)\mathrm{d}\tau \tag{9.247}$$

通过定义 $\zeta\tilde{\theta}^k = \tilde{\theta}^{k+1} - \tilde{\theta}^k$，式(9.243)可以写成如下形式：

$$\zeta\tilde{\theta}^k = -\boldsymbol{S}^{-1}\boldsymbol{Y}^{k^{\mathrm{T}}}\bar{z}^k \tag{9.248}$$

考虑闭环动力学(9.245)和式(9.248)，可得如下表达式：

$$\begin{aligned}
\Delta U^k &= U^{k+1} - U^k \\
&= \int_0^t \tilde{\theta}^{k+1^{\mathrm{T}}}(\tau)\boldsymbol{S}\tilde{\theta}^{k+1}(\tau)\mathrm{d}\tau - \int_0^t \tilde{\theta}^{k^{\mathrm{T}}}(\tau)\boldsymbol{S}\tilde{\theta}^k(\tau)\mathrm{d}\tau \\
&= \int_0^t (\zeta\tilde{\theta}^{k^{\mathrm{T}}}(\tau)\boldsymbol{S}\zeta\tilde{\theta}^k(\tau) + 2\zeta\tilde{\theta}^{k^{\mathrm{T}}}(\tau)\boldsymbol{S}\tilde{\theta}^k(\tau))\mathrm{d}\tau \\
&= \int_0^t (\bar{z}^{k^{\mathrm{T}}}\boldsymbol{Y}^k\boldsymbol{S}^{-1}\boldsymbol{Y}^{k^{\mathrm{T}}}\bar{z}^k - 2\bar{z}^{k^{\mathrm{T}}}\boldsymbol{Y}^k\tilde{\theta}^k)\mathrm{d}\tau \\
&= \int_0^t (\bar{z}^{k^{\mathrm{T}}}\boldsymbol{Y}^k\boldsymbol{S}^{-1}\boldsymbol{Y}^{k^{\mathrm{T}}}\bar{z}^k - 2\bar{z}^{k^{\mathrm{T}}}(\boldsymbol{M}_m(q^k)\dot{\bar{z}}^k + \boldsymbol{C}_x(q^k,\dot{q}^k)\bar{z}^k + \\
&\quad K\bar{z}^k + (K_\zeta \operatorname{sgn}(\bar{z}^k) - \tilde{f}^k)))\mathrm{d}\tau
\end{aligned}$$

$$=-2\int_0^t \bar{z}^{k^{\mathrm{T}}}(\boldsymbol{M}_m(q^k)\dot{\bar{z}}^k+\boldsymbol{C}_x(q^k,\dot{q}^k)\bar{z}^k)\mathrm{d}\tau-\int_0^t \bar{z}^{k^{\mathrm{T}}}(2K-\boldsymbol{Y}^k\boldsymbol{S}^{-1}\boldsymbol{Y}^{k^{\mathrm{T}}})\bar{z}^k\mathrm{d}\tau-$$
$$\int_0^t \bar{z}^{k^{\mathrm{T}}}(K_\zeta \operatorname{sgn}(\bar{z}^k)-\tilde{f}^k)\mathrm{d}\tau \tag{9.249}$$

考虑 $\bar{z}^k(0)=0$，利用 $\dot{\boldsymbol{M}}_x(q^k)-2\boldsymbol{C}_x(q^k,\dot{q}^k)$ 的斜对称特性，可以得到：

$$\Delta U^k=-\bar{z}^{k^{\mathrm{T}}}\boldsymbol{M}_m(q^k)\bar{z}^k-\int_0^t(\bar{z}^{k^{\mathrm{T}}}M_0\bar{z}^k)\mathrm{d}\tau-\int_0^t \bar{z}^{k^{\mathrm{T}}}(K_\zeta \operatorname{sgn}(\bar{z}^k)-\tilde{f}^k)\mathrm{d}\tau\leqslant 0 \tag{9.250}$$

其中，$\bar{z}^{k^{\mathrm{T}}}(K_\zeta \operatorname{sgn}(\bar{z}^k)-\tilde{f}^k)\geqslant 0$。

由 θ 和 $\hat{\theta}^0$ 有界，可得：

$$U^0(t)=\int_0^t \tilde{\theta}^{0^{\mathrm{T}}}(\tau)S\tilde{\theta}^0(\tau)\mathrm{d}\tau<\infty,\quad \forall t\in[0,t_f] \tag{9.251}$$

根据式(9.250)和式(9.251)，可以得到：

$$\lim_{k\to\infty}\Delta U^k=0 \tag{9.252}$$

和

$$\lim_{k\to\infty}\bar{z}^k=0 \tag{9.253}$$

由式(9.248)，可得：

$$\lim_{k\to\infty}z^k=-\lim_{k\to\infty}\tilde{f}_l^k \tag{9.254}$$

通过以上分析，可得如下方程：

$$\lim_{k\to\infty}\omega^k(t)=-\lim_{k\to\infty}\boldsymbol{M}_d\tilde{f}^k(t),\quad \forall t\in[0,t_f] \tag{9.255}$$

9.7.3　仿真

本节基于一个七自由度的 KUKA iiwa 7R800 机械臂，使用 MATLAB 2016b 基于牛顿-欧拉模型对 KUKA iiwa 7R800 进行建模，如图 9.87 所示。

为了使仿真更加直观和简单，将机器人的 5 个关节固定，变成一个 2 自由度的机器人(本文的仿真基于机器人工具箱，版本为 Cork 2005)。

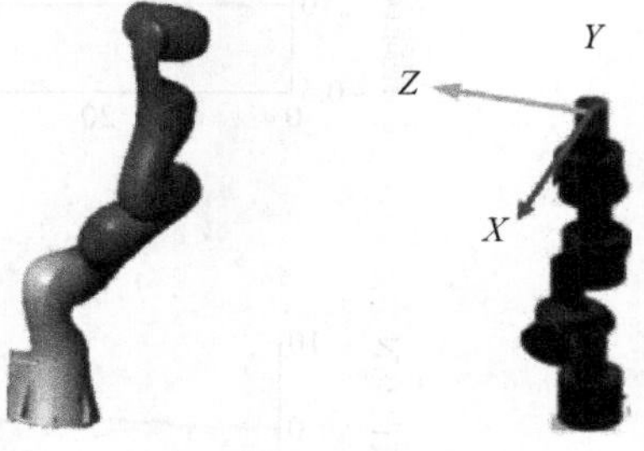

图 9.87　MATLAB 中的 KUKA iiwa 7R800 机械臂

仿真中，机器人的参数如下所示：$m_1=14.473$，$m_2=7.6389\text{kg}$，$l_1=l_2=1.0\text{m}$，$I_1=I_2=0.83\text{kg}\cdot\text{m}^2$，$l_{c1}=l_{c2}=0.5\text{m}$，其中的 m_r、l_r、l_{cr}、r 分别表示连杆 r 的质量、长度、Z 轴转动惯量以及从前一个关节到质心的距离。

需要指出的是，上述参数仅用于以下仿真，而不用于实际的控制设计和应用。

定义如下缩写：

$$\begin{cases} s_{12}=\sin(q_1+q_2),\quad c_{12}=\cos(q_1+q_2),\quad c_1=\cos(q_1) \\ s_1=\sin(q_1),\quad s_2=\sin(q_2),\quad c_2=\cos(q_2) \end{cases} \tag{9.256}$$

运动学约束如下：

$$J(q)=\begin{bmatrix} -(l_1s_1+l_2s_{12}) & -l_2s_{12} \\ l_1c_1+l_2c_{12} & l_2c_{12} \end{bmatrix} \tag{9.257}$$

初始位置为：$x^k(0)=1.0\text{m}$，$y^k(0)=0.0\text{m}$。

在笛卡儿空间中的理想轨迹为：

$$x_d(t)=1+0.5(6t^2-15t^4+10t^3),\quad y_d(t)=0,\quad t\in[0,t_f],\quad t_f=1\text{s} \tag{9.258}$$

假设弹簧的静止位置为 $x=1.2\text{m}$,则相互作用力为:

$$f^k=\begin{cases}0, & x^k<0\\ 500(x^k-1.2), & x^k\geqslant 1.2\end{cases} \tag{9.259}$$

此外,测量噪声的交互力 $\tilde{f}^k$ 设置为一个随机数。

为了应用柔度控制,仿真时将阻抗控制模型的参数设置如下:

$$M_d=X(2),\quad C_d=10X(2),\quad G_d=X(2) \tag{9.260}$$

其中,$X(2)$表示 2×2 单位矩阵。此外,由于 $\theta^0=0$,有:

$$K=1000X(2),\quad K_\zeta=2X(2),\quad S=2X(2) \tag{9.261}$$

仿真中,k 分别为 5、10、20 时的阻抗误差、相互作用力和跟踪误差分别如图 9.88～图 9.90 所示。

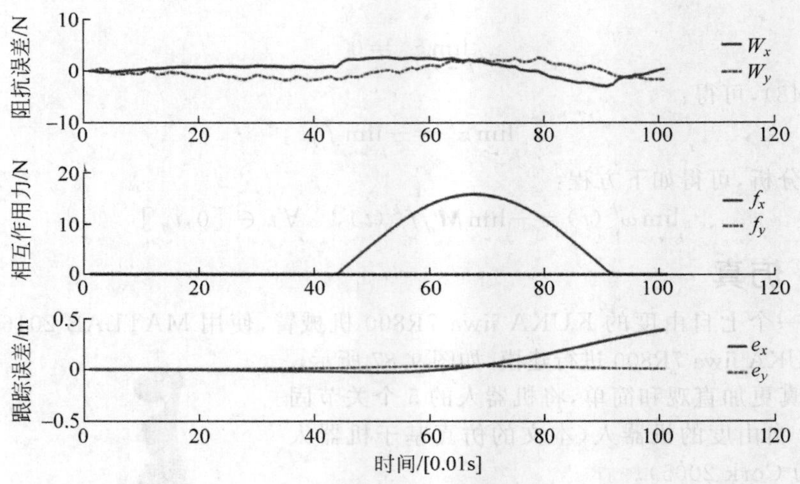

图 9.88 在 $k=5$ 时的结果

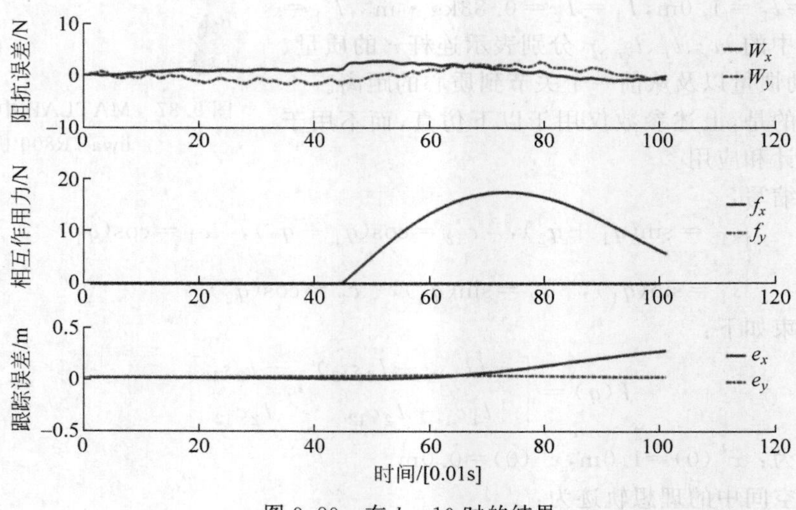

图 9.89 在 $k=10$ 时的结果

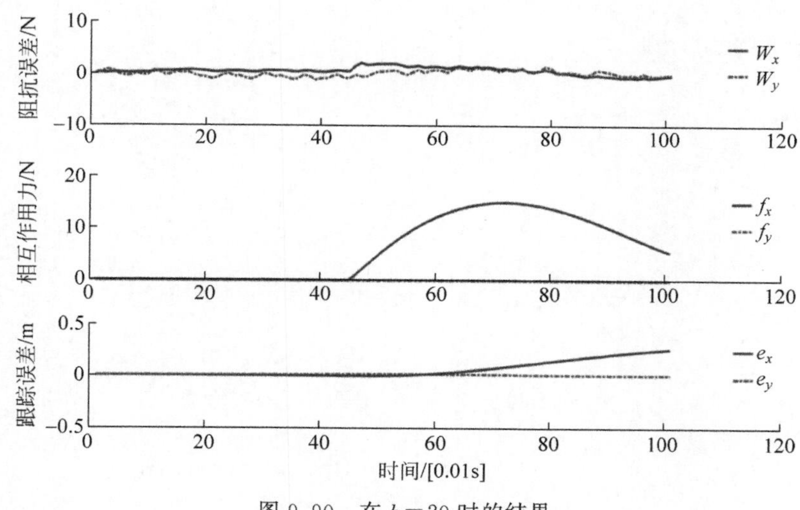

图 9.90　在 $k=20$ 时的结果

从仿真结果中可以发现，随着迭代次数的增加，阻抗误差减小。这意味着经过几次迭代后，机器人的行为将由期望的动力学控制。观察仿真结果可以看到，在非相互作用的情况下，x 方向的跟踪误差收敛到零。

9.8　本章小结

本章先对神经网络控制和自适应控制之外的其他控制方法如滑模控制、模糊控制、学习控制以及常与这些控制方法结合使用的径向基函数神经网络进行简单阐述。然后结合当前一些比较先进的研究课题，针对前述的控制方法详细地阐述了不同应用场景下每个研究课题的控制器的设计过程，并给出仿真或者实验结果。感兴趣的读者可以结合自己的研究方向进行深入研究。

第三篇

ARTICLE

应用篇：机器人控制技术在人机交互中的应用

机器人控制技术(Robot Control Technology)是机器人为完成各种任务和动作所执行的各种控制策略。作为机器人的"大脑",机器人控制技术的重要性不言而喻。它涉及的范围十分广泛,从机器人智能、任务描述到运动控制和伺服控制等技术,既包括实现控制所需的各种硬件系统,也包括各种软件系统。

机器人控制系统的功能是根据接收传感器的检测信号和操作任务的要求,驱动机械臂中的各个电机运动,达到任务所需的控制性能。控制过程就像我们人的活动需要依赖自身的感官一样,机器人的运动控制也离不开传感器。机器人需要用传感器来检测各种状态。机器人的内部传感器信号用来反映机械臂关节的实际运动状态信息,机器人的外部传感器信号用来检测工作环境的变化信息。

机器人控制系统有以下基本功能:

(1) 控制机械臂末端执行器的运动位置(即控制末端执行器经过的点和移动路径);

(2) 控制机械臂的运动姿态(即控制相邻两个活动构件的相对位置);

(3) 控制运动速度(即控制末端执行器运动位置随时间变化的规律);

(4) 控制运动加速度(即控制末端执行器在运动过程中的速度变化);

(5) 控制机械臂中各动力关节的输出转矩(即控制对操作对象施加的作用力);

(6) 具备操作方便的人机交互功能,机器人通过记忆和再现来完成规定的任务;

(7) 使机器人对外部环境有检测和感觉功能。例如,工业机器人配备视觉、力觉、触觉等传感器进行测量、识别,判断作业条件的变化。

随着信息技术和控制技术的发展,机器人应用范围逐渐扩大,机器人控制技术正朝着智能化的方向发展,出现了离线编程、任务级语言、多传感器信息融合、智能行为控制等新技术。多种技术的发展将促进机器人智能控制系统的发展,推进了机器人智能化。

机器人行业的蓬勃发展，离不开先进的科研进步和技术支撑。下面是某网站盘点的2018年机器人领域最前沿的十项技术。

(1) 软体机器人——柔性机器人技术。该技术是指采用柔韧性材料进行机器人的研发、设计和制造。

柔性材料具有能在大范围内任意改变自身形状的特点，在管道故障检查、医疗诊断、侦查探测领域具有广泛的应用前景。

(2) 机器人可变形——液态金属控制技术。该技术指通过控制电磁场外部环境，对液态金属材料进行外观特征、运动状态准确控制的一种技术，可用于智能制造、灾后救援等领域。

(3) 基于生物信号的控制机器人——生肌电控制技术。该技术利用人类上肢表面肌电信号来控制机器臂，在远程控制、医疗康复等领域有着较为广阔的应用。

(4) 机器人的皮肤——敏感触觉技术。该技术指采用基于电学和微粒子触觉技术的新型触觉传感器，能让机器人对物体的外形、质地和硬度更加敏感，最终胜任医疗、勘探等一系列复杂工作。

(5) 机器人“主动”说话——会话式智能交互技术。采用该技术研制的机器人不仅能理解用户的问题并给出精准答案，还能在信息不全的情况下主动引导完成会话。

(6) 机器人的心理活动——情感识别技术。该技术可实现对人类情感甚至是心理活动的有效识别，使机器人获得类似人类的观察、理解和反应能力，可应用于机器人辅助医疗康复、刑侦鉴别等领域。它可对人类的面部表情进行识别和解读，是和人脸识别相伴相生的一种衍生技术。

(7) 意念操控机器人——脑机接口技术。该技术指通过对神经系统电活动和特征信号的收集、识别及转换，使人脑发出的指令能够直接传递给指定的机器终端，可应用于助残康复、灾害救援和娱乐体验。

(8) 机器人带路——自动驾驶技术。应用自动驾驶技术可为人类提供自动化、智能化的装载和运输工具，并延伸到道路状况测试、国防军事安全等领域。

(9) 机器人的虚拟现场——虚拟现实技术。该技术可实现操作者对机器人的虚拟遥控操作，在维修检测、娱乐体验、现场救援、军事侦察等领域有应用价值。

(10) 机器人间的可互联——机器人云服务技术。该技术指机器人本身作为执行终端，通过云端进行存储与计算，即时响应需求和实现功能，有效实现数据互通和知识共享，为用户提供无限扩展、按需使用的新型机器人服务方式。

上述机器人控制系统能够实现基本的控制功能，如控制机器人末端执行器的位置、速度、加速度等，以及智能机器人控制、机器人领域前沿技术(如柔性机器人技术、生肌电控制技术、脑机接口技术、虚拟现实技术、机器人触觉等)。关于机器人控制器的设计也有一些具体实例(如关于柔性机器人的控制、基于脑电信号对机器进行控制等)，而对于人机交互、遥操作、智能机器人控制技术以及机器人领域前沿技术的具体应用很少涉及。本篇将针对机器人控制技术目前比较前沿的应用进行介绍，主要包括机器人示教、遥操作和人机交互技术。此外，本篇也对机器人控制技术在其他方向的一些先进应用进行了介绍，关于这些应用的具体实例，虽然比较前沿但是不全面，感兴趣的读者可以在本篇的基础上，结合自己的兴趣，参考其他相关资料进行更全面的学习。

第10章 CHAPTER 10 人机交互

人机交互或人机互动，英文名称为 Human-Computer Interaction 或 Human-Machine Interaction，简称 HCI 或者 HMI。它是一门研究系统（包括机器、计算机系统、计算机软件）与用户之间互动关系的科学，包含了多个领域的课题，主要跟计算机科学、行为科学、设计等多个研究领域有关。人机交互专注研究人与系统（主要为计算机）之间的接口设计，让人与计算机之间有更加友好、自然的交互方式。交互的内涵是指人能够向计算机输入指令，让计算机按照指令做出相应的执行动作，同时把执行的结果以一定的输出方式让人感知。

人机交互界面一般是指用户可见的部分。在人机交互界面上，用户可以与系统交流，并对其进行操作。为了提高系统的可用性或用户友好性，在设计人机交互界面时，一般都要求设计含有其用户对系统的个性化理解。

下面简单介绍人机交互的特征、现状、发展方向以及与人机交互相关的技术。

1. 人机交互的特征

人机交互主要有以下三方面特征。

(1) 将多种信息整合在一起进行传输。信息本身具有时效性，信息传输速度越快，效率就越高，因此 HCI 技术需要很高的集成效果。需要将多种不同的信息集中起来进行统一的表示和传输。

(2) 反馈响应具有实时性。为了实现人与仪器的实时互动，在用户与仪器之间交流时，仪器需要时刻知道用户在做什么、想做什么，并快速响应，为用户提供想要的信息反馈。

(3) 交互过程具有同步性。因为在人机交互过程中，一般情况下，要求多种信息数据在一定时间内同时传输。所以，人机交互设备要求具有同时传输多种信息的功能，为了实现这个功能，需要电子计算机能够对多种数据进行协调。

2. 人机交互的现状

20世纪60年代至今，人机交互技术逐步得到发展，并已应用到一些产品中，如智能手机中装有 GPS 定位、语音、智能选择运作模式等功能。动作识别技术在高仿真游戏、便携式计算机、隐形技术等方面广泛应用，例如 Leap Motion 和 Xbox One Kinect。触觉交互技术在普通机器人、医疗机器人、仿真现实环境技术、远程遥控设备等方面得到应用。语音识别技术在视频音频聊天设备、语音拨号、语音控制机器移动、智能家居等场合得到应用，如微信和 iPhone 的 Siri 等。眼动跟踪技术主要为患有语言障碍而无法使用语音识别功能的人服务。多信息融合反馈的人机交互设备在市场上尚少，因此，基于视触觉融合的虚拟现实人机交互平台有很好的前景。

3. 人机交互的发展方向

1) 高科技化

计算机往袖珍化、便于携带、功能更加强大等方向发展；输入方式更多元化，触摸感应、电光笔、脑电感应等方式将逐渐出现在现实生活中；输出方式未来将以三维显示为主，配合其他设备营造出一个逼真的虚拟环境，使人们能参与其中。

2）自然化

对图像进行修改、加工等软件技术的出现、窗口界面的完善、人工智能的发展，使得VR的实现存在可能。对于图形处理、人机交互、心理学等方面的研究逐渐深入，再配合一些硬件手段，可以产生让人分辨不出真假的感觉。未来，人机交互将朝向人体自然动作的方向发展，如机械臂根据人的动作做出反应。通过一些智能的设计，充分发挥整合、处理、协调的效果，让其自然地融入到虚拟环境中，让用户能在虚拟环境中得到愉悦的体验。在一些界面设计处理方面，尽量使用文字、图像、光、声音等形式；在显示技术方面，向贴近人们生活的方向设计；在交互方面，使用人们现实生活中的常用语言进行沟通，产生逼真的虚拟环境。

3）人性化

未来，人类会越来越离不开机器，人机交互会朝着人与机器相互促进的方向发展。随着科学技术的快速发展，人类对知识的学习和应用成本可能会大幅增加，这又会反过来制约科技的进步。因此，人机交互将向着更适合人类、更方便人类使用的方向优化发展，从而从各方面增强人类的能力，突破人类生理结构带来的限制。

4. 人机交互的相关技术

人机交互主要涉及硬件、软件、多媒体技术方面等。硬件方面一般是输入设备和输出设备。输入设备主要有手写笔、摄像机、麦克风、扫描仪、触摸屏、键盘、鼠标等；输出设备主要有各类显示器，如绘图仪、液晶屏幕、3D投影仪、多媒体音箱等。软件方面主要是对HCI设计进行分析、创作、检测效果以及人机互动界面等。对特定用户的需求进行相应的分析，得出一个合适的方案，然后根据方案设计出对应的模型，根据模型来进行搭建组装，最后进行测试。根据用户的信息反馈，如果产品适合市场，就可以适当优化，降低成本，进行量产，产生效益。多媒体技术方面主要包括一些图像处理、声音处理、声音合成、数据传输、图形压缩等技术。通过处理，可以让人们更方便地进行人机交互。

本章将介绍多种场景下（如视触觉融合、生物反馈等）机器人控制技术在人机交互中的一些具体应用。

10.1 基于视触觉融合的虚拟现实人机交互平台

10.1.1 虚拟现实

1. 虚拟现实的特征

1994年，Burdea和Coiffet描述了虚拟现实（Virtual Reality，VR）的3个基本特征，分别是交互（Interaction）、沉浸（Immersion）和想象（Imagination）。由于这3个英文单词都是以“I”为首字母，因此，后来的学者都称为VR的3个“I”特征。

对这3个“I”特征，Burdea和Coiffet给出以下解释：VR是用计算机图形来构造出接近真实世界的一种仿真模拟。但该仿真模拟是动态的，可以对用户的输入做出响应，这就是实时的交互特征——VR的关键特征。人们看见屏幕上的影像时，希望影像能按自己的指令发生变化，从而被整个虚拟仿真所吸引，这就是前面说的“沉浸”。然而，虚拟现实的应用是由VR开发者设计的，应用的各种功能都由开发者决定，功能的优越程度取决于开发者的想象力，这就是VR的第三个“I”——想象。

“交互”指的是VR系统能够提供基于日常行为的人机互动，用户可以很方便地与虚拟影像以及其中的物体进行交互感知。“沉浸”又称为“临场感”，指用户有接近真实的体验，用户作为虚拟现实系统的主体参与其中。为了实现逼真的沉浸感，需要虚拟现实系统提供视觉、触觉、听觉、嗅觉及味觉在内的所有感知能力。“想象”指用户必须拥有非常丰富的想象力。VR为用户提供了非常巨大的想象空间，将现实世界重新展现的同时，还能够创造现实世界无法构建出来的虚拟物体，丰富了人类的认知界限。

2. 虚拟现实的分类

VR研究目标的广阔性、对象的不确定性和应用需求的复杂性决定了其应用于学科综合交织穿插、系统类别多样的科学技术领域。虚拟现实系统根据不同的定义有不同的分类。从应用的定义上看，虚拟现实系统可以分为规划设计、展示娱乐及训练演练等几类。从沉浸体验的定义上看，VR系统有群体-VR交互式体验、人-VR交互式体验及非交互式体验三类。

10.1.2 基于视触觉融合的虚拟现实人机交互平台设计

1. 人机交互平台的设计思路

该人机交互平台的具体设计思路如下。

(1) 视触觉融合的实现。要将视觉和触觉融合，就要将虚拟影像和提供触觉的被操控实物物体重合，因此初步拟定需要平台实现视觉所看的物体影像和要操控的物体重合的功能。初步拟定使用半透明玻璃板将影像和实物物体结合起来。

(2) 虚拟现实影像的实现。虚拟现实技术是一种创建虚构的世界和让用户真实体验虚构的世界的计算机仿真系统，它利用计算机生成一种虚拟世界，是一种多信息融合的交互的三维动态影像的系统仿真，它可以使用户沉浸到该世界中。为达到用户的沉浸感强的效果，该人机交互平台需要提供逼真的虚拟影像，这就要求人机交互平台具有电子计算机和显示虚拟影像的三维显示器，同时，还需要多媒体音箱来提高虚拟环境的沉浸感。

(3) 触觉反馈设备的选取。触觉反馈设备应该具有高自由度，触觉反馈效果好的设备，才能完美地模拟出虚拟影像的力效果。初步拟定使用Touch X机器人。Touch X是一个6自由度机器人，是触摸式的人机交互的力反馈设备。Touch X具有两个基本的功能——力触觉反馈和输入位姿。

(4) 平台应具有调节功能。每个人的体格、行为举止习惯不同，虚拟的影像不同，需要的操作空间也不同，这就要求平台对于不同的用户和不同的虚拟物体能够做出不同的调整，能按照用户的具体需要进行调整。因此，半透明玻璃板的位置以及水平的角度应该是可调的；同样地，3D显示器相对于半透明玻璃板的位置也应该是可调的。这样，设计半透明玻璃板支架时，需要考虑加入高度调节结构和旋转调节结构。3D显示器方面初步拟定使用显示器支架，这个支架要求具有调整高度、水平角度以及显示器显示的功能。

(5) 人机交互平台应该具有综合性。人机交互平台最后应该能结合不同的反馈设备，例如可以结合麦克风和多媒体音响达到声音反馈，或者结合Leap Motion建成一个手势控制的虚拟环境。还可以加入脑电采集设备或者肌电采集设备，从而为平台提供多种控制策略或者检测用户的生理信息，将用户的生理状态实时地反馈给用户。

(6) 人机交互的空间。应该预留空间用于放置Touch X力反馈机器人或者Leap Motion体感控制器等用于人与机器交流的设备。考虑到Touch X和Leap Motion的操作空间大小，预留一个50cm(长)×45cm(高)×30cm(宽)的立体空间。

(7) 建立3D模型。在搭建实物前，应该先设计出基于视触觉融合的虚拟现实人机交互平台的3D模型。所有的调整修改、方案对比，都应该在3D模型上进行，直至得出最终版本，经过各种方法证实可行，才进行实物搭建。而3D模型使用Solidworks软件进行设计与绘制。

(8) 人机交互平台实物的搭建。根据人机交互平台的3D模型，确定实物搭建所需要的材料与器材，同时罗列出实物搭建的步骤与要注意的地方，然后根据罗列的步骤和3D模型，一步一步地将实物搭建出来。

(9) 人机交互平台的调试与优化。在人机交互平台实物搭建出来后，对平台的基本功能进行测试，例如测试平台的虚拟影像投影效果如何，测试反馈设备的控制效果如何。同时，还需要测试平台的质量，看看实物与3D模型的区别，有没有需要修改的地方，若有，则进行最后的修改与调整。当基本测试完成后，则考虑平台的优化方向，罗列出平台能优化的地方，得知哪些是现在可以实现的，哪些是未来可以实现的。

2. 人机交互平台设计

结合设计时的思路，初步拟定基于视触觉融合的虚拟现实人机交互平台方案。基于视触觉融合的虚拟现实人机交互平台如图10.1所示。玻璃板支架由型材及其部件搭建，而半透明玻璃板则由半透膜贴纸和玻璃板组成。

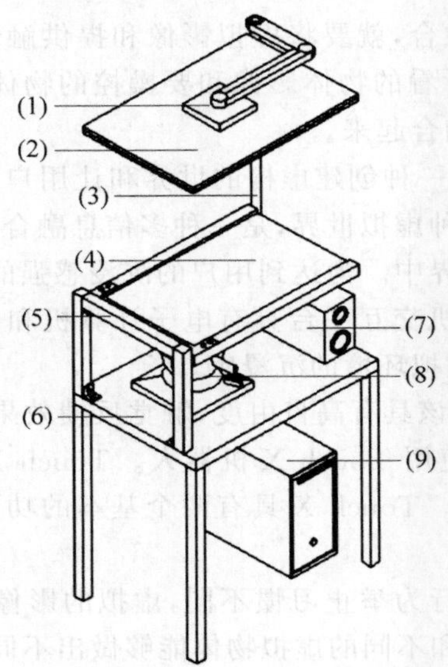

图10.1 基于视触觉融合的虚拟现实人机交互平台

玻璃板支架使用型材搭建，结构分别如图10.2和图10.3所示。由一根a1和两根a3组成玻璃板支架的固定轴和承重轴，使用b3和b4将a3固定在支撑平台，同时使用b3和b4来调整a1的高度，从而达到调整半透明玻璃板的高度的效果。由一根a2和两根a4组成玻璃板的固定框架。通过b2和b3来固定a2与a4的连接。使用型材自带的凹槽放置半透明玻璃板。通过b1的使用，将玻璃板框架与固定轴连接起来，同时通过调整b1的水平角度，从而调整半透明玻璃板的水平角度。通过调整显示器支架来调整3D显示器的水平角度，以及通过调整显示器支架杠的长度来调整3D显示器的高度。

该人机交互平台的特征是：通过电子计算机模拟出虚拟影像，由3D显示器显示，然后通过半透明玻璃板的反射成像原理，通过调整3D显示器和半透明玻璃板的相对位置，将虚拟影像呈现在玻璃板下方，与Touch X机器人重合。用户在操作Touch X机器人的同时，通过机器人的力反馈信息，让对应的虚拟影像做出相同的动作，让用户感觉自己在操作实物。同时，该系统用多媒体音箱来提高用户在虚拟环境的沉浸感。

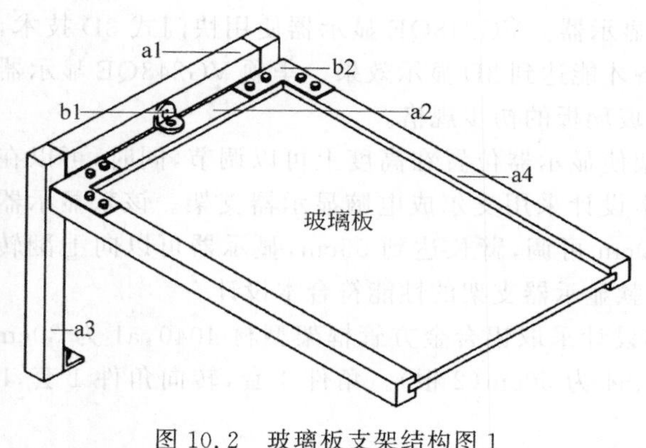

图 10.2 玻璃板支架结构图 1

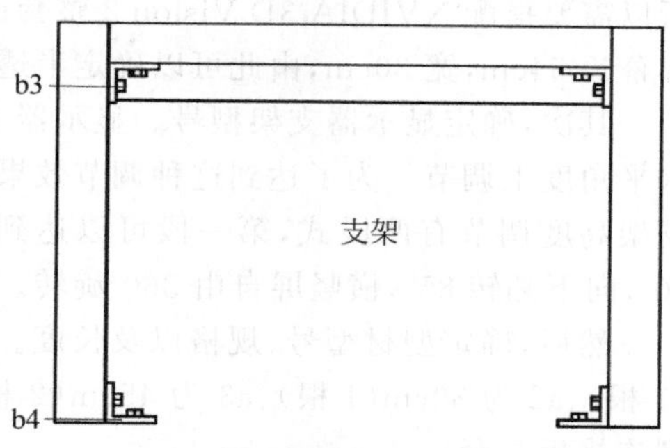

图 10.3 玻璃板支架结构图 2

3. 基于视触觉融合的虚拟现实人机交互平台的系统组成

该基于视触觉融合的虚拟现实人机交互平台可以分为以下两个子系统。

1）3D 视觉系统

3D 视觉系统由 3D 显示器、显示器支架、显示器支架杠以及半透明玻璃板组成。通过 3D 显示器呈现出虚拟影像，基于半透明玻璃板的影像反射原理，用户可以看到虚拟影像，将虚拟影像放置在半透明玻璃板下方，与力触觉反馈设备重合，将成功实现视觉与触觉的完美融合。

2）力反馈系统

力反馈系统是由 Touch X 机器人等力反馈设备、电子计算机主机及其对应的软件组成。力反馈系统采集用户操作机械臂的力信息，将其反馈给电子计算机主机，电子计算机主机将做出对应的运算，最后将处理后的力反馈信息反馈给虚拟影像。最终呈现出来的效果是用户感觉在操控虚拟影像对应的实物。

4. 基于视触觉融合的虚拟现实人机交互平台的优点

目前，人机交互的产品日渐增多。但大部分产品都只注重视觉反馈，对于视觉反馈的研究较深，而对力触觉反馈的研究还不足。而力触觉是唯一一个可以在接收用户和周围环境的输入的同时，又可以对用户和周围环境做出输出的感知通道。因此，力觉/触觉反馈在虚拟环境中具有绝对的突出优势，力触觉反馈使虚拟现实影像变得更加逼真，加强了虚拟现实的沉浸感。

该人机交互平台可以调整显示器的高度位置和水平角度，同时可以调整玻璃板的位置，从而使虚拟影像和力反馈设备完美重复，用户操控 Touch X 设备时，具有 6 自由度的 Touch X 可以让用户自由地操作，计算机收到 Touch X 的输入信息后，实时地对 3D 影像做出与用户操作同样的操作，实时显示变化的 3D 影像。同时，Touch X 接收到计算机反馈的信息，将力信息反馈给用户，用户收到触觉和视觉上的反馈后，又对 Touch X 做出新的操作……如此反复，使得用户可以操控“影像”，达到了视触觉的完美融合，实现了视觉、听觉、触觉的三维同步渲染及配合，具有非常强的沉浸感，让用户形成对虚拟模型的一个完整的、正确的、逼真的认识。同时，该平台支持综合拓展，可以加入脑电采集设备、肌电采集设备等来满足用户的各种需求；还可以改变力反馈设备的种类，例如换成 Leap Motion 体感控制器来使用手势操作等。

10.1.3 基于视触觉融合的虚拟现实人机交互平台的搭建

1. 人机交互平台搭建前的准备

首先，确定 3D 显示器的型号。3D 技术分为不闪式 3D 技术、快门式 3D 技术、裸眼式 3D

技术共 3 类。本设计使用华硕的 VG248QE 显示器。VG248QE 显示器使用快门式 3D 技术，所以需要搭配 NVIDIA 3D Vision 2 整套设备才能达到 3D 显示效果。华硕 VG248QE 显示器屏幕长 54cm，宽 30cm，由此可以确定半透明玻璃板的初步规格。

其次，确定显示器支架型号。显示器支架使显示器位置在高度上可以调节，同时，可以在水平角度上调节。为了达到这种调节效果，本设计采用支尔成电脑显示器支架。该款显示器支架高度调节有两段式，第一段可以达到 80cm 可调，臂长达到 55cm，显示器可以向上翻转 90°，向下翻转 85°，横竖屏自由 360°旋转。该款显示器支架的性能符合本设计。

然后，确定型材型号、规格以及长度。本设计采取铝合金方管框架型材 4040，a1 为 30cm（1 根）、a2 为 30cm（1 根）、a3 为 45cm（2 根）、a4 为 50cm（2 根）。角件 4 套，转向角件 1 套，L 型连接板 2 套。

选取玻璃板时，考虑到基于视触觉融合的虚拟现实人机交互平台需要经常根据用户需要而使用透明度不一样的玻璃板，这就要求玻璃板轻便、坚硬以及耐磨损。综上考虑，本设计的玻璃板采用亚克力板。亚克力板可以与铝型材完美结合，而且透光性好、比玻璃轻而且不易破碎，本平台采用的亚克力板规格参数为 32cm×50cm。半透膜选用防紫外线玻璃贴膜，规格为 32cm×50cm。

计算机主机采用 IPC 型工业控制计算机并配备键盘鼠标，而支撑平台使用折叠式办公桌，其规格为长 80cm、宽 40cm、高 75cm。力反馈设备采用 Touch X 机器人，并使用 Leap Motion。

2. 人机交互平台的搭建

由于玻璃板支架需要固定在支撑平台，所以需要先确定玻璃板支架的位置。人机交互平台搭建的步骤如下。

第一步，组装玻璃板支架。首先，组装玻璃板框架。使用 L 型连接板将 1 根 a2 和两根 a4 组装成 U 型玻璃板框架，然后使用转向角件将 U 型玻璃板框架的 a2 和 a1 连接起来。再通过角件将两根 a3 和 a1 组装起来，这样玻璃板支架就成功组装好。

第二步，固定玻璃板支架。将第一步组装好的玻璃板支架和支撑平台组装起来，需要用到剩下的两套角件，角件 b3 的一边连接 a3，另一边连接支撑平台。因此，需要先在支撑平台打两个孔。通过支撑平台上的孔，将角件的另一端固定在支撑平台上，这样，就可以将玻璃板支架固定好。

第三步，组装显示器支架。首先，将支架杠固定在支撑平台。固定的方法有两种，一种是夹片式；另一种是通过螺钉固定。本设计采取夹片式固定，以方便调整显示器位置。其次，将 3D 显示器的底座拆除，然后，将 3D 显示器和显示器支架通过支架自带的 4 个螺钉及螺钉孔连接起来。最后，将显示器支架和显示器支架杠组合起来。

第四步，电子计算机与平台组合。通过前面三步，人机交互平台基本成型，接下来需要将剩下的部件组合起来。首先将电子计算机显示器连接好，其次是键鼠配件，最后将需要用到的反馈设备（如 Leap Motion 等）连接起来。

第五步，将半透膜贴到玻璃板上。首先，将玻璃板的一面清洁干净，然后，将半透膜反面的保护膜撕下来，向半透膜和玻璃板喷水雾，紧接着将半透膜对准玻璃板，从一个角开始贴，直至整片半透膜贴合在玻璃板上。最后，使用塑料刮片将半透膜里的气泡和水泡挤走。

第六步，将半透明玻璃板组装到玻璃板支架上。由第一、二步搭建出来的玻璃板支架可以看出，玻璃板支架具有一个开口端。由 a2 和 a4 组成的 U 型框架具有一个 U 型凹槽，半透明玻璃板可以从开口端进入玻璃板支架，完美镶嵌在 U 型凹槽内。

经过上面 6 个步骤，就可以将基于视触觉融合的虚拟现实人机交互平台搭建成功，实物图如图 10.4 所示。

3. 人机交互平台的调整优化

虽然基于视触觉融合的虚拟现实人机交互平台的虚拟现实沉浸感强，用户体验好，能支持其他功能设备加入，但本设计还存在可以优化的缺点，由图 10.4 可以看出。例如，改变玻璃板支架的结构，将玻璃板支架改成对称结构，这样可以修正图中玻璃板倾斜的问题；还有可以增加支撑平台的面积，这样支撑平台有更多的面积添加补充其他反馈设备；还可以添加一块不透明玻璃板，以便用户在操作时不需要看到自己的手；同时，该平台未来的方向可以向着体积缩小、轻便的方向优化。该平台虽然功能出色，但由于体积过大，导致只能将其固定在一个地方使用，无法像手机那样随身携带。

为了将玻璃板支架改成对称结构，需要添加新的型材，需要另外增加一根 a1、一根 a2、两根 a3，还需要角件 4 套、转向角件 1 套、L 型板 2 套。成品图如图 10.5 所示。

图 10.4 基于视触觉融合的虚拟现实人机交互平台实物图

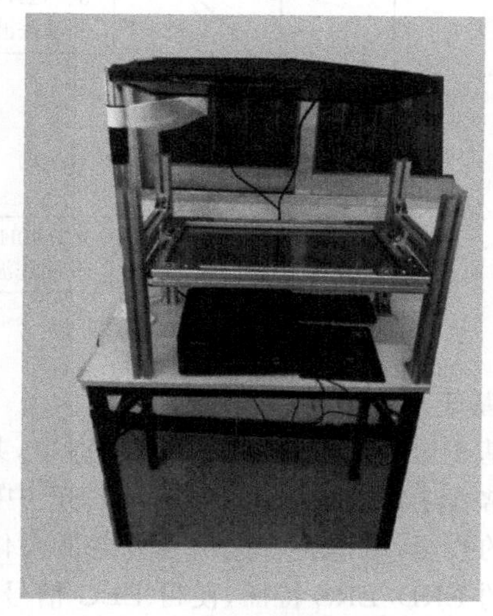

图 10.5 基于视触觉融合的虚拟现实人机交互平台改良版成品图

10.2 应用于生物反馈的人机交互技术研究

10.2.1 脑电模式识别算法研究与设计

1. 运动想象中的 ERS/ERD 现象

运动想象中的 ERS/ERD 现象指的是：大脑皮层不同的生理反应会使得脑电的波形发生相应的变化。当大脑皮层的某块区域受到刺激(如感觉神经信号、肢体运动和运动想象指令)，在该区域进行的信息加工和处理将使得脑电波某些频段的幅值减小或阻滞，这种生理电现象称为事件相关去同步(Event Related Desynchronization，ERD)。相反地，当该区域没有受到刺激而处于静息状态时，某些频段的脑电信号表现出振幅明显增大的现象，称为事件相关同步(Event Related Synchronization，ERS)。研究表明，ERD/ERS 现象不但发生在单侧肢体活动中，而且在单纯的运动想象中也会产生。因此，当进行左手的运动想象时，大脑右侧的脑电信号的功率将会减小，而左侧的脑电信号的功率将会增大；同样地，当进行右手的运动想象时，大脑左侧的脑电功率将会减少，而右侧的脑电功率将会增加。根据这一原理，可以将运动想象的脑电信号分成两类——想象左手运动和想象右手运动。

2. 数据预处理与最优频段选择

研究表明，ERS/ERD现象主要体现在18～26Hz和8～12Hz的脑电频带上。但对于不同人，ERS/ERD现象的有效频段存在差异。因此，能否取得最有效的频带对脑电分类效果有着直接的影响。采用的最优频带选择方法如图10.6所示。在此之前，为了滤除噪声信号，直接在脑电采集软件SCAN4.5软件上完成0.5～40Hz带通滤波。然后，将4～40Hz的频段分成9份，得到9个带通滤波器，依次为4～8Hz，8～12Hz，…，36～40Hz。滤波后，这9个波段数据将被放入特征提取模型。最后，采用互信息法选择能够较好地区分ERS/ERD现象的特征。

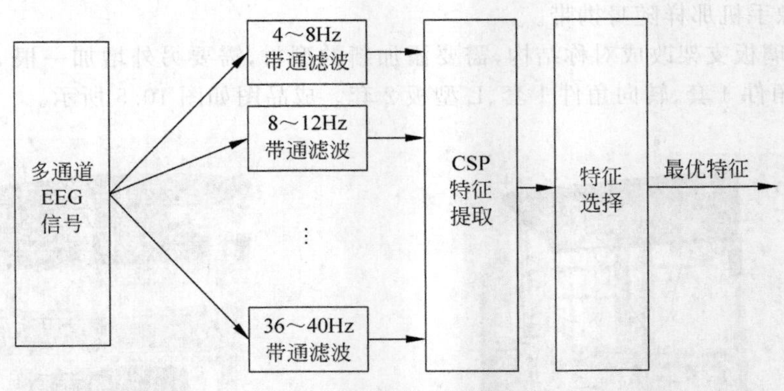

图10.6 最优频段选择方法

3. 基于CSP的特征选择方法

在基于运动想象的脑电分类识别中，共空间模式(Common Spatial Pattern，CSP)算法的运用非常普遍，并且效果明显。在CSP中，期望的空间滤波器可被看成一个投影矩阵。经过该矩阵的投影，可以将一类信号方差最大化的同时，将另一类信号的方差最小化，从而提取出最突出的ERD/ERS特征，使得EEG信号在投影后的空间可以最好地区分开。

为了方便分析，假设单次实验采集的脑电信号经过滤波等预处理后为$N_C \times T$的二维矩阵，其中N_C表示脑电采集的通道数，T代表每个通道采集的时间长度，即数据长度。为了求取最优的空间投影矩阵，先要求取脑电信号的空间协方差矩阵：

$$C_{\mathrm{L}} = \frac{1}{|Q_{\mathrm{L}}|} \sum_{i \in Q_{\mathrm{L}}} \frac{\boldsymbol{X}_i \boldsymbol{X}_i^{\mathrm{T}}}{\mathrm{tr}(\boldsymbol{X}_i \boldsymbol{X}_i^{\mathrm{T}})} \tag{10.1}$$

$$C_{\mathrm{R}} = \frac{1}{|Q_{\mathrm{R}}|} \sum_{i \in Q_{\mathrm{R}}} \frac{\boldsymbol{X}_i \boldsymbol{X}_i^{\mathrm{T}}}{\mathrm{tr}(\boldsymbol{X}_i \boldsymbol{X}_i^{\mathrm{T}})} \tag{10.2}$$

其中，$\boldsymbol{X}_i \in R^{N_C \times \mathrm{T}}$为上述所说的通道数为$N_C$、数据长度为$T$的第$i$组经过预处理的脑电信号；tr()是矩阵的迹(对角矩阵的元素之和)；Q_{L}和Q_{R}代表运动想象脑电数据的两种分类——想象左手运动和想象右手运动。叠加两类协方差，有：

$$\boldsymbol{C} = \boldsymbol{C}_{\mathrm{L}} + \boldsymbol{C}_{\mathrm{R}} \tag{10.3}$$

通过特征分解可以得到：

$$\boldsymbol{C} = \boldsymbol{U}_C \boldsymbol{\Gamma} \boldsymbol{U}_C^{\mathrm{T}} \tag{10.4}$$

其中，$\boldsymbol{U}_C$为特征向量矩阵，$\boldsymbol{\Gamma}$是特征值对角矩阵。于是可以求出白化(whitening)变换：

$$\boldsymbol{P} = \boldsymbol{\Gamma}^{-1/2} \boldsymbol{U}_C^{\mathrm{T}} \tag{10.5}$$

通过白化变换，可以将 $\boldsymbol{C}_{\mathrm{L}}$ 和 $\boldsymbol{C}_{\mathrm{R}}$ 转化成：

$$\boldsymbol{T}_{\mathrm{L}}=\boldsymbol{P}\times\boldsymbol{C}_{\mathrm{L}}\times\boldsymbol{P}^{\mathrm{T}} \tag{10.6}$$

$$\boldsymbol{T}_{\mathrm{R}}=\boldsymbol{P}\times\boldsymbol{C}_{\mathrm{R}}\times\boldsymbol{P}^{\mathrm{T}} \tag{10.7}$$

并且 $\boldsymbol{T}_{\mathrm{L}}$ 和 $\boldsymbol{T}_{\mathrm{R}}$ 具有相同的特征向量：

$$\boldsymbol{T}_{\mathrm{L}}=\boldsymbol{B}\times\boldsymbol{\Lambda}_{\mathrm{L}}\times\boldsymbol{B}^{\mathrm{T}} \tag{10.8}$$

$$\boldsymbol{T}_{\mathrm{R}}=\boldsymbol{B}\times\boldsymbol{\Lambda}_{\mathrm{R}}\times\boldsymbol{B}^{\mathrm{T}} \tag{10.9}$$

不难发现，$\boldsymbol{\Lambda}_{\mathrm{L}}$ 和 $\boldsymbol{\Lambda}_{\mathrm{R}}$ 还有如下性质：

$$\boldsymbol{\Lambda}_{\mathrm{L}}+\boldsymbol{\Lambda}_{\mathrm{R}}=1 \tag{10.10}$$

因此，可求得空间投影矩阵，如下所示：

$$\boldsymbol{W}=(\boldsymbol{P}^{\mathrm{T}}\times\boldsymbol{B})^{\mathrm{T}} \tag{10.11}$$

空间转换矩阵可以将 $\boldsymbol{C}_{\mathrm{L}}$ 和 $\boldsymbol{C}_{\mathrm{R}}$ 转换成以下形式：

$$\boldsymbol{\Lambda}_{\mathrm{L}}=\boldsymbol{W}\boldsymbol{C}_{\mathrm{L}}\boldsymbol{W}^{\mathrm{T}} \tag{10.12}$$

$$\boldsymbol{\Lambda}_{\mathrm{R}}=\boldsymbol{W}\boldsymbol{C}_{\mathrm{R}}\boldsymbol{W}^{\mathrm{T}} \tag{10.13}$$

其中，$\boldsymbol{\Lambda}_{\mathrm{L}}=\mathrm{diag}(\alpha_1^{\mathrm{L}},\alpha_2^{\mathrm{L}},\cdots,\alpha_m^{\mathrm{L}})$ 和 $\boldsymbol{\Lambda}_{\mathrm{R}}=\mathrm{diag}(\alpha_1^{\mathrm{R}},\alpha_2^{\mathrm{R}},\cdots,\alpha_m^{\mathrm{R}})$ 是特征值组成的对角矩阵，且满足 $\alpha^{\mathrm{L}}+\alpha^{\mathrm{R}}=1$。这意味着当 $\boldsymbol{C}_{\mathrm{L}}$ 的特征值 α^{L} 最大时，$\boldsymbol{C}_{\mathrm{R}}$ 的特征值 α^{R} 为最小。这里将 α^{L} 进行降序排列，投影矩阵也跟随变化，然后选择投影矩阵中的最顶端和最底端的 l 行作为最终的投影矩阵 $\boldsymbol{W}$。最后，可以提取出具有最佳区分效果的协方差特征：

$$f_{\mathrm{csp}}(i)=\log\left(\frac{\mathrm{diag}(\boldsymbol{W}\boldsymbol{X}_i\boldsymbol{X}_i^{\mathrm{T}}\boldsymbol{W})}{\sum_{j=1}^{2l}(\mathrm{diag}(\boldsymbol{W}\boldsymbol{X}_i\boldsymbol{X}_i^{\mathrm{T}}\boldsymbol{W}))_j}\right) \tag{10.14}$$

4. 基于 LDA 的分类算法

线性判别式分析（Linear Discriminant Analysis，LDA）也叫作 Fisher 线性判别（Fisher Linear Discriminant，FLD），它是在 1996 年由 Belhumeur 提出并应用到图像处理中，现已成为模式识别和人工智能领域的经典算法。LDA 算法的基本思想是找到一个最佳的投影方式（即投影矩阵），把原来高维数据样本投影到一个低维空间中，使得投影后不同类别的数据样本尽可能地分开（距离最大），而同一类别的数据样本尽可能地聚集（离散度最小），使不同类别的数据样本达到最好的分离效果。

假定 $x^i\in\{x_1^i,x_2^i,\cdots,x_n^i\}$，$i\in\{1,2\}$ 为两类运动想象脑电信号经过 CSP 特征提取后的数据样本。如前所说，它可以由投影矩阵投影到一个低维空间中，如 $y=v^{\mathrm{T}}x$。投影前后，两类特征样本的均值可以表示为：

$$\mu_i=\frac{1}{N_i}\sum_{x\in x^i}x \tag{10.15}$$

$$\tilde{\mu}_i=\frac{1}{N_i}\sum_{x\in x^i}\boldsymbol{v}^{\mathrm{T}}x=\boldsymbol{v}^{\mathrm{T}}\mu_i \tag{10.16}$$

其中，N_i 为 i 类样本数量。投影前后，类内散布矩阵可以表示为：

$$\boldsymbol{S}_w=\sum_{i=1}^{2}\sum_{x\in x^i}(x-\mu_i)^2 \tag{10.17}$$

$$\widetilde{\boldsymbol{S}}_w=\sum_{i=1}^{2}\sum_{x\in x^i}(\boldsymbol{v}^{\mathrm{T}}x-\tilde{\mu}_i)^2=\boldsymbol{v}^{\mathrm{T}}\boldsymbol{S}_w\boldsymbol{v} \tag{10.18}$$

同样地,可得类间散布矩阵:

$$\boldsymbol{S}_b=(\mu_1-\mu_2)(\mu_1-\mu_2)^{\mathrm{T}} \tag{10.19}$$

$$\widetilde{\boldsymbol{S}}_b=(\tilde{\mu}_1-\tilde{\mu}_2)(\tilde{\mu}_1-\tilde{\mu}_2)^{\mathrm{T}}=v^{\mathrm{T}}S_b v \tag{10.20}$$

如上所述,如果分类样本具有最大的类间距离和最小的类内距离,其分类结果将会达到最好。在这里采用 Fisher 判别准则:

$$J(v)=\frac{\widetilde{\boldsymbol{S}}_b}{\widetilde{\boldsymbol{S}}_w}=\frac{\boldsymbol{v}^{\mathrm{T}}\boldsymbol{S}_b v}{\boldsymbol{v}^{\mathrm{T}}\boldsymbol{S}_w v} \tag{10.21}$$

只需要提取 $J(v)$最大值时对应的投影矩阵$\boldsymbol{v}$,就能使得投影后的两类样本的分离效果最好。根据拉格朗日乘子法,$\boldsymbol{v}$ 可以由下式求得:

$$\boldsymbol{S}_b\boldsymbol{v}=\lambda\boldsymbol{S}_w\boldsymbol{v} \tag{10.22}$$

可见,最佳投影矩阵$\boldsymbol{v}$ 为 $\boldsymbol{S}_w^{-1}\boldsymbol{S}_b$ 的特征向量。结合以上公式,可以求得:

$$\boldsymbol{v}=\boldsymbol{S}_w^{-1}(\mu_1-\mu_2) \tag{10.23}$$

至此,一个基于 $x^i\in\{x_1^i,x_2^i,\cdots,x_n^i\},i\in\{1,2\}$样本的分类器已经构建完毕,新的样本数据可以通过这个分类准则进行分类。分类准则可以表示为:

$$y(x)=\boldsymbol{v}^{\mathrm{T}}x+v_0 \tag{10.24}$$

其中,x 为新的样本数据,$\boldsymbol{v}$ 为 LDA 分类器的投影矩阵,v_0 为偏移量。当运算结果 $y(x)>0$ 时,意味着样本 x 属于一类信号;而当 $y(x)<0$ 时,则意味着属于另一类。

10.2.2 游戏设计与实现

1. 游戏整体布局与设计

如图 10.7 所示,游戏界面一共由 3 个部分组成:游戏窗口、波形显示和用户界面。接下来依次对这 3 个部分进行介绍。

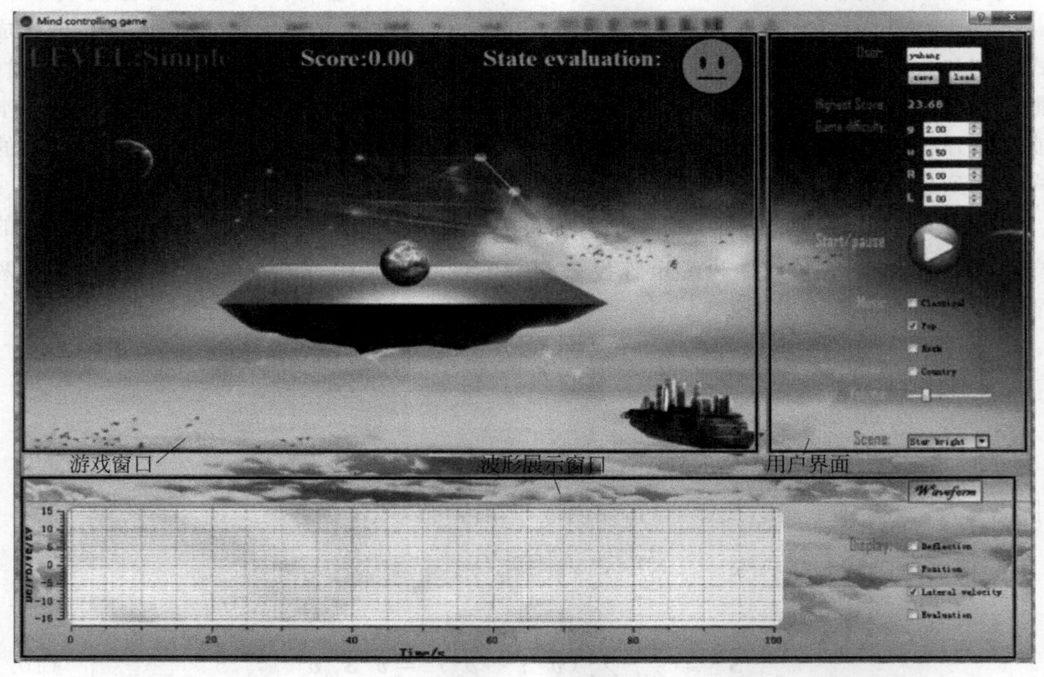

图 10.7 游戏窗口

在如图 10.7 所示的游戏窗口中，将一个星球放在一个看似飞行的平台上。脑电信号经过处理分类成两类信号，用以控制平台顺时针或者逆时针运动。如果平台不是水平的，由于受到重力和支持力的相互作用，星球将朝着平台较低的一端滚动，如果平台不进行旋转调整，星球将滚出平台落入星空(假设星球在星空中受到垂直向下的重力或引力)，效果如图 10.8 所示。为了避免星球落入星空，平台需要通过脑电不断进行调整以维持相对平衡，让星球位置稳定在平台上。星球在平台上的时间越长，游戏分数越高，一旦星球落入星空，游戏就结束。为了增加游戏的乐趣，设置了 3 个过程级别——简单、一般、困难。在进入新的等级之前，平台会闪烁 2s 提示游戏者做好准备。一旦进入更高级别，平台的长度和表面摩擦力将会变成原来的 0.8 倍，但是游戏者可以在相同的时间内得到双倍的分数。游戏升级依靠游戏者的表现，表现的评估由下述评价函数即式(10.25)求得。通常情况下，游戏者的注意力状态越好，表现也越佳，因此越容易进入更高的级别并收获更多的分数。为了更好地呈现游戏者的状态，在游戏窗口的右上方增加了一个卡通脸。根据对游戏者状态的评估，卡通脸会表现出：喜悦、微笑、平静、惆怅、悲伤，如图 10.9 所示。

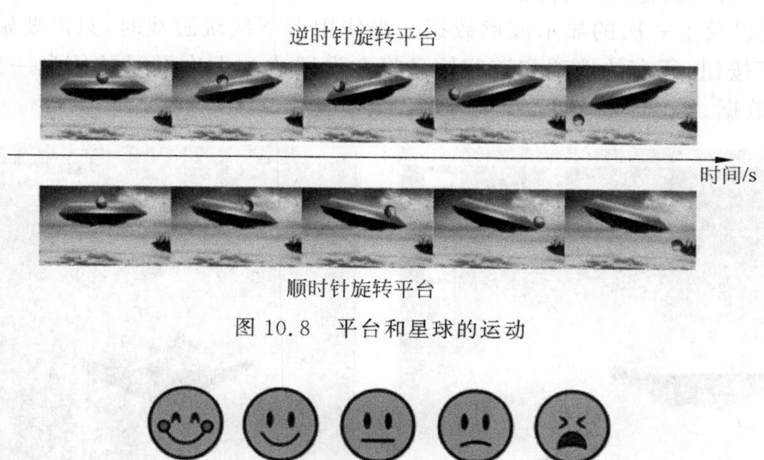

图 10.8 平台和星球的运动

图 10.9 卡通脸状态评估

生物反馈需要一个界面去显示人的生理状态或心理状态，人再根据情况进行调整。如果仅仅依靠卡通脸的显示，虽然很形象生动，但是不能精确反映游戏者的状态和更多的细节，因此增加了波形显示模块。从图 10.7 右下方的复选框可见，这里有 4 个波形可供选择，包括平台的偏转角度、星球的横向速度、加速度以及一个综合评价函数。这些选项都能够通过某项指标的效果侧面反映游戏者的注意力状态。例如，如果星球的位置越接近平台的中点，表示星球较为安全地待在平台上不至于落入星空，因此游戏的控制效果就越好。对于所有的波形值也这样，越接近 0 的时候，游戏的控制效果越好。但是，正如上面的例子，如果星球的位置非常接近中点，但是速度很大，星球依然很有可能在惯性的作用下冲出平台。因此，单一的评价指标不足以评估游戏的控制效果，这里需要一个综合、全面的评价指标：

$$E=\frac{a}{t_f-t_0}\int_{t_0}^{t_f} v(t)^2\,\mathrm{d}t+b\mid x\mid \tag{10.25}$$

其中，$v(t)$和 x 是星球的速度和位置；t_0 是初始时刻，是过去的某个时间点；t_f 为终点时刻，也就是当前时刻；a 和b 是权重系数。综合评价指标跟星球的位置和速度有关，如果星球位置接近中点位置，且在过去一段时间内移动都很缓慢，此时 E 的值很小，可以认为游戏控制得很好。由于惯性作用使得高速运动时的星球难以停下来，因此采用 $v(t)^2$ 而不是 v 来避免速度过大。在游戏中，如果游戏者注意力不集中，游戏控制得很差，E 的值很大，卡通脸会变得惆怅和悲伤起来。相反地，如果游戏控制得很好，E 的值很小，卡通脸会展现出微笑甚至喜悦。一旦 $E<\xi$（ξ 是开发者设置的一个很小的数），游戏将会进入更高级别（由"简单"升级为"一般"，或由"一般"升级为"困难"）。

本节将设计一款生物反馈游戏，使得使用者在玩游戏的过程中，不仅可以享受游戏的乐趣，更重要的是可以通过游戏放松与调整自己的精神状态和注意力水平。对于游戏设定，不同的人会有不同的喜好，所以个性化设计变得非常重要。如图 10.10 所示，在用户界面中，游戏者可以选择他们喜爱的背景和音乐。为游戏者提供两个 3D 效果的背景界面，一个是"璀璨星空"；另一个是"古老城堡"。选择自己喜欢的背景音乐类型之后，会在游戏中进行切换。另外，游戏者通过在"g"、"u"、"R"和"L"的输入框中输入数值，就可以任意修改游戏难度。其中，"g"代表重力加速度，"u"代表摩擦力系数，"R"代表平台旋转速度，"L"代表平台的长度。如果游戏开始前没有输入数值，游戏将会在默认参数下运行。游戏还可以增加用户名，用以保存最高分、游戏设定以及上一次的显示波形数据。当使用者下次玩游戏时，只需要输入自己的用户名，单击"Load"按钮，所有的选项和游戏信息将会设置成和上次登录的信息一致，并且可以看到之前的波形数据。

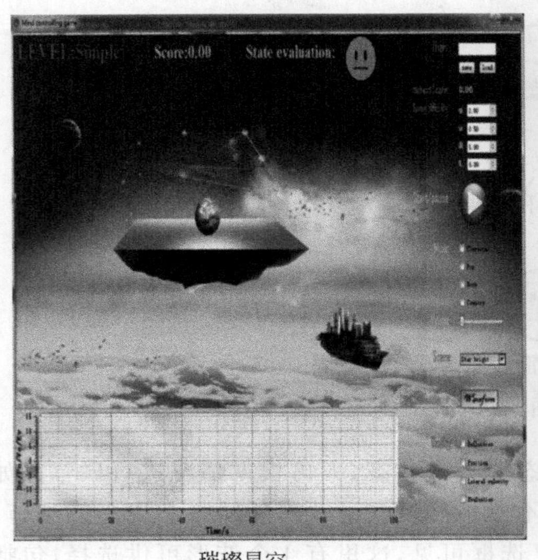

璀璨星空

古老城堡

图 10.10 游戏背景界面

2. 基本游戏机制的实现

如图 10.7 所示的游戏窗口是 QtCreator 提供的一个视图（graphic view），与其他控件（如标签、选项框、按钮等）一样，视图也是 QtCreator 程序主窗口的子类。程序主窗口中的所有子对象都可以通过信号与槽的机制进行连接。在游戏窗口中，星球、平台、卡通脸，以及显示分数的文本和显示级别的文本都是 QtCreator 提供的图形项。因为星球和平台的移动既有相对运动，同时也存在相互接触和旋转的关系。为了更好地实现星球和平台的基本运动，让它们隶属同一个父对象中，使得它们具有相同的坐标系。于是，只要旋转父对象，星球和平台也会以父对象的某一个中心点为圆心旋转起来。因此，如图 10.11 所示，星球的运动可以分解成沿着 X 轴和 Y 轴运动，通过操作函数"moveby(dx,dy)"就可以实现。另外，为了让星球运动时看起来是滚动的,星球需要根据移动速度进行旋转,采用“rotate(angle)”函数便可实现。

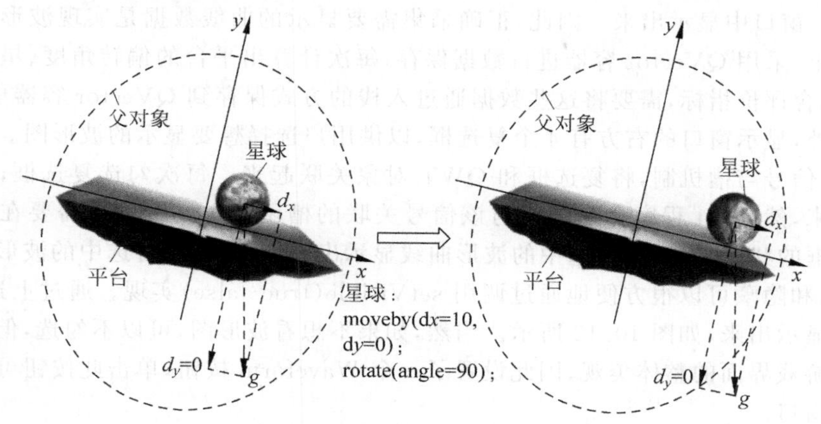

图 10.11 游戏模型的运动分解

星球的运动基于牛顿第二定律。首先,使能一个 0.02s 的定时器。每 0.02s,平台旋转一个确定的角度,通过每一次累加可以得到平台的实际角度。然后根据平台的倾斜角可以求出星球沿着 X 轴和 Y 轴的位移和加速度。在星球处于平台时,重力只有沿 X 轴的分量,小球沿 X 轴的加速度和位移可以表示为:

$$a_x = g \times \sin\alpha \tag{10.26}$$

$$d_x = v_x t + 0.5 a_x t^2 \tag{10.27}$$

其中,α 是平台的实际角度,g 是重力加速度,t 是 0.02s 的定时器时间间隔,v_x 为该时间间隔内的初速度,可以由下式求得:

$$v_x = \tilde{v}_x + a_x t \tag{10.28}$$

其中,$\tilde{v}_x$ 为上一时间间隔的初速度。于是,星球滚动的旋转角度也可以计算出来:

$$\text{angle} = \frac{d_x}{R} \times \frac{360}{2\pi} \tag{10.29}$$

其中,R 为星球的半径。如果星球滚出平台,它将会有沿 Y 轴方向的运动。

星球沿着 Y 轴的运动可以用下式表示:

$$a_y = g \times \cos\alpha \tag{10.30}$$

$$d_y = v_y t + 0.5 a_y t^2 \tag{10.31}$$

$$v_y = \tilde{v}_y + a_y t \tag{10.32}$$

求出星球在一个时间间隔(0.02s)的位移和旋转角度后,通过 QtCreator 接口函数 moveby(d_x,d_y)和 rotate(angle)便可实现它的移动和旋转。由于时间间隔很短,因此行星的运动看起来是连续的。游戏的得分也是每间隔 0.02s 更新一次。分数由下式得到:

$$\text{score} = \bar{\text{score}} + 2^{l-1} \times t \tag{10.33}$$

其中,$\bar{\text{score}}$ 为上一次的分数; t 为定时器时间间隔,$t=0.02$s; l 是与游戏等级相关的系数,例如令简单级别的 $l=1$,令一般级别的 $l=2$。这样,级别越高,分数就可以越快拿到。

3. 波形显示窗口的实现

在波形显示的实现中,采用 QtCreator 提供的一个非常实用的数据显示库——QWT。如图 10.12 所示,QWT 是一个波形显示窗口,是一个名为 QwtPlot 的 Qt 类。在波形显示之前,首先申请 4 个 QwtPlotCurve 对象代表上面提到的 4 条波形曲线,然后将它们隶属到 QwtPlot

对象中。于是，只需要给每个 QwtPlotCurve 对象设置要显示的曲线的样本数据，对应的波形将会在 QWT 窗口中显示出来。因此，正确采集需要显示的曲线数据是实现波形显示功能的关键。在这里，采用 QVector 容器进行数据保存，每次计算出平台的偏转角度、星球的位置和速度，以及综合评价指标，需要将这些数据通过入栈的方式保存到 QVector 容器中，供波形显示使用。另外，显示窗口的右方有 4 个复选框，以供用户选择想要显示的波形图。为了实现这一功能，采用信号与槽机制，将复选框和 QWT 对象关联起来。每次勾选复选框，就会有一个信号发射出来，然后 Qt 程序会跳转到与该信号关联的槽函数中。所以只需要在槽函数中检测每个复选框的状态，然后将被选中的波形曲线显示出来，并且将没有选中的波形曲线隐藏起来即可，显示和隐藏可以很方便地通过调用 setVisible(true/false)实现。通过上述方法，波形曲线就可以显示出来，如图 10.12 所示。当然，如果不想看波形图，可以不勾选，但是波形显示窗口会影响游戏界面的整体美观，因此设置了一个 Waveform 按钮，单击此按钮可以收起或弹出波形显示窗口。

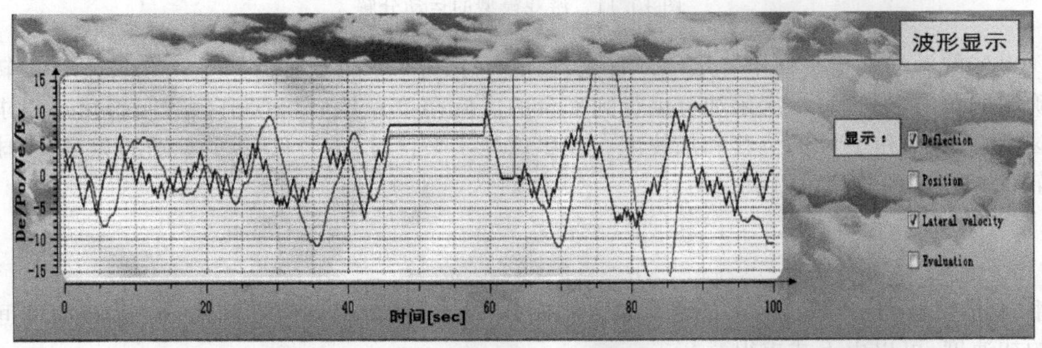

图 10.12 波形曲线显示

4. 个性化设计的实现

个性化设计是指游戏的设定可以根据不同的使用者进行调整。在介绍的游戏中，用户可以选择自己喜欢的背景图和音乐，并且背景音乐会在游戏过程中进行切换，“场景”选项框用来切换游戏背景。同样基于信号与槽机制，一旦使用者在选项框中进行选择，就会有信号发出，程序跳转到对应的槽函数，只需在槽函数中切换游戏场景即可。采用 Qt 类“phono”来实现背景音乐的播放。背景音乐的选择同样有 4 个复选框，每个复选框对应一类音乐。使用链表来保存相同类型的音乐路径，通过移动链表指针便可以找到下一个音乐路径完成背景音乐的切换。如果复选框中有两类音乐被选中，只需将一类音乐的链表追加到另一类音乐的链表上，即可生成新的链表，实现两类歌曲的循环切换。对于游戏难度设置，同样采用信号与槽的机制，当输入数值到“g”“u”“R”和“L”时，就可以在槽函数上对重力加速度、摩擦系数、旋转角速度和平台长度进行修改。当按下用户名下方的 save(保存)按钮时，所有这些参数和用户的选择以及波形数据将会保存为用户信息。一个名为 QDataStream 的 Qt 类可以用来实现数据保存功能，它的优势在于不管保存的数据多么复杂，都会分解成二进制信息流输出到文件中。因此，只需要将需要保存的数据一个接一个地输出到文件中，然后，当按下 Load(加载)按钮时，就可以在该文件中获取到一个接一个的数据，顺序跟保存时的一样。到这里，个性化设计已经完成。最后，将游戏窗口、波形显示、用户界面和用户数据保存文件进行连接，如图 10.13 所示，即可实现所有游戏功能。

5. 脑机接口与游戏的连接

生物反馈游戏系统结构如图 10.14 所示。其中，Neuroscan 设备和 SCAN4.5 配套，用来

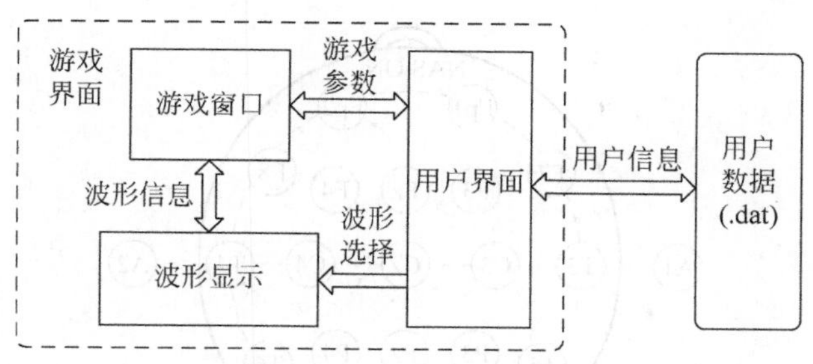

图 10.13 游戏整体连接

采集脑电信号。由于 QtCreator 拥有界面设计上的优势，被用来进行游戏开发。在脑电数据处理算法方面，选择使用 Python 语言，因为它的代码简洁、高效，并且具有丰富的机器学习库可以进行调用。另外，还使用了 MATLAB，它负责将上述软件连接起来，完成通信功能。所以，整个游戏系统的运行过程为：脑电信号经 Neuroscan 设备采集后，通过有线的方式发送到 SCAN 4.5 软件上。MATLAB 采用 TCP 端口与 SCAN 4.5 连接，以实时获取脑电数据。然后 MATLAB 调用 Python 程序进行数据处理，其中包括 10.2.1 节介绍的预处理、特征提取、特征选择和模式分类，并最终将脑电信号分成两类——想象左手运动和想象右手运动。最后，将该分类结果作为控制信号通过 UDP 接口发给游戏，游戏接收到信号即可做出反应，控制平台运动。

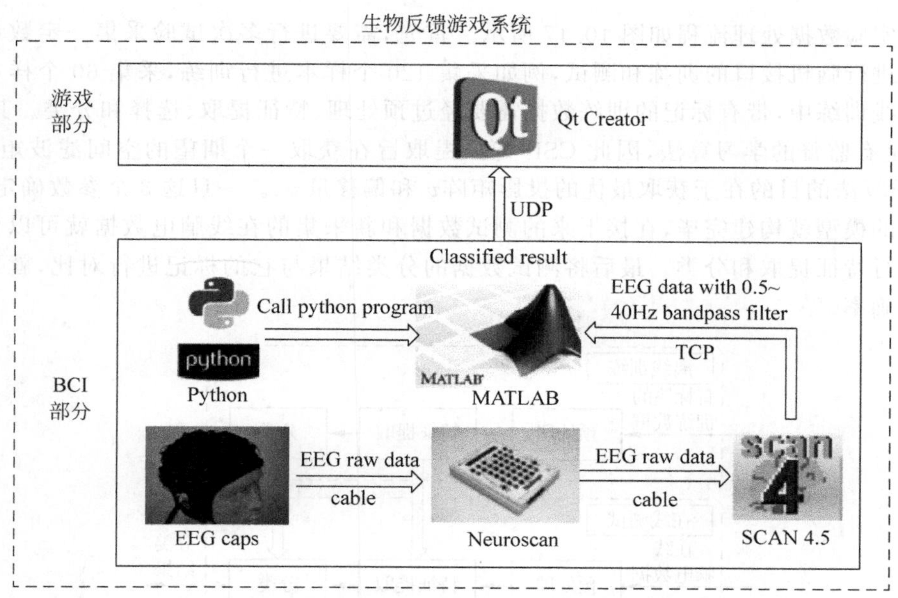

图 10.14 生物反馈游戏系统结构图

10.2.3 实验过程与结果分析

1. 离线脑机接口实验

离线试验设置：采用 Neuroscan 设备对脑电原始数据进行采集，脑电帽电极分布如图 10.15 所示。脑电信号的采样速率为 500Hz，采集后在 SCAN 4.5 软件上先对 0.5～40Hz 频段的脑电信号进行滤波。每一次试验进行 10s，其中包括 2s 的准备时间、3s 的运动想象时间以及 5s 的休息时间，流程如图 10.16 所示。

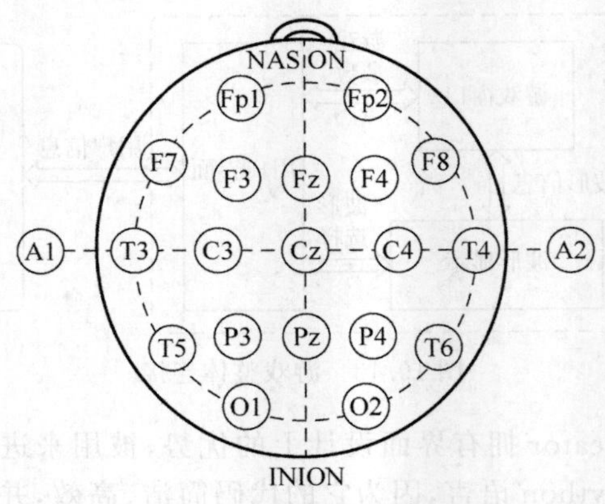

图 10.15 脑电帽电极分布

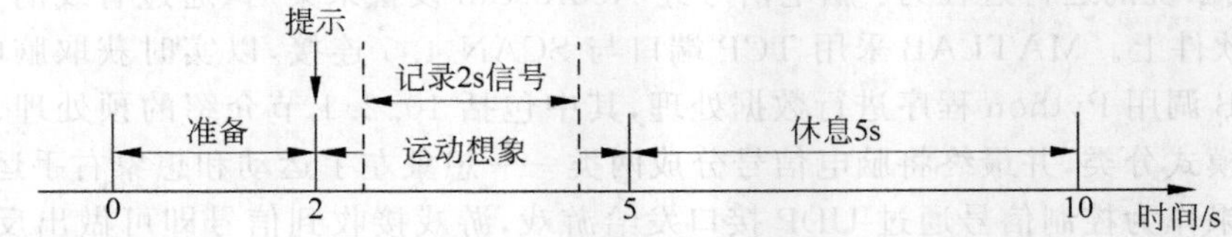

图 10.16 单次试验流程

整个实验数据处理流程如图 10.17 所示。首先，需要进行多次试验采集一定数量的脑电数据样本进行脑机接口的训练和测试，例如采集 120 个样本进行训练，采集 60 个样本用以测试。在离线训练中，带有标记的训练数据需要经过预处理、特征提取、选择和分类。其中，CSP 和 LDA 是有监督的学习算法，因此 CSP 特征提取旨在获取一个期望的空间滤波矩阵 W，而 LDA 分类算法的目的在于获取最优的投影矩阵 $\boldsymbol{v}$ 和偏移量 v_0。一旦这 3 个参数确定，特征提取和分类的模型就构建完毕，在接下来的测试数据和新采集的在线脑电数据就可以直接使用该模型进行特征提取和分类。最后将测试数据的分类结果与它的标记进行对比，就可以得到分类的准确率。

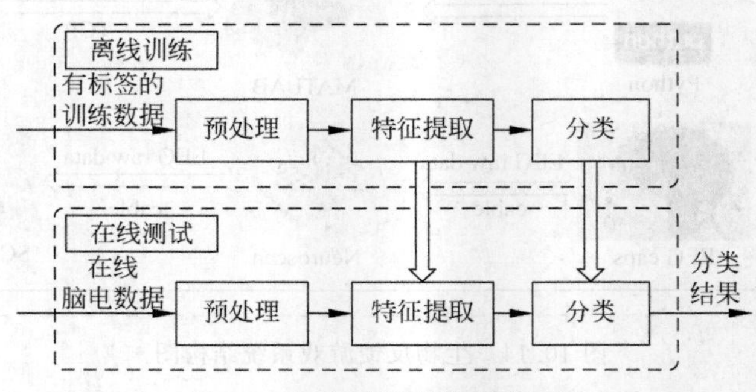

图 10.17 实验数据处理流程图

2. 实验结果

在离线测试准确率的实验中，邀请 3 位健康的男性测试者。

当人想象单侧肢体运动时，它们的大脑会产生 ERD/ERS 现象。为了获得这一现象，首先对原始脑电数据进行滤波，然后进行傅里叶变换，将这一现象呈现出来，如图 10.18 所示，其中 C3、C4 是分别位于左脑和右脑的两个电极。

根据上述数据处理算法以及实验设置，对采集到的脑电数据进行训练和测试。图 10.19

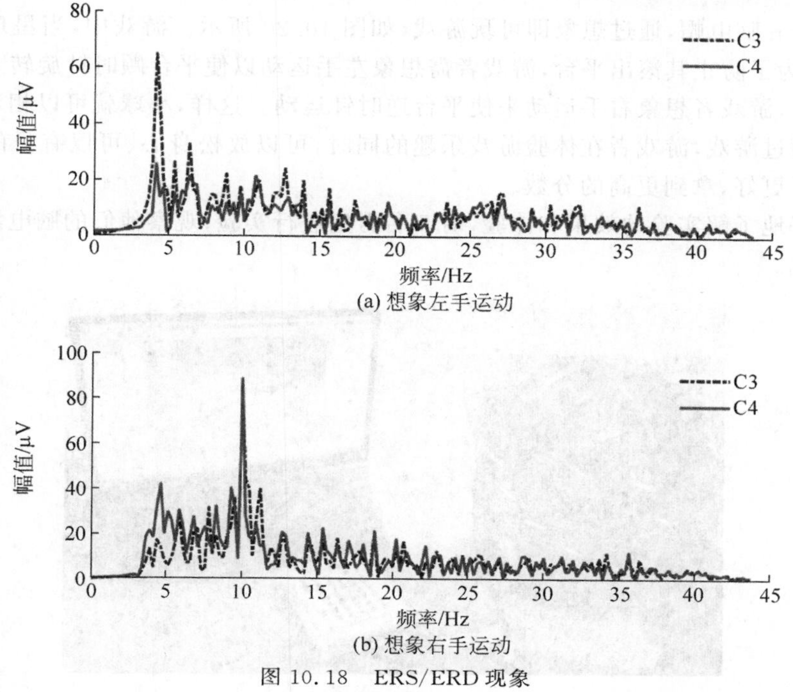

(a) 想象左手运动

(b) 想象右手运动

图 10.18 ERS/ERD 现象

表示的是一个受试者的脑电分类结果图，可以看到，尽管测试数据效果相对较差，训练数据和测试数据中的两类脑电信号都有较好的区分。而分类准确率如表 10.1 所示，平均识别准确率接近 70%，这确保了游戏控制能够达到较好的效果。

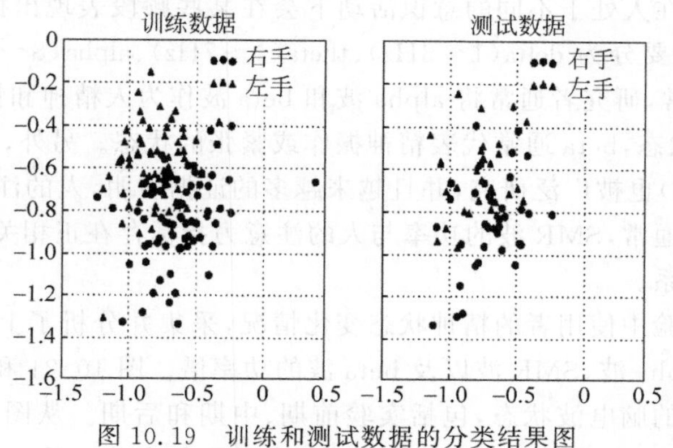

图 10.19 训练和测试数据的分类结果图

表 10.1 脑电分类准确率 %

测试者	训练数据准确率	测试数据准确率
S1	89	70.00
S2	88	68.75
S3	91	66.25
平均值	89.33	68.33

经过离线试验的训练和测试后，特征提取、选择以及分类的模型已经成功构建，因此在线脑电控制可以直接使用训练好的模型。在线采集的脑电数据经过 10.2 节所述的数据处理算法后，得到脑电分类结果，其作为控制信号发送给游戏，从而实现游戏控制。游戏者只需要穿

戴好 Neuroscan 脑电帽，通过想象即可玩游戏，如图 10.20 所示。游戏中，当星球向平台的左端点运动时，为了防止其滚出平台，游戏者需想象左手运动以使平台顺时针旋转。当星球向平台右端运动时，游戏者想象右手运动来使平台逆时针运动。这样，小球就可以相对平稳地控制在平台上。通过游戏，游戏者在体验游戏乐趣的同时，可以放松身心、可以有目的地提高专注度使控制效果更好，拿到更高的分数。

为了更好地了解实验的效果和体验，对 5 名男生进行实验，观察他们的脑电波在整个实验过程中的变化。

图 10.20　在线游戏控制

3. 生物反馈效果实验

脑电作为一种生理信号，用来对人的中枢神经系统进行功能评估，同时也是认识功能研究的重要途径。脑电图在人处于不同的意识活动下会在某些频段表现出振幅变化和功率变化。如 1.1 节所说，脑电主要分为 delta（1～3Hz）、theta（4～7Hz）、alpha（8～12Hz）以及 beta（13～30Hz）四种波段。通常，研究者通常将 alpha 波和 beta 波作为人精神和情绪表现的指标，并且 alpha 通常代表放松状态，beta 通常代表精神振作或紧张的状态。另外，SMR（13～15Hz）波和 TBR（theta/beta ratio）也被广泛研究，并且越来越多的证据表明，人的注意力与这两个参数有着很强的相关关系。通常，SMR 波的功率与人的注意力指标存在正相关关系，而 TBR 跟注意力指标存在负相关关系。

为了研究游戏实验中使用者的精神状态变化情况，采集并分析了上述 5 位受试者在游戏过程中的 theta 波、alpha 波、SMR 波以及 beta 波的功率谱。图 10.21 和图 10.22 显示了 5 位受试者在实验过程中的脑电波状态，包括实验前期、中期和后期。从图 10.21 发现，5 位受试者在游戏过程中的 SMR 波有着明显提高的趋势，特别是实验中 cz 和 dy。这说明受试者在游戏过程中的注意力状态有提高的趋势，一方面是因为游戏者逐渐进入游戏状态，另一方面也体现了游戏者在试图调节自己的注意力到游戏的控制上。然而，也看到 yh、cz 和 dy 三位受试者的 SMR 波并非一直保持升高的趋势，而是在游戏后期有一个微微下降的趋势，这可能跟长期集中注意力导致精神疲劳有关。但是这个下降趋势是微小的，相比开始时的 SMR 波水平仍有很大的提高。同样地，通过图 10.22 可以看出，有 4 位受试者的 TBR 水平有着明显降低的趋势，特别是 yh。由于 TBR 水平通常与注意力呈负相关关系，所以 TBR 分析情况与 SMR 相似，在游戏过程中，受试者的注意力水平有上升趋势。

alpha 波段通常代表人的放松状态，并且较高的 alpha 波表示正在抑制无关的内部及心理活动。所以较高功率的 alpha 波可以反映受试者的专注度和放松水平。如图 10.23 所示，除

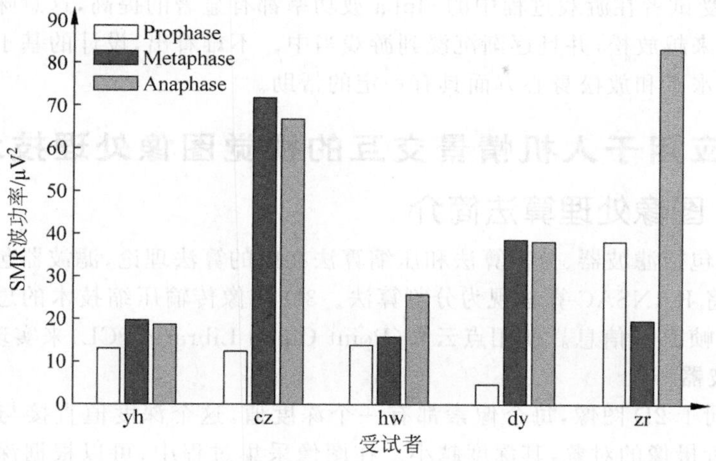

图 10.21 五位受试者的 SMR 波功率情况

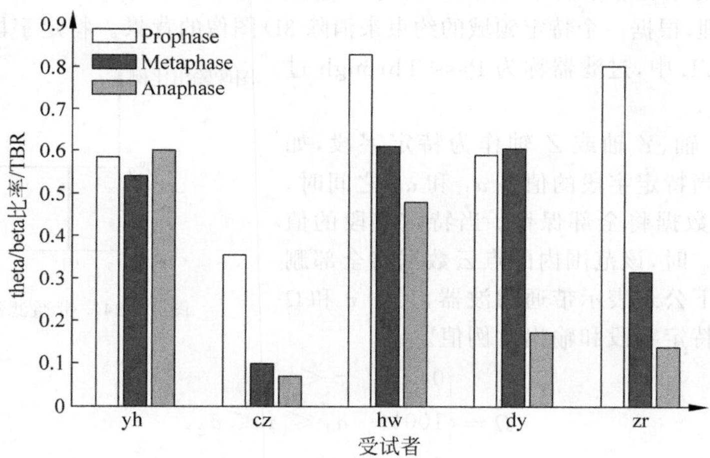

图 10.22 五位受试者的 TBR 情况

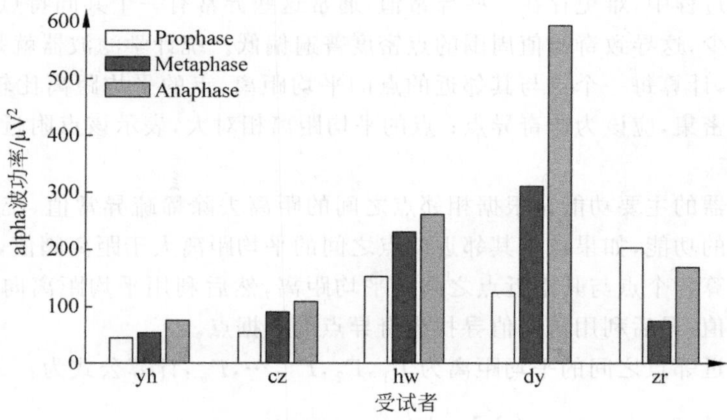

图 10.23 五位受试者 alpha 波功率情况

了 zr 以外，其他受试者在游戏过程中的 alpha 波功率都有显著的提高，这意味着受试者的状态通过游戏变得越来越放松，并且逐渐沉浸到游戏当中。不难看出，设计的基于脑电生物反馈游戏在提高注意力水平和放松身心方面具有一定的帮助。

10.3 应用于人机情景交互的视觉图像处理技术研究

10.3.1 图像处理算法简介

本节将介绍包括滤波器、分割算法和压缩算法在内的算法理论，滤波器包括带通滤波器和统计学滤波器，将 RANSAC 算法视为分割算法。3D 图像传输压缩技术的思想是在两个 I 帧信息之间发送三帧 P 帧信息。使用点云库(Point Cloud Library，PCL)来实现这些算法。

1. 带通滤波器

3D 图像不同于 2D 图像，每个像素都有一个深度值，这个深度值直接与对象到传感器的距离有关，越靠近摄像的对象，其深度越小。在图像采集过程中，可以根据深度值去除不感兴趣的物体。该步骤计算量非常少，只需遍历每一个点即可。

带通滤波器的原理非常简单，该滤波器的关键原则是允许特定的波段，同时屏蔽其他波段，将使用类似的原理，根据一个特定领域的约束来消除 3D 图像的背景。特定字段可以是 X 轴、Y 轴或 Z 轴。在 PCL 中，过滤器称为 Pass Through 过滤器。

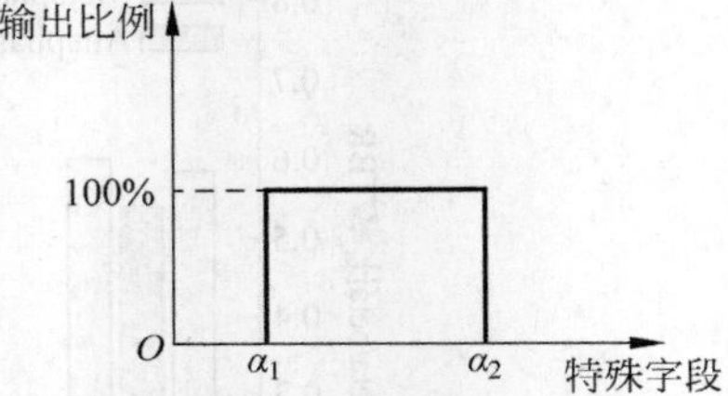

图 10.24 带通滤波器原理图

可以选择 X 轴、Y 轴或 Z 轴作为特定字段，如图 10.24 所示。当特定字段的值在 α_1 和 α_2 之间时，此范围内的点云数据将全部保留。当特定字段的值小于 α_1 或大于 α_2 时，该范围内的点云数据将全部删除。可以使用以下公式表示带通滤波器，其中 τ 和 Ω 分别表示点云的特定字段和输出比例值。

$$\Omega=\begin{cases}0 & \tau<\alpha_1\\ 100\% & \alpha_1\leqslant\tau\leqslant\alpha_2\\ 0 & \tau>\alpha_2\end{cases} \tag{10.34}$$

2. 统计学滤波器

在图像采集过程中，难免存在一些异常值，通常这些异常有一个共同特点——在异常值周围存在的点特别少，这导致奇异值周围的点密度普遍偏低。统计学滤波器就是利用这个特点，它遍历每一个点，计算每一个点与其邻近的点的平均距离，点的平均距离比较小，表示该点附近的点遍布比较密集，应该为非奇异点；点的平均距离相对大，表示该点附近的点遍布比较稀疏，应该为奇异点。

统计学滤波器的主要功能是根据相邻点之间的距离去除稀疏异常值，统计学滤波器具有识别稀疏异常值的功能，如果点与其邻近的点之间的平均距离大于距离阈值，该点将被认为是异常值。首先计算各个点与其附近点之间的平均距离，然后利用平均距离向量的标准偏差和均值计算距离阈值，最后利用该阈值寻找出奇异点的数据点。

每个点与其近邻点之间的平均距离为 $\Gamma_1,\Gamma_2,\Gamma_3,\cdots,\Gamma_n$，计算公式为：

$$\Gamma_i=\left(\sum_{j=1}^{\gamma}\theta_j\right)\Big/\gamma,\quad (i=1,2,3,\cdots,n) \tag{10.35}$$

其中，θ_j 是第 i 个点与其第 j 个邻近点的距离，计算公式为：

$$\theta_j = \sqrt[2]{(\text{point}[i].x - \text{point}[j].x)^2 + (\text{point}[i].y - \text{point}[j].y)^2 + (\text{point}[i].z - \text{point}[j].z)^2} \tag{10.36}$$

所有点与其近邻点的平均距离向量的平均值为

$$\Gamma_{\text{mean}} = \left(\sum_{i=1}^{n} \Gamma_i\right) \Big/ n \tag{10.37}$$

所有点与其近邻点的平均距离向量的方差为：

$$\varepsilon = \sqrt[2]{\frac{1}{n}\sum_{i=1}^{n}(\Gamma_i - \Gamma_{\text{mean}})^2} \tag{10.38}$$

由式(10.35)～式(10.38)可计算距离阈值为：

$$\theta_{\text{threshold}} = \Gamma_{\text{mean}} + std_{\text{mul}} * \varepsilon \tag{10.39}$$

如果满足式(10.40)，则认为该点为奇异点，有

$$\Gamma_i \geqslant \theta_{\text{threshold}} \tag{10.40}$$

奇异值点分布如图10.25所示。其中，图10.25(a)中的奇异值点分布在各圆圈处，显然，奇异值周围分布密度比较低；图10.25(b)为处理过的图像，原图中的奇异值全部被清除，统计学滤波器的效果非常明显。

(a) 原图　(b) 经过统计学滤波器处理过的图像

图10.25　统计学滤波器处理效果图

3. 分割算法

RANSAC算法将从原始输入数据集中选择多组假设的非异常值，然后，尝试利用假设的非异常值进行构建模型，并利用损失函数来测试其他点，因此，能够获得对应于该模型的非异常值。如果某个模型对应的非异常值点的数目达到最大，就可以认为该模型为最优模型，最后得到全部非异常值。在实际应用中，模型的类型是已知的，假设的非异常值用来获取模型的参数。如果非异常值集包含最大数量的非异常值，可以认为估计的模型是相当好的。最后，该算法将删除异常值，并保留非异常值，之后，最小二乘法将用于通过使用内部的所有成员来重新估计模型。

自1981年以来，在计算机视觉和图像处理领域，很多研究者将RANSAC算法作为基础工具。Torr等人指出RANSAC算法能够正确选择阈值，确定哪些数据点是满足特定参数集确定的模型。如果阈值选择太大，那么很多异常值不能去除，也就是说，利用多组非异常值建立的模型都是等价的，如果阈值选择太小，参数估计可能会有波动，仅仅是简单地添加或者去除一组数据集。为补偿这个不足之处，Torr等人提出了利用M-估计器和最大似然估计理论修改的思想。Tordoff提出将输入数据集相关联的先前概率的MLESAC考虑到RANSAC算法中；如果输入数据的先验信息是已知的，并考虑了选择的非异常值集中有可能存在异常值。Chum提出了指导抽样算法。为了减少计算量，Chum等还提出了RANSAC的随机化版本，

先随机选择包含比较少的点数据集来评估假设的模型的性能，可以剔除一些性能比较差的假设模型，从而减少计算量。

其中，迭代次数应该被确定，即应该选择多少组假设的非异常值来评估模型，δ 表示 RANSAC 算法从输入数据集中选择非异常值集的概率。k 表示至少可以用于估计模型参数的点数。ε 表示每次选择单个点时选择一个非异常值的概率，ε 等于非异常值点数除以总的点数，通常选择 ε 小一点比较好。δ 代表置信度，一般选择 δ 为 0.995。求解公式如下：

$$n=\frac{\log(1-\delta)}{\log(1-\varepsilon^{k})} \tag{10.41}$$

4. 压缩算法

目前的视频压缩准则是 H.264，该准则是一种高效的视频压缩技术，在不影响视频质量的情况下，该编码器可以将视频文件的大小减少至 20%以下，显然，H.264 编码技术降低了传输视频对宽带的要求，同时也降低了对存储空间的需求。视频压缩的工作核心是去除每帧中冗余的内容，实现快速传输和保存视频内容的目的。在发送和存储文件之前，视频文件必须使用一种压缩算法对视频进行压缩和编码。在视频接收端和播放端，必须有对应的解压视频文件算法，然后可将被压缩的视频文件还原。解码后的视频数据和解码前的视频数据应当完全一致。

由于编码器的设计者不同，所采用的编码策略也有很大差异，导致不同标准的视频编码器之间是不兼容的，所以压缩标准和解压标准必须保持一致，一种压缩算法输出不能作为另一种解压算法的输入，否则将出现乱码。

对于压缩算法性能的评估，基本上是基于压缩比特率、质量和延时，用户会根据自身项目的需求选择不同的压缩标准。对于不同的压缩标准，压缩比特率、质量和延时方面的表现是不相同的。即使对于同一个标准，压缩比特率、质量和延时方面也有可能不完全相同。所以，在项目中，使用指定的编码标准无法保证压缩质量一致。

压缩算法的主要思想是减少数据传输量，其关键思想是将 P 帧结合到 I 帧中进行 3D 图像传输。具有相对较大尺寸的 I 帧包括所有视觉信息，而具有相对较小尺寸的 P 帧仅包括与前一帧相比后的当前帧的较小变化的信息。本系统要求操作人员的脸部运动幅度不能过大。因此，面部信息将被视为 P 帧的信息。为了获取 P 帧的信息，将使用 Haar-Face 检测算法和鼻尖检测算法来获取操作者脸部信息。压缩算法的想法是在两个 I 帧信息之间发送多个 P 帧信息，如图 10.26 所示。

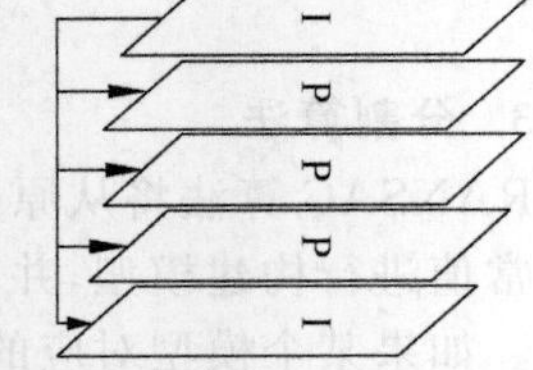

图 10.26 压缩算法原理图

在接收端获得 P 帧信息后，为了能够得到 I 帧信息，必须使用运动矢量进行评估。在图像获取端，利用人脸检测技术检测出鼻尖的位置，利用 I 帧的鼻尖位置信息和 P 帧鼻尖位置信息的差值可以得到运动向量。这样的处理方法用在考虑两帧变化的信息仅仅是脸部信息，如果考虑了其他部位信息的变化，必须使用全部信息进行矢量评估。鼻尖的运动向量为

$$v(x,y,z)=n_{\mathrm{I}}(x,y,z)-n_{\mathrm{P}}(x,y,z) \tag{10.42}$$

其中，$n_{\mathrm{I}}(x,y,z)$为 I 帧的鼻尖位置信息，$n_{\mathrm{P}}(x,y,z)$为 P 帧的鼻尖位置信息。

参考帧为 I 帧信息，目标帧为 P 帧信息（如图 10.26 所示），利用参考帧和目标帧进行对比，可以得到差值，最终得到运动向量。如图 10.27 所示为运动向量评估解析图。得到运动向量后，可以根据运动向量、I 帧和 P 帧信息可以得到最新的完整的新一帧信息。

第一步，先利用运动向量和 P 帧信息得到准确的脸部信息，$n'_{\mathrm{I}}(x,y,z)$为最终鼻尖位置

信息。

$$n'_{\mathrm{I}}(x,y,z)=n_{\mathrm{P}}(x,y,z)+\nu(x,y,z) \tag{10.43}$$

第二步，将得到的脸部信息和I帧信息进行融合，得到最终的新一帧信息。

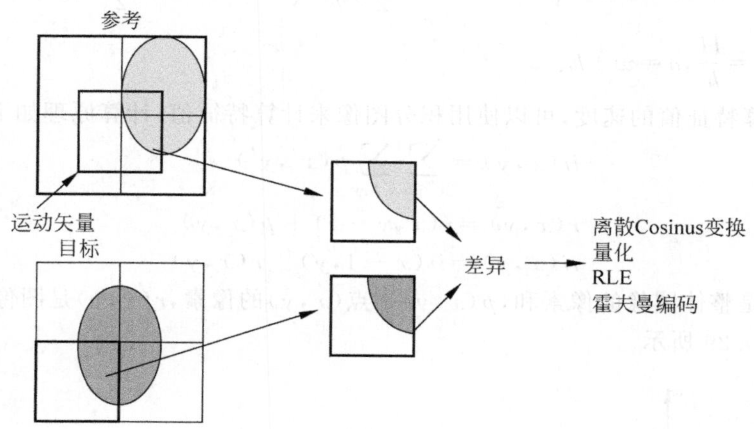

图 10.27 运动向量评估解析图

以下使用 Haar-Face 检测算法检测人脸。该算法中，Haar-Like 特征的值将用于训练弱分类器，将弱分类器用于构成强分类器。最后，强分类器组成级联，每个阶段的强分类器由不同个数的弱分类器集成，阶段在前面的强分类器所包括的弱分类器的数量比较少。

1) Haar-Like 特征

为了减少与原始输入数据相比的类别差异，Haar-Like 特征将被视为机器学习算法的输入数据，这使得分类器实现更加容易。

14 个特征原型被分为三类，包括边缘特征(Edge features)、线性特征(Line features)和中心-边缘特征(Center-surround features)，如图 10.28 所示。特征值的计算过程如下。假设图像的基本单元是像素为 $W\times H$ 的窗口，第 i 个矩形特征的像素累计值为 $p_i=(x,y,w,h,\theta)$，其中 $i=1,2,3,\cdots,N$，N 是窗口中的特征数目，$0\leqslant x$，$x+w\geqslant W$，$0\leqslant y$，$y+h\geqslant H$，$\theta\in\{0°,45°\}$，$\{x,y\}$是矩形特征右下角像素点的坐标，w 和 h 分别是矩形特征的宽和高，θ 是旋转矩形特征的旋动角度。特征的值为

$$F=\sum_{i=1}^{N}\omega_i\times p_i \tag{10.44}$$

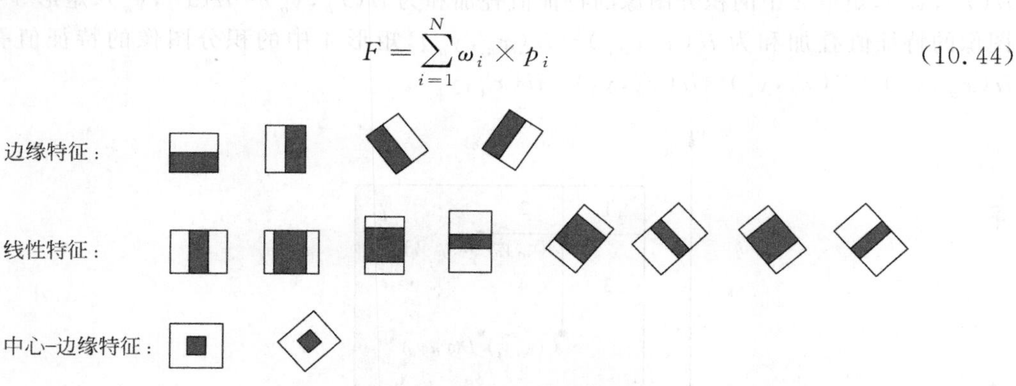

图 10.28 Haar-Like 特征种类

其中，ω_i 是第 i 个矩形特征的权重。

每个窗口包含矩形特征的个数为：

$$N = XY \cdot \left(W + 1 - w\,\frac{X+1}{2}\right) \cdot \left(H + 1 - h\,\frac{Y+1}{2}\right) \tag{10.45}$$

$$N = XY \cdot \left(W + 1 - a\,\frac{X+1}{2}\right) \cdot \left(H + 1 - a\,\frac{Y+1}{2}\right) \tag{10.46}$$

其中，$X=\dfrac{W}{x}$，$Y=\dfrac{H}{h}$，$a=w+h$。

为提高计算特征值的速度，可以使用积分图像来计算特征值，计算原理如下：

$$ii(x,y) = \sum_{x' \leqslant x} \sum_{y' \leqslant y} p(x',y') \tag{10.47}$$

$$r(x,y) = r(x,y-1) + p(x,y) \tag{10.48}$$

$$ii(x,y) = ii(x-1,y) + r(x,y) \tag{10.49}$$

其中，$ii(x,y)$是整体图像的像素和，$p(x,y)$是点(x,y)的像素，$r(x,y)$是图像第 x 行累积的像素和，如图 10.29 所示。

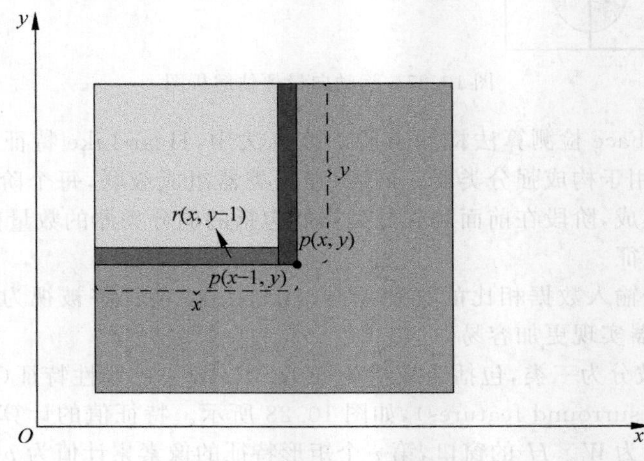

图 10.29　积分图像原理解释图

积分图像计算示例如图 10.30 所示，由图可知，矩形 1 中的积分图像的特征值叠加和为 $ii(x_a,y_a)$，矩形 2 中的积分图像的特征值叠加和为 $ii(x_b,y_b)-ii(x_a,y_a)$，矩形 3 中的积分图像的特征值叠加和为 $ii(x_c,y_c)-ii(x_a,y_a)$，矩形 4 中的积分图像的特征值叠加和为 $ii(x_d,y_d)-ii(x_c,y_c)-ii(x_b,y_b)+ii(x_a,y_a)$。

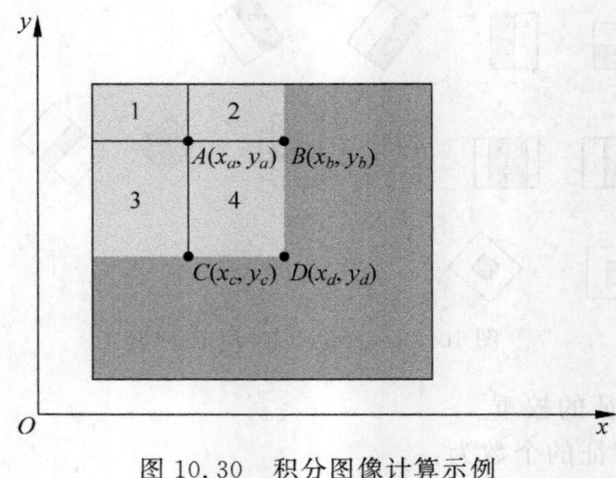

图 10.30　积分图像计算示例

2）Haar-Like 特征分类器

Haar-Like 分类器的目的是检测输入数据是否为人脸的信息。为了检测人某部位的特征，许多分类器设计为检测人的特征。人体某些相关关节将使用支持向量机、K-means 和隐马尔可夫模型对其进行估计。这里先介绍弱分类器和强分类器的训练过程。

针对各个样本集，计算所有输入图像的特征值，利用排列技术将特征向量按照从小到大进行排列，然后为该特征向量选择一个最好阈值，最终形成一个弱分类器。弱分类器可以由以下公式表示：

$$\omega(p_i)=\begin{cases}1 & t_i \cdot p_i > t_i \cdot \eta_i \\ 0 & \text{其他}\end{cases} \tag{10.50}$$

其中，η_i 是阈值，t_i 用于修正不等式两边符号的方向，p_i 是窗口特征的值。强分类器可以用以下公式表示，其中 φ_j 是弱分类器的权重，J 是弱分类器的数量。

$$\nu(p_i)=\begin{cases}1 & \sum_{j=1}^{J}\varphi_j\omega(p_i) \geqslant \frac{1}{2}\sum_{j=1}^{J}\varphi_j \\ 0 & \text{其他}\end{cases} \tag{10.51}$$

3）级联器

级联器由一些强分类器组成，用于消除每个阶段不符合条件的候选数据，如图 10.31 所示。随着候选数据通过的阶段越来越多，候选人通过强分类器的机会越来越小。如果候选数据通过所有阶段，则该候选数据为面部信息。

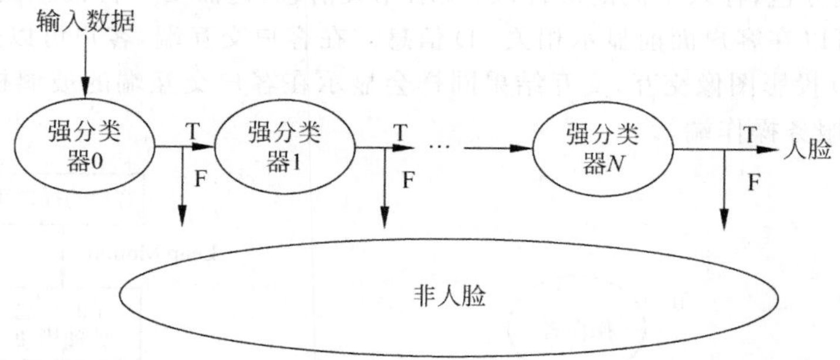

图 10.31 级联器原理图

以下介绍鼻尖检测算法。为了获得更准确的面部区域，应该检测鼻尖。许多研究人员更加重视通过一些策略来检测人体特殊部位的位置。在检测鼻尖位置方面，很多文献都介绍了方法，其中比较经典的实现方法为通过计算曲面的曲率来寻找鼻尖位置。根据曲率获得鼻尖位置的核心概念是利用人脸的曲率分布特点寻找鼻尖信息，其中包括平均高斯曲率和主曲率。在利用曲率方面，利用 Shape Index 特征确定鼻尖的做法比较流行，因为鼻尖的 Shape Index 特征在脸部呈现一定的聚集性，很容易区别出鼻尖的位置，然后利用阈值找出符合鼻尖 Shape Index 特征的区域，该区域的中心即为鼻尖位置。但是该方法计算量大，不适合实时检测鼻尖。

本设计将执行由粗到精的方法来检测鼻尖的位置，过程如下。

首先，3D 人脸将根据 y 轴的值分为多个切片，然后选择相对较大的遍历步伐 d_v 来检测鼻尖所在的粗糙区域，以提高搜索速度。最后，当鼻尖的位置粗略定位后，将在该邻近区域中重复搜索鼻尖，并以较小的遍历步长 d_v 重复。如图 10.32 所示，在每个切片中，对每个点绘制一个圆，圆与曲面相交于两点，三点将组成一个三角形，三角形的高度将被求解出来。在切片中，三角形的高值较大的点将被视为鼻尖的备选点，利用该过程处理所有切片以确定一些备选点。最后，将在备选点群中找到正确的鼻尖。

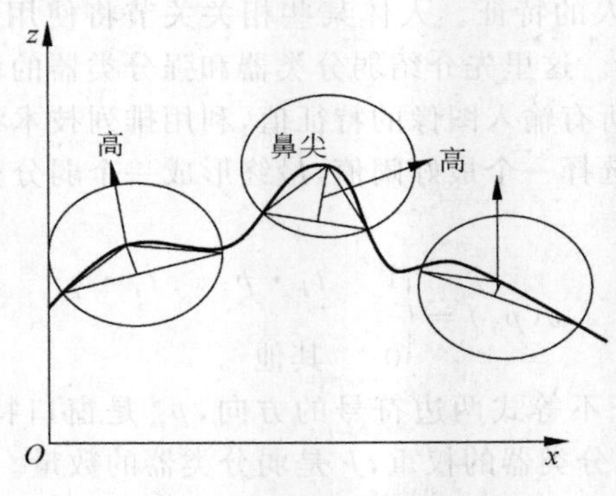

图 10.32　鼻尖检测原理图

10.3.2　基于人机情景交互的图像处理算法设计

1. 系统介绍

本系统整体流程包括 14 个模块（如图 10.33 所示），主要由两大部分组成，分别是服务操作端和客户交互端。服务操作端利用深度摄像头采集操作者上半身的信息，经过图像处理后，将操作者的命令组合成数据包，一起发送到客户交互端。客户交互端接收到网络传过来的数据，然后将数据包分包，存入不同的缓冲区，显示相关信息，这需要一台投影仪和贴着玻璃幕布的玻璃板，最终可以在客户面前显示相关 3D 信息。在客户交互端，客户可以通过 leap motion 等交互设备和 3D 投影图像交互，交互结果同样会显示在客户交互端的玻璃板上，该结果同时通过局域网传到服务操作端。

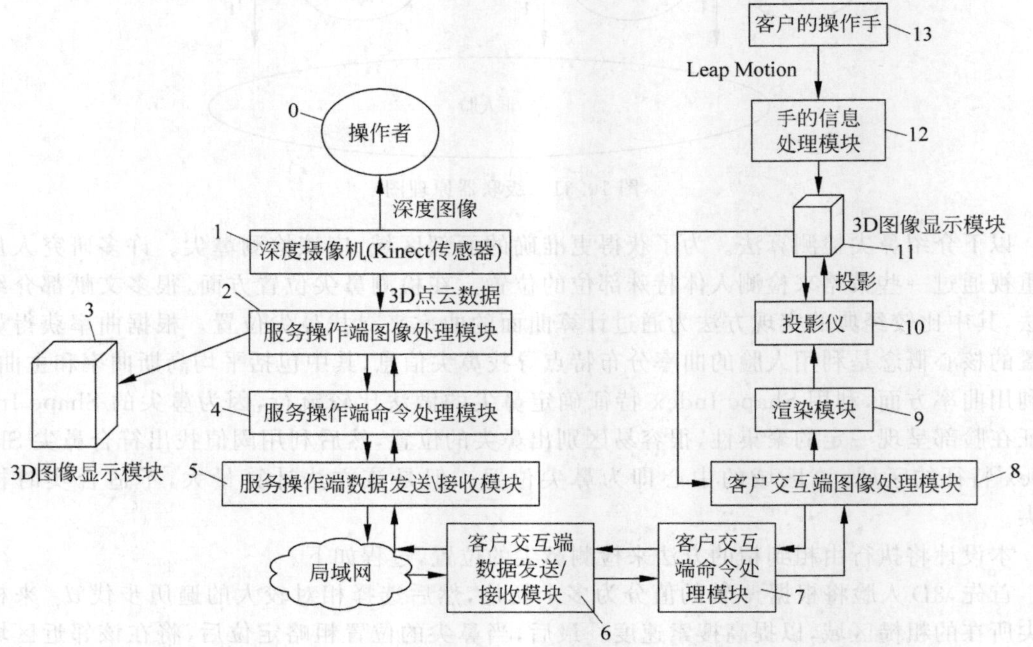

图 10.33　系统结构描述图

服务操作端至少包括操作者 0、深度摄像机 1、图像处理模块 2、3D 图像显示模块 3、服务操作端命令处理模块 4、数据发送\接收模块 5。其中，深度摄像机 1 在本次设计中使用 Kinect 传感器，目的是获取操作者的 3D 点云数据；图像处理模块 2 用于处理 3D 点云数据，对 3D 点云数据进行滤波、分割；3D 图像显示模块 3 用于显示采集处理后的信息和交流结果信息；服务操作端命令处理模块 4 用于对操作者的命令处理和交互结果的解析，为显示\发送做好准备；数据发送\接收模块 5 用于发送 3D 点云信息和操作者的命令、接收客户交互端交互的结果。

在客户交互端包括数据发送\接收模块 6、客户交互端命令处理模块 7、图像处理模块 8、渲染模块 9、投影仪 10、3D 图像显示模块 11、手的信息处理模块 12、客户的操作手 13。其中，客户交互端是移动机器人，包括以上模块。数据发送\接收模块 6 用于接收服务操作端传输过来的点云信息和指令、传输客户交互端交流的结果；客户交互端命令处理模块 7 是对操作者的指令和交流结果的解释，为显示\发送命令做好准备；图像处理模块 8 是处理点云信息和命令，把点云数据和命令存在不同的缓存区，并把点云数据赋给 PCL 对象，为渲染做好准备；渲染模块 9 把点云信息和命令在客户交互端的电脑 GPU 上渲染；投影仪 10 把渲染好的信息投影到贴有幕布的玻璃板上；手的信息处理模块 12 处理 leap motion 等交互设备采集到一些信息，如手掌法线、手指向量、手掌位置、客户的语音等，在利用这些信息之前也要进行滤波处理。交互结果会更新到幕布玻璃板上，同时也反馈到服务操作端，服务操作端接收到命令后，做出相应的反应，然后传送到客户交互端更新 3D 显示内容，从而完成一次交互动作。

移动机器人具有自主避障、自主平衡、人脸识别、跟随等功能。利用自主避障可以绕过障碍物，重新规划路线；自主平衡保证机器人自身平衡；人脸识别是为了更好地为顾客服务，记录顾客人脸信息，使得交互更加友好；跟随功能可以实现跟随顾客移动。

2. 系统整体算法设计介绍

在服务端采集到整个场景的 3D 图像（如图 10.34 所示），然后利用带通滤波器把背景去除。为了使采集到的 3D 图像的点密度更加平滑，使用统计学滤波器去除奇异点。接着，使用 RANSAC 分割算法将人体上半身的 3D 图像提取出来。为了减少传输量，利用 I、P 帧技术与人脸检测技术相结合，进行编码图像信息，最后使用 TCP 协议将压缩后的图像传输到客户端，在客户端进行解码和解压，最终将图像渲染出来。

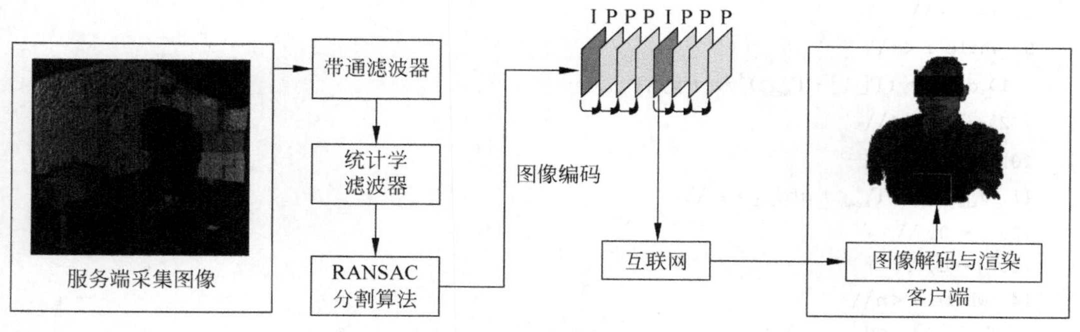

图 10.34　系统框图

3. 带通滤波器设计

在带通滤波器中，将 Z 轴作为特定字段，其中 $\alpha_1=0.0$ 和 $\alpha_2=1.0$。因此，如果使用带通滤波器来处理点云数据，则仅保留深度为 0～1m 的点。带通滤波器比较简单，只需遍历所有点，设定 Z 轴上的阈值即可，这样就很容易去除背景。

4. 统计学滤波器设计

根据统计学滤波器的理论知识可知实现该滤波器的算法步骤如下。

步骤1：计算全部点相对于这些点附近γ个相邻点的平均距离，假设全部点的平均距离为$\Gamma_1,\Gamma_2,\Gamma_3,\cdots,\Gamma_n$，$n$是点云信息的点数，$\theta_j$代表点和最邻近的点集中第$j$点之间的距离。

步骤2：根据式(10.37)和式(10.38)计算平均距离向量($\Gamma_1,\Gamma_2,\Gamma_3,\cdots,\Gamma_n$)的平均值和方差。$\Gamma_{mean}$表示平均距离向量的平均值，$\sigma$表示平均距离向量的方差。

步骤3：根据式(10.39)计算距离阈值，$\theta_{threshold}$表示距离阈值，std_{mul}表示标准偏差倍数。

步骤4：根据距离阈值$\theta_{threshold}$，删除异常值，具有过高平均距离的点将被视为异常值，并将被删除，非异常值被保留以构建新的点云数据集并且数据集可以逐点渲染。

经过多次尝试，统计学滤波器参数设置为：$\gamma=20$和$std_{mul}=1.0$。

统计学滤波器的伪代码如下：

```
1. γ←最近近邻点数\\
2. i←0\\
3. j←0 \\
4. n←点云数据的大小\\
5. while i<n\\
   1) do while j<γ\\
        (1) do θx←(point[i].x - point[j].x)^2\\
        (2) θy←(point[i].y - point[j].y)^2\
        (3) θz←(point[i].z - point[j].z)^2\\
        (4) θ[j]←²√(θx + θy + θz) \\
        (5) Γ[i]←θ[j]/n + Γ[i] \\
        (6) j←j + 1\\
   2) j←0\\
   3) i←i + 1\\
6. i←0; \\
7. while i<n\\
   do Γmean←Γ[i]/n + Γmean \\
8. i←0; \\
9. while i<n\\
   1) do yy←(Γ[i] - Γmean)^2/n + yy\\
   2) i←i + 1\\
10. ε←²√yy \\
11. θthreshold←Γmean + stdmul * ε \\
12. i←0; \\
13. j←0; \\
14. while i<n\\
   if (Γ[i]<=θthreshold)\\
   then [\\
        index[j]←i\\
        j←j + 1\\
        i←1 + i]\\
else [i←1 + i]\\
```

5. 分割算法设计

分割算法步骤如下。

步骤1：针对具体问题，设计一个具体模型来选择非异常值集。一个具体的模型可以是平面模型、线模型和圆模型等。

步骤2：计算迭代次数 n。δ 表示 RANSAC 算法从输入数据集中选择非异常值集的概率；k 表示至少可以用于估计模型参数的点数；ε 表示每次选择单个点时选择一个非异常值的概率。

步骤3：从原始输入数据集中随机选择 n 组假设非异常值集，每组包括 k 个点。

步骤4：使用 n 组假设非异常值集来构建 n 模型。

步骤5：根据阈值 ξ 剔除相应模型的所有异常值，得到非异常值集。ξ 将由用户设计。通过最小二乘法重新使用刚刚得到的非异常值集来构建模型。

步骤6：记录非异常值集的点数大小，使用非异常值集的点数大小与目前最大非异常值集点数进行比较。如果这个数字大于目前最大非异常值集点数，该模型的参数就会得到保存，而这个模型的非异常值集点数将成为目前最大非异常值集点数。

步骤7：重复步骤4～6，直到重复次数达到迭代次数。

在 RANSAC 算法中，这里将一个平面模型作为特定模型，并将阈值选择为0.1。

6. 人脸识别算法设计

1）强分类器设计

这部分将利用若干个样本训练出弱分类器，然后利用弱分类器和对应的权重组合成强分类器，具体步骤如下：

① 输入样本 $(x_i, y_i)\cdots(x_N, y_N)$，$y_i \in +1, -1$，$y_i = 1$ 表示输入样本是脸。

② 初始化权重 $\eta_i = \dfrac{1}{N}$。

③ while $j = 1, \cdots, J$:

- 计算每个图像的特征值。
- 设置阈值，根据公式获取弱分类器的结果，并计算分类误差：

$$\varepsilon_j = \sum_{i:\ y_i \neq \omega(p_i)} \eta_i \tag{10.52}$$

- 不断设置阈值，求出最优阈值，即为使得分类误差最小的阈值，训练出一个弱分类器。
- 计算弱分类器对应的权重：

$$\eta_{j+1}(i) = \frac{\eta_i \cdot \exp(-\beta_j \cdot y_i \cdot \omega(p_i))}{\sum_i \eta_j \cdot \exp(-\beta_j \cdot y_i \cdot \omega(p_i))} \tag{10.53}$$

其中，$\beta_j = \dfrac{1}{2}\log\left(\dfrac{1-\varepsilon_j}{\varepsilon_j}\right)$。

④ 得到强分类器为：

$$\nu(p_i) = \text{sign}\left(\sum_{j=1}^{J} \beta_j \cdot \omega(p_i)\right) \tag{10.54}$$

2）级联分类器设计

一般训练出来的强分类器检测率不是很高，为了增大检测率，也会增大误识率，因为增大检测率需要减小阈值，减小阈值则导致误识率增大，所以考虑级联来均衡两者的矛盾关系。具体级联分类训练伪代码如下：

```
① 设定每个强分类器要达到最小检测率 d,每一个强分类器的误识率不能超过 f,理想目标的误识率
   为 F_target。
② P 为人脸样本,N 为非人脸样本,D_0 = 1.0,F_0 = 1.0。
③ i = 0。
④ while F_i > F_target
   • i++;
   • n_i = 0; F_i = F_{i-1}
   • while F_i > f * F_{i-1}
      • n_i++;
      • 利用 AdaBoost 算法训练强分类器,其中包含 n_i 个弱分类器;
      • 求出级联分类器的检测率 D_i 和误识率 F_i;
      • While D_i < D_{i-1} * d
         • 减少第 i 层强分类器的阈值
         • 求出级联分类器的检测率 D_i 和误识率 F_i
将误识到的图像加入 N 样本集中
```

7. 鼻尖检测算法设计

本系统设计将使用由粗到精的方法来检测鼻尖的位置,过程如下。

步骤 1:3D 人脸将根据 y 轴的值分为多个切片。

步骤 2:选择相对较大的遍历步伐 d_v 来检测鼻尖所在的粗糙区域,在每个切片中,以每个点为圆心绘制一个圆,圆与曲面相交于两点,三点将构成一个三角形,由此得到三角形的高,对比当前保存的高的最大值,如果该点构成的三角形的高比当前保存的高的最大值还要大,则保存该点的位置信息,该点对应的三角形的高的值为当前保存高的最大值。

步骤 3:以较大的遍历步长 d_v 粗略遍历切片后,可确定鼻尖的大致位置。

步骤 4:当鼻尖的位置粗略定位后,将在该邻近区域中重复搜索鼻尖,并以较小的遍历步长 d_v 重复,一般 d_v 为 1。

步骤 5:同样地,在每个切片中,以每个点为圆心绘制一个圆,同步骤 2。

步骤 6:以遍历步长 d_v 为 1 遍历切片后,可确定最终的鼻尖位置。

实现程序的伪代码如下。

```
1. r←圆的半径
2. N←切片数
3. h←0
4. h_max←0
5. index_max←0
6. while i≤N
  1) do n←第 i 个片段中的点数
  2) while j≤n\\
     (1) temp←0
     (2) do while k≤n
        ① θ_x←(slices[i][j].x - slices[i][k].x)^2
        ② θ_z←(slices[i][j].z - slices[i][k].z)^2
        ③ θ←²√(θ_x + θ_z)
```

```
            ④ if((slices[i][j].y == slices[i][j].y)&&(k != j)&&(θ == r))
                • point[temp]←slices[i][k]
                • temp←temp + 1
            ⑤ if(temp == 2)
                • h_x←(slices[i][j].x - (point[0].x + point[1].x)/2)^2
                • h_z←(slices[i][j].z - (point[0].z + point[1].z)/2)^2
                • h←²√(h_x + h_z)
                • temp←0
                • if(h≥h_max)
                    • h_max←h
                    • index_max←i
                • break
            ⑥ k←k + 1
        (3) j←j + 1,k←0 $
    3) i←i + 20,j←0 \\
7. N←index_max + 10\\
8. i←index_max - 10 \\
9. h_max←0\\
10. while i≤N\\
    1) do n←第 i 个片段中的点数
    2) while j≤n\\
        (1) temp←0
        (2) do while k≤n
            ① θ_x←(slices[i][j].x - slices[i][k].x)^2
            ② θ_z←(slices[i][j].z - slices[i][k].z)^2
            ③ θ←²√(θ_x + θ_z)
            ④ if((slices[i][j].y == slices[i][j].y)&&(k != j)&&(θ == r))
                • point[temp]←slices[i][k]
                • temp←temp + 1
            ⑤ if(temp == 2)
                • h_x←(slices[i][j].x - (point[0].x + point[1].x)/2)^2
                • h_z←(slices[i][j].z - (point[0].z + point[1].z)/2)^2
                • h←²√(h_x + h_z)
                • temp←0
                • if(h≥h_max)
                    • h_max←h
                    • index_max←i
                • break
            ⑥ k←k + 1
        (3) j←j + 1,k←0
    3) i←i + 1,j←0 \\
```

10.3.3 图像处理研究实验过程及其结果

1. 实验准备

通过 Kinect 传感器可以获得 3D 点云数据(这里使用 Kinect V1 传感器),为了获得 3D 图像的深度信息,具有红外滤波器的传统 COMS 图像传感器将检测红外发射器发射的红外点阵。物体与 Kinect 传感器之间的距离变化将导致红外点阵中点的位置及尺寸的变化。Kinect 传感器的深度分辨率为 1280×1024,传感器能够检测 1~3.5m 的深度距离范围。传感器的视觉区域是水平方向为 57°,垂直方向为 43°的矩形圆锥体。传感器也可以通过 RGB 相机获得 RGB 图像。Kinect V1 传感器的结构原理图如图 10.35 所示。

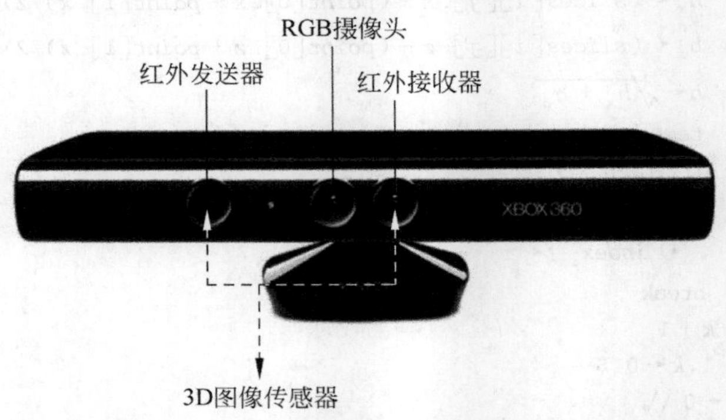

图 10.35　Kinect V1 传感器的结构原理图

实验中使用 Kinect 传感器来获取 3D 点云数据,通过两台计算机实现图像处理算法,分别为服务端和客户端。服务器用于获取和处理 3D 点云数据,客户端用于接收和渲染 3D 点云数据。服务端和客户端之间通过局域网络连接。软件开发环境为 Microsoft Visual Studio 2010,将 Kinect 放在桌面上,整体实验设备安装图如图 10.36 所示。

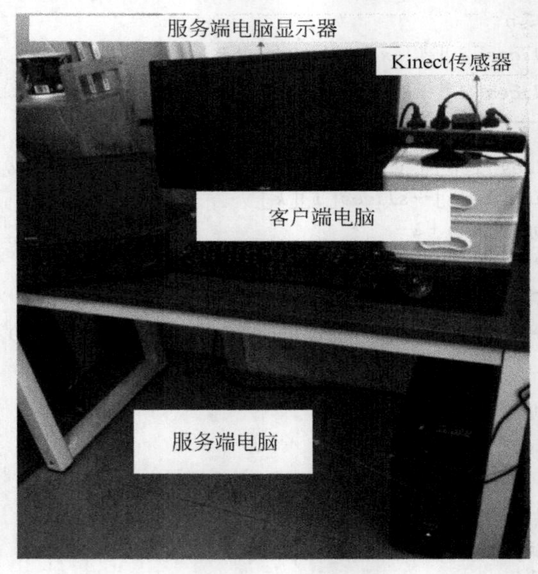

图 10.36　整体实验设备安装图

2. 基于人脸检测压缩图像实验

在带通滤波器中,将 Z 轴视为特定字段,其中 $\alpha_1=0.0$ 和 $\alpha_2=1.0$。因此,如果使用带通滤波器来处理点云数据,则仅保留深度为 0~1m 的点。在统计学滤波器中,$\gamma=20$ 和 $\mathrm{std}_{\mathrm{mul}}=1.0$。在 RANSAC 算法中,将一个平面模型作为特定模型,并将阈值 ϖ 选择为 0.1。

实验中使用 OpenNI 接口从 Kinect 传感器获取 3D 图像。如图 10.37 所示,对于 HRI,3D 图像中的大量信息是不必要的,并且这些信息会增加网络负担。显然,3D 点云数据非常大。

如果通过网络直接传输3D点云数据，将导致网络拥塞更为严重。因此，应该使用一些算法来处理3D点云数据。为了减少传输时延，在两个I帧之间发送三帧P帧。首先通过HAAR分类器获取人脸的粗略轮廓，并根据Y轴（垂直方向）的值将3D人脸信息划分成多个切片。然后，以20（$d_v=20$）的步长遍历切片，并计算三角形的高度，这将获得鼻尖的粗糙区域。接下来，获取最终的鼻尖位置，并且根据以鼻尖为中心的球体获取3D人脸的最终信息。本实验选择半径为$r=80$mm。

图10.37 直接由Kinect传感器获取的3D图像

为了增强互动过程中的沉浸感，前台机器人的上半身是来自操作室的操作者上半身的3D图像。显然，为了更加逼真地显示人体虚拟信息，3D图像中的背景信息应该去除，然后，带通滤波器用来去除3D图像的背景信息。使用图像处理算法后，得到的图像如图10.38所示。由图10.38(a)可以看到，已经删除了3D图像的背景信息。因为3D图像中的大量信息是背景信息，显然点云数据的数量急剧减少。由于目前3D点云数据中存在一些异常值，使得3D图像数据集的密度不均匀。统计学滤波器可以通过计算输入数据集中每个点的相邻距离来去除稀疏异常值，使数据集的密度变得更加均匀，结果如图10.38(b)所示。

(a) 用带通滤波器处理过的3D图像

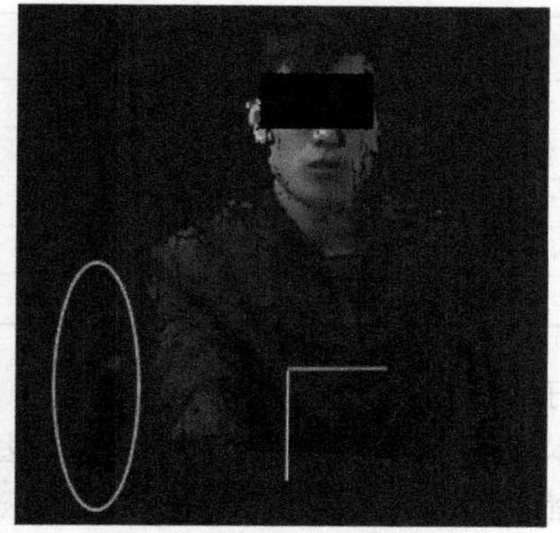

(b) 用统计学滤波器处理过的3D图像

(c) 用RANSAC算法处理过的3D图像

(d) 利用人脸检测，分割出人脸信息

图10.38 图像处理算法得到的图像

能够去除3D图像的背景和异常值,并使3D图像数据集的密度更加均匀,但仍然有一些3D图像小块对人机交互是不必要的。为了减少传输数据量并减少传输时间延迟,使用分割算法来处理3D点云数据,从而消除一些不必要的3D图像小块信息。在图10.38(b)中,一些小块3D图像对于人机交互是不必要的,如图中圈出的小块。如图10.38(c)所示,使用RANSAC算法去除对于人机交互不必要的一些小块3D图像。

Kinect传感器能够在1s内收集30帧3D图像,如果通过网络直接传输完整的3D图像,将浪费网络资源,因为两帧图像之间的相似性非常高。因此,将在两个I帧之间发送3帧P帧。因为3D图像的两帧之间的主要变化发生在人脸区域,所以将面部信息视为P帧的信息,如图10.38(d)所示。最后,使用TCP协议传输点云数据。

3D图像处理过程中图像大小和下降比例变化如表10.2所示。表10.2中,原始3D点云的个数为307200(640×480)个。通过带通滤波器处理后,3D点云个数急剧下降至67676个。然后,通过统计学滤波器和RANSAC算法处理,3D点云个数变为52343个。最后,P帧点云个数为4520个。当使用带通滤波器处理3D图像时,点云数据下降的比例达到0.7797,整个流程的下降比例达到0.8296(如果只考虑P帧图像的信息量,则为0.9853)。

关于处理和传输的时间延迟,通过基于面部检测的压缩算法处理图像,花费3373.125ms处理和传输4帧3D图像(包括1帧I帧信息和3帧P帧信息),平均时间延迟843.281ms。压缩比等于平均传输帧的大小除以原始图像大小,最终压缩比为5.3632。

表10.2 3D图像处理过程中图像大小和下降比例变化

3D图像处理过程	图像大小	下降比例
原图	307200	—
带通滤波器处理后	67676	0.7797
统计学滤波器处理后	58614	0.8092
RANSAC分割算法处理后	52343	0.8296
提取人脸信息后	4520	0.9853

3. 基于八叉树结构压缩图像实验

为了体现基于人脸检测算法的压缩算法的优点,本节做了比较实验。实验利用八叉树结构直接压缩了Kinect传感器抓取的3D点云数据。

八叉树数据结构适用于稀疏的3D点云,每个分支节点表示某个立方体。八叉树分割的方式是将立方体分割为8个小立方体,然后继续划分小立方体,直到小立方体不可分离。一般来说,每个节点对应一个存储器中的一个对象,它保存着8个指向其他节点的指针。如果节点具有少于8个子节点,那么其中至少一个是NULL指针。八叉树数据结构如图10.39所示。

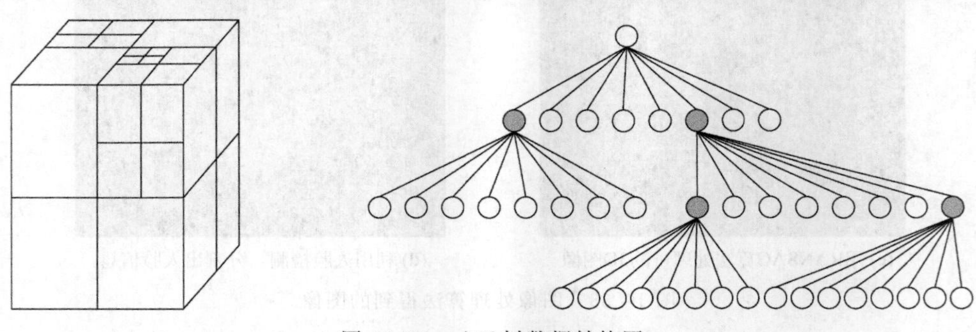

图10.39 八叉树数据结构图

使用基于八叉树的压缩算法来压缩由 Kinect 传感器抓取的 3D 点云数据。如通过 Kinect 传感器获取 3D 图像,然后直接压缩 3D 图像,则无须经过任何算法处理(如图 10.40(a)所示)。如去除 3D 图像中的背景和异常值,通过基于八叉树的压缩算法处理得到的图像如图 10.40(b)所示。

(a) 基于八叉树压缩处理前的3D图像

(b) 基于八叉树压缩处理后的3D图像

图 10.40 基于八叉树的压缩算法的效果图

在处理和传输的时间延迟方面,耗时 8652ms 处理和传输 4 帧 3D 图像,基于八叉树的压缩算法的平均时间延迟 2163ms。然而,压缩比为 10.544(压缩比等于传输帧的大小除以原始图像的大小),因此,该算法在计算方面显然非常复杂。

4. 实验结果

本节使用处理和传输的时间延迟、压缩比和失真率来评估算法的性能。通过肉眼观察最终结果得到失真率,从实验结果来看,该方法的失真率将高于基于八叉树的压缩算法的失真率。然而,该方法的压缩率几乎与基于八叉树压缩的压缩率相同时,方法的处理和传输的时间延迟将远远小于基于八叉树的压缩算法的处理和传输的时间延迟。对比结果如表 10.3 所示。

表 10.3 基于人脸识别压缩算法和基于八叉树压缩算法对比结果

方法	基于人脸识别压缩算法	基于八叉树压缩算法
时间延时	843.281ms	2163ms
压缩比	5.3632	10.544
失真率	相对高	相对低
计算量	相对简单	相对复杂

分析对比结果可知,该处理方法能够保证网络流畅,减少处理和传送的时间延迟。这种方法的压缩比相当低,失真率相对较高,但处理和传输的时间延迟将大大缩短。比较延时时间和压缩比,基于人脸识别的压缩算法和基于八叉树的压缩算法的压缩比相差不大,但是基于八叉树的压缩算法的延时时间远远大于基于人脸识别的压缩算法的延时时间,可见,基于八叉树的压缩算法的计算量特别大。另外,在远程操作室的操作员的上半身的 3D 图像用于前台机器人的上半身,该应用系统不需要非常低的失真率。因此,根据时间延迟、压缩比和失真率的比较结果,本方法的性能更好。

10.4 生物反馈增强型多媒体游戏的开发

作为一种前沿技术,生物反馈已广泛用于心理治疗。本节将介绍一种基于生物反馈技术的多媒体游戏的设计,主要包括两部分:脑机接口(BCI)和多媒体游戏设计。

在生物反馈技术中,脑机接口(Brain Computer Interface,BCI)是最流行和最成熟的方法之一,它可以最直接地反映人的情绪。此外,BCI 提供了大脑和外围设备之间的直接通信途径。通过 BCI,我们不需要先用手或腿等肢体语言表达我们的意见。来自人的大脑的命令可以直接执行游戏,驾驶轮椅在没有手或腿参与的情况下控制机器人;通过相关设备,残疾人可以不需要他们的"腿"或"手"来站起来、走路和进行较为复杂的操纵。基于上述原因,本节将在研究中采用 BCI 进行生物反馈设计视频游戏。

电脑游戏在群众尤其是年轻人中非常受欢迎。因此,可以将生物反馈技术与一些有趣的游戏相结合,以提高其效果。有许多软件可用于游戏开发,例如,MATLAB、Visual Studio(即 VS)和 QTCreator。其中,MATLAB 具有强大的计算能力,VS 拥有大量的程序库。但对于界面开发,QTCreator 是最佳选择。首先,它具有强大的图形视图框架,这有助于有效地处理游戏中图形项之间的复杂关系。其次,它在跨平台上具有独特的能力,在未来可以轻松地将游戏扩展到其他平台。因此,选择 QTCreator 作为游戏的开发软件。

生物反馈增强型多媒体游戏的系统总体结构如图 10.41 所示。首先,通过 Neuroscan 装置收集脑电图(electroencephalogram,EEG)信号并发送到 SCAN4.5(SCAN4.5 是 Neuroscan 的匹配软件)。SCAN4.5 提供了一个 TCP 端口,如果已经完成了 MATLAB TCP 客户端的设置,MATLAB 可以实时获取 EEG 数据。在 MATLAB 中,可以处理原始 EEG 数据,提取特征,然后使用其强大的计算功能对它们进行分类。之后,通过 UDP 套接字将分类结果发送到 QTCreator,在 QTCreator 中设计的游戏过程将响应这些结果。在以下部分中,将依次呈现如图 10.41 所示的系统。

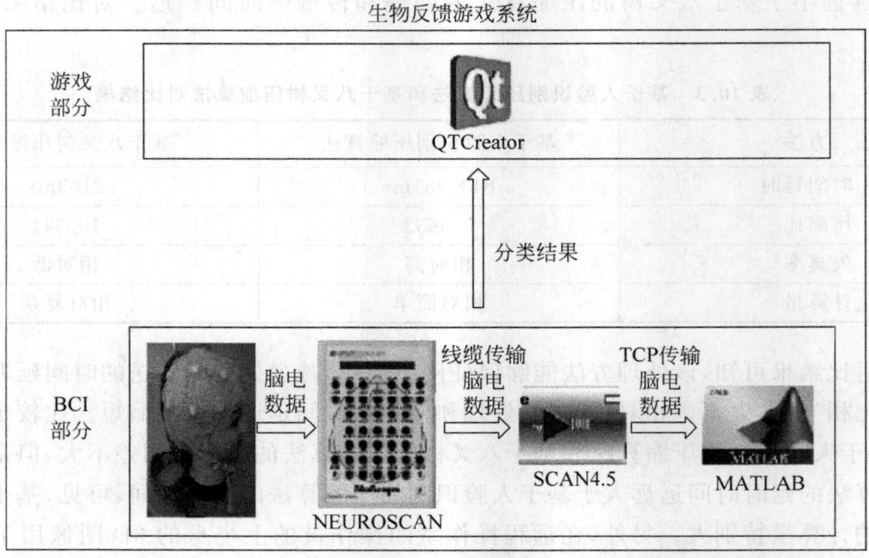

图 10.41 系统总体结构

10.4.1 BCI的设计

1. ERS/ERD现象和信号收集

虽然大脑以复杂的方式运作,但仍可通过很多线索推断其思想。实际上,人类大脑由数十亿个神经细胞组成,它们相互沟通,不同的意图将导致大脑中神经细胞信号的不同潜在分布。例如,当想要移动身体的某些部分时,大脑中特定位置上EEG信号的能量水平将降低,这称为事件相关的去同步(event related desynchronization,ERD)现象。相反地,当停止想象移动时,EEG信号的能量水平将上升,这称为事件相关同步(event related synchronization,ERS)现象。这两种现象在α节律和β节律中表现明显,如图10.42所示。根据能量水平的不同表现,可以将脑电信号分为两类——想象和放松,这种技术称为运动想象,并且有许多方法可以对运动想象中的不同模式进行分类。对于EEG信号采集来说,Neuroscan具有高分辨率、高速、多通道的特点,具有40个传感器,是很好的信号放大器。这里用它来收集大脑中的原始EEG数据。在计算机中,原始数据必须首先由名为SCAN4.5的Neuroscan匹配软件接收。然后发送到MATLAB以通过TCP套接字进行处理。

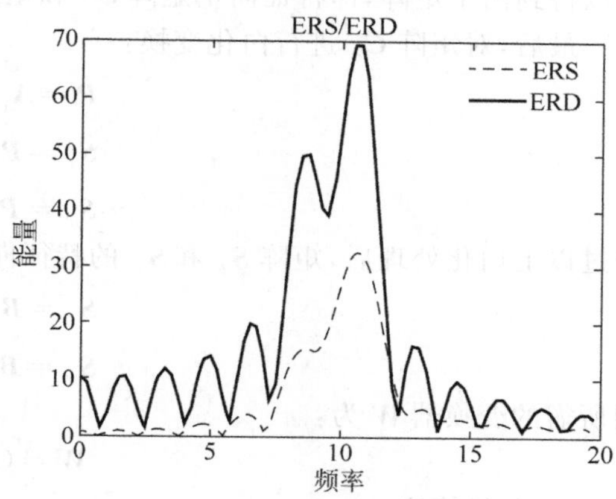

图10.42 ERS/ERD现象

2. 预处理和特征提取算法

由于在原始EEG信号中混合有许多噪声信号,因此需要进行预处理。最重要的任务是滤除α节律和β节律中的信号,其中ERS和ERD现象表现明显。预处理有两种方法。首先,可以在SCAN4.5中设置内置滤波器的低通频率和高通频率。其次,还可以使用MATLAB的过滤函数。

预处理后,将采用通用空间模式(common spatial pattern,CSP)算法提取信号的特征。该算法的主要思想是构造一个变换器W^{T},它可以将一种信号的方差最大化,并将另一种信号的方差最小化,以便更明显地区分它们。

变换器W^{T}可以按照以下步骤求取。

首先计算EEG信号矩阵的协方差。计算表达式如下:

$$\boldsymbol{C}=\frac{\boldsymbol{E}\boldsymbol{E}^{\mathrm{T}}}{\operatorname{trace}(\boldsymbol{E}\boldsymbol{E}^{\mathrm{T}})} \tag{10.55}$$

其中,矩阵$\boldsymbol{E}\in R^{N\times T}$表示EEG信号的数据,其中$\boldsymbol{N}$表示电极的数量,$\boldsymbol{T}$表示集合中的采样点的数量。"trace()"表示计算矩阵的对角元素之和。使用式(10.55),可以计算n次左手运动想象和左手放松数据的协方差,分别用$\boldsymbol{C}_{li}$和$\boldsymbol{C}_{ri}$表示。它们平均值的计算如下:

$$\boldsymbol{C}_l=\sum_{i=1}^{n}\boldsymbol{C}_{l,i} \tag{10.56}$$

$$\boldsymbol{C}_r=\sum_{i=1}^{n}\boldsymbol{C}_{r,i} \tag{10.57}$$

其中,$\boldsymbol{C}_l$表示所有$\boldsymbol{C}_{li}$的平均值,$\boldsymbol{C}_r$表示所有$\boldsymbol{C}_{ri}$的平均值。然后,应该计算混合空间的协方差:

$$C_c = C_l + C_r \tag{10.58}$$

式中，C_c 表示混合空间的协方差。

其次，对矩阵 C_c 进行分解：

$$C_c = U_c * A_c * U_C^{\mathrm{T}} \tag{10.59}$$

可以得到两个矩阵，即特征向量矩阵 U_c 和矩阵 C_c 的特征值矩阵 A_c。

最后，对矩阵 C_c 进行白化变换：

$$P = A_c^{-0.5} \times U_C^{\mathrm{T}} \tag{10.60}$$

$$S_l = P * C_l * P^{\mathrm{T}} \tag{10.61}$$

$$S_r = P * C_r * P^{\mathrm{T}} \tag{10.62}$$

经过以上白化处理后，矩阵 S_l 和 S_r 的特征向量相同，再对其进行特征值分解：

$$S_l = B * A_l * B^{\mathrm{T}} \tag{10.63}$$

$$S_r = B * A_r * B^{\mathrm{T}} \tag{10.64}$$

则所需的变换器 W 为：

$$W = (B^{\mathrm{T}} \times P)^{\mathrm{T}} \tag{10.65}$$

3. 分类算法

对于分类，采用线性判别分析(linear discriminant analysis，LDA)算法。它是一个简单而稳定的分类器，基于已知样本构建分类标准，然后根据该标准对新样本进行分类。

LDA 的表达如下：

$$D(x) = b + w^{\mathrm{T}} \cdot x \tag{10.66}$$

其中，“b”表示新样本，“b”和“w”是从已知样本计算得到的参数，“$D(x)$”是分类的结果。如果 $D>0$，则表示 x 是其中一种信号；如果 $D<0$，则表示 x 是另一种信号。

4. 离线 BCI 的实验

基于上面提到的算法，现在可以建立离线 BCI，训练模式如图 10.43 所示。在第一阶段，受试者用 10s 进行准备，然后，受试者进行左手的运动想象，并在下一个时间间隔停止想象；接着受试者再进行右手的运动想象，之后停止运动，重复上述过程。

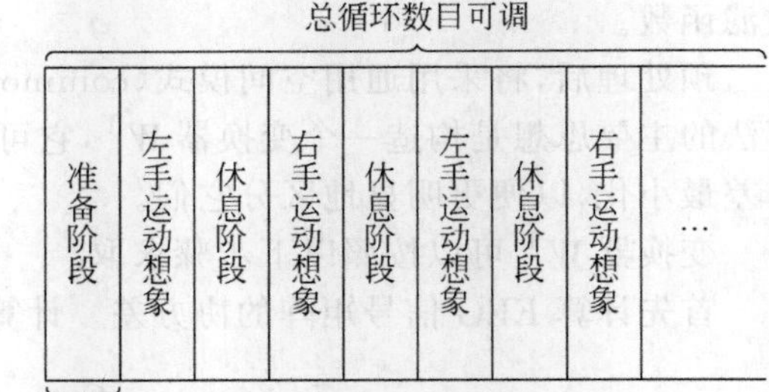

图 10.43 训练模式

在建立训练模式之后，关于如何保证离线 EEG 数据和训练间隔之间的同步问题。简单来说，在完成训练实验并获得记录 EEG 数据的离线文件后，还不知道每个间隔与其 EEG 数据之间的确切对应关系。为了解决这个问题，在 QTCreator 中创建了一个训练窗口，如图 10.44 所示。

在这个窗口中可以设置训练的参数，如时间间隔、循环索引等。更重要的是，它可以与 SCAN4.5 进行通信。如果单击“开始实验”按钮，它会向 SCAN4.5 发送命令，让它开始收集和记录 EEG 数据。完成训练后，它会向 SCAN4.5 发送命令并让它停止收集，这保证了数据文件和训练模式在开始和结束时刻之间的同步。然后，可以根据训练前设定的时间间隔、周期指数和采样率计算每个区间的 EEG 数据。

完成所有这些准备工作后，实验对象只需坐在显示器前面，然后查看培训窗口，按照窗口

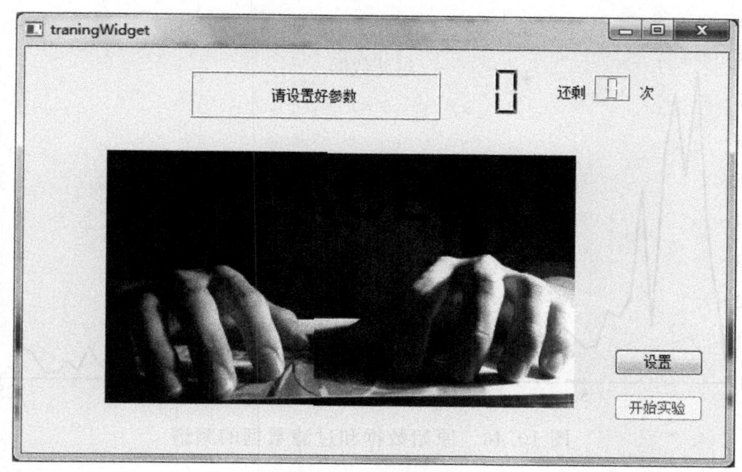

图 10.44 训练窗口(屏幕快照)

给出的说明进行操作。经过实验，将获得一个离线文件。从文件中可以获得 EEG 数据，并通过上述算法处理它们。

5. 实验结果

实验完成后，得到一个离线 EEG 数据文件。首先从文件中加载原始数据，并对其进行预处理，以滤除频率为 8～12Hz 的特定频率；并对原始数据和过滤数据进行比较，如图 10.45 所示。从时域中几乎看不出它们之间的区别。但是如果在频谱中对它们进行可视化，可以更容易地区分它们，如图 10.46 所示。然后，可以对过滤数据进行 CSP 转换，并提取特征、对其进行分类，实验的分类结果如图 10.47 所示，其中，小圆圈表示运动想象，小叉表示放松状态。如图 10.47 所示，这些算法的准确率高达 81.3%。

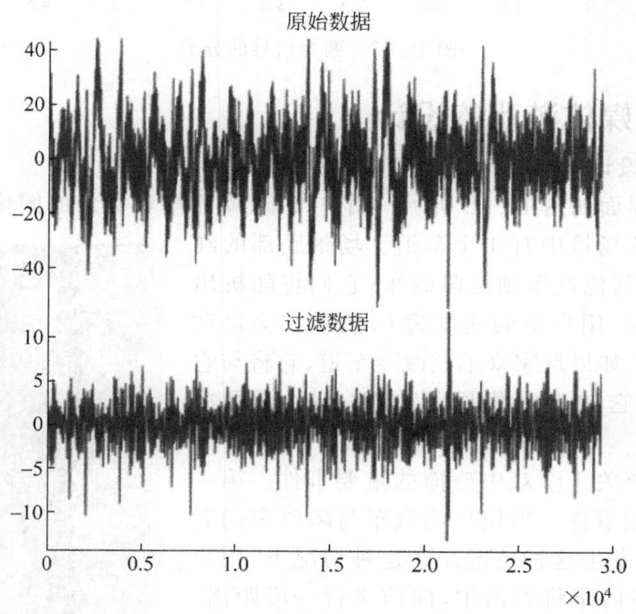

图 10.45 原始 EEG 数据和过滤数据的比较

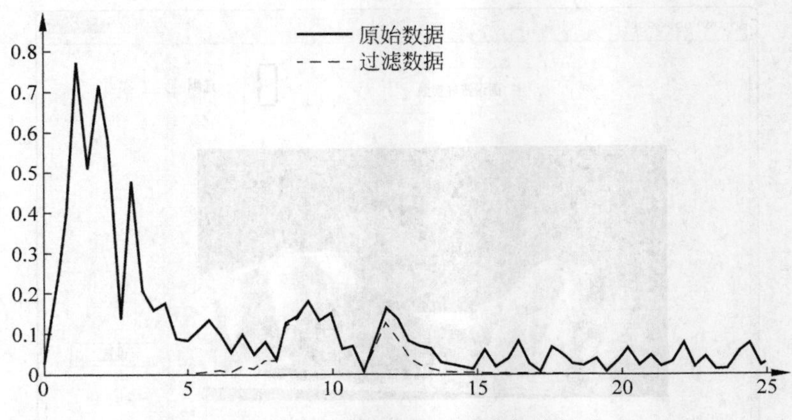

图 10.46　原始数据和过滤数据的频谱

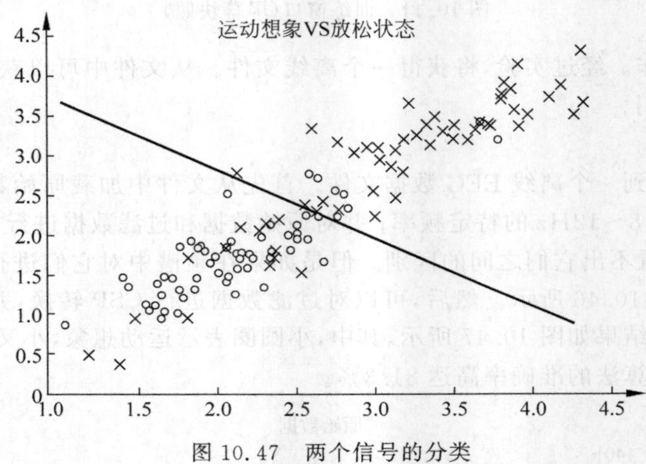

图 10.47　两个信号的分类

10.4.2　多媒体游戏的设计

1. 游戏规则的设计

多媒体游戏的界面如图 10.48 所示。用户汽车、障碍车和背景的图像都是从互联网上下载的。在这场比赛的场景中有 4 个车道。场景底部的红色汽车是用户的车，其他汽车则是障碍车，它们将随机出现在场景中。开始时，用户车的速度为 0，然后它会自动加速并赶上障碍车。如果玩家来不及改变车道，它将与它们发生碰撞。然后它的速度将回到 0，并且必须再次加速。

图 10.48　多媒体游戏的界面

已经定义了两个关于游戏中碰撞的重要事件。第一个是上面提到的碰撞事件。当用户的汽车与障碍车的后部发生碰撞时，就会发生这种情况。在这种情况下，用户的车将停止，并且障碍车将被击中，向前飞行一段距离。第二个是切入事件。当用户的车与障碍车平行运行，然后改变车道至障碍车的车道时，就会发生这种情况。在这种情况下，障碍车必须让路给用户或被摧毁，并且用户车的速度将增加。第二个事件将增加这个游戏的趣味性。

2. 游戏框架的设计

确定游戏规则后，开始设计游戏程序的框架。QTCreator 提供了一个强大的游戏设计图形视图框架。在其框架中，主要有 3 个重要组件，即 QGraphicsScene、QGraphicsView 和 QGraphicsItem。QGraphicsScene 类似于一个空房子，可以添加很多“家具”（QGraphicsItem）。它不仅仅是一个简单的房子。它知道每个成员的坐标、轮廓、运行状态等。它还配备了“广播系统”，一旦发生一些重要事件，例如碰撞和单击鼠标，它将通知所有成员或其中的一些特定成员。QGraphicsView 类似于房子的窗户，通过此窗口，可以在本地或全局观察 QGraphicsScene 中的项目，还可以设置此窗口的大小和透明度。QGraphicsItem 是这栋房子里的家具。例如，在这个游戏中，用户的汽车、障碍汽车和背景图片都是 QGraphicsItem。它为提供了一些基本功能，用于绘制项目的形状、移动项目、检测边缘和碰撞等。基于此框架，将游戏场景作为框架的中心，因为它可以轻松管理其中包含的所有图形项目。图形视图可以被视为窗口系统中的窗口，用于从其视角观察游戏场景；障碍车被设计成链表结构以便更好地管理；背景图片也是场景的一个项目，它会根据用户汽车的速度快速或缓慢地在屏幕上移动，这样就会使用户产生一种“幻觉”，即汽车前进，实际上始终停留在场景的底部。多媒体游戏的框架如图 10.49 所示。

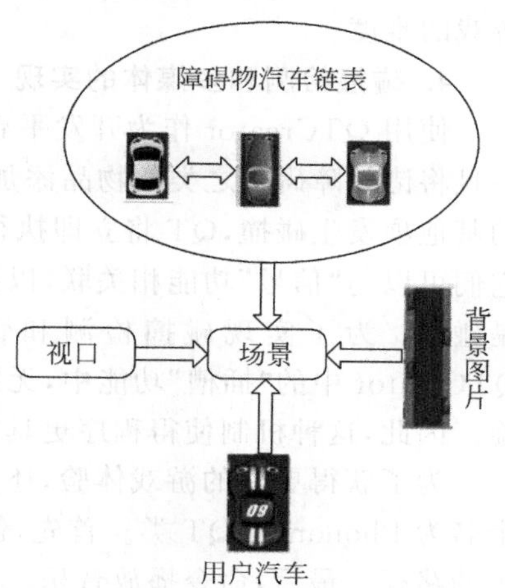

图 10.49　多媒体游戏的框架

3. 基本游戏的实现

为了可视化游戏设计，需要在场景中绘制用户的汽车、障碍车和背景图片等图形项目。在这一步中，使用名为 paint()的 QGraphicsItem 中的成员函数。使用此功能时，可以使用 QT 的 paint()绘制任何形状或加载图片来绘制项目。在下一步中，使用 moveby(x, y)函数来移动项目。函数括号中的参数表示项目在 x 和 y 方向上的位移。要实时自动移动项目，可以使用 QT 的计时器。QT 计时器的基本机制如下：首先设置计时器的间隔并运行，之后定时器将运行，当它完成一个间隔时，它将执行超时功能，然后重复开始下一个间隔。所以需要设置时间间隔并将“moveby()”函数写入定时器的超时功能。

接下来，项目将以特定速度自动在屏幕中移动。如果想要改变速度，可以改变定时器的间隔或者 moveby()函数中的参数。然后考虑游戏的速度机制。游戏中主要有两种速度——用户汽车的速度和障碍车的速度。对于障碍车，它们根据其速度在屏幕中向前或向后移动。如果它们在视图之外运行，将会消失。但是，对于用户的汽车，它不能在屏幕上消失。实际上它总是停留在场景的底部。这里不是移动用户的汽车，而是沿相反方向移动背景图片，以产生用户汽车正在向前跑的错觉。但如果在游戏过程中继续移动背景图片，就需要找到一张长图，这很难找到，并且将限制总游戏时间，因为当图片结束时，游戏必须停止，所以在背景电影中制作一个循环。首先，找到一张背景图片并将副本粘贴到它的顶部。然后让视口沿着新图片上升。一旦视口的下边缘线到达初始背景图片的上边缘线，它将返回到初始背景图片的下边缘线，并继续此循环。

现在介绍如何计算背景和障碍物相对于屏幕的速度，公式如下：

$$V_{bs}=-V_{ua} \tag{10.67}$$

$$V_{os}=-V_{oa}-V_{ua} \tag{10.68}$$

其中,V_{bs} 和 V_{os} 表示背景和障碍车相对于屏幕的速度,它们是屏幕中的实际移动速度,V_{ua} 和 V_{oa} 是理论上用户汽车和障碍车的速度。接下来,将这些速度转换为 QT 计时器的时间间隔。公式如下:

$$I=\alpha\times\frac{1}{V} \tag{10.69}$$

其中,I 是计时器的间隔,V 是物体相对于屏幕的速度,α 是可变系数。通过增加 α,可以增加游戏的难度。

4. 碰撞检测和多媒体的实现

使用 QTCreator 作为开发平台的一个优点是它具有处理图形项之间冲突的有效机制。一旦将诸如障碍车之类的物品添加到游戏场景中,QT 将自动监督其声明。如果它与场景中的其他项发生碰撞,QT 将立即执行碰撞处理功能。实际上,这些功能是 QT 的“插槽”功能,它们可以与“信号”功能相关联,以处理信号事件,例如碰撞和键盘输入。在这种情况下,事件是碰撞。为了实现碰撞检测和管理,需要将项目添加到场景中,并将碰撞管理集成到 QTCreator 中的“插槽”功能中,无须担心如何检测项目是否与其他项目发生冲突,它将自动实施。因此,这种机制使得程序更具可读性,也更简单。

为了获得更好的游戏体验,还可以为游戏添加一些背景音乐。为了实现它,可以使用另一个名为 Phonon 的 QT 类。首先,创建一个新的 Phonon 类变体。然后设置输出方式和背景音乐的路径。最后,命令播放音乐。

5. 使用生物反馈控制游戏

本节将通过使用生物反馈技术完成可以玩多媒体游戏的目标。

前述通过一些软件完成了 BCI 和多媒体游戏的设计。现在的核心问题是如何将这些软件(即 MATLAB,QTCreator 和 SCAN4.5)组合在一起。其中,SCAN4.5 用于从 Neuroscan 中收集 EEG 数据,MATLAB 用于数据处理和分类,QTCreator 用于游戏设计。如图 10.41 所示,EEG 数据首先从 SCAN4.5 发送到 MATLAB,将分类结果从 MATLAB 发送到 QTCreator。因此首要任务是建立这两种沟通途径。

这里 SCAN4.5 提供了一个实时获取 EEG 数据的 TCP 端口。在 SCAN4.5 的规范中,有 TCP 数据包的详细描述,数据包的结构如图 10.50 所示。从图中可以看出,数据包由两部分组成,即标题部分和数据部分。标题中有 4 个成员：BODY SIZE 表示数据部分将在此数据包中拥有多少字节；其他 3 个具有不同值的成员的组合,表示 MATLAB 和 SCAN4.5 之间的不同命令,可以使用这些命令使 SCAN4.5 开始收集数据、发送数据、停止收集等。因此,这里的工作是根据 SCAN4.5 提供的协议编写 MATLAB TCP 客户端程序。在编写客户端程序时,必须考虑两个重要问题。一个是如何准确地接收和分析标题,此问题将在出错时导致一系列错误,因为 TCP 的数据流是连续的。另一个是如何匹配发送方和接收方之间的速度,因为无法太快或太慢地接收数据。要解决这个问题,最好使用 MATLAB 计时器,找出最佳的计时器间隔。

为了建立 QTCreator 和 MATLAB 之间的通信通道,有几种方法。一种是使用 MATLAB 引擎,该方法稳定但速度太慢,会破坏用户在游戏中的体验。另一种选择是使用更快的动态链接库,这种方法非常依赖于 MATLAB 和 QTCreator 的版本；如果更改这些软件的版本,可能会导致很多错误。这里采用一种新方法,使用 UDP 套接字作为这两个软件之间

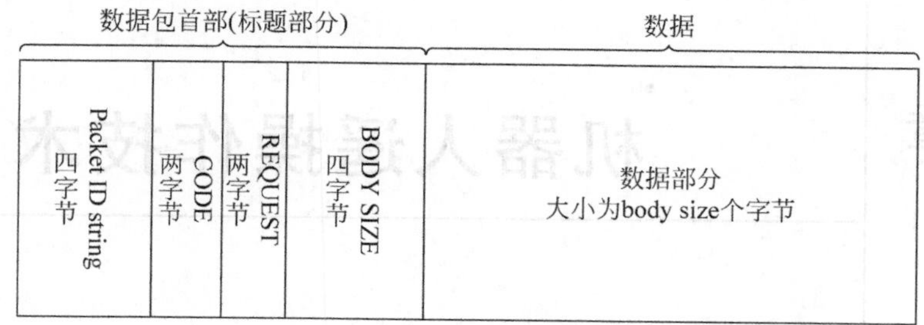

图 10.50 TCP 数据包的结构

的通道。首先，它稳定而快速，完全不依赖于版本或操作系统。两个软件进程可以在系统中并行运行而不受任何干扰；其次，与 TCP 相比，UDP 更加简单、高效，因此不需要在两个终端之间建立连接；最后，我们不必担心数据包丢失的问题，因为只在一台计算机上使用本地网络通信。要建立此通道，首先在 MATLAB 和 QTCreator 中绑定 UDP 的特定端口。例如，MATLAB 以"6667"结合，QTCreator 以"6666"结合。然后，如果 MATLAB 想要将分类结果发送到 QTCreator，它可以使用 MATLAB 中的函数"frwite(UDP,data)"将数据发送到"6666"端口的 UDP。QTCreator 将实时监控端口，一旦 MATLAB 发送结果，QTCreator 将立即收到。如图 10.51 所示，训练结束后，用户只需坐在显示器前，戴上电极帽，观看游戏场景即可玩游戏。

图 10.51 游戏场景

本节首先使用运动想象设计 BCI 接口，接着使用 CSP 和 LDA 算法进行特征提取和分类，并通过实验验证算法的有效性。然后使用 QTCreator 设计多媒体游戏。最后，通过使用 TCP 和 UDP 套接字将游戏与生物反馈技术相结合。

10.5 本章小结

本章主要介绍了不同场景下人机交互技术的研究成果和应用实例。人机交互技术集成了很多学科领域，包括机器人控制、机器人感知、计算机视觉等。人机交互一般离不开感知（如视觉、触觉、听觉等），因此本章介绍的几个跟人机交互相关的具体应用都在不同程度上使用了传感器（如采集脑电图数据的神经耳机、采集肌电信号的 MYO 手环以及采集视觉信号的 Kinect 设备）。很多章节都涉及这些传感器设备，包括第 9 章，以及第 11～13 章等。感兴趣的读者可以在本章的基础上，对人机交互技术进行深入研究。

第11章 机器人遥操作技术

CHAPTER 11

机器人遥操作技术是机器人研究领域中的一个重要分支，它需要多领域、多学科相结合，例如控制理论、机械工程、人工智能、电子、计算机和认知科学等。机器人遥操作技术不仅可以作为航空航天（空间站的维护、月球等行星探索）、海洋探索、原子能应用以及军事战争领域等高新技术领域发展急需的关键性技术，而且在休闲娱乐、医疗等方面也有重要作用。机器人遥操作技术可以在复杂、危险和未知的工作环境中来替代工人，并能够在人类无法到达的环境中工作，保证了作业的安全性和高效性。

遥操作（Teleoperation）最早于 1968 年由 JohnsenEG 和 CorlissWR 在技术报告中提出。随着科学技术的发展，这一概念发展出多种不同的定义。有人认为遥操作技术是操作者可以远程控制具有感知能力的机械臂或者其他设备运动的技术。也有人把遥操作技术定义为远距离的操作，即操作者的行为在远距离作用下，仍然能够使事物产生运动变化。

独立自主工作的机器人系统与机器人遥操作系统的最大区别在于，在独立自主工作的机器人系统中，人只发挥维护工作，实现机器人的开始或者停止工作；而遥操作系统需要人机结合，操作者发挥了更大的自主性和决策能力。在遥操作系统中，将人类的智慧和创造力传递给机器人，使远程的机器人能够在未知环境中完成复杂的任务，弥补了独立自主机器人系统的柔韧性差、对未知干扰抵抗能力弱的缺点。

最早的机器人遥操作系统是主从式机器人系统，主要包括主机器人、远程操作者、从机器人、通信环节和机器人作业环境等。主从式机器人遥操作的工作模式是：通过利用计算机网络、无线电波等传输媒介，将主机器人的运动信号发送给在特定环境下作业的远端从机器人，同时，远端从机器人将作业状态传送给近端的操作者，使操作者能够根据远端从机器人的不同信号做出正确的决策。在 20 世纪 40 年代，Goertz 研发出世界上第一个主从式遥操作系统。该遥操作系统的两个机械臂采用主从工作方式，操作者和主机械臂在远离工作环境的安全地带，把从机械臂放在核放射强的工作环境中作业。在安全环境的操作者对主机械臂进行操作，而在危险环境中的从机械臂跟随主机械臂运动，以完成作业要求。由于主从机械臂之间是通过机械装置进行通信的，传输距离有限，距离太长会严重耗费器材；并且，从机械臂对主机械臂的跟踪效果较差，所以该主从式遥操作系统具有很大的局限性。1954 年，Goertz 研发出世界上首个具有伺服反馈功能的机电遥操作系统，该系统实现了操作者对车辆的遥操作控制，极大地改善了操作性能。为减轻操作者对机械臂的操作负担，从机械臂运动学和动力学的角度引入了双边控制法，使得操纵杆更加轻便、简单、易于使用。例如，一种具有力反馈作用的遥操作杆 TouchX，是一种具有六自由度的机器臂模型，操作者通过 TouchX 就可以遥操作远程机器臂。到了 20 世纪 80 年代，伴随着计算机技术的快速发展，人们在机器人遥操作系统中逐渐使用计算机，从而保证了先进控制算法的实现。计算机技术的发展使机器人遥操作技术的性能发生质的飞跃，也极大地扩展了机器人遥操作技术的应用领域。

本节将介绍机器人控制技术在遥操作方向的一些具体应用，这些应用来源于比较先进的机器人研究课题，是机器人控制技术在遥操作方向较为典型的一些应用。

11.1 基于视觉融合技术的机械臂三维遥操作系统

残疾人由于运动能力丧失或感知能力降低，他们很难操作机器人，无法享受机器人快速发展带来的种种便利。为了解决这个问题，可以将脑机接口技术与机器人控制系统相互结合。

脑机接口（Brain-Computer Interface，BCI）技术提供了大脑和外围设备之间最直接的通路。脑机接口能够采集用户的脑电信号，并对其进行预处理、特征提取、特征分类等操作，最终识别出用户的意图。

然而，在这些研究中，我们发现，现有的大多数 BCI 机器人系统存在两方面的问题。首先，在大多数基于 SSVEP 的 BCI 系统中，交互接口不友好。通常将机器人的视觉视频和刺激性画面分别放在屏幕上的不同位置。因此，用户必须注意机器人视觉视频和不同位置的刺激画面，这降低了控制机器人的效率。如图 11.1 所示，为了控制机器人往不同方向运动，用户的视线必须在屏幕的不同位置来回切换（例如画面的正上、正下、正左、正右）。其次，机器人的工作空间通常限制为二维平面。为了将机器人移动到某个目的地，操作员必须经常在轨迹中改变机器人的移动方向，这会浪费用户大量的精力，造成不良的用户体验。

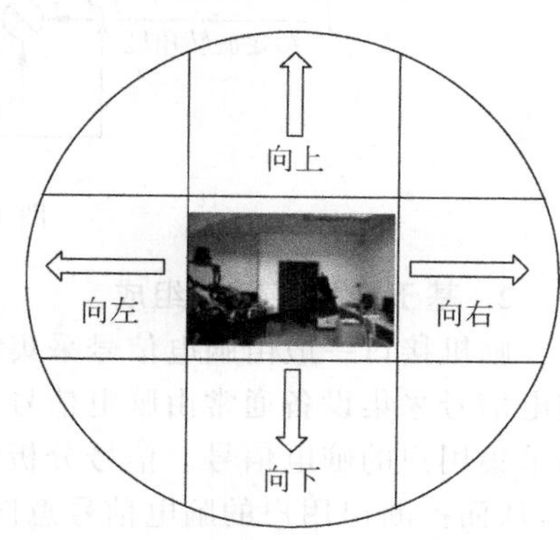

图 11.1 现有研究中 SSVEP 刺激画面展示图

为了解决第一个问题，这里使用一种视觉方案，其中机器人视觉和刺激画面的视频融合在一起。不同的刺激画面在机器人的视觉视频中传播了不同的目标物体。受试者只需要专注于机器人的视觉视频，而无须适应视觉视频以外的刺激画面。为解决第二个问题，这里采用共享控制策略，即操作员指定任务，由机器自动完成。本节将通过脑电信号来检查操作员是否只需要在监视器上指定目标对象。机器人控制系统自动提取三维工作空间的对象。除了共享控制策略之外，视觉伺服（Visual Servo，VS）技术还能够显著提高机器人控制系统的准确性和智能性。VS 技术使用视觉传感器从机器人及其工作环境中收集视觉信息，然后将其反馈给控制系统。根据视觉传感器的位置，VC 扫描的信息类型分为两种：眼对手 VS 和手眼型 VS。在手眼型 VS 中，视觉传感器连接机器人末端执行器。在眼对手 VS 中，传感器安装在固定位置。由于手眼型 VS 传感器的移动可能会造成无法检测目标、图像失真等问题，这里选择眼对手 VS，并使用 Bumblebee2 立体相机获取工作环境中的三维信息。

11.1.1 背景

1. 视觉伺服系统分类

视觉伺服系统依据视觉伺服的控制策略来划分，视觉伺服系统可以分为基于位置的视觉伺服系统（PBVS）、基于图像的视觉伺服（IBVS）和混合视觉伺服三类，它们的系统结构如图 11.2～图 11.4 所示。

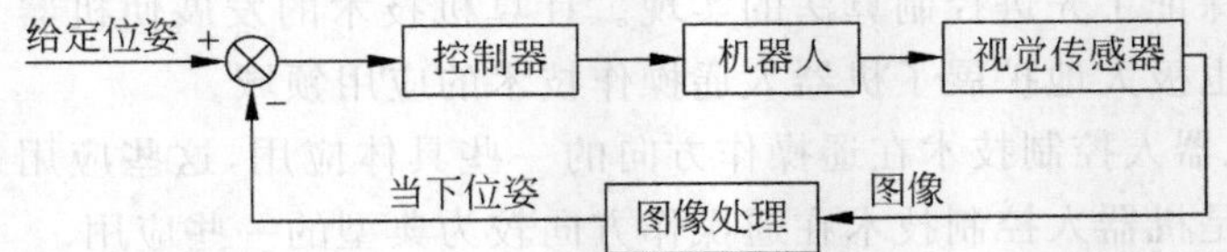

图 11.2 基于位置的视觉伺服系统结构图

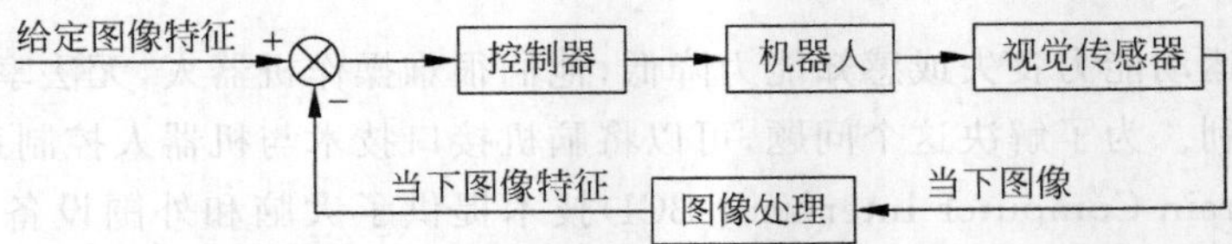

图 11.3 基于图像的视觉伺服系统结构图

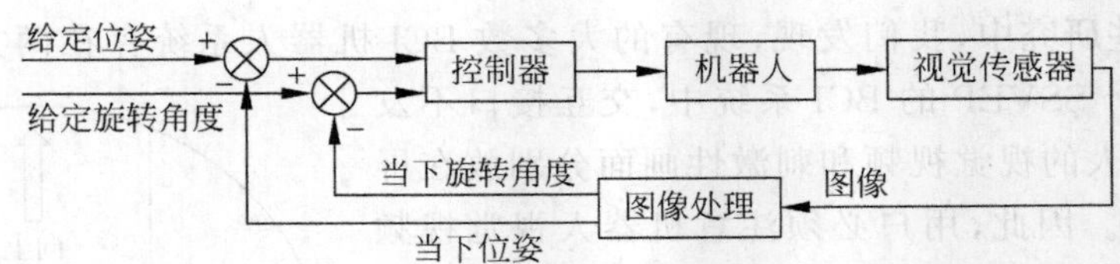

图 11.4 混合视觉伺服系统结构

2. 基于脑机接口的组成

脑机接口一般由脑电信号采集设备以及脑电信号分析设备两部分构成，如图 11.5 所示。脑电信号采集设备通常由脑电信号放大仪及其配套的脑电帽等附件构成，主要用于从用户头部采集用户的脑电信号。信号分析设备负责对脑电信号进行预处理、特征提取、特征分类等操作，从而推断出用户的脑电信号意图，生成决策信号。

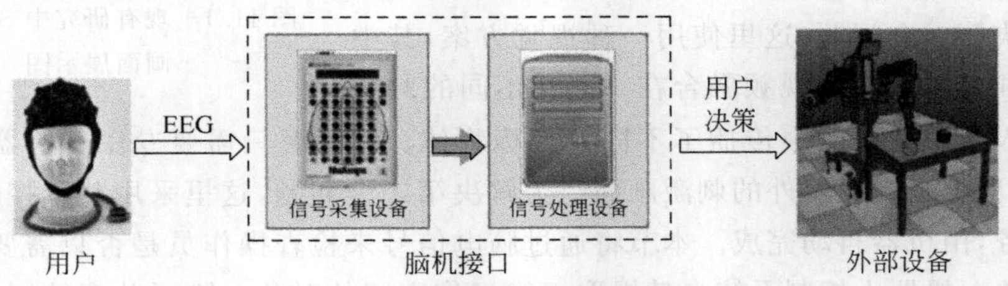

图 11.5 脑机接口的组成结构

11.1.2 脑机接口设计

本节将具体介绍脑机接口的信号处理算法，主要讨论两种常见的脑机接口范式，分别是稳态视觉诱发电位（Steady-State Visually Evoked Potentials，SSVEP）范式和运动想象范式。其中，SSVEP 范式依赖于外界的视觉刺激诱发特定的脑电信号，属于基于诱发电位的脑机接口。而运动想象范式则是通过用户进行肢体运动的想象活动产生特定的脑电信号，属于基于自发电位的脑机接口。

1. 基于 SSVEP 范式的脑机接口范式

人脑中的神经细胞不断相互作用，同时头皮上的电势也不断变化，通过对这些时变势的记录和分析，就可以推断出意图，这是 BCI 的基本原理。例如，在 SSVEP BCI 范式中（如图 11.6 所示），当用户盯着一个 12Hz 的脑电信号时，人类 EEG 信号的频率特征将会达到 12Hz。同样地，在 15Hz 时，人类 EEG 信号的频率为 15Hz。基于这种现象，我们附加了不同的脑电信号，对不同的物体使用不同的频率(如 10Hz、12Hz 和 15Hz)，并在屏幕上显示融合的视频。当用户盯着目标物体时，收集脑电图信号，并对它们进行分析以识别频率特征，由此可以确定用户正在盯着哪个物体。经过该过程，可以通过 SSVEP BCI 推断用户选择的对象。

除了 SSVEP 外，还有其他范式，如运动图像和 P300。然而，SSVEP 具有最高的响应速度，因此，它是最适合本节描述的机器人系统的范式。这里使用具有 40 个通道的神经扫描放大器装置 Neuroscan。它是一种多通道设备，具有高分辨率和高采集速度。选择 Neuroscan 装置上的通道 O_1、O_2、O_z、P_3、P_3 和 P_z，它们适合产生 SSVEP。当传感器都工作在 1000Hz 的频率时，记录用户的 EEG 信号。

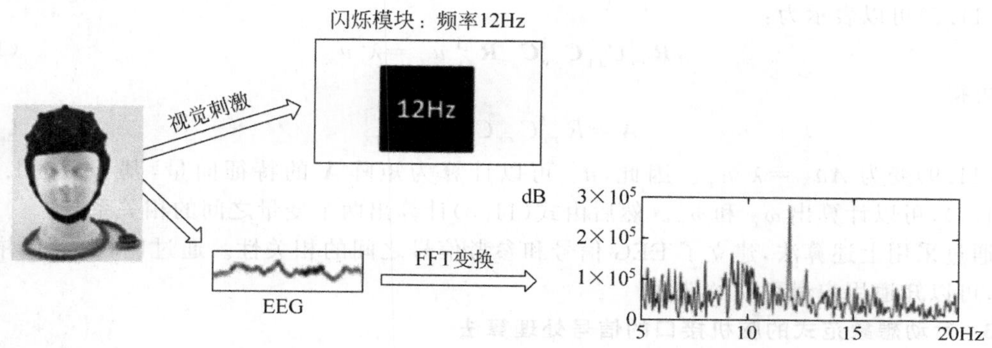

图 11.6 SSVEP 脑机接口范式的基本原理

2. 脑电信号处理算法

脑机接口信号的处理流程框架如图 11.7 所示。首先，利用快速傅里叶变换(Fast Fourier Fransform，FFT)对脑电信号进行处理，提取其频率特征。由于 FFT 算法是信号处理领域的一种常见算法，这里不做详细阐述。

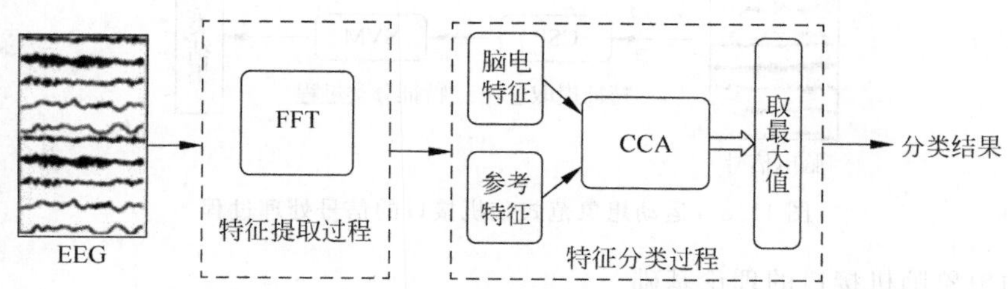

图 11.7 SSVEP 范式脑机接口信号处理流程框架

提取脑电图信号后，采用典型相关分析算法(Canonical Correlation Analysis，CCA)对其特征进行分类。CCA 对脑电信号分类的主要步骤如下。

假设存在两组列变量 $S_x=[X_1,X_2,\cdots,X_m]$ 和 $S_y=[Y_1,Y_2,\cdots,Y_n]$，$X_i\in R^{m\times 1}$ 和 $Y_i\in R^{n\times 1}$，它们均为列向量。首先对两个变量进行如下线性变换：

$$S_x w_x=(w_{x1}X_1,w_{x2}X_2,\cdots,w_{xm}X_M) \tag{11.1}$$

$$S_y w_y=(w_{y1}Y_1,w_{y2}Y_2,\cdots,w_{yn}Y_N) \tag{11.2}$$

式中，w_x 和 w_y 为线性转换矩阵。

利用 CCA 使 S_x 和 S_y 之间的相关系数达到最大变换矩阵，即式(11.3)的结果达到最大：

$$\rho_{u,v}=\max\operatorname{corr}(S_x w_x,S_y w_y)=\max\frac{\langle S_x w_x,S_y w_y\rangle}{\|S_x w_x\|\ \|S_y w_y\|} \tag{11.3}$$

式(11.3)的最大解如下：

$$\boldsymbol{\omega}_y=\frac{\boldsymbol{C}_{yy}^{-1}\boldsymbol{C}_{yx}\boldsymbol{\omega}_x}{\lambda} \tag{11.4}$$

$$\boldsymbol{C}_{xy}\boldsymbol{C}_{yy}^{-1}\boldsymbol{C}_{yx}\boldsymbol{\omega}_x=\lambda^2\boldsymbol{C}_{xx}\boldsymbol{\omega}_x \tag{11.5}$$

其中，$\boldsymbol{C}_{xx}$ 和 $\boldsymbol{C}_{yy}$ 是协方差矩阵，$\boldsymbol{C}_{xx}$ 可以分解为两个矩阵，如下：

$$\boldsymbol{C}_{xx}=\boldsymbol{R}_{xx}\boldsymbol{R}'_{xx} \tag{11.6}$$

定义

$$u_x=\boldsymbol{R}'_{xx}\omega_x \tag{11.7}$$

则式(11.5)可以表示为：

$$\boldsymbol{R}_{xx}^{-1}\boldsymbol{C}_{xx}\boldsymbol{C}_{yy}^{-1}\boldsymbol{C}_{yz}\boldsymbol{R}_{xx}^{-1'}u_x=\lambda^2 u_x \tag{11.8}$$

进而可得

$$\boldsymbol{A}=R_{xx}^{-1}C_{xx}C_{yy}^{-1}C_{yz}R_{xx}^{-1'} \tag{11.9}$$

则式(11.9)变为 $\boldsymbol{A}u_x=\lambda^2 u_x$。因此，$u_x$ 可以计算为矩阵 $\boldsymbol{A}$ 的特征向量，基于式(11.4)和式(11.7)，可以计算出 ω_x 和 ω_y。然后由式(11.3)计算出两个变量之间的相关系数。

通过采用上述算法，建立了 EEG 信号和参考信号之间的相关性。通过比较它们，并取最大值，可以知道用户最喜欢的选择。

3. 运动想象范式的脑机接口的信号处理算法

运动想象范式的脑机接口的信号处理过程如图 11.8 所示。采集到脑电信号之后，先用共同空间模式算法(Common Spatial Pattern, CSP)对脑电信号进行特征提取，然后利用支持向量机(Support Vector Machine, SVM)算法进行分类，从而推断出当前脑电信号属于哪种类别。

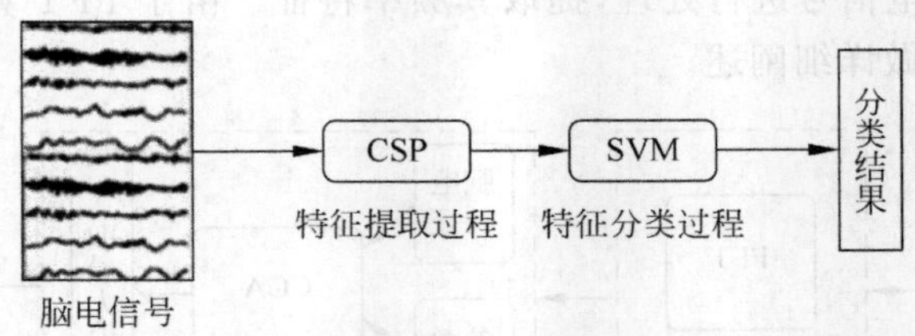

图 11.8 运动想象范式脑机接口的信号处理过程

1) 运动想象脑机接口的理论基础

当人在进行运动或想象身体的运动时，具体表现为脑部特定区域的 EEG 信号的频率特征 μ 节律(8～12Hz)和 β 节律(18～26Hz)会发生改变(ERD 现象)；反之，又会重新恢复(ERS 现象)。在频谱图中，这种能量变化过程如图 11.9 所示。由图分析可知，在分析数据时，需要先将 μ 节律和 β 节律的信号从原始信号中提取出来。这里采用想象左右手的运动，人脑对左右手运动的感觉和控制区域如图 11.10 所示。

因此，根据人运动想象时特定区域的脑电信号能量变化规律，可以推断人是否在进行运动想象。

2) 运动想象脑机接口特征提取算法

这里采用 CSP 算法提取运动想象时的脑电信号特征，该算法对二分类的脑机接口分类正确率比较高。使用 CSP 算法对二分类脑电信号分类的计算过程，请参考本书 10.4.1 节，这里不再重复。

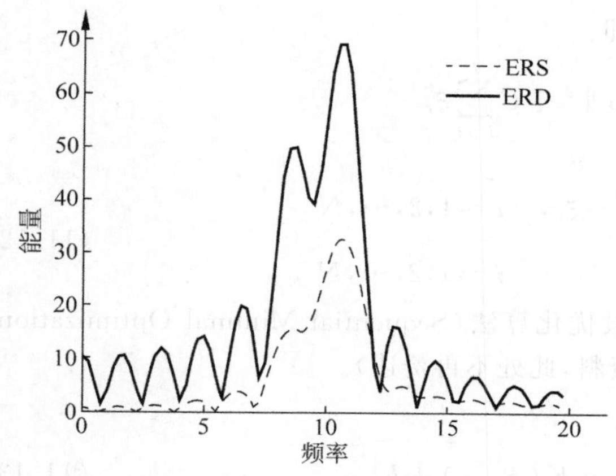

图 11.9 运动想象信号的频域分布特征：ERS/ERD 现象

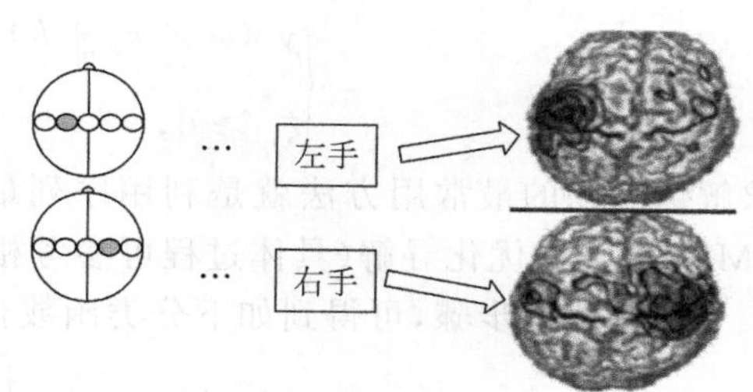

图 11.10 运动想象脑电信号生理特征的空间分布

3）运动想象脑机接口的特征分类算法

对脑电信号特征进行分类的算法有很多，结合脑电信号特征，这里选择支持向量机(SVM)算法对其进行分类。SVM 算法的主要思想是：通过求解一个最优化平面来分离两类样本，同时保证该平面距离两类样本之间的间距之和为所有可能的平面中的最大值。

SVM 算法的基本原理如图 11.11 所示，即通过寻找最优斜率 ω 和截距 b，使超平面到样本点的最小距离为所有可能情况中的最大值。

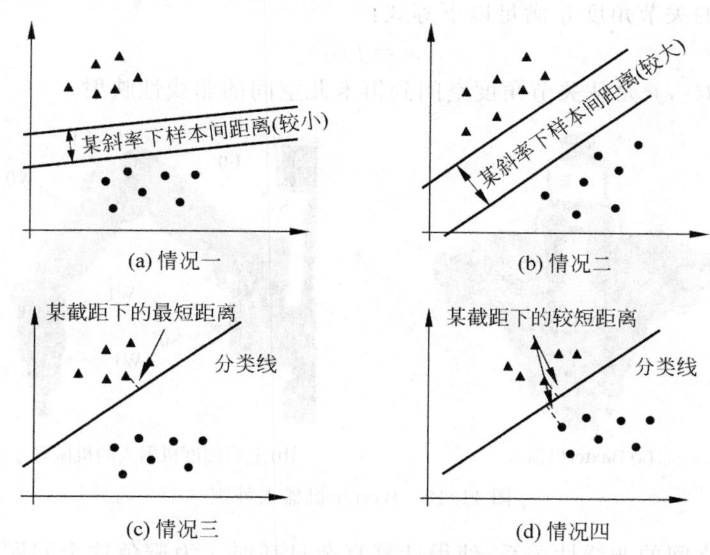

图 11.11 SVM 算法的基本原理

对于线性不可分的情况，SVM 算法的目标为，在约束条件式(11.10)的限制下：

$$y_i[\omega \times \phi(x_i)+b] \geqslant 1-\xi_i, \quad \xi_i \geqslant 0, i=1,2,\cdots,l \tag{11.10}$$

找到使得目标函数(即式(11.11))的值达到最小值的参数值：

$$\phi(\omega)=\frac{1}{2}\|\omega\|^2+C\sum_{i=1}^{l}\xi_i \tag{11.11}$$

其中，ω 是分类平面的斜率，b 为截距，$C>0$ 称为惩罚因子，ξ_i 表示松弛因子。

上述问题实际上是一个凸二次规划问题，即：

$$\min_{\omega,b,\xi} \frac{1}{2}\|\omega\|^2 + C\sum_{i=1}^{l}\xi_i$$

以满足

$$\begin{cases} y_i(\omega \times x_i + b) \geqslant 1 - \xi_i, & i = 1,2,\cdots,N \\ \xi_i \geqslant 0, & i = 1,2,\cdots,N \end{cases} \tag{11.12}$$

求解该问题的最常用方法就是利用序列最小最优化算法(Sequential Minimal Optimization, SMO)进行最优化寻解(具体过程可参考相关资料，此处不再赘述)。

经过以上步骤，可得到如下分类函数：

$$y(x) = \mathrm{sign}\left[\sum_{i=1}^{l}\alpha_i y_i K(x_i, x) + b\right] \tag{11.13}$$

11.1.3 机械臂三维遥操作系统控制部分设计

本节描述了具有智能接口的机器人控制系统的开发。当我们将目标对象的坐标发送给机器人控制器时，机器人控制器会自动到达目标位置并抓取目标。同时，控制器将检测机械臂周围的所有障碍物，并规划合适的轨迹，避免与环境中的障碍物发生碰撞。

1. Baxter 机器人运动学与避障

Baxter 机器人如图 11.12 所示。在每个臂的末端有一个可编程的"夹子"，可以用作抓取物体的末端执行器。根据 Baxter 机器人的运动学模型，笛卡儿空间 x 中的末端执行器的坐标和 Baxter 机械臂的关节角度 q 满足以下等式：

$$x = f(q) \tag{11.14}$$

其中，$x \in R^6$，$q \in R^7$，f 是从关节角度空间到笛卡儿空间的非线性映射。

(a) Baxter机器人

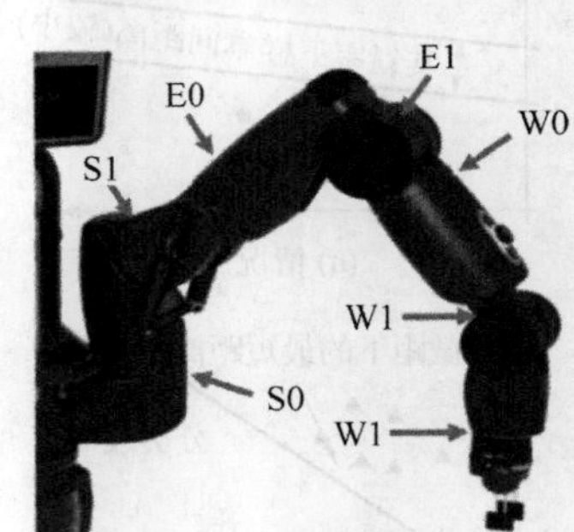

(b) 七自由度机器人的机械臂

图 11.12 Baxter 机器人外观

由于 x 和 q 之间的非线性关系，使得计算复杂且耗时。为避免这个问题，对式(11.14)求导，可得线性方程如下：

$$\dot{x} = \boldsymbol{J}\dot{\boldsymbol{q}} \tag{11.15}$$

其中，$\dot{x} \in R^6$ 是笛卡儿空间中末端执行器的速度，$\dot{\boldsymbol{q}} \in R^7$ 是角速度矢量，由机械臂中每个关节的所有角速度值组成。$\boldsymbol{J} \in R^{6\times 7}$ 是雅可比矩阵。$\boldsymbol{J}$ 随末端执行器的位置而变化，即 x 的值。

由于速度 $\dot{x}$ 的维度 6 小于关节角速度 $\dot{\boldsymbol{q}}$ 的维度 7，所以式(11.15)有无穷多个解，即机械臂可以通过不同的姿态到达同一目标点，如图 11.13 所示。因此，根据线性代数知识，式(11.15)(即 $\dot{q}$)的解可以拆分为如下两部分：

$$\dot{q}=\dot{q}_t+\dot{q}_s \tag{11.16}$$

其中，$\dot{q}_t$ 是式(11.15)的特解，$\dot{q}_s$ 为其通解。从物理意义上解释式(11.16)，$\dot{q}_t$ 是速度分量，它确保了机械臂的末端执行器到达目的地。$\dot{q}_s$ 的速度分量在雅可比矩阵 $\boldsymbol{J}$ 的零空间中，它的值仅改变机械臂的姿势，不影响末端执行器的位置(x 的值)。因此，可以通过调整 $\dot{q}_s$ 的值确保机械臂在不影响 $\dot{q}_t$ 任务性能的情况下而过度运动。这是冗余机械臂避障的基础，如图 11.13 所示。

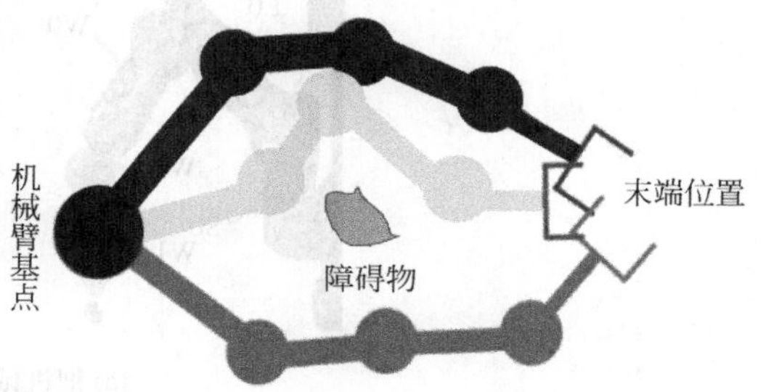

图 11.13 冗余机械臂避障的基本原理：通过不同的姿态实现避障

为使 Baxter 机器人能够避开障碍物，这里采用 CTS 方法，具体如下。

首先，定义一个指标 H 用于估计障碍物和机械臂之间的距离，如下：

$$H=d_{\min}=\min(d_i),\quad i=1,2,\cdots,7 \tag{11.17}$$

其中，d_i 是障碍物与机械臂的关节 i 之间的距离。H 是 d_i 和距离指示器之间的最小距离。如果 H 的值小于阈值，则有可能发生冲突，应采取相应措施避免这一问题。

对式(11.17)求导，可得：

$$\Gamma=\frac{\mathrm{d}H}{\mathrm{d}t}=\frac{\partial H}{\partial q}\frac{\mathrm{d}q}{\mathrm{d}t}=\nabla H\cdot\dot{q} \tag{11.18}$$

因为 H 的值表示障碍物和机械臂之间的距离，所以 H 的微分(即 Γ 的值)可用于估计机械臂的运动结果。当 Γ 小于 0 时，H 的值减小，这样机械臂会向靠近障碍物的方向移动。当 $\Gamma>0$ 时，机械臂则向远离障碍物的方向移动。根据式(11.16)，可以将 Γ 分为 Γ_t 和 Γ_s 两部分，如下：

$$\begin{cases}\Gamma_t=\nabla H\cdot\dot{q}_t\\ \Gamma_s=\nabla H\cdot\dot{q}_s\\ \Gamma=\nabla H\cdot\dot{q}=\nabla H\cdot\dot{q}_t+\nabla H\cdot\dot{q}_s=\Gamma_t+\Gamma_s\end{cases} \tag{11.19}$$

其中，Γ_t 和 Γ_s 用于估计 $\dot{q}_t$ 和 $\dot{q}_s$ 的影响，类似于 Γ。如果 $\Gamma_t>0$，则机械臂的轨迹是安全的，并且机械臂正远离障碍物。如果 $\Gamma_t<0$，且 H 小于阈值，则机械臂靠近障碍物并朝向它移动，很可能会发生碰撞。在这种情况下，应该合理设置 $\dot{q}_s$ 的值以使机械臂避障。

2. 任务运动和自运动的生成

为了生成任务运动，式(11.16)可以表示为

$$\dot{q}=\boldsymbol{G}_1\dot{x}+(\boldsymbol{G}_2\boldsymbol{J}-\boldsymbol{I}_n)Z=\boldsymbol{G}_1\dot{x}+k(\boldsymbol{I}_n-\boldsymbol{G}_2\boldsymbol{J})\nabla H \tag{11.20}$$

其中，$\boldsymbol{G}_1$ 和 $\boldsymbol{G}_2$ 是 J 的广义逆矩阵，即 $\boldsymbol{J}\boldsymbol{G}_1\boldsymbol{J}=\boldsymbol{J}$ 和 $\boldsymbol{J}\boldsymbol{G}_2\boldsymbol{J}=\boldsymbol{J}$。$\boldsymbol{I}_n$ 是维数为 $n\times n$ 的单位矩阵，$Z\in 7\times 1$ 是任意向量，可以设为 $Z=-k\ \nabla H$，其中 k 是实数标量，∇H 是式(11.17)中 H 的梯度。通过式(11.20)，可以生成 $\dot{q}_t$ 和 $\dot{q}_s$ 的值。此外，通过改变 $\boldsymbol{G}_2$ 中的参数，可以调整式(11.19)中 $\Gamma_s d$ 的值大于 0 或小于 0，从而控制机械臂远离障碍物或者靠近障碍物。

3. 避障实验

为了验证机器人避障效果，首先将 Baxter 机械臂抽象成几根相连的直线，如图 11.14(a)所示。令机械臂从其工作空间中的一点移动到另一点，并记录每个环节的位置。没有障碍物时，Baxter 机械臂的运动轨迹如图 11.14(b)所示，有障碍物时的运动轨迹如图 11.14(c)所示。由图 11.14(b)、(c)可知，使用 CTS 方法使 Baxter 机械臂能够避开轨迹中的障碍物而不影响

其在末端执行器中的任务。

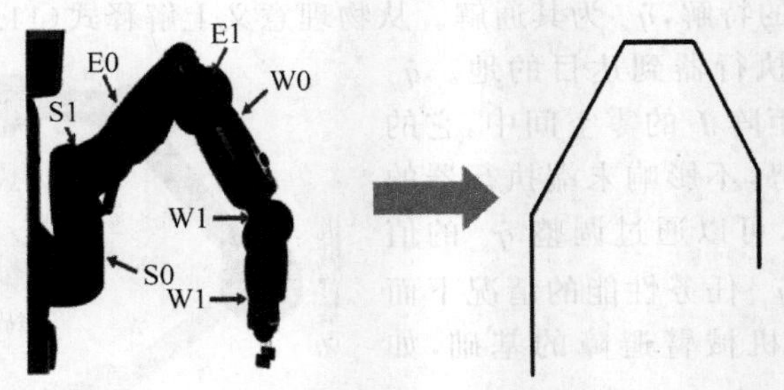

(a) 把机械臂抽象为直线

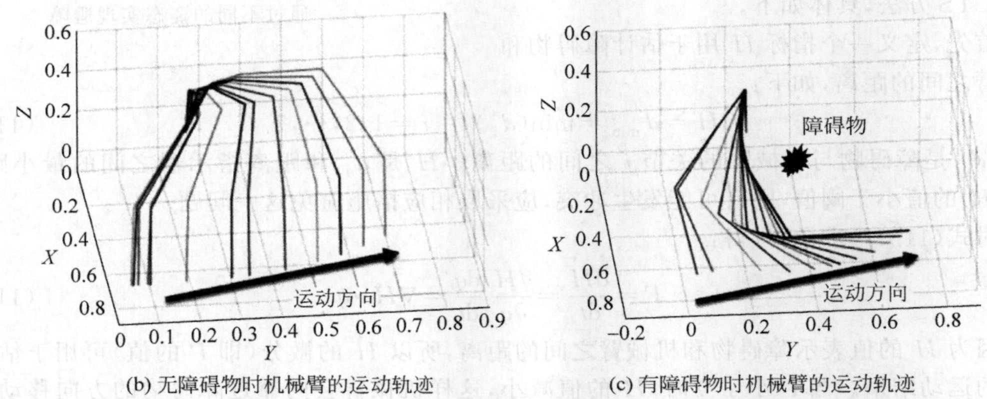

(b) 无障碍物时机械臂的运动轨迹 (c) 有障碍物时机械臂的运动轨迹

图 11.14 机械臂避障验证试验轨迹展示图

11.1.4 机械臂三维遥操作系统的视觉伺服部分设计

视觉伺服系统的主要作用有 3 种，如图 11.15 所示。Bumblebee2 相机上并排放置两个相机，根据其位置分别命名为左眼相机和右眼相机，相应地，它们拍摄的照片分别命名为左眼照片和右眼照片。可以看出，左眼相机和右眼相机分别拍摄出来的左眼照片和右眼照片是有区别的。根据这些区别，计算可得照片中的物体的三维坐标信息。

1. 目标物体识别与自适应颜色追踪算法

VS 部分的第一个任务是检测由 Bumblebee2 相机捕获的图像中的物体位置，然后将它们作为视觉反馈显示给操作员，如图 11.15(b)所示。根据它们的颜色将目标物体与图像分离。为了检测它们的位置信息，目标物体的颜色应该与背景颜色不同。识别物体的具体步骤如下。首先，研究人员绘制图像的外部轮廓。然后，计算出所有像素点的颜色平均值，平均值可以作为表示对象的这些特征的“标准颜色标记”。最后，在操作实验阶段，从实时图像中计算出标准颜色标记与图像中每个点的颜色信息之间的差异。最小方差值表示最可能包含目标对象的区域。

然而，在实验过程中发现物体在拍摄时的颜色发生改变，这是因为光在空间中的不均匀分布。因此，使用单个颜色标记来表示对象不会产生稳定的结果。此外，对象的颜色有时变化很大，并且不能在图像中检测到。为了解决这个问题，这里使用一种自适应颜色识别算法，该算法的描述如表 11.1 所示。

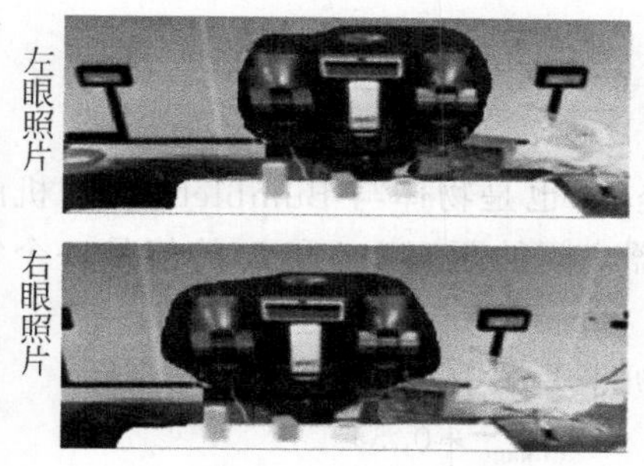

(a) Bumblebee2相机拍摄的原图

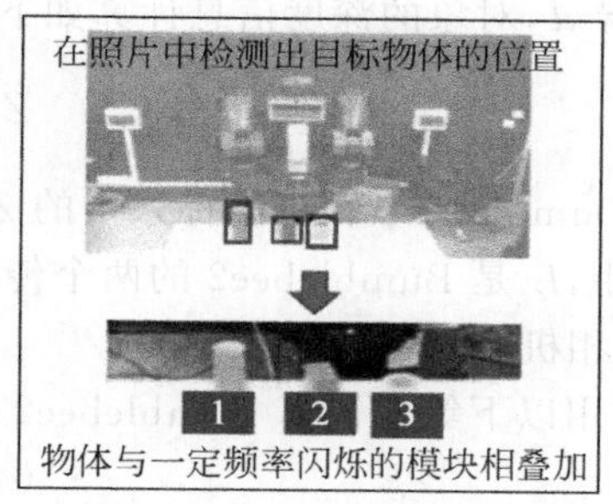

(b) 任务1：针对用户的视觉反馈画面

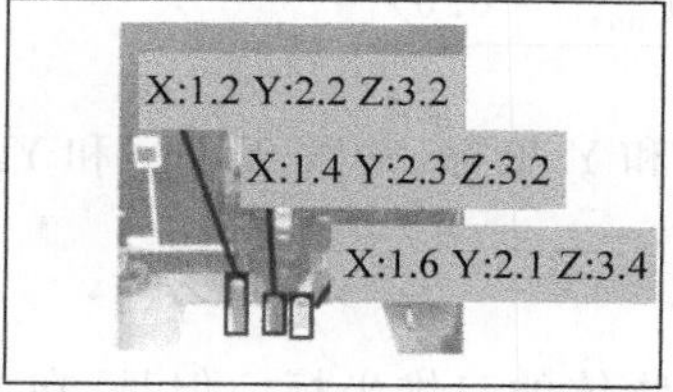

(c) 任务2：计算物体的三维坐标

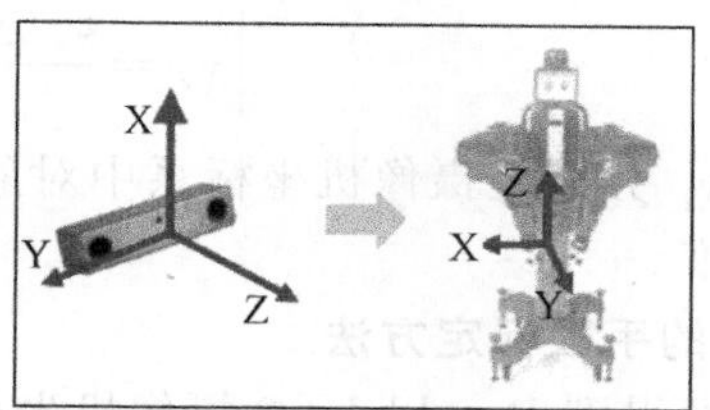

(d) 任务3：坐标系转换

图 11.15　视觉伺服系统的 3 个主要任务

表 11.1　自适应颜色识别算法

步　骤	描　述
①	使用上次计算的标准颜色特征标签识别物体
②	若成功检测出物体,则重新计算检测区域中心点附近区域的颜色平均值
③	用步骤②中的平均值替换原标准颜色特征标签,返回步骤①进行下一次检测

为了验证自适应算法的有效性,设计如图 11.6(a)所示的实验。设计三段不同的轨迹作为纯色物体的运动轨迹,在每段轨迹中,捕获 100 张图片记录物体的运动。然后,分别使用自适应算法和非自适应算法来跟踪 100 张图片中的所有对象,计算成功跟踪的图像数量,实验结果如图 11.16(b)所示。

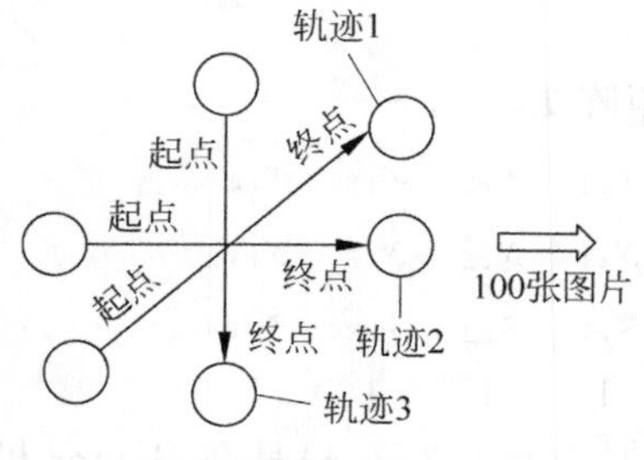

(a) 示意图

轨迹	非自适应算法	自适应算法
1	86/100	100/100
2	67/100	100/100
3	94/100	100/100

(b) 实验结果：成功追踪到的图片数量

图 11.16　自适应跟踪算法实验示意图及结果

2. 双目视觉和深度测量

同一物体的位置在左眼相机和右眼相机中的显示结果是不同的,如图 11.15(a)所示。同一物体在左、右眼相机中的差异计算如下:

$$d = x_{\text{left}} - x_{\text{right}} \tag{11.21}$$

其中,x_{left} 和 x_{right} 分别是左眼图像和右眼图像中相同对象的 x 坐标。

根据差异 d，对象的深度信息计算如下：

$$Z_c = \frac{f * L}{d} \tag{11.22}$$

其中，Z_c 是 Bumblebee2 相机坐标系中的 Z 坐标，也是物体与 Bumblebee2 相机的深度值；f 是相机的焦距，L 是 Bumblebee2 的两个传感器之间的距离；f 和 L 的值是一个常数，可以从 Bumblebee2 相机的参数中读取。

然后，使用以下等式计算 Bumblebee2 相机坐标系中对象的 X 和 Y 坐标：

$$\begin{cases} x_c = \dfrac{z_c\,(x_{\text{left}} - X_{\text{image}} * 0.5)}{f} \\ y_c = \dfrac{z_c\,(y_{\text{left}} - Y_{\text{image}} * 0.5)}{f} \end{cases} \tag{11.23}$$

其中，x_c 和 y_c 分别是摄像机坐标系中对象的 X 和 Y 坐标，常数 X_{image} 和 Y_{image} 分别是图像的高度和高度。

3. 改进的手眼标定方法

现在已经得到 Bumblebee2 摄像机坐标系中物体的三维坐标。但是，在 Baxter 机器人控制系统中，这些坐标必须根据 Baxter 坐标系来描述。因此，这里将对象的坐标从 Bumblebee2 坐标系转换为 Baxter 机器人坐标系。转换方程如下：

$$\boldsymbol{T} * \begin{bmatrix} x_c \\ y_c \\ z_c \\ 1 \end{bmatrix} = \begin{bmatrix} x_r \\ y_r \\ z_r \\ 1 \end{bmatrix} \tag{11.24}$$

其中，$\boldsymbol{T} \in R^{4\times 4}$ 是变换矩阵，$\boldsymbol{T}_{ci}$ 是 $\boldsymbol{T}$ 矩阵的第 i 列；$[x_c \quad y_c \quad z_c \quad 1]^{\mathrm{T}}$ 是 Bumblebee2 坐标系中的坐标，$[x_r \quad y_r \quad z_r \quad 1]^{\mathrm{T}}$ 是 Baxter 机器人坐标系中的坐标。

$$\boldsymbol{T} = \begin{bmatrix} t_{11} & t_{12} & t_{13} & t_{14} \\ t_{21} & t_{22} & t_{23} & t_{24} \\ t_{31} & t_{32} & t_{33} & t_{34} \\ 0 & 0 & 0 & 1 \end{bmatrix} = [T_{c1} \quad T_{c2} \quad T_{c3} \quad T_{c4}] \tag{11.25}$$

基于式(11.24)，可以用式(11.26)实现变换矩阵 $\boldsymbol{T}$。

$$\boldsymbol{T} = \begin{bmatrix} x_{r1} & x_{r2} & x_{r3} & x_{r4} \\ y_{r1} & y_{r2} & y_{r3} & y_{r4} \\ z_{r1} & z_{r2} & z_{r3} & z_{r4} \\ 1 & 1 & 1 & 1 \end{bmatrix} \begin{bmatrix} x_{c1} & x_{c2} & x_{c3} & x_{c4} \\ y_{c1} & y_{c2} & y_{c3} & y_{c4} \\ z_{c1} & z_{c2} & z_{c3} & z_{c4} \\ 1 & 1 & 1 & 1 \end{bmatrix}^{-1} \tag{11.26}$$

其中，$[x_{ri} \quad y_{ri} \quad z_{ri} \quad 1]^{\mathrm{T}}$ 和 $[x_{ci} \quad y_{ci} \quad z_{ci} \quad 1]^{\mathrm{T}}$ $(i=1,2,3,4)$ 是在 Baxter 机器人坐标系和 Bumblebee2 相机中测量的四个非平面点的坐标。

这里还需要考虑如何测量式(11.26)中的坐标。可以通过式(11.22)和式(11.23)测量 Bumblebee2 坐标系中一个点的坐标。要测量 Baxter 坐标系中的坐标，可以使用标尺来确定目标点与坐标系原点之间的距离。但是，Baxter 坐标系的原点不可用，因为它位于 Baxter 坐标系内。此外，在测量中很难保证标尺的水平度和垂直度。因此，需要找到另一种方法来测量 Baxter 坐标系中的坐标。可以使用 Baxter 的运动学 API，用它来读取机器人末端执行器的坐标，并命令末端执行器到达所有坐标的位置。因此，在校准实验中，通过式(11.26)使用

Bumblebee2 相机检测并记录末端执行器的坐标为$[x_{ci} \quad y_{ci} \quad z_{ci}]^{\mathrm{T}}(i=1,2,3,4)$。使用机器人 API 在式(11.26)中读取并记录 Baxter 机器人坐标系中末端执行器的坐标为$[x_{ri} \quad y_{ri} \quad z_{ri}]^{\mathrm{T}}$以计算变换矩阵$\boldsymbol{T}$。

但是,由于机器人 API 和 Bumblebee2 相机中测量的不精确性,随机误差始终存在,这些问题会影响校准效果。为减少误差,考虑引入 LSM 进行校准。LSM 表达式如下:

$$\boldsymbol{A} * \boldsymbol{P} = \boldsymbol{B} \tag{11.27}$$

其中,$\boldsymbol{A} \in R^{m \times n}$ 和 $\boldsymbol{B} \in R^{m \times 1}$ 是具有常数值的矩阵。$\boldsymbol{P} \in R^{n \times 1}$ 表示要求解的未知参数。通常,m 和 n 之间的关系是 $m > n$。因此,式(11.27)没有解,也就是说,无法找到 $\boldsymbol{P}$ 的向量满足式(11.27)。为了解决这个问题,这里使用 LSM 来寻找 $\boldsymbol{P}$ 的解,根据 LSM 的理论,$\boldsymbol{P}$ 向量计算如下:

$$\boldsymbol{P} = (\boldsymbol{A}^{\mathrm{T}} * \boldsymbol{A})^{-1} * \boldsymbol{A}^{\mathrm{T}} * \boldsymbol{B} \tag{11.28}$$

虽然式(11.27)与式(11.24)的形式类似,但它们的实际差别很大。式(11.27)中要求解的参数在 $\boldsymbol{P}$ 中,而在式(11.24)中,矩阵 $\boldsymbol{T}$ 是需要求解的。因此,LSM 算法不能直接用于求解变换矩阵 $\boldsymbol{T}$ 的值。这里采用一种改进 LSM 算法进行校准。经过一系列推导,式(11.24)与表达式(11.29)等价。

$$\begin{bmatrix} x_{c1}\boldsymbol{I}_4 & y_{c1}\boldsymbol{I}_4 & z_{c1}\boldsymbol{I}_4 & \boldsymbol{I}_4 \\ x_{c2}\boldsymbol{I}_4 & y_{c2}\boldsymbol{I}_4 & z_{c2}\boldsymbol{I}_4 & \boldsymbol{I}_4 \\ \vdots & \vdots & \vdots & \vdots \\ x_{cn}\boldsymbol{I}_4 & y_{cn}\boldsymbol{I}_4 & z_{cn}\boldsymbol{I}_4 & \boldsymbol{I}_4 \end{bmatrix} \begin{bmatrix} T_{c1} \\ T_{c2} \\ T_{c3} \\ T_{c4} \end{bmatrix} = \begin{bmatrix} x_{r1} \\ y_{r1} \\ z_{r1} \\ 1 \\ \vdots \\ x_{rn} \\ y_{rn} \\ z_{rn} \\ 1 \end{bmatrix} \tag{11.29}$$

其中,$\boldsymbol{I}_4 \in R^{4 \times 4}$ 是单位矩阵。T_{ci} 是变换矩阵 $\boldsymbol{T}$ 中的第 i 列向量,如式(11.25)所示。$[x_{ci} \quad y_{ci} \quad z_{ci}]$和$[x_{ri} \quad y_{ri} \quad z_{ri}]$是在 Bumblebee2 坐标系和 Baxter 坐标系中测量的一系列点的坐标。将式(11.29)简化成如下形式:

$$\boldsymbol{X}_{cLSM} * \boldsymbol{T}_{LSM} = X_{rLSM} \tag{11.30}$$

在该变换中,式(11.30)中的第二个元素(T_{LSM})是要求解的 16×1 的参数向量。然后式(11.28)可用于计算 $\boldsymbol{T}_{LSM}$ 的最小二乘误差结果:

$$\boldsymbol{T}_{LSM} = (\boldsymbol{X}_{cLSM}^{\mathrm{T}} * \boldsymbol{X}_{cLSM})^{-1} * \boldsymbol{X}_{cLSM}^{\mathrm{T}} * X_{rLSM} \tag{11.31}$$

在计算完矢量 $\boldsymbol{T}_{LSM}$ 的值之后,根据式(11.43)将其变换为变换矩阵 $\boldsymbol{T}$ 的形式。通过以上过程,LSM 就可以用来解决校准问题。

为了验证式(11.31)的校准效果,设计以下实验。第一步,分别使用有 LSM 和无 LSM 的算法并进行比较,以获得两个变换矩阵 $\boldsymbol{T}_w$ 和 $\boldsymbol{T}_o$。第二步,令 Baxter 的末端执行器在其工作空间中达到 10 个不同的点。第三步,通过 Bumblebee2 相机记录 10 个点在摄像头坐标系中的坐标值,记为 $C_{\mathrm{bum}} \in 3 \times 1$,并使用机器人 API 读取这 10 个点在机器人坐标系中的坐标值,记为 $C_{\mathrm{rob}} \in 3 \times 1$。显然,$C_{\mathrm{bum}}$ 和 C_{rob} 是测量得到的精确坐标值。第四步,通过 $\boldsymbol{T}_w$、$\boldsymbol{T}_o$ 和式(11.24),将 C_{bum} 转换为 Baxter 机器人坐标系下的坐标,记为 $C_{\mathrm{cal}} \in 3 \times 1$。显然,$C_{\mathrm{cal}}$ 并不是测量得到的真实坐标,因此其值可能存在误差。第五步,通过比较 C_{rob} 和 C_{cal} 中的误差(errors=

$C_{\text{rob}}-C_{\text{cal}}$),验证 LSM 算法的效果。误差计算如下:

$$\begin{cases}\text{error}_w=\text{abs}(\boldsymbol{T}_w * C_{\text{bum}}-C_{\text{rob}})\\ \text{error}_o=\text{abs}(\boldsymbol{T}_o * C_{\text{bum}}-C_{\text{rob}})\end{cases} \tag{11.32}$$

其中,error_w 表示使用 LMS 算法的误差,error_o 表示不使用 LSM 算法的误差,"abs()"表示绝对值的计算。

C_{rob} 和 C_{cal} 的位置如图 11.17 所示,每个点的误差值如图 11.18 所示。由图 11.18 可得,使用 LSM 算法和不使用该算法的平均误差分别为 0.035m 和 0.010m,说明使用 LSM 算法的实验结果较好。

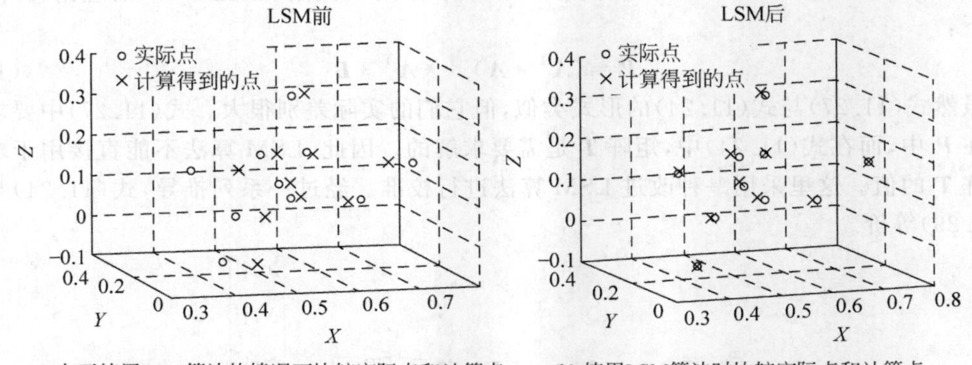

(a) 在不使用LSM算法的情况下比较实际点和计算点　(b) 使用LSM算法时比较实际点和计算点

图 11.17 LSM 实验的结果

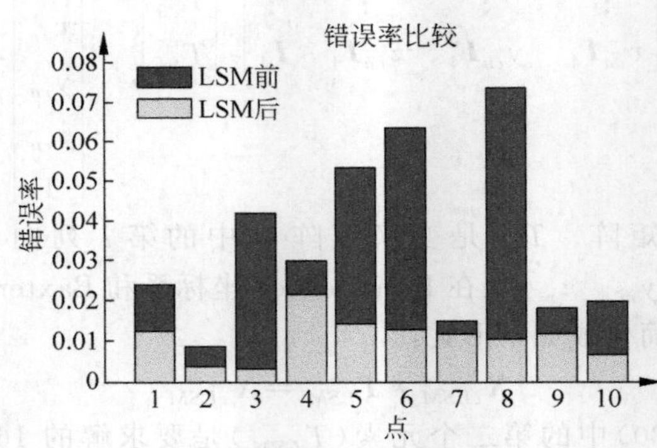

图 11.18 两种方法误差值对比图

11.2 基于肌电信号的移动机器人遥操作控制

本节将介绍一种基于操作者手臂表面肌电信号的变增益控制器。

运动规划是移动机器人工作的一项重要任务——寻找目标的期望路径、同时躲避障碍物。势场法(Potential Field Method,PFM)是一种常用的避障方案,其逻辑简单,数学表达式清晰。PFM 将机器人的工作空间视为充满人工势场的空间,在势场中工作的移动机器人受到两种势力的作用,即目标点产生的引力和障碍物产生的斥力。通过引力与斥力的结合,可以计算出总力的方向和大小,移动机器人将会到达目标,并沿着这个方向避开障碍物。然而,传统的势场法存在一些固有的局限性,局部极小值是导致移动机器人无法避开障碍物或达到目标位置的最重要的局限性之一。考虑机器人与目标的相对距离,有学者提出了一种新的排斥力势函数,克服了目标附近的障碍物，保证了全局最小值；为了提高路径规划的质量，解决局部极小值问题，有学者采用粒子群优化算法对人工势场方法进行了修改和优化。目前，PFM 不仅可以用于基站，还可以用于动态环境。

针对移动机器人的目标和障碍物与移动方向一致的问题，本节将介绍一种新的共享遥控方案，使移动机器人能够避开障碍物，从一个位置移动到目标位置。遥操作是一种由人工操作对从端机器人进行远程精确控制的技术。利用支持向量机（SVM）并根据肌电信号来识别人体手势，人类操作者通过手势控制移动机器人的运动方向。为了提高工作效率和安全性，利用人手臂的刚度来控制移动机器人的速度。通过 PFM 与操作者共同控制移动机器人的运动。与 PFM 控制的移动机器人相比，移动机器人可以更快地避开障碍物，克服局部极小问题。为了验证共享控制方法的有效性，操作者利用深度摄像机遥操作一个全向移动机器人（Omnidirectional Mobile Robot，OMR）来避开障碍物并达到目标位置。深度相机可以测量出障碍物与 OMR 之间的最近距离，当障碍物在 OMR 运动方向的安全距离内时，操作者可以从 MYO 手环获得反馈。

11.2.1 遥操作系统结构

遥操作系统如图 11.19 所示。操作人员在每个前臂上分别佩戴两个 MYO 手环。利用采集到的表面肌电信号，利用 MYO 手环对操作者的手势进行识别，利用另一个 MYO 手环对人体手臂的刚度进行估计。MYO 手环通过蓝牙向计算机发送肌电信号，运动方向和速度可以通过人体姿态和手臂的刚度来确定。OMR 配备了一台客户端电脑和一台华硕 Xtion2 摄像头（深度和 RGB 摄像头，垂直视角 52°，水平视角 74°）。采用 Xtion2 摄像头捕捉 OMR 的运动环境，检测 OMR 与障碍物之间最近的距离，设备采集的深度范围为 0.8～3.5m。客户端计算机接收运动指令，将运动环境和 OMR 与障碍物之间的最近距离发送给操作员。当障碍物与机器人之间的距离小于安全距离时，操作者可以通过使 MYO 手环振动来接收客户端计算机的反馈。在此基础上，利用人工势场方法实现了对 OMR 的协同控制，避开不同的障碍物。

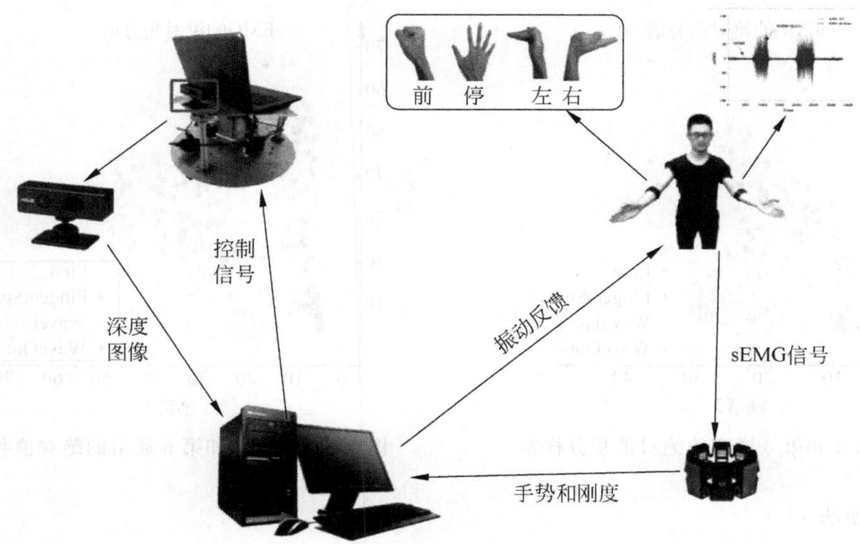

图 11.19 移动机器人遥操作系统示意图

11.2.2 基于表面肌电信号的人机遥操作控制

本节将介绍基于肌电信号的手势控制，对移动机器人施加引力场，改变原有的引力和斥力场关系，并引入利用操作者的手臂刚度来控制移动机器人的速度。

1. 基于肌电信号的手势识别

基于人体手势识别的表面肌电信号由离线训练和在线识别两部分组成。在线识别是根据加工后的表面肌电信号的不同特征进行分类。离线训练包括数据采集、数据处理、特征提取和降维等步骤。这里采集了 15 名健康人群(18～25 岁)前臂佩戴 MYO 手环时的四种手势作为训练样本(如图 11.20 和图 11.21 所示)，每个手势采集 5000 个样本。数据处理包括样本校正、取均方和平滑滤波等。在特征提取部分，这里采用时域特征，主要包括取标准差、平均值、绝对值积分、根方均值、过零点数和 Willison 振幅等。MYO 手环可通过 8 个生物电传感器测量前臂肌电图的 8 个通道，因此有 40 个特征可用于识别。为了解决数据压缩过程中的维数灾难问题，减少数据损失，采用主成分分析法进行降维。其中，标准差、平均值、绝对值积分、根方均值的计算公式分别为：

$$
\begin{cases}
\text{std}=\sqrt{\dfrac{\sum\limits_{i=1}^{N}(x_i-\hat{x})}{N-1}} \\
\text{AV}=\dfrac{1}{N}\sum\limits_{i=1}^{N}x_i, \quad \text{IAV}=\dfrac{1}{N}\sum\limits_{i=1}^{N}|x_i| \\
\text{RMS}=\sqrt{\dfrac{1}{N-1}\sum\limits_{i=1}^{N}x_i^2} \\
\text{ZC}=\sum\limits_{i=1}^{N}\text{sgn}(-x_i x_{i-1}), \quad \text{sgn}(x)=\begin{cases}1 & x>0 \\ 0 & x\leqslant 0\end{cases}
\end{cases}
\tag{11.33}
$$

其中，N 为每次采样的数量，x_i 表示 i 个样本的肌电信号幅值，b 表示 N 个样本的平均值。

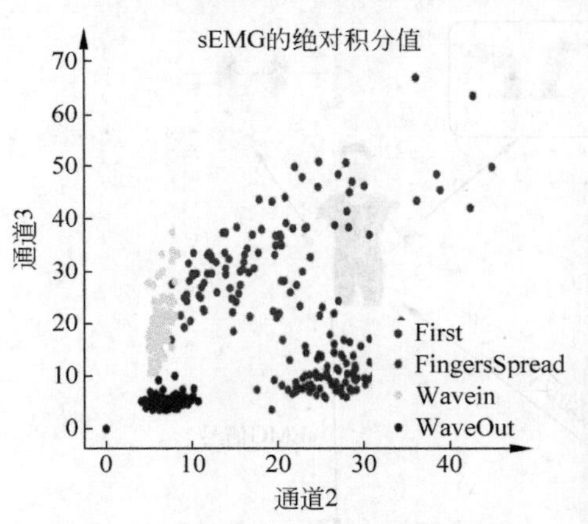

图 11.20 第 2 和第 3 通道的绝对值积分样本

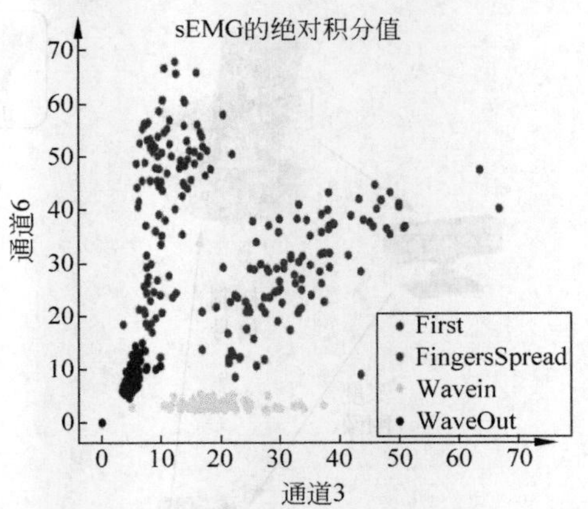

图 11.21 第 3 和第 6 通道的绝对值积分样本

2. 势场法

为了简单起见，将 OMR 看作是在二维工作空间中控制的点质量。OMR 的运动方向由斥力和引力的合力决定，引力由目标位置产生，障碍物对移动机器人产生斥力。合力场和合力计算分别如下：

$$\begin{cases} U_{\text{total}} = U_{\text{att}} + U_{\text{rep}} \\ F_{\text{total}} = F_{\text{att}} + F_{\text{rep}} \end{cases} \tag{11.34}$$

其中，U_{att} 和 U_{rep} 分别表示引力场和斥力场，F_{att} 表示指向目标位置的引力，F_{rep} 则表示障碍物产生的斥力。合力计算如图 11.22 所示。

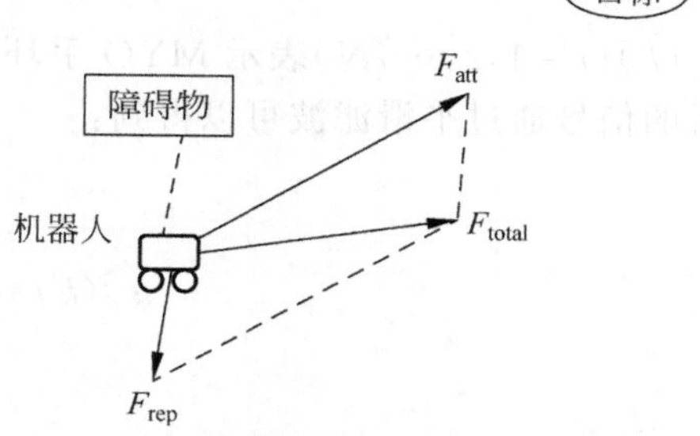

图 11.22　目标点和障碍物对机器人的合力计算

移动机器人在工作空间的位置标为 $X=[x, y]^{\text{T}}$，目标点的位置标为 $X_{\text{goal}}=[x_g, y_g]^{\text{T}}$，则引力场可由下式计算：

$$U_{\text{att}} = \frac{1}{2}k(X - X_{\text{goal}})^2 \tag{11.35}$$

其中，参数 k 表示正引力常数；U_{att} 表示机器人所在的引力场。引力沿引力场的负梯度方向，计算如下：

$$F_{\text{att}} = -\nabla U_{\text{att}} = k(X_{\text{goal}} - X) \tag{11.36}$$

由障碍物产生的斥力场 U_{rep} 为：

$$U_{\text{rep}} = \begin{cases} \frac{1}{2}\eta\left(\frac{1}{\rho} - \frac{1}{\rho_0}\right) & \rho \leqslant \rho_0 \\ 0 & \rho > \rho_0 \end{cases} \tag{11.37}$$

其中，η 是正标量参数；$\rho = \| X_{\text{goal}} - X \|$ 表示当前机器人与障碍物之间的距离，ρ_0 表示预设的机器人开始受到障碍物影响时的距离。相应的斥力可计算为：

$$F_{\text{rep}} = \begin{cases} \eta\left(\frac{1}{\rho} - \frac{1}{\rho_0}\right)\frac{1}{\rho}\frac{\partial_\rho}{\partial_X} & \rho \leqslant \rho_0 \\ 0 & \rho > \rho_0 \end{cases} \tag{11.38}$$

如图 11.23 所示，当目标点、障碍物和机器人的运动方向在同一条直线时，移动机器人会遇到局部极小值问题，即移动机器人无法达到目标位置，无法避开障碍物，这是传统 PFM 的缺点。

为了克服传统 PFM 的缺点，我们引入了一种由 MYO 手环确定的控制命令生成的虚拟临时目标点。而虚目标点可以产生另一种引力，改变移动机器人的合力方向，如图 11.24 所示，从而使机器人重新规划运动轨迹，避开障碍物，到达目标位置。

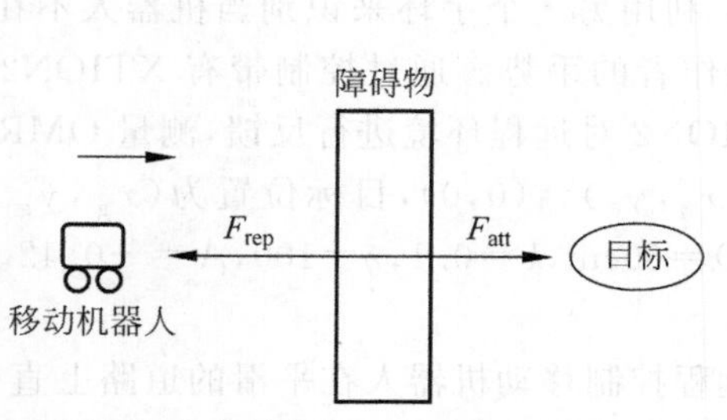

图 11.23　目标点、障碍物和机器人运动方向在同一条直线

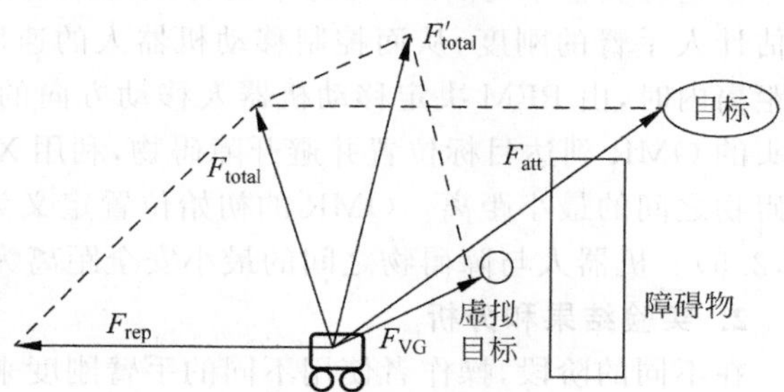

图 11.24　加入临时虚拟目标点后的合力计算

3. 基于肌电信号的速度控制

这里利用 MYO 手环测量手臂表面的肌电信号以估算人体的手臂刚度，并通过人手臂的

刚度控制 OMR 的速度。首先，通过 MYO 手环采集到的肌电信号计算单位时间内的均值，8 个通道的肌电信号整合后计算如下：

$$\hat{u}(k)=\frac{1}{N}\sum_{i=1}^{N}\sqrt{u_i^2(k)} \tag{11.39}$$

$u_i(k)(i=1,2,\cdots,N)$表示 MYO 手环第 i 个通道在 k 时刻测量的表面肌电信号幅值。整合后的信号通过平滑滤波可以得到：

$$u_f(k)=\begin{cases}\dfrac{1}{k}\sum\limits_{j=0}^{k}\hat{u}(j) & k\leqslant M\\ \dfrac{1}{M}\sum\limits_{j=k-M}^{k}\hat{u}(j) & k>M\end{cases} \tag{11.40}$$

其中，$M=50$ 表示平滑滤波时的滑动窗口大小，它的值是通过试错法和滤波效果选取。

肌肉活性 $a(k)$与肌电信号 $u_f(k)$之间的关系表示如下：

$$B(k)=\frac{e^{A_{u_f(k)}}-1}{e^A-1} \tag{11.41}$$

其中，A 为非线性参数，取值范围为$-3\sim0$。假设 OMR 的运动速度是根据肌肉刚度计算得到。为了保证机器人速度的稳定性，在有限区间范围内需要对速度进行归一化。

在第 k 个采样时刻，机器人的速度与操作者手臂刚度之间的关系如下：

$$V(k)=(V^{\max}-V^{\min})\frac{B(k)-B^{\min}}{B^{\max}-B^{\min}}+V^{\min} \tag{11.42}$$

其中，$V^{\max}$ 和 $V^{\min}$ 表示 OMR 运动的最大值与最小值；$B^{\max}$ 和 $B^{\min}$ 表示操作者手臂刚度的最大值和最小值。

11.2.3 实验

1. 实验设置

为了验证上述控制方法的有效性，进行了三个实验。第一个实验是移动机器人的速度由人手臂刚度控制。为了比较 PF 方法和 PFM 的人机共享控制。第二个实验是当障碍物、目标点和 OMR 的方向不在一条直线上时，OMR 达到目标位置并通过两种方法避开障碍物。最后一个实验是通过控制 OMR 来避免障碍物与移动机器人的目标点和移动方向在同一条线上。

在这些实验中，操作者在每个前臂上都戴着两个 MYO 手环。利用其中一个 MYO 手环来估计人手臂的刚度，从而控制移动机器人的速度；利用另一个手环来识别当机器人不在安全距离内时，由 PFM 决定移动机器人移动方向的操作者的手势。通过控制带有 XTION2 摄像头的 OMR 到达目标位置并避开障碍物，利用 XTION2 对远程环境进行反馈，测量 OMR 与障碍物之间的最小距离。OMR 的初始位置定义为$(x_0,y_0)=(0,0)$，目标位置为$(x_g,y_g)=(0,2.5)$。机器人与障碍物之间的最小安全距离为 $D=60\text{cm}$，$k=0.1$，$\eta=100$，$A=-0.42$。

2. 实验结果和分析

在不同的阶段，操作者使用不同的手臂刚度来远程控制移动机器人在平滑的道路上直行，实验结果如图 11.25～图 11.32 所示。图 11.25 中，黑色的线表示实验者手臂的原始肌电信号，灰色的线表示平滑滤波后的肌电信号。从图 11.25 和图 11.26 可以看出，可以通过人的手臂刚度有效控制移动机器人的速度。在图 11.25 中，人的手臂在 0～6s 时放松，移动机器人在图 11.26 中相应时间的速度较慢。在 6～16s 内，人的手臂处于伸展状态，机器人快速移动，如图 11.26 所示。对比图 11.25 和图 11.26 中不同时间段的运动距离和手臂刚度，通过提取肌肉刚度来估计人手臂刚度以控制移动机器人速度的方法是有效的。

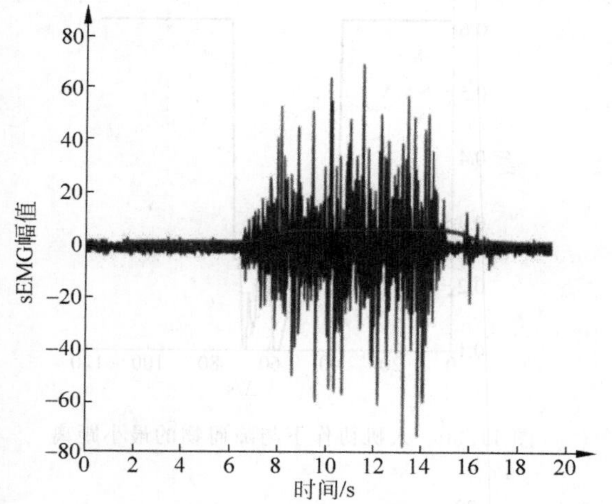

图 11.25 原始肌电信号与滤波后的肌电信号

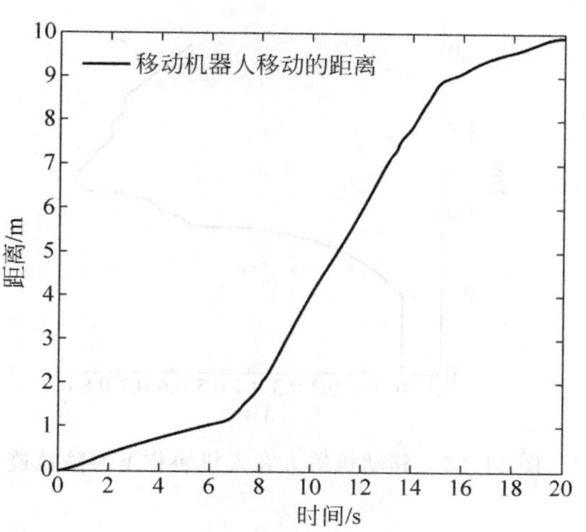

图 11.26 移动机器人在不同手臂刚度下的运动

由势场法控制移动机器人在障碍物、目标点和运动方向不一致时的运动轨迹如图 11.27 和图 11.29 所示。相应地，图 11.28～图 11.30 为移动机器人向目标位置移动时，障碍物与移动机器人之间的最小距离。从图 11.27 和图 11.29 可以看出，移动机器人在人手臂刚度控制下，移动更加平稳。将图 11.28 和图 11.30 中的两条直线进行比较，采用共享控制方法，障碍物与移动机器人之间的最近距离更大，说明采用势场法和操作者的协同控制方法能够更快、更有效地避开障碍物。

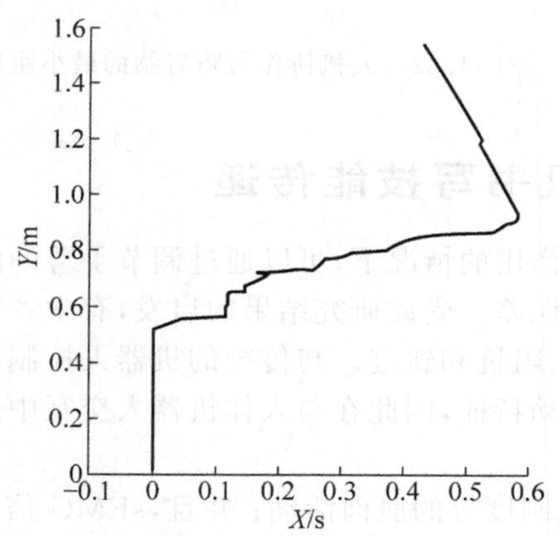

图 11.27 移动机器人在势场法下避障轨迹

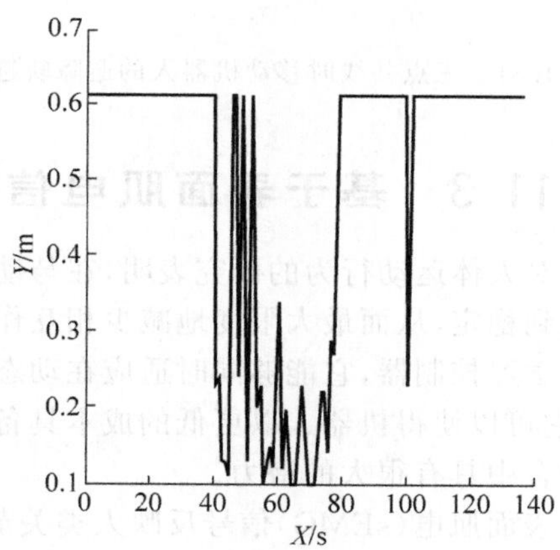

图 11.28 势场法下机器人与障碍物的最小距离

当障碍物、目标点与移动机器人的运动方向在同一直线上时，基于势场法由人控制的移动机器人的运动轨迹如图 11.31 所示，障碍物与移动机器人最小距离的对应轨迹如图 11.32 所示。在图 11.32 中，当移动机器人达到局部最小值时，移动机器人可以通过虚拟目标位置改变移动方向，因为移动方向、障碍物和目标位置在同一条线上。从图 11.31 可以看出，操作者和势场法协同控制可以使移动机器人有效避障。当目标点、障碍物与移动机器人的移动方向在同一条直线上时，上述控制方案可以克服局部最小值的问题。

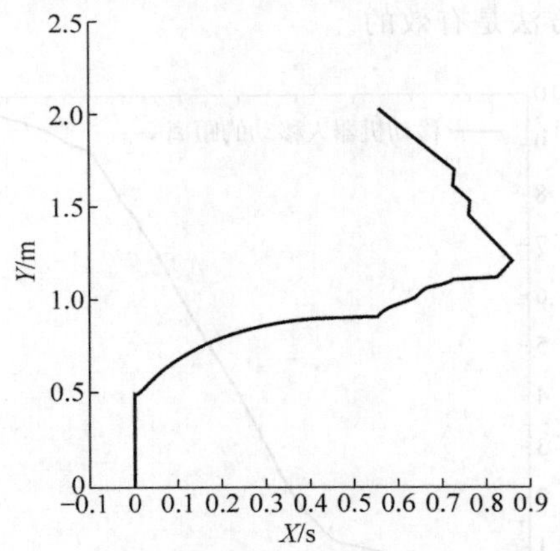

图 11.29 移动机器人在人机协作下避障轨迹

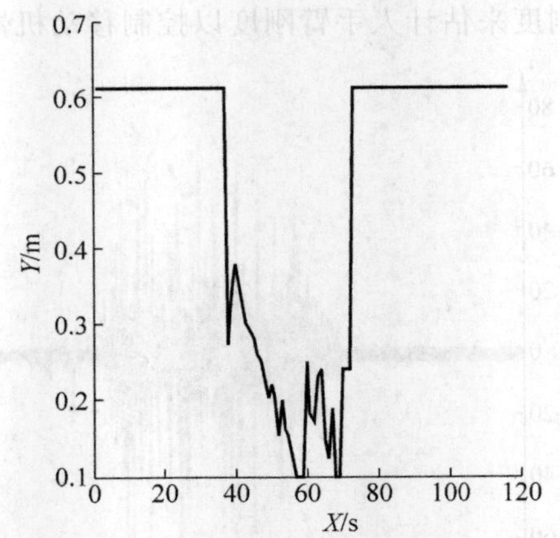

图 11.30 人机协作下与障碍物的最小距离

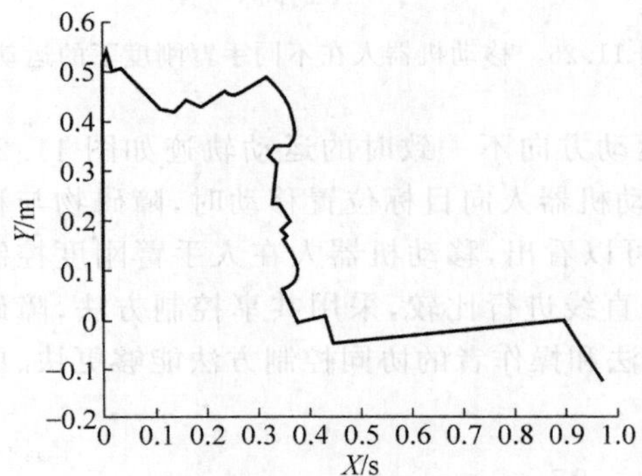

图 11.31 三点共线时移动机器人的避障轨迹

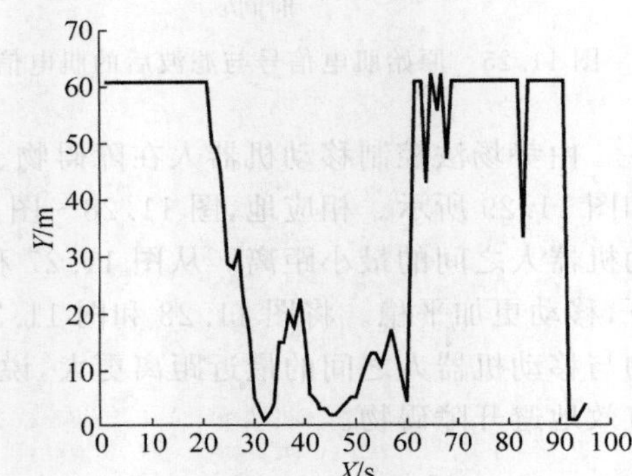

图 11.32 人机协作与障碍物的最小距离

11.3 基于表面肌电信号的人机书写技能传递

对人体运动行为的研究表明，在与动态环境相互作用的情况下，可以通过调节手臂的阻抗来达到稳定，从而最大限度地减少相互作用力和运动误差。受此研究结果的启发，有学者提出仿生学习控制器，它能够同时适应在动态条件下的力、阻抗和轨迹。与传统的机器人控制器相比，它可以使得机器人以更低的成本具备某些人体运动特征，因此在与人体机器人交互中的相互配合中具有很大的潜力。

表面肌电(sEMG)信号反映人类关节运动、力量、刚度等的肌肉活动；并且，sEMG 信号易于获取和快速自适应响应，可以方便用于不同的场景(例如康复、外骨骼等)，同时还可以与力、声音或视觉传感器相结合，因此广泛用于理解人体运动意图。

通常，sEMG 信号可以处理成两个部分：有限类识别序列和连续控制参考。前者通常指模式识别，例如手势识别，这种数据库通常用作开关控制信号；而后者是指从 sEMG 信号中提取连续力、刚度和运动序列。此外，sEMG 与刚度、力和运动之间的关系近似为线性，因此基于 sEMG 的机器人控制可以使得仿生生物控制器设计变得简单。

11.3.1 人体臂关节

1. 手臂刚度估计模型

根据力和 sEMG 信号的近似线性关系基于 sEMG 估计人体手臂末端刚度，可以由式(11.43)

计算：

$$F_h=[A^{\mathrm{ago}}\quad A^{\mathrm{anta}}]\begin{bmatrix}P_A\\P_{\mathrm{anta}}\end{bmatrix}+\sigma \tag{11.43}$$

其中，$[A^{\mathrm{ago}}\quad A^{\mathrm{anta}}]\in\mathcal{R}^{3m\times 2n}$，忽略机器人端点力矩的影响后，$m=1$；$A^{\mathrm{ago}}\in\mathcal{R}^{3m\times n}$，$A^{\mathrm{anta}}\in\mathcal{R}^{3m\times n}$分别表示肌肉共同收缩时激动和抑制的系数。此外，$A^{\mathrm{ago}}$ 和 A^{anta} 中的元素具有以下特征：$a_{i,j}^{\mathrm{ago}}\geqslant 0$，$a_{i,j}^{\mathrm{anta}}\leqslant 0$。$F_h\in\mathcal{R}^{3m\times 1}$ 是由肌肉共同收缩产生的作用力；P_A 和 P_{anta} 分别表示肌肉共收缩的激化和抑制变量，它们都可以用滤波后的 sEMG 信号来表示；σ 是由非线性因素引起的残余误差；n 表示所涉及的肌肉对的数量。

可将人体手臂刚度表示为式(11.44)：

$$K_h=[A_h^{\mathrm{ago}}\quad A_h^{\mathrm{anta}}]\begin{bmatrix}P_A\\P_{\mathrm{anta}}\end{bmatrix}+\sigma' \tag{11.44}$$

其中，$K_h\in\mathcal{R}^{3m\times 1}$ 表示通过骨骼肌肉参与产生的终点刚度；$[A_h^{\mathrm{ago}}\quad A_h^{\mathrm{anta}}]$ 中的元素是 $[A^{\mathrm{ago}}\quad A^{\mathrm{anta}}]$ 的绝对值；σ' 是非线性的残余误差和固有刚度。

为了克服非线性残差带来的影响，人体手臂刚度增量的简化模型刚度可以由式(11.45)表示。

$$\Delta K_h^{t+1}=\sum_{i=1}^{n}|\alpha_i|\Delta A_t^{\mathrm{anta}-i}+\sum_{i=1}^{n}|\beta_i|\Delta A_t^{\mathrm{ago}-i}+\Delta\sigma' \tag{11.45}$$

其中，$A_t^{\mathrm{anta}-i}$ 是检测到的第 i 个在当前时刻 t 的拮抗肌的 sEMG 的振幅，即 $\Delta A_t^{\mathrm{ago}-i}$ 是收缩筋肌肉的振幅，以及 $\Delta A_t^{\mathrm{anta}-i}=A_t^{\mathrm{anta}-i}-A_{t-1}^{\mathrm{anta}-i}$，$\Delta A_t^{\mathrm{ago}-i}=A_t^{\mathrm{ago}-i}-A_{t-1}^{\mathrm{ago}-i}$，$\Delta\sigma'\approx 0$。注意：$\Delta K_h$ 是笛卡儿空间中末端刚度的矢量，因此需要映射机器人关节空间。

2. 使用平方和低通滤波方法对 sEMG 信号进行处理

sEMG 信号是在肌肉活动时产生的非侵入性信号，代表肌肉张力、关节力和刚度变化等。它是由运动单位触发的运动单位动作电位(Motor Unit Action Potentials，MUAPs)链的复合线性求和。通常，提取 20～500Hz 的 sEMG 信号用于后处理，而 400～500Hz 范围内的信号与所有肌肉的刚度均相关，且只有 1%的 sEMG 信号有助于估计平均力。因此，400～500Hz 的信号足以进行刚度估计。另外，从 sEMG 估计的刚度应该进行平滑处理，以获得更好的机器人性能。

采用基于抽样和低通滤波的信号包络算法来提取式(11.46)中所示的估计刚度的包络振幅。

$$P(s)=P\sum_{n=0}^{N-1}X^2[kM-n].h[n].f(f_S,X).ZOH(t_c) \tag{11.46}$$

其中，$P(s)$表示经过平方和低通滤波器后的 sEMG 信号的幅度；P 是 sEMG 信号平方系数；n 是脉冲函数 $h[n]$的长度；M 是第 M 个输出；$X(\cdot)$是预滤波的 sEMG 信号；$f(f_S,X)$是对应于下采样的低通滤波器；$ZOH(t_c)$是零阶保持器，用于生成与参考位置相同的数据维度。提取 $P(t)$的包络线，并利用其增量式计量学来估计增量刚度。图 11.33 给出了使用平方和低通滤波方法包络的 sEMG 信号的示例。

$$\Delta P(t)=\sum_{k=0}^{K}P(t+1)-\sum_{k=0}^{K}P(t) \tag{11.47}$$

如图 11.34 所示为端点刚度估计，其含义如表 11.1 所示。整体增量刚度系数估计如图 11.35 所示。

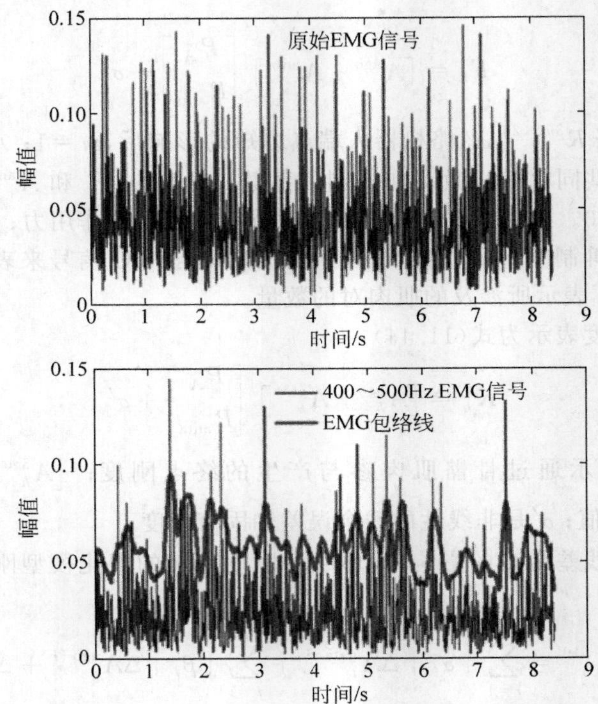

图 11.33 使用平方和低通滤波方法对 sEMG 信号进行处理示例

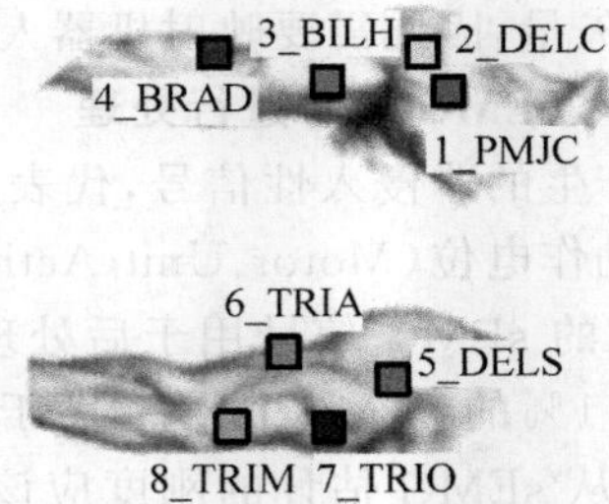

图 11.34 所涉及的电极的肌肉、数量和位置在估计端点刚度

表 11.1 参与肌电图刚度估计的肌肉形态

前肌肉	功 能	后肌肉	功 能
DELC	肩弯曲、水平内收等	DELS	肩部伸展、水平外展、外旋
PMJC	肩水平内收、旋转、内收	TRIA	肘关节伸直
BRAD	屈肘	TRIM	肘关节伸直
BILH	屈肩/肘	TRIO	肘关节伸直/肩伸展

3. 人体手臂刚度映射到机器人关节

通过笛卡儿空间到关节空间增量映射，可以得到手臂末端的增量刚度，即：

$$k_q^t = \sum_{t=0}^{t} (\boldsymbol{J}^t)^{\mathrm{T}} \Delta k_h^t \boldsymbol{J}^t + k_{q0} \tag{11.48}$$

其中，$k_q^t = \mathrm{diag}(k_{q11}^t, k_{q22}^t, \cdots, k_{q77}^t)$是关节刚度矩阵，每个对角线元素对应于样本时间 t 的单个关节。$\Delta k_q^t = \mathrm{diag}(\Delta k_{xx}^t, \Delta k_{yy}^t, \Delta k_{zz}^t, 0,0,0)$表示增量笛卡儿末端的刚度，其中对角元素是

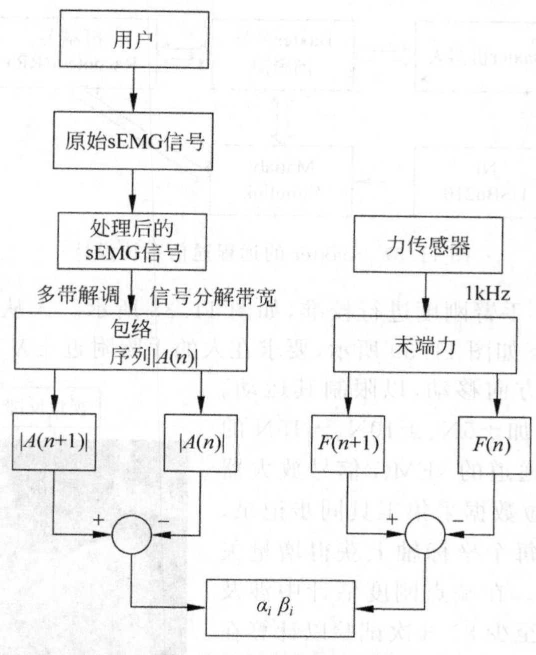

图 11.35 增量刚度系数估计流程图

从式(11.45)中获得的。$J^t \in \mathcal{R}^{6\times n}$ 是雅可比矩阵。本节中 $n=7$,因为 Baxter 机器人的一个臂有 7 个关节。$k_{q0} \in \mathcal{R}^{7\times 7}$ 对角矩阵的每个对角线元素对应的单个关节对应是 Baxter 机器人的初始刚度。此外,机械臂的刚度需要保持在合理范围内。

因此,可以使用式(11.49)来合并指定的边界。

$$k_{qii} = (k_q^{\max} - k_q^{\min}) \frac{(k_f - k_f^{\min})}{(k_f^{\max} - k_f^{\min})} + k_q^{\min} \tag{11.49}$$

其中,k_{qii} 表示基于 sEMG 的估计修正刚度值;$k_f^{\max}$ 是估计的最大值刚度;$k_f^{\min}$ 是估计的最小值刚度;k_f 是估计的关节刚度值。

11.3.2 实验设计

1. 机器人实验系统简介

本节所用实验平台为 Baxter 机器人,如图 11.36 所示,其机械臂的每个接头由一个串行弹性致动器(SEA)驱动,提供被动顺应性,以实现任何接触或冲击的力的最小化。本实验使用基于分布式控制系统的通信系统是 Robot Raconteur(简称 RR,使用机器人 Raconteur 版本 0.4 测试,如图 11.37 所示)。机器人 Raconteur 允许用户访问数据,例如关节力矩、位置双边速度,可以通过 MATLAB、C++、Python 等语言进行编程。此外,RR 适用于多个平台,兼容 Windows 和 Linux,可以在不同的传感器和操作系统之间进行通信。

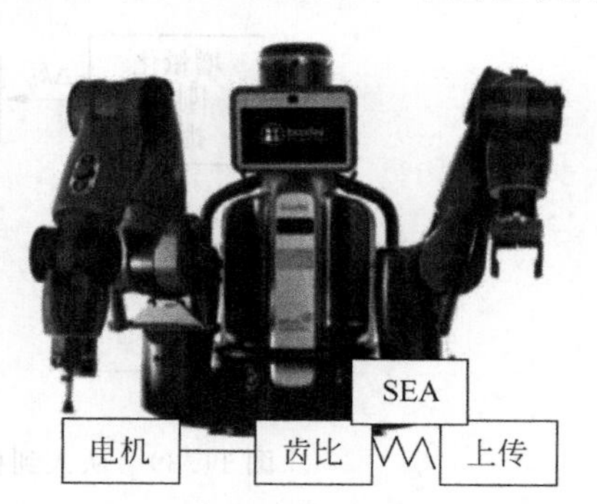

图 11.36 Baxter 机器人

2. 增量刚度估计和书写技能传递实验设计

在执行书写技能传递任务之前,需要先实现以下 3 个步骤。

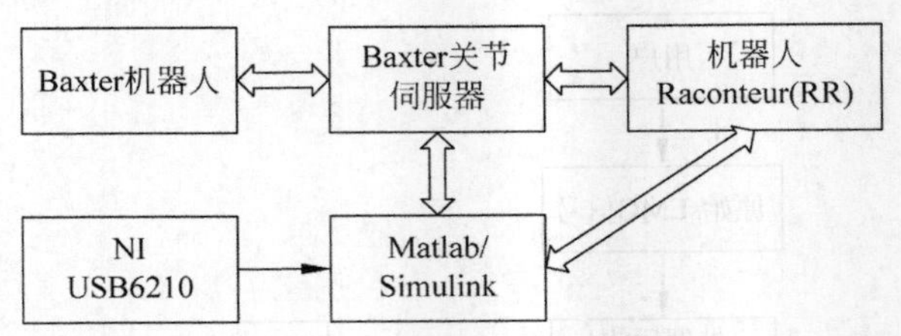

图 11.37 Baxter 的远程通信系统设计

(1) 首先需要对人体手臂刚度进行校准，如图 11.38 所示。人从到机器人的刚度映射设计及基于阻抗控制的交互如图 11.39 所示，要求在人的手腕附近$\pm X$、$\pm Y$、$\pm Z$ 方向和以一定的耦合机制选取的随机方向移动，以限制其运动。如图 11.39 所示，通过施加±5N、±10N、±15N 的力，使用 NIUSB6210、8 通道的 sEMG 信号放大器和 MATLAB 2014a 32 位数据采集工具同步记录，采样率为 2kHz，可以在每个坐标轴上获得增量矢量和相应的 sEMG 信号。在端点刚度估计中涉及 8 个肌肉，并且应该进行至少 8×3 次试验以计算在笛卡儿空间中在 3 个平移方向上估计端点刚度所需的所有系数。本节进行了 54 次试验，即 3(分别施力 5N、10N、15N)×3(3 次重复试验)×2(一个坐标轴的 2 个方向，例如$\pm X$。)×3(3 个坐标轴 X、Y、Z)，在$\pm X$、$\pm Y$、$\pm Z$ 的每个方向上进行实验，并利用最小二乘法提高估计精度。

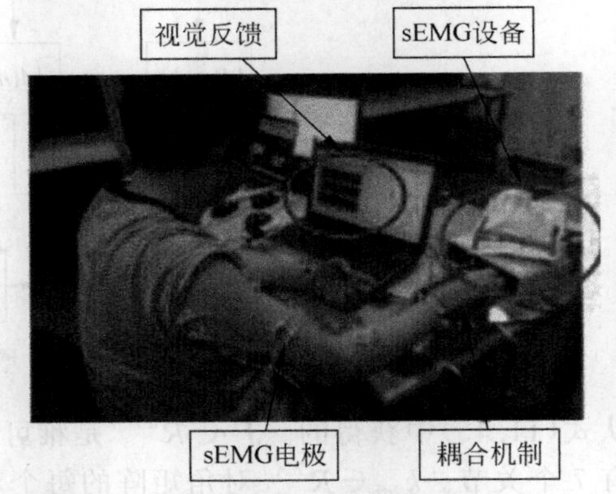

图 11.38 基于力传感器和肌电信号的刚度校准

(2) 将人体手臂末端的刚度映射到机械臂的关节空间上。

(3) 阻抗接口设计：所有的比较测试均基于阻抗设计，人体臂端点运动将作为参考轨迹并通过 Baxter 位置传感器记录，映射刚度为反馈回路中位置误差的增益，速度增益由式(11.50)确定。阻抗接口为 PD 控制器，见式(11.51)：

$$k_{di}=0.2*\sqrt{k_{qii}} \tag{11.50}$$

$$\tau=-k_{di}(\dot{q}_i-\dot{q}_{di})-k_{qii}(q_i-q_{di}) \tag{11.51}$$

其中，q_i 和 $\dot{q}_i$ 分别表示参考轨迹与参考速度。

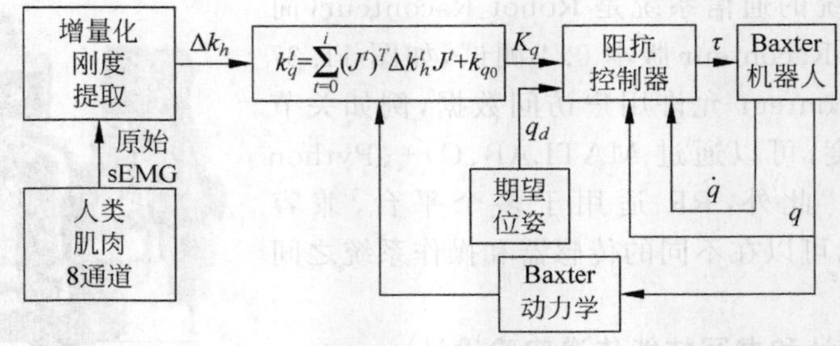

图 11.39 从人到机器人的刚度映射设计及基于阻抗控制的交互

11.3.3 人-机器人技能传递

首先,人教机器人完成书写任务:使用一个耦合模块将一个主体(右手)右手腕与 Baxter 一个机械臂末端耦合。同时,示教者将 sEMG 手环佩戴在手臂上以记录 sEMG 信号,如图 11.40 所示,并记录 sEMG 信号、Baxter 机器人末端位置以及末端执行器所受到的力以进一步分析。示教者用右手抓住 Baxter 机器人末端执行器在纸上写下"口"。为了对比,这里进行了 3 次测试。

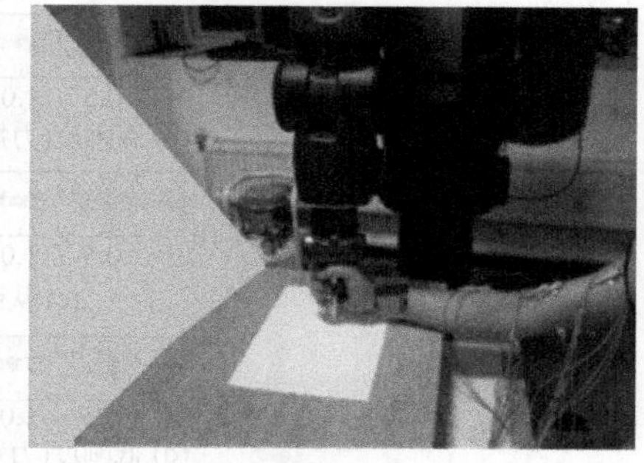

图 11.40 人-机器人书写技能传递实验设置

(1) Baxter 机器人在恒定高刚度模式下完成书写任务(力矩分别为 800N/m、800N/m、800N/m);

(2) Baxter 机器人在恒定低刚度模式下完成书写任务(力矩分别为 100N/m、100N/m、100N/m);

(3) Baxter 机器人在变刚度控制模式下完成书写任务,如图 11.41 所示。图 11.42 和图 11.43 所示为从 sEMG 信号提取的高刚度、低刚度和变刚度下的端点接触力和位置误差。图 11.44 表示为当人示教机器人书写时,相应的接触力与记录的接触力之间的相关性。

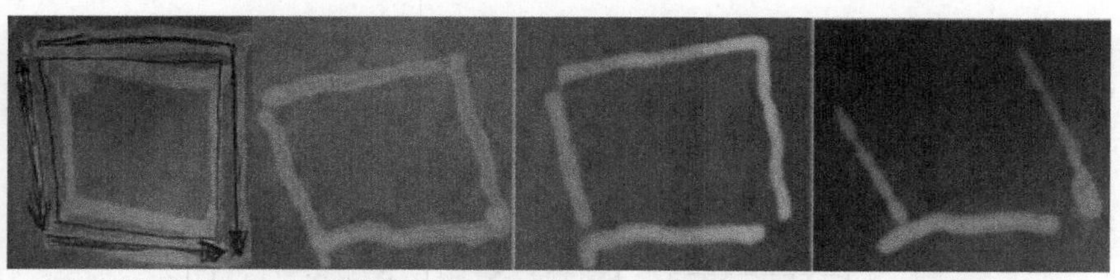

(a) 参考书写轨迹 (b) 高刚度书写 (c) 基于sEMG的刚性书写 (d) 低刚度书写

图 11.41 写作结果

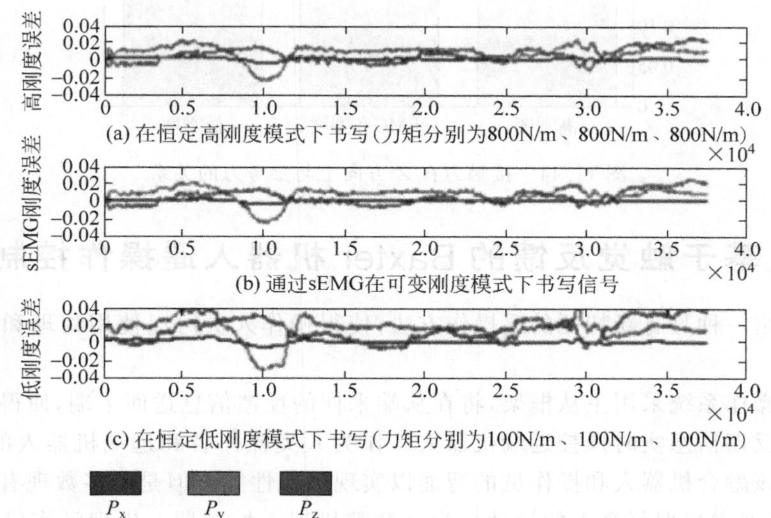

图 11.42 写作技能结果比较:三种不同的端点刚度情况的位置误差

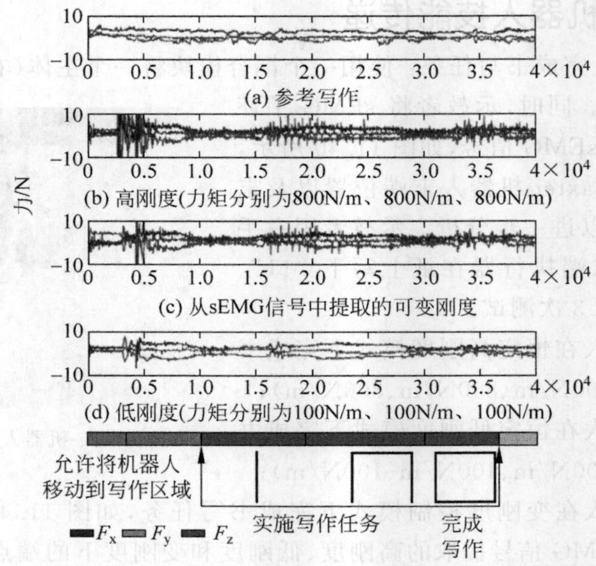

图 11.43　写作技能结果比较：三种不同端点刚度场景的接触力

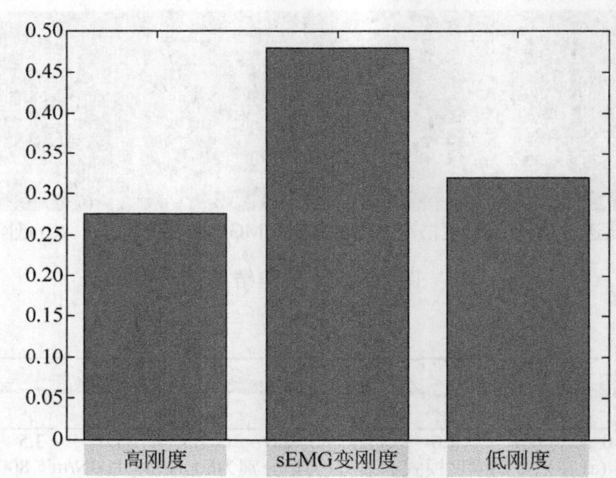

图 11.44　接触力在 Z 方向上与参考力的关系

11.4　基于触觉反馈的 Baxter 机器人遥操作控制

本节将介绍一种具有新特征的遥操作方法，使得操作人员可以使用物理和生理手段操控远程机器人。

大多数遥操作系统采用主从框架，将在从端采样的反馈信息送回主端，使得主端操作人员可以根据这些反馈信息实时操控远端机器人。作为人类操作者和远端机器人的组合，遥操作机器人系统应该融合机器人和操作员的智能以实现最佳性能。但是大多数现有技术忽略了这一点，并且没有考虑根据每个人的运动行为来调整机器人控制器。生理学家已经建立了许多合理的人体运动控制数学模型，机器人专家也开发了许多先进的控制技术，但很少有人努力将两个领域的专业知识结合起来，开发出完美融合人类和机器人智能的匹配控制技术。

人体运动学相关研究表明，人体手臂能够调节肌肉群的共同收缩，在与动态环境的交互过程中产生所需的骨架机械阻抗，从而最大限度地减少相互作用力和性能误差。因此，理想的方法是将人的自适应阻抗特征传递给远端机器人。

传统方法不能完全捕获和转移人类操作者的运动技巧。由附着在人体皮肤上的非侵入性电极收集表面肌电图(sEMG)信号是将人类运动技巧结合到机器人中的理想生理手段。它们反映了代表人体关节运动、力和刚度的人体肌肉活动。实际上，sEMG信号已广泛用于机器人在执行任务期间理解人体运动意图，并且最近也被用于远程阻抗控制。阻抗调节在提高稳定性、准确性和任务准备性等方面有重要作用，因此，将肌肉阻抗适应性引入遥操作系统可提高操作远端机器人的灵活性。此外，将触觉控制系统引入触觉界面，该触觉界面通过力反馈为操作者提供远程环境的触觉感受，并且将力反馈引入远程操作系统可以有助于减少能耗、任务完成时间和误差。

11.4.1 遥操作控制系统

本节中介绍的遥操作系统采用主从控制结构，主端使用触觉设备(Sensable haptic Omni)，从端设备主要由七自由度Baxter机器人组成。对机器臂的位置信息进行采样，并发送到中央处理计算机，同时将反馈力施加在触觉设备的触笔上。以这种方式，操作人员可以根据触觉反馈和视觉反馈来操作远处的物体。整个遥操作系统的结构如图11.45所示，由图11.48(a)中所示的Omni Haptic所收集的物理信号(位置)和图11.46所示的MYO手环收集的生理信号(sEMG)集成在一起，以产生控制远程机器人机械臂的命令。

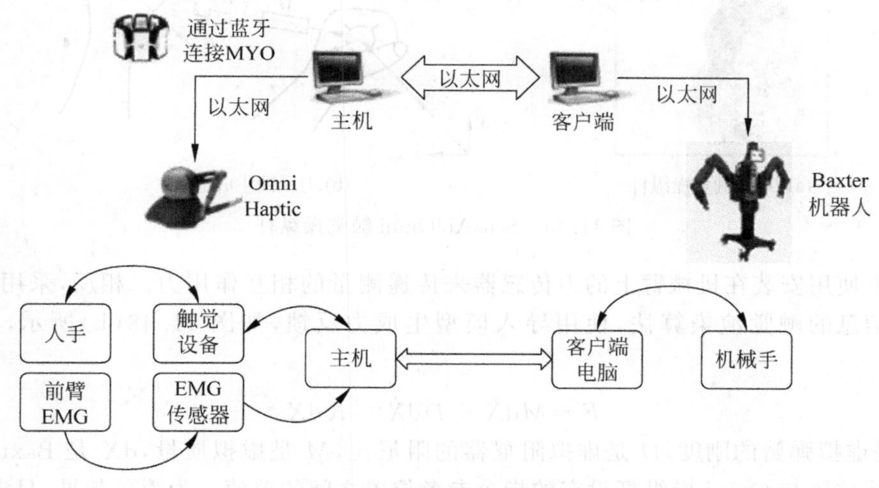

图11.45 遥操作系统的结构

1. MYO手环

sEMG信号可以被视为由运动单元触发的运动单元动作电位(MUAP)发送的复合物的线性信号。这里使用无线 $N=8$ 通道EMG信号装置MYO，默认采样频率为200Hz。与传统电极相比，MYO手环佩戴更容易，它由8个EMG传感器和9轴IMU(惯性测量单元)组成。

2. Baxter机械臂

Baxter机器人由安装在可移动基座上的躯干和分别安装在左/右臂安装座上的两个七自由度手臂组成。每个臂有7个旋转接头和8个连杆，以及可安装在每个臂末端的夹具(例如电动夹具或真空杯)。基于Denavit-Hartenberg(DH)参数的Baxter机器人运动学模型前面章节已经有建模。从端Baxter机器人有两个相同的七自由度(DOF)机械臂，如图11.47所示。

图 11.46　MYO 手环

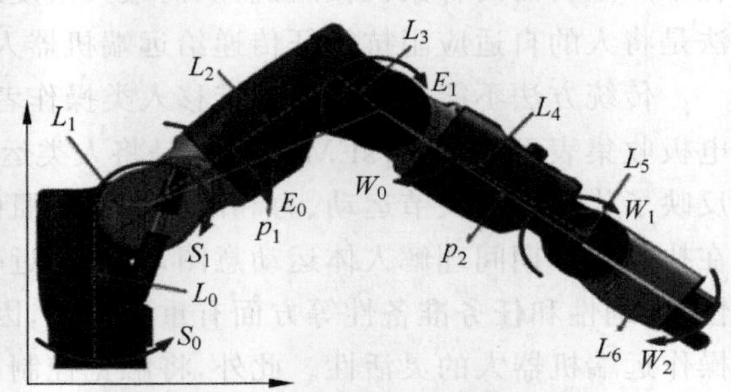

图 11.47　Baxter 机械臂运动学模型

3. Omni 触觉操纵杆

SensAblOmni 触觉操纵杆如图 11.48(a)所示，用于产生力反馈。该触觉装置具有 6 个自由度，其中前 3 个自由度处理位置，后 3 个自由度形成有助于定向的万向节。配有两个按钮的手写笔也连接到末端执行器。Omni 装置的运动学包括正向运动学、逆向运动学和雅可比运动学。

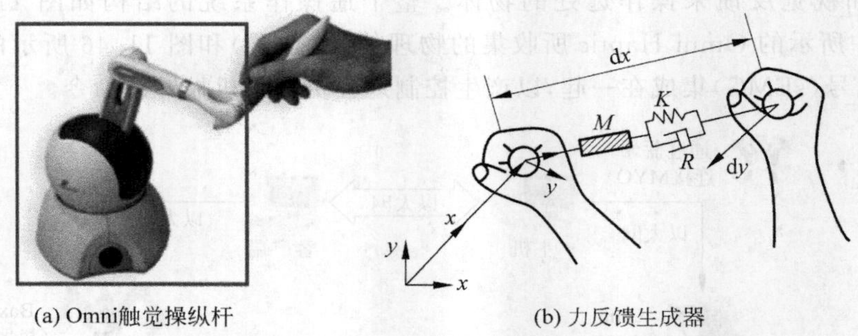

(a) Omni触觉操纵杆　　(b) 力反馈生成器

图 11.48　SensAblOmni 触觉操纵杆

本节不使用安装在机械臂上的力传感器来传递测量的相互作用力。相反，采用基于运动跟踪误差信息的触觉渲染算法，使用导入模型生成力反馈，如图 11.48(b)所示，遵循以下规定：

$$F = M\mathrm{d}\ddot{X} + D\mathrm{d}\dot{X} + K\mathrm{d}X \tag{11.52}$$

其中，K 是虚拟弹簧的刚度，D 是虚拟阻尼器的阻尼比，M 是虚拟质量，$\mathrm{d}X$ 是 Baxter 末端执行器的实际位置与 Omni 操纵杆设定的指令参考位置之间的差值。为简单起见，只考虑 3D 平移运动，并且 $\mathrm{d}X = X_s - X_m$，其中 $X_s \in R^3$ 的是 Baxter 机器人末端执行器的实际平移位置，$X_m \in R^3$ 是由主 Omni 设备设置的参考位置。

根据式(11.52)生成的反馈力可以增强人类操作者的跟踪性能意识，即将触觉感测与视觉感测结合在一起。同时，操作者的肌肉激活将在潜意识中被放大以产生抵抗力。然后，控制增益将相对应于增长的 EMG 信号而增加，使得机器人可以很好地跟随操作者的运动。

4. 工作区匹配

对于与主设备在运动学上不同的远程机器人，在操作时应该记住遥控机器人机械臂在其自己的工作空间中工作，该工作空间可能与主设备的工作空间完全不同。

因此，评估给定位置是否可达是一个基本问题。分析方法可以确定工作空间边界的闭合形式描述，但这些方法通常由机械臂运动学中涉及的非线性方程和矩阵求逆而复杂化。另一方面，数值方法相对更有效。蒙特卡罗随机抽样数值方法，仅使用正向运动学生成一些简单机械臂的工作空间边界。该方法应用起来相对简单，这里通过它创建工作空间映射模型。

Omni 操纵杆的坐标框架轴的定义与 Baxter 的不同，如图 11.49 所示。因此，Omni 的笛卡儿坐标$[x'_m \quad y'_m \quad z'_m]^T$需要根据下面的等式修改：

$$A'_o = R_z\left(\frac{\pi}{2}\right) R_x\left(\frac{\pi}{2}\right) A_o R_y\left(\frac{\pi}{2}\right) R_z\left(\frac{\pi}{2}\right) \begin{bmatrix} 1 & 0 & 0 \\ 0 & -1 & 0 \\ 0 & 0 & -1 \end{bmatrix} \tag{11.53}$$

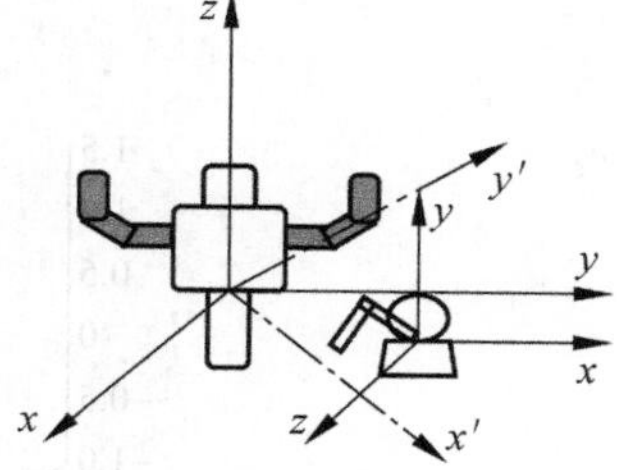

图 11.49 Omni 和 Baxter 的框架轴方向

其中，R_x、R_y 和 R_z 是旋转力矩阵，A_o 是 Omni 的变换矩阵，A'_o是相应的修改矩阵。

根据主端设备和从端机器人的正向运动学和关节旋转限制，对机械臂的关节空间使用蒙特卡罗随机采样方法，以逼近主从机构的工作空间。采用均匀径向分布在主从关节空间分别生成 8000 个点。为了使主 Omni 操纵杆的工作空间和从属 Baxter 机器臂的工作空间尽可能地相互重叠以提高可操作性，使用点云匹配方法。考虑到末端执行器的位置，映射处理如下：

$$\begin{bmatrix} x_s \\ y_s \\ z_s \end{bmatrix} = \begin{bmatrix} \cos\delta & -\sin\delta & 0 \\ \sin\delta & \cos\delta & 0 \\ 0 & 0 & 1 \end{bmatrix} \times \left(\begin{bmatrix} S_x & 0 & 0 \\ 0 & S_y & 0 \\ 0 & 0 & S_z \end{bmatrix} \begin{bmatrix} x_m \\ y_m \\ z_m \end{bmatrix} + \begin{bmatrix} T_x \\ T_y \\ T_z \end{bmatrix} \right) \tag{11.54}$$

其中，$[x_s \quad y_s \quad z_s]^T$ 和$[x_m \quad y_m \quad z_m]^T$ 分别是 Baxter 和 Omni 末端执行器的笛卡儿坐标，d 是关于 Baxter 基帧的 z 轴的旋转角度，$[S_x \quad S_y \quad S_z]^T$ 和$[T_x \quad T_y \quad T_z]^T$ 是关于 x、y、z 轴的比例因子和平移长度。

对于 Baxter 机器人的左臂，式(11.54)中的参数如下：

$$\delta = \frac{\pi}{4}$$

$$\begin{bmatrix} S_x \\ S_y \\ S_z \end{bmatrix} = \begin{bmatrix} 0.041 \\ 0.040 \\ 0.041 \end{bmatrix}$$

$$\begin{bmatrix} T_x \\ T_y \\ T_z \end{bmatrix} \begin{bmatrix} 0.701 \\ 0.210 \\ 0.129 \end{bmatrix}$$

工作空间匹配的结果在 3D 空间中的表示如图 11.50 所示。此外，触觉操纵杆的轴的方向与远程机器人的轴的方向不同。

注意，上述工作空间匹配导致运动放大，因为 Baxter 机器人手臂的工作空间在物理上远大于 Omni 操纵杆的工作空间。这种放大会增加精细操作的难度，例如，用户的微小运动误差将导致远程机器人大的非期望的运动偏差。

11.4.2 肌肉活动提取

从 sEMG 到肌肉激活的转变是这项工作的重要过程，如何从 sEMG 估计激活水平对本工作中提出的可变增益控制的性能影响很大。首先，来自所有通道的原始 sEMG，即 $u_i(k)$，其

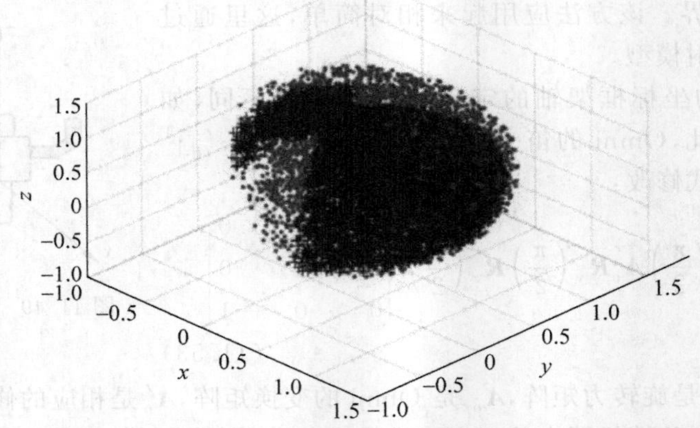

图 11.50 工作区匹配结果，深色点状云是从属的工作空间，浅色点状云代表主工作空间

中 k 是当前采样时刻，$i=1,2,\cdots,N$，以如下均方根方式集成在一起：

$$\bar{u}(k)=\sum_{i=1}^{N}\sqrt{u_i^2(k)} \tag{11.55}$$

滑动平均滤波器如下：

$$\bar{u}_f(k)=\frac{1}{\max\{k,N\}}\sum_{i=k}^{k+M}\sqrt{\bar{u}_f(k)} \tag{11.56}$$

其中，$M=20$。

采用从神经激活 $u(k)$ 到肌肉激活 $a(k)$ 的非线性映射：

$$a(k)=\frac{\mathrm{e}^{Au(k)}-1}{\mathrm{e}^{A}-1} \tag{11.57}$$

其中，A 是非线性因子。

11.4.3 基于 sEMG 的变增益控制

1. 控制增益计算

假定控制增益与肌肉活动之间为倍数关系。然而，将控制增益在规定的稳定运动范围内归一化是很重要的，否则，由于控制速率和与人体刚度变化的不相容性，它可能导致不稳定。式(11.58)用于通过合并指定范围在第 k 个采样时刻产生控制增益：

$$\text{Gain}(k)=(\text{Gain}^{\max}-\text{Gaim}^{\min})\frac{(a(k)-a^{\min})}{(a^{\max}-a^{\min})}+\text{Gain}^{\min} \tag{11.58}$$

其中，稳定的机器人运动增益范围最大增益 $\text{Gain}^{\max}$ 和最小增益 $\text{Gain}^{\min}$ 以及最大和最小肌肉激活 $a^{\max}$ 和 $a^{\min}$ 可以事先通过实验获得。

2. 控制器设计

变增益控制是在 Baxter 机器人提供的位置控制模式和力矩控制模式下实现的，控制模式如图 11.51 所示。其中，x^* 是操作员指令的参考轨迹，x 是机器人的实际轨迹，$\boldsymbol{J}$ 是机械臂的雅可比行列式，$\boldsymbol{J}^{-1}$ 是 $\boldsymbol{J}$ 的伪逆。在图 11.51(a)所示的位置控制模式中，由反映肌肉活动的 sEMG 产生的控制增益直接影响要发送到 Baxter 机器人的位置控制器的指令速度。因此，在该控制模式中，操作者能够通过肌肉收缩来调节机械臂的运动速度。图 11.51(b)所示为力矩控制模式结构图，而指定的控制增益将以一定比例倍数影响从端机械臂的刚度。

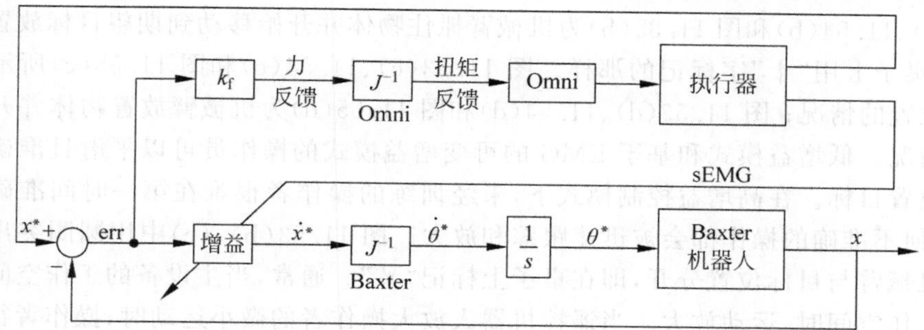

(a) 位置控制模式

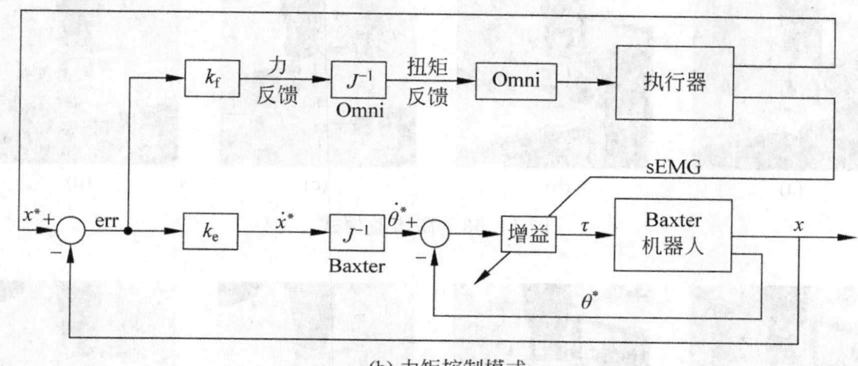

(b) 力矩控制模式

图 11.51　两种控制模式的结构

11.4.4　实验设计

本节设计两组实验，以验证 sEMG 增强遥操作系统的有效性。

1. 位置控制模式下实验设计

在位置控制方法中，可以设置控制增益以改变遥控机器人的跟随速度。设计了一个抓取和放下任务来测试基于 EMG 的可变增益控制方法的性能。在该实验中，操作者将从目标上用框中"十"字标记的起始位置抓取目标对象到桌子上标记为"叉"的目标位置，如图 11.52(b)所示。

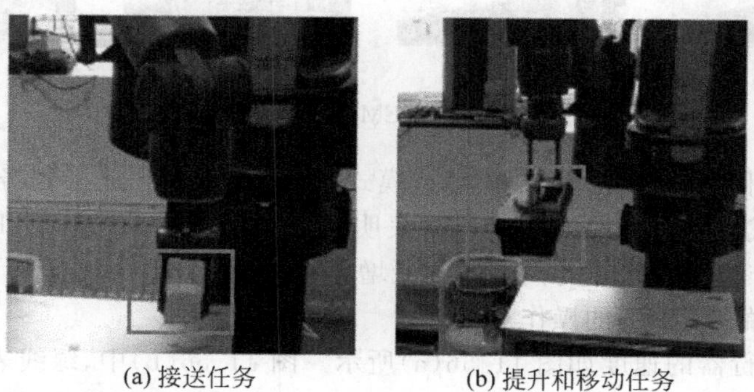

(a) 接送任务　　(b) 提升和移动任务

图 11.52　位置控制模式和力矩控制模式下的变增益控制策略的实验设计

实验中抓取对象为如图 11.52(a)所示的绿色物体。从测试期间记录的视频剪辑中捕获图 11.53～图 11.55。图 11.53(a)、图 11.54(a)和图 11.55(a)为机械臂到达物体时的情况；

图 11.53(b)、11.54(b)和图 11.55(b)为机械臂抓住物体并开始移动到期望目标放置位置时的状态,如在桌子上用"十"字标记的那样。图 11.53(c)、11.54(c)和图 11.55(c)所示为机械臂到达放置位置的情况;图 11.53(d)、11.54(d)和图 11.55(d)为机械臂放置物体并开始移回原始位置的情况。低增益模式和基于 EMG 的可变增益模式的操作员可以平滑且准确地到达指定位置和放置目标。在高增益控制模式下,未经训练的操作者很难在第一时间准确地抓住物体,因为任何不准确的操作都会被迅速跟踪和放大。图 11.53(b)、(c)中用圆圈突出显示的物体已经被机械臂与目标位置分开,即在桌子上标记"叉"。通常,当主设备的工作空间远小于从机器人的工作空间时,运动放大。当遥控机器人放大操作者的微小运动时,操作者很难在高增益模式下完成精细的操作。

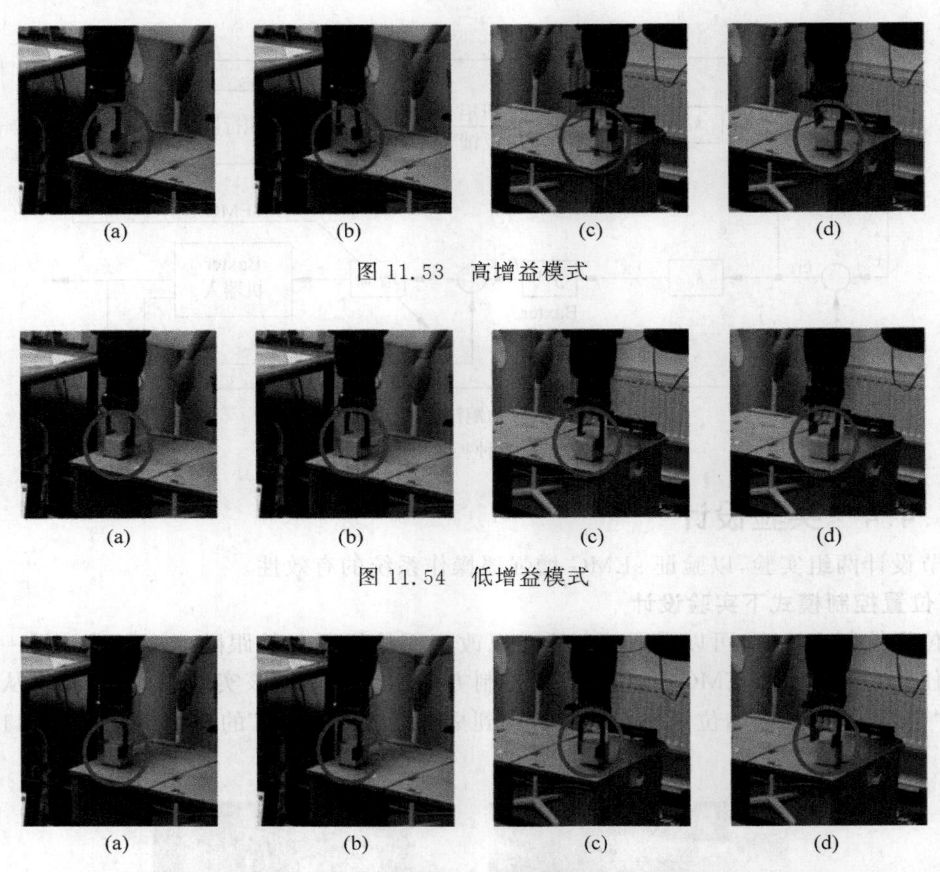

(a) (b) (c) (d)

图 11.53 高增益模式

(a) (b) (c) (d)

图 11.54 低增益模式

(a) (b) (c) (d)

图 11.55 基于 sEMG 的可变增益模式

在高增益模式和基于 EMG 的可变增益模式下,整个抓取和放下任务的时间消耗相对较低,而在低增益模式下则高得多。对比实验表明,位置控制模型中基于 sEMG 的可变增益确保了高效、平滑和准确的操作。与高增益和低增益模式相比,它可以带来更好的用户体验,特别是对于未经训练的、不熟练的操作员。

机械臂末端执行器的速度如图 11.56(a)所示。图 11.56(b)中,绿线表示移动平均滤波后的原始 EMG 信号,蓝线是检测到的包络线,表示从 EMG 信号中提取的肌肉动作。Omni 操纵杆提供的力反馈如图 11.56(c)所示。图 11.56 表明,当采用基于 sEMG 的可变增益控制模式时,当操作者受到反馈力时,机械臂的速度将增加,反之亦然。

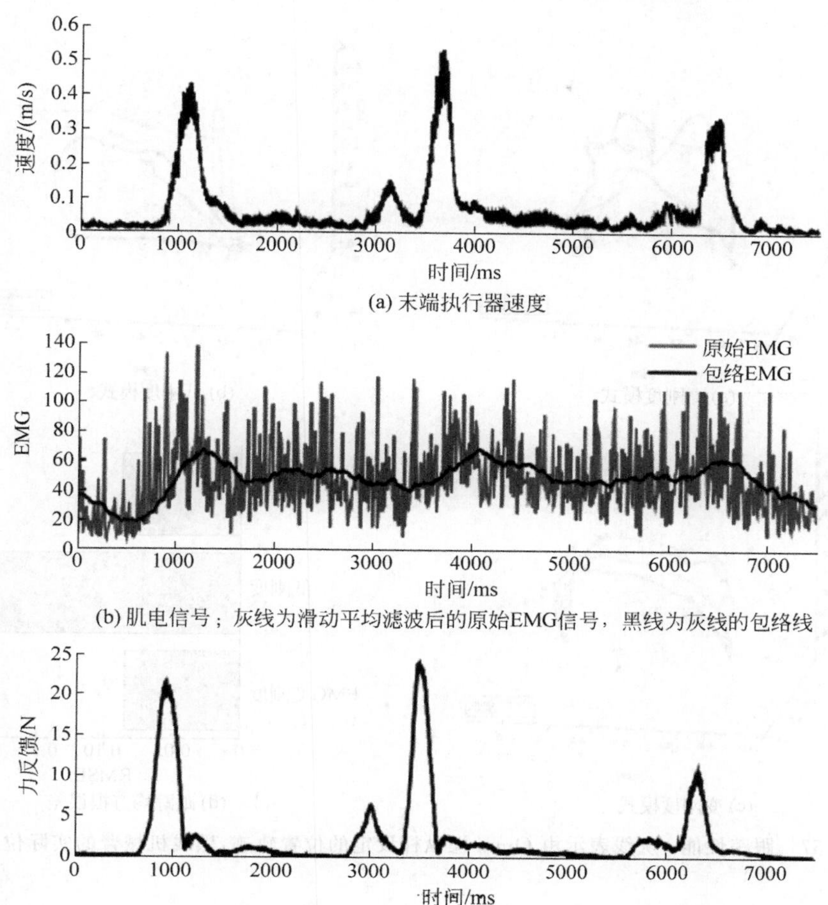

(a) 末端执行器速度

(b) 肌电信号；灰线为滑动平均滤波后的原始EMG信号，黑线为灰线的包络线

(c) 力反馈

图 11.56 基于 sEMG 的可变增益模式下力反馈和机器人跟踪速度之间的关系

2. 在力矩控制模式下测试

在刚度控制方法中，可以设定机械臂的刚度以调节机械臂的力矩。提升和移动任务旨在验证基于 EMG 的可变刚度是否能够在效率和准确性方面提高任务的性能。在该实验中，要求操作员将目标物体从左侧桌子上用十字标记的起始位置抬起到右侧桌子上用十字标记的目标位置，如图 11.53(b)所示。

如图 11.53(b)所示，重型工具箱是提升和移动的对象。当施加高刚度时，工具箱可以成功提升。当箱体被抬起时，机械臂的动力学突然改变，会导致机械臂不稳定，如图 11.57(a)所示。当施加低刚度时，如图 11.57(b)所示，物体根本没有升力，并且几乎不能被拖到目标位置。当应用基于 sEMG 的变刚度控制策略时，如图 11.57(c)所示，机械臂能够提升物体并保持其自身稳定。图 11.57(d)显示了三种不同模式下跟踪的均方根误差(RMSE)，由图可见基于 EMG 的可变刚度控制模式可获得最低的 RMSE。

在图 11.58(a)中，曲线表示机械臂的刚度百分比。在图 11.58(b)中，变化较剧烈的曲线表示 EMG 信号的原始数据，变化较平缓的曲线是滤波的 EMG 信号。Omni 的力反馈如图 11.58(c)所示。图 11.58 表明：在基于 sEMG 的可变刚度控制模式下，当操作者前臂上的反馈力增加时，机械臂的刚度值将增加，反之亦然。

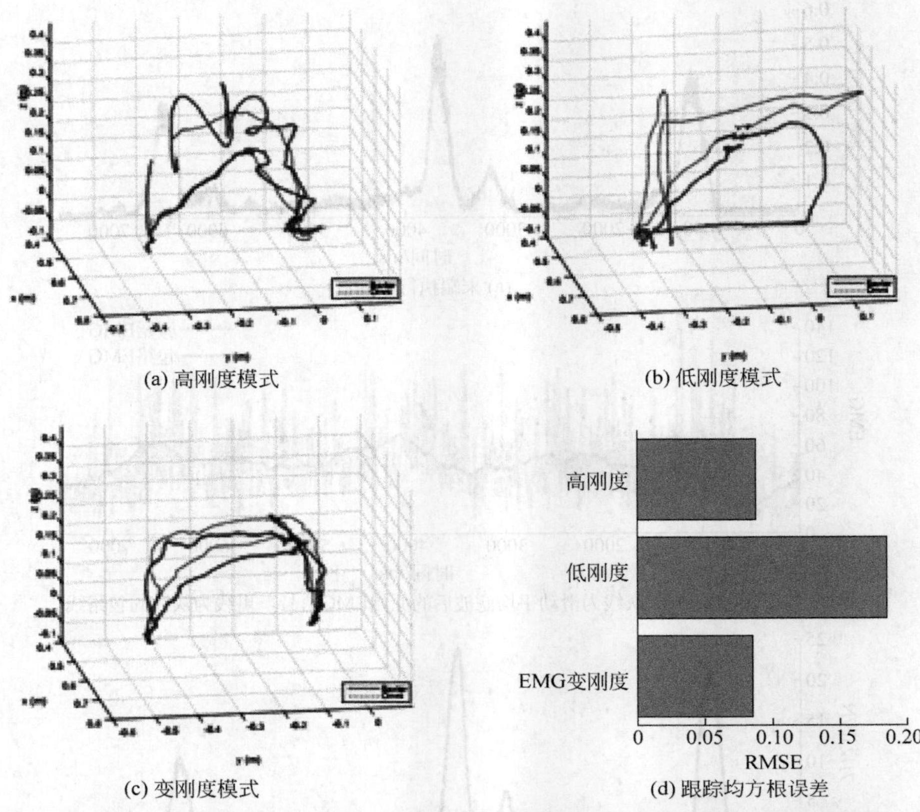

(a) 高刚度模式　(b) 低刚度模式

(c) 变刚度模式　(d) 跟踪均方根误差

图 11.57　跟踪性能：灰线表示由 Omni 操纵杆设定的位置轨迹，黑线机械臂的实际位置轨迹

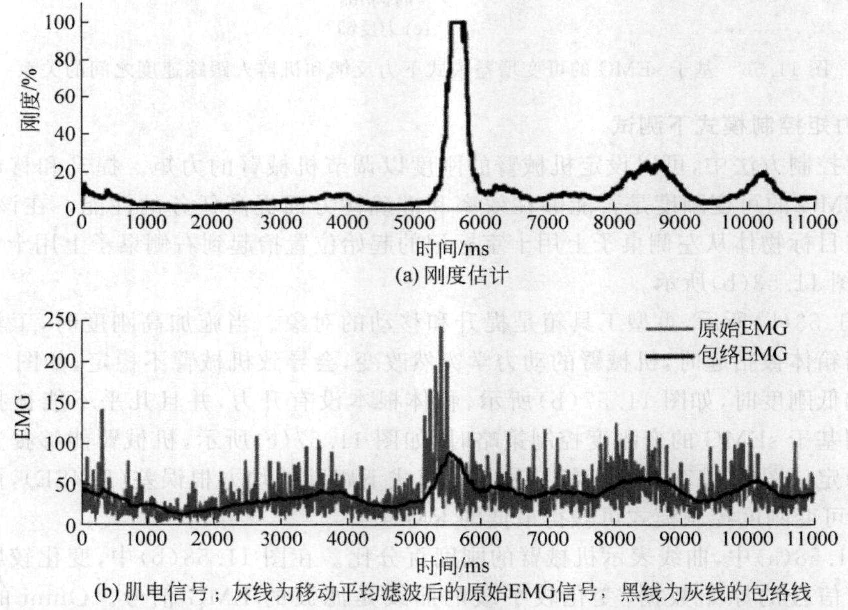

(a) 刚度估计

(b) 肌电信号；灰线为移动平均滤波后的原始EMG信号，黑线为灰线的包络线

图 11.58　基于 sEMG 的变刚度模式下力反馈与机器人跟踪速度之间的关系

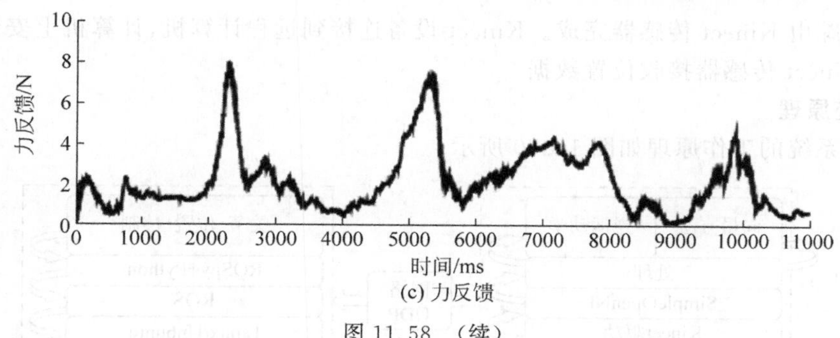

(c) 力反馈

图 11.58 （续）

11.5 基于人体运动跟踪的 Baxter 机器人遥操作控制

本节将介绍基于 Kinect 传感器，采用矢量法和逆运动学方法对机器人进行遥操作控制。

为了实现人体动作跟踪，首先应该跟踪人体本身。目前，有许多人体跟踪方法，最常用的方法是将跟踪标记固定在人体上，但这可能会给用户带来很多不便。另一种方法是使用普通相机的图像处理。由于图像处理系统对于身体的检测能力差，这种方法不可靠。使用立体视觉相机的深度分析也应用于身体跟踪，它需要较长的处理时间，并且可能无法实现实时性。本节中，Kinect XBOX360 用于跟踪人体运动。它的深度传感器可以准确、有效、实时地使用。由于 Kinect 传感器提供的是在笛卡儿空间中的数据，必须将其转换为关节空间才能与机器人进行交互。本节将介绍两种方法来解决该问题，即矢量方法和逆运动学方法，并对两种方法进行了比较。

11.5.1 遥操作系统

1. 系统配置

为了说明使用肢体运动跟踪的机器人遥操作，建立如下系统。它由跟踪装置和机器人组成，如图 11.59 所示。

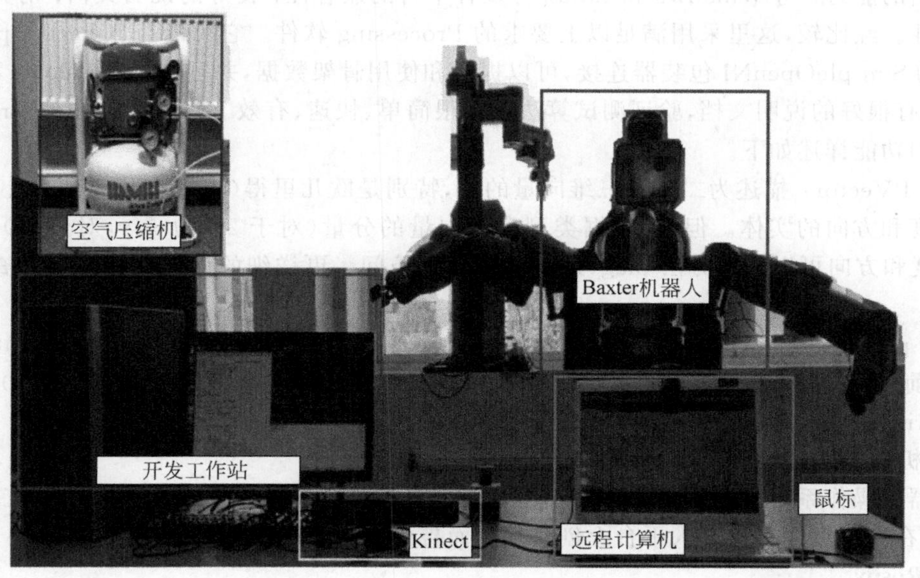

图 11.59 基于 Kinect 的遥操作控制系统

身体跟踪由 Kinect 传感器完成。Kinect 设备连接到远程计算机，计算机上安装相应的软件用于从 Kinect 传感器接收位置数据。

2. 系统原理

遥操作系统的工作原理如图 11.60 所示。

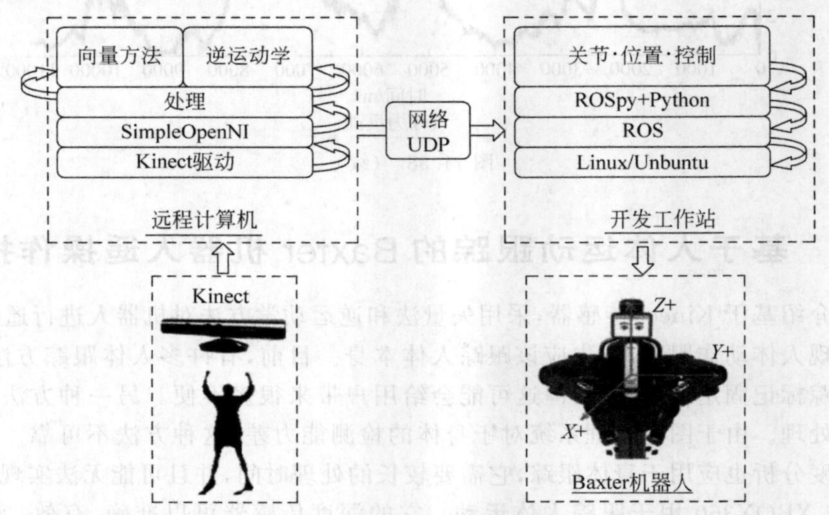

图 11.60 基于 Kinect 的遥操作系统的工作原理

3. Kinect 传感器

遥操作系统中使用 Kinect V1 传感器，具体介绍可参考 10.3.3 节的相应内容。在遥操作系统中，Kinect 将人体关节位置和速度映射到机器人，使人-机能够顺利地进行交互。

4. Kinect 开发软件

许多软件可用于将 Kinect 与 PC 连接，例如，OpenKinect 的 Libfreenect、OpenNI、WindowsSDK 的 Microsoft Kinect。软件的选择非常重要，选择软件时应考虑以下几点：提取骨架数据的能力；与 Windows 和 Linux 等多种平台的兼容性；良好的说明文档；对算法验证的快速性。经比较，这里采用满足以上要求的 Processing 软件。它可以与 Kinect、OpenNI 和 NITE 的 Sim-pleOpenNI 包装器连接，可以提取和使用骨架数据，并且支持 Windows 和 Linux 平台，它有很好的说明文档，验证测试算法可以很简单、快速、有效。本节所使用的 Processing 中的有用功能详述如下。

(1) PVector：描述为二维或三维向量的类，特别是欧几里得(也称为几何)向量。向量是具有幅度和方向的实体。但是，数据类型存储向量的分量(对于 2D 为 x、y，对于 3D 为 x、y、z)。幅度和方向可以通过方法 mag()和 heading()访问。更详细的信息请从网络上查阅相关资料。

(2) pushMatrix()和 popMatrix()：将当前转换矩阵推送到矩阵堆栈。pushMatrix()函数将当前坐标系保存到堆栈，popMatrix()恢复先前的坐标系。pushMatrix()函数和 popMatrix()函数与其他转换函数结合使用，可以嵌入以控制转换的范围。

5. 机器人操作系统 ROS

机器人操作系统(ROS)是一种用于编写机器人软件的灵活框架。它是一系列工具、库和约定，旨在简化在各种机器人平台上创建复杂而鲁棒的机器人行为的任务。

6. Rospy

Rospy 是 ROS 的纯 Python 客户端库。Rospy 客户端 API 使 Python 程序员能够与 ROS

主题、服务和参数快速进行交互。Rospy 的设计有利于实现开发(即节约开发人员时间)而不是运行时性能,因此算法可以在 ROS 中快速进行原型设计和测试。它也非常适用于非关键路径代码,例如配置和初始化代码。许多 ROS 工具都是用 Rospy 编写的,以利用类型内省功能。许多 ROS 工具,如 rostopic 和 rosservice,都建立在 Rospy 之上。

7. UDP 协议

用户数据报协议(UDP)是 Internet 协议套件(用于 Internet 的网络协议集)的核心成员之一。使用 UDP 后,计算机应用程序可以将消息(在本例中称为数据报)发送到 Internet 协议(IP)网络上的其他主机,而无须事先通信来设置特殊传输通道或数据路径。UDP 适用于错误检查,在应用程序中不需要或不执行校正,从而避免了在网络接口级别进行此类处理的开销。时间敏感的应用程序通常使用 UDP,因为在实际系统中,丢弃数据包比等待延迟数据包更可取。

8. Baxter 机器人

此处使用的实验平台是 Baxter 机器人。ROS(机器人操作系统)SDK 用于控制 Baxter 机器人和 Baxter 机器人编程。

11.5.2　遥操作控制系统设计

1. 距离计算

大多数运动计算基于两个或多个位置、距离和关节角度来计算二维及三维空间中两点之间的距离,参见式(11.59)和式(11.60):

$$d_2=\sqrt{(x_2-x_1)^2+(y_2-y_1)^2} \tag{11.59}$$

$$d_3=\sqrt{(x_2-x_1)^2+(y_2-y_1)^2+(z_2-z_1)^2} \tag{11.60}$$

其中,(x_1,y_1)和(x_2,y_2)是 2D 空间中的点,d_2 是这两个点之间的距离;(x_1,y_1,z_1)和(x_2,y_2,z_2)是 3D 空间中的点,d_3 是这两点之间的距离。余弦定律可以帮助计算关节之间的角度,最大可计算角度为 180°。在计算关节之间的角度时,需要额外的点来确定 180°~360°范围中具体的角度。可以使用骨架跟踪数据中任意两个关节点绘制三角形。三角形的第三个点从另外两个点推出,如果已知三角形的每个点的坐标,就可以求出每一边的长度,但无法知道每个角的角度。如图 11.61 所示,可以使用余弦定律来计算所需角度。关节点的计算给出了边 a、b、c 的长度。三角形的角度可以用余弦定律计算。

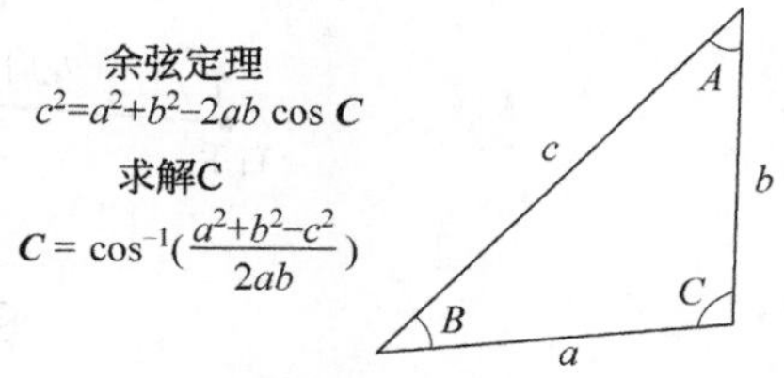

图 11.61　余弦定律

2. 矢量方法

Kinect 可以检测人体关节坐标并返回其位置坐标。它可以将这些坐标转换为矢量,并计算对应的关节角度。在该方法中,从 Kinect 提取身体关节的笛卡儿坐标,并计算来自肢体的相应角度。然后根据我们的要求将它们映射到与 Baxter 交互的 Python 代码中。4 个角度包括肩部俯仰角、肩部偏转角、肩部滚动角和肘部俯仰角,如图 11.62 所示,根据从 Kinect 获得的肢体位置进行坐标计算。

使用矢量法的角度计算原理如图 11.63 所示。粗线 CO 和 CD 分别代表人的左上臂和左下臂。粗线 BO 是从左臂到左肩的线,AO 是从右肩到左肩的线。有向段 $BX+$、$BY+$和 $BZ+$表示 Kinect 的笛卡儿空间中的帧的轴,并且点 B 是帧的原点。

肩部俯仰角和肘部俯仰角的计算,如图 11.63 所示,肩部俯仰角($\angle BOC$)由两个矢量 $\boldsymbol{OB}$

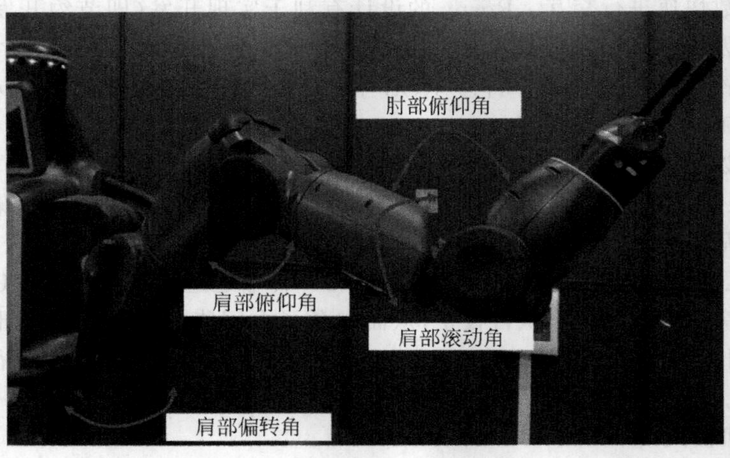

图 11.62 矢量方法中使用的 4 个角度

和 **OC** 之间的角度计算。计算可以通过使用三个关节的位置来解决，即臀部（*B* 点），肩部（*O* 点）和肘部（*C* 点）。angleOf()函数，返回角度可以直接发送到 Baxter。肘部俯仰角（$\angle OCD$，**OC** 和 **CD** 之间的角度）可以通过将手、肘和肩点传递到 angleOf()函数来计算。实际上，处理软件中两个矢量之间的任何角度都可以通过此方法使用 angleOf()函数来计算。

肩部偏转角的计算：如图 11.63 所示，通过使用肩点（点 *A*，*O*）和肘点（点 *C*）以相似的方式计算肩偏转角（$\angle EBF$），构成向量 **OC** 和 **OA**。但是这里将这两个矢量（**OC** 和 **OA**）投影到 *XZ* 平面以获得矢量 **BE** 和 **BF**。然后使用 angleOf()函数计算肩部偏转角（$\angle EBF$，**BE** 和 **BF** 之间的角度）。

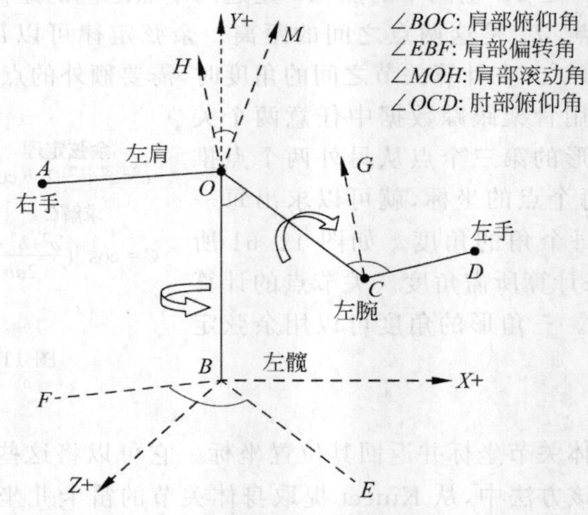

图 11.63 矢量法中角度计算的原理

肩部滚动角的计算：在角度计算中，肩部的角度计算是最难的。由于计算不直观且所有获得的点都在 3D 平面中，因此先前用于计算角度的方法不可用。

这里肩部角度的计算方法是找到手肘矢量在垂直于肩肘矢量并穿过肩关节的平面中所形成的角度。参考矢量必须相对于身体稳定。因此，通过采用肩肩矢量和肩肘矢量之间的交叉积来计算该参考矢量。

在这种情况下，可以使用来自两个向量的叉积的法线。首先，可以通过计算向量 **OC** 和

OA 的叉积来获得向量 **OM**。矢量 **OM** 垂直于由矢量 **OC** 和 **OA** 决定的平面，是该平面的法线矢量。显然，矢量 **OM** 垂直于矢量 **OC**（左上臂）。以这种方式，法线矢量 **CG** 可以从矢量 **OC** 和 **CD** 的叉积计算，其也垂直于矢量 **OC**。然后，将矢量 **CG** 沿矢量 **CO** 平移到点 O 可以得到矢量 **OH**。矢量 **OH** 和 **OM** 之间的角度是肩部滚动角。

可以使用 Processing 软件中的 PMatrix3D 实例提取 Kinect 发送的方向数据。方向矩阵被赋予 PMatrix3D 变量。将当前坐标系推送并保存到堆栈中。然后将坐标系移动到肩关节，并且使用方向矩阵来表示变换的坐标轴。此函数中的所有计算都将在此变换坐标系中进行。

在计算滚动角之后，通过从堆栈取出矩阵来重新获得原始坐标系。右肩滚动角也以类似的方式计算，必须在向量的方向上进行小的改变。

因为用于计算滚动角的函数结果并不完全准确，所以对肩部滚动角进行了误差校正。这里观察到的肩部滚动角随肩部偏转而变化。因此，当肩部滚动角和肩部偏转角的数据被发送到 MATLAB 并绘制出如图 11.64 所示的关系时，基于试错法，通过下式来校正误差：

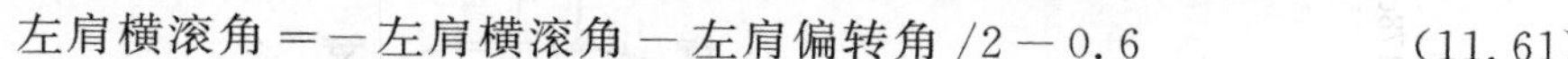

$$\text{左肩横滚角} = -\text{左肩横滚角} - \text{左肩偏转角}/2 - 0.6 \tag{11.61}$$

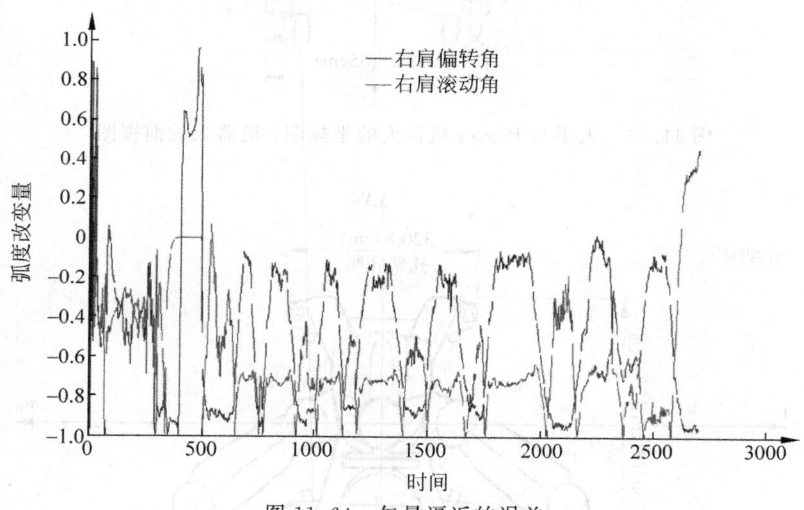

图 11.64　矢量逼近的误差

3. 逆运动学

逆运动学是指使用运动学方程从末端执行器坐标位置计算关节角度以及诸如机器人的长度、角度之类的约束。Kinect 给出了手的坐标位置，这些坐标位置可以转换为机械臂的关节角度。

提取坐标：首先提取手关节的坐标，用于通过反向运动控制最终效果；然后提取肘坐标。这些坐标和手坐标可用于计算关节的长度。

人手与 Baxter 机械臂之间的映射：人手与 Baxter 机械臂的大小不同。因此，必须使用 Baxter 机械臂对人手进行匹配，以使逆运动学方法正常工作。如前所述，通过计算手-肘矢量的模可以得到手的长度。

分析 Baxter 坐标系：Baxter 坐标系的约定（如图 11.65 和图 11.66 所示）与 Kinect 坐标系的约定不同（如图 11.67 所示）。因此必须根据各自的约定映射坐标轴。映射后，就可以控制 Baxter。坐标轴之间的映射关系如下：

$$\begin{cases} X_{\text{Baxter}} = -Z_{\text{Kinect}} \\ Y_{\text{Baxter}} = X_{\text{Kinect}} \\ Z_{\text{Baxter}} = Y_{\text{Kinect}} \end{cases} \tag{11.62}$$

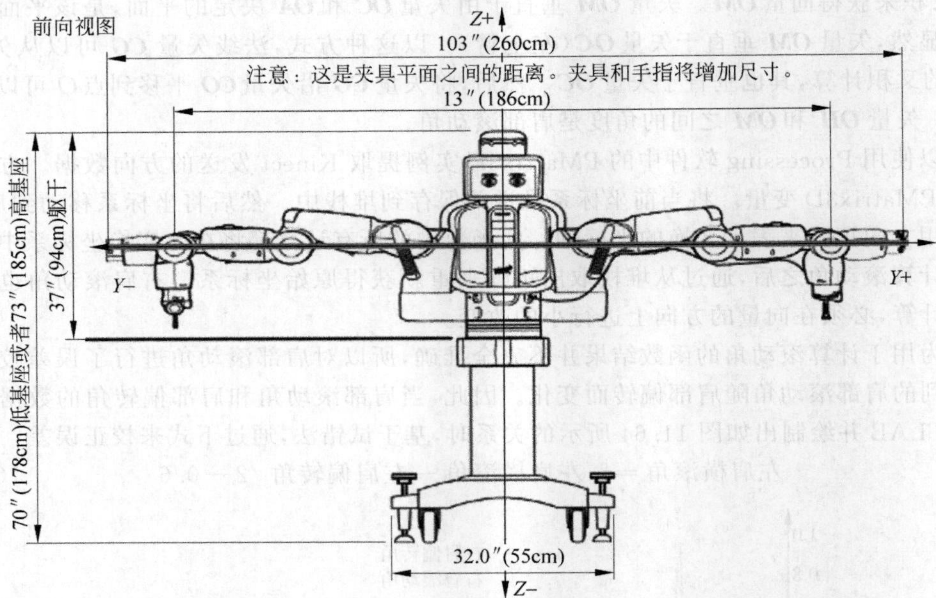

图 11.65 人手与 Baxter 机器人的坐标图：机器人的前视图

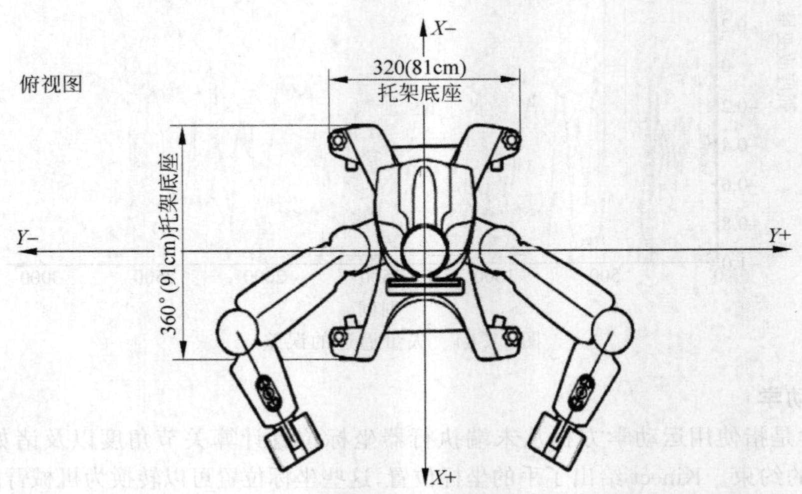

图 11.66 人手与 Baxter 机器人之间的坐标图：机器人的俯视图

11.5.3 实验

1. 矢量法实验结果

当每个步骤完成时，可在接收角度和所需角度中观察到较小的误差。因此，接收角度和所需角度与 Processing 软件中的映射命令一起映射。观察到当所需角度为－0.6 时，接收角度为－0.1；当所需角度为 0.6 时，接收角度为－0.9……因此，相应地映射这些值。类似地，根据所需的角度校正所有角度。最后，Baxter 按预期工作，但通过使用这种方法，只控制了 7 个关节中的 4 个。为了控制剩余关节，需要手掌和手指的额外数据，这是 Kinect 无法获得的，可以用逆运动学方法解决。

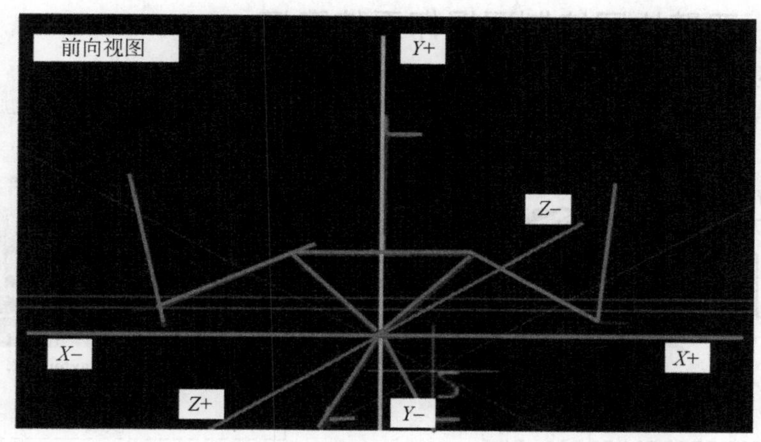

图 11.67　人手与 Baxter 机械臂之间的坐标图：人体骨骼

2. 逆运动学法实验结果

Processing 能够从 Kinect 中提取坐标值，从鼠标中提取鼠标单击事件。网络协议能够发送数据，工作站成功接收 Processing 发送的值。Baxter 对所有已求解的位置做出响应，同时避免了双手之间的碰撞。夹具和气动配件能够随着鼠标单击响应。新用户可能会发现操作它很难，因为机器人肢体的向前和向后运动是人类手部运动的镜像，而肢体的侧向运动则不是。

11.6　基于 RBF 神经网络和波变量的双臂协同遥操作控制

本节基于主端 TouchX 力反馈操纵杆和从端仿真 Baxter 双臂机器人，针对双臂遥操作协调性问题，介绍一种阻抗控制算法。该方法可以提高机械臂的控制性能，实现抓取远端物体的柔顺控制。

单臂机器人遥操作技术应用虽然广泛，但与人类相比，机器人在执行遥操作任务时的自主性和灵活性的差距依然存在。双臂机器人控制和人双手控制的类似性，能够完成单臂机器人难以完成的任务，所以双臂遥操作控制成为热门、前沿的遥操作技术。对于复杂的任务如搬运、维修等，单臂机器人由于自身的局限性无法完成，需要双臂协同作业实现。

与单臂遥操作机器人相比，双臂遥操作机器人适用范围更广、协作能力更强、可靠性也更高，同时还能与人类合作完成更复杂的任务。基于 TouchX 和双臂 Baxter 机器人构建的双臂遥操作系统如图 11.68 所示，主端采用两个 TouchX 设备，每个 TouchX 设备可以通过 6 个旋转关节跟踪运动，并通过 3 个配备电机的关节提供力反馈。双臂 Baxter 机器人为从端设备，为了抓取和处理物体，在每只手臂的末端执行器上都安装了旋转夹持器。通过计算机传递位置与力的控制信号，两个 TouchX 设备分别完成对 Baxter 机器人双臂的轨迹控制。

图 11.68　基于 TouchX 和双臂 Baxter 机器人的双臂遥操作系统

11.6.1 双臂协同控制遥操作系统建模

本节使用的主-从遥操作系统框架如图 11.69 所示。

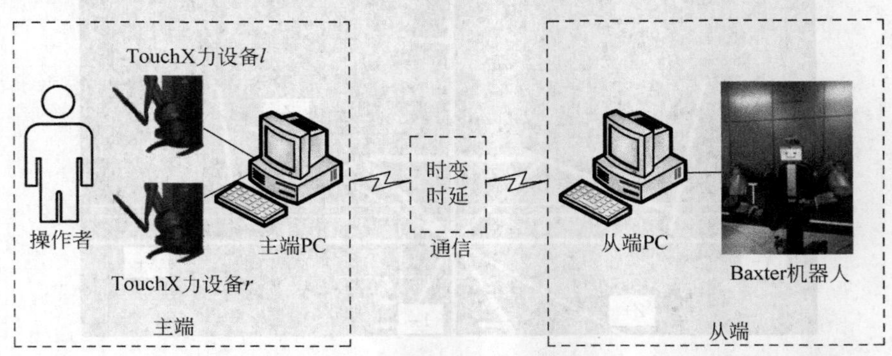

图 11.69 双臂遥操作系统框架

1. 遥操作系统模型

对于图 11.69 所示的遥操作系统中的主端操作设备和从端双臂机器人，其末端执行器的位置和方向可以通过它们的关节角度和角速度来计算。基于主端设备和远端机器人的正向运动学，TouchX 力设备 l 和 Baxter 机器人在任务空间与机器人关节空间的关系可表示如下：

$$x_i = T_i(q_i), \quad \dot{x}_i = \dot{T}_i(\dot{q}_i) = \boldsymbol{J}_i(q_i)\dot{q}_i \tag{11.63}$$

其中，$x_i \in R^6$ 表示机器人关节的位置和方向，q 和 $\dot{q} \in R^{N_i}$ 分别表示机器人的关节角和关节角速度，N_i 表示机器人自由度，T_i 为连续函数，$\boldsymbol{J}_i(q_i)$ 为雅可比矩阵。

基于以下假设，对两个主-从遥操作系统进一步建模。假设 1：机器人的动力学是非线性不确定的，但运动学模型是准确的。在运动过程中，机械臂远离任何奇异点。假设 2：远端操作刚性物体时，不会受到力的作用而变形。

由于两个 TouchX 触觉设备作为主设备，它们分别可以用相位“L”和“R”表示。这里采用主控装置 TouchX 的 L 和 R 分别控制从端双臂机器人 Baxter 的左右臂。分别考虑 TouchX 左臂和远端操作系统中 Baxter 机器人左臂的动力学，如下：

$$\boldsymbol{M}_{ml}(q_{ml}) + \boldsymbol{C}_{ml}(q_{ml}, \dot{q}_{ml})\dot{q}_{ml} + \boldsymbol{G}_{ml}(q_{ml}) = \boldsymbol{J}_{ml}^{\mathrm{T}}(q_{ml})\boldsymbol{F}_h - \tau_{ml} \tag{11.64}$$

$$\tau_e + \boldsymbol{M}_{sl}(q_{sl}) + \boldsymbol{C}_{sl}(q_{sl}, \dot{q}_{sl})\dot{q}_{sl} + \boldsymbol{G}_{sl}(q_{sl}) = \tau_{sl} - \boldsymbol{J}_{sl}^{\mathrm{T}}(q_{sl})\boldsymbol{F}_{el} \tag{11.65}$$

其中，$\boldsymbol{M}_{il}(q_{il}) \in \mathbb{R}^{N_i \times N_i}$，$\boldsymbol{C}_{il}(q_{il}, \dot{q}_{il}) \in \mathbb{R}^{N_i \times N_i}$ 和 $\boldsymbol{G}_{il}(q_{il}) \in \mathbb{R}^{N_i}$ 分别代表惯性矩阵，科氏力/离心矩阵和重力矢量；$\tau_{il} \in \mathbb{R}^{N_i}$ 是控制输入关节力矩，$\boldsymbol{F}_h$ 是人为施加的力矢量，$\boldsymbol{F}_{el}$ 是施加在左侧从动末端执行器上的力矢量，$\boldsymbol{J}_h(q_{il})$是雅可比矩阵。下标 m 和 s 分别表示本地主操作设备和远端从机器人。TouchX 和 Baxter 机器人右臂的动力学和式(11.64)、式(11.65)类似。

远端物体(如图 11.70 所示)的动力学方程可以表示为：

$$\boldsymbol{M}_o(x_o)\ddot{x}_o + \boldsymbol{C}_o(x_o, \dot{x}_o)\dot{x}_o + \boldsymbol{G}_o(x_o) = \boldsymbol{F}_o \tag{11.66}$$

其中，x_o、$\dot{x}_o \in R^{N_o}$ 是从端物体的位置/方向和速度，$\boldsymbol{M}_o(x)$、$\boldsymbol{C}_o(x, \dot{x})$、$\boldsymbol{G}_o(x)$分别表示该物体的惯性矩阵、科里奥利力/离心力矩阵和重力矩阵，而 $\boldsymbol{F}_o \in R^{N_o}$ 为施加在物体上的力，N_o 表示物体的自由度。则 $\boldsymbol{F}_o$ 和 $\boldsymbol{F}_e$ 之间的关系可以表示如下：

$$\boldsymbol{F}_o = \boldsymbol{F}_{el} + \boldsymbol{F}_{er} = -\boldsymbol{F}_{ol} - \boldsymbol{F}_{or}, \quad \boldsymbol{F}_{oj} = f_j + f_{oj} \tag{11.67}$$

其中，$\boldsymbol{F}_{oj}$ 是从机械臂的末端执行器施加在物体上的接触力，f_{oj} 用于产生物体运动的外力，f_j 代表内力相互抵消并满足 $f_l+f_r=0$。下标 $j=l$、r 分别表示从端机器人的左臂和右臂。具体受力情况如图 11.70 所示。

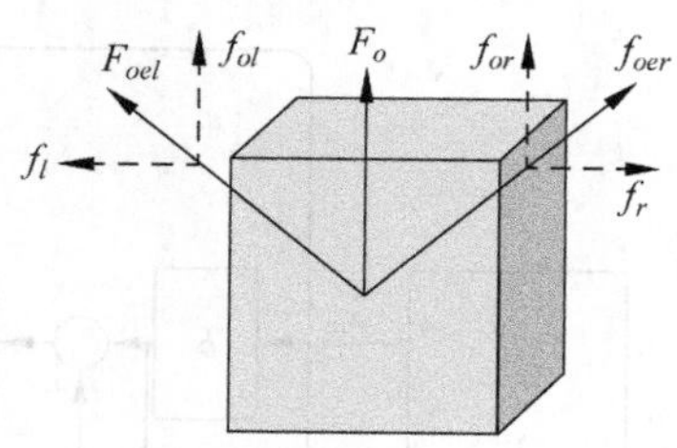

图 11.70 远端物体受力情况分析

结合动力学公式，即式(11.92)和式(11.93)，以及主从两端的运动学方程即式(11.94)，可得

$$\tau_{sj}=\boldsymbol{M}'_{sj}(q_{sj})\ddot{q}_s+\boldsymbol{C}'_{sj}(q_{sj},\dot{q}_{sj})\dot{q}_{sj}+\boldsymbol{G}'_{sj}(q_sj)-\boldsymbol{J}_{sj}^{\mathrm{T}}(q_{sj})f_j \tag{11.68}$$

其中，$\boldsymbol{M}'_{sj}=\boldsymbol{M}_{sj}+\boldsymbol{M}'_o$，$\boldsymbol{M}'_o=J_{sj}^{\mathrm{T}}D_j\boldsymbol{M}_oJ_{sj}$，$\boldsymbol{C}'_{sj}=\boldsymbol{C}_{sj}+\boldsymbol{C}'_o$，$\boldsymbol{C}'_o=\boldsymbol{J}_{sj}^{\mathrm{T}}\boldsymbol{D}_j\boldsymbol{C}_oJ_{sj}$，$\boldsymbol{G}'_{sj}=\boldsymbol{G}_{sj}+\boldsymbol{G}'_o$，$\boldsymbol{G}'_o=\boldsymbol{J}_{sj}^{\mathrm{T}}\boldsymbol{G}_o$，$\boldsymbol{D}_j(t)\in R^{N_o\times N_o}$ 是满足 $\boldsymbol{D}_l(t)+\boldsymbol{D}_r(t)=\boldsymbol{I}_{N_o}$ 的目标载荷分布矩阵。

2. RBF 神经网络

利用 RBF 神经网络(Radial Basis Function Neural Network，RBFNN)对机器人的动力学模型进行局部泛化，可以大大提高机器人的学习速度，避免局部最小问题，提高机器人的跟踪精度，特别是对于结构复杂、自由度多的机器人。RBFNNs 可表示为：

$$\varphi_i=\exp\left(-\frac{\|z-c_i\|^2}{\sigma_i^2}\right),\quad i=1,2,\cdots,n \tag{11.69}$$

$$\hat{F}(z)=\hat{\boldsymbol{W}}^{\mathrm{T}}\varphi(z) \tag{11.70}$$

式中，$z\in R^n$ 为输入向量，n 为从端机器人的自由度，对于 Baxter 机器人左臂，n 为 7，式中，$\hat{F}(z)\in R^n$ 为输出向量，$\varphi_i=[\varphi_1,\varphi_2,\cdots,\varphi_n]^{\mathrm{T}}$ 为隐藏层的输出向量，$\hat{\boldsymbol{W}}\in R^{N\times n}$ 为连接隐藏层和输出层的权重矩阵，N 为隐藏层节点数，$c_i\in R^n$ 和 $\sigma_i>0$ 分别是第 i 个隐藏节点的中心向量和宽度。从式(11.68)开始，RBFNN 中隐藏节点的输出由径向对称函数(如高斯函数)计算。

本节中，RBF 神经网络主要用于近似不确定非线性函数 $F(z)$。

3. 波变量法

本节使用基于时变延迟通信的波变量方法。在通信信道中，波变量之间的时变延迟 T_1 和 T_2 可以表示如下：

$$u_s(t)=u_m(t-T_1(t)) \tag{11.71}$$

$$v_m(t)=v_s(t-T_2(t)) \tag{11.72}$$

其中，u 和 v 是由速度 $\dot{x}$ 和力 F 传递到通信通道中的功率变量，这两种变量之间的关系如图 11.71 所示。

采用波校正方法处理远程操作系统通信中的时变延迟，如图 11.85 所示，可以表示如下：

$$\Delta u_s(t)=\sqrt{2b}\lambda[x_{mf}(t)+x_{dh}-x_{sd}(t)] \tag{11.73}$$

$$\Delta v_m(t)=\sqrt{2b}\lambda[x_{sf}(t)+x_{dh}-x_{md}(t)] \tag{11.74}$$

其中，$\lambda>0$ 是为位置收敛而设计的。

11.6.2 从端控制器设计

主端控制器由基本 PD 控制算法计算。本节将介绍一种基于标称模型的力矩控制和一个神经网络控制器，用于处理不确定性问题。

闭环逆运动学(CLIK)方法在从端双臂机器人控制时用于避免运动奇点和数值漂移，如

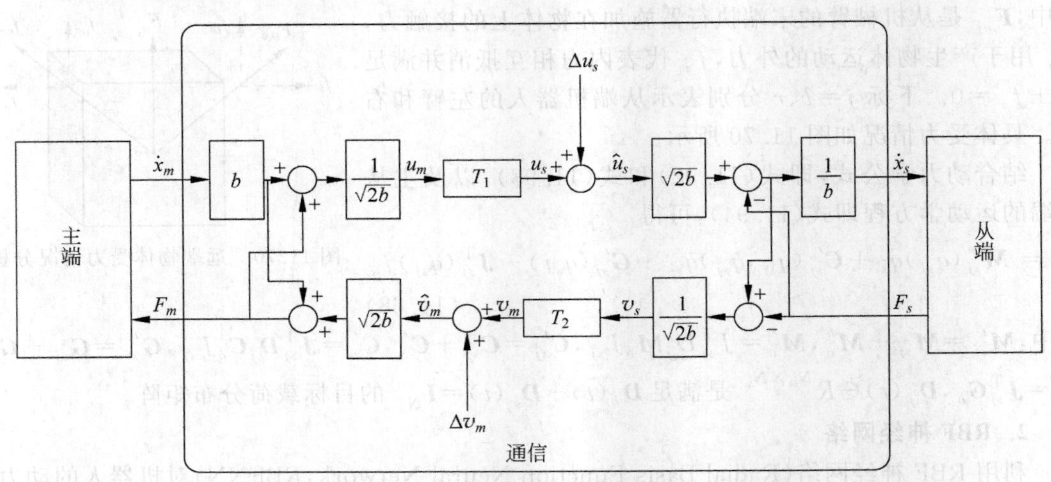

图 11.71 波形变量通信

图 11.72 所示。从端 PD 控制器设计如下：

$$\tau_{scj} = -\boldsymbol{K}_s e_{sj} - \boldsymbol{D}_s \dot{e}_{sj} \tag{11.75}$$

其中，$e_{sj} = q_{sj} - q_{sjd}$ 是跟踪误差，$q_{sjd} \in R^n$ 是用作局部 PD 控制器的参考命令的期望关节角度，$\boldsymbol{K}_s \in R^{n\times n}$ 和 $\boldsymbol{D}_s \in R^{n\times n}$ 是关节的对称正定矩阵角度和角速度增益。

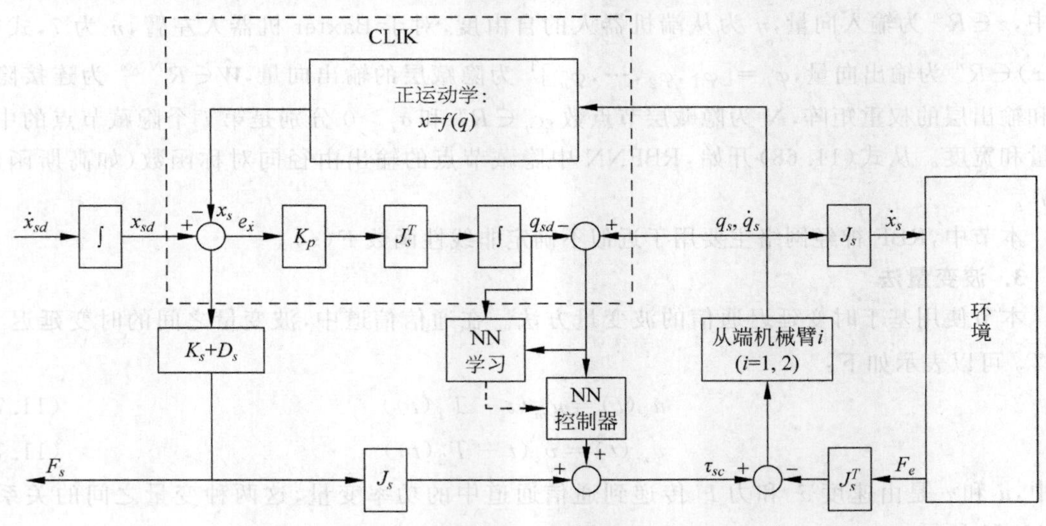

图 11.72 从端双臂机器人控制

定义广义跟踪误差：

$$e_{vsj} = \dot{e}_{sj} + \boldsymbol{K}_{sj} e_{sj} \tag{11.76}$$

其中，$\boldsymbol{K}_{sj} = \boldsymbol{D}_{sj}^{-1}\boldsymbol{K}_{sj}$。

$$\tau_{sj} = -\boldsymbol{D}_{sj} e_{vsj} \tag{11.77}$$

定义 $q_{vj} = \dot{q}_{dj} - \boldsymbol{K}_{sj} e_{sj}$，从端机器人的运动学公式为

$$\boldsymbol{M}_{sj}\dot{e}_{vsj} + \boldsymbol{C}_{sj} e_{vsj} + \boldsymbol{D}_{sj} e_{vsj} = -\boldsymbol{J}_{sj}^{\mathrm{T}} f_j - \boldsymbol{G}_{sj} + \boldsymbol{M}_{sj}\dot{q}_{vj} - \boldsymbol{C}_{sj} q_{vj} \tag{11.78}$$

输入 z 的不确定非线性动力学公式可以表示如下：

$$\boldsymbol{F}(z_j) = \boldsymbol{J}_{sj}^{\mathrm{T}} f_j \ \boldsymbol{G}_{sj} + \boldsymbol{M}_{sj}\dot{q}_{vj} - \boldsymbol{C}_s q_{vj} \tag{11.79}$$

对于不确定模型即式(11.79),神经网络具有强大的函数逼近能力,可用于不确定模型的识别。

基于 RBFNN 方法,式(11.79)可写成:

$$\boldsymbol{M}_{sj}\dot{e}_{vsj}=-(\boldsymbol{C}_{sj}+\boldsymbol{D}_{sj})e_{vsj}+\hat{\boldsymbol{F}}(z_j,\boldsymbol{W}_j^*)+\eta \tag{11.80}$$

式中,$\eta=\boldsymbol{F}(z_j)-\hat{\boldsymbol{F}}(z_j,\boldsymbol{W}_j^*)$,$\boldsymbol{W}^*$ 为 $z_j\in\boldsymbol{X}$ 对应的最优权矩阵。

根据 RBF NN 的性质,式(11.80)可以写成:

$$\boldsymbol{M}_{sj}\dot{e}_{vsj}=-(\boldsymbol{C}_{sj}+\boldsymbol{D}_{sj})e_{vsj}+\boldsymbol{W}_j^{*\mathrm{T}}\varphi(z_j) \tag{11.81}$$

则用李雅普诺夫方法可以得到如下更新规律:

$$\dot{\hat{\boldsymbol{W}}}_j=-\boldsymbol{Q}_j^{-1}\varphi(z_j)e_{vsj}^{\mathrm{T}} \tag{11.82}$$

其中,Q_j 是对称正定矩阵,且 RBFNN 权重的有界性可以通过激励(PE)属性的持续性来保证。

控制力矩由两部分组成,如下:

$$\tau_{sj}=-\boldsymbol{D}_{sj}e_{vsj}+\hat{\boldsymbol{W}}_j^{\mathrm{T}}\varphi(z_j) \tag{11.83}$$

则从端机器人闭环系统的动力学方程可表示为:

$$\boldsymbol{M}_{sj}\dot{e}_{vsj}+\boldsymbol{C}_{sj}e_{vsj}+\boldsymbol{D}_{sj}e_{vsj}=\boldsymbol{F}(z_j)-\hat{\boldsymbol{F}}(z_j) \tag{11.84}$$

在机器人控制系统中,机器人和外物有直接接触时,需要一定的柔性。这里希望能用控制算法让机械臂表现出期望的柔性。最简单的有弹性且不会永久震荡的系统就是质量-弹簧-阻尼系统,即图 11.73 所示的系统。

因此,设计阻抗控制器如下:

$$V(\theta)=V_s(H_o(H_r(\theta),H_l(\theta)),H_{o,d},k_o)+V_s(H_r(\theta),H_l(\theta),k_c) \tag{11.85}$$

其中,o 类似于一个立体弹簧,$H_{o,d}$ 为虚拟的平衡位置,c 是阻抗系数。

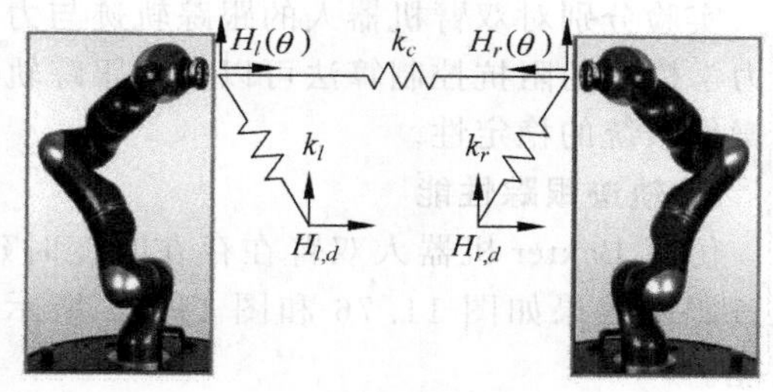

图 11.73 质量-弹簧-阻尼系统

11.6.3 实验

针对双臂遥操作实验控制,搭建包括主设备和从设备的实验平台。主端操作设备采用两个触摸式操纵杆 TouchX,从端机器人采用机器人工具箱仿真的 Baxter 双臂机器人。TouchX 的两个操纵杆首先由操作员操作,然后实时位置信息分别通过通信通道传输到仿真双臂机器人的两个手臂上。控制两个仿真机械臂协同抓住一个共同的物体。然后,由 Simulink 工具测量的双臂机器人与物体之间的相互作用力,通过通信反馈给主端,最终由操作者双手感知远程交互力。遥操作系统的结构如图 11.74 所示,实验平台如图 11.75 所示。图 11.74 使用具有校正波改进的波变量算法能够保证双臂遥操作系统的无源性,并在存在时变时延的情况下保证系统稳定性。

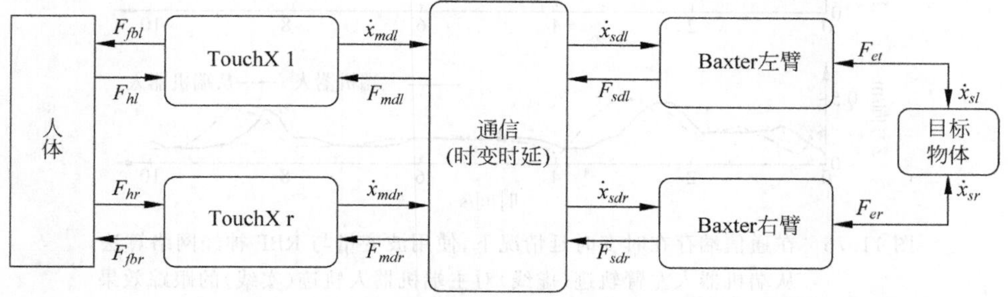

图 11.74 基于全局神经网络控制器的波变量校正遥操作系统的结构

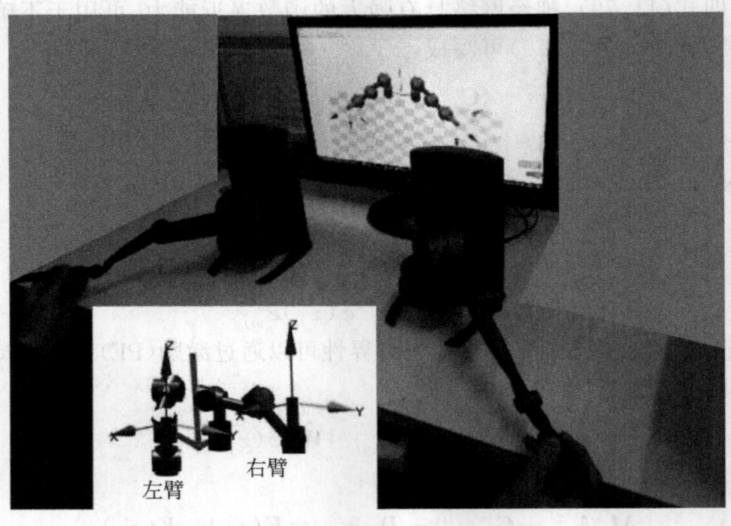

图 11.75　双臂遥操作实验平台

实验分别对双臂机器人的跟踪轨迹与力反馈进行测试。实验结果表明,考虑被操控物体动力学模型的阻抗控制算法可以保证跟踪轨迹误差的收敛性,而加入波变量算法则可以保证遥操作系统的稳定性。

1. 轨迹跟踪性能

仿真 Baxter 机器人双臂在存在时变时延的情况下跟踪轨迹,从端左臂和右臂对主端的轨迹跟随效果如图 11.76 和图 11.77 所示。实验结果表明,该系统具有良好的轨迹跟踪性能。

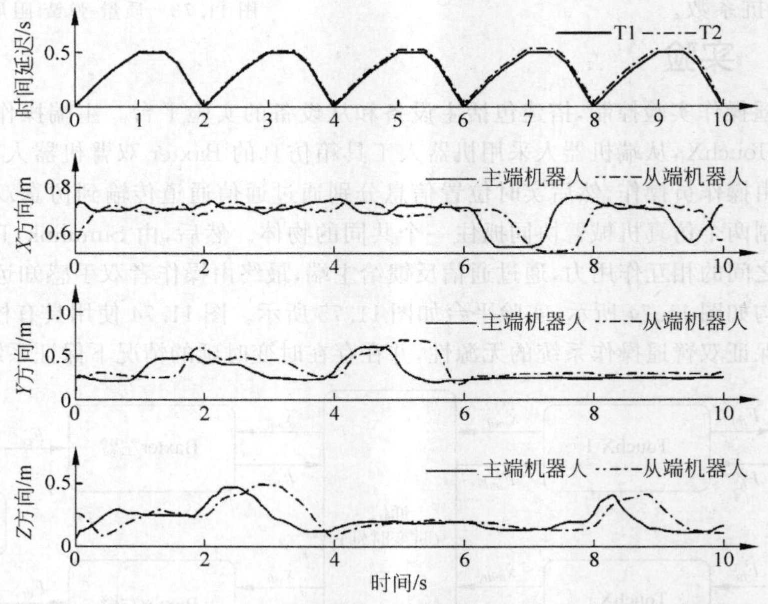

图 11.76　在通信端存在时变时延情况下,使用波变量与 RBF 神经网络算法,从端机器人左臂轨迹(虚线)对主端机器人轨迹(实线)的跟踪效果

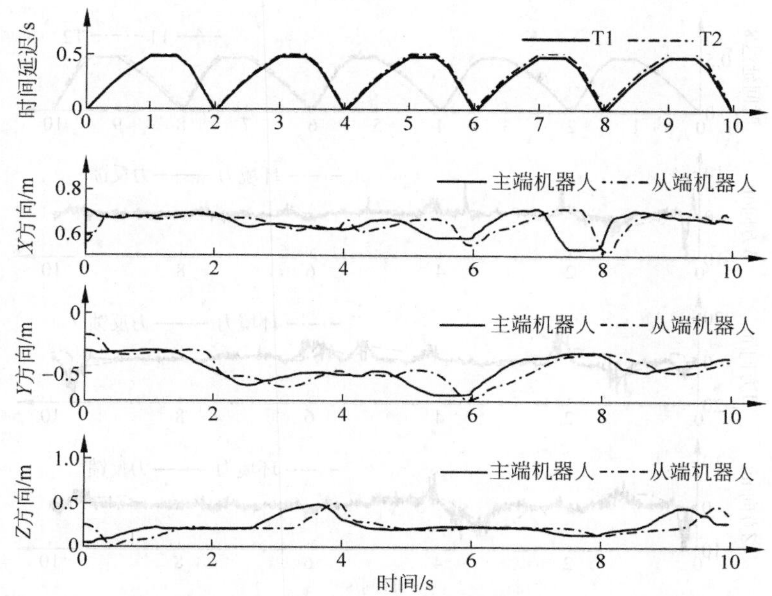

图 11.77 在通信端存在时变时延情况下，使用波变量与 RBF 神经网络算法，从端机器人右臂轨迹(虚线)对主端机器人轨迹(实线)的跟踪效果

2. 力反馈跟踪性能

实验中，主端两个触觉操作设备 TouchX 接收来自远程环境的交互力，而由于使用校正波改进的波变量算法，整个遥操作系统在时变时延情况下保持稳定。遥操作系统主端左、右侧的力反馈分别如图 11.78 和图 11.79 所示，可以看出遥操作系统良好的稳定性和力反馈性能。根据主从两端机器人的动力学模型，设置控制参数为：$D_{ij}=50\text{N-s/m}$，$K_{mj}=1000\text{N/m}$，$K_{sj}=100\text{N/m}$，$R_{vj}=b=180\text{N-s/m}$，$\lambda=100$。

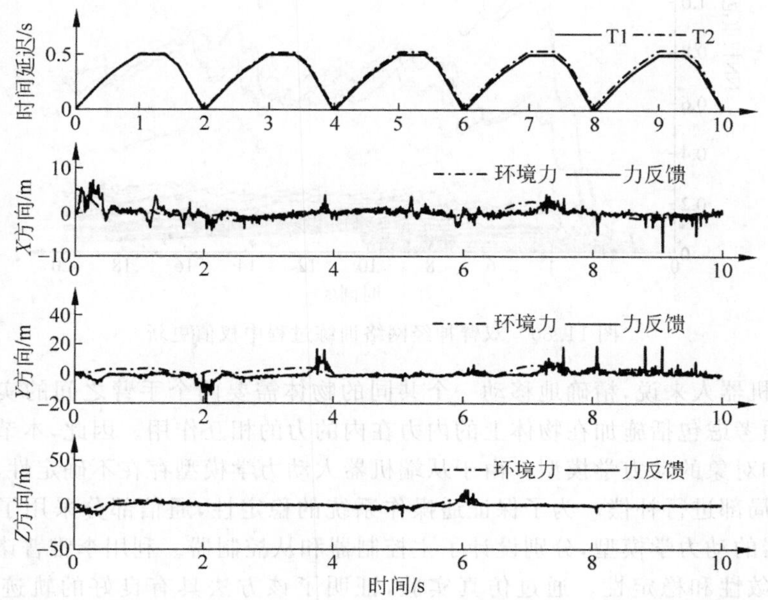

图 11.78 在通信端存在时变时延情况下，使用波变量与 RBF 神经网络算法，主端机器人左臂力反馈效果

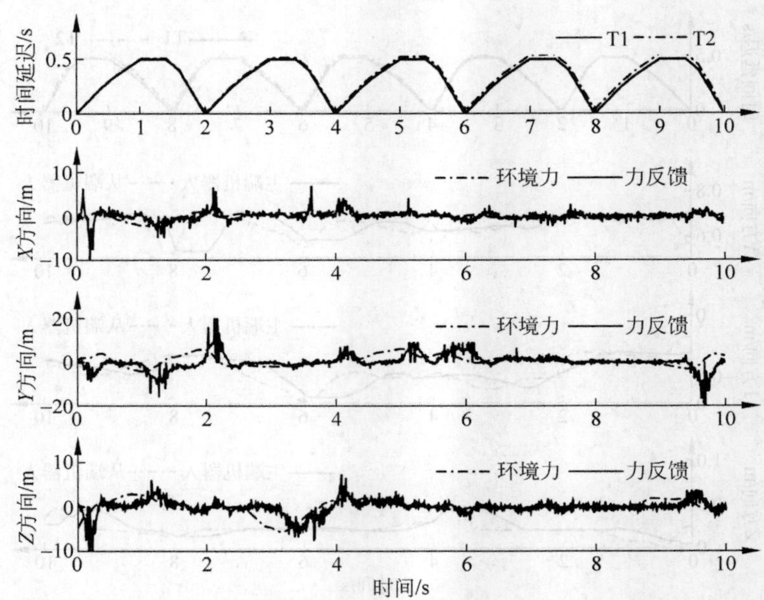

图 11.79 在通信端存在时变时延情况下，使用波变量与 RBF 神经网络算法，主端机器人右臂力反馈效果

从端控制器双臂神经网络训练过程中权值更新如图 11.80 所示。

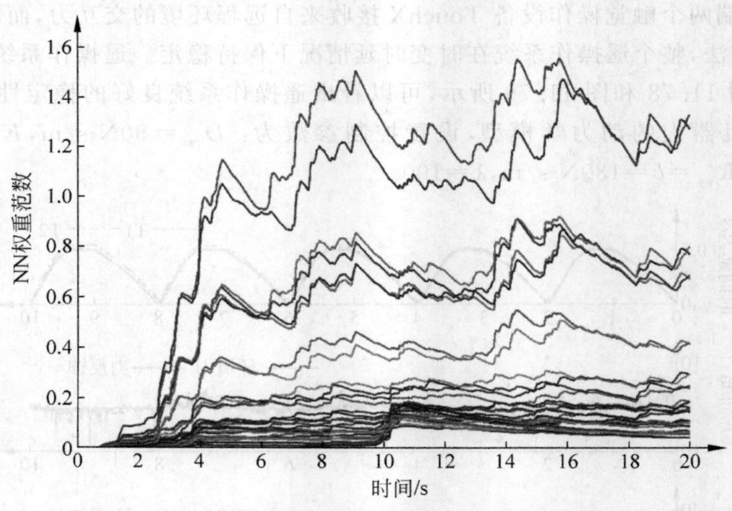

图 11.80 双臂神经网络训练过程中权值更新

对于双臂机器人来说，精确地移动一个共同的物体需要两个手臂之间的实时合作。在这种情况下，必须考虑包括施加在物体上的内力在内的力的相互作用。因此，本节首先分析了主设备、从设备和对象的动力学模型。由于从端机器人动力学模型存在不确定性，因此采用神经网络方法对其局部进行补偿。为了保证遥操作系统的稳定性，通信部分采用了波变量法。然后，根据控制器的动力学模型，分别设计了主控制器和从控制器。利用李雅普诺夫函数证明了系统的跟踪收敛性和稳定性。通过仿真实验，证明了该方法具有良好的轨迹跟踪和力反馈性能。

11.7 本章小结

本节主要介绍了机器人控制技术在遥操作方向的一些具体应用实例,这些应用实例为该领域比较前沿的研究方向。其中包括基于人体表面肌电信号、脑机接口、视觉融合技术以及触觉信号等对机械臂进行遥操作或者三维遥操作控制；还介绍了基于双臂 Baxter 机器人对人体运动进行跟踪和双臂的协同控制。感兴趣的读者可以结合自己的研究方向进行更深入的研究。

第 12 章 机器人示教

CHAPTER 12

人们越来越期望机器人能够具有灵活的操作技能，能够在物理人机交互系统中适应更复杂的任务情况。示教编程（Programming by demo，PbD）技术被认为是机器人学习人类的运动和操作技能的最有效方法之一。传统的 PbD 方法，例如操纵杆、键盘或人体运动捕捉设备，更专注于端点移动轨迹规划和控制的快速编程。这样的接口对于仅依赖于位置的简单任务可能是有效的。然而，它们难以适用于复杂的交互，特别是在物理交互这样需要同时调节位置与刚度的任务场景中。

示教编程又称从示教中学习（learning from demo，LfD），是一种降低机器人执行新任务复杂性的有效方法。通过 PbD，机器人能够有效地学习操作技能，通过人类的指导完成任务，即人先示教如何执行一项任务，然后机器人学习运动的特征。与传统的编程方法相比，PbD 具有许多优点，例如：它并不特别需要示教者具备专业技能知识；PbD 系统可以考虑人的特性（如灵活性），这在很大程度上有利于完成作业任务。

本节将介绍几个关于机器人示教的具体应用实例。

12.1 应用于人机示教的运动技能扑捉、传递与拓展

12.1.1 实验仿真平台介绍

1. V-REP

V-REP 是一个基于分布式控制框架的机器人仿真软件，它集成了开发环境（用户界面如图 12.1 所示）。软件中的每个对象或模型都可以通过一个可移植脚本、一个插件、一个 ROS 节点或者一个远程 API 客户端独立控制，这使得 V-REP 成为机器人仿真应用的理想工具。其中，控制器可以通过多种语言进行编写，包括 C/C++、Lua、Matlab、Python 以及 Octave。V-REP 可以用于算法快速开发、工厂自动化仿真、原型的快速制作和验证、机器人教育等相关领域。

2. Baxter 机器人

Baxter 机器人手腕处装有摄像头，每个关节都有高分辨率的力度传感器，其内置的传感器可以测量 Baxter 机器人的位置、速度、状态信息。其编程开发接口是建立在 ROS 之上，这使得编程接口的调用更加简单高效。

3. Kinect 传感器

Kinect 传感器在实验中作为双目摄像头，用于捕捉示教者的手臂关节信息、动作以及手臂的运动轨迹。

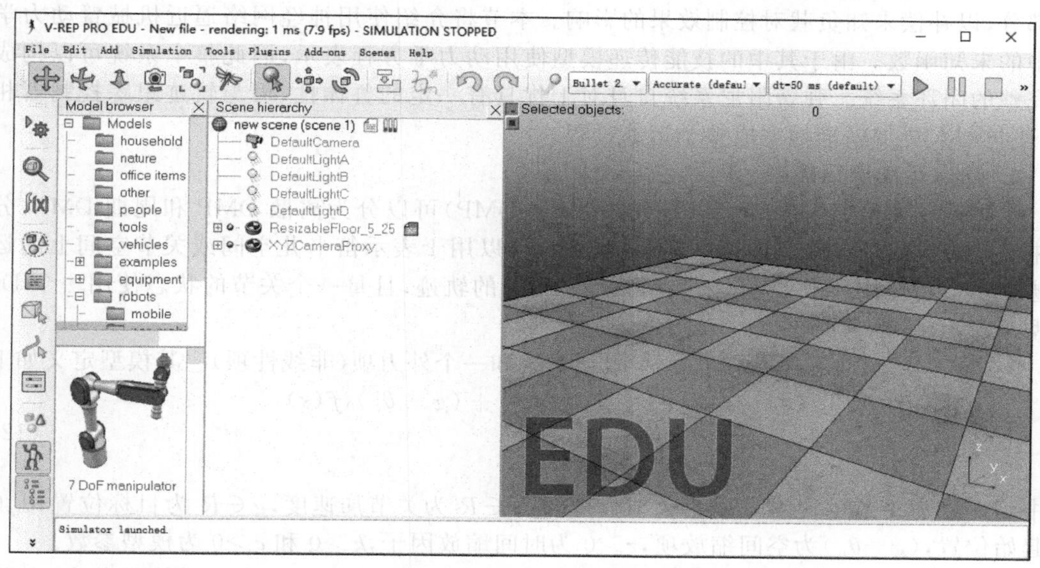

图 12.1 V-REP 用户界面

12.1.2 人机示教系统设计

1. 人机示教系统设计

本节将设计一个比较完整的人机示教系统，包括技能传递、拓展以及对拓展运动进行准确轨迹跟踪的控制器，其整体设计框架如图 12.2 所示。

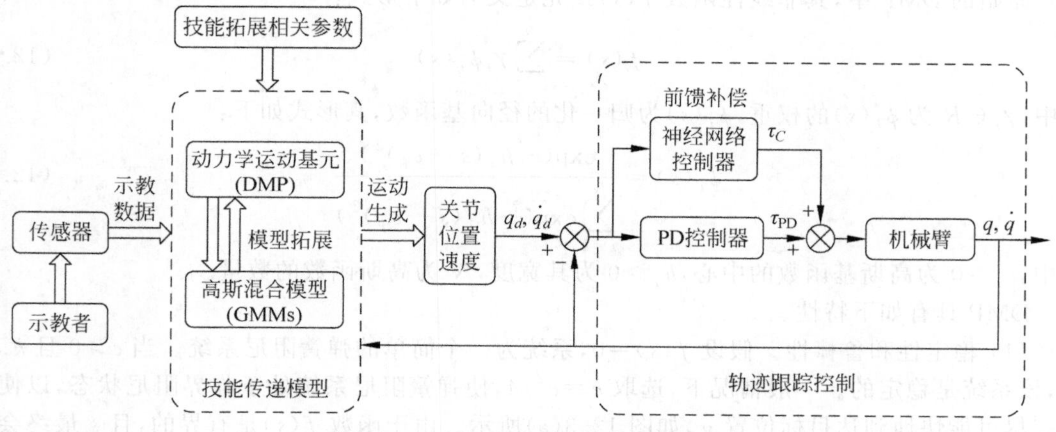

图 12.2 人机示教系统整体设计框架

示教者首先要对机器人进行示教，完成技能传递模型的训练学习。根据所使用传感器的不同，示教方式也会有所不同，如基于遥操作，或者直接引导机器人完成示教等。

当技能学习模型训练完成后，就可以通过模型获得传递及拓展后的运动轨迹。通过调整模型的相关参数(包括运动轨迹的位置参数和时间参数)，可以获得新的运动轨迹，即实现了时间上与空间上的拓展。该模型可以应用于笛卡儿空间或关节空间中的运动轨迹，本节主要以关节空间为例，对相关模型算法进行介绍。

对于模型生成的运动轨迹，还需要考虑轨迹的跟踪精度问题。以关节空间的轨迹为例，用一个 PD 控制器控制机械臂的力矩。考虑到存在不确定负载，假设控制器中还应包含前馈补偿部分，以补偿未知负载对控制效果的影响。本节将介绍使用神经网络逼近机械臂动力学模型中的未知函数。由于其中的技能传递模型使用动力学方程表示，因此整个系统可以构成一个完整的闭环系统。弹簧阻尼系统自身对干扰具有一定的鲁棒性，可与轨迹跟踪控制器相结合，使机器人更加精准地完成整个运动过程。

2. 动态运动原语模型

动态运动原语(Dynamic Motor Primitive，DMP)可以分为离散 DMP 和周期 DMP，分别用来表示点到点的运动和周期型运动。DMP 可以用于表示笛卡儿空间或关节空间上的运动轨迹。本节将使用离散 DMP 来表示关节空间上的轨迹，且每一个关节的状态使用一个 DMP 模型来表示。

一个 DMP 模型包含了一个弹簧-阻尼系统和一个外力项(非线性项)。其模型定义如下：

$$\begin{cases}\tau\dot{\omega}=k(g-\theta)-c\omega+(g-\theta_0)sf(s)\\ \tau\dot{\theta}=\omega\end{cases}\tag{12.1}$$

其中，$\theta\in R$ 为关节位置，$\omega\in R$ 为关节速度，$\dot{\omega}/\tau\in R$ 为关节加速度，$g\in R$ 为目标位置，$\theta_0\in R$ 为起始位置，$(g-\theta_0)$为空间缩放项，$\tau>0$ 为时间缩放因子，$k>0$ 和 $c>0$ 为模型参数。

假设 $f: R\to R$ 是一个非线性的连续有界函数，$s>0$ 为一阶动力学系统的状态，其模型如下：

$$\tau\dot{s}=-\alpha_s s\tag{12.2}$$

其中，$\alpha_s>0$ 为时间常数。该系统的引入使得模型的非线性部分独立于时间，进而使整个模型成为一个自治的系统。状态 s 被看作一个相变量，通常选取其初值为 $s_0=1$。s 是单调递减的，最终会收敛到 0。

原始的 DMP 中，其非线性函数 $f(s)$预先定义为如下形式：

$$f(s)=\sum_{i=1}^{N}\gamma_i\phi_i(s)\tag{12.3}$$

其中，$\gamma_i\in R$ 为 $\phi_i(s)$的权重，$\phi_i(s)$为归一化的径向基函数，其形式如下：

$$\phi_i(s)=\frac{\exp(-h_i(s-c_i)^2)}{\sum_{j=1}^{N}\exp(-h_j(s-c_j)^2)}\tag{12.4}$$

其中，$c_i>0$ 为高斯基函数的中心，$h_i>0$ 为其宽度，N 为高斯函数的数量。

DMP 具有如下特性。

(1) 稳定性和鲁棒性。假设 $f(s)=0$，系统为一个简单的弹簧阻尼系统。当 $c>0$ 且 $k>0$ 时，该系统是稳定的。一般情况下，选取 $k=c^2/4$，使弹簧阻尼系统处于临界阻尼状态，以使其状态尽可能快地到达目标位置 g，如图 12.3(a)所示。由于函数 $f(s)$是有界的，且 s 最终会收敛到 0，如图 12.3(b)所示，因此非线性项最终会收敛到 0，整个系统最终会稳定在目标位置，即保证机器人运动到目标位置。此外，弹簧阻尼系统也保证了该模型对外部扰动的鲁棒性。

(2) 空间缩放和时间缩放。通过修改 DMP 的参数 g 和 θ_0，可以得到一个与示教轨迹形状相似但收敛到不同位置的轨迹。通过设置时间因子 τ，可以调整运动速度。

DMP 学习问题的本质在于如何学习函数 $f(s)$，也就是确定高斯函数的权重，可以通过使用局部加权回归算法解决。然而这种方法只能用于学习单个示教轨迹的数据。为了给多次示教轨迹的数据建模，这里引入高斯混合模型(Gaussian mixture model，GMM)。

3. 动力学模型拓展

对于给定的示教轨迹$\{\theta_{t,n},\dot{\theta}_{t,n},\ddot{\theta}_{t,n}\}_{t=0,n=1}^{T_n,N}$，其中 $\theta_{t,n}\in R$ 为关节位置，T_n 为示教时间

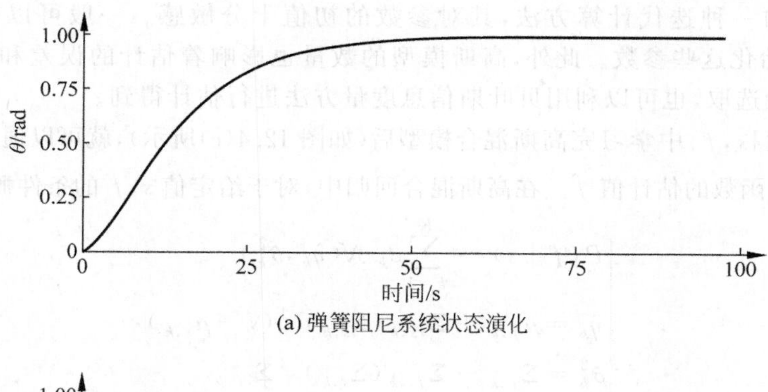

(a) 弹簧阻尼系统状态演化

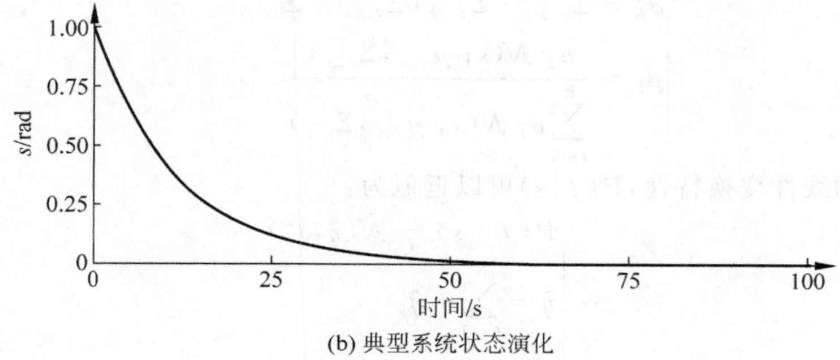

(b) 典型系统状态演化

图 12.3 DMP 各部分系统状态演化

长度，N 为示教轨迹的数量。首先，利用这些数据计算出数据集$\{s_t, f_{t,n}\}_{t=0,n=1}^{T_n,N}$。其中，$s_t \in (0,1]$为系统在 t 时刻的状态，$f_{t,n} \in R$ 则是通过将 s_t、$\theta_{t,n}$、$\dot{\theta}_{t,n}$、$\ddot{\theta}_{t,n}$ 代入式(12.1)计算得到(如图 12.4(a)、(b)所示)。当 $N=1$ 时，也就是只有单个示教轨迹数据时，函数 $f(s)$可以使用局部线性回归从数据集$\{s_t, f_{t,1}\}_{t=0}^{T^1}$ 中学习得到。然而这个方法并不适用于同时学习多个示教轨迹数据。为了解决这个问题，使用高斯混合模型来为这些数据建模。为了表达方便，后述将使用$\{s, f\}$来表示数据集$\{s_t, f_{t,n}\}_{t=0,n=1}^{T^n,N}$。

高斯混合模型是一种由一组高斯分布组成的具有未知参数的概率模型。高斯混合模型是一种统计学方法，它常用于聚类或者密度估计。将其与高斯混合回归算法相结合，可用于非线性函数的估计。本节使用高斯混合模型表示 s, f 的联合概率 $P(s, f)$，其定义如下：

$$\begin{cases} P(s,f) = \sum_{k=1}^{K} \alpha_k \mathcal{N}(s,f;\mu_k,\Sigma_k) \\ \sum_{k=1}^{K} \alpha_k = 1 \\ \mu_k = \begin{bmatrix} \mu_{s,k} \\ \mu_{f,k} \end{bmatrix}, \quad \Sigma_k = \begin{bmatrix} \Sigma_{s,k} & \Sigma_{sf,k} \\ \Sigma_{fs,k} & \Sigma_{f,k} \end{bmatrix} \\ \mathcal{N}(s,f;\mu_k,\Sigma_k) = \dfrac{e^{-0.5([s,f]^{\mathrm{T}}-\mu_k)^{\mathrm{T}}\Sigma_k^{-1}([s,f]^{\mathrm{T}}-\mu_k)}}{2\pi\sqrt{|\Sigma_k|}} \end{cases} \tag{12.5}$$

其中，K 为高斯模型的个数，$\alpha_k \geqslant 0$ 为先验概率，$\mu_k \in R^{2\times 1}$ 为第 k 个高斯模型的均值，$\Sigma_k \in R^{2\times 2}$ 为第 k 个高斯模型的协方差矩阵，$\mathcal{N}(s,f;\mu_k,\Sigma_k)$为高斯概率分布。$\alpha_k$、$\mu_k$、$\Sigma_k$ 是未知的模型参数，可以通过期望最大化(Expectation Maximization，EM)算法学习得到。该算法是

最大似然估计的一种迭代计算方法,其对参数的初值十分敏感。一般可以使用 k 均值(k-means)算法初始化这些参数。此外,高斯模型的数量也影响着估计的误差和平滑程度,其数值可以依靠经验选取,也可以利用贝叶斯信息度量方法进行估计得到。

当从数据集$\{s,f\}$中学习完高斯混合模型后(如图 12.4(c)所示),就可以通过高斯混合回归算法得到非线性函数的估计值 $\hat{f}$。在高斯混合回归中,对于给定值 s,f 的条件概率定义如下:

$$\begin{cases} P(f \mid s) \sim \sum_{k=1}^{K} \beta_k \, \mathcal{N}(\hat{\eta}_k, \hat{\sigma}_k^2) \\ \hat{\eta}_k = \mu_{f,k} + \Sigma_{fs,k}(\Sigma_{s,k})^{-1}(s - \mu_{s,k}) \\ \hat{\sigma}_k^2 = \Sigma_{f,k} - \Sigma_{fs,k}(\Sigma_{s,k})^{-1}\Sigma_{sf,k} \\ \beta_k = \dfrac{\alpha_k \, \mathcal{N}(s;\ \mu_{s,k}, \Sigma_{s,k})}{\sum_{i=1}^{K} \alpha_i \, \mathcal{N}(s;\ \mu_{s,i}, \Sigma_{s,i})} \end{cases} \tag{12.6}$$

根据高斯分布的线性变换特性,$P(f|s)$可以近似为:

$$\begin{cases} P(f \mid s) \sim \mathcal{N}(\hat{\eta}, \hat{\sigma}^2) \\ \hat{\eta} = \sum_{k=1}^{K} \beta_k \hat{\eta}_k \\ \hat{\sigma}^2 = \sum_{k=1}^{K} \beta_k^2 \hat{\sigma}_k^2 \end{cases} \tag{12.7}$$

其中,$\hat{\eta}$ 为期望值,其值作为 $f(s)$的估计值(如图 12.4(d)所示):

$$\hat{f}(s) = \hat{\eta} = \sum_{k=1}^{K} \beta_k (\mu_{f,k} + \Sigma_{fs,k}(\Sigma_{s,k})^{-1}(s - \mu_{s,k})) \tag{12.8}$$

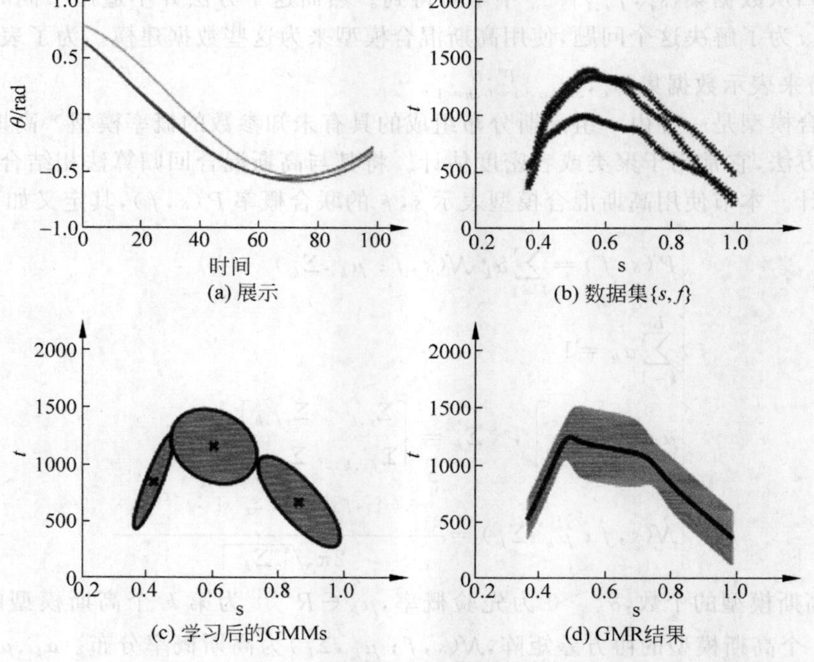

图 12.4 GMM/GMR 学习过程

通过高斯混合回归估计得到的非线性函数在形式上包括 β_k 和 $\hat{\eta}_k$ 这两项,其中 β_k/α_k 为归一化的高斯函数。此处估计得到的非线性函数多乘了 $\hat{\eta}_k=\mu_{f,k}+\Sigma_{fs,k}(\Sigma_{s,k})^{-1}(s-\mu_{s,k})$项,这意味着它包含了更多的表征数据的特征值,因此可以使 DMP 从多次示教轨迹中获取更多的运动技能信息。

12.1.3 神经网络控制器设计

1. 控制器设计

本小节将设计一个基于神经网络的机械臂控制器,以实现对期望关节轨迹的跟踪,该控制器可以克服不确定负载对机械臂控制效果的影响。以 7 自由度的 Baxter 机器人为控制对象,在外加负载的情况下,其动力学模型描述如下:

$$\boldsymbol{M}(q)\ddot{q}+\boldsymbol{C}(q,\dot{q})\dot{q}+\boldsymbol{G}(q)+\tau_{\text{ext}}=\tau \tag{12.9}$$

其中,$q\in R^7$ 为机械臂的关节位置,$\boldsymbol{M}(q)\in R^{7\times 7}$、$\boldsymbol{C}(q,\dot{q})\in R^{7\times 7}$ 和 $\boldsymbol{G}(q)\in R^7$ 分别为机械臂的惯性矩阵、科里奥利矩阵和重力项。τ_{ext} 为施加负载造成的外部力矩。定义 $e_q=q-q_d$,$s=\dot{e}_q+\Lambda e_q$,$v=\dot{q}_d-\Lambda e_q$,其中 $\Lambda=\text{diag}(\lambda_1,\lambda_2,\cdots,\lambda_7)$,$\lambda_i>0$,$q_d$ 为参考轨迹。式(12.9)可以推导为:

$$\boldsymbol{M}(q)\dot{s}+\boldsymbol{C}(q,\dot{q})s+\boldsymbol{G}(q)+\boldsymbol{M}(q)\dot{v}+\boldsymbol{C}(q,\dot{q})v=\tau-\tau_{\text{ext}} \tag{12.10}$$

系统的控制力矩设计如下:

$$\tau=\hat{\boldsymbol{G}}+\hat{\boldsymbol{M}}\dot{v}+\hat{\boldsymbol{C}}v+\tau_{\text{ext}}-Ks \tag{12.11}$$

其中,$\hat{\boldsymbol{G}}$、$\hat{\boldsymbol{M}}$ 和 $\hat{\boldsymbol{C}}$ 分别是 $\boldsymbol{G}(q)$、$\boldsymbol{M}(q)$ 和 $\boldsymbol{C}(q,\dot{q})$ 的估计矩阵,$K\in R^{7\times 7}$ 为对角矩阵。此时系统的闭环动力学方程如下:

$$\boldsymbol{M}(q)\dot{s}+\boldsymbol{C}(q,\dot{q})s+Ks=-(\boldsymbol{M}-\hat{\boldsymbol{M}})\dot{v}-(\boldsymbol{C}-\hat{\boldsymbol{C}})v-(\boldsymbol{G}-\hat{\boldsymbol{G}}) \tag{12.12}$$

使用神经网络分别逼近 $\boldsymbol{M}(q)$、$\boldsymbol{C}(q,\dot{q})$ 和 $\boldsymbol{G}(q)$,有:

$$\begin{cases}\boldsymbol{M}(q)=\boldsymbol{W}_M^{\text{T}}\boldsymbol{Z}_M(q)\\ \boldsymbol{C}(q,\dot{q})=\boldsymbol{W}_C^{\text{T}}\boldsymbol{Z}_C(q,\dot{q})\\ \boldsymbol{G}(q)=\boldsymbol{W}_G^{\text{T}}\boldsymbol{Z}_G(q)\end{cases} \tag{12.13}$$

其中,$\boldsymbol{W}_M\in R^{7l\times 7}$、$\boldsymbol{W}_c\in R^{14l\times 7}$、$\boldsymbol{W}_G\in R^{7l\times 7}$ 为权重矩阵,$\boldsymbol{Z}_M(q)$、$\boldsymbol{Z}_C(q,\dot{q})$和 $\boldsymbol{Z}_G(q)$为径向基函数矩阵,l 为神经网络节点数。$\boldsymbol{M}(q)$、$\boldsymbol{C}(q,\dot{q})$和 $\boldsymbol{G}(q)$的估计值可以写为:

$$\begin{cases}\hat{\boldsymbol{M}}(q)=\hat{\boldsymbol{W}}_M^{\text{T}}\boldsymbol{Z}_M(q)\\ \hat{\boldsymbol{C}}(q,\dot{q})=\hat{\boldsymbol{W}}_C^{\text{T}}\boldsymbol{Z}_C(q,\dot{q})\\ \hat{\boldsymbol{G}}(q)=\hat{\boldsymbol{W}}_G^{\text{T}}\boldsymbol{Z}_G(q)\end{cases} \tag{12.14}$$

将上式代入式(12.12),可以得到:

$$\boldsymbol{M}(q)\dot{s}+\boldsymbol{C}(q,\dot{q})s+Ks=-\widetilde{\boldsymbol{W}}_M^{\text{T}}Z_M\dot{v}-\widetilde{\boldsymbol{W}}_C^{\text{T}}Z_Cv-\widetilde{\boldsymbol{W}}_G^{\text{T}}Z_G \tag{12.15}$$

$$\begin{cases}\widetilde{\boldsymbol{W}}_M^{\text{T}}=\boldsymbol{W}_M^{\text{T}}-\hat{\boldsymbol{W}}_M^{\text{T}}\\ \widetilde{\boldsymbol{W}}_C^{\text{T}}=\boldsymbol{W}_C^{\text{T}}-\hat{\boldsymbol{W}}_C^{\text{T}}\\ \widetilde{\boldsymbol{W}}_G^{\text{T}}=\boldsymbol{W}_G^{\text{T}}-\hat{\boldsymbol{W}}_G^{\text{T}}\end{cases} \tag{12.16}$$

2. 稳定性证明

选取如下李雅普诺夫函数:

$$V=\frac{1}{2}s^{\mathrm{T}}\boldsymbol{M}s+\frac{1}{2}tr(\widetilde{\boldsymbol{W}}_M^{\mathrm{T}}\boldsymbol{Q}_M\widetilde{\boldsymbol{W}}_M+\widetilde{\boldsymbol{W}}_C^{\mathrm{T}}\boldsymbol{Q}_C\widetilde{\boldsymbol{W}}_C+\widetilde{\boldsymbol{W}}_G^{\mathrm{T}}\boldsymbol{Q}_G\widetilde{\boldsymbol{W}}_G) \tag{12.17}$$

其中，$\boldsymbol{Q}_M$、$\boldsymbol{Q}_C$ 和 $\boldsymbol{Q}_G$ 为正定权重矩阵。$\boldsymbol{V}$ 的一阶导数为：

$$\begin{aligned}\dot{V}=&-s^{\mathrm{T}}Ks-tr[\widetilde{\boldsymbol{W}}_M^{\mathrm{T}}(\boldsymbol{Z}_M\dot{v}s^{\mathrm{T}}+\boldsymbol{Q}_M\dot{\hat{\boldsymbol{W}}}_M)]-tr[\widetilde{\boldsymbol{W}}_C^{\mathrm{T}}(\boldsymbol{Z}_Cvs^{\mathrm{T}}+\boldsymbol{Q}_C\dot{\hat{\boldsymbol{W}}}_C)]-\\&tr[\widetilde{\boldsymbol{W}}_G^{\mathrm{T}}(\boldsymbol{Z}_Gs^{\mathrm{T}}+\boldsymbol{Q}_G\dot{\hat{\boldsymbol{W}}}_G)]\end{aligned} \tag{12.18}$$

神经网络权重的更新律设计如下：

$$\begin{cases}\dot{\hat{\boldsymbol{W}}}_M=-\boldsymbol{Q}_M^{-1}\boldsymbol{Z}_M\dot{v}s^{\mathrm{T}}\\\dot{\hat{\boldsymbol{W}}}_C=-\boldsymbol{Q}_C^{-1}\boldsymbol{Z}_Cvs^{\mathrm{T}}\\\dot{\hat{\boldsymbol{W}}}_G=-\boldsymbol{Q}_G^{-1}\boldsymbol{Z}_Gs^{\mathrm{T}}\end{cases} \tag{12.19}$$

将式(12.19)代入式(12.18)，可得：

$$\dot{V}=-s^{\mathrm{T}}Ks\leqslant 0 \tag{12.20}$$

易证明，s 最终将收敛到 0，进而有 $e_q\to$，0 系统输出将跟踪从 DMP 模型学习好的参考轨迹。

12.1.4 仿真及实验

1. V-REP 仿真平台下的 DMP 仿真验证

1）仿真平台搭建

仿真实验中，使用 V-REP 自带的 Baxter 仿真机器人模型，如图 12.5 所示。

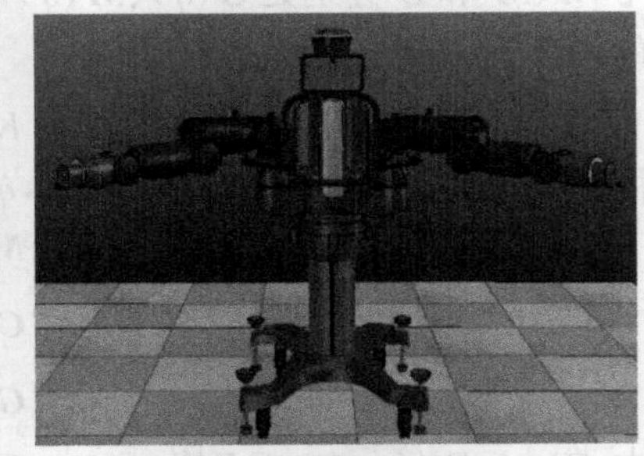

图 12.5 V-REP 中的 Baxter 仿真机器人

首先使用 Kinect 捕捉示教者的手臂运动过程，然后将示教信息(即手臂关节角度)传递给虚拟 Baxter 机器人的手臂。在该仿真实验中，机器人在关节空间上学习人的示教动作使用了示教者两个肩关节和一个肘关节的信息数据进行实验，如图 12.6(a)所示。仿真场景设置如图 12.6(b)所示。在该场景中，Baxter 机器人的前方摆放着一张桌子。桌子靠近机器人的边缘处放置两块彼此相邻的红色木板，其中一块作为示教动作的终点标识，另一块则作为拓展动作的终点标识。此外，在 Baxter 机器人左手前方摆放一个长圆柱体，圆柱顶端摆放有蓝色小球，用来检查是否发生了碰撞。在本次仿真实验中，机器人的任务是使用学习到的运动技能，将桌子上摆放的木板推倒在地。如果 Baxter 机器人使用其左手臂来完成这项任务，它就必须避开左手臂前方的障碍物。示教者将会向机器人展示如何绕开障碍物以完成这个任务。DMP 模型用于上述人类运动技能的学习，并进一步对技能进行拓展。

2）基于 DMP 的运动技能传递仿真

示教过程如图 12.7 所示，机器人学习将左边(相对于机器人)的木块推翻的运动技能，并通过 DMP 模型重现该运动。Baxter 机器人模仿示教者的运动动作以完成任务，其运动过程包括：机器人将左手臂抬起并跨过圆柱体障碍物，然后将夹持器移动到目标木块上方，最后将木块从桌上推倒在地。整个示教动作连贯完成，示教过程重复 10 次。在示教过程中，所关注的 3 个关节角度(如图 12.6(a)所示)在每个时刻的状态都会被记录下来，由此得到的数据用于训

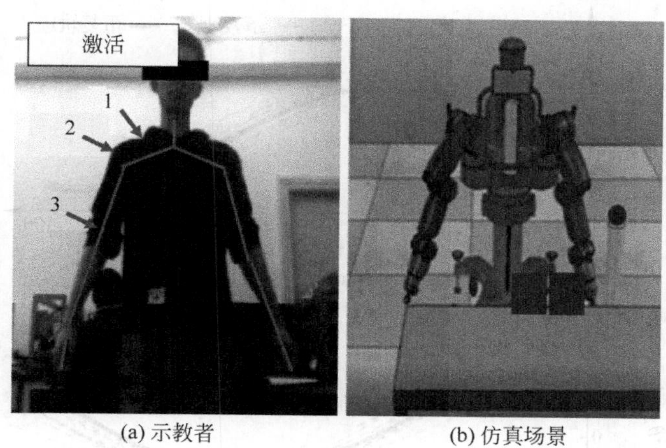

(a) 示教者　　(b) 仿真场景

图 12.6 示教者及 V-REP 仿真场景

练 DMP 模型。为了与 DMP 模型的系统自治性相匹配，使用时间步长作为运动时长的单位，并将每个示教轨迹的时长步数转换为 100 步，即每个示教轨迹在每个关节上会有 100 个数据。

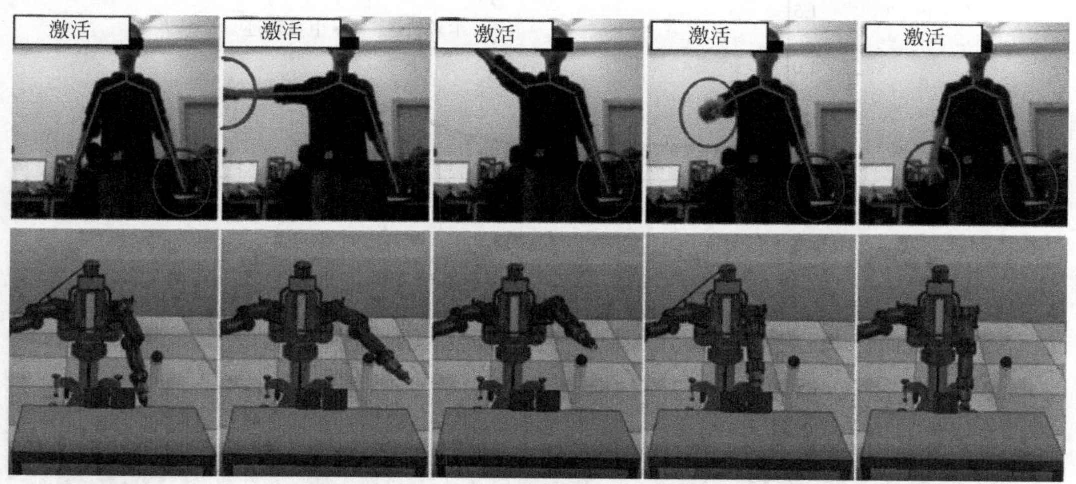

图 12.7 示教过程

学习结果如图 12.8 所示，可以看出，对于每个关节位置，重新生成的运动轨迹仍保持着与示教轨迹相似的形态。在不改变生成运动的起始位置和终点位置的情况下，在仿真 Baxter 机器人上测试生成的运动轨迹，结果如图 12.9 所示，可以看出，机器人成功地将左边的木板从桌子上推翻，同时也没有碰撞到柱子和球。

原始的 DMP 只用于学习单个示教轨迹。为了将其与改进的方法作比较，使用 10 组示教数据训练得到 10 个 DMP，并在没有修改运动终点位置的情况下将其应用到机器人上，其中 6 个会使得机器人无法将左边木板推倒在地，或者同时推倒了两个木板。通过修改 10 个 DMP 模型中的目标位置，机器人才能全部成功完成任务。

3）基于 DMP 的运动技能拓展仿真

在仿真实验中，首先修改关节 1 的起始位置，以检验 DMP 的稳定性，结果如图 12.10 所示。从图中可以看出，修改后的运动轨迹最后仍然能稳定在目标位置。为了检验 DMP 的空

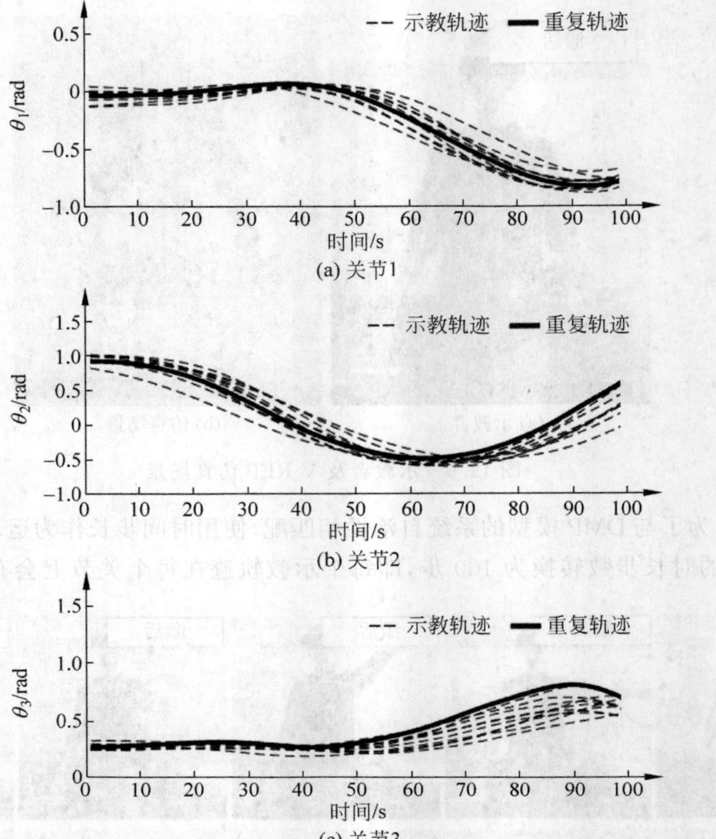

图 12.8 学习结果：示教轨迹及新生成的运动轨迹

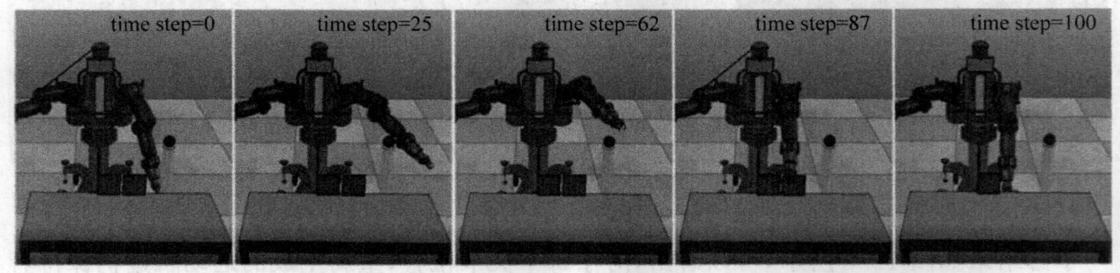

图 12.9 机器人复现所学运动技能

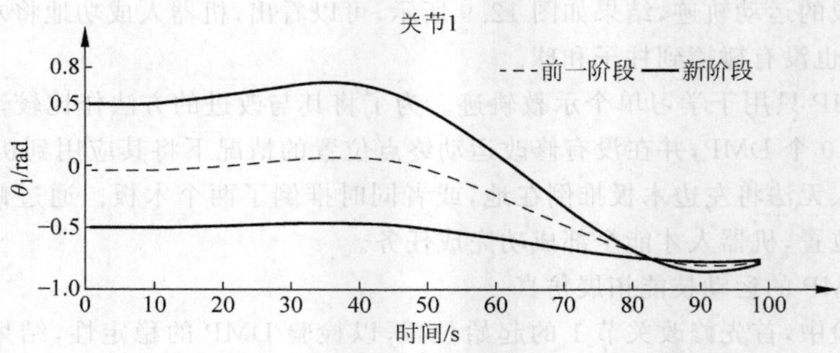

图 12.10 改变关节 1 起始位置后的位置变化曲线

间拓展性能，修改运动轨迹的目标位置，使机器人最终能够将另一块木板从桌面上推翻落地。3个关节对应的原始目标位置为$[\theta_1,\theta_2,\theta_3]=[-0.755,0.652,0.664]$(rad)，这里将其修改为$[-0.987,0.564,0.635]$(rad)，以使得所学运动技能的目标位置落在右边的木板上。3个关节位置的变化过程如图12.11所示，可以看出，每条轨迹都保持着相似形状，并最终近似地到达目标位置。另外，我们在仿真机器人上测试了拓展后的运动技能，结果如图12.12所示。由结果可知，仿真机器人的左手臂绕过了障碍物并成功地将右边的木板推倒。DMP的另一个能力是时间缩放。为了测试其性能，将时间缩放因子τ从1调整为0.5，这可以加快生成运动的速度。如图12.13所示，3个关节在时间步数为50时到达目标位置，仿真机器人以接近两倍的速度完成了此项任务(见图12.14)。

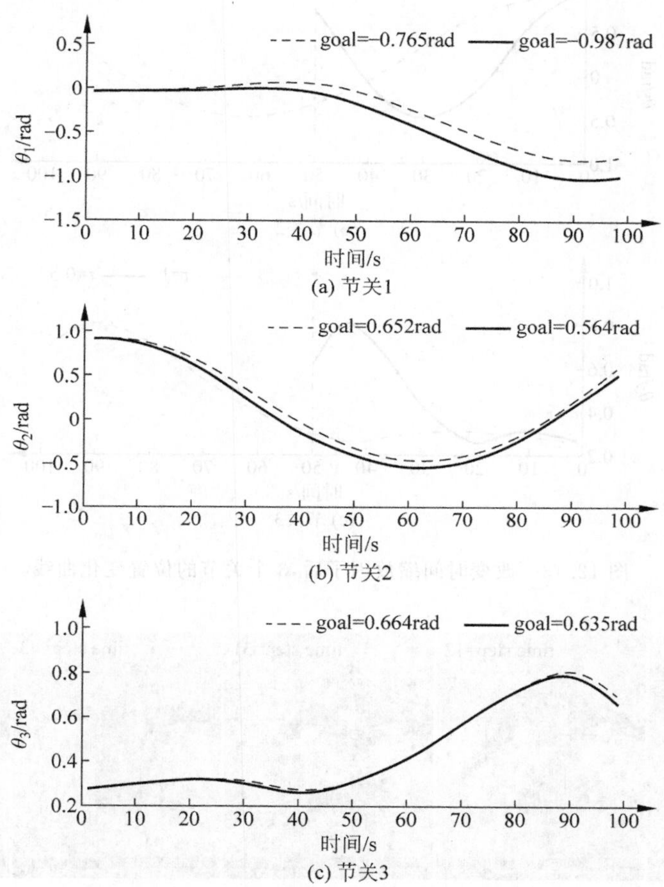

(a) 节关1

(b) 节关2

(c) 节关3

图12.11 改变目标位置后3个关节的位置变化曲线

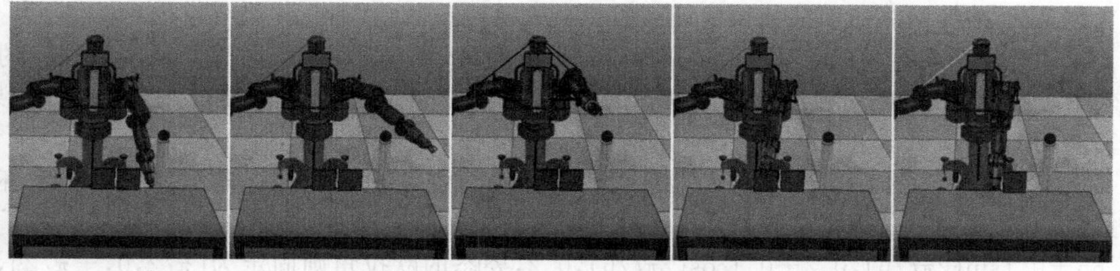

图12.12 仿真机器人对所学运动技能进行空间上的拓展

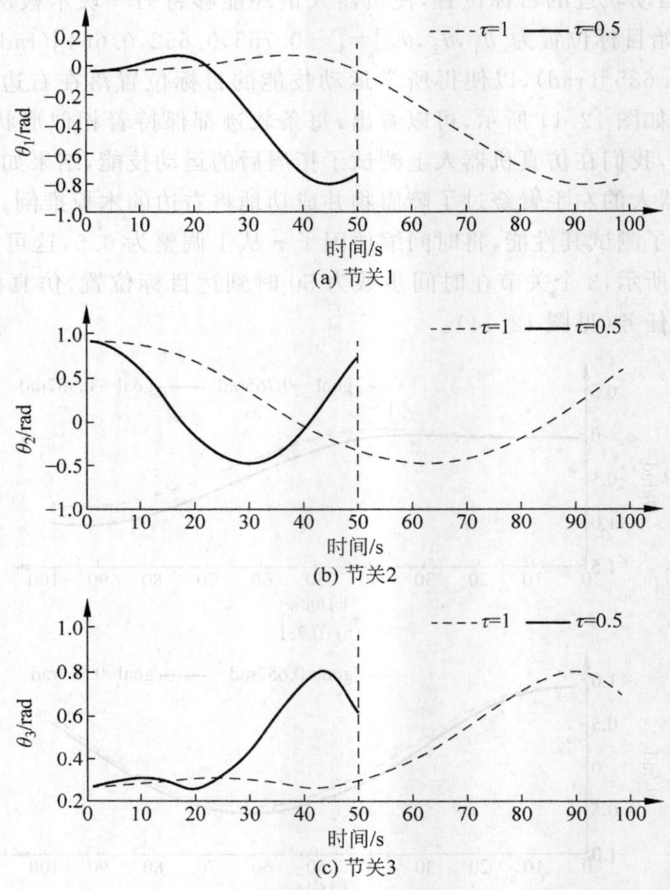

图 12.13　改变时间缩放因子后，3 个关节的位置变化曲线

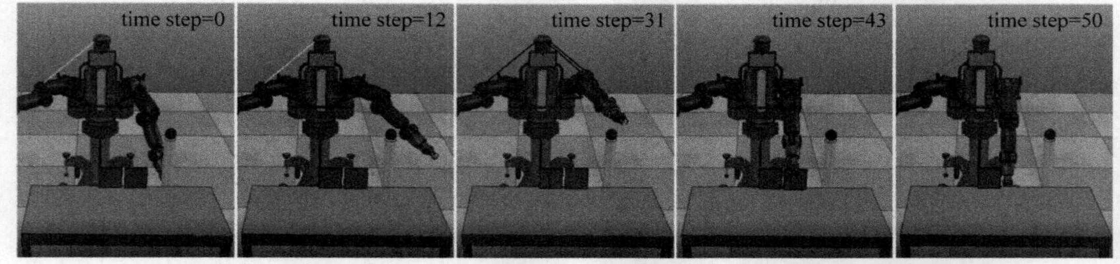

图 12.14　仿真机器人对所学运动技能进行时间上的拓展

2. 基于神经网络的前馈补偿验证实验

未知环境与负载使我们无法事先准确获得机械臂的动力学模型，进而会影响机械臂的控制效果。在实验中，使用神经网络控制算法对未知负载产生的影响进行补偿。为验证其效果，在真实的 Baxter 机器人上进行一组对照实验以比较有无补偿时的控制效果。

该实验在现实的 Baxter 机器人上进行。Baxter 机器人左手的夹持器上持有一个水杯作为负载，其左手末端位置将绕着一个水平面上的圆圈做周期运动，其位置轨迹给定为$[x,y,z]=[0.65+0.1\sin(2\pi t/6),0.2+0.1\cos(2\pi t/6),0.2]$，姿态的欧拉角则固定为$[\pi/2,0,-\pi/2]$，如

图 12.15 所示。对应每个位置的关节角度通过机器人逆运动学求得。考虑到未知负载加在机械臂末端控制器时，其重力对机械臂动力学模型的影响最为明显，并考虑计算机计算效率问题，在这个实验中只使用神经网络去逼近机械臂动力学模型中的重力项 G。对于每一维输入，选择 3 个节点，神经网络权重初始值设为 0。

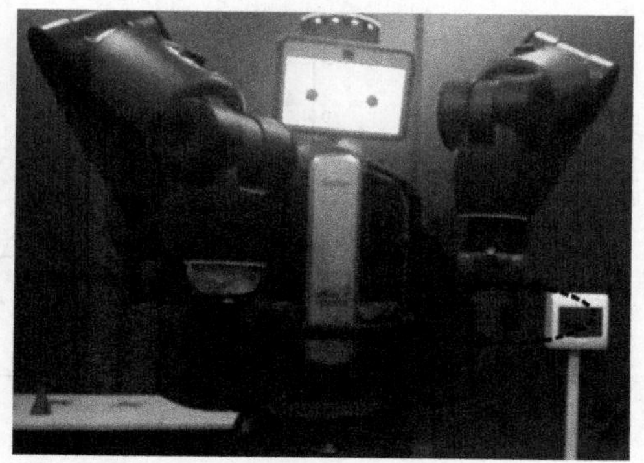
图 12.15 实验场景

对比实验设计：首先，在不加神经网络补偿的情况下，使用 PD 控制器对加有负载的 Baxter 机器人进行控制，使其按既定轨迹做周期运动，并记录每个关节的实际位置以及位置误差，实验结果如图 12.16 和图 12.17 所示。图 12.16 为未加神经网络补偿情况下的关节轨迹跟踪情况，虚线表示参考轨迹，实线表示实际的关节运动轨迹。图 12.17 为未加神经网络补偿下的轨迹跟踪误差。然后，加上神经网络前馈补偿，重复以上实验，实验结果如图 12.18～图 12.21 所示。其中，图 12.18 为神经网络补偿下的关节轨迹跟踪情况，虚线表示参考轨迹，实线表示实际的关节运动轨迹。图 12.19 为神经网络补偿下的轨迹跟踪误差。与没加补偿的情况相比，使用神经网络前馈补偿时的跟踪误差明显减小，整体误差范围减小到[−0.3,0.3](rad)。图 12.20 为神经网络前馈补偿力矩，其在最后与参考轨迹一样呈周期变化。图 12.21 为神经网络权重矩阵每列的范数，从中可以看出神经网络权重整体的变化趋势。

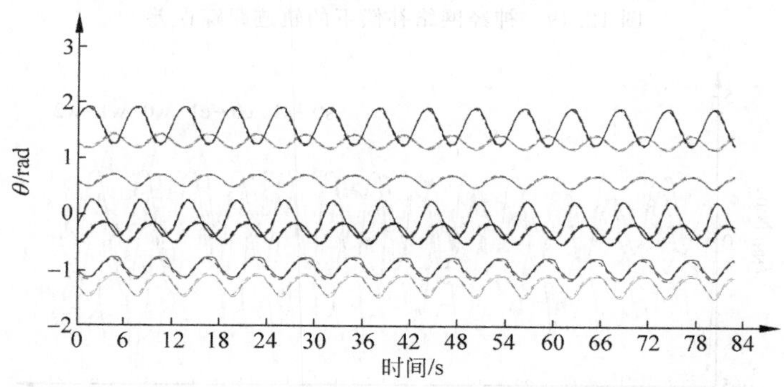

图 12.16 未加神经网络补偿情况下的关节轨迹跟踪情况（虚线代表参考轨迹）

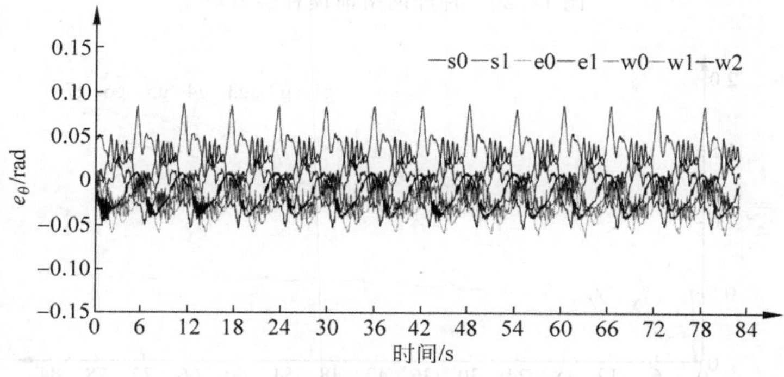

图 12.17 未加神经网络补偿下的轨迹跟踪误差

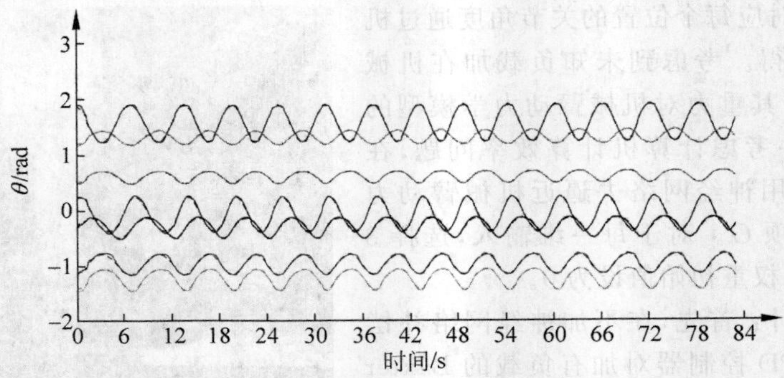

图 12.18　神经网络补偿下的关节轨迹跟踪情况（虚线代表参考轨迹）

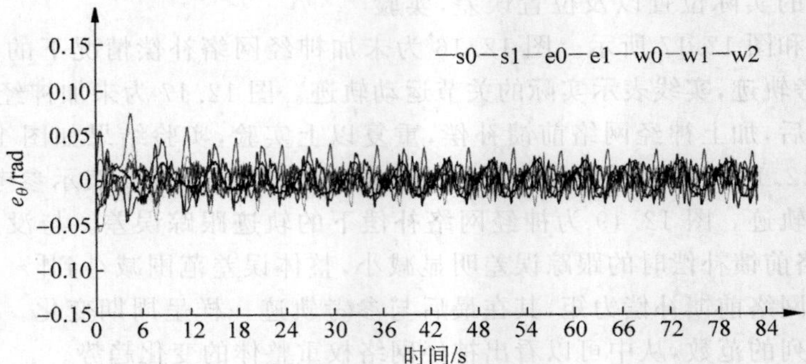

图 12.19　神经网络补偿下的轨迹跟踪误差

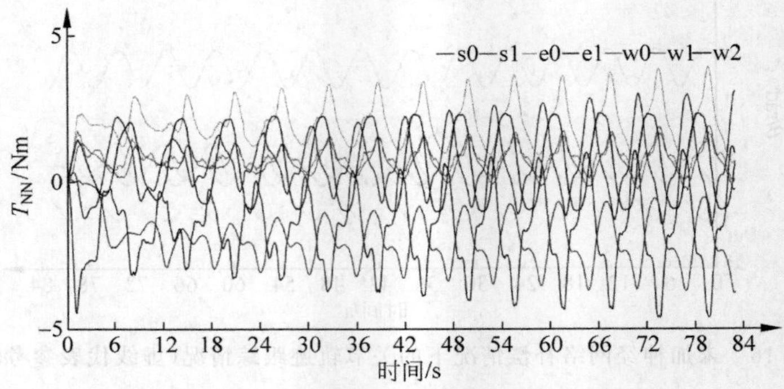

图 12.20　神经网络前馈补偿力矩

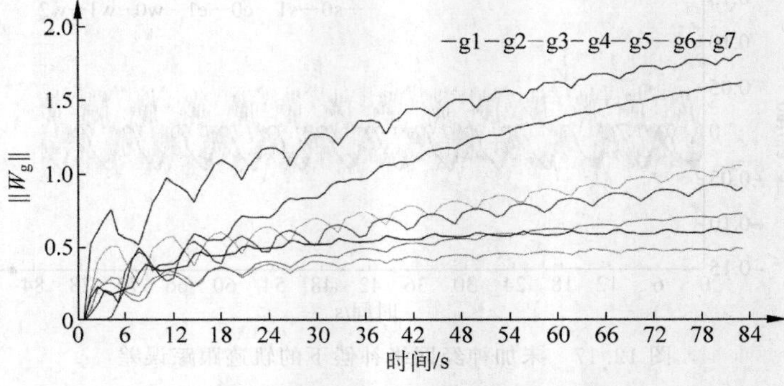

图 12.21　神经网络权重矩阵每列的范数

3. 应用于 Baxter 机器人的技能传递拓展实验

接下来使用真实的 Baxter 机器人验证上述方法的空间拓展能力。在该实验中，示教者通过抓住 Baxter 机器人的手腕，引导其手臂运动。实验场景如图 12.22 所示，在这个场景中，机器人所需要学习的运动技能是将杯子移动到不同的位置。机器人从示教者那里学习如何将杯子从桌子的 A 点移动到 B 点，其夹持器的运动轨迹如图 12.22(a)所示。然后将运动拓展为：将杯子从 A 点移动到 C 点，如图 12.22(b)所示。与 DMP 的验证仿真相似，首先利用示教数据训练 DMP 模型，然后机器人再对运动技能进行空间上的拓展。训练结果如图 12.23 所示，从图中可以看出，DMP 模型再现的轨迹能够使机器人成功将杯子从 A 点移动到 B 点。拓展的结果如图 12.24 所示，机器人成功地将杯子从 A 点移动到 C 点，同时保持着与示教动作相似的运动轨迹。

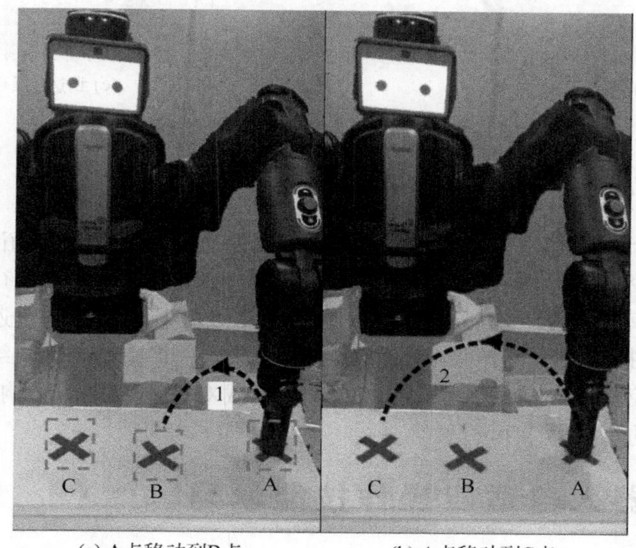

(a) A点移动到B点　　(b) A点移动到C点

图 12.22 实验场景

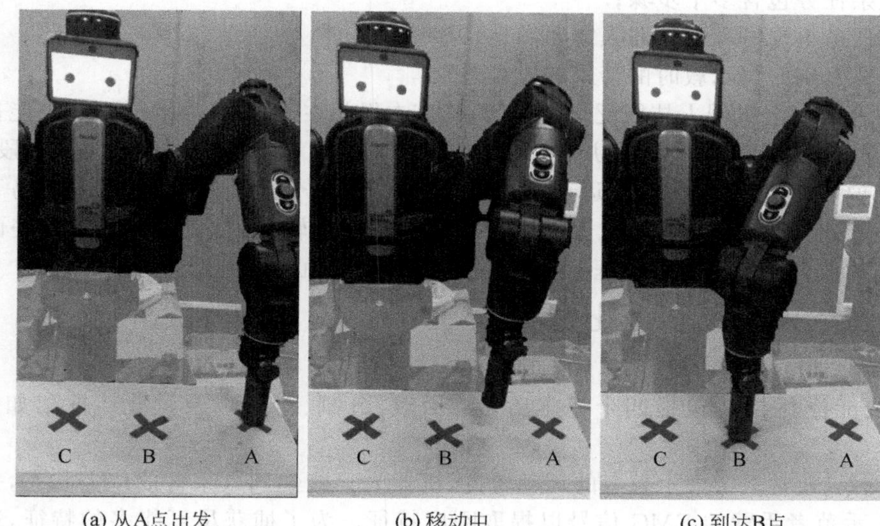

(a) 从A点出发　　(b) 移动中　　(c) 到达B点

图 12.23 机器人复现所学运动技能

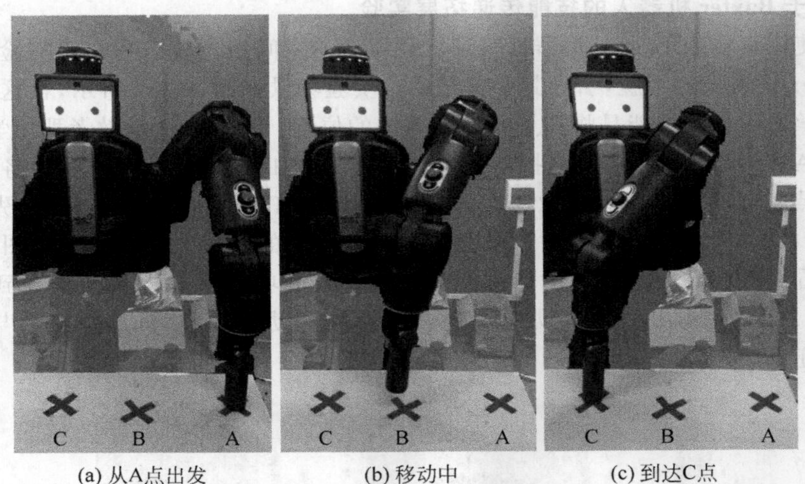

(a) 从A点出发　　(b) 移动中　　(c) 到达C点

图 12.24　机器人拓展所学运动技能

12.1.5　小结

本节介绍了一个人机示教系统，包括人到机器人的运动技能传递和拓展模型设计，以及用于运动轨迹跟踪的控制器设计。示教运动使用了动力学运动基元模型进行建模。结合高斯混合模型，对动力学运动基元模型进行了拓展，使其能够应用于多个示教轨迹的学习。通过这个模型，实现了对运动技能的空间拓展和时间拓展。此外，一个基于神经网络函数逼近技术的控制器被用于机械臂控制中的前馈补偿，以克服未知负载对控制效果的影响。最后，通过实验和仿真验证了该方法的有效性和可行性。

12.2　机器人自适应操作技能学习

机器人通常需要从人类的示教中泛化技能，以满足新的任务要求。但是，在以下情况中技能泛化很难实现，即：

(1) 复杂任务包含多个步骤；

(2) 在任务再现过程中机器人需要满足一些约束条件；

(3) 任务复现时与示教时的情景有较大差别。

本节将介绍一个机器人技能泛化的框架，其基本思想在于，首先将要学习的技能自动分割成一系列子技能，然后相应地编码并对每个单独的子技能(对应分割得到的轨迹片段)进行调节。具体来说，单独调整每组分段运动轨迹，而不是调整整个运动轨迹，从而使其易于实现技能泛化与拓展。此外，在实现人-机器人可变阻抗控制技能转移的框架中，将基于表面肌电信号估计的人体肢体刚度考虑进该框架中，以同时实现运动轨迹和刚度轨迹的拓展。

12.2.1　人机技能泛化框架

1. 框架概述

人机技能泛化框架包括四个基本阶段：示教、分割、对齐以及泛化。框架如图 12.25 所示。

(1) 示教：通常只考虑示教者的运动轨迹，机器人只能学到人手臂的位姿状态，并在框架中提取人类示范者手臂的 EMG 信号以提取刚度特征。为了捕获尽可能多的特征，通常会针对一项任务执行多次示教。

（2）分割：将运动轨迹以及刚度分布表示的技能分成子技能序列。通过这种方式建立了一个特定任务的特征库。

（3）对齐：具有不同持续时间的示教配置文件通常需要在时间上对齐。此外，还需要对齐来自不同部分的坐标点。

（4）泛化：然后这些已经分段和对齐的运动轨迹和刚度分布序列会被DMP编码。最后，根据任务情况的要求确定每组运动轨迹以及刚度分布是否泛化。显然，当没有必要泛化所学习的技能时，机器人可以简单地模仿示教者的运动信息。

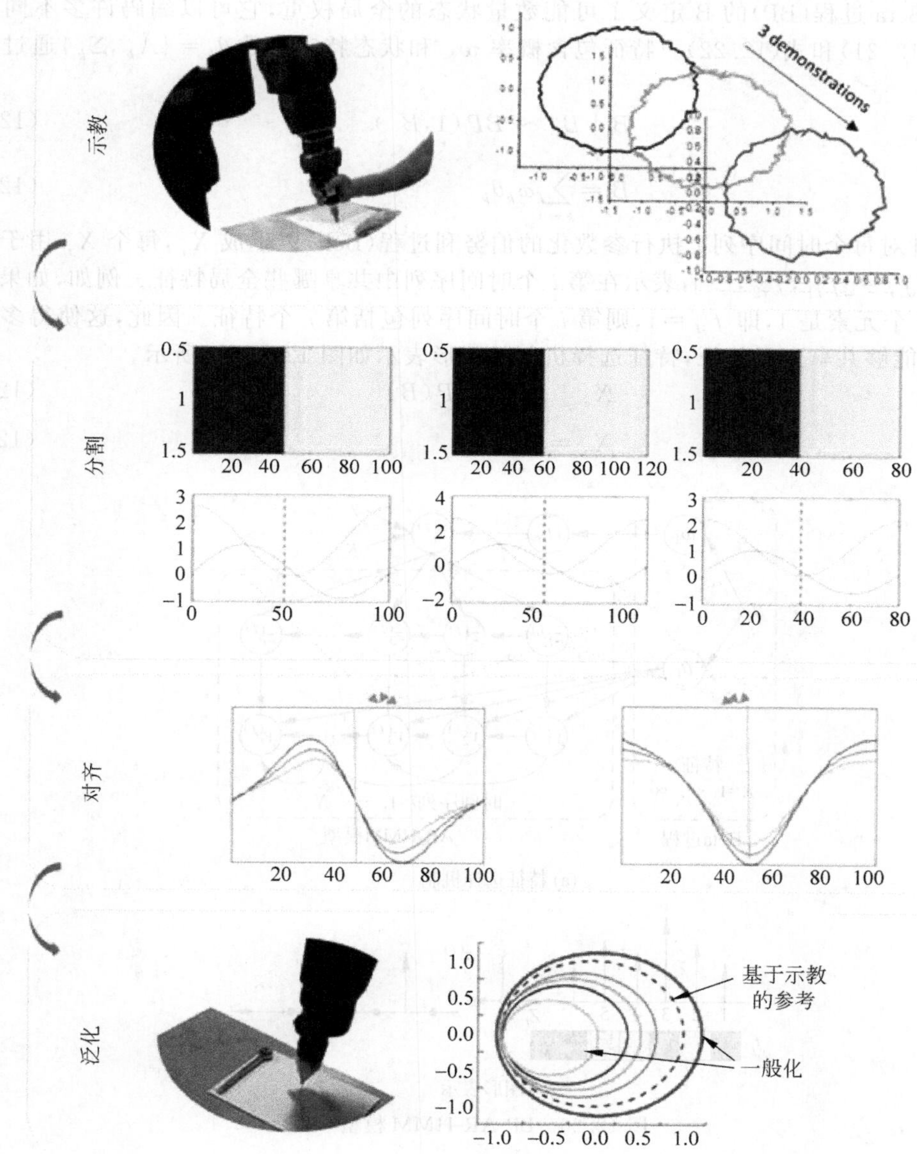

图 12.25　框架的图形表示

2. 使用 BP-AR-HMM 进行技能分割

隐马尔可夫模型（Hidden Markov Model，HMM）是一种基于观测数据进行时间序列分析的统计方法。通过使用前向-后向或者 Viterbi 算法有效地估计 HMM 的参数,并且生成观测数据的状态序列。然而,HMM 通常需要先验知识来选择隐含数量的状态,因此容易导致过度拟合或欠拟合的问题。这在很大程度上限制了模型的使用,特别是在处理复杂任务的运动分割的时候。另外,传统的 HMM 不适合解决根据多个观察数据分割复杂行为的问题,因为它在模型中独立地考虑观察结果,而忽略了不同序列之间的关联。

Beta 过程自回归 HMM(BP-AR-HMM)可以改善 HMM 模型的两个缺点。BP-AR-HMM 主要包含两部分,即 Beta 过程和 AR-HMM 模型,如图 12.26(a)所示。简要介绍该算法的基本思想如下。

首先, Beta 过程(BP)的 B 定义了可能数量状态的全局权重,它可以编码许多不同的行为,参见式(12.21)和式(12.22)。特征包含概率 w_k 和状态特定参数 $\theta_k=\{A_k,\Sigma_k\}$通过以下过程生成:

$$B \mid B_0 \sim BP(1,B_0) \tag{12.21}$$

$$B=\sum_{k=1}^{\infty}\omega_k\theta_k \tag{12.22}$$

然后,针对每个时间序列 i 执行参数化的伯努利过程(BeP)以生成 X_i,每个 X_i 用于生成二进制向量 $f_i=[f_{i1},f_{i2},\cdots]$,表示在第 i 个时间序列中共享哪些全局特征。例如,如果向量 f_i 中的第 k 个元素是 1,即 $f_{ik}=1$,则第 i 个时间序列包括第 j 个特征。因此,这使得多个时间序列之间能够共享全局特征,特征选择机制的图形表示如图 12.26(b)所示。

$$X_i \mid B \sim BeP(B) \tag{12.23}$$

$$X_i=\sum_{k=1}f_i\delta_{\theta_k} \tag{12.24}$$

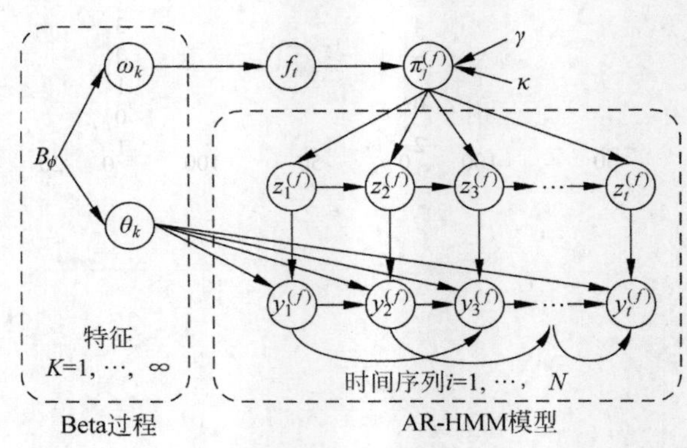

(a) 特征选择机制

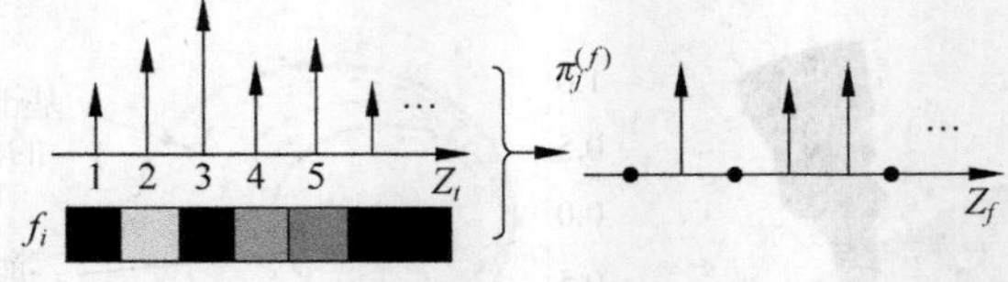

(b) 图形表示

图 12.26 BP-AR-HMM 模型

给定每个时间序列的特征指示向量 f_i,通过具有超参数 γ 和 κ 的 Dirichlet 分布构造过渡分布 $\pi_j^{(i)}$。因此,第 i 个时间序列可以从具有特征约束的过渡分布 $\pi_j^{(i)}$ 的全局库中选择特征。

$$\pi_j^{(i)} \mid f_i,\gamma,\kappa \sim Dir([\gamma,\cdots,\gamma+\kappa,\gamma,\cdots]\otimes f_i) \tag{12.25}$$

基于转移分布，为每个时间步 t 生成状态 $z_t^{(i)}$，如下式：

$$z_t^{(i)} \sim \pi_{z_{t-1}^{(i)}}^{(i)} \tag{12.26}$$

最后，观察量 $y_t^{(i)}$ 可以使用式(12.27)获得。式(12.27)表示向量自回归(Vector Auto Regression，VAR)模型。它表明，给定 VAR 模型滞后阶数 r，观察值为模型的先前 r 个观测值的线性变换的总和加上状态特定的噪声。

$$y_t^{(i)} = \sum_{j=1}^{r} A_{j,z_t^{(i)}} y_{t-j}^{(i)} + e_t^{(i)}(z_t^{(i)}) \tag{12.27}$$

BP-AR-HMM 模型只需几个参数即可提供可靠的推理，Beta 过程以完全贝叶斯方式表示复杂任务的潜在特征的总数。

本节中，BP-AR-HMM 模型不仅用来分割多次示教产生的运动轨迹，还用于分割与运动相对应的人体手臂刚度轨迹。为此，将运动信息 x 和刚度信息 p 封装到观测值中：$y_t^{(i)} = \{x_t^{(i)}, p_t^{(i)}\}$，使得它们可以平行同时分割。

3. 使用广义时间规整算法的示教曲线对齐

动态时间规整(Dynamic Time Warping，DTW)算法已被广泛用于时间序列数据的对齐。考虑两个时间序列 $U=[u_1,\cdots,u_P]$ 和 $V=[v_1,\cdots,v_Q]$ 在维度分别为 P 和 Q 的情况下，DTW 是获得 U 和 V 之间的最佳对应关系的方法，使得给定的误差最小化：

$$J_{\text{dtw}} = \| UR_x - VR_y \|^2 \tag{12.28}$$

其中，R_x 和 R_y 是辅助矩阵。该过程可以看作是在参考序列 U 和观察到的子序列 V 之间找到对齐的过程。

一般机器人从示教中学习技能所获得的曲线通常是多维时间序列。在这种情况下，DTW 算法可能会受时间和空间计算复杂度二次方增长的限制，从而无法使用。GTW 算法可以解决上述问题，实现人体运动的多模态数据对准。考虑 m 条示教轨迹，$\{U_1,\cdots,U_m\}$，且 $U_i = [u_1^i,\cdots,u_{n_i}^i]$，GTW 的最小化代价函数为：

$$J_{\text{gtw}} = \sum_{i=1}^{m}\sum_{j=1}^{m} \frac{1}{2} \| \boldsymbol{V}_i^{\mathrm{T}} U_i \boldsymbol{W}_i - \boldsymbol{V}_j^{\mathrm{T}} U_j \boldsymbol{W}_j \|^2 + \left(\sum_{i=1}^{m} \varphi(\boldsymbol{W}_i) + \phi(\boldsymbol{V}_i) \right) \tag{12.29}$$

其中，$\boldsymbol{W}_i$ 和 $\boldsymbol{V}_i$ 分别是非线性时间变换和低维空间嵌入矩阵。$\varphi(\cdot)$ 和 $\phi(\cdot)$ 是正则化函数。优化成本函数是关于对准(即 $\boldsymbol{W}_i$)和投影矩阵(即 $\boldsymbol{V}_i$)的非凸优化问题，其分别通过 Gauss-Newton 算法和多集典型相关分析来求解。

4. 使用 DMP 的技能表示和泛化

(1) DMP 模型：通常，一维系统的点对点运动 DMP 由 3 个微分方程表示：

$$\tau\dot{v} = K(x_g - x) - Dv + (x_g - x_0)f(s;\ w) \tag{12.30}$$

$$\tau\dot{x} = v \tag{12.31}$$

$$\tau\dot{s} = -\alpha_1 s \tag{12.32}$$

若忽略时间变量，则 x_t 可用 x 表示。其中，K 和 D 分别是恒定刚度系数和阻尼系数；x_g 和 x_0 分别是轨迹的目标和初始点，τ 为比例因子；x 和 v 分别表示轨迹的位置和速度，它们的关系如式(12.31)所示；s 是变换系统的相位变量，它由微分方程式(12.32)表示，$\alpha_1>0$ 是预定义的常数。

非线性强制函数 $f(s;\ w)$ 采用以下表示：

$$f(s;\ w) = w^{\mathrm{T}} g \tag{12.33}$$

其中，g 是时间参数化的核向量，w 是策略参数向量，它影响学习轨迹的形状。核向量的元素定义为：

$$[g]_n = \frac{\varphi_n(s)s}{\sum_{n=1}^{N} \varphi_n(s)} \tag{12.34}$$

使用归一化基函数 $\varphi_n(s)$，通常定义为径向基函数(RBF)内核：

$$\varphi_n(s) = \exp\left(-h_n(s-c_n)\right) \tag{12.35}$$

其中，c_n 和 h_n 分别是这些核函数的中心和宽度。通常，在整个轨迹期间，c_n 在时间上是等间隔的，并且 h_n 基于经验来选择。

策略参数 w 可以使用(如局部加权回归 LWR 等)监督学习算法来学习。简单地说，需要将如下误差函数最小化：

$$\min \sum (f_{\text{target}} - f(s))^2 \tag{12.36}$$

其中

$$f_{\text{target}} = \frac{\tau \dot{v} + Dv - K(x_g - x)}{x_g - x} \tag{12.37}$$

可以根据示教的轨迹 $x_t, \dot{x}_t, \ddot{x}_t (t=1,\cdots,T)$ 和 $x_g = x(T)$ 计算。

(2) 用于编码刚度的扩展 DMP：为了同时编码从示教中获得的运动轨迹和刚度轨迹，扩展 DMP 模型如下：

$$\begin{cases} \dot{s} = h(s) \\ \dot{x} = g_1(x, w, s) \\ \dot{p} = g_2(p, \gamma, s) \end{cases} \tag{12.38}$$

式(12.38)表示一种规范系统。用于运动轨迹 x 和用于刚度轮廓 p 的两个变换系统具有相同的形式，但具有不同的参数 ω 和 γ。它们由相同的相位变量 s 驱动，从而保证运动轨迹与刚度轨迹的相位同步。刚度参数 γ 的估计过程与 ω 的估计过程非常相似。

5. 人体手臂末端刚度到机器人阻抗控制器的映射

在任务执行期间，为了捕获人体手臂肌肉的变化信息，需要实时检测示教者手臂的肌电信号。然后基于 EMG 信号估计人体手臂刚度。最后，将刚度映射到机器人关节阻抗控制器，如图 12.27 所示。

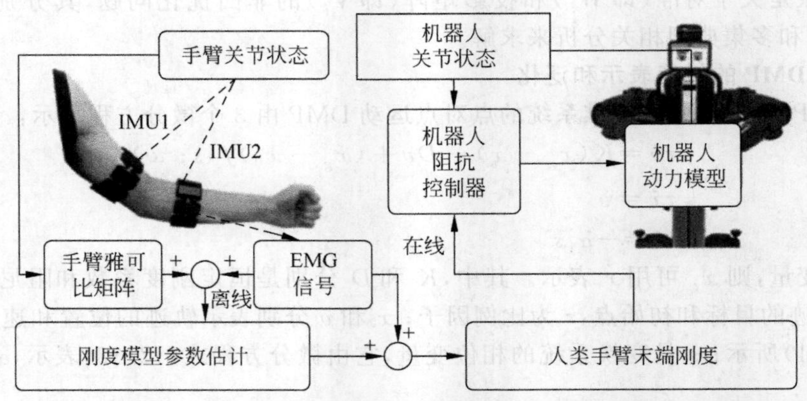

图 12.27 人体手臂末端刚度与机器人关节阻抗控制器的映射

MYO 手环用于收集原始 EMG 信号，然后用移动平均法和低通滤波器处理 EMG 信号。手环有一个惯性测量单元(IMU)，所以可以使用两个 MYO 手环以确定人体手臂的关节角度：

一个佩戴在靠近关节肩部的上臂，另一个佩戴在靠近关节肘部的前臂。该工作中的臂配置将用人体手臂三角模型描述，基于该模型计算人臂雅可比行列式。然后，结合人的雅可比行列式和处理过的EMG信号，离线估计人体手臂关节到末端刚度模型的参数。在示教阶段，将人体手臂末端刚度在线映射到机械臂阻抗控制器，该过程中只有一个手环采集EMG信号。通过这种方式，人体手臂可变刚度被传递到机器人，调节机械臂阻抗用以适应特定任务中的柔性要求。

12.2.2　实验验证

1. 实验装置

人形双臂Baxter将用于研究本节的技能学习实验。关于Baxter机器人的详细介绍可以参考前面章节。在力矩控制模式下可以调整关节刚度和阻尼，简化为PD阻抗控制器。实验装置如图12.28所示。

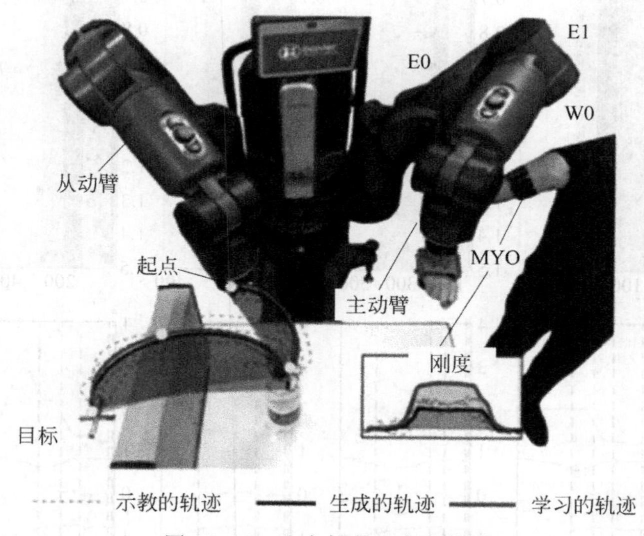

图12.28　取水任务的实验装置

在示教期间，机器人的主臂通过物理耦合接口直接连接到示教者的一个臂上。示教者示教提水任务，则机器人从动臂会跟随主臂运动。示教者手臂上佩戴的MYO手环用于收集实时的肌电信号。EMG信号使用蓝牙传输发送到计算机，然后进行处理以估计人体手臂末端刚度。随后，使用UDP协议将估计的刚度曲线适当地映射到机械臂阻抗控制器中，以生成机器人运动控制命令控制机械臂运动。

2. 参数设置

首先对获得的示教轨迹进行预处理，使得每个维度的第一个差异的方差为1，平均值为0。示教轨迹为8维时间序列，其中7维为运动轨迹，另外一维为刚度轨迹。所有的示教轨迹也可以按照20Hz的频率进行二次采样，并对其进行平滑处理。

在AR-HMM模型中选择1阶的自回归模型。Metropolis-Hastings和Gibbs采样器运行10次，每次迭代1200下，以分割示教曲线，产生10个分段。根据10次运行的特征设置的最大对数似然性进行分割，并选择这些分割后的轨迹作为后续处理的运动原语。

3. 结果和分析

在示教阶段，示教者示教了6次任务。在这项工作中，起点和目标都在所有示教中都是固定的，因此运动轨迹的形状差异不大，因为这里只对刚度的泛化感兴趣。为此，设置机器人在两个条件下被示教执行任务：(1)将半瓶水提升四次，(2)将三分之一瓶水提起两次。由于人类指导员肌肉激活的不确定性，即使在相同的任务条件下，刚度曲线在形状上也不完全相同。

分割的结果如图 12.29 所示。顶行显示将示教轨迹分割为标记有不同灰度细条的子技能，底行显示覆盖在每个 8 自由度示教轮廓的子图上的相应分割片段。第 1、3、5、6 子图对应于第一任务条件，而第 2、4 子图对应于第二任务条件。可以看出，BP-AR-HMM 可以成功地将提水过程分成四个序列，基本上对应于任务的相应步骤：(1)到达瓶子位置；(2)拿起瓶子的把手；(3)靠近障碍物；(4)抬起瓶子越过障碍物并将其放置在目标位置上。从示教结果可以看出，BP-AR-HMM 能够有效识别多个示教中的重复子技能，即使它们出现在不同的位置并对应不同的刚度轨迹。

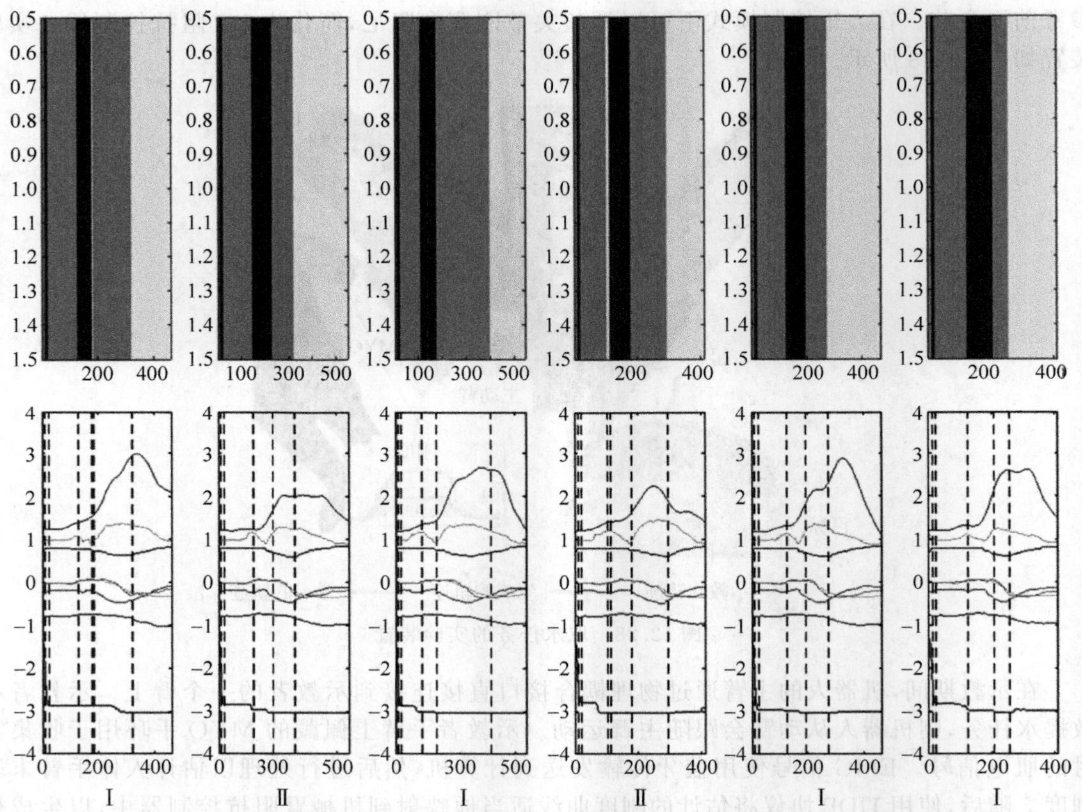

图 12.29　七自由度运动轨迹和一自由度刚度轨迹的分割结果。六个子图中，每个图的第一行表示刚度，其他行均表示关节角；Ⅰ和Ⅱ分别对应于第一和第二任务条件

示教轨迹的对齐结果如图 12.30 所示。GTW 可以同时对齐每个维度的轨迹，从而具有较高对准效率。灰线和黑线分别表示对齐的轨迹和生成的轨迹。将对齐的轨迹进行平均，然后使用 DMP 模型进行建模；还可以利用一些统计方法来生成最终轨迹。可以看出，所有示教轨迹即运动轨迹和刚度轨迹在时间和空间中都可以很好地对齐。生成的轨迹可以捕获六个示教中每个维度的特征。

随后，把任务泛化到以下任务情况。(1)抬起装满水的瓶子越过障碍物并将其放置在目标上。(2)当不希望高刚度的时候，保持低刚度控制，即在前两个步骤期间要求机器人处于低增益控制下。一旦获得刚度分割的分段，就可以使用 DMP 模型有效地调整每个序列。为了处理新的任务情况，可以调整第三和第四段序列的刚度，即将第三阶段的最后位置即第四段序列

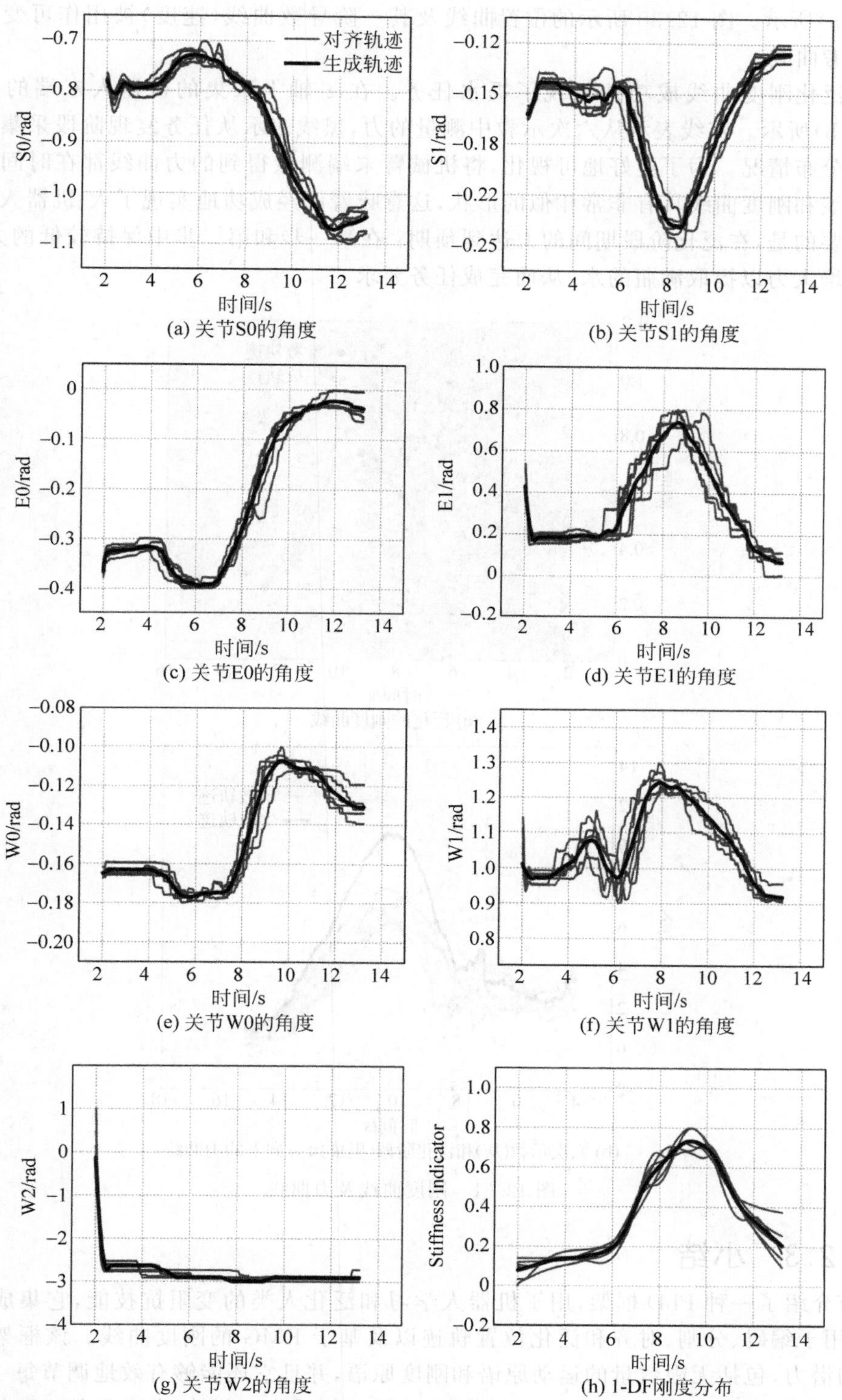

图 12.30 七自由度运动轨迹(a)～(g)和一自由度刚度分布(h)的对齐结果

的初始点调到某个值。基于参考值(带圆点的深黑色线)的三个泛化的刚度曲线(灰色线)如图 12.31(a)所示。图 12.30 所示的位置曲线及其一阶导数曲线(速度)被用作可变阻抗控制器中的参考曲线。

使用泛化刚度曲线成功地复现了提水任务。在 z 轴上采集的机器人末端的力曲线如图 12.31(b)所示。灰线表示从六次示教中测量的力,黑线表示从任务复现阶段采集到的一个典型的力分布情况。为了更好地可视化,将机械臂末端测量得到的力曲线都在时间坐标上对齐。力曲线和刚度曲线具有非常相似的形状,这意味着已经成功地实现了人-机器人的刚度传递。更重要的是,在泛化阶段期间的力达到预期:在第一步和第二步中保持较低的力,然后在第三阶段增大力以提取满瓶的水,从而完成任务要求。

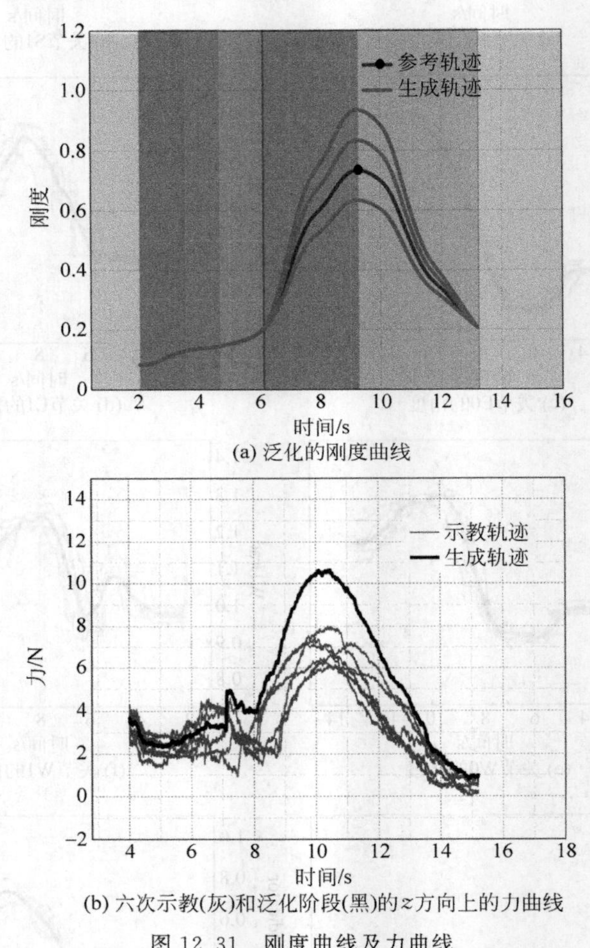

图 12.31 刚度曲线及力曲线

12.2.3 小结

本节介绍了一种 PbD 框架,用于机器人学习和泛化人类的变阻抗技能,它集成了几种模型,分别用于编码、分割、对齐和泛化位置轨迹以及基于 EMG 的刚度曲线。该框架具有学习技能库的潜力,包括无限数量的运动原语和刚度原语,并且它还能够有效地调节每一段所展示的曲线,这方便于实现技能在空间与力空间上的调整与泛化。此外,考虑到基于示教者肌电信号的刚度估计,该框架允许机器人学习人类的可变阻抗技能,并泛化类似技能以适应新的任务情况。实验表明,该方法能够在 Baxter 机器人上学习和泛化多步骤任务。另外,该框架并不依赖于特定的硬件平台，因而也适用于其他机器人。

12.3 基于动态运动原语的机器人技能学习与泛化

传统的技能学习和泛化方法没有很好地考虑人体阻抗特征(特别是刚度泛化)的情况，这使得技能在现实人机交互场景中不够类人化并且受任务限制。本节将介绍一个技能学习框架，它使机器人能够有效地学习人类的运动和刚度控制策略，并基于 Baxter 机器人进行实验验证。整个系统框架如图 12.32 所示。

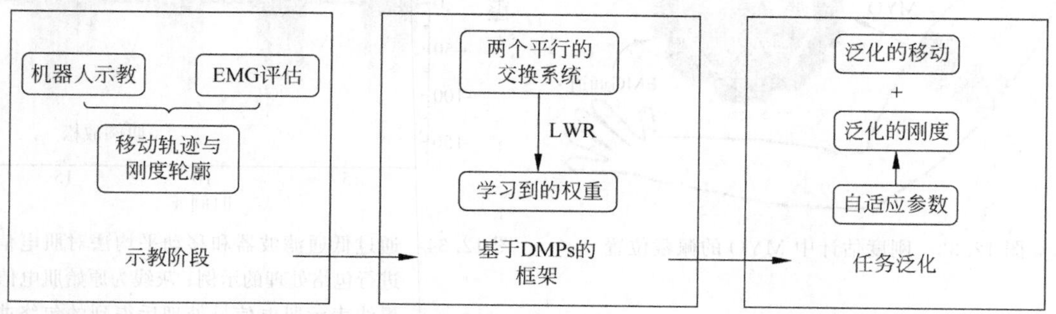

图 12.32 用于技能学习和泛化的 TbD 系统框架

本节介绍的基于肌电信号的可变阻抗技能传递与基于 DMP 的运动规划相结合的方法，继承了两者在机器人技能获取方面的优点。更重要的是，该框架可以用一种统一的方式同时编码轨迹和刚度曲线，实现轨迹泛化和刚度规划。

12.3.1 方法

1. 基于肌电信号的可变刚度估计

为了使机器人能够从示教者那里学习适当的刚度调节策略，首先需要估计示教者的肢体末端刚度，从示教者的手臂提取的肌电信号用于监测肌肉激活程度，从而进行刚度估计。随后，估计的人体末端刚度作为关节阻抗控制器中的参数。

笛卡儿刚度与人体手臂刚度之间的映射关系可表示如下：

$$K_{\mathrm{en}}=\boldsymbol{J}_h^{+T}(q_h)\left[K_j-\frac{\partial \boldsymbol{J}_h^{+T}(q)F_{\mathrm{ex}}}{\partial q_h}\partial q_h\right]\boldsymbol{J}_h^{+}(q_h) \tag{12.39}$$

其中，$K_{\mathrm{en}}\in R^{6\times 6}$ 和 $K_j\in R^{7\times 7}$ 分别表示人体手臂末端刚度和关节刚度；$\boldsymbol{J}_h^{+T}\in R^{6\times 7}$ 为人体手臂的雅可比矩阵的伪逆，表示人体手臂的姿态；$q_h\in R^7$ 表示手臂关节角度；$F_{\mathrm{ex}}\in R^6$ 是施加在人体手臂末端的外力。

一般而言，人体手臂的关节刚度 K_j 和肌肉同步收缩活动、人体手臂姿势、肌肉伸展反射等相关。这里采用一个简化的估计模型，其中，肌肉同步收缩指标 $\alpha(p)$ 和固有刚度常数 $\overline{K}_J$ 的乘积用来表示关节刚度 K_j，可以在最小肌肉同步收缩的情况下识别，也就是 $K_j=\alpha(p)\overline{K}_J$。系数 $\alpha(p)$ 可以由以下公式得出：

$$\alpha(p)=1+\frac{\lambda_1(1-\mathrm{e}^{-\lambda_2 p})}{(1+\mathrm{e}^{-\lambda_2 p})} \tag{12.40}$$

其中，λ_1 和 λ_2 是需要估计的正常系数，p 是用于表示肌肉激活程度的指标。指标 p 可以通过两步获得：低通滤波器(截止频率为 100Hz 的有限脉冲响应滤波器)和移动平均技术。首先，使用 MYO 手环从每个通道中提取原始肌电信号的包络曲线。这里使用的肌电信号共有 8 个通道。MYO 手环佩戴在上臂以采集肌肉的原始肌电信号数据，如图 12.33 所示。肌电信号包络函数示例如图 12.34 所示。

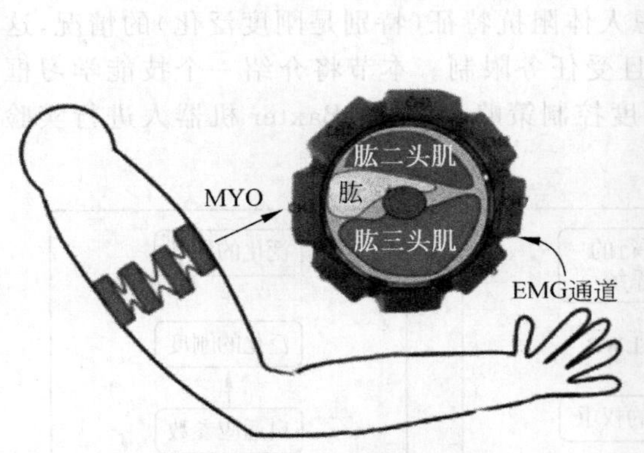

图 12.33　刚度估计中 MYO 的佩戴位置

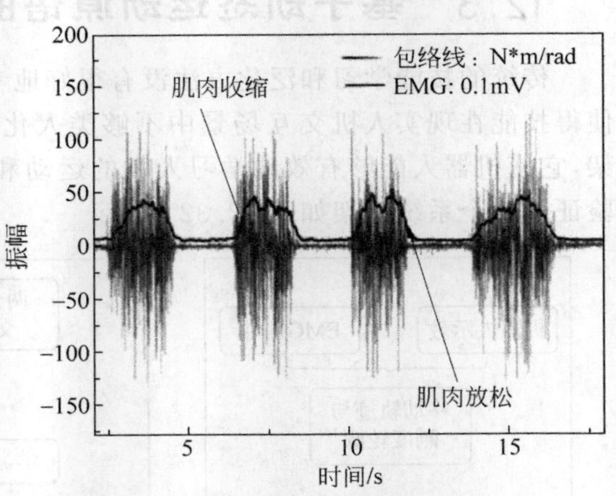

图 12.34　通过低通滤波器和移动平均法对肌电信号进行包络处理的示例；灰线为原始肌电信号，黑线表示肌电信号处理后得到的包络曲线

移动平均法表达式为：

$$f(A_t)=\frac{1}{W}\sum_{k=0}^{W-1}\mathrm{EMG}(A_{t-k}) \tag{12.41}$$

其中，$f(A_t)$表示包络函数的幅值，W 表示窗口大小，设置 40 个样本（采样率为 100Hz）。$\mathrm{EMG}(A_k)$表明从通道检测到的原始肌电信号的幅值。k 和 t 分别为采样点和时间。p 可以通过累加肌电信号包络函数幅值的绝对值计算得到，如下：

$$p=\sum_{i=1}^{N}\mid f_i(A_t)\mid \tag{12.42}$$

因此，有两个参数，即常系数 λ_1、λ_2，以及需要估计的关节刚度固有常矩阵 $\bar{K}_J$。这些参数可以通过最小化以下表达式来估计：

$$\left\|\alpha(p)\bar{K}_J-\frac{\partial \boldsymbol{J}_h^{+T}(q)F_{\mathrm{ex}}}{\partial q_h}-\boldsymbol{J}_h^{\mathrm{T}}(q_h)\bar{K}_{\mathrm{en}}\boldsymbol{J}_h(q_h)\right\| \tag{12.43}$$

其中，人体手臂的笛卡儿刚度为 $\bar{K}_{\mathrm{en}}\in R^{6\times 6}$。

人体手臂雅可比 $\boldsymbol{J}_h$ 负责考虑末端刚度曲线的几何变化。为了计算 $\boldsymbol{J}_h$，人体手臂运动学模型（即 D-H 模型）用于表示简化的人体手臂运动学。D-H 模型将人体手臂表示为一个 7 自由度的机械臂模型：肩部有 3 个自由度，肘部有 2 个自由度，手腕有 2 个自由度。

2. 用于示教的双臂控制方法

在示教阶段，采用基于遥操作的运动学示教方法用于实现人-机器人的技能传递。这里设计了双臂控制策略以实现示教者任务，两臂中的一个用作主臂，另一个用作从臂，通过机械耦合接口把主臂连接到示教者的手上。示教者带动主臂，机器人从臂同步跟随动作去执行特定任务。与传统的示教者可以直接操控和驱动从臂的示教方式相比，这种间接的示教方式（遥操作）可以使示教者更自然地调节其肌肉活动及相应刚度。

在机器人双臂之间施加一个虚拟的弹簧阻尼系统，由于两臂之间存在运动跟踪误差，产生虚拟阻力作为触觉反馈并提供给示教者。因此，示教者能够实时“感觉”运动误差，因而可以调节其肌肉力量来补偿误差。

3. 用于技能表征的动态运动原语模型

本节将介绍从多个示教轨迹中学习的动态运动原语(Dynamic Motion Primitives,DMP)模型用于位置轨迹自适应调节。此外,该DMP框架也被扩展用于刚度自适应调节,如图12.35所示。

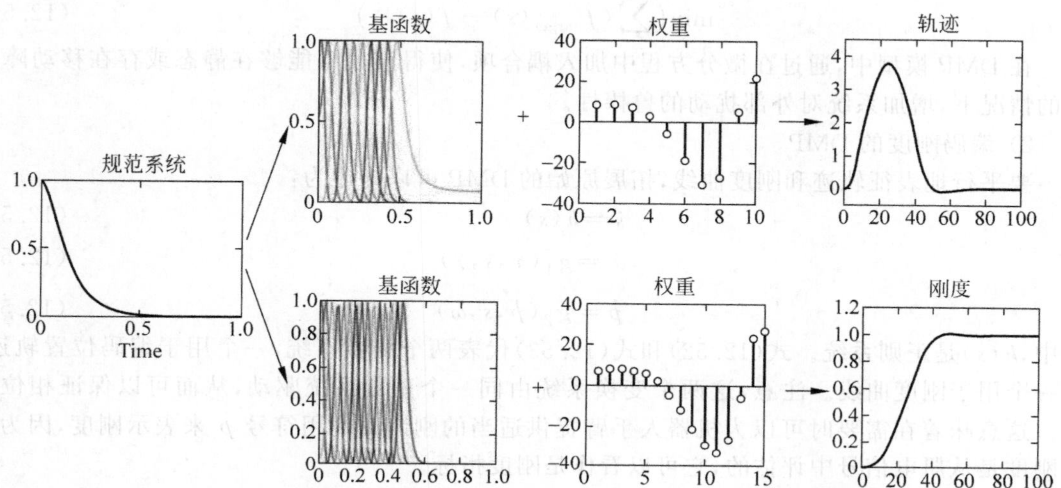

图12.35 DMP系统的扩展框架;两组变换系统分别用于表示位置轨迹和刚度曲线,这两个系统由相同的时间缩放系数 τ 驱动,以便满足相位同步

1) 编码位置的DMP模型

一般而言,DMP模型可以分为两种类型,即离散型DMP和周期型DMP。为了实现实验任务(即切割任务),使用前一种类型。典型的DMP模式定义如下:

$$\tau\dot{v}=k(g-x)-d\dot{x}+(g-x_0)f(s) \tag{12.44}$$

$$\tau\dot{x}=v \tag{12.45}$$

其中,x 表示机器人末端或关节角度的位置,v 是速度,k 和 d 分别代表系统的弹簧和阻尼系数,$\tau>0$ 时为时间缩放系数,x_0 和 g 分别表示初始位置和目标位置。$f(s)$是一个非线性连续有界函数,s 是一阶动态系统的状态,它具有相同的时间常数 τ。

$$\tau\dot{s}=-a_s s,\quad s\in[0,1];\ s(0)=1 \tag{12.46}$$

其中,a_s 表示预定义常数。状态 s 可以看作一个阶段变量,它被设置为从1到0单调递减。由于DMP模型不依赖于时间而是取决于状态 s,使得它可以在不改变运动轨迹的情况下推广模型,以适用于其他情况。

非线性函数 $f(s)$定义如下:

$$f(s)=\sum_{i=1}^{N}\gamma_i\phi_i(s)s \tag{12.47}$$

和

$$\phi_i(s)=\frac{\exp(-h_i(s-c_i)^2)}{\sum_{j=1}^{N}\exp(-h_j(s-c_j)^2)} \tag{12.48}$$

其中,$\phi_i(s)$被认为是中心 c_i 和宽度 h_i 的标准化径向基函数。N 表示需要在模型中使用的高斯函数的数量。参数 c_i、h_i 和 N 是根据任务的情况确定的。

参数估计是监督学习过程。给定一次示教，获得目标力 $f_{\text{target}}(s)$：

$$f_{\text{target}}(s)=\frac{\tau\dot{v}+d\dot{x}-k(g-x)}{g-x_0} \tag{12.49}$$

然后，使用局部加权回归(Locally Weighted Regression, LWR)计算 DMP 模型的权重 γ 为：

$$\min\left(\sum(f_{\text{target}}(s)-f(s))^2\right) \tag{12.50}$$

在 DMP 模型中，通过在微分方程中加入耦合项，使得该模型能够在静态或存在移动障碍物的情况下，增加系统对外部扰动的鲁棒性。

2) 编码刚度的 DMP

要平行地表征轨迹和刚度曲线，拓展原始的 DMP 可以描述为：

$$\dot{s}=h(s) \tag{12.51}$$

$$\dot{x}=g_1(x,s,\gamma) \tag{12.52}$$

$$\dot{p}=g_2(p,s,\omega) \tag{12.53}$$

其中，$h(s)$是正则系统。式(12.52)和式(12.53)代表两个变换系统，一个用于编码位置轨迹，另一个用于刚度曲线。注意，这两个变换系统由同一个正则系统驱动，从而可以保证相位同步。这意味着在需要时可以为机器人手臂提供适当的刚度。使用符号 p 来表示刚度，因为可变刚度是从肌电信号中评估的，它可以看作是刚度指标。

整个 DMP 系统的扩展框架如图 12.35 所示。刚度 DMP 的计算过程类似于运动 DMP 的过程，只需要稍作修改，即用 p 替换输入 x 并选择合适的参数，如弹簧和阻尼系数，以及基函数的数量。

为了从多次示教中学习权重，可以采用直接的方式来确定权重。首先，根据其相应的表现，用 1 到 10 的分数评估每个示教轨迹。对于每个示教数据，系数 κ_i 与得分 π_i 相关，定义如下：

$$\kappa_i=\frac{\pi_i}{\sum_{i=1}^{L}\pi_i} \tag{12.54}$$

其中，L 为示教次数。最终的 DMP 输出 $\Omega=\{x,\dot{x},p\}$ 由式(12.55)计算：

$$\Omega=\sum_{i=1}^{L}\kappa_i\Omega_i \tag{12.55}$$

12.3.2 实验验证

实验中使用七自由度 Baxter 机器人进行验证。通过比例微分阻抗控制律，可以在力矩控制模式下修改关节刚度和阻尼。使用 MYO 手环监测示教者的肌肉活动以收集原始肌电信号。切割和抓取-放置(Pick-Place)这两个任务用以验证上述方法的有效性。

1. 切割任务

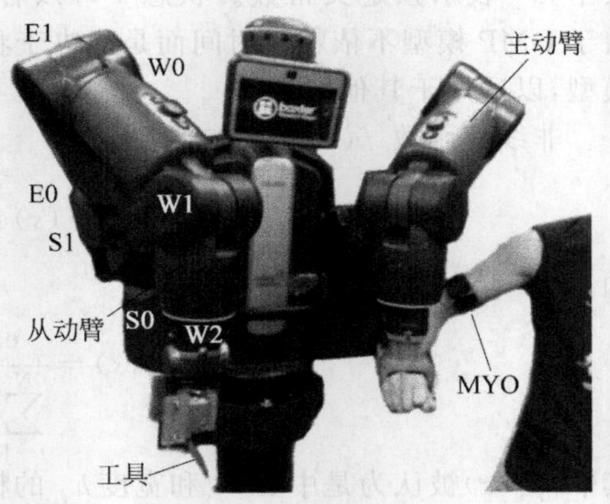

图 12.36 示教期间切割任务的实验设置

实验装置如图 12.36 所示。在示教阶段，机器人的其中一个臂作为主臂，通过耦合装置将其连接到示教者的手臂末端。另一个臂作为从臂，并将小刀作为切割工具安装在从臂末端。示教驱动主臂移动，从臂跟随移动并且学习示教者的手的位置轨迹和刚度曲线。在再现阶段，从臂再现和泛化所学习的技能。

首先，在示教阶段，示教者通过遥操作示教 10 次切割操作。在每次示教期间，记录七个关节的轨迹以及示教者的肌电信号。然后，根据示教数据训练 DMP 模型。这里采用定性标准来确定每次示教的权重。如果在从臂与物体接触时系统不稳定，或者在示教过程中最终没有很好地切割物体，它将获得较低的分数。DMP 模型的弹簧系数 k 和阻尼系数 d 分别设定为 150 和 25。选择基函数的数量：轨迹 DMP 和刚度 DMP 的数量分别为 100 和 50。

1）使用 DMP 模型进行运动路径规划

在这个子任务中，主要验证扩展 DMP 模型的技能空间泛化能力，实验结果如图 12.37 所示。目标是生成已学习技能以在不同空间位置切割物体。这里主要是指沿 y 轴在不同位置切黄瓜。机器人是在基于肌电信号的可变阻抗模式下进行控制。注意：在位置控制模式下，只需要规划路径，而在阻抗控制模式下，路径和速度都需要调整（轨迹和速度的泛化是通过改变 DMP 模型的轮廓来实现）。

从臂在 y 轴上被测端点位置如图 12.37(c)所示，它表明端点可以在空间上泛化到不同的位置。执行切割任务的结果如图 12.37(d)所示，该子任务表明，在阻抗控制模型中，技能空间泛化的 DMP 模型可以实现。

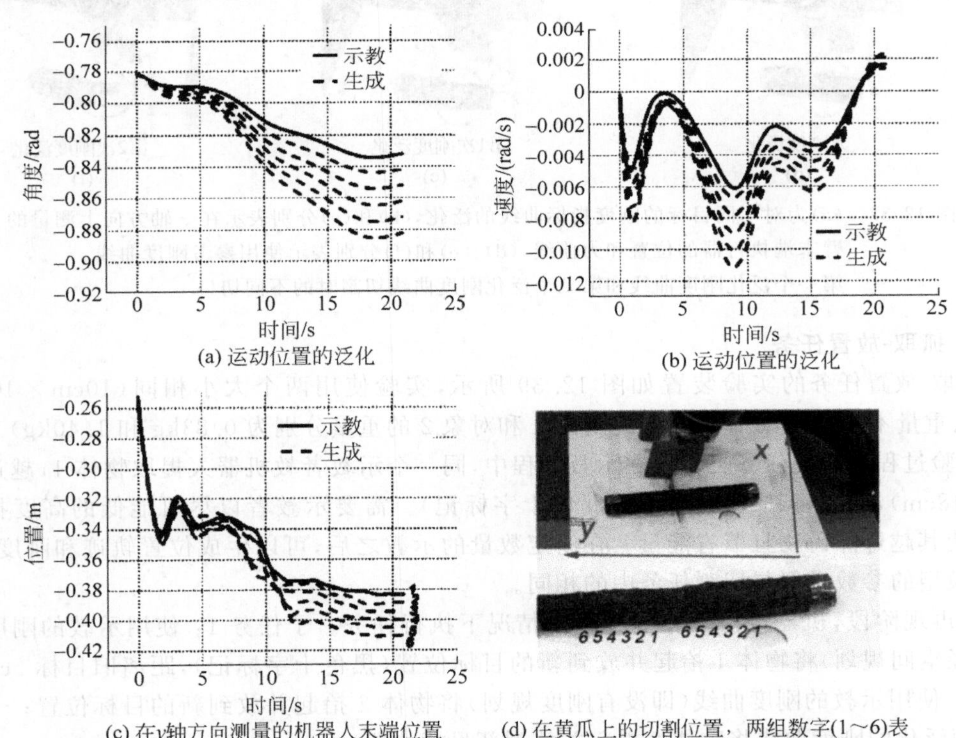

(a) 运动位置的泛化

(b) 运动位置的泛化

(c) 在y轴方向测量的机器人末端位置

(d) 在黄瓜上的切割位置，两组数字(1～6)表示该子任务成功执行两次(一次切割6下)

图 12.37 使用 DMP 模型进行运动路径规划。第一次切割是示教，其他几次均为泛化切割，实线表示从示教学习获得的参考轨迹，虚线表示泛化学习结果

2）刚度规划

该实验主要验证是否能够泛化刚度轨迹以适应新的任务情况。为此，基于扩展的 DMP 模型将参考刚度指标（参考终值为 0.65）拓展到两个不同的目标，例如 0.8 和 0.9。在该子任

务中切割不同硬度的水果，该物体比在示教阶段使用的水果具有更厚的表皮和更大的硬度。

对于上述3个条件，每一个条件机器人都要执行5次子任务，成功率分别为0/5、1/5和5/5。图12.38(b)～(f)为该子任务的其中一个结果。该结果表明，使用具有参考可变刚度的阻抗控制模型无法成功切割物体。当刚度值泛化到0.8时，子任务仍然无法完成。直到它被调整到0.9，才能完成切割任务。从以上结果可以看出，如果没有泛化到合适的刚度曲线，即使在变阻抗控制模式下，机器人也缺乏适应性，这与人在完成任务时的经验比较一致。

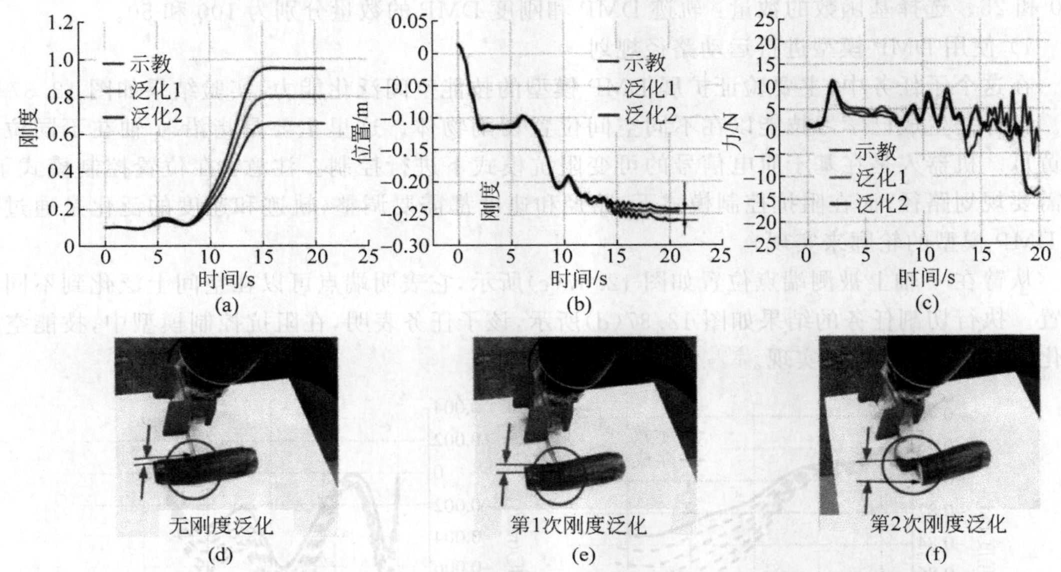

图12.38 (a)为对不同目标的刚度指标曲线的泛化，(b)和(c)分别表示在z轴方向上测量的臂末端执行器的位置和力曲线，(d)、(e)和(f)分别表示使用参考刚度曲线、第一个泛化刚度曲线和第二个泛化刚度曲线切割时的不同切口

2. 抓取-放置任务

抓取-放置任务的实验装置如图12.39所示，实验使用两个大小相同(10cm×10cm×10cm)、重量不同的对象1和对象2(对象1和对象2的重量分别为0.83kg和1.40kg)。该任务的实验过程与切割任务类似。在示教过程中，同一个示教者教机器人提取物体1，越过障碍物(高18cm)，最后将其放在目标上(红色十字标记)。需要示教者以尽可能低的高度抬起物体，以使其越过障碍物且节省能量。在给定数量的示教之后，可以生成位置轨迹和刚度曲线。DMP模型的参数设置与切割任务中的相同。

在再现阶段，机器人需要在3种不同情况下执行任务。子任务1：使用示教的刚度曲线(即路径空间规划)将物体1抬起并放到新的目标位置(黑色十字标记)，距离旧目标5cm；子任务2：使用示教的刚度曲线(即没有刚度规划)将物体2抬起并放到新的目标位置；子任务3：使用泛化的刚度曲线将物体2提起并放到新目标位置。

每个子任务执行7次。在第一个子任务中获得了7/7的成功率，这表明技能空间泛化已经成功实现。机器人分别以1/7和6/7的成功率完成了第二个任务和第三个子任务。两个不同的子任务表明，本节设计的刚度规划框架是有效的。图12.40为一次示教和三个子任务的执行结果。

3. 分析

只通过调整DMP模型的参数就成功地执行了切割任务中的子任务2和抓取-放置任务中

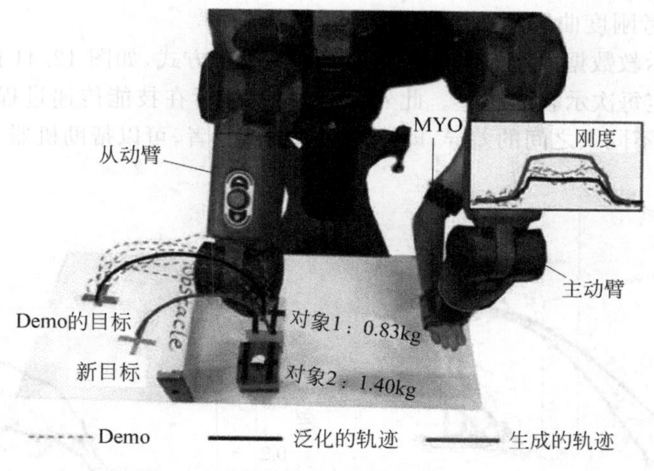

图 12.39　抓取-放置任务的实验装置

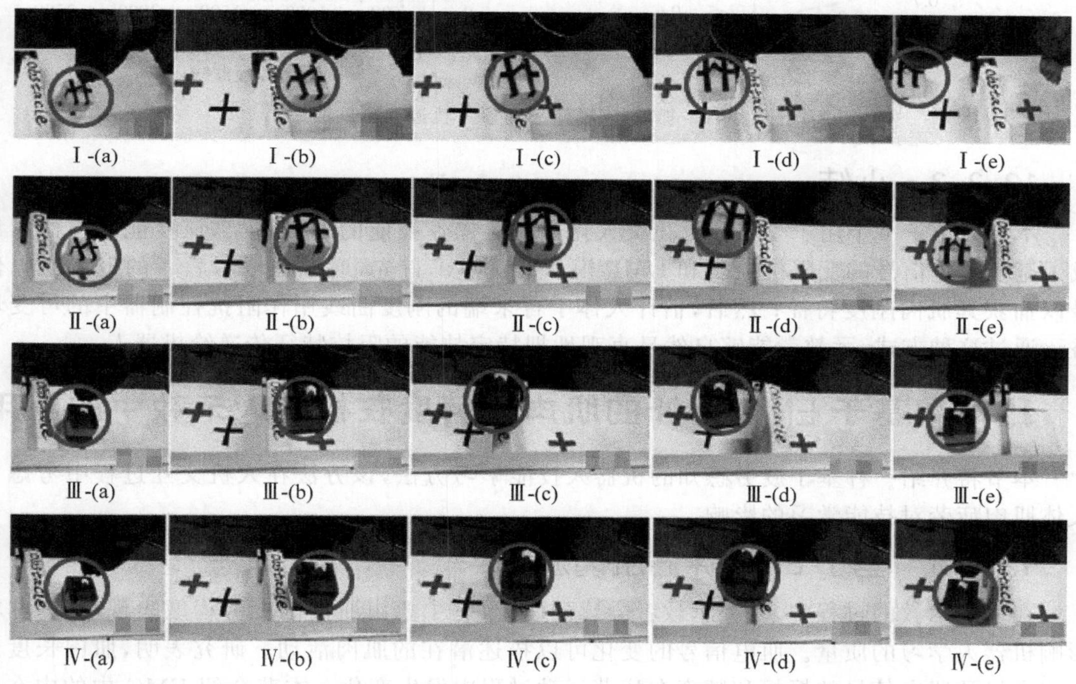

图 12.40　抓取-放置任务的实验结果。Ⅰ-(a)～(e)、Ⅱ-(a)～(e)、Ⅲ-(a)～(e)和Ⅳ-(a)～(e)分别表示示教、子任务 1、子任务 2 和子任务 3 的典型示例

的子任务 3，而不需要再次教机器人。另外，可以基于所提出的框架轨迹和刚度曲线的不同组合满足任务情况的不同要求。更具体地，通过把相同刚度曲线与不同运动轨迹组合在一起，可以实现在可变阻抗控制模式下的技能空间泛化(切割任务中的子任务 1 和抓取-放置任务中的子任务 1)，并且通过把相同运动轨迹与不同刚度曲线组合在一起，可以实现刚度规划(切割任务中的子任务 2)，或者可以同时实现轨迹和刚度曲线(抓取-放置任务中的子任务 3)。基于肌电信号的刚度估计，可获得用于刚度泛化的参考刚度曲线，人体末端刚度估计方法则可用于阻抗调节。因此，一方面可以方便、有效地实现刚度传递和泛化；另一方面，参考刚度曲线在很大程度上取决于提取的肌电信号的精度和刚度估计模型。我们可以采用更完整的刚度估计模

型来提高估计的参考刚度曲线的精度。

关于使用多个示教数据来生成参考轨迹和刚度曲线的方式,如图 12.41 所示。为简单起见,采用定性的方法确定每次示教的权重。此外,不同的示教者在技能传递过程中示教的技能也不尽相同。因此,考虑不同人之间的差异,即学习不同的示教者,可以帮助机器人更好的完成任务。

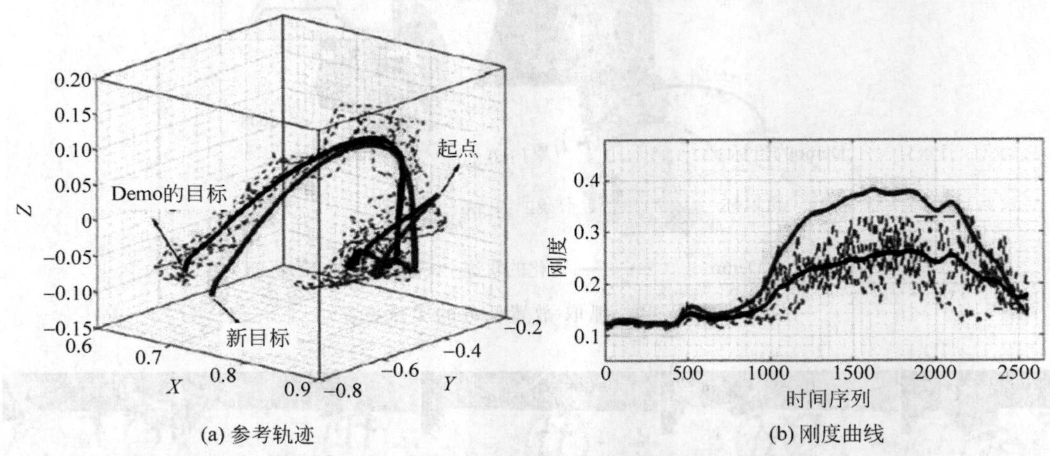

图 12.41 抓取-放置任务的参考轨迹和刚度曲线

12.3.3 小结

本节介绍了一个用于学习和泛化类人化变阻抗操作技能的示教框架,该技能学习框架集成了基于肌电信号的变阻抗控制和 DMP 模型的优点。首先,通过提取示教者的上肢肌电信号以捕获其肌肉刚度特征;然后,估计人体手臂末端的刚度曲线用作阻抗控制器中的可变增益。通过这种方式,示教者能够自然且直观地把特定技能的阻抗特征传递给机器人。

12.4 基于 EMG 估计的肌肉疲劳度在机器人示教中的应用

本节将介绍一种基于疲劳感知的机器人技能学习方法,该方法在人机交互过程中考虑了人体肌肉疲劳对技能学习的影响。

12.4.1 基于 EMG 评估肌肉疲劳

在多次示教的过程中,人类示教者会感到疲劳,它主要由肌肉的疲劳程度表现出来,并将影响机器人学习的质量。肌电信号的变化可以描述潜在的肌肉活动。研究表明,肌肉长度的变化会导致肌电信号的振幅和频率在疲劳运动过程中发生变化。本节介绍 EMG 中的内在振幅和频率与人体肌肉疲劳的关系。

对于带宽非常小的带限信号,例如 EMG 子带信号,它占据信号功率中大部分的频率分量,而信号的主要特征为该分量的幅值和频率,可定义如下:

$$
\begin{aligned}
x(n) &= A(n)\cos[\Theta(n)] + \eta(n) \\
&= A(n)\cos\left[\Omega_c n + \sum_{r=1}^{n} q(n)\right] + \eta(n)
\end{aligned}
\tag{12.56}
$$

其中,$A(n)$和 $\Theta(n)$分别表示信号 $x(n)$的振幅和相位序列,$\Omega(n)=\Theta(n)-\Theta(n)=\Omega_c+q(n)=\left(\frac{2\pi}{f_s}\right)f_c+q(n)$为瞬时频率,$f_s$ 表示采样频率(200Hz),$q(n)$则表示调频变量,$\eta(n)$表示可能的噪声和误差。

如图 12.42 所示为从带通滤波中获得的一段 EMG 信号及其子带。在每个子带中，估计出的包络序列用虚线表示。在短时间间隔内，计算包络序列的平均值，以表示子带的主要幅值。由于采样频率的限制，这里选择 3 个频段(即小于 10Hz、10～50Hz 以及大于 50Hz)对信号分解。分别命名 3 个频段子带信号的平均瞬时振幅为 $\mathrm{AIE}_{\mathrm{sb}}^{[0,10]}$、$\mathrm{AIE}_{\mathrm{sb}}^{[10,50]}$ 和 $\mathrm{AIE}_{\mathrm{sb}}^{[50,100]}$。图 12.42 中的参数分别为 $\mathrm{AIE}_{\mathrm{sb}}^{[0,10]}=39.55$，$\mathrm{AIE}_{\mathrm{sb}}^{[10,50]}=22.29$ 和 $\mathrm{AIE}_{\mathrm{sb}}^{[50,100]}=16.81$。图 12.43 中，采集了 EMG 子带信号的瞬时频率，并将主频率分量标识为瞬时频率序列随时间的平均值。同样地，分别将它们命名为 $\mathrm{AIF}_{\mathrm{sb}}^{[0,10]}$、$\mathrm{AIF}_{\mathrm{sb}}^{[10,50]}$ 和 $\mathrm{AIF}_{\mathrm{sb}}^{[50,100]}$。检测到的主频率分别为 4.57Hz、31.36Hz 和 62.95Hz。

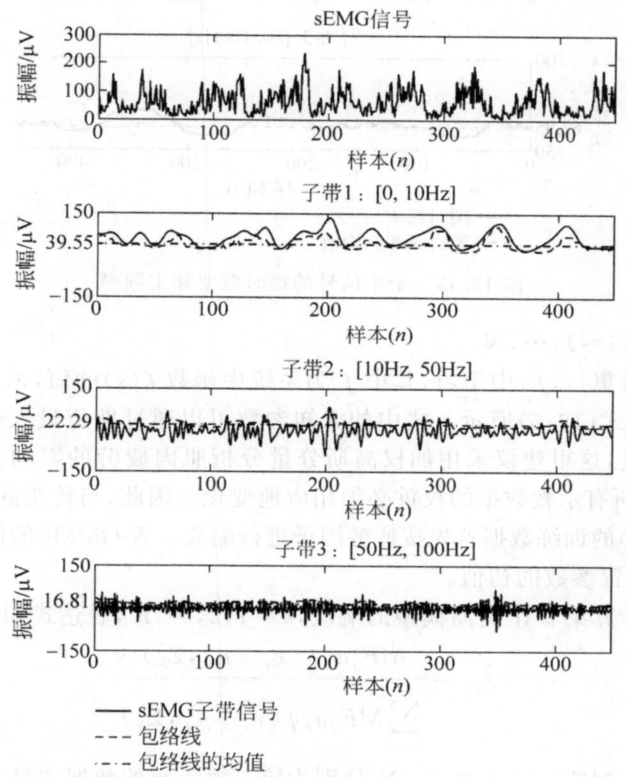

图 12.42　EMG 子带信号及其包络线(虚线)，每个子带中点虚线表示其主振幅

低频率段的 EMG 信号在识别肌肉疲劳方面比较高频率段的信号更有效。下面将讨论低频段的 EMG 对疲劳效应的影响。

动态运动原语(DMP)是非线性动态系统构成的运动单元或短节段。机器人关节空间可以由多个 DMP 表示，每个 DMP 表示一个关节状态，这里使用离散 DMP 来表示关节空间上的轨迹。关于 DMP 模型的详细介绍请参考 12.1.2 节。

12.4.2　机器人从多次示教中学习

这里采用高斯混合模型对多次示教的数据进行建模。

每个单独的示教试验产生一组机器人的关节角。因此，数据集中有 N 组关节角度$\{\theta_{t,i},\dot{\theta}_{t,i},\ddot{\theta}_{t,i}\}_{t=0,i=0}^{T_i,N}$，其中 N 为示范性试验次数。在第 i 次试验中，$\theta_{t,i}\in R$ 为关节角，T_i 为示教时间。此外，$s_{t,i}\in R$ 为系统在时间步长为 t 时的状态，同时根据对应的 EMG 数据计算出肌肉

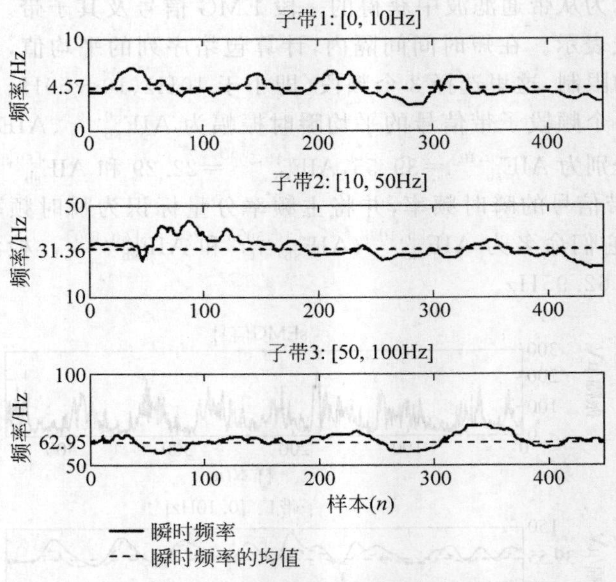

图 12.43　子带信号的瞬时频率和主频率

疲劳因子 MF_i，其中 $i=1,\cdots,N$。

为了从数据向量集$\{s,f\}$中学习，其中 f 为系统中函数 $f(s)$的值，采用高斯混合模型表示联合分布 $P(s,f)$如式(12.5)所示。式中的未知参数可以通过期望最大化算法计算得到。相比于传统的高斯分量，这里建议采用加权高斯分量分析肌肉疲劳的影响。考虑到示教阶段的疲劳状态都不相同，所有示教数据的权重必须相应地变化。因此，与传统的 GMMs 算法相比，加权 GMMs(W-GMMs)的训练数据首先按疲劳因子进行缩放。W-GMMs 的修正 EM 算法如下：

(1) 初始化：设置参数的初值。

(2) 第 E 步：计算第 k 个高斯模型的响应，$k=1,2,\cdots,K$，表达式如下：

$$\hat{\gamma}_{jk}=\frac{MF_j\alpha_k\phi(x_i \mid \mu_k,\Sigma_k)}{\sum_{k=1}^{K}MF_j\alpha_k\phi(x_i \mid \mu_k,\Sigma_k)} \tag{12.57}$$

其中，$x_j=\{s_j^{\mathrm{T}},f_j^{\mathrm{T}}\}$，$MF_j$，$j=1,2,\cdots,N$ 分别为第 j 次示教的数据向量和肌肉疲劳因子。

(3) 第 M 步：在新一轮的迭代中，通过极大似然估计更新模型参数为：

$$\begin{cases}\hat{\mu}_k=\dfrac{\sum_{j=1}^{N}\hat{\gamma}_{jk}x_j}{\sum_{j=1}^{N}\hat{\gamma}_{jk}} \\ \hat{\Sigma}_k=\dfrac{\sum_{j=1}^{N}\hat{\gamma}_{jk}(x_j-\mu_k)^2}{\sum_{j=1}^{N}\hat{\gamma}_{jk}} \\ \hat{\alpha}_k=\dfrac{\sum_{j=1}^{N}\hat{\gamma}_{jk}}{N}\end{cases} \tag{12.58}$$

(4) 重复第 E 步和第 M 步直到收敛。

通过高斯混合回归(Gaussian mixture regression, GMR)算法可以估计 $\hat{f}$ 函数。在 GMR 中,条件概率 $P(f|s)$ 由以下公式给出:

$$P(f \mid s) \sim \sum_{k=1}^{K} \beta_k N(\hat{\eta}_k, \hat{\sigma}_k^2) \tag{12.59}$$

其中:

$$\begin{cases} \hat{\eta}_k = \mu_{f,k} + \Sigma_{fs,k}(\Sigma_{s,k})^{-1}(s - \mu_{s,k}) \\ \hat{\sigma}_k^2 = \Sigma_{f,k} - \Sigma_{fs,k}(\Sigma_{s,k})^{-1}\Sigma_{sf,k} \\ \beta_k = \dfrac{\alpha_k N(s; \mu_{s,k}, \Sigma_{s,k})}{\sum_{i=1}^{K} \alpha_i N(s; \mu_{s,i}, \Sigma_{s,i})} \end{cases} \tag{12.60}$$

根据高斯分布的线性变换属性,$P(f|s)$ 可以近似为 $P(f|s) \sim N(\hat{\eta}, \hat{\sigma}^2)$,同时 $\hat{\eta} = \sum_{k=1}^{K} \beta_k \hat{\eta}_k$,$\hat{\sigma}^2 = \sum_{k=1}^{K} \beta_k^2 \hat{\sigma}^2$,其中 $\hat{\eta}$ 是期望。

最后,对非线性函数 $f(s)$ 进行估计:

$$\hat{f}(s) = \hat{\eta} = \sum_{k=1}^{K} \beta_k (\mu_{f,k} + \Sigma_{fs,k}(\Sigma_{s,k})^{-1}(s - \mu_{s,k})) \tag{12.61}$$

其中,$\hat{f}(s)$ 的界限为 $\beta_k \in [0,1]$ 和 $s \in (0,1]$。

12.4.3 实验与结果

本节通过一个由示教阶段、学习阶段和再现阶段组成的机器人示教实验对上述方法进行验证。

1. 平台设置

采用 Baxter 机器人对该方法进行验证。在实验中,人类示教者拖动机器人末端执行器完成示教任务,在此过程中记录机器人关节角度。

这里使用 MYO 手环采集 EMG 数据,如图 12.44 所示。在操作过程中,将 MYO 手环戴在示教者的手臂上以记录示教过程中产生的肌电信号,其默认采样频率为 200Hz。MYO 手环由 8 个 EMG 电极和 9 轴惯性测量单元组成,这些电极可以收集佩戴者手臂肌肉的生物电变化。将采集到的 EMG 通过蓝牙传输到客户端计算机。

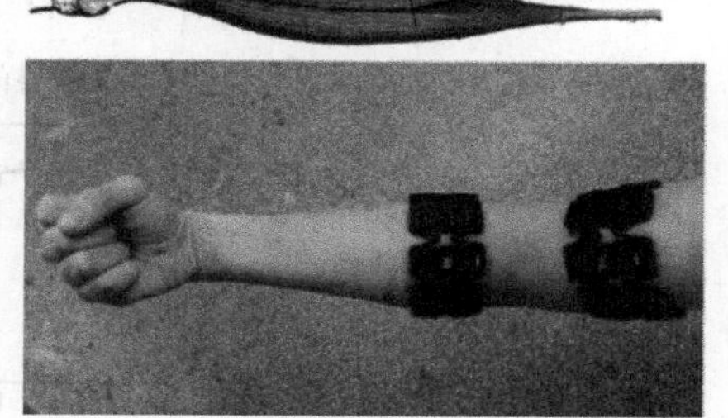

图 12.44 佩戴了 MYO 手环的示教者

2. 示教阶段

在 Baxter 机器人的末端执行器上固定一支笔,笔的起始位置为障碍物(堆叠的圆筒)的顶部,如图 12.45 所示。在人类示教者的拖动下,机器人将完成以下动作。首先,末端执行器上的笔戳中第一个圆(A);然后它绕过障碍物,戳中第二个圆(B);然后它继续绕过障碍物,戳到第三个圆(C),最后回到它的起始位置。因此,钢笔经过的路径是 A→O→B→O→C→O。

3. 学习阶段和再现阶段

因为人体手臂的运动主要由肱二头肌驱动,所以实验中用于疲劳估计的 EMG 数据来自附着在肱二头肌上的传感器。在 30 次示教中,提取由 MYO 手环第二通道捕获的 EMG 子带

[0,10Hz]的瞬时振幅序列，并计算该时变序列在每2s时间间隔内的平均值，以获得疲劳参数。为了体现最显著的趋势和消除波动，这里使用一个3阶多项式函数来拟合数据样本AIE[0,10]。经过平滑处理的所有试验(共30次)数据样本的曲线如图12.46所示。将图中立方函数的拐点定义为疲劳度的出现点(OF)。在训练W-GMMs时，选取6组数据用于学习新的机器人运动轨迹，其中3个来自OF之前的示教，其他的来自OF之后的实验。在W-GMMs训练过程中，以肌肉疲劳因子为权重，分别计算并归一化为0.9、0.8、0.7、0.4、0.3、0.2。

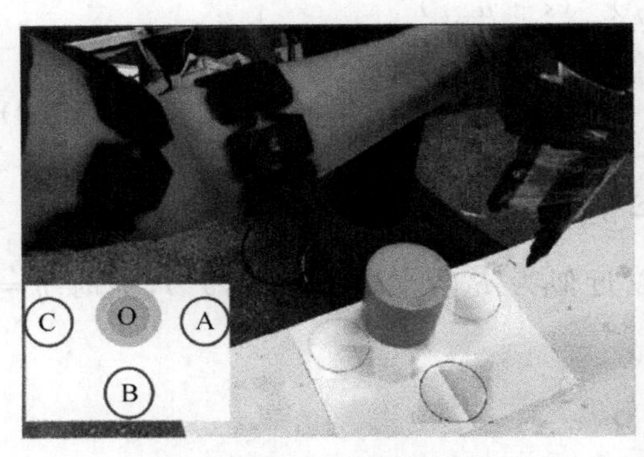

图12.45　示教实验场景

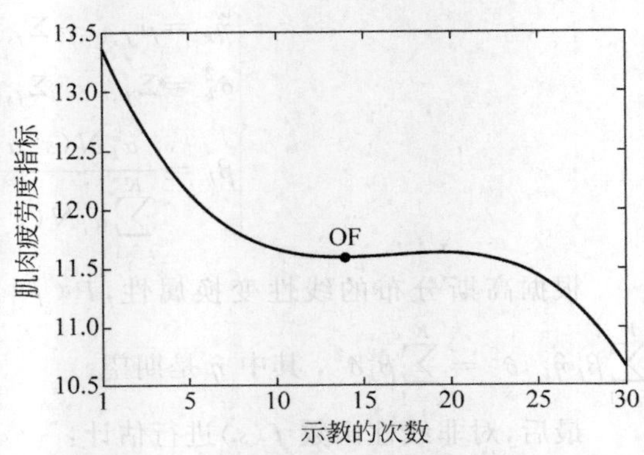

图12.46　示教实验中，疲劳相关特征(肌电信号的平均瞬时振幅)的平滑曲线

每次示教时记录的持续时间和数据量各不相同。在图12.47(a)中，随机选取3个数据样本进行观察，即肩关节S0的角度。结果表明，它们存在时间上的偏差。因此，采用动态时间规整算法(DTW)将数据在时间轴上对齐。利用DTW处理后的对齐数据如图12.47(b)所示。

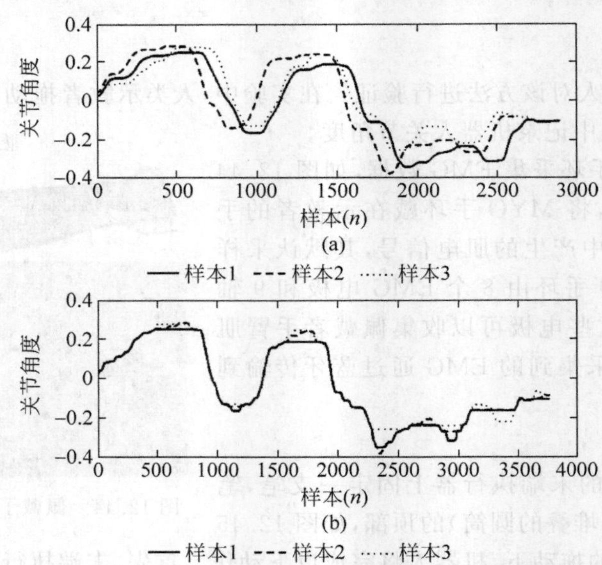

图12.47　(a)肩关节角S0的3个原始样本(b)经DTW处理后的样本

如前所述，将OF之前的3组数据、OF之后的3组数据以及它们对应的权重共6组数据作为训练数据构建W-GMM。W-GMM的学习过程如图12.48所示，其中图12.48(a)为关节空间的训练数据样本；图12.48(b)为训练后的GMMs，对16个高斯分量的联合分布进行编

码；图 12.48(c)为 W-GMM 的学习结果，其中用虚线表示训练样本。观察到，在 GMMs 训练中加入与疲劳相关的权重，权重越大的训练数据在训练结果中越重要，这意味着出现较少疲劳时的示教对机器人学习结果的影响更大。

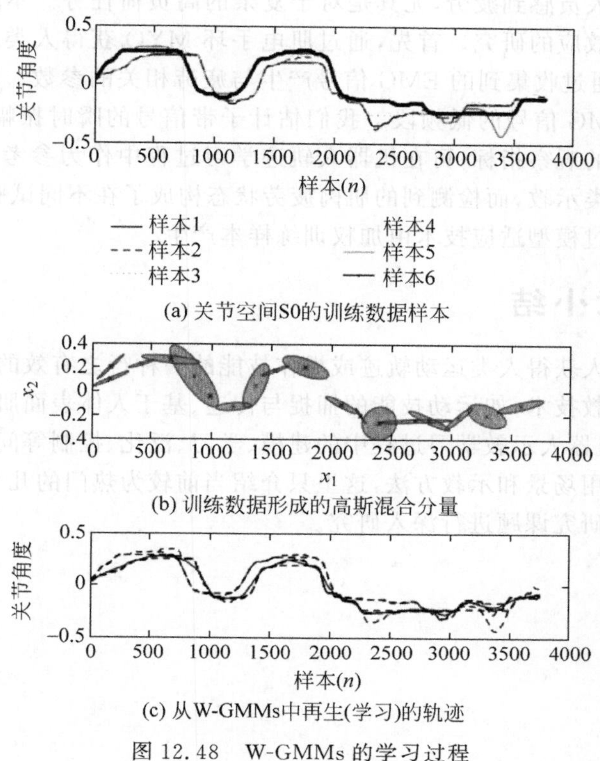

图 12.48 W-GMMs 的学习过程

在机器人学习实验中，考虑了所有(7 个)关节的角度数据，包括 2 个肩关节 S0 和 S1，2 个肘关节 E0 和 E1，3 个腕关节 W1、W2 和 W3。W-GMMs 中每个关节的学习结果如图 12.49 所示。在接收到这些关节角度数据后，Baxter 机器人成功地完成了人类示教者的示教任务。Baxter 机器人末端执行器的轨迹如图 12.50 所示。

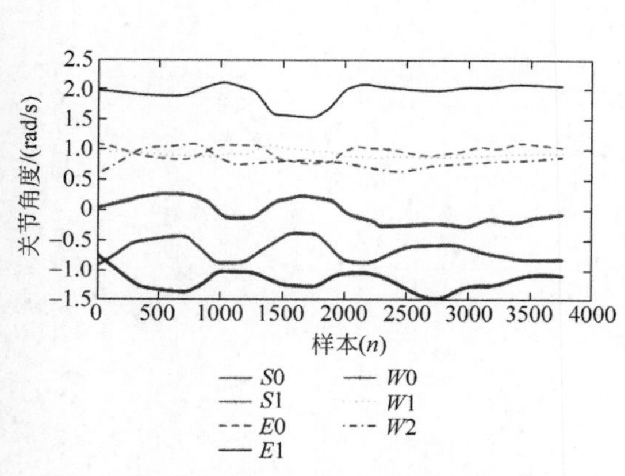

图 12.49 Baxter 机器人右臂的 7 个关节角

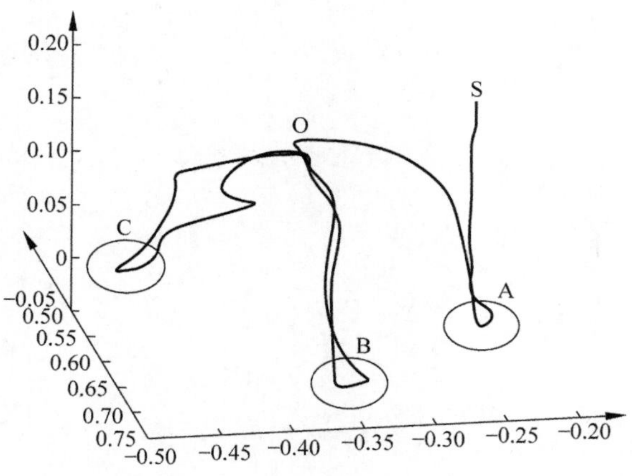

图 12.50 Baxter 机器人末端执行器的轨迹

12.4.4 小结

对于机器人来说，从人类示教中学习操作技巧是一种直接而有效的知识传递方式。但是，这种操作会导致示教人员感到疲劳，尤其是对于复杂的高负荷任务。本节介绍了在人机交互操作环境下肌肉疲劳效应的研究。首先，通过肌电手环 MYO 获得人类示教者的表面肌电信号(EMG)数据，然后通过收集到的 EMG 信号产生与疲劳相关的参数。这些用于检测肌肉疲劳的参数通常位于 EMG 信号的低频段。我们估计子带信号的瞬时振幅值和频率值，这些变量是示教者疲劳状态的观察指标，可在机器人轨迹学习过程中作为参考。一个复杂的机器人学习程序需要多次人类示教，而检测到的肌肉疲劳状态构成了在不同试验中进行权衡的基础。最终的学习结果将通过模型适应技术由加权训练样本产生。

12.5 本章小结

示教技术是机器人获得人类运动轨迹或操作技能的一种行之有效的方法。本章主要介绍了几个不同类型的示教技术，如运动技能的捕捉与传递、基于人体表面肌电信号的疲劳度进行人机示教等，讨论了机器人示教学习过程中的建模、学习、泛化、控制等问题。关于机器人示教技术还有很多其他应用场景和示教方法，这里只介绍当前较为热门的几个研究方向，感兴趣的读者可以结合自己的研究课题进行深入研究。

第13章 其他应用

CHAPTER 13

机器人控制技术除了在人机交互、机器人示教和遥操作等方面的应用，还有一些其他应用，本章将结合具体的研究课题进一步阐述这些应用。

13.1 基于阻抗匹配策略的物理人机交互控制

本节将介绍一种能够实现人与机器人末端执行器之间直接进行物理人机交互的阻抗匹配策略。

物理的人机交互(physical Human-Robot Interaction，pHRI)旨在提高机器人系统的安全性。人机交互控制主要有两种方法：位置/力控制和阻抗控制。与位置/力控制相比，阻抗控制对自由运动和约束运动之间的转换具有更强的适应性。当外部约束条件已知时，阻抗控制有较好的跟踪能力。

通过机器人和人手之间的交互力来控制机器人的末端执行器，其中交互力采用力传感器测量。本节将阻抗控制应用于人机交互任务。基于阻抗控制的人机交互系统有效性依赖于人体手臂的行为，可将其视为阻抗模型的假设。交互系统的操作性能很大程度上取决于人体手臂阻抗模型的准确性。研究表明，根据人体手臂阻抗的变化来调节机器人阻抗模型的参数是提高人机交互性能的有效方法。人体手臂的阻抗参数可以通过相关实验来识别。

人体手臂的阻抗参数一般通过对人体手臂的端点施加扰动并记录恢复力曲线来估计。在实际应用时，这种基于扰动的方法极不方便。于是，有人提出一种在线计算效率较高的人手臂末端笛卡儿刚度估计模型，该模型使得在远程阻抗控制应用中描述臂端点的刚度成为可能。

本节采用人体手臂笛卡儿空间下刚度的估计模型对其末端刚度进行实时估计。这里基于阻抗参数(质量、阻尼和刚度)来完成人体手臂的阻抗估计模型。在获得人体手臂的阻抗参数后，利用 LQR 定义所需的机器人阻抗模型。一旦产生机器人阻抗模型，就可以建立机械臂笛卡儿空间中位移和力之间的期望关系。因此，机器人的期望关节角度可以通过逆运动学根据安装在机械末端执行器处的力/力矩传感器测量的力来计算。由于机器人系统中动态参数的不确定性一直存在，依靠精确机器人动力学模型的控制方法已经难以满足期望的控制性能。因此，需要引入基于函数逼近技术(Function Approximation Technique，FAT)的自适应控制器来控制机械臂末端执行器的位置，并且可以通过在线学习算法来近似机器人和人体手臂系统的动态参数，以确保能够达到期望的控制性能。

13.1.1 人机交互系统

1. 人机交互系统的结构

基于主从结构的阻抗匹配系统框架如图 13.1 所示。表面肌电信号和手臂姿态信息可使用佩戴在人体上臂和前臂上的两个 MYO 手环来测量，MYO 手环通过无线网络连接到主计算机。然后，由主计算机发出控制命令并通过 UDP 发送到从计算机（Linux/ROS），用于控制机器人。

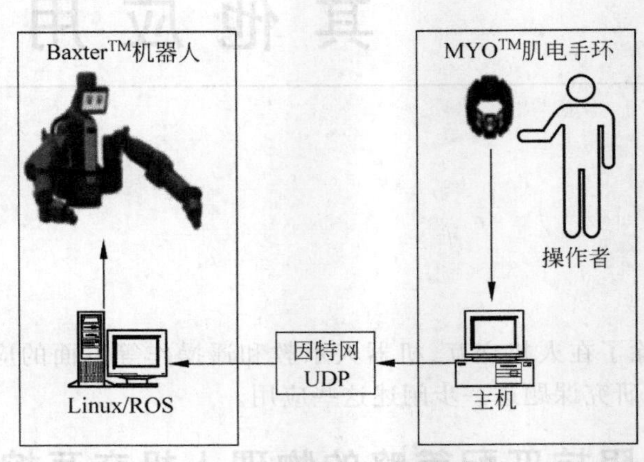

图 13.1 人机交互系统的示意图

MYO 手环有八个相同的单元，每个单元由 EMG 传感器和九种惯性测量单元组成，包含三轴陀螺仪、三轴加速度计和三轴磁力计。因此，可以使用从陀螺仪收集的上臂和前臂的方向信息来收集原始 EMG 数据并计算臂配置。

Baxter 机器人的每个机械臂有七个自由度（DOF），由肩关节中的三个自由度、肘关节中的一个自由度和腕关节中的三个自由度组成，并且可以在力矩或位置模式下控制每个臂关节。前面章节对此已有详细介绍，这里不再赘述。

2. 人机交互原理

人机交互系统包含人手臂和机械臂，如图 13.2 所示。机械臂末端执行器上安装有力传感器。这里，使用 MYO 手环获得人手臂的姿态和肌肉活动水平，利用力传感器测量人手与机械臂端执行器之间的相互作用力 F。

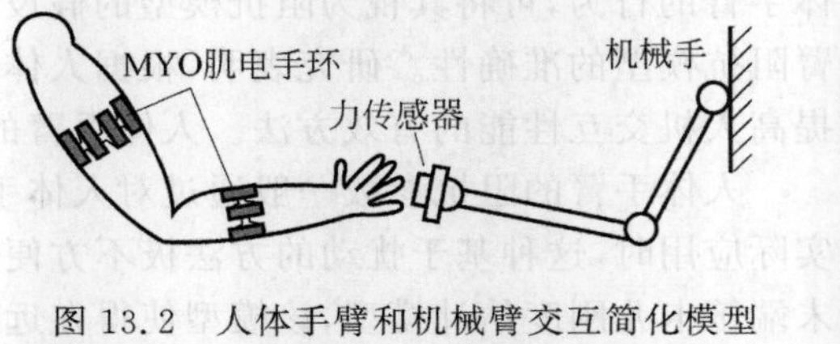

图 13.2 人体手臂和机械臂交互简化模型

机械臂运动学如下：

$$x = \varphi(q) \tag{13.1}$$

其中，$x \in R^{n_c}$ 和 $q \in R^n$ 分别是笛卡儿空间中的末端执行器位置和关节空间中的角度。n_c 表示笛卡儿空间维数，n 分别表示机械臂的自由度。

对式(13.1)求关于时间的二阶导数如下：

$$\ddot{x} = \dot{\boldsymbol{J}}_R(q)\dot{q} + \boldsymbol{J}_R(q)\ddot{q} \tag{13.2}$$

其中，$\boldsymbol{J}_R(q) \in R^{n_c}$ 表示机器人雅可比矩阵。

机械臂的动力学描述如下：

$$\boldsymbol{M}_R(q)\ddot{q} + \boldsymbol{C}_R(q,\dot{q}) + \boldsymbol{G}_q = \tau - \boldsymbol{J}_R^{\mathrm{T}} F \tag{13.3}$$

其中，$\boldsymbol{M}_R(q) \in R^{n \times n}$ 是关节空间中的惯性矩阵，$\boldsymbol{C}_R(q,\dot{q}) \in R^n$ 是科里奥利矩阵，$\boldsymbol{G}_q(q) \in R^n$ 表示重力项，$\tau \in R^n$ 是输入控制变量。$F \in R^n$ 表示人体手臂施加的相互作用力，它是系统的输入。

阻抗控制是控制机械臂和环境（这里的环境是指人的手臂）之间的动态相互作用（相互作

用力和轨迹)的常用方法。机械臂阻抗控制模型如图 13.3 所示。

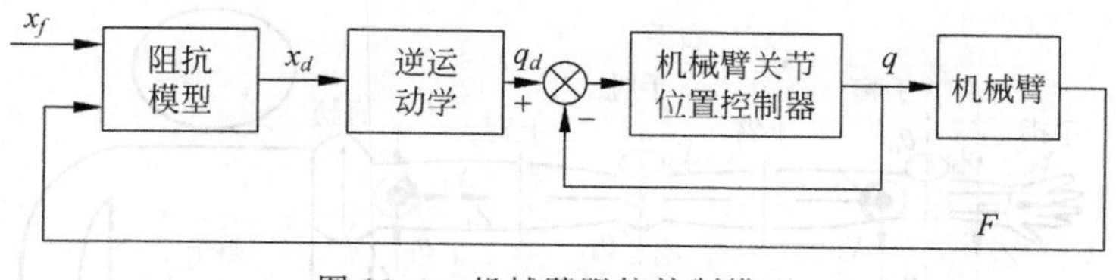

图 13.3 机械臂阻抗控制模型

笛卡儿空间中机器人阻抗模型如下:

$$I(x_f, x_d) = F \tag{13.4}$$

其中,$I(\cdot)$是需要计算的所需阻抗函数,x_f 表示机械臂末端执行器的参考位置,x_d 为机械臂末端执行器的所需位置。

阻抗函数 $I(\cdot)$的确定依赖于人体手臂阻抗参数。交互过程中人体手臂的动态行为可描述如下:

$$\boldsymbol{I}_H \ddot{x} + \boldsymbol{D}_H \dot{x} + \boldsymbol{K}_H x = -F \tag{13.5}$$

其中,$\boldsymbol{I}_H \in R^{n_c \times n_c}$、$\boldsymbol{D}_H \in R^{n_c \times n_c}$ 和 $\boldsymbol{K}_H \in R^{n_c \times n_c}$ 分别表示人体手臂的质量、阻尼和末端笛卡儿刚度矩阵。

13.1.2 人手臂阻抗参数识别

1. 人手臂雅可比计算

质量、阻尼和刚度项将随着人手臂状态的变化而变化,包括手臂姿态、肌肉激活水平等。对于人体手臂阻抗参数的在线识别,这里采用维数减少的人体手臂端点刚度表示来估计 $\boldsymbol{K}_H$,即

$$\boldsymbol{K}_H(p,q) = \boldsymbol{J}_H^{+\mathrm{T}}(q)[c(p)\bar{\boldsymbol{K}}_J - G(q)]\boldsymbol{J}_H^{+}(q) \tag{13.6}$$

其中,$\boldsymbol{K}_H$ 是人类手臂的笛卡儿刚度矩阵,它是肌肉共激活指数 p 和人手臂配置参数 q 的函数。$\boldsymbol{J}_H$ 是人类雅可比矩阵;$\bar{\boldsymbol{K}}_J$ 是一个常数矩阵,反映了人体手臂在最小肌肉活动时的关节刚度。$c(p)$依赖于肌肉活动的指数,用于反映刚度分布大小的调整。$G(q)=\dfrac{\partial \boldsymbol{J}_H^{\mathrm{T}}(q)F}{\partial q}$,它反映了外力对笛卡儿空间和关节空间之间刚度变化的影响。式(13.6)显然依赖人体雅可比 $\boldsymbol{J}_H$ 处理端点刚度分布的几何变化。

为了获得人体手臂的雅可比矩阵,需要实时跟踪关节位置/角度。可以通过将两个 MYO 手环内的陀螺仪获得的四元数转换为人体手臂运动模型中的关节角度来实现,两个 MYO 手环代表上臂和前臂的方向。

具有代表性的人体手臂模型用于表示简化的人体手臂运动学,如图 13.4 所示。基础框架位于肩部的中心,z_0 和 x_0 的方向分别被认为是基础框架的轴,水平向上和水平向右。o_7 是手掌的中心,x_7 是手指的方向,z_7 是手掌的法线向量的方向。L_{ua}、L_{fa} 是上臂和前臂的长度,L_h 是从手腕中心到手掌中心的长度。

根据对人体手臂的研究,人体手臂三角模型用于表示手臂配置。因为三角形空间和关节空间之间存在一对一的映射关系,这意味着人类手臂三角形可以唯一地确定手臂配置。在不考虑手势的情况下,人体三角模型的三个参数(上臂的方向、人体手臂的平面方向,以及上臂和前臂之间的角度)可以很容易地从上臂和前臂的方向跟踪四元数。图 13.4 中涉及的前四个关节角度可以通过反向运动学(Inverse Kinematics,IK)算法计算(肩部的前三个关节和肘部的单个关节用于确定人体手臂终点)。图 13.4 所示的 D-H 模型可用于计算相应的人体雅可比

行列式 $\boldsymbol{J}_H$。

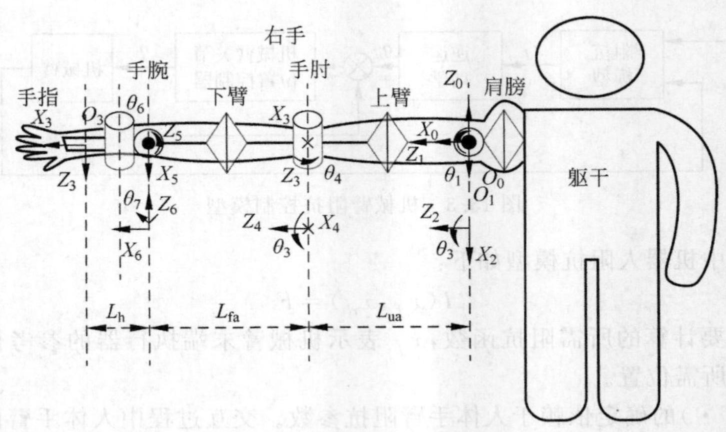

图 13.4 人体手臂 D-H 模型

2. 最小活动臂关节刚度和共激活指数识别

通过经典扰动方法可以识别最小关节刚度 $\boldsymbol{K}_J$ 和表达式 $C(p)$ 中未改变的参数。Baxter 机器人的一个夹具夹住受试者的腕关节以施加随机扰动。为这些扰动实验选择 5 个不同的臂端点位置。对于每个位置，肘关节升高或降低以形成 3 个不同的高度，同时保持端点位置不变。因此，总共可以获得 15 种不同的配置。对于每种配置，指示受试者尽可能保持 3 种不同的肌肉共激活水平(小活动、中活动和高活动)。实验中，反映共同激活水平的经处理的 EMG 信号将显示在受试者前面的屏幕上以帮助实现该目的。在这些扰动实验期间，原始 EMG 信号和人体手臂配置可以通过两个 MYO 手环获得。由于上臂和前臂的长度是已知的，因此可以跟踪人体手臂的端点位置(手腕的中心)，并通过安装在机械臂末端执行器上的力传感器记录恢复力，实验装置如图 13.5 所示。

图 13.5 用于终点刚度校准的实验装置

肌肉共激活指数 p 可通过以下步骤获得(见图 13.6)：采用移动平均过程和低通滤波器从 EMG 信号中提取包络。尽管 MYO 手环内的 EMG 传感器有 8 个通道，但只需要用其中两个靠近对抗肌肉的通道——二头肌和三头肌。因此，肌肉共激活水平可以用下面的等式表示：

$$p(k)=\frac{1}{W_s}\left(\sum_{k=1}^{W_s-1}E_B(t-k)+\sum_{k=1}^{W_s-1}E_T(t-k)\right) \tag{13.7}$$

其中，W_s 是预设窗口大小，$E_B(\cdot)$和 $E_T(\cdot)$是 Biceps 和 Triceps 的包络 EMG 信号的幅度，t 和 k 分别表示当前采样时间和采样点。

机械臂端点位移和恢复力之间的动态关系可以描述如下：

$$F=\begin{bmatrix}F_{xc}\\F_{yc}\\F_{zc}\end{bmatrix}=\begin{bmatrix}G_{xx}&G_{xy}&G_{xz}\\G_{yx}&G_{yy}&G_{yz}\\G_{zx}&G_{zy}&G_{zz}\end{bmatrix}\begin{bmatrix}\Delta x_c\\\Delta y_c\\\Delta z_c\end{bmatrix} \tag{13.8}$$

其中，F_{xc}、F_{yc} 和 F_{zc} 是末端恢复力，Δx_c、Δy_c 和 Δz_c 是笛卡儿坐标系中的末端位移。

通常，可以利用二阶线性模型来识别每个单输入单输出传递函数 G_{ij}。

$$G_{ij}=I_{Hij}s^2+D_{Hij}s+K_{Hij},s=2\pi f\sqrt{-1} \tag{13.9}$$

传递函数 $\boldsymbol{G}$ 的参数 $\boldsymbol{I}_H$、$\boldsymbol{D}_H$ 和 $\boldsymbol{K}_H$ 可以利用 0～20Hz 的最小二乘法来识别。

因此，通过肌肉最小共激活水平的试验确定的所有 $\boldsymbol{K}_H$ 可用于通过最小化下面的 Frobenius 范数来识别恒定的最小关节刚度 $\bar{\boldsymbol{K}}_J$：

$$\|\bar{\boldsymbol{K}}_J-\boldsymbol{J}_H^{\mathrm{T}}(q)\boldsymbol{K}_H(p,q)\boldsymbol{J}_H(q)-\boldsymbol{G}(q)\| \tag{13.10}$$

此外，通过最小化下面的 Frobenius 范数，利用 $\boldsymbol{K}_H$ 来识别参数 $c(p)$、γ_1 和 γ_2：

$$\|c(p)\boldsymbol{K}_J-\boldsymbol{J}_H^{\mathrm{T}}(q)\boldsymbol{K}_H(p,q)\boldsymbol{J}_H(q)-\boldsymbol{G}(q)\| \tag{13.11}$$

$$c(p)=1+\frac{\gamma_1[1-\mathrm{e}^{-\gamma_2 p}]}{1+\mathrm{e}^{-\gamma_2 p}} \tag{13.12}$$

由于可以获得最小活动的臂雅可比矩阵、共激活指数和关节刚度，所以可通过式(13.6)所示的在线跟踪臂端点刚度 $\boldsymbol{K}_H$。忽略肌肉质量分布对预定义姿势附近 $\boldsymbol{I}_H$ 的影响($\boldsymbol{I}_H$ 在以下讨论中被假定为常数)。根据对实验结果的观察和分析，发现阻尼矩阵的变化在以每个水平(最小、中、高)为中心的肌肉激活水平的小范围内不明显。因此，我们假设阻尼矩阵的轨迹可以离散化为 3 个不同的矩阵，对应于每个臂配置的 3 个不同的肌肉激活水平。因此，可以根据实验数据在合理范围内建立阻尼矩阵、人体手臂配置和肌肉激活水平之间的查找表。

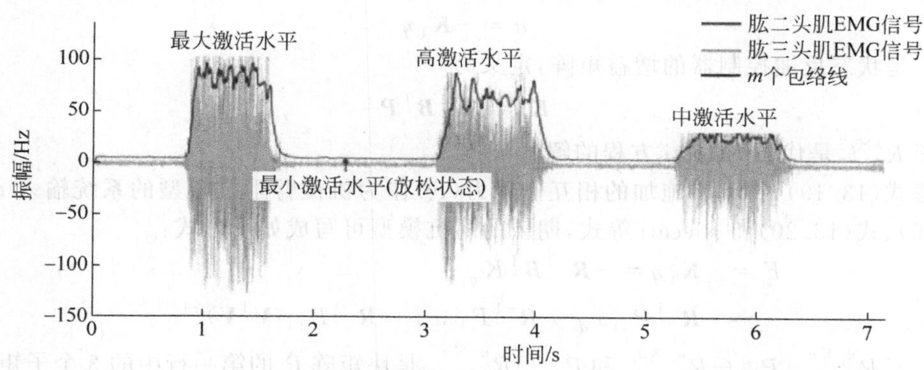

图 13.6　通过移动平均过程和低通滤波器获得的肌肉共激活指数 p 的包络线

13.1.3　机器人阻抗控制模型

考虑如下时不变线性系统：

$$\dot{\eta}=\boldsymbol{A}\eta(t)+\boldsymbol{B}u(t) \tag{13.13}$$

其中，$\eta\in R^{\rho}$ 表示机械臂系统的状态，$u\in R^{\omega}$ 表示系统的输入，矩阵 $\boldsymbol{A}\in R^{\rho\times\rho}$ 和 $\boldsymbol{B}\in R^{\rho\times\omega}$ 已知。机械臂系统 η 的状态定义如下：

$$\eta=\begin{bmatrix}\dot{x}_d^{\mathrm{T}} & x_d^{\mathrm{T}} & \sigma^{\mathrm{T}}\end{bmatrix}^{\mathrm{T}} \tag{13.14}$$

其中，$\sigma\in R^{n_c}$ 是线性系统的状态，用于确定机械臂末端执行器的参考位置 x_f，并且提供了实现其优化轨迹的跟踪控制的可行性。系统如下：

$$\begin{cases}\dot{\sigma}=\boldsymbol{V}-\sigma\\ x_f=\boldsymbol{W}_{\sigma}\end{cases} \tag{13.15}$$

其中，$\boldsymbol{V}\in R^{n_c}$ 和 $\boldsymbol{W}_{\sigma}\in R^{n_c\times n_c}$ 是已知矩阵。考虑到定义的状态式(13.5)，可以在式(13.13)中

定义矩阵 $\boldsymbol{A}$ 和 $\boldsymbol{B}$ 如下：

$$A=\begin{bmatrix}-I_H^{-1}D_H & -I_H^{-1}K_H & 0\\ I_n & 0 & 0\\ 0 & 0 & V\end{bmatrix},\quad B=\begin{bmatrix}-I_H^{-1}\\ 0\\ 0\end{bmatrix} \tag{13.16}$$

设计如下线性二次型调节器以最小化代价函数：

$$\Gamma=\int_0^{\infty}[\dot{x}_d^{\mathrm{T}}\boldsymbol{Q}_1\dot{x}_d+(x_d-x_f)^{\mathrm{T}}\boldsymbol{Q}_2(x_d-x_f)+u^{\mathrm{T}}\boldsymbol{R}u]\mathrm{d}t \tag{13.17}$$

其中，$\boldsymbol{Q}_1\in R^{n_c\times n_c}$，$\boldsymbol{Q}_2\in R^{n_c\times n_c}$ 和 $\boldsymbol{R}\in R^{n_c\times n_c}$ 分别是速度、轨迹跟踪误差和系统输入的加权矩阵。此外，$\boldsymbol{Q}_1$ 和 $\boldsymbol{Q}_2$ 是对称的、半正定的，$\boldsymbol{R}$ 对称且正定。

根据式(13.14)、式(13.15)和式(13.17)将代价函数写成如下形式：

$$\Gamma=\int_0^{\infty}[\dot{\eta}^{\mathrm{T}}\boldsymbol{Q}\dot{\eta}+u^{\mathrm{T}}\boldsymbol{R}u]\mathrm{d}t \tag{13.18}$$

其中，$\boldsymbol{Q}=\begin{bmatrix}\boldsymbol{Q}_1 & 0 & 0\\ 0 & \boldsymbol{Q}_2 & -\boldsymbol{Q}_2\boldsymbol{V}\\ 0 & -\boldsymbol{V}^{\mathrm{T}}\boldsymbol{Q}_2 & \boldsymbol{V}^{\mathrm{T}}\boldsymbol{Q}_2\boldsymbol{V}\end{bmatrix}$。

线性二次型控制器主要是用来设计一个最佳的反馈控制器，使得代价函数式(13.18)的值最小。则机械臂系统输入 u 可以定义如下：

$$u=-\boldsymbol{K}_1\eta \tag{13.19}$$

其中，$\boldsymbol{K}_1$ 是状态反馈控制器的增益矩阵，定义为

$$\boldsymbol{K}_1=\boldsymbol{R}^{-1}\boldsymbol{B}^{\mathrm{T}}\boldsymbol{P} \tag{13.20}$$

其中，$\boldsymbol{P}\in R^{\rho\times\rho}$ 是代数 Riccati 方程的解。

考虑式(13.19)，将人手施加的相互作用力(F)作为机械臂阻抗模型的系统输入 u。根据式(13.19)、式(13.20)和 Riccati 等式，期望的阻抗模型可写成如下形式：

$$\begin{aligned}F&=-\boldsymbol{K}_1\eta=-\boldsymbol{R}^{-1}\boldsymbol{B}^{\mathrm{T}}K_\eta\\&=-\boldsymbol{R}^{-1}P_{11}\dot{x}_d-\boldsymbol{R}^{-1}P_{12}x_d-\boldsymbol{R}^{-1}P_{13}(\boldsymbol{V}^{\mathrm{T}}\boldsymbol{V})^{-1}x_f\end{aligned} \tag{13.21}$$

其中，$P_{11}\in R^{n_c\times n_c}$、$P_{12}\in R^{n_c\times n_c}$ 和 $P_{13}\in R^{n_c\times n_c}$ 是块矩阵 P 的第一行中的 3 个子矩阵($P\in R^{n_c\times n_c}$)。根据外力 F 和预设轨迹 x_f，获得机械臂末端执行器所需轨迹 x_d。此外，可以采用反向运动学来获取机械臂的相应期望关节角度 q_d。需要一个位置控制器来确保所需关节角度的跟踪性能。

13.1.4 基于函数逼近的自适应控制器

采用基于函数逼近技术的自适应控制器来控制机器人在关节空间中的轨迹。为了实现机械臂的控制算法，定义如下参数：

$$\begin{cases}e_q=q-q_d\\ s=\dot{e}_q+\Lambda e_q\\ v=\dot{q}_d+\Lambda e_q\end{cases} \tag{13.22}$$

其中，$\Lambda=\mathrm{diag}(\lambda_1,\lambda_2,\lambda_3,\cdots,\lambda_n)$。

由式(13.3)和式(13.22)可得

$$\boldsymbol{M}_R(q)\dot{s}+\boldsymbol{M}_R(q)\dot{v}+\boldsymbol{C}_R(q,\dot{q})s+\boldsymbol{C}_R(q,\dot{q})v+\boldsymbol{G}_R(q)=\tau-\boldsymbol{J}_R^{\mathrm{T}}(q)F \tag{13.23}$$

因此，自适应控制器可以为

$$\tau = \hat{\boldsymbol{M}}_R(q)\dot{v} + \hat{\boldsymbol{C}}_R(q,\dot{q})v + \hat{\boldsymbol{G}}_R(q) + \boldsymbol{J}_R^{\mathrm{T}}(q)F + \boldsymbol{K}_2 s \tag{13.24}$$

其中,矩阵 $\hat{\boldsymbol{M}}_R(q)$、$\hat{\boldsymbol{C}}_R(q,\dot{q})$和 $\hat{\boldsymbol{G}}_R(q)$需要根据程序估算,$\boldsymbol{K}_2$ 是增益矩阵。

根据式(13.23)和式(13.24),可得闭环关节轨迹控制系统:

$$\begin{aligned}\boldsymbol{M}_R(q)\dot{s} + \boldsymbol{C}_R(q,\dot{q})s - \boldsymbol{K}_2 s = &-(\boldsymbol{M}_R(q) - \hat{\boldsymbol{M}}_R(q))\dot{v} - \\ &(\boldsymbol{C}_R(q,\dot{q}) - \hat{\boldsymbol{C}}_R(q,\dot{q})v - (\boldsymbol{G}_R(q) - \hat{\boldsymbol{G}}_R(q))\end{aligned} \tag{13.25}$$

显然,式(13.25)将以适当的增益矩阵 $\boldsymbol{K}_2$ 接近目标表达式。采用如下函数近似方法:

$$\boldsymbol{M}_R(q) = \boldsymbol{W}_{M_R}^{\mathrm{T}}\boldsymbol{Z}_{M_R},\quad \boldsymbol{C}_R(q,\dot{q}) = \boldsymbol{W}_{C_R}^{\mathrm{T}}\boldsymbol{Z}_{C_R},\quad \boldsymbol{G}_R(q) = \boldsymbol{W}_{G_R}^{\mathrm{T}}\boldsymbol{Z}_{G_R} \tag{13.26}$$

其中,$\boldsymbol{W}_{M_R} \in R^{n_c \times n_c}$、$\boldsymbol{W}_{C_R} \in R^{n_c \times n_c}$ 和 $\boldsymbol{W}_{G_R} \in R^{n_c \times n_c}$ 是惯性离心力、科里奥利力和重力的权重。$\boldsymbol{Z}_{M_R} \in R^{n_c \times n_c}$、$\boldsymbol{Z}_{C_R} \in R^{n_c \times n_c}$ 和 $\boldsymbol{Z}_{G_R} \in R^{n_c \times n_c}$ 是基函数矩阵。

$\boldsymbol{M}_R(q)$、$\boldsymbol{C}_R(q,\dot{q})$和 $\boldsymbol{G}_R(q)$的估计值如下:

$$\begin{cases}\hat{\boldsymbol{M}}_R(q) = \hat{\boldsymbol{W}}_{M_R}^{\mathrm{T}}\boldsymbol{Z}_{M_R} \\ \hat{\boldsymbol{C}}_R(q,\dot{q}) = \hat{\boldsymbol{W}}_{C_R}^{\mathrm{T}}\boldsymbol{Z}_{C_R} \\ \hat{\boldsymbol{G}}_R(q) = \hat{\boldsymbol{W}}_{G_R}^{\mathrm{T}}\boldsymbol{Z}_{G_R}\end{cases} \tag{13.27}$$

更新规则为

$$\begin{cases}\widetilde{\boldsymbol{W}}_{M_R} = -\boldsymbol{Q}_{M_R}^{-1}\boldsymbol{Z}_{M_R}\dot{v}s^{\mathrm{T}} \\ \widetilde{\boldsymbol{W}}_{C_R} = -\boldsymbol{Q}_{C_R}^{-1}\boldsymbol{Z}_{C_R}vs^{\mathrm{T}} \\ \widetilde{\boldsymbol{W}}_{G_R} = -\boldsymbol{Q}_{G_R}^{-1}\boldsymbol{Z}_{G_R}s^{\mathrm{T}}\end{cases} \tag{13.28}$$

采用以下李雅普诺夫函数

$$V = \frac{1}{2}s^{\mathrm{T}}\boldsymbol{M}_R s + \frac{1}{2}tr(\widetilde{\boldsymbol{W}}_{M_R}^{\mathrm{T}}\boldsymbol{Q}_{M_R}\widetilde{\boldsymbol{W}}_{M_R} + \widetilde{\boldsymbol{W}}_{C_R}^{\mathrm{T}}\boldsymbol{Q}_{C_R}\widetilde{\boldsymbol{W}}_{C_R} + \widetilde{\boldsymbol{W}}_{G_R}^{\mathrm{T}}\boldsymbol{Q}_{G_R}\widetilde{\boldsymbol{W}}_{G_R}) \tag{13.29}$$

其中,$\boldsymbol{Q}_{M_R}$、$\boldsymbol{Q}_{C_R}$ 和 $\boldsymbol{Q}_{G_R}$ 为正定权重矩阵。$tr()$表示矩阵的迹,而 $\widetilde{\boldsymbol{W}}_{M_R} = \boldsymbol{W}_{M_R} - \hat{\boldsymbol{W}}_{M_R}$,$\widetilde{\boldsymbol{W}}_{C_R} = \boldsymbol{W}_{C_R} - \hat{\boldsymbol{W}}_{C_R}$ 和 $\widetilde{\boldsymbol{W}}_{G_R} = \boldsymbol{W}_{G_R} - \hat{\boldsymbol{W}}_{G_R}$。

综上可得

$$\dot{\boldsymbol{V}} = -s^{\mathrm{T}}\boldsymbol{K}_2 s \tag{13.30}$$

容易证明,机械臂系统是稳定的,因为 $\dot{\boldsymbol{V}}$ 是负定矩阵,当 $t \to \infty$ 时,$s \to 0$,则 $q - q_d \to \infty$。通过这种方式,实现了人体手臂和机械臂的最优交互。

13.1.5 仿真

1. 仿真参数设置

仿真时,先用机器人工具箱建立一个两自由度模拟机械臂和一个四自由度模拟机械臂,分别模拟机械臂和人体手臂,以验证上述方法。

模拟机械臂的参数如表 13.1 所示,其中 m、i 和 l 分别表示质量、长度和惯性参数。假设人体手臂产生的外力仅在 X 方向上,并且不考虑 Y 和 Z 方向的力。机械臂的初始配置预设为 $q_1 = \pi/3$,$q_2 = -(2\pi)/3$。因此,模拟机械臂的初始端点位置为 $x_f = 0.4\mathrm{m}$。参考端点轨迹由式(13.15)确定,其中 $V=1$,$W=0.5$。因此,参考端点轨迹为 $x_f = 0.5 - 0.1\mathrm{e}^{-t}$,其目标位置为 $x_f = 0.5\mathrm{m}(t \to \infty)$。

表 13.1　机械臂模型参数

参数	描　述	数　值
m_1	连杆 1 的质量	2.00kg
m_2	连杆 2 的质量	1.00kg
i_1	连杆 1 的惯性	0.001kg · m^2
i_2	连杆 2 的惯性	0.001kg · m^2
l_1	连杆 1 的长度	0.4m
l_1	连杆 2 的长度	0.4m

由于矩阵 $\boldsymbol{A}$ 和 $\boldsymbol{B}$ 可以在获得人体手臂阻抗模型的基础上计算，根据式(13.21)，可得 Riccati 方程的解，从而可得所需的机器人阻抗模型。

2. 不同臂配置和模拟结果活动水平

考虑两种不同的肌肉活动水平，人体手臂配置如图 13.7 所示。LQR 方法 Q 和 R 的系数预定义为 $Q_1=1, Q_2=1$ 且 $R=1$。

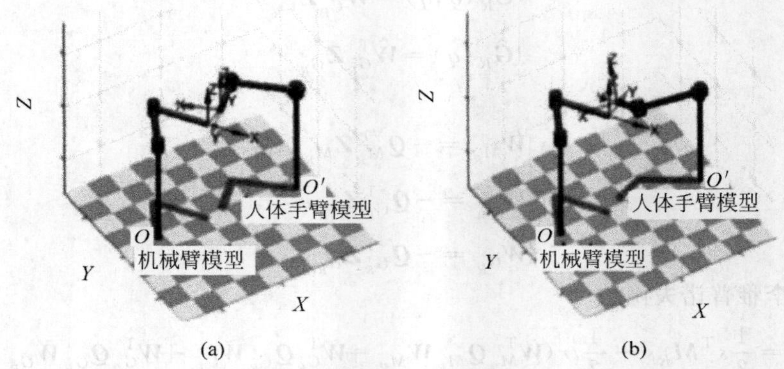

图 13.7　两种不同的人体手臂姿态

不同的手臂配置和肌肉活动水平导致人体手臂的刚度不同。因此，根据可变的人体手臂端点阻抗参数来调整相应的机器人阻抗模型。在 LQR 方法下机械臂轨迹以及机械臂与人体手臂之间的交互力如图 13.8～图 13.13 所示。

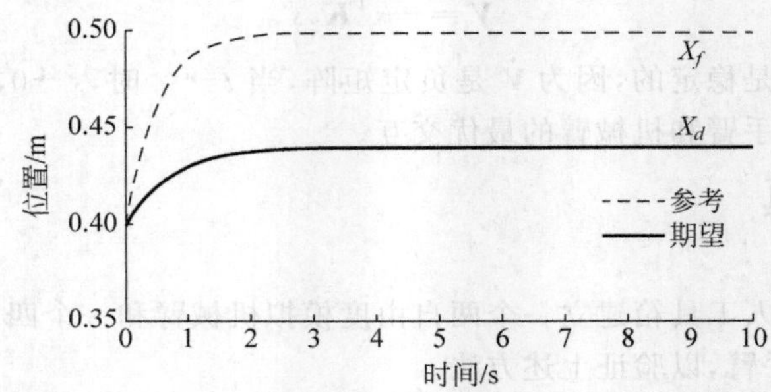

图 13.8　机械臂端点轨迹：手臂姿态，调整参数 $c(p)=1.55$

图 13.7(a)中臂端点的轨迹和力如图 13.8～图 13.11 所示，图 13.7(b)中臂端点的轨迹和力如图 13.12 和图 13.13 所示。图 13.8～图 13.11 表示不同肌肉活动水平的影响，端点刚度增加对应于扩大的 $c(p)$。图 13.8、图 13.9、图 13.12 和图 13.13 表示不同臂形的影响，因为

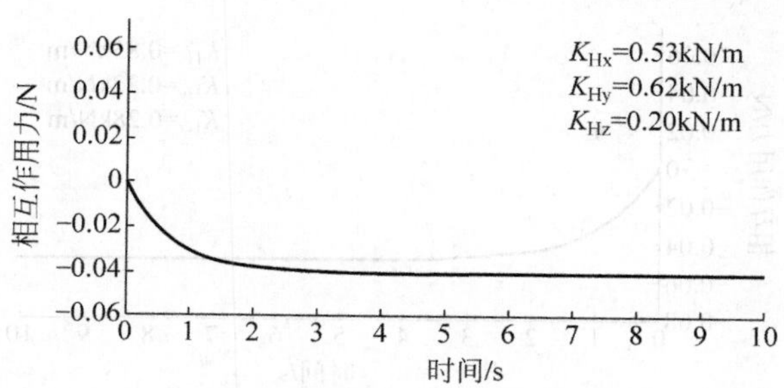

图 13.9 相互作用力：调整参数 $c(p)=1.55$

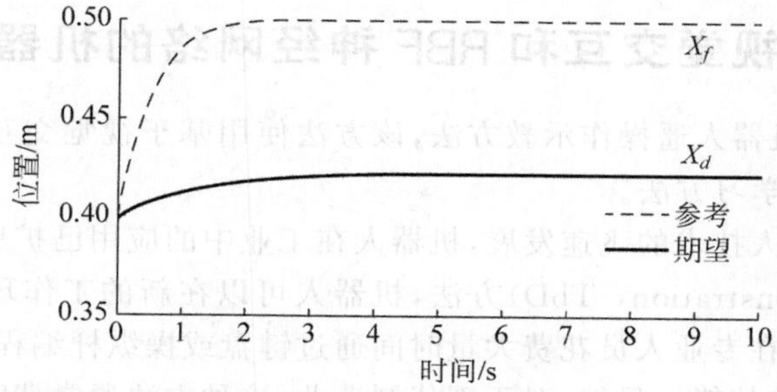

图 13.10 机械臂端点轨迹：手臂姿态，调整参数 $c(p)=2.30$

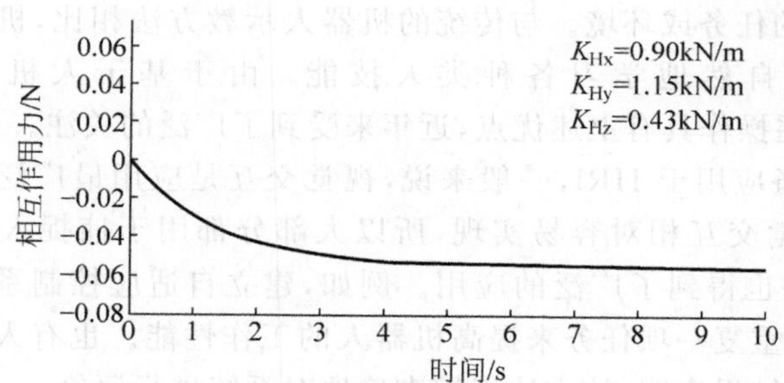

图 13.11 相互作用力：调整参数 $c(p)=2.30$

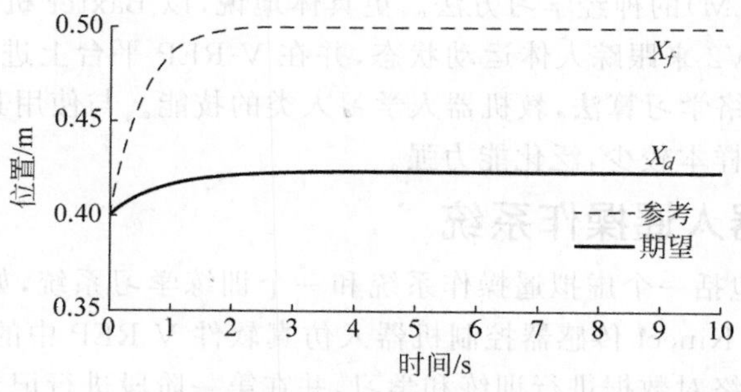

图 13.12 机械臂端点轨迹：手臂姿态，调整参数 $c(p)=1.53$

只考虑了 X 方向的力，图 13.7(b)中臂形的 X 方向上的端点刚度大于图 13.7(a)臂形的端点刚度，因此，在稳定的相互作用力下，$c(p)=1.53$ 时，图 13.7(a)所示臂形的位移实际上更接近于 $c(p)=2.30$ 时图 13.7(a)所示臂形(a)的位移。

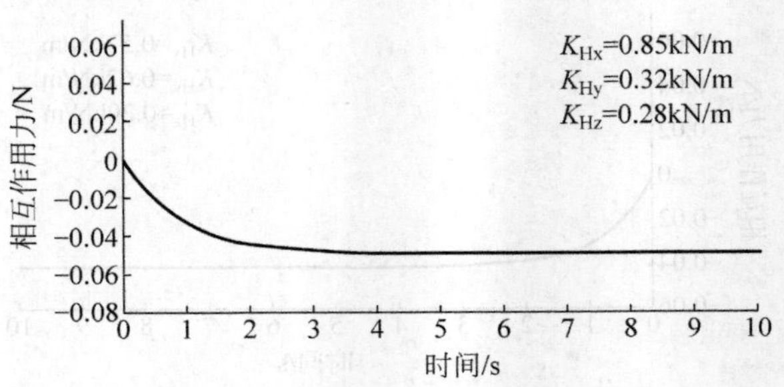

图 13.13 相互作用力：调整参数 $c(p)=1.53$

13.2 基于视觉交互和 RBF 神经网络的机器人遥操作系统

本节将介绍一种机器人遥操作示教方法，该方法使用基于视觉交互的虚拟遥操作系统和基于 RBF 神经网络的学习方法。

近年来，随着机器人技术的飞速发展，机器人在工业中的应用已扩展到各个领域。通过示教(Teaching by Demonstration，TbD)方法，机器人可以在新的工作环境中执行不同于以往的任务。传统上，只有在专业人员花费大量时间通过键盘或操纵杆编程之后，工业机器人才能在装配线上学习固定的技能。显然，对于现代制造业，这种方法通常费时且不灵活。而机器人通过遥操作从熟练的演示者那里学习类似人类的操作技能，从而直接编程，这种方法可以使机器人有效地适应不同的任务或环境。与传统的机器人示教方法相比，机器人通过遥操作进行示教能够更有效、更自然地学习各种类人技能。由于基于人机交互(Human Robot Interaction，HRI)的遥操作具有上述优点，近年来受到了广泛的关注。

有许多技术或设备应用于 HRI，一般来说，视觉交互是应用最广泛的技术之一。由于基于身体运动跟踪的视觉交互相对容易实现，所以大部分都用于捕捉人体运动。而在机器人 TbD 方法中，神经网络也得到了广泛的应用。例如，建立自适应控制系统的 TbD 方法，在神经网络的帮助下，通过重复一项任务来提高机器人的工作性能。也有人将神经学习用于估计稳定动力系统，且实验结果表明，该方法能够准确地对系统进行评价。

本节将介绍一种基于视觉交互的虚拟遥操作系统的机器人示教方法，以及基于(Extreme Learning Machine，ELM)的神经学习方法。更具体地说，以 Baxter 机器人为研究对象，使用动作捕捉设备 Kinect V2 来跟踪人体运动状态，并在 V-REP 平台上进行仿真实验。此外，本节还基于 RBF 神经网络学习算法，教机器人学习人类的技能。与使用其他神经网络的机器人示教相比，该模型训练样本较少，泛化能力强。

13.2.1 机器人遥操作系统

本节设计的系统包括一个虚拟遥操作系统和一个训练学习系统，如图 13.14 所示。第一阶段，人类示范者通过 Kinect 传感器控制机器人仿真软件 V-REP 中的 Baxter 机器人。在第二阶段，将使用神经网络对数据进行训练和学习，并在第一阶段进行记录。然后将输出数据发送给 Baxter 机器人，控制它完成前面的任务。虚拟遥操作系统是对真实遥操作系统的仿真，在虚拟环境中可以验证上述算法。虚拟系统模型逼真度较高，能够让人类示范者获得比较真实的交互体验。

这里介绍的基于 HRI 的虚拟遥操作系统由人类示范者、Kinect 传感器和安装有 V-REP 软件的计算机组成。其中，Kinect 传感器用来捕捉人体动作以及人手的状态(如打开、握拳

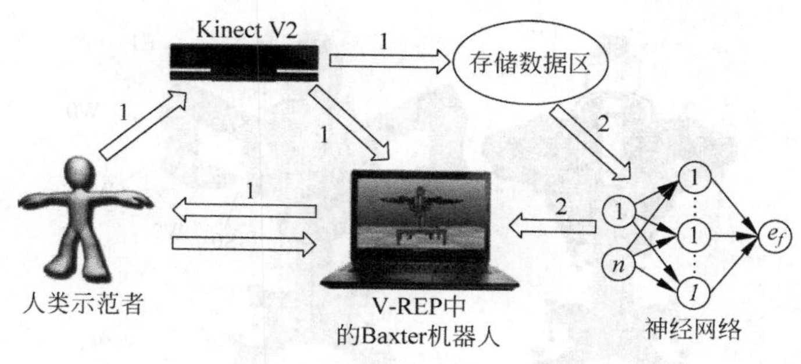

图 13.14 机器人示教系统

等)；虚拟的 Baxter 机器人模型和环境则是由 V-REP 软件提供。该遥操作系统的主要控制目标是让 V-REP 软件中 Baxter 机器人的机械臂能够跟随人类示范者的运动。

1. Kinect 传感器

这里使用第二代 Windows Kinect(如图 13.15 所示)，它由一个 RGB 彩色摄像头、一个深度传感器和一个红外发射器构成，其中深度传感器由一个红外摄像头和红外投影仪构成。通过以上这些设备，Kinect 传感器可以提供全身三维运动捕捉、人脸识别等功能。与 Kinect V1(请参考 10.3.3 节)相比，Kinect V2 可以跟踪人体的 25 个身体关节(包括拳头和拇指)。由于这一优势，Kinect V2 可以识别手部的状态。如打开、关闭和套索。套索状态是指手的中指和食指伸展，其他手指闭上的手势。手部的状态是用来控制机器人是否跟随人类示范者的动作。

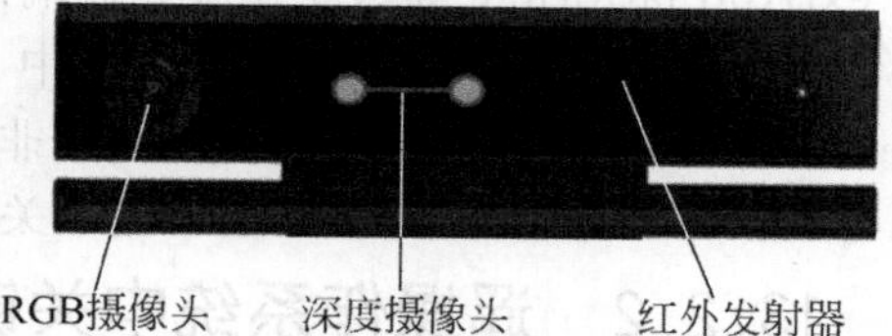

图 13.15 Kinect V2 传感器的构成

2. V-REP

V-REP 是一个具有集成开发环境的开源机器人仿真器。V-REP 中机器人模型的构建和仿真过程如下。

(1) V-REP 场景中建立机器人模型和工作环境：构建机器人仿真模型有两种方法，其中一种方法是先在其他软件中创建模型，并将其保存为某种特定的文件格式，如 OBJ、3DS 和 URDF 等，最后再将保存的文件导入 V-REP。另一种方法是直接从模型浏览器中加载现有模型。

(2) 使用编程方法控制对象/模型：V-REP 有 6 种编程方法来控制每个模型，分别为嵌入式脚本、附加组件、插件、远程 API 客户端、ROS 节点和自定义客户端/服务器。

(3) 选择物理引擎并设置模拟参数：V-REP 提供 Bullet Physics、ODE、Vortex Dynamics 和 Newton Dynamics 4 种物理引擎来模拟真实物体间的相互作用。这些物理引擎可以使动态计算更快、更容易。

这里使用 Baxter 机器人模型进行仿真，并基于两个 API 客户端来控制 V-REP 中的 Baxter 机器人。

3. Baxter 机器人

Baxter 机器人结构如图 13.16 所示，V-REP 中的 Baxter 机器人除了头部和动画人脸外，与真实的 Baxter 机器人相似，它们有相同的运动学和动力学。

4. Kinect 与 V-REP 之间的通信

连接 Kinect V2，需要使用具有 USB 3.0 端口的计算机。虚拟遥操作系统中，客户端为用

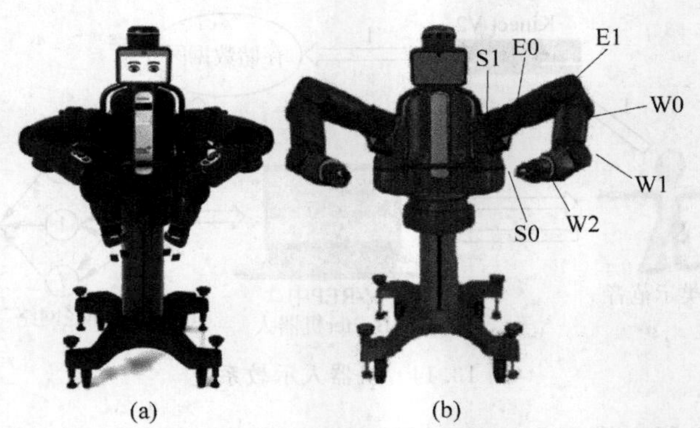

图 13.16　真实的 Baxter 机器人与 V-REP 中的 Baxter 机器人

户自定义的 C++应用程序，而服务器端则为 V-REP 场景。要在客户端启用远程的 API，V-REP 提供的 C 语言文件应包含在 C++的项目中，如 extApi.h、extApi.c、extApiPlatform.h 和 extApiPlatform.c 等。要在服务器端启用远程 API，应在启动 V-REP 时加载远程 API 插件。可以调用阻塞函数获取 V-REP 中 Baxter 每个机械臂的关节角度，即客户端可以获取 V-REP 中机器人的关节信息。而调用非阻塞函数可以将关节角度发送给 V-REP 中的 Baxter 机器人。这里，C++应用程序用来记录关节角度数据并将其保存。

13.2.2　遥操作系统中关键算法

1. 空间向量法

如何计算人体关节角度是利用 Kinect 控制 Baxter 机器人的关键，Kinect 可以获取人体关节的笛卡儿空间坐标。假设笛卡儿空间中有两个点 $A=(x_1,y_1,z_1)$ 和 $B=(x_2,y_2,z_2)$，那么可以通过下面的公式计算这两点之间的距离：

$$d=\sqrt{(x_2-x_1)^2+(y_2-y_1)^2+(z_2-z_1)^2} \tag{13.31}$$

则向量 $\overrightarrow{AB}=(x_1-x_2,y_1-y_2,z_1-z_2)$，点 $\boldsymbol{A}$ 和 $\boldsymbol{B}$ 之间的距离可以表示为 $d=|AB|$。我们知道，笛卡儿空间中可以使用余弦定律计算两关节之间的夹角。在 Kinect 坐标系中，可以把每一个人体关节表示成一个向量。设关节 1 为向量 $\overrightarrow{AB}$，关节 2 为向量 $\overrightarrow{BC}$，则两关节之间的角度可以表示为

$$\cos(\overrightarrow{AB},\overrightarrow{BC})=\frac{\overrightarrow{AB}\cdot\overrightarrow{BC}}{|\overrightarrow{AB}|\cdot|\overrightarrow{BC}|} \tag{13.32}$$

通过式(13.31)和式(13.32)可以将由 Kinect 获取的人体关节点坐标转换成对应的向量，并计算出各关节之间的夹角。

将从 Kinect 获取的所有关节点的位置坐标构建成人体的几何模型以及人体左臂模型，如图 13.17 所示。在 Kinect 的笛卡儿空间坐标系中，直线 OX、OY 和 OZ 组成空间坐标系。可以通过三个点得到向量 $\overrightarrow{OE}$ 和向量 $\overrightarrow{EF}$，计算肩距角和角度。使用相同的方可得肘间距 $\angle EFG$。将点 D、O 和 F 映射到平面 XOZ，可计算出肩部偏航角 $\angle KOJ$。

使用向量乘法，可得向量 $\overrightarrow{LE}$ 和向量 $\overrightarrow{ME}$，具体计算如下：

$$\begin{cases}\overrightarrow{LE}=\overrightarrow{EF}\times\overrightarrow{FG}\\ \overrightarrow{ME}=\overrightarrow{EF}\times\overrightarrow{DE}\end{cases} \tag{13.33}$$

因此，可以计算得到肩部滚动角 $\angle LEM$。同理，可计算出肘部滚动角（向量 $\overrightarrow{LE}$ 和向量

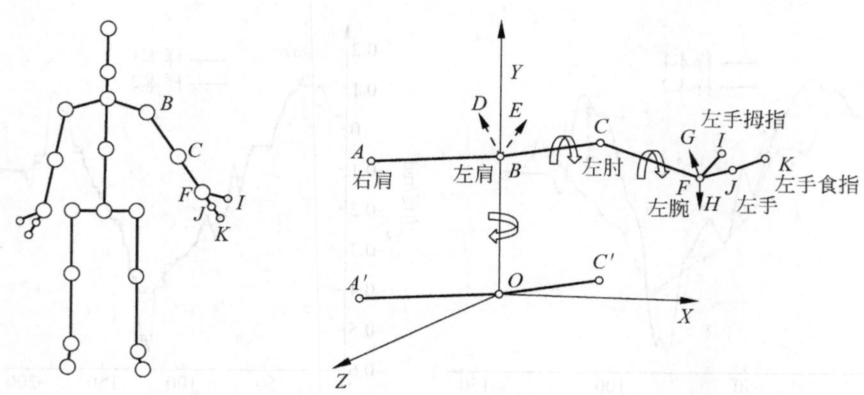

图 13.17 由 Kinect 获得的人体骨骼和人体左臂的几何模型

$\overrightarrow{GN}$ 之间的角度)和手部偏航角(向量 $\overrightarrow{GN}$ 和 $\overrightarrow{GQ}$ 之间的角度)。

2. 动态时间归整法(DTW)

DTW 是一种处理时间序列信号的算法,它不仅可以比较两个长度不同的时间序列的相似性,而且可以通过动态规划对时间序列的时间轴进行对齐。

对于两段长度不同的时间序列 $x[x_1,x_2,\cdots,x_m]$ 和 $y[y_1,y_2,\cdots,y_m]$,假设矩阵 $\boldsymbol{WP}$ 是由 DTW 建立的两序列间的匹配路径,表示如下:

$$\boldsymbol{WP}=\begin{bmatrix} wp_{11} & wp_{21} & \cdots & wp_{L1} \\ wp_{12} & wp_{22} & \cdots & wp_{L2} \end{bmatrix} \tag{13.34}$$

其中,L 为 $\boldsymbol{WP}$ 的长度,$wp_{k1}\in\{1,2,\cdots,m\}$,$wp_{k2}\in\{1,2,\cdots,n\}$,$k\in\{1,2,\cdots,L\}$。在 $\boldsymbol{WP}$ 的约束下,x 和 y 之间的距离表示如下:

$$\rho(\boldsymbol{WP},x,y)=\sum_{k=1}^{L}(x_{wp_{k1}}-y_{wp_{k2}})^2 \tag{13.35}$$

其中,$[wp_{k1},wp_{k2}]^{\mathrm{T}}$ 为 $\boldsymbol{WP}$ 的第 k 列,且 $\boldsymbol{WP}$ 必须满足下述条件:

(1) 边界条件:$[wp_{11},wp_{12}]=[1,1]$和$[wp_{L1},wp_{L2}]=[m,n]$。

(2) 单调性条件:满足 $wp_{11}\leqslant wp_{21}\leqslant\cdots\leqslant wp_{k1}$ 和 $wp_{12}\leqslant wp_{22}\leqslant\cdots\leqslant wp_{k2}$,$k=1,2,\cdots,L$。

(3) 步长条件:满足 $wp_{k+1,1}-wp_{k1}\leqslant 1$ 和 $wp_{k+1,2}-wp_{k2}\leqslant 1$,$k=1,2,\cdots,L-1$。

满足上述条件的路径有很多,而 DTW 的目标就是找到最佳的匹配路径,具体表示为

$$\mathrm{DTW}(x,y)=\min(\rho(WP,x,y)) \tag{13.36}$$

动态规划解决动态时间规整问题时,构建了一个 $m*n$ 维的累积代价矩阵 $\boldsymbol{R}$。$\boldsymbol{R}(i,j)$是矩阵 $\boldsymbol{R}$ 的元素,表示如下:

$$\boldsymbol{R}(i,j)=(x_i-y_i)^2+\begin{cases}0 & (i=1,j=1)\\ \boldsymbol{R}(i,j) & (i=1,j>1)\\ \boldsymbol{R}(i,j) & (i>1,j=1)\\ \min(\boldsymbol{R}(i-1,j),\boldsymbol{R}(i,j-1),\boldsymbol{R}(i-1,j-1)) & (\text{其他})\end{cases} \tag{13.37}$$

使用 DTW 处理机器人示教时关节角度的样本,可以使得不同的样本在时间轴上能够对齐,如图 13.18 所示。

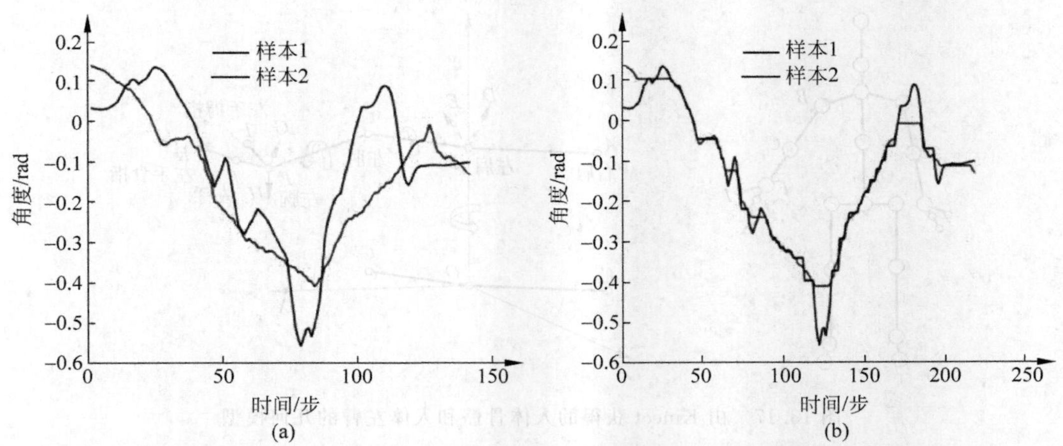

图 13.18 (a)关节角度 S0 的两个样本和(b)两样本值由 DTW 对齐

3. 基于 RBF 神经网络的示教

基于仿真遥操作系统,可以控制 Baxter 机器人关节角的运动,同时还可以用一阶自治常微分方程表示为这些点-点之间的运动如下:

$$\dot{x}=f(x)+\varepsilon \tag{13.38}$$

其中,x 表示机器人末端执行器位置/关节角度,$\dot{x}$ 是 x 关于时间的一阶导数,表示机器人末端执行器的速度/关节角速度。数据集为 $\{x,\dot{x}\}_{t=0}^{T_1,\cdots,T_L}$,$\varepsilon$ 是零均值高斯噪声。示教的主要任务是从 f 获得 $\hat{f}$ 的估计。

这里使用 RBF 神经网络的方法来实现。可以通过选择合适的基函数,使 RBF 神经网络近似任何连续函数。RBF 神经网络基于数据集 $\{x,\dot{x}\}_{t=0}^{T_1,\cdots,T_L}$,学习 x 和 $\dot{x}$ 之间的映射关系,即 $f: x\rightarrow\dot{x}$。图 13.19 所示的 RBF 神经网络具有隐藏层,该网络输入层有 n 个节点和 x 个维度。隐藏层中目标函数可以表示成如下形式:

$$\hat{f}(\boldsymbol{X}_{\text{in}},\tilde{\boldsymbol{W}})=\tilde{\boldsymbol{W}}^{\text{T}}S(X_{\text{in}}) \tag{13.39}$$

其中,$\boldsymbol{X}_{\text{in}}\in\Omega_{X_{\text{in}}}\subset R^n$ 表示输入向量,$\hat{f}$ 为 RBF 神经网络的输出。

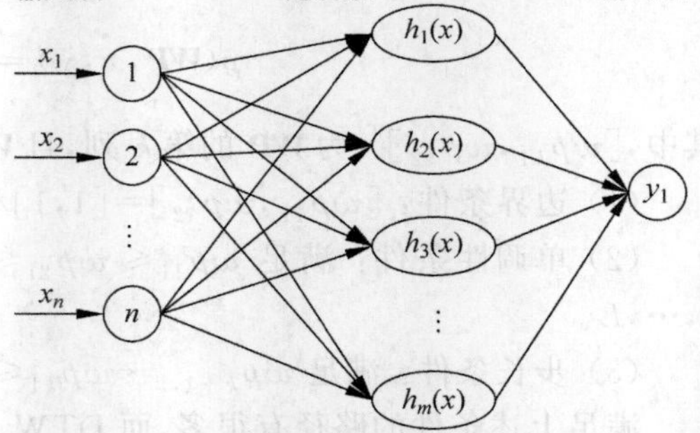

图 13.19 RBF 神经网络

$\tilde{\boldsymbol{W}}$ 为可调节的参数向量,表示如下:

$$\tilde{\boldsymbol{W}}=[\tilde{w}_1,\tilde{w}_2,\cdots,\tilde{w}_m]^{\text{T}} \tag{13.40}$$

$\boldsymbol{S}(\boldsymbol{X}_{\text{in}})$是输入的非线性向量函数,可表示为

$$\boldsymbol{S}(\boldsymbol{X}_{\text{in}})=[s_1(\boldsymbol{X}_{\text{in}}),s_2(\boldsymbol{X}_{\text{in}}),\cdots,s_m(\boldsymbol{X}_{\text{in}})]^{\text{T}} \tag{13.41}$$

式(13.41)中,$\boldsymbol{S}(\boldsymbol{X}_{\text{in}})$由基函数 $s_i(\boldsymbol{X}_{\text{in}})$组成。这里,基函数为高斯函数,具体表示如下:

$$s(\boldsymbol{X}_{\text{in}})=\exp\left[-\frac{(\boldsymbol{X}_{\text{in}}-\boldsymbol{c}_i)^{\text{T}}}{r^2}\right] \tag{13.42}$$

其中,$\boldsymbol{c}_i=[c_{i1},c_{i2},\cdots,c_{iN}]^{\text{T}}\in R^N$ 为向量,它表示第 i 个基函数的中心,r 为方差。

RBF 神经网络可将函数 f 近似为任意精度,表达式如下:

$$f(\boldsymbol{X}_{\text{in}})=\tilde{f}(\boldsymbol{X}_{\text{in}},\boldsymbol{W}^*)+\varepsilon(\boldsymbol{X}_{\text{in}}),\boldsymbol{X}_{\text{in}}\in\Omega_{X_{\text{in}}} \tag{13.43}$$

式中，$\varepsilon(\boldsymbol{X}_{\text{in}})$为近似误差，$W^*$ 为 RBF 网络的理想权重，表示如下：

$$W^* = \text{argmin}_{(W)}[\sup_{X_{\text{in}} \in \Omega_{X_{\text{in}}}} | f(\boldsymbol{X}_{\text{in}}) - \tilde{f}(\boldsymbol{X}_{\text{in}}, \tilde{\boldsymbol{W}}) |] \tag{13.44}$$

近似误差受正则化的约束，可以表示为

$$| \varepsilon(\boldsymbol{X}_{\text{in}}) | \leqslant \varepsilon^*, \quad \forall \boldsymbol{X}_{\text{in}} \in \Omega_{X_{\text{in}}} \tag{13.45}$$

神经网络的参数主要包括 RBF 函数 δ 的中心、RBF 函数 σ 的方差和权重 W。通常，δ 是从样本中选择，σ 的表达式如下

$$\delta = \frac{d_{\max}}{\sqrt{2M}} \tag{13.46}$$

其中，$d_{\max}$ 是所选数据中心之间的最大距离，M 是数据中心的个数。

根据最小二乘算法，权重 W 可表示为

$$W = \boldsymbol{\Phi}^+ d \tag{13.47}$$

其中，$\boldsymbol{\Phi}^+$ 是$\boldsymbol{\Phi}$ 的伪逆，可以表示为

$$\boldsymbol{\Phi}^+ = (\boldsymbol{\Phi}^{\text{T}}\boldsymbol{\Phi})^{-1}\boldsymbol{\Phi}^{\text{T}} \tag{13.48}$$

13.2.3 仿真实验

1. 虚拟遥操作系统有效性验证

首先，验证通过人体动作控制 V-REP 中的 Baxter 机器人在虚拟空间中移动的灵活性。Baxter 机械臂可以由人体动作控制上下、来回摆动，如图 13.20 所示。需要注意的是，人的左臂是用来控制机器人的右臂，而人的右臂则是控制机器人的左臂。实验结果表明，人体动作可以通过该虚拟遥操作系统实时控制 Baxter 机器人跟随人的运动。

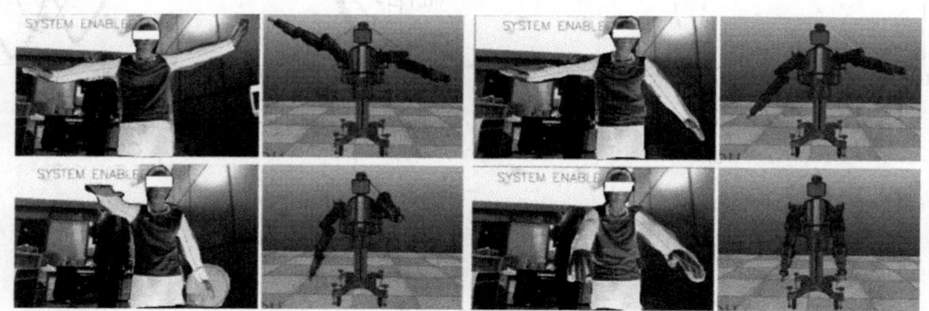

图 13.20 人体运动用于控制 V-REP 中的 Baxter 机器人

接下来，验证机器人能否通过基于视觉交互和 RBF 神经网络的遥操作完成教示教任务。为了验证 TbD 方法的有效性，在 V-REP 中设计了仿真场景，场景由一个 Baxter 机器人，一张桌子和一些长方形的积木组成。使用 Kinect 时，人类示教者控制 Baxter 机器人拉下一个积木，并控制机器人的手臂回到原来的位置，如图 13.21 所示。重复执行该动作多次，同时记录机器人在此过程中的关节角度。

由于每次示教的仿真时间不同，实验中记录的数据长度也不相同。这里通过随机插值保证每次实验数据长度相同。经过数据处理，得到一个 142×3 维的样本，再经过 DTW 处理，得到一组维度为 317×3 的数据，如图 13.22 所示。由图可以看出，每组数据之间的差异很大。利用这些处理后的关节角度对机器人进行控制，机器人可以复现相同的轨迹，证明该方法不影响机器人轨迹。

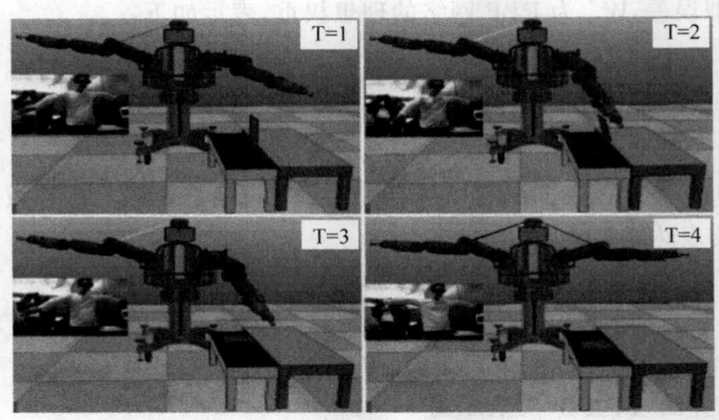

图 13.21　人类示范者用 Kinect 传感器控制 Baxter 机器人将工件推倒

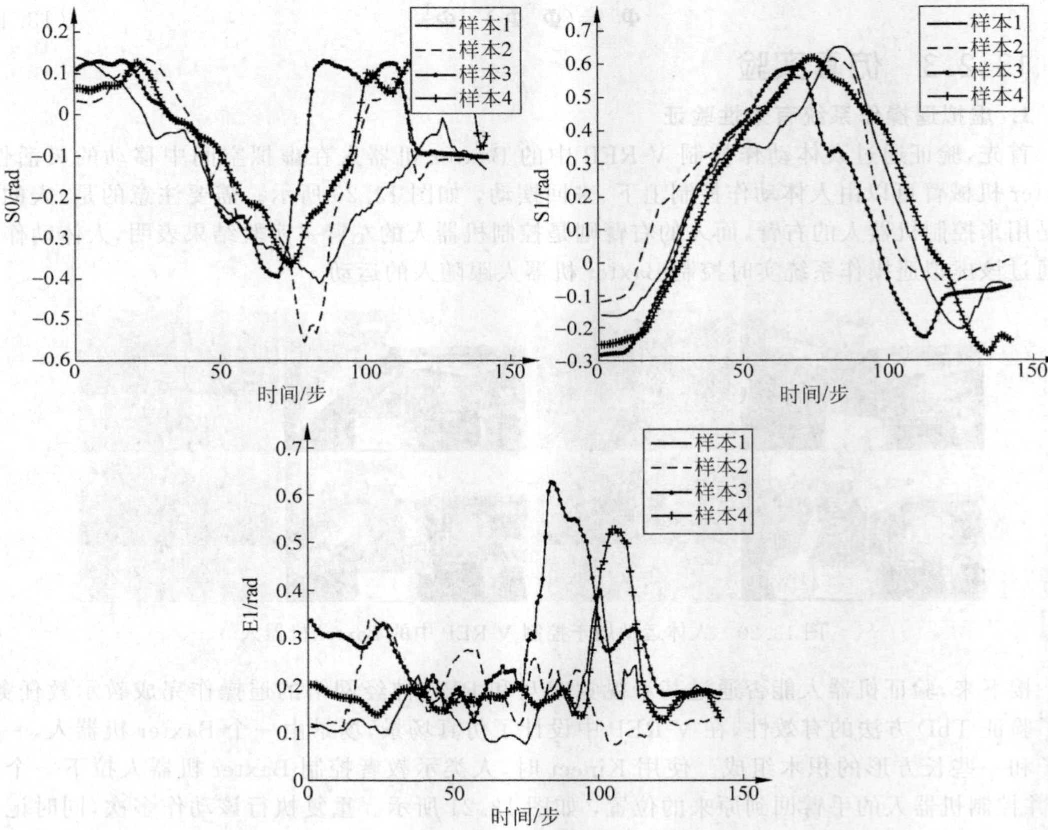

图 13.22　四个随机选择的训练样本

2. 基于 RBF 神经网络的学习算法

基于 RBF 神经网络的算法是在 MATLAB 中实现的。经过测试，发现最佳隐藏层节点数为 12，即当网络的隐层有 12 个节点时准确性最高。使用 RBF 神经网络训练三组输入样本，得到相应的输出数据，机器人对应关节角度的值如图 13.23 所示。

在另一个实验场景中，Baxter 机器人将工件从一个传送带送到另一个传送带。用实际的

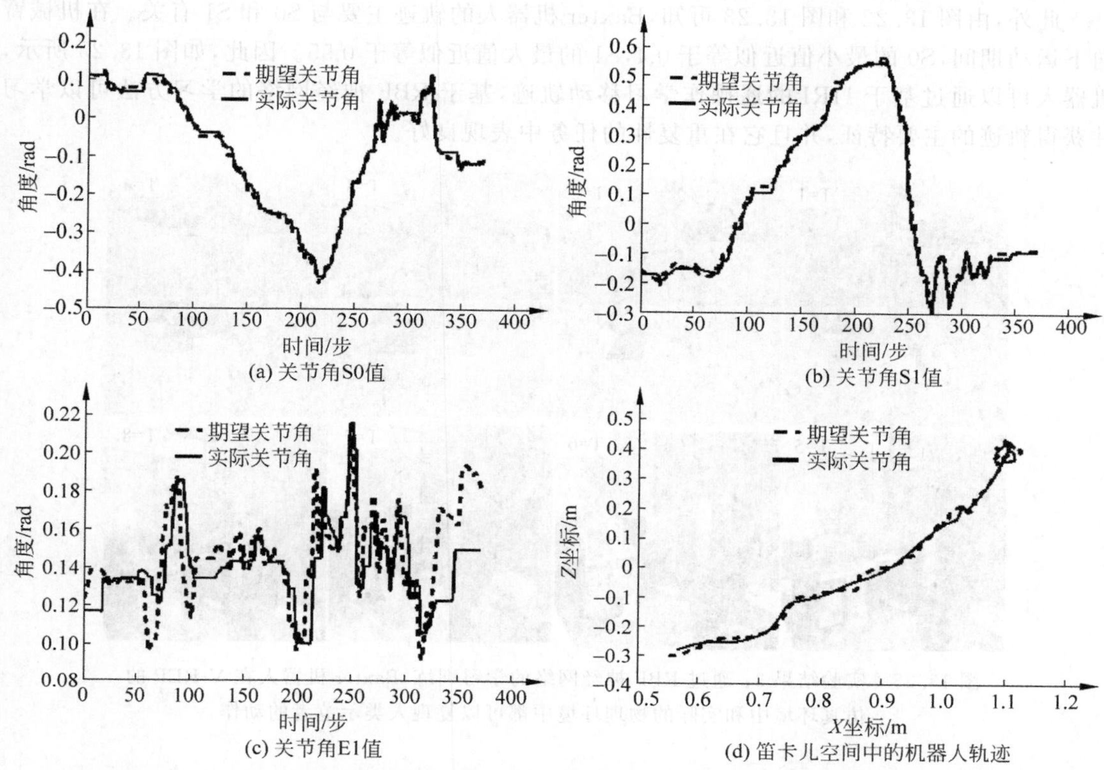

图 13.23 图(a)、(b)、(c)分别为 S0、S1 和 E1 的关节角度；(d)为 Baxter 机器人的机械臂在笛卡儿空间中向下移动的轨迹；参考值是 RBF 神经网络的输出，实际值记录的是真实的 Baxter 机器人关节角

Baxter 机器人对基于 RBF 神经网络学习算法的有效性进行。将由 RBF 神经网络生成的轨迹直接发送给机器人；同时，每输入一组关节角度，都记录下 Baxter 机器人关节角度的实际值，发送的关节角度值如图 13.23 所示。可以看出，实际的 Baxter 机器人可以复现由 RBF 神经网络训练得到的轨迹。记录的关节角度的实际值如图 13.24 所示。

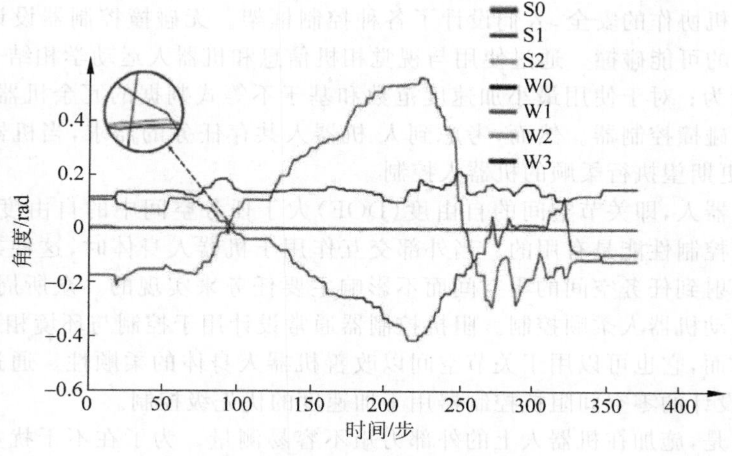

图 13.24 真实的 Baxter 机器人关节角度

此外，由图 13.22 和图 13.23 可知，Baxter 机器人的轨迹主要与 S0 和 S1 有关。在机械臂向下运动期间，S0 的最小值近似等于 0.4，S1 的最大值近似等于 0.55。因此，如图 13.25 所示，机器人可以通过基于 HRI 的遥操作学习移动轨迹，基于 RBF 神经网络的学习方法可以学习并获得轨迹的主要特征，并且它在重复性的任务中表现良好。

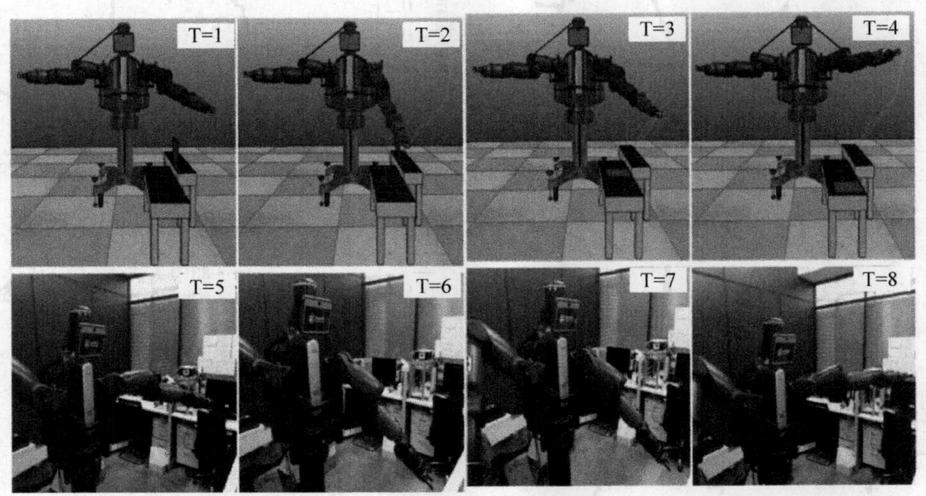

图 13.25　实验结果 3：通过 RBF 神经网络的学习训练，Baxter 机器人在 V-REP 的仿真环境中和实际的物理环境中都可以复现人类示范者的动作

13.3　基于零空间的机器人柔顺控制

本节将介绍一种零空间控制器，以实现冗余机器人的柔顺运动行为，最终实现安全的人机交互。

协同机器人的设计通常满足合规性和灵活性，以保证人机交互安全，这是人机器人交互中最重要的问题。虽然许多精密的机制(如可变刚度执行器和系列弹性执行器)在设计时可用于提高机器人的灵活性，但如何设计一种有效的机器人控制方案以满足人-机器人在复杂的环境中进行物理交互仍然是一个巨大的挑战。

为了确保人机协作的安全，人们设计了各种控制框架。无碰撞控制器设计用于避免与障碍物和附近人类的可能碰撞。通过使用与视觉相机信息和机器人运动学相结合的共享控制器实现自动避障行为；对于使用最小加速度范数和基于不等式判据的冗余机器人，可以使用联合加速度级避免碰撞控制器。然而，考虑到人-机器人共存任务的需求，当机器人与人交互甚至与人接触时，更期望执行柔顺的机器人控制。

对于冗余机器人，即关节空间的自由度(DOF)大于任务空间中的自由度，零空间阻抗控制对于实现柔顺控制性能是有用的。当外部交互作用于机器人身体时，这种柔顺行为是通过将相互作用力投射到任务空间的零空间而不影响主要任务来实现的。众所周知，阻抗控制方法有助于实现主动机器人柔顺控制。阻抗控制器通常设计用于控制与环境相互作用的机器人末端执行器。然而，它也可以用于关节空间以改善机器人身体的柔顺性。通过组合零空间控制和阻抗控制，设计的零空间阻抗控制器用于加速度的优先级控制。

应该注意的是，施加在机器人上的外部力矩不容易测量。为了在不干扰主要任务的情况下保证柔顺的阻抗控制性能，需要估计并适当地消除外力。然而，在一些应用中，期望实现预定义的跟踪性能。本节将介绍一种使用规定的性能控制器来控制机器人末端执行器，从而保证主要任务的瞬态跟踪性能。通过使用零空间控制法则确保机器人运动的柔顺行为，通过该空间控制法可以将作用在主要任务上的外部力矩投射到零空间，并且可以减小外力的影响。

13.3.1 系统描述

1. 系统描述

N 连杆机械臂的动力学可以描述为：

$$\boldsymbol{M}(q)\ddot{q}+\boldsymbol{C}(q,\dot{q})\dot{q}+\boldsymbol{G}(q)+\tau_d=\tau \tag{13.49}$$

其中，q 表示关节角度，$\boldsymbol{M}(q)$是惯性/质量矩阵，$\boldsymbol{C}(q,\dot{q})$是科里奥利/离心矩阵，$\boldsymbol{G}(q)$是重力矢量，$\tau$ 是要设计的关节控制力矩，τ_d 是施加在接头上的外部力矩，它可能是由环境或未模型干扰的相互作用引起的。

关节空间阻抗控制可以描述为：

$$\boldsymbol{M}_d(\ddot{q}_d-\ddot{q})+\boldsymbol{B}_d(\dot{q}_d-\dot{q})+\boldsymbol{K}_d(q_d-q)=\tau_d \tag{13.50}$$

其中，q_d 表示所需的关节轨迹，$\boldsymbol{M}_d\in\mathbb{R}^{n\times n}$、$\boldsymbol{B}_d\in\mathbb{R}^{n\times n}$ 和 $\boldsymbol{K}_d\in\mathbb{R}^{n\times n}$ 分别是所需的惯性矩阵、阻尼矩阵和刚度矩阵，它们均为正定矩阵。

n 自由度(DOF)冗余机器人，可以使用以下运动方程来描述末端执行器速度和关节速度之间的关系：

$$\dot{x}=\boldsymbol{J}(q)\dot{q} \tag{13.51}$$

其中，$\dot{x}$ 是任务空间速度的向量，$\boldsymbol{J}(q)$表示相对于 q 的雅可比矩阵。

对于冗余机器人，即关节空间的自由度大于任务空间的自由度，因其雅可比矩阵的行数小于列数，所以不是方形矩阵。这意味着，对于给定的任务空间速度 $\dot{x}$，$\dot{q}$ 的逆解可能不是唯一的。因此，可以同时控制任务空间和接触空间——通过使用零空间控制的一般逆解来实现，如下

$$\dot{q}=\boldsymbol{J}^{\dagger}\dot{x}+\boldsymbol{N}\dot{q}_m \tag{13.52}$$

其中，$\boldsymbol{J}^{\dagger}(q)$是 $\boldsymbol{J}(q)$的逆解，$\boldsymbol{N}$ 表示零空间矩阵，定义如下：

$$\boldsymbol{N}=\boldsymbol{I}-\boldsymbol{J}^{\dagger}\boldsymbol{J} \tag{13.53}$$

2. 联合空间分解

采用联合空间分解算法描述冗余机械臂的运动。辅助矩阵 $\boldsymbol{Z}(q)$、辅助矢量 λ 和 q 之间的关系可以表示为：

$$\dot{q}=\boldsymbol{N}\dot{q}_m=\boldsymbol{Z}(q)\lambda \tag{13.54}$$

其中，$\boldsymbol{Z}(q)$满足 $\boldsymbol{J}(q)\boldsymbol{Z}(q)=0$，$\lambda$ 为 r 维速度矢量。λ 的一般解可以通过使用惯性加权广义逆获得：

$$\lambda=\boldsymbol{Z}^{\#}(q)\dot{q}=(\boldsymbol{Z}(q)^{\mathrm{T}}\boldsymbol{M}(q)\boldsymbol{Z}(q))^{-1}\boldsymbol{Z}(q)^{\mathrm{T}}\boldsymbol{M}(q) \tag{13.55}$$

则有：

$$\begin{pmatrix}\dot{x}\\ \lambda\end{pmatrix}=\boldsymbol{J}_C(q)\dot{q}=\begin{pmatrix}\boldsymbol{J}(q)\\ \boldsymbol{Z}^{\#}(q)\end{pmatrix}\dot{q} \tag{13.56}$$

因为 $\boldsymbol{J}$ 是满秩，所以 $\boldsymbol{J}_C(q)$是非奇异矩阵。$\boldsymbol{J}_C(q)$的倒数可以通过下式计算得到：

$$\boldsymbol{J}_C^{-1}(q)=[\boldsymbol{J}^{\#}(q)\quad \boldsymbol{Z}(q)] \tag{13.57}$$

其中，$\boldsymbol{J}^{\#}(q)=\boldsymbol{M}^{-1}\boldsymbol{J}^{\mathrm{T}}(\boldsymbol{J}\boldsymbol{M}^{-1}\boldsymbol{J}^{\mathrm{T}})^{-1}$。

则式(13.56)和式(13.57)可以实现关节速度的分解：

$$\dot{q}=\boldsymbol{J}^{\#}\dot{x}+\boldsymbol{Z}\lambda \tag{13.58}$$

3. 加速控制

为了在任务空间和关节空间中控制机器人，选择如下控制律：

$$\tau = \boldsymbol{M}(q)\ddot{q}_c + \boldsymbol{C}(q,\dot{q})\dot{q} + \boldsymbol{G}(q) + \tau_d \tag{13.59}$$

选择 $\ddot{q}_c$ 为：

$$\ddot{q}_c = \ddot{q}_d + \boldsymbol{M}_d^{-1}(\boldsymbol{B}_d\dot{\tilde{q}} + \boldsymbol{K}_d\tilde{q} - \tau_d) \tag{13.60}$$

其中，$\tilde{q}=q_d-q$。通过选择惯性矩阵 $\boldsymbol{M}_d$ 为 $\boldsymbol{M}_d=\boldsymbol{M}(q)$，结合式(13.60)，式(13.59)可以改写为：

$$\tau = \boldsymbol{M}(q)\ddot{q}_d + \boldsymbol{B}_d\dot{\tilde{q}} + \boldsymbol{K}_d\tilde{q} + \boldsymbol{C}(q,\dot{q})\dot{q} + \boldsymbol{G}(q) \tag{13.61}$$

假设外力 τ_d 可测量得到，由式(13.59)、式(13.61)和式(13.52)，$\ddot{q}_c$ 可以设计为：

$$\ddot{q}_c = \boldsymbol{J}^{\dagger}(\ddot{x}_c - \dot{J}_{\dot{q}}) + \boldsymbol{N}(\ddot{q}_d + \boldsymbol{M}_d^{-1}(\boldsymbol{B}_d\dot{\tilde{q}} + \boldsymbol{K}_d\tilde{q} - \tau_d)) \tag{13.62}$$

其中，x_c 是命令的任务空间加速。闭环机器人系统可以表示成如下形式：

$$\ddot{x} = \ddot{x}_c - \boldsymbol{J}\boldsymbol{M}^{-1}\tau_d \tag{13.63}$$

$$\boldsymbol{N}(\ddot{\tilde{q}} + \boldsymbol{M}_d^{-1}(\boldsymbol{B}_d\dot{\tilde{q}} + \boldsymbol{K}_d\tilde{q}) - \boldsymbol{M}^{-1}\tau_d) = 0 \tag{13.64}$$

基于式(13.63)和式(13.64)，任务空间行为与零空间动态分离。换句话说，可以将任务空间分配到末端执行器坐标，然后在任务空间的零空间中实现关节运动调节。这样，不仅可以控制机器人的末端执行器，还可控制机器人本体的运动。基于式(13.56)和式(13.58)，可以设计如下加速层面的控制器：

$$\ddot{q}_c = \boldsymbol{Z}(q)(\dot{\lambda}_c - \dot{\boldsymbol{Z}}^{\#}\dot{q}) + \boldsymbol{J}^{\#}(\ddot{x}_c - \dot{\boldsymbol{J}}_{\dot{q}}) \tag{13.65}$$

其中，$\dot{\lambda}_c$ 是零空间加速度的虚拟控制输入。

由于 $\dot{\lambda} = \dot{\boldsymbol{Z}}^{\#}\dot{q} + \boldsymbol{Z}^{\#}\ddot{q}$，可得如下闭环零空间动力学方程：

$$\dot{\lambda} = \dot{\lambda}_c - \boldsymbol{Z}^{\#}\boldsymbol{M}^{-1}\tau_d \tag{13.66}$$

4. 规定性能控制

引入规定性能控制(Prescriptive Performance Control，PPC)技术来调节机器人在任务空间中的控制性能。将跟踪误差定义为 $e=x-x_d$，其中 x 是任务空间轨迹，x_d 是需要跟踪的轨迹。

基于规定的运动性能引入以下函数：

$$\rho = (\rho_0 - \rho_\infty)\mathrm{e}^{-at} + \rho_\infty \tag{13.67}$$

$$R_i(x) = \begin{cases} \left(\dfrac{\mathrm{e}^x - \delta}{1+\mathrm{e}^x}\right) & 若\ e \geqslant 0 \\ \left(\dfrac{\delta\mathrm{e}^x - 1}{1+\mathrm{e}^x}\right) & 若\ e < 0 \end{cases} \tag{13.68}$$

其中，ρ_0、ρ_∞、a 和 δ 是规定参数，以调节瞬态控制性能。

基于式(13.67)和式(13.68)，误差变换函数可以设计如下：

$$e_i = \rho(t)R_i(\xi_i(t)) \tag{13.69}$$

其中，ξ_i 是转换后的误差。根据上述误差变换设计，当 $e<0$ 时，我们得到 $-\delta<R_i<1$；当 $e\geqslant 0$ 时，$<-1<R_i<\delta$。因此可以推导出，如果 ξ_i 是有界的，那么 $-\delta_p<e_i<\rho(e>0)$ 和 $-\rho<e<\delta_p(e<0)$。这意味着 ρ 可用于指定跟踪误差的上限和下限，当 ξ_i 有界时，如图 13.26 所示。

根据式(13.68)和式(13.69)，可以获得 ξ_i 的解

$$\xi_i(t) = L_i(e_i(t)/\rho) \tag{13.70}$$

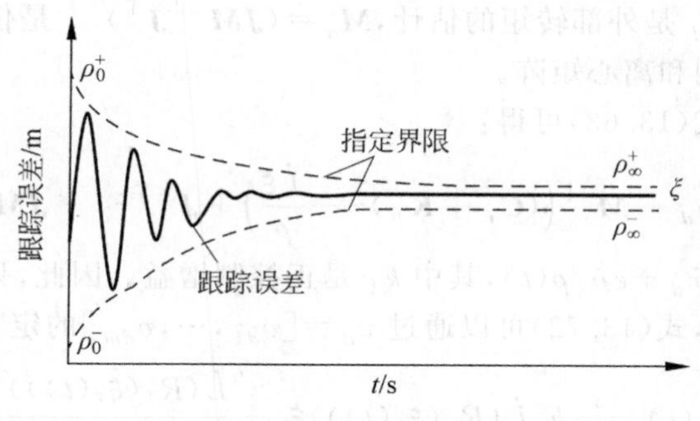

图 13.26 性能控制

其中

$$L_i(x)=\begin{cases}\left(\ln\dfrac{x+\delta}{1-x}\right) & 若\ e\geqslant 0\\ \left(\ln\dfrac{x+1}{\delta-x}\right) & 若\ e<0\end{cases} \tag{13.71}$$

对式(13.70)求导可得

$$\dot{\xi}_i(t)=\frac{\dot{L}_i(R_i(\xi_i(t)))}{\rho^2(t)}(\rho(t)\dot{e}-\dot{\rho}(t)e) \tag{13.72}$$

其中，$\dot{L}(x)=\dfrac{1+\delta}{(x+\delta)(1-x)}(e\geqslant 0)$，$\dot{L}(x)=\dfrac{1+\delta}{(x+1)(\delta-x)}(e<0)$。

基于上述分析，可知控制的目标是保证 ξ_i 的有界性，从而可以实现规定的跟踪性能。

13.3.2 控制器设计

控制目标是保证末端执行器的运动控制性能，用于跟踪期望的轨迹，同时允许机器人本体在零空间中执行柔顺行为。控制器的总体结构如图 13.27 所示。

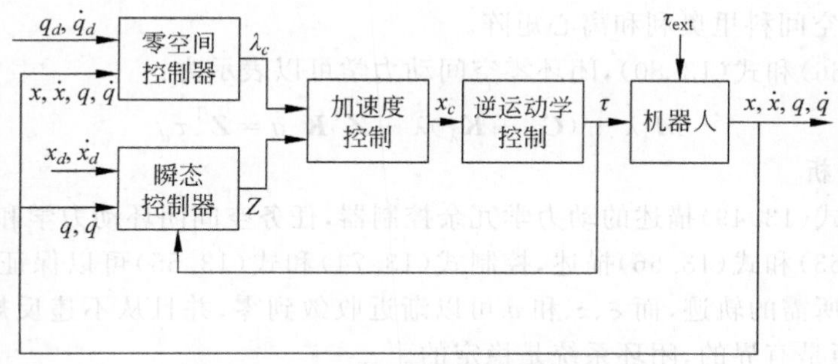

图 13.27 控制器的总体结构

1. 基于主要任务的控制设计

定义机器人的跟踪残差为

$$z=\dot{x}-v_d \tag{13.73}$$

其中，v_d 是辅助控制器。

考虑到式(13.63)，为了跟踪具有规定性能的期望轨迹 x_d，设计如下加速度控制律

$$\ddot{x}_c=\dot{v}_d-\boldsymbol{M}_x^{-1}\left((\boldsymbol{C}_x+\boldsymbol{K}_p)z-\frac{\dot{L}\xi}{\rho}\right)+\boldsymbol{J}^{\mathrm{T}}\hat{\tau}_d \tag{13.74}$$

其中，$\boldsymbol{K}_p$ 是正定矩阵，$\hat{\tau}_d$ 是外部转矩的估计，$\boldsymbol{M}_x=(\boldsymbol{J}\boldsymbol{M}^{-1}\boldsymbol{J}^{\mathrm{T}})^{-1}$ 是任务空间中的惯性矩阵，$\boldsymbol{C}_x$ 是任务空间科里奥利和离心矩阵。

联立式(13.74)和式(13.63)可得：

$$\ddot{x}=\dot{v}_d-\boldsymbol{M}_x^{-1}\left((\boldsymbol{C}_x+\boldsymbol{K}_p)z-\frac{\dot{L}\xi}{\rho}\right)+\boldsymbol{J}^{\#\mathrm{T}}\hat{\tau}_d-\boldsymbol{J}\boldsymbol{M}^{-1}\tau_d \tag{13.75}$$

假定 $v_{di}=k_1\rho\xi_i+\dot{x}_d+e\dot{\rho}/\rho(t)$，其中 k_1 是正控制增益。因此，只要 z 收敛到零，就可以实现 ξ 的有界性。那么，式(13.72)可以通过 $v_d=[v_{d1},\cdots,v_{dm}]$的定义表示为：

$$\dot{\xi}_i(t)=-k_1\dot{L}(R_i(\xi_i(t)))\xi_i+\frac{\dot{L}(R_i(\xi_i(t)))}{\rho(t)}z_i \tag{13.76}$$

式(13.75)两边同时乘以 $\boldsymbol{M}_x$，有

$$\boldsymbol{M}_x\ddot{x}+\boldsymbol{J}^{\#T}\tau_d=\boldsymbol{M}_x\dot{v}_d-(\boldsymbol{C}_x+\boldsymbol{K}_p)z+\frac{\dot{L}\xi}{\rho}+\boldsymbol{J}^{\#\mathrm{T}}\hat{\tau}_d \tag{13.77}$$

使用 $\boldsymbol{J}^{\#}(q)=\boldsymbol{M}^{-1}\boldsymbol{J}^{\mathrm{T}}(\boldsymbol{J}\boldsymbol{M}^{-1}\boldsymbol{J}^{\mathrm{T}})^{-1}$，可以将闭环任务空间动态描述为

$$\boldsymbol{M}_x\dot{z}=-(\boldsymbol{C}_x+\boldsymbol{K}_p)z+\frac{\dot{L}\xi}{\rho}+\boldsymbol{J}^{\#T}\tilde{\tau}_d \tag{13.78}$$

其中，$\tilde{\tau}_d=\hat{\tau}_d-\tau_d$。

基于自适应扰动观测器，用于估计外部力矩 τ_d 的自适应律设计为

$$\dot{\hat{\tau}}_d=-\boldsymbol{\Gamma}^{-1}\boldsymbol{J}^{\#}z \tag{13.79}$$

其中，Γ 为正定矩阵。

2. 零空间任务的控制设计

一般来说，零空间速度 λ 不能被积分，因此，不能为系统定义零空间位置误差。或者，可以基于式(13.66)和关节空间误差定义零空间命令加速度：

$$\dot{\lambda}=\dot{\lambda}_d+\boldsymbol{M}_{\lambda}^{-1}((\boldsymbol{C}_{\lambda}+\boldsymbol{K}_{\lambda})\tilde{\lambda}+\boldsymbol{Z}^{\mathrm{T}}\boldsymbol{K}_v\tilde{q}) \tag{13.80}$$

其中，$\boldsymbol{K}_{\lambda}$ 和 $\boldsymbol{K}_v$ 分别是要设计的正定矩阵和对称矩阵。并且 $\boldsymbol{M}_{\lambda}^{-1}=\boldsymbol{Z}^{\mathrm{T}}\boldsymbol{M}\boldsymbol{Z}$ 是零空间的惯性矩阵，而 $\boldsymbol{C}_{\lambda}$ 是零空间科里奥利和离心矩阵。

基于式(13.66)和式(13.80)，闭环零空间动力学可以表示为：

$$\boldsymbol{M}_{\lambda}\dot{\tilde{\lambda}}+(\boldsymbol{C}_{\lambda}+\boldsymbol{K}_{\lambda})\tilde{\lambda}+\boldsymbol{Z}^{\mathrm{T}}\boldsymbol{K}_v\tilde{q}=\boldsymbol{Z}^{\mathrm{T}}\tau_d \tag{13.81}$$

3. 稳定性分析

考虑一个由式(13.49)描述的动力学冗余控制器，任务空间闭环动力学和零空间闭环动力学分别由式(13.63)和式(13.66)描述，控制式(13.74)和式(13.55)可以保证机器人用规定的零空间行为跟踪所需的轨迹，而 ξ、z 和 v 可以渐近收敛到零，并且从不违反规定的运动约束。另外，估计的转矩是有界的，闭环系统是稳定的。

证明：考虑如下李雅普诺夫函数

$$V_1=\frac{1}{2}\xi^{\mathrm{T}}\xi \tag{13.82}$$

对式(13.82)求导，可得

$$\dot{V}_1=\frac{\xi^{\mathrm{T}}\dot{L}(\xi)z(t)}{\rho(t)}-K_1\xi^{\mathrm{T}}\dot{L}(\xi)\xi \tag{13.83}$$

其中，$\dot{L}(\xi)=\mathrm{diag}(\dot{L}_1(R_1(\xi(t))),\cdots,\dot{L}_m(R_m(\xi(t))))$。

则下面的李雅普诺夫函数可设计为

$$V_2=\frac{1}{2}z^{\mathrm{T}}\boldsymbol{M}_x z+\frac{1}{2}\tilde{\tau}_d^{\mathrm{T}}\boldsymbol{\Gamma}\tilde{\tau}_d \tag{13.84}$$

其中，$\boldsymbol{\Gamma}$ 是设计的正定矩阵。

对式(13.84)求导，有

$$V_2=z^{\mathrm{T}}\boldsymbol{M}_x\dot{z}+\frac{1}{2}z^{\mathrm{T}}\dot{\boldsymbol{M}}_x z+\tilde{\tau}_d^{\mathrm{T}}\boldsymbol{\Gamma}\dot{\tilde{\tau}}_d \tag{13.85}$$

将式(13.78)代入式(13.85)，可得

$$\dot{V}_2=z^{\mathrm{T}}\left(-(\boldsymbol{C}_x+\boldsymbol{K}_p)z+\frac{L\xi}{\rho}+\boldsymbol{J}^{\#\mathrm{T}}\tilde{\tau}_d\right)+\frac{1}{2}z^{\mathrm{T}}\dot{\boldsymbol{M}}_x z+\tilde{\tau}_d^{\mathrm{T}}\boldsymbol{\Gamma}\dot{\tilde{\tau}}_d \tag{13.86}$$

然后，将式(13.79)代入式(13.86)，考虑 $\dot{\boldsymbol{M}}_x-2\boldsymbol{C}_x$ 是一个偏斜对称矩阵，则有

$$\dot{V}_2=-z^{\mathrm{T}}\boldsymbol{K}_p z+\boldsymbol{J}^{\#\mathrm{T}}\tilde{\tau}_d-\tilde{\tau}_d^{\mathrm{T}}\boldsymbol{J}^{\#}z+z^{\mathrm{T}}\frac{\dot{L}\xi}{\rho}=-z^{\mathrm{T}}\boldsymbol{K}_p z+z^{\mathrm{T}}\frac{\dot{L}\xi}{\rho} \tag{13.87}$$

结合式(13.83)和式(13.87)可得

$$\begin{aligned}\dot{V}_1+\dot{V}_2&=-z^{\mathrm{T}}\boldsymbol{K}_p z+z^{\mathrm{T}}\frac{\dot{L}\xi}{\rho}+\frac{\xi^{\mathrm{T}}\dot{L}(\xi)z(t)}{\rho(t)}-K_1\xi^{\mathrm{T}}\dot{L}(\xi)\xi\\&=-z^{\mathrm{T}}\boldsymbol{K}_p z-\boldsymbol{K}_1\xi^{\mathrm{T}}\dot{L}(\xi)\xi\end{aligned} \tag{13.88}$$

由于不等式 $\xi^{\mathrm{T}}\dot{L}(\xi)\xi\geqslant 2\|\xi(t)\|^2/1+\delta$ 可以根据 $\dot{L}(\xi)$ 的定义推导出来，因此可得

$$\dot{V}=\dot{V}_1+\dot{V}_2=-z^{\mathrm{T}}\boldsymbol{K}_p z-\frac{2\boldsymbol{K}_1\|\xi(t)\|^2}{1+\delta}\leqslant 0 \tag{13.89}$$

根据 LaSalle 的不变性原理，可以证明闭环系统的稳定性，即 z 和 ξ 收敛到零，并且 $\tilde{\tau}_d$ 一致有界。

为进一步证明零空间闭环系统在子集 $C=\{\tilde{q},\tilde{\lambda},\tilde{\tau}_d,\xi=0,z=0\}$ 条件下的稳定性，考虑如下李雅普诺夫函数 V_C：

$$V_C=\frac{1}{2}\tilde{\lambda}^{\mathrm{T}}\boldsymbol{M}_\lambda(q)\tilde{\lambda}+\frac{1}{2}\tilde{q}^{\mathrm{T}}\boldsymbol{K}_v\tilde{q}+\frac{1}{2}\tilde{\tau}_d^{\mathrm{T}}\Gamma\tilde{\tau}_d \tag{13.90}$$

式(13.90)在 C 中是正定的。对式(13.90)求导数：

$$\dot{V}_C=\tilde{\lambda}^{\mathrm{T}}\boldsymbol{M}_\lambda(q)\dot{\tilde{\lambda}}+\frac{1}{2}\lambda^{\mathrm{T}}\dot{\boldsymbol{M}}_\lambda(q)\lambda+\tilde{q}^{\mathrm{T}}\boldsymbol{K}_v\dot{\tilde{q}}+\tilde{\tau}_d^{\mathrm{T}}\boldsymbol{\Gamma}\dot{\tilde{\tau}}_d \tag{13.91}$$

将式(13.81)代入式(13.91)，有

$$\dot{V}_C=\tilde{\lambda}^{\mathrm{T}}(-(\boldsymbol{C}_\lambda+\boldsymbol{K}_\lambda)\tilde{\lambda}-\boldsymbol{Z}^{\mathrm{T}}\boldsymbol{K}_v\tilde{q}+\boldsymbol{Z}^{\mathrm{T}}\tau_d)+\frac{1}{2}\lambda^{\mathrm{T}}\dot{\boldsymbol{M}}_\lambda(q)\lambda+\tilde{q}^{\mathrm{T}}\boldsymbol{K}_v\dot{\tilde{q}}+\tilde{\tau}_d^{\mathrm{T}}\boldsymbol{\Gamma}\dot{\tilde{\tau}}_d \tag{13.92}$$

由于 $\boldsymbol{M}_\lambda-2\boldsymbol{C}_\lambda$ 是一个偏斜对称矩阵，考虑到 $\dot{\tilde{\tau}}_d=0$，且 $z=0$ 和 $\dot{q}=\boldsymbol{Z}\lambda$，则有

$$\dot{V}_C=-\tilde{\lambda}^{\mathrm{T}}\boldsymbol{K}_\lambda\tilde{\lambda}-\tilde{\lambda}^{\mathrm{T}}\boldsymbol{Z}^{\mathrm{T}}\tau_d \tag{13.93}$$

根据 $\boldsymbol{Z}$ 的定义，可得 $\boldsymbol{Z}^{\mathrm{T}}\tau_d=0$。那么

$$\dot{V}_C=-\tilde{\lambda}^{\mathrm{T}}\boldsymbol{K}_\lambda\tilde{\lambda}\leqslant 0 \tag{13.94}$$

根据 Lasalle 定理，子集 C 中的零空间系统是渐近稳定的，系统状态收敛到由 $\{z=0,\xi=0,\tilde{\lambda}=0,\boldsymbol{Z}^{\mathrm{T}}\boldsymbol{K}_v\tilde{q}=0\}$ 定义的不变集。

基于上述稳定性分析，可以得知：系统状态 ξ、z 和 λ 是渐近稳定的。因此，可以保证任务空间中规定的运动性能和关节空间中的柔顺行为。

13.3.3 仿真

为证明上述算法的有效性，基于三自由度机器臂进行仿真，如图 13.28 所示。机器人每个

连杆的运动学和惯性参数见表 13.2。机械臂的动力学描述如下：

$$\boldsymbol{M}(q)\dot{q}+\boldsymbol{C}(q,\dot{q})\dot{q}+\boldsymbol{G}(q)+\tau_d=\tau \tag{13.95}$$

其中，机械臂惯性矩阵 $\boldsymbol{M}(q)$ 和科里奥利矩阵 $\boldsymbol{C}(q,\dot{q})$ 可描述为

$$\boldsymbol{M}(q)=\begin{bmatrix} M_{11} & * & * \\ M_{21} & M_{22} & * \\ M_{31} & M_{32} & M_{33} \end{bmatrix}$$

$$\boldsymbol{C}(q,\dot{q})=\begin{bmatrix} C_{11} & C_{12} & C_{13} \\ C_{21} & C_{22} & C_{23} \\ C_{31} & C_{32} & C_{33} \end{bmatrix} \quad \boldsymbol{G}(q)=\begin{bmatrix} G_{11} \\ G_{21} \\ G_{31} \end{bmatrix}$$

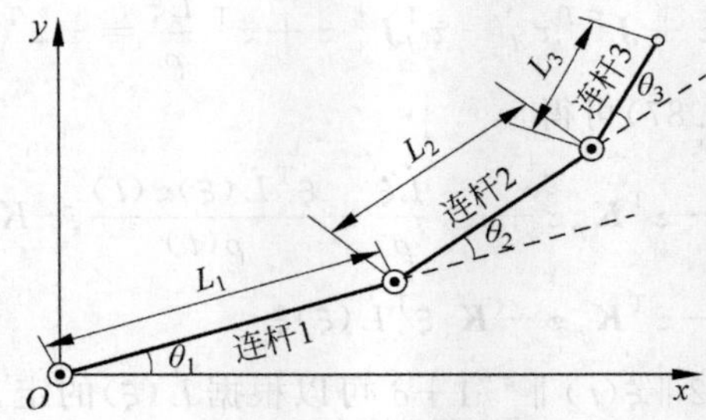

图 13.28　三自由度平面机器人

表 13.2　机器人参数

参　数	连杆 1	连杆 2	连杆 3
连杆长度(m)	$l_1=1.6$	$l_2=1.3$	$l_3=0.7$
连杆质量(kg)	$m_1=10$	$m_2=8$	$m_3=2$
惯性力(kgm^2)	$I_1=50$	$I_2=50$	$I_3=50$
连杆距离(m)	$l_{c1}=0.8$	$l_{c2}=0.65$	$l_{c3}=0.35$

机器人按顺序绕圆圈达到 6 个设定点，如图 13.29 所示。如图所示，当机器人达到一个设定点时，外力将施加在机器人上，机器人将在 2s 内停留在目标点上。然后机器人移动到下一个设定点。初始位置设置为 $x(0)=[0.4,2]$，速度为 $\dot{x}(0)=[0,0]$，控制增益选为正定矩阵，即 $\boldsymbol{K}_p=\text{diag}\{50,50,50\}$，$\boldsymbol{K}_1$ 为 $\text{diag}\{10,10,10\}$；干扰观察者的增益选择为 $\boldsymbol{\Gamma}=\text{diag}\{0.1,0.1,0.1\}$；外力选为 $\tau_d=[-10,-20,10]$。

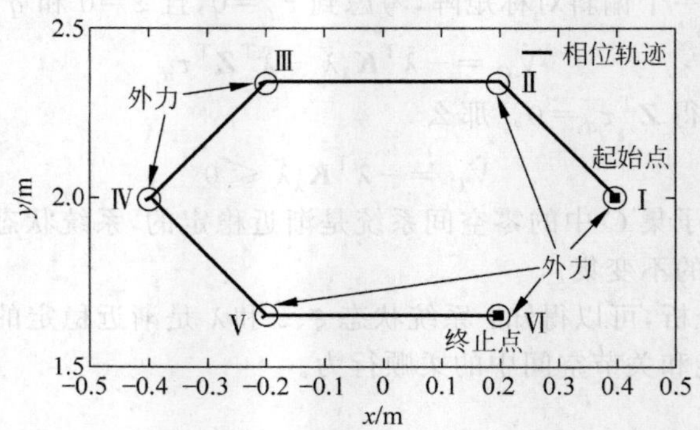

图 13.29　机器人控制的相位轨迹

相位轨迹如图 13.29 所示，可以看到机器人已成功到达每个目标点。为了清晰地展示该方法的优点，图 13.30～图 13.32 给出了机器人在每个阶段保持目标点的跟踪性能。x 方向和 y 方向的跟踪误差如图 13.30 和图 13.31 所示。由图可知，虽然应用了外力，但机器人只需稍微移动即可保持目标点。此外，跟踪误差保持在零附近，使得不违反规定的边界。相比之下，当采用外力时，在 PID 控制器下可以观察到机器人明显的移位。控制输入如图 13.32 所示，可以看到控制输入能够快速调整外力，机器人能够有效地保持所需的设定点。这些实验结果证明了上述控制器的有效性。

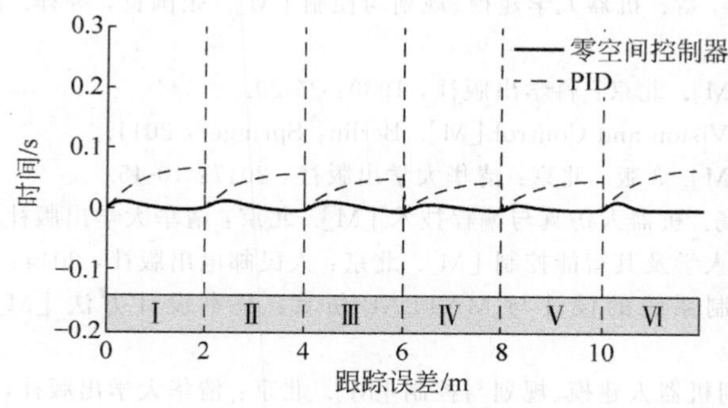

图 13.30 x 方向的跟踪误差

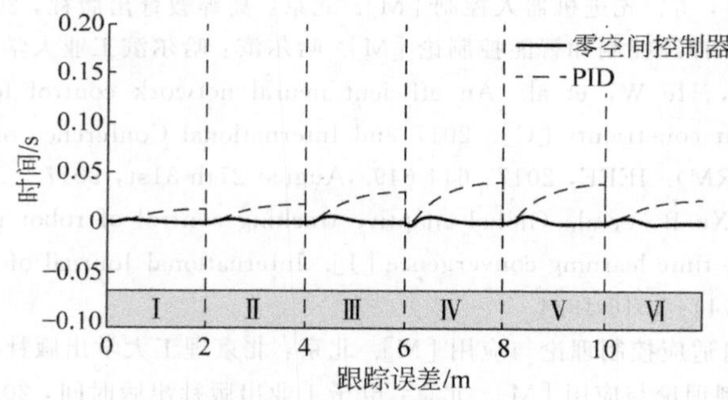

图 13.31 y 方向的跟踪误差

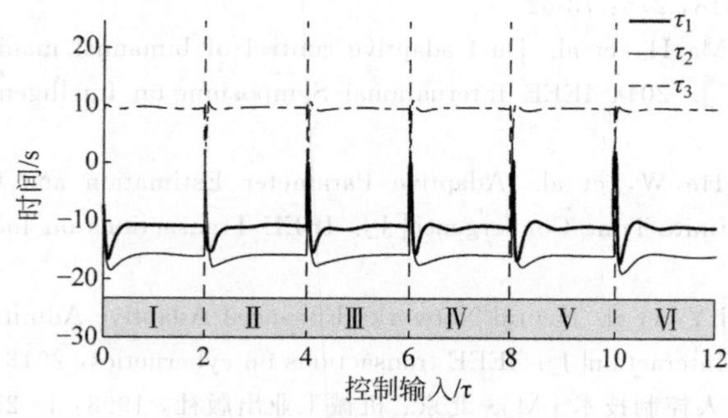

图 13.32 机械臂的控制输入

13.4 本章小结

本章介绍了机器人控制技术在人机交互、示教和控制方向的一些综合应用。机器人控制技术的应用还有很多，这里只介绍个别较为先进主流的应用，感兴趣的读者可在此基础上进行深入研究。

参考文献

[1] 熊有伦，丁汉，刘恩沧．机器人学［M］．武汉：机械工业出版社，1996：35-43.

[2] John J Craig．机器人学导论(原书第3版)［M］．负超，等译．北京：机械工业出版社，2006：7-18.

[3] 布鲁诺·西西里安诺，等．机器人学建模、规划与控制［M］．张国良，等译．西安：西安交通大学出版社，2015：8-25.

[4] 傅京逊．机器人学［M］．北京：科学出版社，1989：25-29.

[5] Corke P．Robotics，Vision and Control［M］．Berlin：Springer，2011.

[6] 蔡自兴．机器人学［M］．3版．北京：清华大学出版社，2017：10-45.

[7] 杨辰光，李智军，许扬．机器人仿真与编程技术［M］．北京：清华大学出版社，2018：25-39．

[8] 郭彤颖，安冬．机器人学及其智能控制［M］．北京：人民邮电出版社，2014：75-83.

[9] 刘金琨．机器人控制系统的设计与MATLAB仿真：基本设计方法［M］．北京：清华大学出版社，2008.

[10] 梁斌，徐文福．空间机器人建模、规划与控制［M］．北京：清华大学出版社，2017：61-79.

[11] 陈哲，吉熙章．机器人技术基础［M］．北京：机械工业出版社，1997：6-11.

[12] 谭民，徐德，侯增广，等．先进机器人控制［M］．北京：高等教育出版社，2007：103-108.

[13] 李士勇．模糊控制·神经控制和智能控制论［M］．哈尔滨：哈尔滨工业大学出版社，1998：258-263.

[14] Huang D，Yang C，He W，et al．An efficient neural network control for manipulator trajectory tracking with output constraints［C］．2017 2nd International Conference on Advanced Robotics and Mechatronics（ICARM）．IEEE，2017：644-649．August 27th-31st，2017.

[15] Yang C，Teng T，Xu B，et al．Global adaptive tracking control of robot manipulators using neural networks with finite-time learning convergence［J］．International Journal of Control，Automation and Systems，2017，15(4)：1916-1924.

[16] 张卫忠，赵良玉．自适应控制理论与应用［M］．北京：北京理工大学出版社，2019：39-44.

[17] 徐湘元．自适应控制理论与应用［M］．北京：电子工业出版社出版时间，2007：26-37.

[18] Liu X，Yang C，Chen Z，et al．Neuro-adaptive observer based control of flexible joint robot［J］．Neurocomputing，2018，275：73-82.

[19] Smith A，Yang C，Ma H，et al．Dual adaptive control of bimanual manipulation with online fuzzy parameter tuning［C］．2014 IEEE International Symposium on Intelligent Control（ISIC）．IEEE，2014：560-565.

[20] Yang C，Jiang Y，He W，et al．Adaptive Parameter Estimation and Control Design for Robot Manipulators With Finite-Time Convergence［J］．IEEE Transactions on Industrial Electronics，2018，65(10)：8112-8123.

[21] Yang C，Peng G，Li Y，et al．Neural Networks Enhanced Adaptive Admittance Control of Optimized Robot-Environment Interaction［J］．IEEE transactions on cybernetics，2018，49(7)：2568-2579.

[22] 孙迪生，王炎．机器人控制技术［M］．北京：机械工业出版社，1998：18-25.

[23] Huang D，Yang C，Wang N，et al．Online robot reference trajectory adaptation for haptic identification of unknown force field［J］．International Journal of Control，Automation and Systems，2018，16(1)：318-326.

[24] Peng G，Yang C，He W，et al．Force Sensorless Admittance Control with Neural Learning for Robots with Actuator Saturation［J］．IEEE Transactions on Industrial Electronics，2020，67(4)：3138-3148.

[25] Yang C，Peng G，Cheng L，et al．Force sensorless admittance control for teleoperation of uncertain robot manipulator using neural networks［J］．IEEE Transactions on Systems，Man，and Cybernetics：

Systems, 2019.

[26] Peng G, Yang C, He W, et al. Neural-learning enhanced admittance control of a robot manipulator with input saturation [C]. 2017 Chinese Automation Congress (CAC). IEEE, 2017: 104-109.

[27] Liang C, Yang C, He W, et al. Adaptive compliance learning control using Newton-Euler model [C]. 2017 2nd International Conference on Advanced Robotics and Mechatronics (ICARM). IEEE, 2017: 632-637.

[28] Li W, Yang C, Jiang Y, et al. Motion planning for omnidirectional wheeled mobile robot by potential field method [J]. Journal of Advanced Transportation, 2017, 2017(3): 1-11.

[29] Ye Y, Yang C, Li X, et al. The design of multi-task simulation manipulator based on motor imagery EEG [C]. 2017 IEEE International Conference on Systems, Man, and Cybernetics (SMC). IEEE, 2017: 3284-3289.

[30] Wu H, Yang C, Wang R, et al. Development of a biofeedback enhanced multimedia game [C]. 2016 Chinese Control and Decision Conference (CCDC). IEEE, 2016: 4987-4992.

[31] Wang Z, Yang C, Ju Z, et al. Preprocessing and transmission for 3d point cloud data [C]. 2017 International Conference on Intelligent Robotics and Applications (ICIRA). Springer, Cham, 2017: 438-449.

[32] 杨辰光，等. 移动式远端临场交互平台：中国，CN201610753058.2 [P]. 2018-09-14.

[33] Yang C, Wu H, Li Z, et al. Mind control of a robotic arm with visual fusion technology [J]. IEEE Transactions on Industrial Informatics, 2018, 14(9): 3822-3830.

[34] Xu Y, Yang C, Liu X, et al. A Teleoperated Shared Control Scheme for Mobile Robot Based sEMG [C]. 2018 3rd International Conference on Advanced Robotics and Mechatronics (ICARM). IEEE, 2018: 288-293.

[35] Liang P, Yang C, Li Z, et al. Writing skills transfer from human to robot using stiffness extracted from sEMG [C]. 2015 IEEE international conference on cyber technology in automation, control, and intelligent systems (CYBER). IEEE, 2015: 19-24.

[36] Yang C, Chen J, Li Z, et al. Development of a physiological signals enhanced teleoperation strategy [C]. 2015 IEEE International Conference on Information and Automation. IEEE, 2015: 13-19.

[37] Reddivari H, Yang C, Ju Z, et al. Teleoperation control of Baxter robot using body motion tracking [C]. 2014 International conference on multisensor fusion and information integration for intelligent systems (MFI). IEEE, 2014: 1-6.

[38] Wang X, Yang C, Zhong J, et al. Teleoperation control for bimanual robots based on RBFNN and wave variable [C]. 2017 9th International Conference on Modelling, Identification and Control (ICMIC). IEEE, 2017: 1-6.

[39] Chen C, Yang C, Zeng C, et al. Robot learning from multiple demonstrations with dynamic movement primitive [C]. 2017 2nd International Conference on Advanced Robotics and Mechatronics (ICARM). IEEE, 2017: 523-528.

[40] Yang C, Zeng C, Cong Y, et al. A learning framework of adaptive manipulative skills from human to robot [J]. IEEE Transactions on Industrial Informatics, 2019, 15(2): 1153-1161.

[41] Yang C, Zeng C, Fang C, et al. A dmps-based framework for robot learning and generalization of humanlike variable impedance skills [J]. IEEE/ASME Transactions on Mechatronics, 2018, 23(3): 1193-1203.

[42] Wang N, Xu Y, Ma H, et al. Exploration of muscle fatigue effects in bioinspired robot learning from sEMG signals [J]. Complexity, 2018, 2018.

[43] Chen X, Yang C, Fang C, et al. Impedance matching strategy for physical human robot interaction control [C]. 2017 13th IEEE Conference on Automation Science and Engineering (CASE). IEEE, 2017: 138-144.

[44] Xu Y, Yang C, Zhong J, et al. Robot teaching by teleoperation based on visual interaction and neural network learning [C]. 2017 9th International Conference on Modelling, Identification and Control (ICMIC). IEEE, 2017: 1068-1073.

[45] Jiang Y, Yang C, Ju Z, et al. Null space based robot compliant control with prescribed motion performance [C]. 2018 Eighth International Conference on Information Science and Technology (ICIST). IEEE, 2018: 294-300.

[46] 熊有伦. 机器人学——建模、控制与视觉[M]. 武汉:华中科技大学出版社, 2018.

[47] 雷扎·N贾扎尔. 应用机器人学运动学、动力学与控制技术[M]. 北京:机械工业出版社. 2018.

[48] 约翰·克雷格. 机器人学导论(原书第4版)[M]. 北京:机械工业出版社. 2018.

[49] Saeed B Niku. 机器人学导论——分析、系统及应用(原书第4版)[M]. 孙富春,等译. 北京:电子工业出版社. 2004.

[50] 霍伟. 机器人动力学与控制[M]. 北京:高等教育出版社. 2005.

[51] Yang C, Wang X, Li Z, et al. Teleoperation Control Based on Combination of Wave Variable and Neural Networks [C]. IEEE Transactions on Systems, Man, and Cybernetics: Systems, 2017, 47(8): 2125-2136.

[52] Yang C, Ye Y, Li X, et al. Development of a neuro-feedback game based on motor imagery EEG [J]. Multimedia Tools and Applications, 2018, 77(12): 15929-15949.

[53] Yang C, Wang Z, He W, et al. Development of a fast transmission method for 3D point cloud [J]. Multimedia Tools and Applications, 2018, 77(19): 25369-25387.

[54] Yang C, Chen C, He W, et al. Robot Learning System Based on Adaptive Neural Control and Dynamic Movement Primitives [J]. IEEE Transactions on Neural Networks, 2019, 30(3): 777-787.

[55] Yang C, Zeng C, Liang P, et al. Interface Design of a Physical Human-Robot Interaction System for Human Impedance Adaptive Skill Transfer [J]. IEEE Transactions on Automation Science and Engineering, 2018, 15(1): 329-340.

图书资源支持

感谢您一直以来对清华大学出版社图书的支持和爱护。为了配合本书的使用，本书提供配套的资源，有需求的读者请扫描下方的“书圈”微信公众号二维码，在图书专区下载，也可以拨打电话或发送电子邮件咨询。

如果您在使用本书的过程中遇到了什么问题，或者有相关图书出版计划，也请您发邮件告诉我们，以便我们更好地为您服务。

我们的联系方式：

地　　址：北京市海淀区双清路学研大厦 A 座 701

邮　　编：100084

电　　话：010-83470236　010-83470237

资源下载：http://www.tup.com.cn

客服邮箱：tupjsj@vip.163.com

QQ：2301891038（请写明您的单位和姓名）

教学资源・教学样书・新书信息

人工智能科学与技术
人工智能|电子通信|自动控制

资料下载・样书申请

书圈

用微信扫一扫右边的二维码，即可关注清华大学出版社公众号。

图书资源支持

感谢您一直以来对清华大学出版社图书的支持和爱护。为了配合本书的使用，本书提供配套的资源，有需求的读者请扫描下方的"书圈"微信公众号二维码，在图书专区下载，也可以拨打电话或发送电子邮件咨询。

如果您在使用本书的过程中遇到了什么问题，或者有相关图书出版计划，也请您发邮件告诉我们，以便我们更好地为您服务。

我们的联系方式：

地　　址：北京市海淀区双清路学研大厦 A 座 701

邮　　编：100084

电　　话：010-83470236　010-83470237

资源下载：http://www.tup.com.cn

客服邮箱：tupjsj@vip.163.com

QQ：2301891038（请写明您的单位和姓名）

书圈

用微信扫一扫右边的二维码，即可关注清华大学出版社公众号。